Gongcheng Shigong Zuzhi Sheji

工程施工组织设计

（上册）

刘　辉　编著

人民交通出版社股份有限公司
China Communications Press Co.,Ltd.

内 容 提 要

本书参考了各部委关于施工组织设计的规范规定，重点借鉴了《铁路工程施工组织设计规范》(Q/CR 9004—2018)，系统地总结了中国中铁股份有限公司在铁路、公路、城市轨道交通等领域施工组织管理经验，具有理论性、指导性和实用性。全书分上、下册，共五篇36章，按照专业进行分类，重点针对“为什么编”“怎么编”“编什么”三个问题，编写形成具有普适性的施工组织设计内容。

本书对提升企业工程施工组织管理水平和施工技术水平具有重要理论和实践意义。全书内容丰富、信息量大、资料全面，可供从事工程建设项目施工组织设计的管理人员、技术人员使用，也可供相关研究、教学等人员参考。

图书在版编目(CIP)数据

工程施工组织设计 / 刘辉编著. —北京：人民交通出版社股份有限公司，2019.2

ISBN 978-7-114-15293-1

Ⅰ. ①工… Ⅱ. ①刘… Ⅲ. ①建筑工程—施工组织—设计 Ⅳ. ①TU721.1

中国版本图书馆 CIP 数据核字(2019)第027251号

书　　名：工程施工组织设计
著 作 者：刘　辉
责任编辑：张一梅
责任校对：尹　静　张　贺　赵媛媛
责任印制：张　凯
出版发行：人民交通出版社股份有限公司
地　　址：(100011)北京市朝阳区安定门外外馆斜街3号
网　　址：http://www.ccpress.com.cn
销售电话：(010)59757973
总 经 销：人民交通出版社股份有限公司发行部
经　　销：各地新华书店
印　　刷：北京市密东印刷有限公司
开　　本：880×1230　1/16
印　　张：95.75
字　　数：2752千
版　　次：2019年2月　第1版
印　　次：2019年2月　第1次印刷
书　　号：ISBN 978-7-114-15293-1
定　　价：490.00元(含上、下两册)

《工程施工组织设计》编委会

前　言

在未来一段时期内，建筑市场将继续保持繁荣发展态势，且新业态、新模式、新市场方兴未艾。随着"一带一路"倡议与中国国际产能合作深入推进，我们面临着国内、国外双重的历史发展机遇和前所未有的挑战，必须因势利导，知难而进。中国中铁股份有限公司是集勘察设计、施工安装、工业制造、房地产开发、资源矿产、金融投资等业务于一体的特大型企业集团，作为一个负责任的承包商，如何把工程建设项目管好、干好、建设好，是一个需要深入研究和探讨的问题。为了回答该问题，就需要抓住工程建设项目的管理龙头——施工组织设计。

施工组织设计是工程建设全过程中技术、经济和组织等活动的综合性指导文件，是确保有序、高效、科学开展工程建设工作的保障性技术文件，是保证质量和安全、控制投资和工期的关键性技术文件，直接关系到工程项目的建设成败以及企业工程建设收益。在目前的市场经济条件下，各地方、各行业施工企业的机具、装备、管理能力和技术水平差异较大，造成各企业编制的施工组织设计文件质量参差不齐，并在思想认识、组织方式、编制程序、编制内容、深度及先进性等方面存在问题和不足。为此，认真进行施工组织设计文件的总结、提炼，是十分必要且具有积极意义的工作。

根据工程施工组织设计常见的问题，结合当前经济社会发展的形势，本书重点借鉴《铁路工程施工组织设计规范》(Q/CR 9004—2018)，并在充分借鉴和参考各部委关于施工组织设计规范规定的基础上，进一步提炼和总结施工组织设计编制理论和经验，以标准化为基本思路，充分体现规范化、信息化、专业化、工厂化、机械化和装配化等"六化"的相关内容，以及标准化、数字化与工程管理的深度融合等先进理念，积极推广新技术、新工艺、新工法和新管理方法等最新成果，形成具有理论性、指导性和实用性的著作。通过本书的编著，总结中国中铁股份有限公司在铁路、公路、城市轨道等领域的施工组织管理经验，促进企业经验交流与学习，带动企业编制形成标准化的、能够真正起到组织和指导施工作用的、先进的工程施工组织设计文件，进一步提升企业的工程施工组织管理水平和施工技术水平。

本书按照专业(如隧道、桥梁等)进行分类，深入总结和提炼各专业典型工程施工组织设计案例，重点针对"为什么编""怎么编""编什么"等三个问题，编制形成具有普适性的施工组织设计内容。全书共分五篇36章，上、下两册，其中第一篇～第四篇为上册，第五篇单列为下册；第一篇(施工组织设计分类与编制技术原理)包括第1章～第3章，第二篇(施工组织设计内容、影响因素及编制主要工作)包括第4～第12章，第三篇(专业施工组织设计要点)包括第13～第15章，第四篇("四新技术"及新管理方法)包括第16～第19章，第五篇(典型工程施工组织设计案例)包括第20章～第36章，共17个案例(每个案例各自成章)。第1章绪论回答"为什么编"的问题；第2～第12章共11章，回答施工组织设计"怎么编"的问题;第13~第19章共7章以及第五篇17个案例,回答施工组织设计"编什么"的问题。另外,对于工程通用的管理措施、保证措施、铁路通用施工方法及工艺以及施工组织设计通用表格等,以附件的形式列出。

本书的亮点主要体现在四个方面:一是以标准化为基本思路,充分体现"六化"相关内容以及标准化、数字化与工程管理的深度融合等先进理念;二是工程建设新技术、新工法、新装备、新管理方法的推广应用;三是突出标准化、数字化、信息化管控的要求,推广管理实验室的成功经验;四是各种技术方案,质量、安全、环保等措施的标准化、模块化。

由于编写时间仓促、资料来源和作者水平、施工经验所限,书中难免存在不妥或疏漏之处,恳请读者批评指正,以便及时修正。

作　者

2018年11月

目　　录

第一篇　施工组织设计分类与编制技术原理

第二篇　施工组织设计内容、影响因素及编制主要工作

第三篇　专业施工组织设计要点

第四篇　“四新技术”及新管理方法

第一篇

施工组织设计分类与编制技术原理

第1章 绪 论

1.1 施工组织设计概念

我国工程建设领域已形成并逐步完善了一项重要的技术管理制度:在工程项目开工前必须编制用以指导施工全过程的工程项目施工组织设计。

工程项目施工组织是指在项目施工前对工程项目施工过程的人、机、料、法等诸要素的合理组织,对整个工程的施工进度和资源消耗等进行科学、合理安排。工程项目施工是一项复杂的活动,需要综合考虑人力和物力、时间和空间、技术和组织等各方面的安排和协调。为达到建设工程项目施工质量、安全、工期、投资、环保和稳定"六位一体"目标,推进建设工程项目施工标准化管理和"六化"(规范化、机械化、工厂化、专业化、信息化、装配化)支撑,实现工程项目施工组织,需要进一步规范和统一工程项目施工组织设计。

工程项目施工组织设计,是以施工工程项目为对象,根据相关法规、标准、规范及有关文件等,结合工程项目现场施工条件、建设单位施工管理经验、施工单位施工能力及经验等,编制的用以规划和指导拟建工程项目施工全过程各项施工活动的技术、经济、组织、协调、控制和管理的综合性文件。工程项目施工组织设计,既要解决工程项目施工的管理问题和技术问题,又要考虑工程项目实施的经济效果,同时兼顾安全、质量、进度、环保等管理效应。因此,工程项目施工组织设计的编制是一项多学科交叉的系统工程。

工程项目施工组织设计,应最大限度地适应工程项目施工过程的复杂性和具体工程施工项目的特殊性,保持施工生产的连续性、均衡性和协调性,实现合理的生产活动经济效果。工程项目施工组织设计的编制,应在满足建设工程项目各项目标的基础上,选择经济、合理、有效的施工方案;确定合理、可行的施工进度;拟定有效的管理措施和技术措施;采用最佳的劳动组织,确定施工中劳动力、材料、机械设备、资金等需求量;合理布置施工现场的空间,确保全面高效地完成最终工程产品。

1.2 施工组织设计发展

1.2.1 施工组织设计发展历程

1)从建筑施工中分化发展为一门独立的、系统的学科

工程施工组织设计是随现代大型工程项目的施工实践和科学技术的发展而形成的。1928年,苏联在修建第聂伯河水电站时编制了第一个较为科学、完善、有效的施工组织设计。1956年,美国杜邦化学公司结合一个新厂的建设,提出了用节点、箭线图表示工程建设进度计划的方法(Critical Path Method,CPM),这就是最早的"关键路线法"。其应用使工期比原计划缩短了两个月的时间。1958年,美国海军武装部门结合研制北极星导弹潜艇发展了CPM方法,提出了"计划评审技术",即PERT(Program Evaluation and Review Technique)网络计划技术方法,并且通过应用这一方法使研制北极星导弹潜艇获得圆满成功。随着施工组织设计在工程项目中的广泛应用,网络计划技术也得到了迅速推广,施工组织设计从建筑施工中逐渐分化出来,发展成为一门独立的、系统的学科。

2)从编制和管理要求各异发展到行业和专业的统一

在我国一直存在各地方、各行业、各企业对施工组织设计的编制和管理要求各异的问题,给施工企业跨地区经营和内部管理造成一定混乱。为了形成统一、科学、合理的施工组织设计编制框架,提高建筑工程施工管理水平,住房和城乡建设部于2009年制定了第一部国家级的《建筑施工组织设计规范》(GB/T 50502—2009)。近十年来,各行业、各部门、各专业的施工组织设计规范如雨后春笋般地制定了出来,如铁路、水利水电、核电、风电、火电、煤炭、市政、油气管道等行业,施工组织设计已成为建筑工程领域必不可少的重要文件,得到了各行业的高度重视。

铁路工程、公路工程及市政地铁工程一直占据着我国交通基础设施投资建设的主体,但由于长久以来的行业行政管理的分割,在行政管理的介入程度、业主控制能力、精细化管理的推进及对于新模式的探索等方面,形成了具有自身特点的项目建设管理模式。在施工组织设计编制和管理方面,地铁和公路均未发布专门的规程规范,而铁路施工组织设计编制的指导及规范性文件是最早的,也是目前最完善的。中华人民共和国成立初期,苏联派施预专家到原铁道部第二工程勘察设计院(现为中国中铁二院工程集团有限责任公司)指导工作,对鹰厦线施工组织设计及施预编制工作提出了改进建议,使当时施预专业的施工组织设计能力、概预算编制的技术能力都得到了提高。

3)角色作用日趋稳定

从20世纪80年代开始,我国的经济开始迅速发展,国内的铁路工程建设也是遍地开花。在铁路建设的不断发展过程中,施工组织设计也在不断地改变自己的角色。我国铁路施工组织设计的编制规定最早出现在1982年,目前已更新至第5版(表1-1)。

我国各时期铁路施工组织设计标准汇总

表1-1

时　间	文　号	名　称
1982年	82铁基字1394号	铁路基本建设工程施工组织设计编制办法
2000年	铁建设〔2000〕95号	铁路工程施工组织调查与设计办法
2009年	铁建设〔2009〕226号	铁路工程施工组织设计指南
2015年	铁总建设〔2015〕79号	铁路工程施工组织设计规范
2018年	铁总建设〔2018〕94号	铁路工程施工组织设计规范

从2000年的"办法"到2009年的"指南",再到2015年及2018年的"规范",表明国家对于铁路施工组织设计的工作越来越重视,已从一个参考性文件变为硬性规定。《铁路工程施工组织设计规范》(Q/CR 9004—2018)规定:"施工组织设计应以保证工程质量和安全为前提,以优化工期、资源配置和投资效益为目标,结合工程实际,对工程建设进行'全项目、全过程、全要素、全目标'规划与组织。"施工组织设计文件不仅是指导工程施工的工作文件,其更重要的是作为项目建设全过程的纲领性文件。施工组织设计已经从一个施工技术文件转变为现在的针对工程建设全过程的项目策划和管理文件。

1.2.2　存在的问题

工程施工组织设计在我国已有几十年的历史,在实际的执行当中,对规范建筑工程施工管理起到了相当重要的作用。但在目前的市场经济条件下,各地方、各行业施工企业的机具装备、管理能力和技术水平差异较大,造成各企业编制的施工组织设计质量参差不齐,也存在许多问题和不足。施工组织设计编制中存在的问题会给工程造成施工进度拖延、成本提高、环境破坏、工程质量下降等不良后果,甚至导致工程质量和安全事故发生,造成人员伤亡和引发社会稳定问题。

目前,我国施工组织设计编制过程主要存在思想认识、组织方式、编制程序、编制内容、深度及先进性等几方面的问题。具体表现在以下几个方面:

(1)以技术人员为主体的编制人员,因专业知识结构、施工经验、技术水平及管理理念等差异,编制的施工组织设计的整体性、针对性、预测性及风险稳定性等方面的措施不够。

(2)追求技术可行，考虑经济合理性不够。过分注重组织技术措施，缺乏注重经济管理的内容，以至于实施过程中不讲成本，难以实现经济效益和社会效益双目标。

(3)施工组织设计文件与项目具体实施脱节，出现"写一套、做一套"现象，未能真正起到施工组织设计指导施工的作用。

(4)成功经验、新技术、新工艺工法、新材料的推广应用还不够。

(5)节能环保措施流于形式，不能真正做到指导绿色施工。

1.2.3 工程施工组织设计发展趋势

1)转变角色，增加项目管理内容，适应项目规模变化

随着科学技术和建筑业的不断发展，建设项目的规模越来越大，复杂程度和要求也越来越高，新方法、新技术、新材料、新工艺、新的承发包模式也不断涌现，建筑市场对施工企业的技术力量和管理能力的要求也越来越高。随着计算机技术、通信技术、互联网、物联网、云计算技术、3D打印和智能计算技术的快速发展，大数据、信息化和智能化的时代已经到来。2013年德国发布了"工业4.0"，以提高德国工业竞争力为主要目的。2015年中国政府发布"中国制造2025"，这是我国实施制造强国战略第一个十年的行动纲领。

在国家致力于"建立资源节约型、环境友好型社会"建设、倡导"循环经济、低碳经济"的大背景下，实现"四节一环保"(节能、节地、节水、节材和保护环境)的目标，开展绿色施工是实现节能减排、节约资源的关键环节。从可持续发展角度考虑，国家对传统的建筑业提出产业转型与升级要求，加强了建筑工业化试点城市的预制装配式结构体系的试点推广应用工作。为适应行业规模的迅速发展和激烈的国际竞争，施工企业必须尽快实现信息化施工，将施工过程和不同应用系统之间分割的、相互孤立的信息，有机地、动态地、规范地联系在一起，实现信息采集与存储的自动化、信息交换的网络化、信息利用的科学化和信息管理的系统化，这样才能持续提高施工企业的综合竞争力。因此，建立面向建筑生命期的管理体系，开发集成化的信息管理系统，已成为提高建筑行业信息化水平的重要研究方向和发展趋势。

2)发展和应用信息技术，体现信息在生产力诸要素中的核心作用

目前，建筑信息模型(Building Information Modeling，BIM)技术是信息技术应用于建筑领域而发展的必然产物。铁路工程、公路工程及市政地铁工程均为线性分布工程，具有点多线长、占用土地多、环境影响因素多、社会影响大、地质条件复杂、施工周期长、投资规模巨大且多为公益性等特点。铁路工程、公路工程前期征地拆迁等工作协调难度大，且施工期的不确定因素多，存在很大的社会稳定风险。线路工程施工组织应用BIM技术，可实现整体线路宏观管理、工程标段中宏观管理与典型桥隧精细管理相结合。其中，整体线路的宏观模型，用于支持整个线路及工程标段的施工管理和过程模拟；工程标段中宏观管理与典型桥隧精细管理模型，用于支持各标段的线路布局展示以及施工管理和过程模拟。

3)技术方案模块化，管理系统化，实现经济效益最大化

在今后的施工项目管理中，BIM技术在施工阶段与其他技术结合，将其应用扩大到建筑施工的许多方面，改变传统施工的工作方式，解决一些以前难以处理的工程难题。例如，可以将BIM技术在施工阶段与Google Earth、GRAPES、遥感技术、监测技术等技术相结合，形成新的BIM技术应用开发方向，能够实现新的功能。应用移动计算技术和物联网技术，建立统一的施工信息智能化、数字化采集平台，实现施工进度控制、质量控制与安全控制的各类海量施工信息的实时无线采集，达到施工全过程数字化监控的目的，实现对工程施工现场人员、物料、机械设备的高效和实时管理，不但为安全施工提供有力保障，同时也为施工期实时动态安全预警提供实时有效的数据支持。

总之，随着我国社会主义市场经济体制的建立和完善，原来的施工组织设计已不能满足项目管

理的要求。为便于与国际接轨,施工组织设计必须逐渐改变自身的角色,增加项目管理的内容,符合项目管理规划的要求,成为指导施工全过程的技术经济和管理的综合性文件。建筑施工企业应大力发展与运用信息技术,重视高新技术的移植和利用,拓宽智力资源的传播渠道,全面改进传统的施工组织设计编制方法,使信息在生产力诸要素中起到核心的作用,逐步实现施工规范化、信息化、专业化、工厂化、机械化、装配化的目标,施工组织技术方案形成模块化和管理系统化,以产生更大的经济效益,提高建筑施工企业的竞争力。

1.3 施工组织设计编制的目的、意义和必要性

1.3.1 施工组织设计编制目的

(1)科学合理地安排工程施工过程中的人、机、料、法等诸要素,实现有组织、有计划、均衡的施工;

(2)促使整个工程施工中达到时间耗费少、工期短、工程质量高、建设资金省、成本低的目的;

(3)最终实现工程项目“六位一体”建设目标和施工过程的标准化管理及“四化”支撑手段。

1.3.2 施工组织设计编制意义

(1)指导包括工程项目所需材料、机具、设备和人力等各项资源准备工作的有序开展;

(2)指导工程项目所需临时建(构)筑物布置;

(3)为工程项目施工提供技术指导,确保工程项目施工有序、高效开展;

(4)确保工程项目施工的全面、系统、科学管理;

(5)确保工程项目施工质量、安全、工期、投资、环保和稳定“六位一体”建设目标和工程项目施工标准化管理和“四化”支撑实现;

(6)指导现场文明施工和现场平面管理。

因此,编制的施工组织设计,必须符合客观实际,必须根据施工过程中某些因素的改变及时进行调整,以求施工组织的科学性、合理性,减少不必要的损耗。

1.3.3 施工组织设计编制必要性

(1)不同类型、不同规模的工程项目施工,具有不同的要求和不同程度的风险。针对具体类型、具体规模工程项目编制施工组织设计,是满足工程项目不同要求的需要,也是规避不同程度风险的需要。

(2)不同工程项目施工活动具有不可重复性,不同类型投资主体工程项目施工具有特殊性。针对具体工程项目、具体投资主体工程项目编制施工组织设计,是适应具体工程项目、具体投资主体工程项目施工特殊性的需要。

(3)不同投资环境、不同管理机制、不同施工环境、不同工期要求、不同质量要求,存在不同的不可预知风险。针对具体投资环境、具体管理机制、具体施工环境、具体工期要求、具体质量要求编制施工组织设计,是规避这些不同不可预知风险的需要。

(4)是实现包括工程项目所需材料、机具、设备和人力等各项资源准备工作和工程项目施工有序、高效开展的需要。

(5)是实现工程项目施工的全面、系统、科学管理的需要。

(6)是确保工程项目施工质量、安全、工期、投资、环保和稳定“六位一体”建设目标和工程项目施工标准化管理和“四化”支撑实现的需要。

(7)是按时按质安全完成工程项目施工,获得良好经济、社会效益的需要。

1.4　不同工程的施工特点及其对施工组织设计的要求

工程项目种类繁多,这主要是由于分类的角度不同:可以按照规模不同分类、按照项目性质分类、按照项目投资主体分类、按照项目用途分类等。从行业的角度可分为高速铁路工程、快速铁路工程、普通铁路工程、城际铁路工程、高速公路工程、市政工程(包括城市道路、桥梁、轨道工程,各种市政管线、广场、城市绿化等)、水利水电工程,以及机场、港口工程等;按照工程项目的组成内容,可分为单项工程、单位工程、分部工程以及分项工程;对于线路工程,可再进一步从工程结构形式分为路基工程、桥梁工程、隧道工程、轨道工程、四电工程等。不同的工程项目具有不同的施工特点,其对工程施工组织设计的要求是不同的。在此重点针对高速铁路、高速公路、城市轨道工程的施工特点及其施工组织设计要求进行简要论述。

1.4.1　高速铁路

1.4.1.1　高速铁路不同项目工程施工特点

2014年1月1日实施的《铁路安全管理条例》(国务院令第639号)规定:高速铁路是指设计开行时速250km以上(含预留),并且初期运营时速200km以上的客运列车专线铁路。截至2017年底,我国高速铁路运营里程29292km,其中速度为200～250km/h的运营里程为19240km,速度为300～350km/h的运营里程为10032km。根据国务院批复的《中长期铁路网规划(2016年修编)》(发改基础〔2016〕1536号),在原"四纵四横"的高速铁路基础上,补充增加标准适宜、发展需要的高速铁路,形成以"八纵八横"主通道为骨架、区域连接线和城际铁路为补充的高速铁路网,实现省会城市高速铁路通达、区际之间高速铁路相连,到2020年高速铁路达3万km以上,到2030年继续建设一大批高速铁路和城际铁路。

高速铁路因其最大的特点是速度快、冲击力大,从而决定了其相应的工程特点:路基、桥梁、隧道等基础设施的高稳定性、轨道高平顺性、四电工程高性能,以及列车系统的高密封性和流线型。具体到基础工程则要求:严格控制路基的工后沉降、不均匀沉降及路基顶面的初始不平顺性;严格限制桥梁预应力混凝土的收缩徐变和不均匀温差引起的结构变形;合理设计隧道断面形式、有效净空面积以缓解空气动力学效应,并解决各种复杂地质条件下与大断面隧道工程稳定性相关的技术难题,确保极高的安全性要求。

1.4.1.2　高速铁路不同项目工程施工组织设计要求

高速铁路具有标准高、技术新、施工工艺复杂等特点,对高速铁路不同工程的施工组织设计也提出了更高的要求(表1-2)。

高速铁路不同工程的施工特点及其对施工组织设计的要求　　表1-2

序号	工程类型	施工特点	施工组织设计要求
1	路基工程	严格控制路基的工后沉降、不均匀沉降及路基顶面的初始不平顺性	(1)路基沉降控制要求高,地基处理措施、路基结构、填料要求、压实标准等均高于普通铁路;路基基床采用级配碎石强化表层结构,基床表层一般为级配碎石、级配砂砾石,基床底层及以下部路堤采用A、B组填料或改良土; (2)路基工程施工工艺标准要求高,一般采用物理和力学指标双控制;检测指标、检测方法及仪器的特殊要求,基床表层采用动态模量控制; (3)为满足沉降控制和工期要求,软弱地基地段的路基一般需采取堆载预压措施,减小路基的工后沉降; (4)路基填筑需进行沉降监测并贯穿于施工及堆载预压全过程,要求在轨道铺设前对沉降标准进行评估; (5)配套机械与普通铁路大不相同,如路基填筑采用重型压实设备,考虑增加设置级配碎石拌和站、改良土拌和站等大型临时设施

续上表

序号	工程类型	施工特点	施工组织设计要求
2	桥梁工程	高速铁路桥梁施工凸显了机械化、规模化、精细化、标准化的特点，施工中除控制挠度、梁端转角、扭转变形、结构自振频率外，还要严格限制桥梁预应力混凝土的收缩徐变和不均匀温差引起的结构变形，对桥梁施工质量检测提出了更高要求	(1)桥上无砟轨道对桥梁变形控制提出了严格的要求，必须满足线路高平顺性的要求，严格控制墩台基础的沉降，工后沉降量不应超过相关规范规定的容许值； (2)以预应力混凝土桥梁为主，主要梁型为标准化的32m、24m预应力双线箱梁，在工地设置制梁场，工厂化预制大体积箱梁； (3)需要配置大型搬运梁机、提梁机、运梁机、架桥机等新型机械； (4)需要移动模架造桥、节段拼装造桥、桥位现浇等不同的施工方案，以适应不同的施工环境和条件，避免结构出现共振和过大振动，尽量避免设置钢轨伸缩调节器
3	隧道工程	合理设计隧道断面形式、有效净空面积以缓解空气动力学效应，并解决各种复杂地质条件下与大断面隧道工程稳定性相关的技术难题，确保极高的安全性要求	(1)列车高速运行在隧道内产生的空气动力学效应要求合理设计隧道断面形式、有效净空面积，但大断面隧道受力比较复杂，从而对隧道衬砌的安全性、耐久性和防水性能等提出了更高的要求； (2)在施工资源配置、施工进度等方面与普通铁路有较大的不同； (3)针对不同的围岩地质条件采取不同的施工开挖方法和支护形式，以满足安全可靠和耐久性要求；一般情况下，暗挖法施工隧道采用复合式衬砌，明挖法施工的隧道采用明洞式钢筋混凝土结构，盾构法(或TBM)施工的隧道采用管片式衬砌； (4)隧道道床形式以易于养护的无砟轨道为主
4	轨道工程	高速铁路对轨道工程的结构稳定性、运行的平顺性、轨道的弹性和可靠性以及养护维修的便利性等都有了更高的要求，并需要对全寿命周期内经济性进行考虑	(1)在条件适宜区段，大面积采用无砟轨道结构形式； (2)按设计要求一次铺设跨区间无缝线路，无砟轨道与有砟轨道的施工组织方案有着根本性不同； (3)无砟轨道工程与线下工程工序交接有时间要求，轨道工程施工前应进行线下工程的工后沉降评估，并采取相应的措施保证满足轨道施工条件
5	四电工程	高速列车运行的高安全性和高可靠性要求	(1)各子系统的施工调试更加复杂，增加了全系统的联合调试和试运行要求； (2)四电工程影响总工期的主要是通信工程、信号工程、接触网工程及系统联调； (3)四电工程需要接地防护的设施，均属于综合接地系统； (4)四电工程与土建接口的相关工程要求在轨道工程开工之前完成； (5)通信、信号工程电缆、布线、设备安装要求平行组织施工，根据铺架进度一般以车站划分单元施工，为铺架尽早提供施工区段
6	接口工程	工程的复杂性导致大量新的接口工程	施工组织设计中应妥善处理以下接口工程： (1)电缆槽、过轨、综合接地、接触网基础、轨旁设备等施工与相关站前工程的接口处理； (2)路基、桥梁、隧道与无砟轨道施工的接口处理； (3)架梁通道与路基预压的关系； (4)站房土建工程与设备安装工程的接口处理

1.4.2 高速公路

1.4.2.1 高速公路不同项目工程施工特点

高速公路施工因其自身的特殊性而与工业生产、房屋建筑、水利工程等土建工程施工不同，从而表现出其不同的施工特点。与一般工程相比，高速公路施工主要具有以下特点：

(1)线状构筑物,施工工作面狭长;

(2)分部和分项工程众多,涉及的专业内容多,相互干扰和影响大;

(3)施工过程中资金、人力和机械设备投入大;

(4)施工工期长,一般需要跨越三四个年度;

(5)施工受到沿线地质、水文、气候条件影响,尤其是受冬季和雨季的影响大;

(6)施工技术标准要求高;

(7)安全、环保等方面的要求高。

虽同为线形工程,高速公路的施工特点与高速铁路也是不同的。相比之下,高速铁路的线路较高速公路更长、线性更好、坡率更小、对路基稳定性要求更高、对轨道有特殊要求(包括有砟轨道和无砟轨道),以及四电工程和接口工程更复杂;而高速公路较高速铁路带宽更大(包括路面、桥面和隧道断面)、隧道净空略小(多呈扁平状)、桥梁结构形式多样且趋于轻型但工艺更复杂。另外,高速公路施工因工序复杂、多专业交叉影响大,常呈现点多、线长、面广的特点,环境影响因素众多,对环境的影响相对较大,而高速铁路则是相对较节能环保。

1.4.2.2　高速公路不同项目工程施工组织设计要求

高速公路的施工条件复杂多变,给施工生产活动带来很大的困难,这就决定了在施工组织设计编制过程中,不但要满足一般工程施工组织设计的要求,更要结合高速公路的特点和实际需求,有针对性地进行施工组织设计的编制。为此,要求针对高速公路工程的不同对象、不同的施工条件,从实际出发,稳妥而科学地做好施工组织工作。高速公路不同项目工程施工组织设计要求见表1-3。

高速公路不同工程的施工特点及其对施工组织设计的要求　　表1-3

序号	工程类型	施工特点	施工组织设计要求
1	路基与路面工程	(1)点多、线长、面广的特点,环境影响因素众多; (2)分部和分项工程众多,涉及的专业内容多,相互干扰和影响大; (3)施工受到沿线地质、水文、气候条件影响,尤其是受冬季和雨季的影响大; (4)严格控制路基的工后沉降、不均匀沉降	(1)路基沉降控制要求高,地基处理措施、路基结构、填料要求、压实标准等要求高; (2)路基工程施工工艺标准要求高,检测指标、检测方法及仪器的特殊要求; (3)应根据不同地质、地形条件,对软土路基、岩溶路基等采取不同的处理措施; (4)路面工程应在路基土石方和桥涵工程(包括隧道和涵洞)按照设计要求和验收规范的规定完成之后,并经验收合格后方能进行铺筑
2	桥梁工程	(1)分部和分项工程众多,涉及的专业内容多,相互干扰和影响大; (2)施工受到沿线地质、水文、气候条件影响,尤其是受冬季和雨季的影响大; (3)施工技术标准要求高; (4)桥梁结构形式多样且趋于轻型但工艺更复杂,安全、环保等方面的要求高	(1)桥面平整度对桥梁变形控制提出了严格的要求,必须满足线路高平顺性的要求,严格控制墩台基础的沉降,工后沉降量不应超过相关规范规定的容许值; (2)要求配备种类齐全、性能先进的各种大型机械设备,以满足高速公路特殊的桥梁设计与施工条件; (3)需要移动模架造桥、节段拼装造桥、桥位现浇等不同的施工方案,以适应不同的施工环境和条件,并根据多变的气候条件、地质、水文情况和原材料供应条件以及其他资源配置情况的变化进行提前准备和调整; (4)合理考虑并充分利用桥梁工程中的分部分项工程施工时间和空间先后顺序

续上表

序号	工程类型	施 工 特 点	施工组织设计要求
3	隧道工程	高速公路隧道断面较高速铁路更大、隧道净空略小(多呈扁平状),面临各种复杂地质条件下与大断面隧道工程稳定性相关的技术难题	(1)大断面、扁平状隧道受力比较复杂、围岩稳定性差,从而对隧道衬砌的安全性、耐久性和防水性能等提出了更高的要求; (2)针对不同的围岩地质条件采取不同的施工开挖方法和支护形式,以满足安全可靠和耐久性要求; (3)高速公路隧道对照明系统的设计和施工有着特殊要求
4	机电工程	高速公路机电系统是发挥道路交通设施功能的主要辅助系统,是对高速公路实施现代化管理的主要工具。它是以电子、电气、控制、通信、机械和交通工程等技术为基础的综合性大系统,一般主要由监控、收费、通信三大系统以及与之配套的照明、供配电等辅助系统组成	高速公路机电系统施工的质量、进度、费用三大控制方面有其自身的特点和特殊要求。机电工程技术更新较快,应注意新技术、新工艺的发展
5	房建工程	(1)分部和分项工程众多,涉及的专业内容多,相互干扰和影响大; (2)施工过程中资金、人力和机械设备投入大; (3)安全、环保等方面的要求高	在施工过程中,同建设单位、监理单位、设计单位和质检单位密切合作,推进项目法施工,实施ISO9001:2002质量保证体系。责任到人,实行目标管理,精心组织施工,确保优质、高效、高速、安全、环保、文明生产
6	接口工程	工程的复杂性导致大量新的接口工程	施工组织设计中应妥善处理以下接口工程: (1)路基、桥梁、隧道与路面施工的接口处理; (2)架梁通道与路基预压的关系处理; (3)房建工程与机电工程的接口处理

1.4.3 城市轨道工程

1.4.3.1 城市轨道工程不同项目工程施工特点

城市轨道交通种类繁多,按照用途可分为城市铁路、市郊铁路、地下铁道、轻轨交通、城市有轨电车、独轨交通、磁悬浮线路、机场联络铁路、新交通系统等。我国正在形成以地下铁道为骨干、多种类型并存的城市轨道交通体系,并呈现多元化发展趋势。

与一般建筑工程相比,城市轨道交通工程具有地质条件及施工环境复杂、主体工程涉及专业多且复杂、安全风险高等特点。

(1)工程地质复杂。例如:上海、广州、深圳等沿海城市或南方城市的工程地质、水文地质条件复杂多变,地铁线路经过海积、海冲积、冲积平原和台地等多种地貌单元,常位于"软硬交错"地层(上部为人工填土、黏性土、淤泥质土、砂类土及残积土,下部为花岗岩、微风化岩等坚硬岩石层,或者孤石),还常遇到断裂破碎带和溶洞等特殊地质构造,穿越或邻近江河湖海,地下水丰富、水位高。

(2)工程周边环境复杂。由于地铁长距离穿行于城市交通要道和人口密集区,建(构)筑物、轨道交通设施、桥梁、隧道、道路、管线、地表水体等周边工程环境复杂,不可预见因素较多。

(3)工程技术复杂。地铁是土建及机电设备复杂的综合性系统工程,主体工程涉及专业多且相互交叉。随着地铁线路的建设,土建工程不断向"深、大、险"发展。地铁参建单位包括建设、勘察设计、施工、监理、监测、检测和材料设备供应等单位,专业多、项目多、环节多、接口多,作业时空交叉,项目施工组织协调量大。同时,工程涉及周边社区居民、周边环境的权属与管理单位的利益,沟通协调难度大。

(4)安全风险高。前面的工程特点决定了地铁工程施工安全风险(包括工程本身的风险和对工程周边环境的风险)大,风险关联性强。例如:如果水文工程地质条件不明,工程周边环境不清,措施准备不充分,很容易出现安全质量和险情。为确保隧道、深基坑施工(含降水)过程中,建(构)筑物、轨道交通设施、桥梁、隧道、道路、管线、地表水体等工程周边环境不发生过量沉降和坍塌,确保其安全,要求严格控制沉降(包括绝对值和速率等)。

1.4.3.2 城市轨道工程不同项目工程施工组织设计要求

鉴于城市轨道交通种类繁多,这里仅以主流的地下铁道工程为例,进行不同项目工程施工组织设计要求分析(表1-4)。

地铁工程部分土建项目的施工特点及其对施工组织设计的要求 表1-4

序号	工程类型	施 工 特 点	施工组织设计要求
1	地铁车站	地铁车站施工常用的方法为明挖法和盖挖法。常用的辅助工法有:降水(或回灌)、注浆、高压旋喷或搅拌加固、钢管棚、锚索或土钉、冷冻法等。施工处置不当,易发生基坑支撑失稳、断桩、管涌等风险	(1)明挖法是修建地铁车站的最常用施工方法,具有施工作业面多、速度快、工期短、易保证工程质量、工程造价低等优点。因此,在地面交通和环境条件允许的地方,应尽可能采用。 明挖法施工基坑可分为敞口放坡基坑和有围护结构的基坑两类。 (2)地铁基坑所采用的围护结构形式很多,其施工方法、工艺和所用的施工机械也各异;因此,应根据基坑深度、工程地质和水文地质条件、地面环境条件等,特别要考虑到城市施工特点,经技术经济综合比较后确定。 (3)工程降水有多种技术方法,可根据涂层情况、渗透性、降水深度、周围环境、支护结构种类等进行选择和设计。 (4)盖挖法可分为盖挖顺作法、盖挖逆作法及盖挖半逆作法。盖挖法具有诸多优点:围护结构变形小,能够有效控制周围土体的变形和地表沉降,有利于保护邻近建筑物和构筑物;基坑底部土体稳定,隆起小,施工安全;盖挖逆作法施工一般不设内部支撑或锚锭,施工空间大;盖挖顺作法用于城市街区施工时,可尽快恢复路面,对道路交通影响较小。 (5)目前,城市中施工采用最多的是盖挖逆作法。盖挖逆作法没有太复杂的技术,它是将若干简单的、原始的技术巧妙地有机组合,形成的一套完整的施工工法。盖挖逆作法对钢管桩的加工、运输、吊装、就位要求精度极高,不论是旋挖钢管桩基础还是条形基础,都有一套完整的工艺流程
2	区间隧道	包括明挖施工隧道、喷锚暗挖(矿山)法施工隧道和盾构法施工隧道	(1)隧道衬砌结构包括整体式衬砌、预制装配式衬砌、复合式衬砌等,盾构施工隧道多采用预制装配式衬砌。 (2)目前,我国城市地铁区间隧道施工正在大面积推广和应用盾构法施工。 (3)地铁工程因地下障碍物和周围环境限制,通常采用喷锚暗挖法(矿山)法施工。 (4)暗挖法应注意防范洞内塌方、地面沉降、涌水等风险;盾构法应注意盾构机故障停机、换刀、俯仰、蛇行、泥水压力过大导致地面隆起等常见问题

续上表

序号	工程类型	施 工 特 点	施工组织设计要求
3	高架桥梁	高架桥大都采用预应力或部分预应力混凝土结构,构造简单,结构标准,安全经济,耐久适用,同时满足城镇景观要求,力求与周围环境相协调	(1)桥上多铺设无缝线路无砟轨道结构,因而对结构形式的选择及上、下部结构的设计造成特别多的影响。高架桥墩台的基础应根据当地地质资料确定。常见的桥墩形式有:倒梯形桥墩、T形桥墩、双柱式桥墩和Y形桥墩等。 (2)高架桥应考虑管线设置或通过要求,并设有紧急进出通道、防止列车倾覆的安全措施及在必要地段设置防噪屏障(降低振动和噪声)、消除楼房遮光和防止电磁波干扰等系统,还应设有防水、排水措施等。 (3)高架桥墩位布置应符合城镇规划要求,跨越铁路、公路、城市道路和河流时的桥下净空应满足有关规范的限界规定;上部结构优先采用预应力混凝土结构,其次才是钢结构,须有足够的竖向和横向刚度
4	轨道与路基	轨道结构应具有足够的强度、稳定性、耐久性和适当的弹性,应保证列车运行平稳、安全,并满足减振、降噪的要求。严格控制路基的工后沉降、不均匀沉降及路基顶面的初始不平顺性	(1)在新建的路基、隧道、桥梁上铺设轨道,应考虑工程沉降、徐变的时间要求。 (2)在隧道内和高架桥上宜铺设无缝线路和混凝土整体道床,并应具有良好绝缘性能和对杂散电流的防护措施。 (3)应考虑防脱轨措施及按设计施作逃生、救援的应急通道等。 (4)路基和支挡结构应有足够的强度和稳定性,并应满足防洪、防涝的要求。 (5)严格控制路基与桥梁墩台的下沉问题
5	停车场(车辆段)	停车场隶属于车辆段,车辆段根据其作业范围可分为定修段和厂、架修段	(1)根据设计和规划确定的原则进行选址。 (2)满足设计所规定的规模及设施要求

地下铁道(地铁)(包括轻轨交通),已成为城市基础设施的重要组成部分,主要由车站、区间隧道、高架桥梁、路基段、停车场(车辆段)等组成。地铁车站根据其所处位置、埋深、运营性质、结构横断面、站台形式等进行不同分类。地铁车站通常由车站主体(站台、站厅、设备用房、生活用房)、出入口及通道、通风道及地面通风亭等三大部分组成。

地铁工程通常是在城镇中修建的,其施工方法的选择会受到地面建筑物、道路、城市交通、环境保护、施工机具以及资金条件等因素影响。因此,施工方法的确定,不仅要从技术、经济、修建地区具体条件考虑,而且还要考虑施工方法对城市生活的影响。

第2章　施工组织设计分类及其管理

2.1　施工组织设计分类

工程建设项目千差万别,每一个工程项目均是许许多多施工过程的组合体,每一种施工过程都能用多种不同的方法和机械设备来完成。即使是同一工程项目,因受诸多因素的影响,所采用的方法也是不一样的。为此,需要针对不同工程项目的施工复杂程度进行统筹安排和系统管理。施工组织设计是工程项目管理的重要组成部分。为保障不同工程建设项目的需要,应根据不同工程建设项目的特点进行有针对性的施工组织设计。按照施工组织设计编制时所处工程项目建设进展阶段、编制对象与范围、中标前后、适用时间范畴、内容繁简程度、编制深度和编制目的等不同分类原则,产生了一系列施工组织设计分类,其中主流分类为按照工程建设阶段不同和按编制对象与范围不同进行工程施工组织设计分类。基于本书编写宗旨和实用性原则,宜简化分类。为此,推荐采用目前主流的三阶段施工组织设计分类(表2-1)。

工程施工组织设计分类及其工作重点与目标　　表2-1

<table>
<tr><th>序号</th><th colspan="2">划分类型</th><th>工作重点</th><th colspan="2">目标</th></tr>
<tr><td rowspan="6">1</td><td rowspan="6">决策阶段施工组织设计</td><td rowspan="3">预可行性研究阶段的概略施工组织方案意见</td><td rowspan="3">由设计单位负责编制。以预可行性研究提出的建设项目主要技术标准和方案为基础,根据主要工程内容和分布情况,侧重研究主要控制工程的施工方案,提出建设项目总工期意见,为编制投资预估算提供依据,为立项提供技术支持</td><td>质量</td><td>根据项目的功能定位和主要技术标准,合理安排前期工作周期,保证勘察设计质量</td></tr>
<tr><td>安全</td><td>严格执行国家及行业强制性标准、规范、规程,积极推进项目地质灾害危险性评估、地震安全性评估、洪水影响评价等前期工作的审批,满足项目各相关方安全的需要</td></tr>
<tr><td>工期</td><td>(1)合理确定建设工期,按照投资效益最大化原则科学设置大型临时设施;(2)研究控制工程和重难点工程的施工方案及工期;(3)研究“铺架工程”和“联调联试及运行试验”两条主线及项目的关键线路</td></tr>
<tr><td rowspan="3">可行性研究阶段的施工组织方案意见</td><td rowspan="3">由设计单位负责编制。以可行性研究提出的主要技术标准和方案为基础,根据主要工程内容和分布情况,侧重研究控制工程和重难点工程的施工方案,经过方案比选,提出建设总工期推荐意见、主要大型临时设施设置方案及所需主要工装设备数量、分年度完成的主要工程量及投资、主要工程和控制工程的工期和施工方法、顺序、进度等,为编制投资估算提供依据,为项目决策提供技术支持</td><td>投资</td><td>可行性研究报告应达到规定的设计深度和精度要求,项目投资估算合理</td></tr>
<tr><td>环保</td><td>(1)符合国家及地方环境污染控制、节约土地、节能、节材、节水等各项环保法律法规规定,并提出相关要求;(2)满足环保工程与主体工程“同时设计、同时施工、同时投产”的环保目标要求</td></tr>
<tr><td>稳定</td><td>(1)签订征地拆迁框架协议,严格按照国家、省(市)、上级主管部门的有关规定,据实计列数量并按当期补偿水平足额纳入投资估算;(2)积极推进项目社会稳定性评估等前期工作,满足维持稳定的各项要求</td></tr>
</table>

续上表

序号	划分类型		工作重点	目标	
2	设计阶段施工组织设计	初步设计阶段的施工组织设计意见	由设计单位负责编制。以初步设计确定的主要工程内容和分布情况为基础,根据批复的可行性研究阶段确定的总工期和施工组织方案,对控制工程、重难点工程和各专业工程施工方案、施工方法、资源配置、大型临时设施和过渡工程等进行全面深化和优化设计,为编制设计概算提供依据	质量	(1)围绕“建设项目以质量为核心”的目标进行设计;(2)满足各项工程质量标准要求(包括设计规范、验收标准等)
				安全	(1)围绕安全目标进行安全评估节点设定;(2)突出对高风险工程的风险评估,提出安全保障措施
				工期	(1)通过多方案比选和分析,保证推荐建设项目总工期技术可行、经济合理;(2)确定“铺架工程”和“联调联试及运行试验”两条主线;(3)确定控制工程、重难点工程、各专业工程工期和关键线路,确保设计的工期目标可行;(4)确定材料、施工装备供应方案经济合理;(5)确定大型临时设施工程布局合理,与工期要求相匹配
		施工图设计阶段的指导性施工组织设计	由建设单位(业主)负责编制,设计单位配合。以批准的初步设计文件为基础,并结合施工图设计文件,在遵循质量可靠、安全第一、技术先进、经济合理、确保工期的原则基础上,合理划分标段,进一步细化、优化和落实施工方案、资源配置方案等。注重施工与设计的结合、站前与站后及各专业工程间的衔接,为招投标提供依据,为编制实施性施工组织设计提供指导	投资	通过比选优化,确定技术可靠、经济合理的施工方案,保证总投资目标合理
				环保	(1)符合国家及地方环境污染控制、节约土地、节能、节材、节水等各项环保法律法规规定,并提出相关要求;(2)满足环保工程与主体工程“同时设计、同时施工、同时投产”的环保目标要求
				稳定	(1)落实外部协议签订,做好征地拆迁、管线迁改、交叉跨越等外部调查和方案设计工作;(2)落实工程项目社会稳定评估报告对社会稳定因素防控的要求;(3)落实职业卫生“三同时”(建设项目职业病防护设施必须与主体工程同时设计、同时施工和同时投入)要求
3	实施阶段施工组织设计	实施性施工组织设计	由施工单位负责编制。以施工合同和指导性施工组织设计为基础,结合现场施工条件,对工地布置、施工方案、施工方法、施工工艺、施工顺序、资源配置、工期等进行详细安排,并根据实施情况进行动态管理。制订切实可行的质量、安全保障措施,对高风险工程制订应急预案,全面响应指导性施工组织的各项目标要求,全面实现质量、安全、工期、投资、环保和稳定“六位一体”目标承诺	质量	(1)满足建设项目各项工程质量标准要求;(2)重点保证线下基础沉降评估、梁体收缩徐变、无砟轨道铺设、轨道精调与锁定、联调联试等各专业工程接口技术要求
				安全	(1)满足建设项目各项工程安全事故目标要求;(2)满足营业线路行车事故控制目标要求;(3)对重大危险源应编制专项施工方案及应急预案
				工期	(1)以批复的总工期为基础,以“铺架工程”和“联调联试及运行试验”为主线,确定标段工期目标;(2)确定控制工程和重难点工期目标、主要工程节点工期目标;(3)做好各工程接口安排,确保工期目标可控
				投资	(1)以批复的总投资为控制目标,进行目标分解;(2)优化施工方案,体现资金时间价值;(3)做好资源优化配置;(4)做好变更管理,确保投资控制目标实现
				环保	(1)提出环境污染控制目标和措施;(2)提出土地资源节约利用控制目标和措施;(3)提出节能、节材、节水控制目标和措施
				稳定	(1)提出文明施工目标和措施;(2)提出社会环境和谐、友好、协调发展目标和措施;(3)根据社会稳定评估对可能影响稳定因素提出应对预案和防范措施

1)决策阶段施工组织设计

本阶段主要进行工程项目的预可行性研究和可行性研究,对应的施工组织设计为概略施工组织方案意见和施工组织方案意见,由设计单位负责编制。

2)设计阶段施工组织设计

本阶段主要进行工程项目的初步设计和施工图设计,对应的施工组织设计为施工组织设计意见和指导性施工组织设计,由建设单位负责编制、设计单位配合。

3)实施阶段施工组织设计

本阶段主要进行工程项目的实施,对应的施工组织设计主要为实施性施工组织设计,但同时也包括依据上阶段施工图设计编制的指导性施工组织设计。实施性施工组织设计主要由施工单位负责编制。

对于工程项目建设的实施阶段,尽管涉及众多参建单位,毋庸置疑施工单位是主体。为此,工程施工组织设计的重心应为实施性施工组织设计,而其具体的类型则主要为项目综合性(指导性)施工组织设计、单位工程实施性施工组织设计和重点专项工程实施性施工组织设计(或方案)。参照现行规范并结合工程建设实际,后文将重点按照“指导性施工组织设计”和“实施性施工组织设计”两个层级进行施工组织设计详细论述。

2.2　不同类别施工组织设计的工作重点及目标

工程项目千差万别,但工程建设的目标均是围绕质量、安全、工期、投资、环保、社会稳定等制定的。同样,施工组织设计也应与工程建设目标相对应。然而,不同类别施工组织设计的目标是不同的,其对应的工作重点也不同(表2-1)。故在实际开展工程施工组织设计工作时,尽管在方法上和原理上具有一致性,但必须强调针对不同的情况采取不同的对策。

以设计阶段施工组织设计为例,其工作重点是围绕各技术方案进行全面深化和优化设计,满足技术可行、经济合理、安全可控的要求;而实施阶段施工组织设计的工作重点则是,在批复施工组织设计意见基础上,侧重于各种施工要素(人、机、料、法等)的详细安排、有序组织、全面落实。

2.3　施工组织设计管理

施工组织设计的管理,包括施工组织设计的编制、审核和审批,各阶段施工组织设计应严格执行编制审批程序。基于工程施工组织设计核心为实施性施工组织设计的实际,故本章在简要介绍指导性施工组织设计管理的基础上,重点论述实施性施工组织设计管理。预可行性研究、可行性研究和初步设计阶段施工组织设计的编制、审核和审批,参照《铁路工程施工组织设计规范》(Q/CR 9004—2018)中表3.1.1规定执行,在此不再赘述。

2.3.1　指导性施工组织设计管理

2.3.1.1　指导性施工组织设计的编制和审批流程

图2-1为指导性施工组织设计的编制和审批流程示意图。

指导性施工组织设计的编制与审批责任人规定如下。

编制人:建设单位技术负责人、设计单位项目技术负责人;

参加人:建设单位各部门人员、设计单位项目各专业负责人;

审核人:建设单位分管负责人;

责任人:建设单位第一责任人;

审批(核备)人:建设单位上级主管部门。

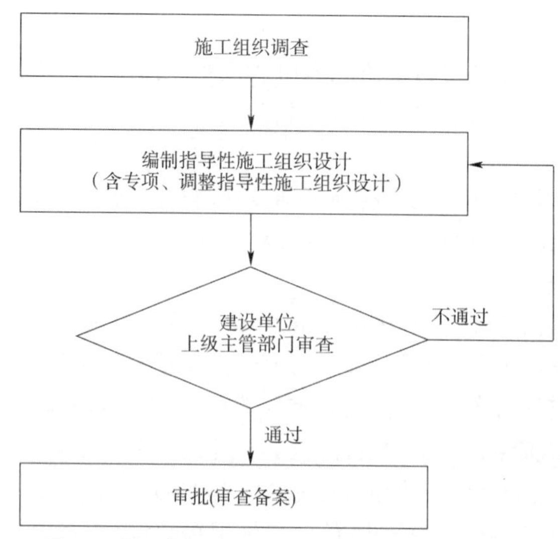

图 2-1　指导性施工组织设计的编制和审批流程示意图

2.3.1.2　指导性施工组织设计的编制和审批职责分工

(1)指导性施工组织设计由建设单位负责编制,设计单位配合。引入铁路枢纽的建设项目,在充分征求建设单位相关部门意见的基础上编制。

(2)高速铁路或客运专线项目、投资 100 亿元以上或规模 100km 以上的新建项目、规模超过 200km 及以上的营业线改(扩)建项目、对全路运输产生重要影响的项目及其他需要特别关注的项目,由建设单位负责初审,建设单位上级主管部门组织审批。其他建设项目由建设单位审批并报建设单位上级主管部门核备。

(3)新开工项目指导性施工组织设计审查。需要审查的项目,建设单位应在初步设计基本稳定之后、施工图审核批复之前编制完成指导性施工组织设计,并报建设单位上级主管部门预审。建设单位应结合预审意见完善指导性施工组织设计,指导性施工组织设计在施工图审核时同步审批。

(4)续建项目施工组织设计执行情况审查。按照“一年两次、各有侧重”的原则组织开展续建项目年度剩余工程施工组织设计审查。当年 1 月份进行全路建设项目施工组织设计审查,当年 7 月份重点进行次年开通项目的剩余工程施工组织设计审查。建设单位应遵守“实事求是、科学可行、均衡推进”的原则,组织设计、施工、监理等单位,按照要求认真编制相关资料,包括施工组织设计执行报告(含工程基本情况、投资完成情况、各专业工程进展情况、总体施工组织及关键线路阶段性工期兑现情况、存在的主要问题及应对措施、下步推进计划等)和剩余工程指导性施工组织设计文件(含项目基本情况、剩余工程情况、重难点及控制性工程情况、总体计划安排、重点工程施工方案、保障措施等)。审查工作由建设单位上级主管部门组织,审查后形成正式审查报告,分析施工组织设计总体执行情况、提出存在问题及工作建议报建设单位上级主管部门。

2.3.1.3　指导性施工组织设计的编制要求

(1)建设项目的指导性施工组织设计必须涵盖整个项目,包括前期工作、实施过程、竣工验收等内容,其中站场改造、大型站房工程、高风险隧道、跨越大江大河桥梁、特殊桥梁、特殊路基、铺轨架梁、无砟轨道、工程接口等重点工程、专业工程及建设单位提前介入、竣工验收均应编制专项方案。

(2)引入铁路枢纽的建设项目,建设单位与运营公司、有关规划设计单位应提前充分了解相关枢纽工程规划实施情况,统筹安排同步实施工程,编制施工组织设计过程中应充分征求相关枢纽的建设单位及运营公司意见。

(3)指导性施工组织设计调查应在初步设计阶段开始,建设单位应就保障质量、安全、工期、投资和环保等措施和方案进行研究和论证,提高指导性施工组织设计编制质量。

(4)当不同项目相互关联或同一线路分段建设时,应综合考虑各项目情况,统筹考虑建设时序和

施工组织安排,尽量规划公用大型临时设施,统筹指导性施工组织设计编制工作。

(5)工程招标时,建设单位应将批准后的指导性施工组织设计纳入招标文件。

(6)指导性施工组织设计需要进行重大调整的,应按建设管理规定办理。

2.3.1.4 日常管理与检查

(1)工程实施过程中,建设单位应对指导性施工组织设计执行情况进行定期检查,要加强动态管理,对执行中存在的问题进行协调解决,根据建设项目现场实际情况进行动态调整,以满足建设项目管理要求。

(2)建设单位上级主管部门分管领导和建设单位主管领导要亲自抓施工组织设计和重要施工方案的制订,定期组织对施工组织设计编制和实施情况进行检查。建设单位上级主管部门和建设单位应设专人负责施工组织设计管理。

(3)建设单位每年定期将指导性施工组织设计实施情况报告建设单位上级主管部门。

2.3.2 实施性施工组织设计管理

为规范施工组织设计的编制、审批和具体实施,工程项目施工组织设计实行分级管理制度,严格执行工程项目施工组织设计的编制与审批程序。参考现行施工组织设计的管理规定,施工单位的上级单位制定《施工组织设计分级管理办法》,明确各级单位、部门在施工组织设计管理中的职能,要求各单位承建的工程在项目管理机构成立后的一定时间内,编制完成施工组织设计文件,并按规定报上级审批后组织实施。明确规定:所有工程项目均应编制实施性施工组织设计,所有分部分项工程均应编制专项施工方案。

2.3.2.1 管理流程

实施性施工组织设计的编制与审批流程如图2-2所示。

实施性施工组织设计的编制与审批责任人规定如下。

编制人:施工单位项目技术负责人;

参加人:施工单位项目部各部门人员;

审核人:施工单位项目负责人,监理单位项目负责人,建设单位分管负责人;施工单位内部审查时,监理、建设单位无须参加;

责任人:施工单位项目第一责任人;

审批(核备)人:建设单位负责人。

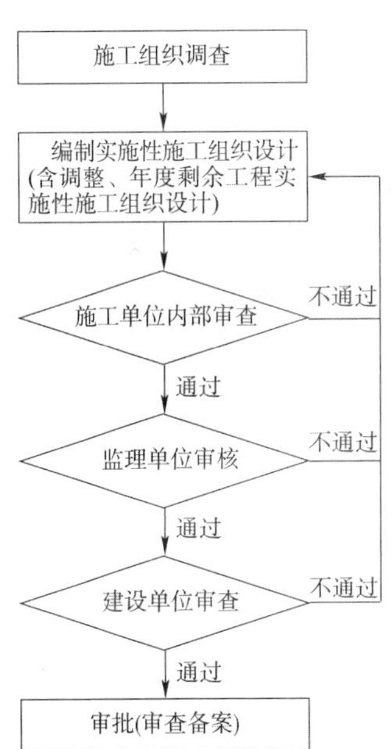

图2-2 实施性施工组织设计的编制与审批流程示意图

2.3.2.2 实施性施工组织设计的分级管理体系

(1)施工组织设计的分级管理体系。

将工程项目根据施工规模、技术难度等因素分为三个等级(表2-2)。从管理模式角度出发,进一步将这三类工程项目分为:公司自管项目、公司直管项目、子(分)公司代公司管理项目、授权子(分)公司管理项目、子(分)公司自管项目等。根据以上分类,不同的工程项目采取分级管理的模式,相应的施工组织设计也实行分级管理,从而形成施工组织设计的分级管理体系。当然,在项目具体实施过程中,需要优化管理层级,以中标单位作为管理主体。

工程项目分级及管理体系 表2-2

项目等级	主要特点	管理体系	
一级项目	特大型项目、年度重点项目和特殊重点单项工程	公司直管项目	执行"公司→公司指挥部(经理部)→子公司→子公司项目部"四级管理体系
		公司委托管理项目和子公司自管项目	执行"公司→子公司→子公司项目部"三级管理、分公司监管的体系

续上表

项目等级	主要特点	管理体系	
二级项目	技术难度中等,但项目实施影响比较大、质量要求高,并存在一定的工期、安全压力,需要公司关注的项目	公司直管项目	执行"公司→公司指挥部(经理部)→子公司→子公司项目部"四级管理体系
		公司委托管理项目和子公司自管项目	执行"公司→子公司→子公司项目部"三级管理、分公司监管的体系
三级项目	施工技术成熟或常规的工程项目	公司直管项目	执行"公司指挥部(经理部)→子公司→子公司项目部(作业队)"三级管理体系
		公司委托管理项目和子公司自管项目	执行"子公司→子公司项目部"两级管理、分公司监管的体系

(2)施工组织设计的分级管理部门。

实施性施工组织设计由施工单位各级工程管理部门归口管理,上级工程管理部门对下级工程管理部门的工作实施督促、检查和指导。

①公司施工组织设计管理部门为公司工程管理部;

②公司指挥部(经理部)施工组织设计管理部门为下设的工程部;

③分公司施工组织设计监管部门为下设的工程部;

④子公司施工组织设计管理部门为下设的工程部;

⑤子公司项目部施工组织设计管理部门为下设的工程部。

(3)施工组织设计的分级管理职责。

①公司职责。

负责一级项目或需要公司审批的其他项目的施工组织设计审批;检查各子公司、公司指挥部(经理部)、子公司项目部的施工组织设计审批及实施情况;必要时牵头组织编制一级项目施工组织设计。

②公司相关部门职责。

工程管理部是公司组织施工组织设计审查或审批的主管部门,并负责二级项目施工组织设计审批;安质、科技、成本、人力、财会部等有关部门参与公司组织的各类工程项目施工组织设计评审,并根据本部门相关职责提出审查意见。

③公司指挥部(经理部)施工组织设计管理职责。

负责主持编制一级项目施工组织设计,报公司审批;负责组织编制二级项目施工组织设计,报公司工程管理部审批;负责审批子公司项目部编制的三级项目施工组织设计。

④子公司施工组织设计管理职责。

负责主持委托管理、自管的一级项目施工组织设计编制,报公司审批;参加公司直管的一级项目施工组织设计编制;负责组织公司委托管理、子公司自管的二级项目施工组织设计编制,报公司工程管理部审批;参加公司直管的二级项目施工组织设计编制;负责审批公司委托管理及子公司自管的三级项目施工组织设计。

⑤分公司施工组织设计管理职责。

收集和熟悉所有监管项目经公司、子公司批准的施工组织设计,按照公司规定检查子公司项目部施工组织设计执行情况,及时发现监管项目在施工生产过程中存在的问题,并将有关情况上报公司和通报承建项目的子公司。

⑥子公司项目部施工组织设计管理职责。

参加编制一级、二级项目施工组织设计;负责编制三级项目施工组织设计,其中公司委托管理及子公司自管项目报子公司审批、公司直管项目报子公司审查后报公司指挥部(经理部)审批;负责实施经批准的施工组织设计,编制项目的施工作业指导书,并进行技术交底。

2.3.2.3 实施性施工组织设计的分级编制

实施性施工组织设计由施工单位项目技术责任人组织编制，由施工单位项目部上级组织内部审查，内部审查后再按程序进行审核、审批。

根据工程项目施工组织设计的分级管理制度，公司、公司指挥部（经理部）、子公司、子公司项目部的经理或总工程师负责组织编制，项目工程师负责编制实施性施工组织设计。施工组织设计应在项目开工前规定的时限内，由项目经理组织编制成稿报批，专项施工方案应在相关工程开工前规定的时限内由项目总工程师编制成稿报批（表2-3、表2-4）；建设单位另有要求的，从其规定。

施工组织设计（专项施工方案）管理台账 表2-3

＿＿＿＿＿施工组织设计（专项施工方案）管理台账												表格编号		
项目名称：														
序号	名　称	计划编制完成时间	实际编制完成时间	自评/审批时间							是否交底	是否发放	是否调整	备注
				自评	项目经理部	监理	业主	子（分）公司	公司	股份公司				
编制/日期：						复核/日期：								
填表说明：此表应及时登记，按月整理。如果施工组织方案和交底接收人以签收表形式签收，本台账需附相应的签收记录表。														

施工组织设计（专项施工方案）编制审批计划表 表2-4

＿＿＿＿＿施工组织设计（专项施工方案）编制审批计划表											表格编号	
项目名称：												
序号	名　称	编制人	复核人	计划完成时间	实际完成时间	计划审批层次						备注
						项目经理部	监理	业主	子（分）公司	公司	股份公司	
编制/日期：					复核/日期：					批准/日期：		
填表说明：审批层次填写时，在需要审批的单位相应表格中填“√”。												

施工单位依据施工合同和指导性施工组织设计，结合现场施工条件，对工地布置、施工方案、施工方法、施工工艺、施工顺序、装备材料配备、劳动组织、质量、安全、工期、环保等进行详细安排，编制实施性施工组织设计文件，并将其作为公司内部编制施工现场计划的依据；实施性施工组织设计的

核心是施工部署、方案比选、施工顺序、工期安排、关键工序的工艺设计以及重点的辅助施工设施设计;针对四电工程以及重难点工程(包括控制工程、技术复杂工程、施工难度大的工程和极高等级风险工程),根据需要编制专项工程实施性施工组织设计;工期超过一年的,施工单位依据建设单位剩余工程指导性施工组织设计,按年度编制剩余工程的实施性施工组织设计。

施工组织设计编制前需召开研讨会。施工组织设计研讨会由项目经理主持,施工方案研讨会由项目总工程师主持,行政领导、项目总工程师、各职能部门和主要施工班组负责人参加,以确定总体思路,论证经济合理性。

2.3.2.4　实施性施工组织设计文件的分级审批

根据有关规范规定,实施性施工组织设计由施工单位项目部组织内部审查,对于高风险、技术难度大的项目应组织专家论证;内部审查后的实施性施工组织设计送监理单位进行审核;建设单位按照批准的指导性施工组织设计,对监理单位报送的实施性施工组织设计及审核意见进行审查并提出审批意见,审查时邀请设计单位参加,必要时建设单位可请专家对重点工程的施工方案进行专题审查。建设单位对实施性施工组织设计的审查工作在工程开工前完成,重点审查主要技术方案和进度计划、临时工程部署、主要管理人员和工程技术人员的配置数量与资质、工程机械配置数量和总能力、材料采购供应计划、保证安全及质量和进度的措施等,确保满足实施性施工组织设计和施工管理的实际需要。

工程项目施工组织设计的审查意见包括以下要点:

(1)施工方案的“四性”,即科学性、合理性、可行性和经济性;

(2)合同工期和阶段性工期目标;

(3)机械设备和动力配备是否合理,能否满足施工需要;

(4)指标和定额的使用合理性;

(5)安全、质量、环保的施工技术措施;

(6)待解决或请求上级待解决的问题。

根据工程项目施工组织设计的分级管理制度,施工单位对施工组织设计审批实行分级审批管理。施工单位项目部根据单项工程技术难度、规模、安全风险等级、工期等要素,按照《危险性较大的分部分项工程安全管理规定》(住建部〔2018〕第37号)等文件要求,结合施工单位专项施工方案等级划分标准,合理划分专项方案等级及编制报审计划,报施工单位上级技术管理部门审核。

超过一定规模的危险性较大分部分项工程专项施工方案(A类)应上报至二级施工单位审批,危险性较大分部分项工程专项施工方案(B类)应上报至三级施工单位审批,一般性专项施工方案和技术方案(C类)由项目总工程师审批。建设单位和地方政府另有要求的,从其规定。

2.3.2.5　实施性施工组织设计的分级实施

施工组织设计一旦经过上级批准,主要施工方法和主要节点工期不得随意更改;确需修改的,按原程序审批。

(1)公司、子公司按施工组织设计要求配置、协调各类专业人员、各种机械设备及工程资金等生产资源。

(2)公司指挥部(经理部)、子公司负责检查、督促、指导项目部严格按照已经审定的施工组织设计实施,在实施过程中进一步优化,并负责解决实施过程中出现的问题,重大问题应及时上报。

(3)分公司负责对所辖范围内工程项目施工组织设计的实施进行检查、督促和指导,发现重大问题应及时向公司报告。

(4)项目部经理负责工程项目按批复的施工组织设计方案组织施工,不得擅自改动,包括施工组织指挥、劳动力组织、设备配备、施工计划安排、技术管理、物资供应、后勤保障等,都要以批准的施工组织设为行动纲领,精心组织施工。项目部总工程师负责组织对项目经理部有关人员、班组、协作队伍进行施工组织设计交底,落实各工序施工严格按既定施工组织设计实施。对工程质量、安全、职业健康、环境保护等方面可能出现的问题,应提前编制应急预案,出现问题及时解决。

(5)临时工程的管理应按照正式工程相关管理程序执行。二级公司应根据经济、实用的原则编制临时工程(施工便道便桥、场地硬化、驻地建设、搅拌站、梁场、铺轨基地等)建设标准,并在实施过程中监督执行。临时工程实施前应由项目部根据公司临时建设标准及建设单位相关要求编制临时工程施工方案,并上报公司进行审批。临建超过公司标准时,必须向公司提交书面申请,并提供相关支持性文件(建设单位相关标准文件、地质报告等)。

2.3.2.6　实施性施工组织设计的调整

工程的施工活动是一个动态过程,施工组织设计实行动态管理。工地上的情况是千变万化的,而施工组织设计在实施过程中,原定的一些条件、程序和方法都有可能因各种原因而发生改变。各级生产指挥系统,要以施工组织设计和阶段性施工生产计划为依据,监督、检查施工进展情况,增强预见性,把问题解决在萌芽状态,以兑现施工组织设计确定的计划进度。如因主、客观因素发生较大变化,难以按预定施工组织设计实施时,有必要对施工组织设计进行局部调整。施工单位对施工方案、施工方法、施工工艺、装备配置、质量、安全、环境保护与水土保持(以下简称"环水保")保障措施的调整、变更应符合指导性施工组织设计,由原编制单位编制调整施工组织设计,并按原审批程序履行手续。另外,在实施过程中,应依据调整后指导性施工组织设计调整实施性施工组织设计。

调整的方法主要是根据施工组织设计执行情况,检查发现的问题及产生的原因,拟定改进措施或方案;对施工组织设计的有关部分或指标进行调整;对施工总平面图进行修改,使施工组织设计在新的条件下实现新的平衡。

施工组织设计的贯彻、检查和调整是一项经常性的工作,必须随着工程施工的进展情况,加强施工中的信息反馈,贯穿施工过程的始终。当施工条件、建设规模发生较大变化及重大设计变更或业主、监理工程师另有要求时,应编制调整或优化施工组织设计。

2.3.2.7　实施性施工组织设计的日常管理

(1)建设单位对实施性施工组织设计执行情况进行核查,定期召开实施情况分析会,对不依据批准的实施性施工组织设计施工的单位责成其整改。

(2)监理单位对实施性施工组织设计执行情况进行检查,每月向建设单位报告;监理单位对施工单位修改后备案的实施性施工组织设计对照审查意见进行核查,核查结果报建设单位核备。

(3)施工单位按照批准的实施性施工组织设计开展施工,配齐施工人员、装备,建立现场试验室,完成大型临时设施、环水保设施等工程和施工驻地及安全评估工作。根据工程进展情况每月定期召开施工组织设计实施情况分析会,出现质量安全问题时及时召开分析会,建立施工组织设计管理台账(表2-3),将实施性施工组织设计执行情况报告建设单位和监理单位。

(4)施工组织设计编制和实施情况,纳入建设单位考核和施工单位信用评价范围。

(5)根据工程项目施工组织设计的分级管理制度,公司工程管理部、公司指挥部(经理部)、分公司、子公司、子公司项目部根据各自管理的项目实际情况,建立健全各级工程项目施工组织设计管理文档,进行施工组织设计日常管理工作(表2-5)。

各级工程项目施工组织设计管理文档及日常管理工作　　表2-5

序号	职能部门	管理文档范围	管理文档内容	日常管理内容
1	公司工程管理部	一级、二级项目	一级、二级项目的施工组织设计及其评审会纪要、批复文件等	收集在实施过程中出现的重大问题,及时提出解决问题的措施和方案;负责对公司各指挥部(经理部)、各子公司施工组织设计的编制、审批工作进行检查、督促和指导

续上表

序号	职能部门	管理文档范围	管理文档内容	日常管理内容
2	公司指挥部（经理部）	管段范围内所有项目	所有项目施工组织设计、评审会纪要、批复文件等	负责检查、督促和指导所有项目施工组织设计的实施，了解在实施过程中出现的问题并及时提出解决措施和方案，出现重大问题时应及时向公司报告
3	分公司	监管片区范围内所有公司委托管理项目、子公司自管项目	所有监管项目施工组织设计、评审会纪要、批复文件等	负责检查、督促和指导所有项目施工组织设计的实施，了解在实施过程中出现的问题并及时提出解决措施和方案，出现重大问题时应及时向公司报告
4	子公司	所有承建项目	所有项目的施工组织设计、评审会纪要、批复文件等	负责检查、督促和指导所有项目施工组织设计的实施，了解在实施过程中出现的一般问题并及时提出解决措施和方案，出现重大问题时应及时向公司报告
5	子公司项目部	承建项目	承建项目施工组织设计、评审会纪要、批复文件等	负责承建项目施工组织设计的实施，及时解决在实施过程中出现的问题，出现重大问题时应及时向上级报告

第3章　施工组织设计编制原则与施工组织原理

工程施工组织设计,受施工方案、人力资源配备、资金投入计划、材料物资供应计划、机械设备选用、工程建设模式与管理模式、施工环境、设计文件、施工合同等众多因素的影响。因此,施工组织设计的编制,应遵循一定的原则和原理。

3.1　施工组织设计编制的基本原则

根据工程建设项目的基本特征和有关要求,工程施工组织设计编制技术应遵循整体性、最优化、模型化、经济合理等基本原则。

(1)整体性原则。

将项目作为一个整体,根据各方面的不同要求,不断调整计划来协调它们之间的关系,保证项目各方面的因素从整体上能够相互协调。

(2)最优化原则。

按照项目的内在规律,有效地计划、组织、协调、控制各生产要素,使之在项目中合理流动,从而实现提高项目管理综合效益,促进整体优化的目的。

(3)模型化原则。

以系统论为指导,通过分析、判断、推理等程序建立模型,运用现代先进的数学方法进行定量化的最优化计算,从而获得技术先进、经济合理、时间节省的整体最优效果。

(4)经济合理原则。

根据合同履行项目施工过程中,既要正确地处理工程项目施工效益与成本的关系,以最小成本追求最大利润,并达到二者的最佳结合,又要在追求施工项目经济利益的同时,考虑国家、社会及他人的利益。

3.2　施工组织设计编制的一般原则

为保证施工组织设计起到其应有的作用,施工组织设计编制还应遵循以下一般性原则。

(1)实现工程项目全部功能原则。

认真贯彻执行国家各项方针、政策,标准和设计文件;遵守国家现行相关法律、法规、条令条例、项目审计文件及项目所在地政府现行相关政策、法规、规定、条例、制度;严格执行基本建设程序和行业现行相关技术标准、规范、规程、指南;尊重项目所在地民风民俗。

(2)实现建设单位各项要求原则。

严格执行合同文件要求的安全、质量、进度、环保、职业健康等目标,实现建设单位各项要求。

(3)科学组织、全面规划、统筹安排、保证重点原则。

优先安排控制工期的关键工程,确保合同工期;按照轻重缓急,合理安排施工部署,统筹安排施工顺序和进度目标;突出重点,照顾一般,充分考虑各阶段、各工序、各工种施工特点、重点和难点,确保各施工阶段和施工工序有机衔接。

(4)安全第一、预防为主、综合治理原则。

严格按照工程施工安全操作规程,制订切实可行的制度、管理、方案、资源配置等方面措施,确保施工安全。

(5)加强标准化管理和"四全"组织的原则。

满足"管理制度标准化、人员配备标准化、现场管理标准化、过程控制标准化"的标准化管理要求,提高"机械化、工厂化、信息化"水平,结合工程实际对工程建设进行"全项目、全过程、全要素、全目标"规划与组织。

(6)施工生产与环境保护"三同步"原则。

满足环保工程与主体工程"同时设计、同时施工、同时投产"的环保目标要求;遵循标准化、精细化管理相关规定,确保安全、质量与环境保护在项目工程施工全过程的有效运行;遵循节能环保、节约用地、因地制宜的原则,力求永临结合、节省投资,并重视生态文明、职业卫生、防灾减灾、文物保护等。

(7)"科技是第一生产力""先进性"与"实用性"相结合、充分应用"四新"(新技术、新装备、新工法、新管理)成果原则。

科学确定施工方案,配备精干高效技术力量和专业化施工队伍;加强工序控制,提高产品质量;充分发挥科学技术在施工生产中的先导保障作用,优质、安全、快速、高效完成工程建设任务。

(8)保证施工连续、均衡、有序进行原则。

用流水施工原理、网络计划技术等基本原理和先进性技术,科学合理安排施工进度计划,科学安排冬、雨季项目施工,保证施工连续、均衡、有序进行。

(9)坚持主线、统筹安排各项工程原则。

铁路工程施工组织设计应以"铺架工程"和"联调联试及运行试验"为主线,统筹安排各项工程。

(10)保证运营安全、运营施工兼顾原则。

营业线施工组织设计应在保证运营安全的前提下,合理安排施工,做到运营施工两不误。

(11)技术可行、经济合理原则。

做好设计方案比选,优化人、财、物、机等资源配置计划,实现工程项目施工技术可行、经济合理的目的。

3.3 流水施工组织原理

3.3.1 常见的工程项目施工作业组织方式

表3-1为常见的工程项目施工作业组织方式。工程项目施工作业有3种基本组织方式:顺序作业法、平行作业法和流水作业法。在实际应用中,多采用平行作业与流水作业的组合作业方式,称平行流水作业法(或搭接作业法),它吸收了平行作业法和流水作业法的优点,在土木工程项目施工中具有普遍性。

工程项目施工作业的组织方式　　表3-1

序号	施工作业组织方式名称		定　义	主要特点	适用条件
1	基本组织方式	顺序作业法(或依次作业法)	各施工段或各施工过程依次开工,依次完成的一种施工作业组织方法。它是一种最基本的、最原始的施工组织方式	(1)没有充分利用工作面去争取时间,工人不能连续作业,工期较长; (2)不能实现专业化施工,不利于改进工人的操作方法和施工机具,不利于工程质量和劳动生产率的提高; (3)单位时间内投入资源量较少,对资源供应的组织工作有利; (4)施工现场组织、管理工作简单	一般适用于规模较小、工作面有限、工期要求不紧的工程

续上表

序号	施工作业组织方式名称		定　义	主要特点	适用条件
2	基本组织方式	平行作业法	所有工程对象同时开工，齐头并进，直至全部同时完成的施工作业组织方法	(1)充分利用工作面，有利于争取时间、缩短工期； (2)工作队不能实现专业化生产，不利于改进人的操作方法和施工机具，不利于提高工程质量和劳动生产率； (3)单位时间内投入施工资源量成倍增长，现场临时设施也相应增加，物资资源消耗集中，不利于经济效益； (4)施工现场组织、管理工作复杂	一般适用于工期要求紧迫、规模大的建筑群，以及工作面允许、资源保证供应的工程
3		流水作业法	将所有工程对象按一定时间间隔依次投入施工，各施工过程陆续开工、陆续竣工，专业班组保持连续不断、均衡施工，依次从一个工程对象转移到下一个工程对象并完成相同的工作，直至所有工程对象全部完工	(1)科学利用工作面并争取时间，工期比较合理； (2)工作队工人能够实现专业化施工，可使工人的操作技术熟练，更好地保证工程质量，提高劳动生产率； (3)专业队工人能够连续作业，相邻专业队之间实现最大限度合理搭接； (4)单位时间内投入施工资源量较为均衡，有利于资源供应组织工作，保证物资消耗具有连续性和均衡性； (5)为文明施工和现场科学管理创造了条件，经济效果较好	适用范围广泛
4	其他组织方式	平行流水作业法（搭接作业）	对施工项目中的各施工过程，按照施工顺序和工艺过程的自然衔接关系进行安排的一种施工作业方式。是流水作业法和平行作业法的一种组合形式	它综合了平行作业法和流水作业法的优点，前后施工过程之间安排紧凑，充分利用工作面，有利于缩短工期，但有些施工过程可能会出现不连续现象	在铁路工程和其他土木工程中更具普遍性。 当所有工程对象按一组进行流水作业，其总工期比规定工期要长时，可将全部工程对象根据工程类型、工程数量分为几个组进行施工，每个组内的工程对象采用流水作业法施工，而组与组之间则采用平行作业法施工

3.3.2　流水施工的优势及适用条件

3.3.2.1　流水施工的优势

流水施工是工程项目施工常见的施工组织方式，尤其对于高速铁路、高速公路等线路工程结构物，流水施工是最有效的科学组织方法。流水施工在工艺划分、时间排列和空间布置上的统筹安排，给工程项目施工单位带来显著的经济效益，归纳起来主要有以下几点优势：

(1)流水工程的连续性减少了专业工作的间隔时间、缩短工期，使工程项目尽早竣工交付使用，发挥投资效益；

(2)便于改善劳动组织，改进操作方法和施工机具，有利于劳动生产率的提高；

(3)通过专业化生产，可提高工人的技术水平，并进一步提高相应的工程质量；

(4)充分利用施工机械和劳动力，提高工人技术水平和劳动生产率，减少用工量和施工临时材

料,降低工程成本,有效提高利润水平;

(5)由于工期短、效率高、用人少、资源消耗均衡,可以减少现场管理费和物资消耗,实现合理储存与供应,有利于工程项目施工的综合经济效益提高。

3.3.2.2 采用流水施工的条件

(1)施工过程划分:把拟建工程的整个建造过程分解成若干施工过程,明确具体工作任务以便操作实施,每个施工过程由固定的专业工作队负责实施完成。

(2)施工段划分:把拟建工程尽可能划分成劳动量或工作量大致相当的施工段(也称流水段),从而形成流水作业的前提。

(3)每个施工过程组织独立的施工班组(可以是专业班组,也可为混合班组),按一定的施工工艺配备必要的机具,每个施工班组按顺序,依次、连续、均衡地从一个施工段转移到另一个施工段进行相同的操作。

(4)各施工段连续、均衡施工。工作量较大、作业时间较长的主要施工过程必须连续、均衡施工,确定各施工专业队在各施工段(区)内的工作持续时间,即"流水节拍",代表施工的节奏性;对其他次要施工过程可考虑与相邻的施工过程合并,如不能合并则可考虑流水施工与搭接施工相结合的间断施工方式。

(5)各工种之间合理的施工关系、相互补充,不同施工过程尽可能组织平行搭接施工。在不同的施工过程中,不同专业工作队之间的关系,表现在工作空间上的交接和工作时间上的搭接。不同工作队完成各施工过程的时间适当地搭接起来,既节省时间,又满足连续作业或工艺上的要求。

3.3.3 流水施工分级及其表达方式

(1)流水施工分级。

根据施工组织的范围,流水施工通常可分为分项工程流水施工、分部工程流水施工、单位工程流水施工和群体工程流水施工等四个级别(表3-2)。图3-1为流水施工分级示意图。

流水施工的分级 表3-2

序号	分级名称	定义	在施工进度计划表上的显示情况
1	分项工程流水施工(或细部流水施工)	在一个专业工种内部组织起来的流水施工	一条标有施工段或施工队编号的水平进度指示线段或斜向进度指示线段
2	分部工程流水施工(或专业流水施工)	在一个分部工程内部、各项工程之间组织起来的流水施工	由一组标有工段或工作队编号的水平进度指示线段或斜向进度指示线段表示
3	单位工程流水施工(或综合流水施工)	在一个单位工程内部、各分部工程之间组织起来的流水施工	若干组分部工程的进度指示线段,并由此构成一张单位工程施工进度计划
4	群体工程流水施工(或大流水施工)	在若干单位工程之间组织起来的流水施工	一张施工总进度计划

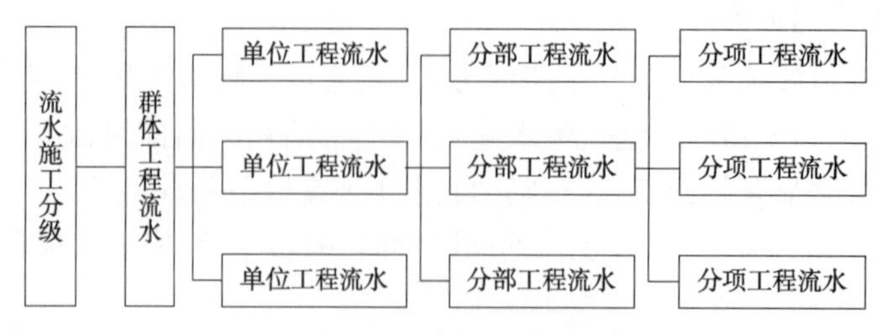

图3-1 流水施工分级示意图

(2)流水施工表达方式。

流水施工的表达方式主要有线条式进度图和网络图两种(表3-3)。线条式进度图分为横道图、形象进度图和纵横坐标进度图三种类型。常用的横道图又分为水平指示图表和垂直指示图表两种。常见的网络图包括单代号网络图和双代号网络图。

流水施工的线条式进度图表达方式　　表 3-3

序号	表达方式	指示图中的主要含义	备　注
1	水平指示图表	横坐标表示流水施工的持续时间；纵坐标表示开展流水施工的施工过程、专业工作队的名称、编号和数目；呈梯形分布的水平线段表示流水施工的开展情况	如图 3-2 所示
2	垂直指示图表	横坐标表示流水施工的持续时间；纵坐标表示展开流水施工所划分的施工段编号；n 条斜线段表示各专业工作队或施工过程开展流水施工的情况	如图 3-3 所示，图中符号含义同图 3-2
3	形象进度图	可直接将施工计划日期或完成日期标注在相应施工部位上，非常形象、直观，调整也很方便，只需修改计划日期或完成日期即可。可以用来表示某种专业工程在不同区段或不同层次上的施工进度	图 3-4 为某道路改造工程形象进度图
4	纵横坐标进度图	以纵坐标表示时间，横坐标表示各项工程所在位置的里程，用竖直柱、斜线等表示工程施工进度。这种施工进度图集中反映了线形工程各种工程沿长度方向的延伸情况	是铁路、公路等大型线形工程常用的施工进度图的表示形式

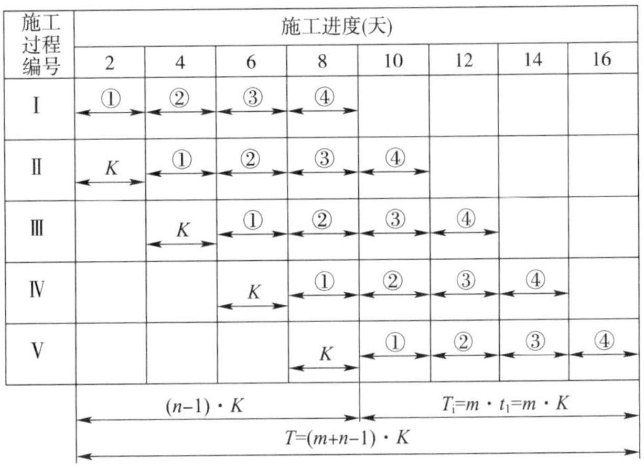

施工过程编号	施工进度(天)							
	2	4	6	8	10	12	14	16
Ⅰ	①	②	③	④				
Ⅱ	K	①	②	③	④			
Ⅲ		K	①	②	③	④		
Ⅳ			K	①	②	③	④	
Ⅴ				K	①	②	③	④

$(n-1) \cdot K$　　$T_1=m \cdot t_1=m \cdot K$

$T=(m+n-1) \cdot K$

图 3-2　水平指示图

T-流水施工计划总工期；T_1-专业工作队或施工过程完成其全部施工段的持续时间；n-专业工作队数或施工过程数；m-施工段数；K-流水步距；t_1-流水节拍，本图中 $t_1=K$；Ⅰ、Ⅱ…-专业工作队或施工过程的编号；①、②、③、④-施工段的编号

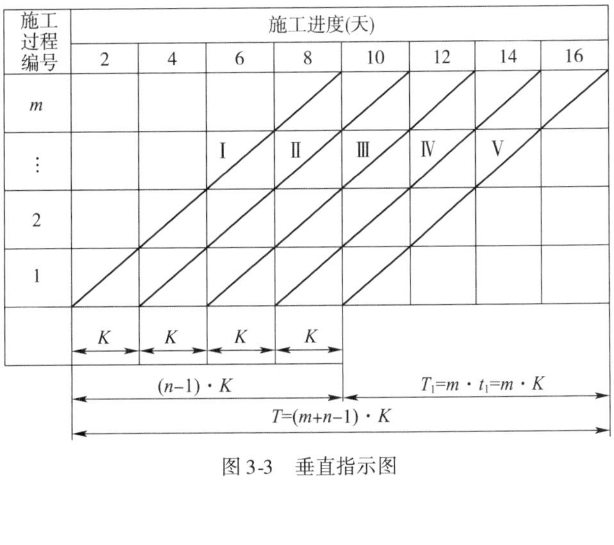

施工过程编号；施工进度(天)：2　4　6　8　10　12　14　16

m　⋮　2　1

Ⅰ　Ⅱ　Ⅲ　Ⅳ　Ⅴ

K　K　K　K

$(n-1) \cdot K$　　$T_1=m \cdot t_1=m \cdot K$

$T=(m+n-1) \cdot K$

图 3-3　垂直指示图

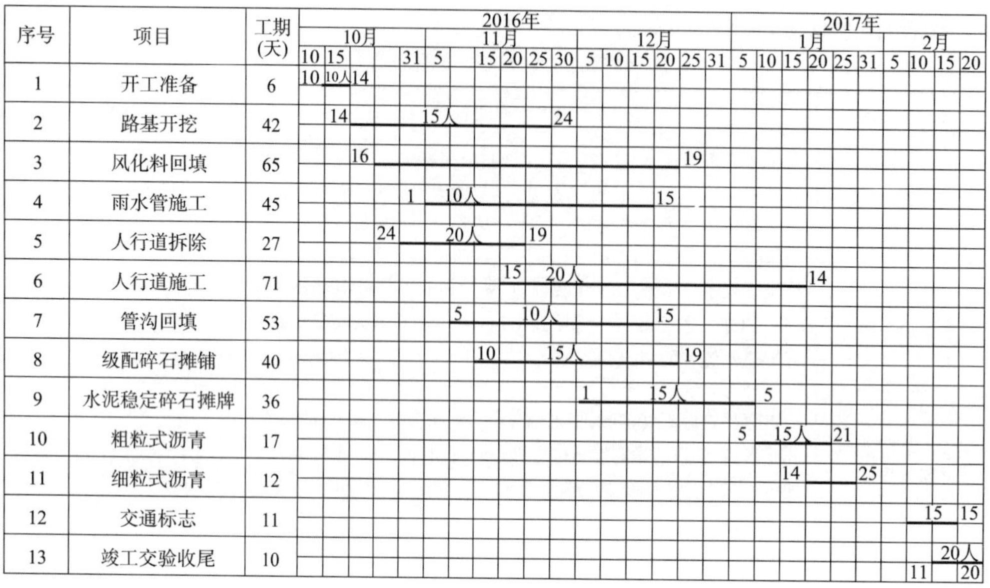

序号
项目
工期(天)
2016年
2017年
10月
11月
12月
1月
2月
10 15 31 5 15 20 25 30 5 10 15 20 25 31 5 10 15 20 25 31 5 10 15 20
1 开工准备 6 10 10人 14
2 路基开挖 42 14 15人 24
3 风化料回填 65 16 19
4 雨水管施工 45 1 10人 15
5 人行道拆除 27 24 20人 19
6 人行道施工 71 15 20人 14
7 管沟回填 53 5 10人 15
8 级配碎石摊铺 40 10 15人 19
9 水泥稳定碎石摊牌 36 1 15人 5
10 粗粒式沥青 17 5 15人 21
11 细粒式沥青 12 14 25
12 交通标志 11 15 15
13 竣工交验收尾 10 20人 11 20

图 3-4　某道路改造工程形象进度图

3.3.4　流水施工的主要参数

在组织拟建工程项目流水施工时,用以表达流水施工在工艺流程、空间布置和时间排列等方面的相互依存关系,将描述施工进度计划图特征的数据称为流水参数。根据参数的性质和作用不同,流水施工的主要参数可分为三大类:工艺参数、空间参数和时间参数(表 3-4)。

流水施工的主要参数　　表 3-4

序号	按性质和作用不同分类	具体参数名称	参数符号	定　义	主要特点
1	工艺参数	施工过程数	n	在组织流水时,用以表达流水施工在工艺上开展层次的有关过程,统称为施工过程	(1)一个工程项目的建造过程,通常由多个施工过程组成。 (2)施工过程可以是一道工序,也可以是一个分项或分部工程。 (3)施工过程划分的数目多少、粗细程度与施工进度计划的作用、施工方案、劳动量大小等因素有关。 (4)在流水施工中,务必使各专业施工队组连续施工,所以各施工过程应分别由一个固定的施工专业队组来承担。专业队组数等于施工过程数
2		流水强度	V	某一施工过程在单位时间内所完成的工程量,称为该施工过程的流水强度,又称流水能力、生产能力	一般分为机械操作流水强度和人工操作流水强度

续上表

序号	按性质和作用不同分类	具体参数名称	参数符号	定　义	主要特点
3	空间参数	施工段数	m	通常把拟建工程项目在平面上划分成若干个劳动量大致相等的施工段落，这些段落称为施工区段	(1)每个施工段在某一段时间内只供一个施工过程的工作队使用。 (2)施工段划分应满足以下基本要求：①数目适宜；②为保证施工质量，施工段的分界线与施工对象的结构界线一致；③为保证各施工班组连续、均衡施工，各施工段的劳动量尽可能大致相等；④以主导施工过程为依据；⑤当组织流水施工对象有层间关系时，应使各工作队能够连续施工
4		施工层	j	在组织流水施工时，为了满足专业工种对操作高度和施工工艺的要求，将拟建工程项目在竖向上划分为若干个操作层，这些操作层称为施工层	施工层的划分，要按工程项目的具体情况，根据建筑物的高度、楼层来确定
5		工作面	a	又称工作前线，是指某种专业工种的工人在从事工程项目施工过程中，所必须具备的活动空间	(1)根据工作面的形成进程情况，可分为完整的工作面和部分的工作面。 (2)无论哪种工作面，不仅要考虑前一施工过程为后一施工过程所能提供的工作面大小，还要遵守保证安全技术和施工技术规范的规定。 (3)高速铁路工程中施工项目、新技术较多，相应其工作面也具有不同特点，在施工组织设计时，必须考虑其相互之间的协调关系
6	时间参数	流水节拍	t_i	在组织流水施工时，每个专业工作队在各个施工段上完成相应的施工任务所需要的工作延续时间，称为流水节拍	(1)它是流水施工的基本参数之一。 (2)流水节拍的大小决定施工速度、施工节奏和资源消耗量。 (3)影响流水节拍数值大小的因素主要有：施工方案、劳动力人数或手工机械台数、工作班次以及工程量。 (4)确定流水节拍一般应注意以下几点：考虑最小工作面、考虑最小劳动组合、考虑最优劳动组合和取一个工日一天或半天的整数倍
7		流水间歇	t_j	在组织流水施工中，由于施工过程之间的工艺或组织上的需要，必须要留时间间隔，称为流水间歇	(1)包括技术间歇时间和组织间歇时间。 (2)技术间歇时间是指同一施工段的相邻两个施工过程之间必须留有的工艺技术间隔时间。 (3)组织间歇时间是指由于施工组织上的需要，同一段相邻两个施工过程在规定流水步距之外所增加的必要的时间间隔
8		搭接时间	T_d	为缩短工期，在工作面允许的条件下，前一个专业工作队和后一个专业工作队在同一施工段上平行搭接施工，这个搭接的时间称为平行搭接时间	(1)搭接时间是指相邻两施工过程同时在同一施工段上的工作时间。 (2)注意搭接时间与流水步距的区别

续上表

序号	按性质和作用不同分类	具体参数名称	参数符号	定　义	主要特点
9	时间参数	流水步距	$B_{i,i+1}$	在组织流水施工时,相邻两个专业工作队在保证施工顺序、满足连续施工最大限度地搭接和保证工程质量要求的条件下,相继投入施工的最小时间间隔,称为流水步距	(1)流水步距是指相邻两个施工过程相继开始施工的最小间隔时间。 (2)流水步距的数目等于 $n-1$ 个参加流水施工的施工过程数。 (3)在施工段不变的情况下:流水步距越大,工期越长;流水步距越小,则工期越短
10		流水工期	T_L	指完成一个流水组施工所需的时间	(1)流水工期与流水节拍、流水步距、流水间歇及搭接时间等其他流水时间参数直接相关,特别是流水步距的影响更大。 (2)不同流水施工方式的流水工期可用统一方法求解,即通常采用各流水步距之和加上最后一个施工过程的持续时间计算流水工期

3.3.4.1　工艺参数

在组织流水施工时,用以表达流水施工在施工工艺上开展顺序及其特征的参数,称为工艺参数。通常,工艺参数包括施工过程和流水强度两种,流水强度一般分为机械操作流水强度和人工操作流水强度。

施工过程数目(n)的确定,主要依据项目施工进度计划在客观上的作用,采用的施工方案、项目的性质和业主对项目建设工期的要求等进行。由于划分施工过程的依据不同,同一个拟建工程项目的施工过程可以分成:主导与穿插、连续与间断、简单与复杂等施工过程,如主体工程等施工过程;而有的施工过程,既是穿插的,又是间断的,同时还是简单的施工过程,如装饰工程中的油漆工程等施工过程。因此,一个施工过程从不同角度去研究,它可以是不同的施工过程;但是,它们所处的地位,在流水施工中不会改变。

机械操作流水强度计算方法如式(3-1):

$$V_i = \sum_{i=1}^{x} R_i \cdot S_i \tag{3-1}$$

式中:V_i——某施工过程的机械操作流水强度;

R_i——某种施工机械台数;

S_i——该种施工机械台班产量定额;

x——用于同一施工过程的主导施工机械种类数。

人工操作流水强度计算方法如式(3-2):

$$V_i = R_i \cdot S_i \tag{3-2}$$

式中:V_i——某施工过程的人工操作流水强度;

R_i——投入施工过程 i 的专业工作队工人数;

S_i——投入施工过程 i 的专业工作队平均产量定额。

3.3.4.2　空间参数

在组织流水施工时,用以表达流水施工在空间布置上所处状态的参数,称为空间参数。空间参数主要有工作面、施工层和施工段等。其中,施工段划分是组织流水施工的基础。施工段的划分,在不同的分部工程中,可以采用相同或不同的划分办法;在同一分部工程中最好采用统一的段数,但也不能排除特殊情况;对于多标段同类型线路工程的施工,可以标段为段组织大流水施工。

3.3.4.3　时间参数

在组织流水施工时，用以表达流水施工在时间排列上所处状态的参数，称为时间参数。时间参数包括：流水节拍、流水间歇、搭接时间、流水步距和流水工期等。其中，流水节拍和流水步距为主要时间参数，流水间歇又可分为技术间歇时间和组织间歇时间。

(1)流水节拍的确定方法。

根据流水节拍数值特征，一般将流水施工又分为：等节拍流水、异节拍流水和无节奏流水等施工组织方式。流水节拍数值的确定方法有：定额计算法、经验估算法和工期计算法等三种。

(2)流水步距的确定。

流水步距 $B_{i,i+1}$ 确定的一般原则：①流水步距要满足相邻两个专业工作队，在施工顺序上的相互制约关系；②流水步距要保证各专业工作队都能连续作业；③流水步距要保证相邻两个专业工作队，在开工时间上最大限度、合理地搭接；④流水步距的确定要保证工程质量，满足安全生产。

确定流水步距的方法：①根据专业工作队在各施工段上的流水节拍，求累加数列；②根据施工顺序，对所求相邻的两累加数列，错位相减；③根据错位相减结果，确定相邻专业工作队之间的流水步距，即相减结果中数值最大者。

(3)流水工期的计算。

一般可按式(3-3)计算：

$$T_L = \sum B_{i,i+1} + T_n \tag{3-3}$$

式中：T_L——流水工期；

$\sum B_{i,i+1}$——流水施工中各流水步距之和；

T_n——流水施工中最后一个施工过程的持续时间，$T_n = mt_n$（m 为施工段数，t_n 为第 n 施工过程的流水节拍）。

3.3.5　流水施工的组织方式

根据流水施工节拍特征的不同以及各施工过程时间参数的不同特点，流水施工方式可分为：有节奏流水和无节奏流水，而有节奏流水又可分为等节拍流水、成倍节拍流水和异节拍流水（表3-5）。

流水施工的组织方式　　表3-5

序号	按流水节拍特征分类			定　义	主要特点	适用范围
1	有节奏流水	等节拍流水	无间歇等节拍流水	各施工过程之间没有技术间歇时间和组织间歇时间，且流水节拍均相等的一种流水施工方式	(1)同一施工过程流水节拍相等，不同施工过程流水节拍也相等，前提是各施工段的劳动量基本相等。 (2)各施工过程之间的流水步距相等，且等于流水节拍。 (3)每个专业工作队能够连续施工，施工段没有空闲。 (4)专业工作队数等于施工过程数	适用于分部工程流水（专业流水），不适用于单位工程和大型建筑群。对于一个单位工程或建设项目来说，要求划分的各分部、分项工程都采用相同的流水节拍，往往十分困难，不容易达到
2			有间歇等节拍流水	各施工过程之间有的需要技术间歇时间和组织间歇时间，有的可搭接施工，其流水节拍均相等的一种流水施工方式	(1)同一施工过程流水节拍相等，不同施工过程流水节拍也相等，前提是各施工段的劳动量基本相等。 (2)因有技术间歇、组织间歇或平行搭接的存在，各施工过程之间的流水步距不一定相等。	

续上表

序号	按流水节拍特征分类		定　义	主要特点	适用范围
3	有节奏流水	成倍节拍流水	同一施工过程在各施工段的流水节拍相等,不同施工过程之间的流水节拍不完全相等,但各施工过程的流水节拍均为其中最小流水节拍的整数倍的流水施工方式	(1)同一施工过程流水节拍相等,不同施工过程流水节拍等于或为其中最小流水节拍的整数倍。 (2)各施工段的流水步距等于其中最小的流水节拍。 (3)每个施工过程的班组等于本过程流水节拍与最小流水节拍的比值	比较适用于线形工程(如道路、管道)的施工
4		异节拍流水	同一施工过程在各施工段的流水节拍相等,不同施工过程之间的流水节拍不一定相等的流水施工方式	(1)同一施工过程流水节拍相等,不同施工过程流水节拍不一定相等。 (2)各施工过程之间的流水步距不一定相等。 (3)允许不同施工过程采用不同的流水节拍,在进度安排上比等节拍流水施工灵活	适用于分部和单位工程流水施工,实际应用范围较广泛
5	无节奏流水		各施工过程的流水节拍不完全相等的一种流水施工方式	(1)同一施工过程流水节拍不完全相等,不同施工过程流水节拍也不完全相等。 (2)各施工过程之间的流水步距不完全相等且差异较大。 (3)不受时间规律约束,在进度安排上比较灵活、自由	适用于各种不同结构性质和规模的工程施工组织,适用于分部工程、单位工程和大型建筑群的流水施工,是流水施工中应用较多的一种方式

(1)等节拍流水。

在组织流水施工时,如果所有的施工过程在各个施工段上的流水节拍彼此相等,这种流水施工组织方式称为等节拍专业流水,也称为固定节拍流水或全等节拍流水或同步距流水。

等节拍流水组织步骤如下:

①确定项目施工起点流向,分解施工过程。

②确定施工顺序,划分施工段并确定施工段数目 m。

无流水间歇时,取 $m=n$;

有流水间歇时,为保证各专业工作队能连续施工,取 $m>n$。

③根据等节拍专业流水要求,计算流水节拍数值 t_i。

④确定流水步距。

$$\text{无流水间歇时,}B_{i,i+1}=t_i \tag{3-4}$$

$$\text{有流水间歇时,}B_{i,i+1}=t_i+t_j-t_d \tag{3-5}$$

式中:$B_{i,i+1}$——第 i 个施工过程和第 $i+1$ 个施工过程之间的流水步距;

t_i——第 i 个施工过程的流水节拍;

t_j——第 i 个施工过程与第 $i+1$ 个施工过程之间的间歇时间;

t_d——第 i 个施工过程与第 $i+1$ 个施工过程之间的搭接时间。

⑤计算流水施工的工期,可按式(3-3)或式(3-6)、式(3-7)进行计算:

无流水间歇时,
$$T_L=(m+n-1)\times t_i \tag{3-6}$$

有流水间歇时， $$T_L=(m+n-1)\times t_i+\sum t_j-\sum t_d \tag{3-7}$$

式中：T_L——流水施工总工期；

m——施工段数；

n——施工过程数；

$B_{i,i+1}$——流水步距；

i——施工过程编号，$1\leqslant i\leqslant n$；

t_j——第 i 个施工过程与第 $i+1$ 个施工过程之间的间歇时间；

t_d——第 i 个施工过程与第 $i+1$ 个施工过程之间的搭接时间。

⑥绘制流水施工指示图表。

(2)无节奏流水。

无节奏流水是组织流水作业的各施工过程，在各施工段上的流水节拍不完全相等的一种流水施工组织方式。组织无节奏流水施工的基本要求同等节拍流水一样，即，保证各施工过程工艺顺序合理和各专业工作队的工作不间断。

无节奏流水施工组织步骤如下：

①确定施工起点流向，分解施工过程。

②确定施工顺序，划分施工段。

③计算各施工过程在各个施工段上的流水节拍。

④按一定的方法确定相邻两个专业工作队之间的流水步距。

无节奏流水步距的计算可采用“累加斜减取大差法”，即：

第一步，将每个施工过程的流水节拍逐段累加；

第二步，错位相减，即从前一个施工班组由加入流水起，到完成该段工作止的持续时间之和，减去后一个施工班组由加入流水起到完成前一个施工段工作止的持续时间之和(即相邻斜减)，得到一组差数；

第三步，取上一步斜减差数中的最大值作为流水步距。

⑤按式(3-3)计算流水施工的计划工期。

⑥绘制流水施工进度表。

(3)成倍节拍流水。

①施工过程所需班组数计算。

每个施工过程的班组数等于本过程流水节拍与最小流水节拍的比值，按式(3-8)计算：

$$D_i=\frac{t_i}{t_{min}} \tag{3-8}$$

式中：D_i——某施工过程所需班组数；

t_i——第 i 个施工过程的流水节拍；

t_{min}——所有流水节拍中最小流水节拍。

②成倍节拍流水步距的确定。

$$B_{i,i+1}=t_{min} \tag{3-9}$$

③成倍节拍流水工期的计算。

$$T_L=(m+\sum D_i-1)t_{min} \tag{3-10}$$

式中：$\sum D_i$——施工班组总数目，$\sum D_i=D_1+D_2+\cdots+D_i$。

(4)异节拍流水。

异节拍流水的组织步骤与等节拍流水组织步骤基本相同，这里补充说明异节拍流水步距和施工工期的计算。

①异节拍流水步距的确定，按照式(3-11)、式(3-12)进行：

$$B_{i,i+1} = t_i + t_j - t_d \quad (\text{当 } t_i \leqslant t_{i+1} \text{时}) \tag{3-11}$$

$$B_{i,i+1} = mt_i - (m-1)t_{i+1} + t_j - t_d \quad (\text{当 } t_i > t_{i+1} \text{时}) \tag{3-12}$$

②异节拍流水施工工期的计算,按照式(3-13)进行:

$$T_L = \sum B_{i,i+1} + mt_n \tag{3-13}$$

3.4 网络计划施工组织原理

3.4.1 网络计划技术与网络计划施工组织原理

网络计划技术是施工组织计划技术的主要方法之一,它利用箭线和节点等组成要素来表达各项工作的先后顺序和相互关系。该方法逻辑严密,主要矛盾突出,有利于施工组织计划的优化调整。随着现代信息技术和计算机技术的发展,网络计划技术在工程项目施工组织设计中得到广泛应用,并且效果显著。

网络计划法可以分析各个施工过程(或工序)在网络图中的地位,找出关键工序和关键线路,然后按照一定的目标(或约束条件)不断调整网络图,最后得到最优的施工进度方案。同时,在计划的执行过程中,还可利用网络图进行有效的控制与监督,从而确保最大的工程效益。

工程网络计划是一种以网状图形表示工程施工顺序的工作流程图。网络计划技术的基本模型是网络图,由箭线和节点组成,以网状形式表达工作流程的有向性和有序性,反映了工程项目施工的任务构成、工作顺序及进度计划,并加注工作时间参数等。

网络计划施工组织的基本原理是:首先,把一项工程的全部建造过程分解为若干项工作,并按其开展顺序和相互制约、相互依赖的关系,绘制出准确表达施工计划中各工作先后顺序及逻辑关系的网络图;其次,通过对网络图形进行时间参数计算,找出计划中的关键工作和关键线路;再次,利用网络计划最优化原理,改进初始方案,并不断改善计划安排,寻求最优网络计划方案;最后,实现在计划执行过程中有效地控制和监督计划,合理使用人力、物力和财力,缩短工期、提高工效、降低成本,力求以最少的资源消耗获取最好的经济效果。

对于工程施工组织设计来说,工程施工进度计划既可以用横道图表示,也可以用网络图来表示,二者各有优缺点(表3-6),但从发展角度看,网络图的应用比横道图更为广泛。

网络图与横道图的特点比较 表3-6

序号	名　称	优　点	缺　点
1	横道计划图	(1)绘图较简便,表达形象,直观易懂、简单明了,便于资源需要量统计。 (2)流水作业排列整齐有序,表达清楚。 (3)结合时间坐标,各项工作的起止时间、作业延续时间、工作进度、总工期等参数都能一目了然	(1)不能反映出各项工作之间的衔接关系,看不出某一工作的变化对整个工程的影响。 (2)不能明确反映关键线路,看不出可以灵活机动使用的时间和工作潜力,不能抓住工作重点进行最合理的组织安排和生产指挥。 (3)不知道如何去缩短工期,降低成本及调整劳动力。 (4)不能利用现代先进的计算机及信息技术计算各种时间参数,以便对计划进行科学调整与优化

续上表

序号	名　称	优　点	缺　点
2	网络计划图	(1)能全面、明确地反映各项工作之间的相互依赖、相互制约的关系,工序之间的逻辑关系清晰。 (2)重点突出,便于管理和控制。通过时间参数的计算,能确定各项工作的开始时间和结束时间,找出对全局性有影响的关键工作和关键线路,抓住施工过程中的主要矛盾,确保竣工工期,避免盲目施工。 (3)能利用计算获得某些工作的机动时间,更好地利用和调配人力、物力,达到降低成本的目的,在计划实施过程中能进行有效的控制和调整,保证以最小的消耗取得最大的经济效果。 (4)利用现代先进的计算机及信息技术对复杂的网络计划进行调整与优化,实现计划管理的科学化	(1)在网络计划上不能清楚反映流水作业。 (2)绘图较麻烦,表达不很直观,未经专业培训难以看懂。 (3)难以显示资源平衡情况。 (4)可以采用时间坐标网络来弥补以上不足之处

3.4.2　网络计划分类

按照不同的分类原则,可以将网络计划分成不同的类别(表3-7)。在工程项目施工组织设计的实践中,常见按表示方法分类的网络计划。为此,下面将重点介绍按表示方法分类的双代号网络计划和单代号网络计划,并补充搭接网络计划。

网络计划的分类　　表3-7

序号	分类原则	网络计划名称	定　义	说　明
1	按性质分类	肯定型网络计划	工作与工作之间的逻辑关系以及工作持续时间都肯定的网络计划	各项工作的持续时间都是确定的、单一的数值,整个网络计划有确定的计划总工期
2		非肯定型网络计划	工作与工作之间的逻辑关系和工作持续时间中一项或多项不肯定的网络计划	各项工作的持续时间只能按概率方法确定出三个值,整个网络计划无确定的计划总工期
3	按表示方法分类	单代号网络计划	以单代号表示法绘制的网络计划	每个节点表示一项工作,箭线仅用来表示各工作间相互制约、相互依赖的关系
4		双代号网络计划	以双代号表示法绘制的网络计划	箭线用来表示工作并用在箭线两端的代号来标记该项工作
5	按目标分类	单目标网络计划	只有一个终点节点的网络计划	网络图只具有一个最终目标
6		多目标网络计划	终点节点不止一个的网络计划	具有若干个独立的最终目标
7	按有无时间坐标分类	时标网络计划	以时间坐标为尺度绘制的网络计划	在网络图中,每项工作箭线的水平投影长度,与其持续时间成正比,如编制资源优化的网络计划即为时标网络计划
8		非时标网络计划	不按时间坐标绘制的网络计划	在网络图中,工作箭线长度与持续时间无关,可按需要绘制。通常绘制的网络计划都是非时标网络计划

续上表

序号	分类原则	网络计划名称	定　义	说　明
9	按层次分类	总网络计划	以整个计划任务为对象编制的网络计划	如群体网络计划或单项工程网络计划
10		局部网络计划	以计划任务的某一部分为对象编制的网络计划	如分部工程网络图
11	按工作衔接特点分类	普通网络计划	其工作间的关系均按首尾衔接,即按紧前工作完成之后工作才能开始的关系绘制的网络计划	如单代号、双代号和概率网络计划
12		搭接网络计划	按照各种规定的搭接关系和搭接时距绘制的网络计划	搭接关系是指在实际中有时紧后工作的开始并不以紧前工作的完成为前提,而是只要紧前工作开始一段时间并能为紧后工作开始提供一定的条件后,紧后工作便可以开始并与紧前工作平行进行的工作衔接关系

3.4.3　网络图的基本要素

网络图由节点、工作和线路等三个基本要素组成。

3.4.3.1　节点

节点,也称事件,通常用“○”表示。在网络图中,用以标志该“○”前面一项或若干项工作结束、允许后面一项或若干项工作开始的时间点称为节点。

在网络图中,节点不同于工作,它只标志着工作结束和开始的瞬间,具有承上启下的衔接作用,而不需要消耗时间或资源(图3-5)。根据其位置不同,可将节点分为起点节点、终点节点和中间节点。表示整个计划开始的节点称为网络图的“起点节点”,整个计划最终完成的节点称为网络图的“终点节点”,其余称为“中间节点”。

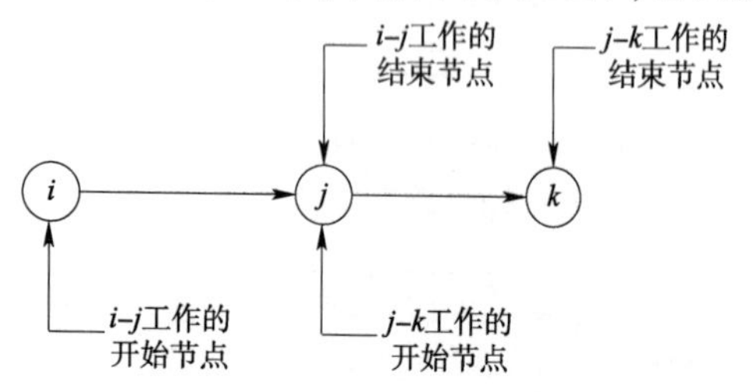

图3-5　节点示意图

3.4.3.2　工作

工作,也称过程、活动、工序。按需要粗细程度将计划任务划分成的一个消耗时间或消耗资源的子项目或子任务,即为“工作”。工作通常可以分为三种:需要消耗时间和资源的;只消耗时间而不消耗资源的;既不消耗时间,也不消耗资源的。前两种是实际存在的工作,后一种是人为的虚设工作,只表示相邻前后工作之间的逻辑关系,通常称其为“虚工作”。

工作是网络图的组成要素之一,通常用箭线来表示。箭线分实箭线和虚箭线两种。一根实箭线表示一项工作或一个施工过程,箭头表示工作的结束,一般每项工作的完成都要消耗一定的时间及资源;虚箭线仅表示工作之间的逻辑关系,它既不消耗时间,也不消耗资源。

工作根据一项计划(或工程)的规模不同,其划分的粗细程度、大小范围也不同。如对于一个规模较大的建设项目来讲,一项工作可能代表一个单位工程或一个建筑物;如对于一个单位工程,一项工作可能只代表一个分部或分项工作。

工作箭线的长度和方向,在无时间坐标的网络图中,原则上讲可以任意画,但必须满足网络逻辑关系,在有时间坐标的网络图中,其箭线长度必须根据完成该项工作所需持续时间的大小按比例

绘图。

在一个网络中,可以有许多工作通向一个节点,也可以由许多工作由同一个节点出发。把通向某节点的工作称为该节点的紧前工作(或前面工作),把从某节点出发的工作称为该节点的紧后工作(或后面工作)。

3.4.3.3　线路

线路是指从网络图的起点节点开始,沿箭线方向连续通过一系列箭线与节点,最后到达终点节点的通路。每一条线路都有自己确定的完成时间,它等于该线路上各项工作持续的总和,也是完成这条线路上所有工作的计划工期。

一个网络图中,从开始事件到结束事件,一般都存在许多条线路,其中至少存在一条或几条线路的总时间最长。将工期最长的线路称为关键线路,其他线路长度均小于关键线路,称为非关键线路。位于关键线路上的工作称为关键工作,它没有机动时间(即无时差),其完成的快慢直接影响整个计划工期的实现。关键线路用粗箭线或双线或彩线标注其箭线连接。

关键线路在网络图中不止一条,可能同时存在几条关键线路,即这几条线路上的持续时间相同。关键线路并不是一成不变的,在一定条件下,关键线路和非关键线路可以相互转化。当采用了一定的技术组织措施,缩短了关键线路上各工作的持续时间,就有可能使关键线路发生转移,使原来的关键线路变成非关键线路,而原来的非关键线路却变成关键线路。

非关键工作有机动时间(即时差);非关键工作也不是一成不变的,它可以转化为关键工作;利用非关键工作的机动时间可以科学、合理地调配资源和对网络计划进行优化。

3.4.4　网络图绘制

3.4.4.1　网络计划图应包含的内容

正确绘制网络图是工程施工组织设计网络计划方法应用的关键。正确的网络计划图应包括三个方面的内容:一是正确表达各种逻辑关系,且工作项目齐全,施工过程数目得当;二是遵守绘制网络图的基本规则;三是选择恰当的绘图排列方法。

3.4.4.2　网络图的逻辑关系

网络图中的逻辑关系是指网络计划中所表示的各工作之间客观上存在或主观上安排的先后顺序,或者是一种相互制约或依赖的关系。网络图与横道图的最大不同点就在于此点,即,网络计划图根据施工工艺和施工组织的要求,应正确反映各项工作之间的相互依赖和相互制约的关系。各工作间的逻辑关系表达得是否正确,是网络图能否反映工程实际情况的关键。

这种顺序关系包括两类:一类是施工工艺关系,称为工艺逻辑;另一类是施工组织关系,称为组织逻辑。工艺逻辑关系是有施工工艺和操作规程所决定的各工作之间客观存在的先后施工顺序。组织逻辑关系是施工组织安排中,考虑劳动力、机具、材料或工期等的影响,在各工作之间主观上安排的先后顺序关系。

要画出一个正确反映工程逻辑关系的网络图,首先要搞清各项工作之间的逻辑关系,也就是要具体解决每项工作的三个方面问题:该工作必须在哪些工作之前进行;该工作必须在哪些工作之后进行;该工作可以与哪些工作平行进行。

3.4.4.3　绘制网络图的基本规则

(1)必须正确表达已定的逻辑关系;

(2)严禁出现循环网络;

(3)在节点之间严禁出现带双向箭头或无箭头的连线,避免出现工作顺序不明确;

(4)严禁出现没有箭头节点或没有箭尾节点的箭线;

(5)一根箭线只能代表一项工作,保证一项工作只有唯一的一条箭线和相应的一对节点编号;

(6)网络图节点编号顺序一般是从左至右,从上到下进行编号,按自然数从小到大编号,可以跳号但不能重复,一根箭线箭头节点的编号必须大于箭尾节点编号;

(7)当图中某些节点有多条内向箭线或多条外向箭线时,在保证一项工作只有唯一的一条箭线和相应的一对节点编号的前提下,可使用母线法绘图;

(8)绘制网络图时,箭线不宜交叉,当交叉不可避免时,可用过桥法或指向法;

(9)网络图中应只有一个起点节点,在不分期完成任务的网络图中应只有一个终点节点,其他所有节点均应是中间节点。

3.4.4.4 网络图的排列方法

为了使网络计划更形象而清楚地反映出工程项目施工的特点,绘图时可根据不同的工程情况、不同的施工组织方法和使用要求,灵活排列,以简化层次,使各工作间在工艺及组织上的逻辑关系准确而清楚,以便于技术人员掌握,便于对计划进行计算和调整。

常用的网络图的排列方法有两种:一是按施工段排列法;二是按工种排列方法。

按施工段排列法:为了突出表示工作面的连续或者工作队的连续,把在同一施工段上的不同工种工作安排在同一水平线上,即,把施工段按水平排列,工艺顺序按垂直方向排列。

按工种排列方法:为了突出表示工种的连续作业,把同一工种工程排列在同一水平线上,即,把各工作的工艺顺序按水平方向排列,施工段按垂直方向排列。

3.4.4.5 网络图的连接

编制一个工程规模比较大或有多个分部工程的网络计划时,一般先按不同的分部工程编制局部网络图,然后根据其相互之间的逻辑关系进行连接,形成一个总体网络图。

3.4.4.6 绘制网络图应注意的问题

(1)层次分明,重点突出;

(2)构图形式简洁易懂,箭线以水平线为主,竖线、斜线为辅,尽量避免曲线;

(3)正确应用虚箭线明确逻辑关系,有效发挥"断""连"逻辑关系的作用,尽量减少不必要的虚箭线。

3.4.4.7 单代号网络图与双代号网络图的比较

单代号网络图和双代号网络图各有优缺点,各具特色、互为补充。两种表示方法在不同的情况下,其表现的繁简程度不同。有些情况下,应用单代号表示法较为简单;有些情况下,使用双代号表示法则更为清楚。因此,关于单代号网络图与双代号网络图的应用效果评价,不能一概而论,而应结合具体情况具体分析。

(1)单代号网络图作图方便,图面简洁,不必增加虚箭线,产生逻辑错误的可能性较小,从而弥补双代号网络图在此方面的不足;

(2)单代号网络图具有便于说明,容易被非专业人员理解和易于修改的优点;

(3)单代号网络图用节点表示工作,没有长度概念,与双代号网络图相比不够形象,不便于绘制带时间坐标的网络计划;

(4)两种方法均适于应用计算机绘制、计算和优化、调整。

3.4.5 网络图计算

3.4.5.1 网络图计算的目的

网络图的计算,主要是进行网络图时间参数的计算,主要目的如下:

(1)确定关键线路,促使工作中抓住主要矛盾,向关键线路要时间;

(2)计算非关键线路上的富余时间,掌握其可能存在的机动时间,向非关键线路要劳力和资源;

(3)确定总工期,做到工程进度心中有数;

(4)确定网络图上各项工作和各个节点的时间参数,为网络计划的优化、调整和执行提供明确的时间概念。

3.4.5.2　网络图计算的参数及其含义

网络图计算的内容主要包括:各个节点的最早时间和最迟时间;各项工作的最早开始时间、最早结束时间、最迟开始时间、最迟结束时间;各项工作的有关时差以及关键线路的持续时间。具体计算的参数及其含义见表3-8。

各工作之间逻辑关系在网络图中的表示方法　　表3-8

序　号	各活动之间的逻辑关系	用双代号网络图的表达方式
1	A完成后,进行B和C	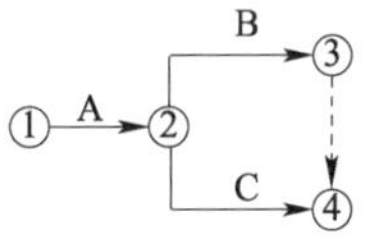 B ③ ① A ② C ④
2	A、B完成后,进行C和D	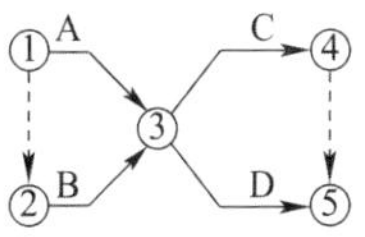 ① A C ④ ③ ② B D ⑤
3	A、B完成后,进行C	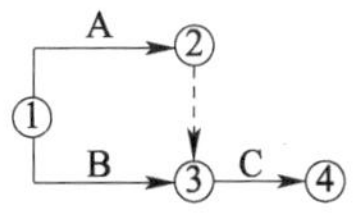 A ② ① B ③ C ④
4	A完成后,进行C;A、B完成后,进行D	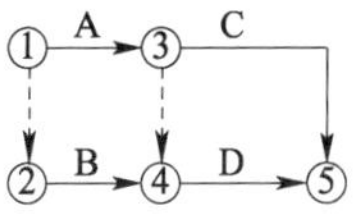 ① A ③ C ② B ④ D ⑤
5	A、B完成后,进行D;A、B、C完成后,进行E;D、E完成后,进行F	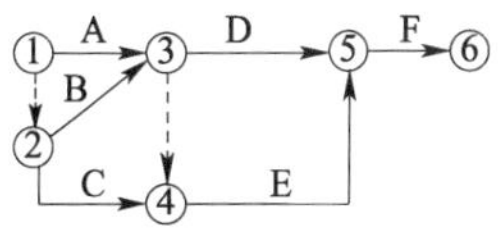 ① A ③ D ⑤ F ⑥ B ② C ④ E
6	A、B活动分成三个施工段:A_1完成后,进行A_2、B_1;A_2完成后,进行A_3;A_3及B_2完成后,进行B_3	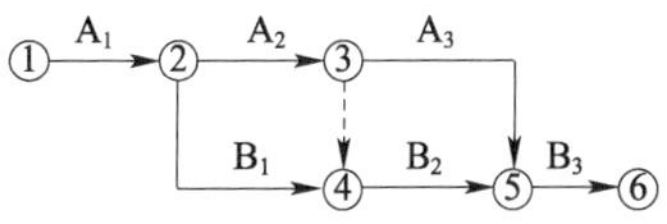 ① A_1 ② A_2 ③ A_3 B_1 ④ B_2 ⑤ B_3 ⑥
7	A完成后,进行B;B、C完成后,进行D	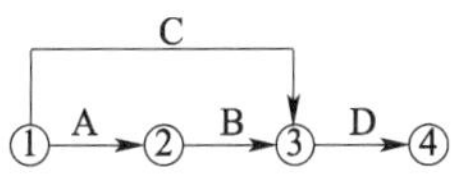 C ① A ② B ③ D ④

3.4.5.3　网络图的计算方法

网络图时间参数的计算有许多种方法，一般常用的有分析计算法、图上计算法、表上计算法、矩阵计算法和电算法等。

3.4.6　双代号网络计划

3.4.6.1　双代号网络计划图的基本要素及表示方法

双代号网络图由工作、节点、线路三部分组成。按照网络图中工作之间的相互关系，可将工作分为：紧前工作、紧后工作、平行工作、起始工作、结束工作、先行工作、后续工作等。在双代号网络图中，节点不同于工作，它只标志着工作的结束和开始的瞬间，具有承上启下的衔接作用，而不需要消耗时间或资源。节点包括起点节点、完成节点和中间节点，所有的中间节点都具有双重的含义，既是前面工作的完成节点，又是后面工作的开始节点。

双代号网络图中，节点内必须编号，每根箭线前后两个节点的编号表示一项工作，且一项工作只有唯一的一条箭线和相应的一对节点编号，箭尾的节点编号应小于箭头的节点编号。节点编号采用自然数，可以连号也可以跳号。对一个节点而言，可以有许多箭线通向该节点，这些箭线称为“内向箭线”或“内向工作”；同样，也可以有许多箭线从同一节点出发，这些箭线称为“外向箭线”或“外向工作”。

双代号网络图中，从起点节点开始，沿箭线方向连续通过一系列箭线与节点，最后到达终点节点所经过的通路称为线路。在网络图中线路时间最长的线路称为关键线路，其对应的工作称为关键工作。在网络图参数计算中，最主要的目的就是确定关键线路，并利用关键线路与非关键线路之间可能存在的转化性，利用非关键工作的机动时间科学、合理地调配资源并对网络计划进行优化。

3.4.6.2　双代号网络图各种逻辑关系

在绘制双代号网络图时，必须正确反映各工作之间的逻辑关系，其表示方法见表3-8。

3.4.6.3　双代号网络图绘制的基本原则

绘制双代号网络图时，要正确地表示工作之间的逻辑关系和遵循有关绘图的基本原则。绘制双代号网络一般必须遵循的基本原则详见“3.4.4 网络图绘制”中“绘制网络图的基本原则”。

3.4.6.4　双代号网络计划时间参数的计算及关键线路的确定

双代号网络图时间参数计算的内容见表3-9，进一步将其归纳为5类，即工作持续时间参数($D_{i\text{-}j}$)、节点时间参数、工作时间参数，工作时差参数和网络计划的计算工期参数(T_c)。其中，节点时间参数包括：各个节点的最早时间(ET_i)和最迟时间(LT_i)；工作时间参数包括：各项工作的最早开始时间($ES_{i\text{-}j}$)、最早完成时间($EF_{i\text{-}j}$)、最迟开始时间($LS_{i\text{-}j}$)和最迟完成时间 ($LF_{i\text{-}j}$)；工作时差参数包括：各项工作的总时差($TF_{i\text{-}j}$)和自由时差($FF_{i\text{-}j}$)。

针对以上参数的计算方法很多。归纳起来，工作持续时间的计算方法通常有三种：定额计算法、三时估算法和工期计算法；网络图时间参数计算的方法一般常用的有：分析计算法、图上计算法、表上计算法、矩阵计算法和电算法等(在此仅介绍分析计算法)。

(1)工作持续时间的计算。

①工作持续时间计算的定额计算法公式：

$$D_{i\text{-}j}=\frac{Q_{i\text{-}j}}{R\cdot S} \tag{3-14}$$

式中：$D_{i\text{-}j}$——$i\text{-}j$ 工作的持续时间；

$Q_{i\text{-}j}$——$i\text{-}j$ 工作的工程量；

R——投入 $i\text{-}j$ 工作的人数或机械台班数；

S——产量定额。

网络图计算的参数及其含义

表3-9

序号	参数名称	定　义	符号表示
1	工作持续时间	一项工作或施工过程从开始到完成所需的时间	D_{i-j}
2	工作的最早开始时间	在紧前工作全部完成后,本工作有可能开始的最早时刻	ES_{i-j}
3	工作的最早完成时间	在紧前工作全部完成后,本工作有可能完成的最早时刻	EF_{i-j}
4	工作的最迟开始时间	在不影响整个任务按期完成的条件下,工作必须开始的最迟时刻	LS_{i-j}
5	工作最迟完成时间	在不影响整个任务按期完成的条件下,工作必须完成的最迟时刻	LF_{i-j}
6	事件	工作开始或完成的时间点	
7	节点最早时间	以某节点为开始节点的各项工作的最早开始时间	ET_i
8	节点最迟时间	以某节点为完成节点的各项工作的最迟完成时间	LT_i
9	工作的自由时差	各项工作按最早时间开始且在不影响其紧后工作最早开始时间的条件下,本工作所具有的机动时间(或富余时间)	FF_{i-j}
10	工作的总时差	各项工作在不影响总工期的前提下,本工作可以利用的机动时间	TF_{i-j}
11	计算工期	根据时间参数计算所得到的工期	T_c
12	要求工期	项目法人在合同中所要求的工期	T_r
13	计划工期	在要求工期和计算工期的基础上综合考虑所确定的作为实施目标的工期	T_p ($T_p \leq T_r$)

②当持续时间不能用定额计算法计算时,便采用三时估算法,其计算公式为:

$$D_{i\text{-}j} = \frac{a + 4c + b}{6} \tag{3-15}$$

式中:$D_{i\text{-}j}$——i-j 工作的持续时间;

a——工作的乐观(最短)持续时间估算值;

b——工作的悲观(最长)持续时间估算值;

c——工作的最可能持续时间估算值。

虚工作必须视同工作进行计算,其持续时间为零。

③工作持续时间的工期计算法。

工期计算法就是对于规定工期内必须完成的工程项目,往往采用倒排进度法,具体步骤如下:

a. 根据规定的项目工期,确定单位工程工期 T;

b. 由单位工程工期,确定各分部工程、分项工程工期 T_i;

c. 由分项工程工期,确定施工过程的工作时间 T_1;

d. 确定某施工过程在某时间段上的工作时间,即 $t_i = T_1/m$(m 为施工段数);

e. 复核每班人数及机械台数,看是否满足施工工作面的要求。

当施工段数确定后,工作时间越长,则相应的工期越长。因此,从理论上讲,工作时间越短越好,但由于实际上受工作面的限制,每一个施工过程在各施工段上都有最小的施工时间,可按式(3-16)计算:

$$t_{ij} = \frac{Q_i}{S \cdot R_{max} \cdot N_{max}} = \frac{Q_i}{S \cdot \dfrac{A_i}{A_{min} \cdot N_{min}}} = \frac{A_{max} \cdot Q_i}{S \cdot A_i \cdot N_{max}} \tag{3-16}$$

式中:Q_i——第 i 施工段的工程量;

A_i——第 i 施工段的总工作面;

A_{min}——每个工人所需的最小工作面;

S——产量定额;

t_{ij}——j 工班在第 i 施工段的最短工作时间；

R_{max}——每班投入的最多人数或机械台数；

N_{max}——每班的最多工作班次；

N_{min}——每班最少工作班次；

A_{max}——每个工人所需的最大工作面。

(2)节点时间参数的计算。

①节点最早时间的计算。

节点最早时间是指双代号网络计划中，以该节为开始节点的各项工作的最早开始时间。节点 i 的最早时间 ET_i 应从网络计划的起点节点开始，顺着箭线方向，依次逐项计算，并应符合下列规定：

a. 点节点 i 若未规定最早时间 ET_i 时，其应等于零，即

$$ET_i = 0(i = 1) \tag{3-17}$$

b. 其他节点的最早时间 ET_j 为：

$$ET_j = \max\{ET_i + D_{i-j}\} \quad (i < j) \tag{3-18}$$

式中：ET_j——工作 i-j 的完成节点 j 的最早时间；

ET_i——工作 i-j 的开始节点 i 的最早时间。

②节点最迟时间的计算。

节点最迟时间指双代号网络计划中，以该节点为完成节点的各项工作的最迟完成时间，其计算应符合以下规定：

节点 i 的最迟时间 LT_i 应从网络计划的终点节点开始，逆着箭线方向依次逐项计算。

终点节点 n 的最迟时间 LT_n 应按网络计划的计划工期 T_p 确定，即：

$$LT_n = T_p \tag{3-19}$$

其他节点 i 的最迟时间 LT_i 应为：

$$LT_i = \min\{LT_j - D_{i-j}\} \tag{3-20}$$

式中：LT_i——工作 i-j 的开始节点 i 的最迟时间；

LT_j——工作 i-j 的完成节点 j 的最迟时间。

(3)工作时间参数的计算。

①工作最早开始时间和最早完成时间计算。

工作最早开始时间 $ES_{i\text{-}j}$ 和最早完成时间 $EF_{i\text{-}j}$ 反映工作 i-j 与其紧前工作的时间关系，受开始节点 i 的最早时间控制，$ES_{i\text{-}j}$ 和 $EF_{i\text{-}j}$ 的计算应以开始节点的时间参数为基础，计算公式为：

$$\left.\begin{aligned} ES_{i\text{-}j} &= ET_i \\ EF_{i\text{-}j} &= ES_{i\text{-}j} + D_{i\text{-}j} \end{aligned}\right\} \tag{3-21}$$

②工作最迟完成时间和最迟开始时间的计算。

工作最迟完成时间 $LF_{i\text{-}j}$ 和最迟开始时间 $LS_{i\text{-}j}$ 反映工作 i-j 与其紧后工作的时间关系，受其完成节点 j 的最迟时间限制。$LF_{i\text{-}j}$ 和 $LS_{i\text{-}j}$ 的计算应以其完成节点的时间参数为基础，计算公式为：

$$\left.\begin{aligned} LF_{i\text{-}j} &= LT_j \\ LS_{i\text{-}j} &= LF_{i\text{-}j} - D_{i\text{-}j} \end{aligned}\right\} \tag{3-22}$$

(4)工作时差参数的计算。

①工作自由时差的计算。

工作自由时差是指在不影响其紧后工作最早开始时间的前提下，本工作可以利用的机动时间，计算公式为：

$$FF_{i\text{-}j} = ET_j - ET_i - D_{i\text{-}j} = ES_{j\text{-}k} - ES_{i\text{-}j} - D_{i\text{-}j} = ES_{j\text{-}k} - EF_{i\text{-}j} \tag{3-23}$$

②总时差的计算。

工作总时差是指在不影响总工期的前提下，本工作可以利用的机动时间。工作 i-j 的总时差计算公式如下：

$$TF_{i\text{-}j} = LT_j - ET_i - D_{i\text{-}j} = LF_{i\text{-}j} - EF_{i\text{-}j} = LS_{i\text{-}j} - ES_{i\text{-}j} \quad (3\text{-}24)$$

（5）网络计划的工期参数计算。

①网络计划的计算工期（T_c）是指根据时间参数计算得到的工期，它应按式（3-25）计算：

$$T_c = ET_n \quad (3\text{-}25)$$

式中：ET_n——终点节点 n 的最早时间。

②网络计划的计划工期的确定。网络计划的计划工期（T_p）指按要求工期和计算工期确定的作为实施目标的工期，其计算应符合以下规定：

当已规定了要求工期（T_r）时，$T_p \leq T_r$；

当未规定要求工期（T_r）时，$T_p = T_c$。

（6）关键工作和关键线路的确定。

①关键工作是指网络计划中总时差最小的工作。

当计划工期（T_p）与计算工期（T_c）相等时，这个"最小值"为0；

当计划工期（T_p）大于计算工期（T_c）时，这个"最小值"为正；

当计划工期（T_p）小于计算工期（T_c）时，这个"最小值"为负。

②关键线路是指自始至终全部由关键工作组成的线路，或线路上总的工作持续时间最长的线路。

③关键工作和关键线路的标注。关键工作和关键线路在网络图上应当用粗线或双线或彩线标注其箭线。

3.4.7　单代号网络计划

3.4.7.1　单代号网络计划图的基本要素及表示方法

单代号网络计划图的基本要素与双代号网络图基本要素近似但含义不完全相同，单代号网络计划图由节点、箭线、线路三部分组成。

单代号网络图中每一个节点表示一项工作，用圆圈或矩形表示，一般将工作名称、编号填写在圆圈或方框的上半部分，完成工作所需要的时间写在圆圈或方框的下半部分（也可写在箭线下面）。

单代号网络图中，箭线表示紧邻工作之间的逻辑关系，即，连接两个节点圆圈或方框间的箭线表示两项工作（活动）间的直接前导（紧前）和后继（紧后）关系。箭线可画成水平直线、折线或斜线，箭线水平投影的方向自左向右，表示工作的进行方向。

单代号网络图的线路与双代号网络图的线路含义相同，从网络计划起点节点到结束节点之间持续时间最长的线路称为关键线路。

3.4.7.2　单代号网络图各种逻辑关系

单代号网络图中，根据工程计划中各工作工艺、组织等逻辑关系来确定紧前紧后工作的关系，各工作逻辑关系的表示方法见表3-10。

单代号网络图中各工作逻辑关系的表示方法　　表3-10

序　号	工作间的逻辑关系	图　示
1	A 工作完成后进行 B 工作	Ⓐ→Ⓑ

续上表

序　号	工作间的逻辑关系	图　示
2	A、B 工作完成后进行 C 工作	A→C；B→C
3	A 工作完成后，B、C 工作可以同时开始	A→B；A→C
4	A、B、C 工作完成后，才能进行 D 工作	A→D；B→D；C→D
5	A 工作完成后，B、C、D 工作同时结束	A→B；A→C；A→D
6	A 工作完成后进行 C 工作，B 工作完成后同时进行 C、D 工作	A→C；B→C；B→D

3.4.7.3　单代号网络图绘制的基本原则

单代号网络图绘制的基本原则与双代号网络图的绘图原则基本相同，详见“3.4.4 网络图绘制”中关于网络图绘制的基本原则的描述，在此不赘述。

3.4.7.4　单代号网络计划时间参数的计算及关键线路的确定

(1)单代号网络图的主要工作时间参数及其计算方法。

单代号网络图的主要工作时间参数有：工作的持续时间(D_i)、工作的最早开始时间(ES_i)、工作的最早完成时间(EF_i)、工作的最迟开始时间(LS_i)、工作的最迟完成时间(LF_i)、工作的自由时差(FF_i)、工作的总时差(TF_i)、关键线路总持续时间(计划工期)(L_P)等。

单代号网络图时间参数的计算方法主要有：分析计算法、图上计算法、表上计算法、矩阵计算法、电算法等。尽管方法很多，但都是以分析计算法为基础而采用不同的计算及表现形式。其中，图上计算法就是根据分析计算法的时间参数计算公式，在图上直接计算的一种方法；此种方法必须在对分析计算法理解和熟练的基础上进行，边计算边将所得时间参数填入图中预留的位置上；由于比较直观、简便，所以手算一般采用此种方法。表上计算法就是利用分析计算的基本原理及计算公式，以表格的形式进行计算的一种方法，其计算步骤和分析计算法、图上计算法大致相同。为此，这里主要

介绍分析计算法进行单代号网络图时间参数的计算。

分析计算法就是通过对各种工作间逻辑关系的分析，按照一定的顺序、对网络图直接进行时间参数计算的一种方法。其计算步骤主要分以下几步：

第一步，计算工作（或节点）的最早可能时间，其计算顺序从起点节点箭头方向进行；

第二步，计算工作（节点）的最迟时间；

第三步，时差计算；

第四步，确定关键线路。

（2）工作（或节点）的最早可能时间。

①在网络图的开始，有一个虚设的起点节点，设其开始时间为零，其持续时间为零：

$$ES_i = 0 \quad (i = 1,\text{起点节点}) \tag{3-26}$$

②工作的最早开始时间 ES_i。一项工作（节点）的最早可能开始时间等于它的各紧前工作的最早完成时间的最大值。如果本工作只有一个紧前工作，那么其最早开始时间就是这个紧前工作的最早完成时间。

i 工作前有多个紧前工作时：

$$ES_i = \max\{EF_i\} \tag{3-27}$$

i 工作前只有一个紧前工作时：

$$ES_i = EF_i \tag{3-28}$$

③工作的最早完成时间 EF_i。一项工作（节点）的最早完成时间就等于其最早开始时间和本工作持续时间之和：

$$EF_i = ES_i + D_i \tag{3-29}$$

当计算到网络图结束时，由于其本身不占用时间，即其持续时间为零，所以：

$$T_c = EF_n \quad (\text{终点节点}) \tag{3-30}$$

（3）工作（节点）的最迟时间计算。

①最迟完成时间。一项工作的最迟完成时间是指在保证不致拖延总工期的条件下，本工作最迟必须完成的时间：

$$LF_n = T \quad (T\text{为合同工期或规定工期}) \tag{3-31}$$

任一工作最迟完成时间不应影响其紧后工作的最迟开始时间，所以，工作的最迟完成时间等于其紧后工作必须开始时间的最小值，如果只有一个紧后工作，其最迟完成时间就等于此紧后工作的最迟时间：

有多项紧后工作时：

$$LF_i = \min\{LS_i\} \tag{3-32}$$

只有一个紧后工作时：

$$LF_i = LS_i \quad (i < j) \tag{3-33}$$

从上面可以看出，最迟时间的计算是从终点节点开始逆箭头方向计算的。

②最迟开始时间 LS_i。工作的最迟开始时间等于其最迟完成时间减去本工作的持续时间：

$$LS_i = LF_i - D_i \tag{3-34}$$

（4）时差计算。

工作时差的概念与双代号网络图完全一致，但由于单代号工作在节点上，所以，其表示符号有所不同，其计算公式如下。

①总时差：

$$TF_i = LS_i - ES_i \tag{3-35}$$

②自由时差：即不影响紧后工作按最早可能时间开工的本工作的机动时间。

$$FF_i = \min\{ES_i - EF_i\} \tag{3-36}$$

(5)确定关键线路。

关键线路的定义与双代号网络图相同,即总时差为最小的工作(或节点)所构成的线路为关键线路。关键线路的总的持续时间即为工程的计划工期。

3.4.8 搭接网络计划

3.4.8.1 概述

按工作衔接特点将网络计划分为普通网络计划和搭接网络计划。前述介绍的双代号网络计划和单代号网络计划均为普通网络计划。在实际工作中,有时紧后工作的开始并不以紧前工作的完成为前提,而是只要紧前工作开始一段时间并能为紧后工作开始提供一定的条件后,紧后工作便可以开始并与紧前工作平行进行的工作衔接关系称为搭接关系,根据搭接关系而编制的网络计划即为搭接网络计划。

搭接网络计划作为一种严格的科学计划方法,在西方国家作为主要的网络技术,得到广泛的应用。搭接网络计划具有以下特点:

(1)直接反映工作之间各种可能出现的顺序关系。

(2)大大简化了网络计划的图形和计算,尤其适合重复性工作和许多工作同时进行的情况。

(3)丰富了网络计划的内容,极大地扩展了应用范围。

(4)方便灵活,适应性强,既可适合多种方法手算,也可采用计算机计算。

搭接网络计划的类型繁多,但从其基本实质和特征来看,主要涉及搭接关系的计算、搭接时间的计算、最大时距的计算等方面。具体的分类:前导搭接网络计划、曼特拉位差法网络计划、单代号搭接网络计划、组合网络计划等。下面重点介绍一种常用的单代号搭接网络计划。

3.4.8.2 单代号搭接网络计划的表达方式及搭接关系

(1)单代号搭接网络与单代号网络图均属于工作节点网络图,其表达方式及绘图要点和逻辑规则可概括如下:

①根据工作顺序依次建立搭接关系。

②为提高程序设计的通用性,一般情况下要设开始节点和结束节点。开始节点的作用是使最先可同时开始的若干工作有一个共同的起点,结束节点的作用是使可最后同时结束的若干工作有一个共同的终点。

③一个节点代表一项工作,箭线表示工作先后顺序和相互搭接关系。节点可以用不同的形式(如矩形或圆形),但基本内容必须包括工作编号、工作名称、持续时间以及6个时间参数。

④不能出现闭合回路。

⑤每项工作的开始都须和开始点建立直接或间接的联系。

⑥每项工作的结束都必须和结束点建立直接或间接的联系。

(2)单代号搭接网络计划的搭接关系有5种(表3-11):

①结束到开始的关系(*FTS*)。两项工作之间的关系通过前项工作结束到后项工作开始之间的时距(*LT*)来表达。当时距为零时,表示两项工作之间没有间歇,这就是普通网络图中的逻辑关系。

②开始到开始的关系(*STS*)。前后两项工作关系用其相继开始的时距 LT_i 来表达,即,前项工作 i 开始后,需经过 LT_i 时间后,后面的工作 j 才能进行。

③结束到结束的关系(*FTF*)。两项工作之间的关系用前后工作相继结束的时距 LT_j 来表示,即前项工作 i 结束后,经过 LT_j 时间,后项工作 j 才能结束。

④开始到结束的关系(*STF*)。两项工作之间的关系用前项工作开始到后项工作的结束之间的时距 LT_i 和 LT_j 来表达,即,后项工作 j 的最后一部分,它的延续时间,要在前项工作 i 开始进行到 LT_i

时间后，才能接着进行。

⑤混合搭接关系。当两项工作之间同时存在上述4种基本关系中的两种关系时，这种具有双重约束的关系，称为“混合搭接关系”。除了常见的 *STS* 和 *FTF* 外，还有 *STS* 和 *STF* 以及 *FTF* 和 *FTS* 两种混合搭接关系。

五种基本搭接关系的表达方法　　表3-11

搭接关系	横道图	时距参数	单代号搭接网络图
FTS	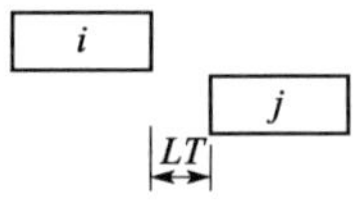 i　j　LT	LT	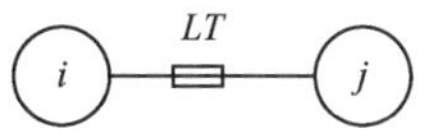 i　LT　j
STS	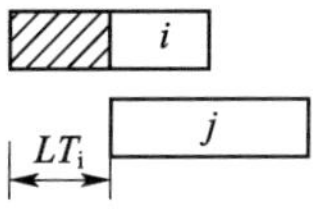 i　j　LT_i	LT_i	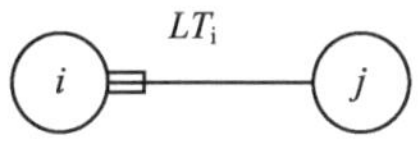 i　LT_i　j
FTF	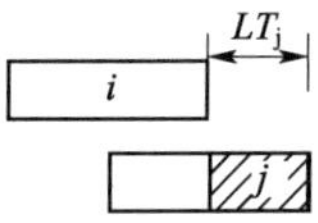 LT_j　i　j	LT_j	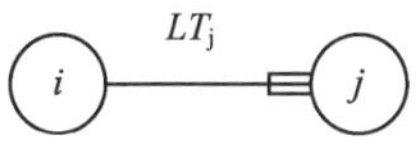 i　LT_j　j
STF	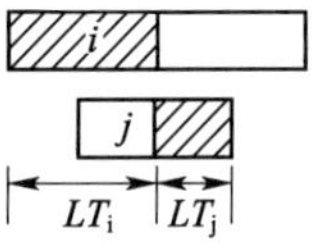 i　j　LT_i　LT_j	LT_i，LT_j	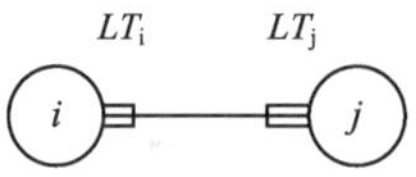 LT_i　LT_j　i　j
混合（以 *STS*，*FTF* 为例）	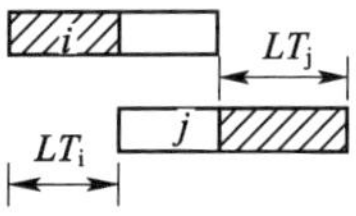 i　LT_j　j　LT_i	LT_i，LT_j	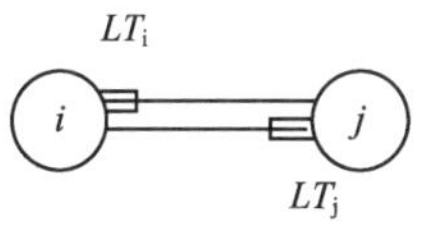 LT_i　i　j　LT_j

3.4.8.3　单代号搭接网络计划图的计算

单代号搭接网络计划图中工作的计算内容主要包括：最早开始和结束时间（ES_i 和 EF_i）、“间隔时间”（t_j）、自由时差（FF_i）、总时差（TF_i）、最迟开始和最迟结束时间（LS_i 和 LF_i）、关键线路的确定。

单代号搭接网络计划图的计算方法与单代号网络图计算方法基本相同，在此不赘述。

3.4.9　网络计划的优化

网络计划优化是指在满足既定约束条件下，按照某一目标，通过不断调整、寻找最优网络计划方案的过程。通过网络计划的优化，可以缩短工期、减少资源消耗、降低施工成本，在保证质量优良的前提下，促进工程计划如期实施。通常情况下，网络计划优化包括工期优化、资源优化及费用优化。

3.4.9.1　工期优化

在一定的约束条件下，按合同工期目标，通过延长或缩短计算工期以达到合同工期目标的计划优化称为工期优化。

网络计划编制后,最常遇到的问题是计算工期大于要求的工期。因此,需要改变计划的施工方案或组织方案,缩短某一个或几个工作来缩短工期。一般情况下,若计算工期小于合同工期不多或者相等,可不必进行优化;但若计算工期小于合同工期较多,则需根据实际情况进行工期优化。

工期优化方法有"顺序法""加权平均法""选择法"等。"顺序法"是按关键工作开工时间来确定,先干的工作先压缩。"加权平均法"是按关键工作持续时间长度的百分比压缩。这两种方法没有考虑需要压缩的关键工作所需的资源是否有保证及相应的费用增加幅度;相比之下,"选择法"更接近于实际需要。

"选择法"工期优化时,一般应选择可缩短持续时间的关键工作,主要考虑以下几个因素:缩短持续时间不影响安全和质量的工作;有充分备用资源的工作;缩短持续时间所需增加费用最少的工作。

当计算工期大于合同工期时,采用"选择法"进行工期优化的步骤如下:

(1)计算并找出网络计划的计算工期、关键线路及关键工作。

(2)按要求工期计算应缩短的持续时间。

(3)确定各关键工作能缩短的持续时间。

(4)按上述因素选择关键工作,压缩其持续时间,并重新计算网络计划的计算工期。

(5)当计算工期仍然超过要求工期时,则重复以上步骤直到计算工期满足要求工期为止。

(6)当所有关键工作的持续时间都已达到其能缩短的极限而工期仍不能满足要求时,应对原组织方案进行调整或对要求工期重新审定。

当计算工期小于合同工期较多时,工期优化的步骤如下:

(1)首先延长个别关键工作的持续时间,相应地减少这些工作的资源需要量。

(2)相应地变化非关键工作的时差。

(3)重新计算各工作的时间参数。

(4)当计算工期仍然与合同工期相差较多时,则重复以上步骤直到计算工期满足或接近要求工期为止。

3.4.9.2　资源优化

在工期固定的条件下使资源均衡或者在资源限制的条件下使工期最短的计划优化称为资源优化。常见的资源优化方法有两类:一是工期固定、资源均衡的优化;二是资源有限、工期最短的优化。二者的实质均是通过改变工作的时间,使资源按时间的分布符合优化目标。

(1)工期固定、资源均衡的优化。

工期固定、资源均衡的优化就是在工期不变的情况下,使资源需要量大致均衡。

由于计划工期是固定的,所以求解衡量资源需要量的不均衡程度指标 σ^2(方差)和 σ(标准差)为最小值问题,只能在各工序总时差范围内调整其开始、结束时间,从中找出一个 σ^2或 σ 最小的计划方案,即为最优方案。其优化方法和步骤如下:

①根据工期固定的条件,按最早开始时间绘制时标网络计划。

②绘制资源需要动态曲线,计算每日资源需用量,确定资源限量。

③确定关键线路及非关键线路的工作总时差,分析资源需用量的高峰并进行调整。

④按节点最早时间的先后顺序,自右向左进行优化,或者说,自终点节点开始,逆箭头方向逐个调整非关键工作的开始和结束时间。

⑤按节点最早时间的先后顺序,自右向左继续优化,或者说,在所有工作都按节点最早时间的先后顺序,自右向左进行第二次调整。

⑥按上述步骤反复循环计算,直到所有工作的位置都不能再移动为止。

⑦绘制调整后的时标网络计划。

(2)资源有限、工期最短的优化。

在满足资源限制的条件下,寻求工期最短的施工计划优化,称为资源有限、工期最短的优化。

优化的前提条件是:优化过程,原网络计划的逻辑关系不改变;优化过程,网络计划的各工作作业时间不改变;除规定可中断的工作外,一般不允许中断工作,应保持其连续性;各工作每天的资源需要量是均衡、合理的,在优化过程中不予变更。

在进行优化时,应根据各工作在网络计划中的重要程度,将有限的资源进行科学的分配。资源优化分配的原则如下:

①优先满足关键工作,按每日资源需要量大小,以从大到小的顺序供应资源。

②在满足关键工作资源供应后,对于非关键工作,应先考虑利用自由时差,然后考虑利用总时差,根据时差从小到大的顺序供应资源。

③在满足关键工作资源供应后,对于非关键工作,当时差相等时,以叠加量不超过资源限额并能用足限资源。

④在优化过程中,已被供应资源而不允许中断的工作优先供应。

"资源有限,工期最短"的优化问题,必须在网络计划编制后进行,它不能改变各工作之间先后顺序关系。具体优化步骤如下:

①按最早开始时间绘制带时间坐标的网络计划图,找出关键线路和非关键工作的自由时差及总时差。

②计算并画出资源需用量曲线图。该曲线是资源优化的初始状态,注明每一时段每日资源需要量的数值,每日资源需用量曲线的每一变化都说明有工作在该时间点开始或结束。

③在每日资源需要量曲线图中,从第一天开始,找到最先出现超过资源供应限额的时段进行调整。在本时段优化时,暂不考虑对其他时段(尽管调整优化会使后面的时段发生变化)。

④本时段优化时,按资源优化分配的原则,对各工作的分配顺序进行列表编号。

⑤按编号的顺序,依次将本段内各工作的每日资源需要量 r_{i-j} 累加并逐次与资源供应限额 R 进行比较。当累加到第 x 号工作首先出现 $\sum r_{i-j} > R$ 时,将第 x 号到第 n 号工作全部推移出本时段,使 $\sum r_{i-j} \leq R$。

⑥画出工作推移后的时标网络图,进行每日资源需要量的重新叠加,从已优化的时段向后找到首先出现越过资源供应限额的时段进行优化。

⑦重复第④步至第⑥步,直至所有的时段每日资源需要量都不再超过资源限额,资源优化工作就结束。

3.4.9.3　费用优化

通过不同工期及其相应工程费用的比较,寻求与工程费用最低时相对应的最优工期,这样的计划优化称为费用优化,也称工期-成本优化。

工程费用由直接费用和间接费用组成。直接费由人工费、材料费、机械费及施工措施费等构成,由于所采用的施工方案不同,它的费用差异也很大。间接费主要包括企业管理费、规费和利润等,间接费用与施工企业或项目部的管理水平、施工条件和施工组织等有关。在考虑工程总成本时,还应考虑可能因拖延工期而罚款的损失或提前竣工而得到的奖励,甚至也应考虑提前投产而获得的收益等。

工程费用与工期有密切的关系(图3-6)。在一定范围内,直接费用随着时间的延长而减少,或者说直接费用在一定范围内与时间成反比关系;而间接费用则随着时间延长而增加,也就是说间接费用和时间成正比关系,其关系曲线的斜率

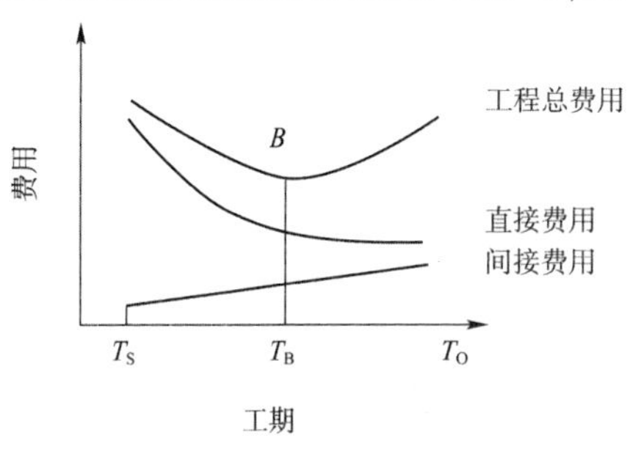

图3-6　工程费用与工期的关系曲线

表示间接费用在单位时间内的增加(或减少)值。

图3-6中,T_0为正常工期,T_S为加快工期,T_B为最优工期。在正常工期T_0和加快工期T_S之间,缩短工期将引起直接费用的增加和间接费用的减少;反之,拉长工期会使直接费用减少,间接费用增加。优化的目的就是在于:寻求直接费用与间接费用总和即成本最低的最优工期T_B以及与此相适应的网络计划中各工作的进度安排;或者,在工期规定(T_i)的条件下,寻求与此相适应的最低成本以及网络计划中各工作的进度安排。

费用优化的基本方法:从网络计划的各工作持续时间和费用关系中,依次找出既能使计划工期缩短、又能使得直接费用增加最少的工作,不断缩短其持续时间,同时考虑相应的间接费的叠加,从而求出工程成本最低时的相应最优工期。

费用优化计算步骤如下:

(1)简化网络计划。

(2)计算网络计划中各工作费用率。

(3)在简化网络计划中找出费用率(或组合费用率)最低的一项关键工作或一组关键工作,作为缩短持续时间的对象。

(4)缩短找出的工作或一组工作的持续时间,其缩短值必须符合所在关键线路不能变成非关键线路,和缩短后其持续时间不小于最短持续时间的原则。

(5)考虑工期变化带来的间接费及其他损益,在此基础上计算总费用。

(6)在重复(3)(4)(5)步骤直到总费用最低为止。

第二篇

施工组织设计内容、影响因素及编制主要工作

第4章　施工组织设计主要内容

施工组织设计的内容很多，概括起来主要包括：施工方案的选择、施工进度计划的编制、临时工程设置及施工场地布置、资源配置方案、相应的管理措施及制度等。本章简要介绍指导性施工组织设计和实施性施工组织设计的主要内容。

4.1　指导性施工组织设计的主要内容

指导性施工组织设计文件的主要内容见表4-1。

指导性施工组织设计文件的主要组成内容　　表4-1

序号	主要内容	细目
1	编制依据、范围及项目概况	(1)编制依据 (2)编制范围 (3)项目概况
2	工程概况	(1)线路概况(附地理位置图) (2)主要技术标准 (3)营业线改建或增建二线概况(改) (4)主要工程内容和数量 (5)征地拆迁数量、类别，特殊拆迁项目情况 (6)工程特点 (7)控制工程及重难点工程 (8)环水保工程主要内容
3	建设项目所在地区特征	(1)自然特征(地形地貌、地质、水文、气象等) (2)交通运输情况 (3)沿线水源、电源、燃料等可资利用的情况 (4)当地建筑材料的分布情况 (5)其他与施工有关的情况(卫生防疫、地区性疾病、民俗等)
4	施工组织安排	(1)建设总体目标(安全、质量、工期、投资、环保、稳定等) (2)建设组织机构和任务划分 (3)总体施工安排和主要阶段工期 (4)施工准备和建设协调方案 (5)关键线路及各专业工程施工工期 (6)工程接口及配合 (7)提前介入 (8)联调联试及运行试验 (9)施工总平面布置示意图(含线路纵断面缩图)、总体形象进度图、横道图、网络图
5	大型临时设施、过渡工程及取弃土场设置方案	(1)大型临时设施 (2)过渡工程 (3)取弃土场
6	控制工程及重难点工程(包括高风险工程)施工方案	(1)×××重点土石方 (2)×××桥梁 (3)×××隧道 (4)×××站房 ……

续上表

序号	主要内容	细　目
7	一般专业工程施工方案	(1)施工准备 (2)路基工程 (3)桥涵工程 (4)隧道工程 (5)枢纽和站场工程 (6)轨道工程 (7)通信工程 (8)信号工程 (9)信息工程 (10)电力工程 (11)电力牵引供电工程 (12)灾害监测工程 (13)房屋工程 (14)其他站后工程 (15)改移道路工程 (16)重点过渡工程 (17)联调联试 (18)运行试验 (19)环水保工程
8	资源配置方案	(1)主要工程材料设备采购供应方案 (2)分年度主要材料设备计划 (3)关键施工装备的数量及进场计划 (4)劳动力计划 (5)资金使用计划
9	信息化	(1)信息化总体方案 (2)BIM 技术应用总体方案
10	管理措施	(1)标准化管理措施 (2)质量管理措施 (3)安全生产保障措施 (4)营业线施工安全管理措施 (5)工期控制措施 (6)投资控制措施 (7)环境保护措施 (8)水土保持措施 (9)职业健康安全保障措施 (10)文物保护措施 (11)文明施工措施 (12)节约用地措施 (13)冬季施工措施 (14)夏季施工措施 (15)雨季施工措施 (16)路基桥梁沉降控制及观测措施 (17)营业线监控措施 (18)预警机制和应急预案 (19)信息化管理措施 (20)技术创新计划 (21)其他
11	施工组织图表	(1)附表 (2)附图 (3)附件

4.2　实施性施工组织设计的主要内容

实施性施工组织设计文件的主要内容见表4-2。

实施性施工组织设计文件的主要组成内容　　表4-2

序号	主要内容	细目
1	编制依据、范围及项目概况	(1)编制依据 (2)编制范围 (3)项目概况
2	工程概况	(1)线路概况(附地理位置图) (2)主要技术标准 (3)营业线改建或增建二线概况(改) (4)主要工程内容和数量 (5)征地拆迁数量、类别,特殊拆迁项目情况 (6)工程特点 (7)控制工程及重难点工程 (8)环水保工程主要内容
3	建设项目所在地区特征	(1)自然特征(地形地貌、地质、水文、气象等) (2)交通运输情况 (3)沿线水源、电源、燃料等可资利用的情况 (4)当地建筑材料的分布情况 (5)其他与施工有关的情况(卫生防疫、地区性疾病、民俗等)
4	施工组织安排	(1)建设总体目标(安全、质量、工期、投资、环保、稳定等) (2)建设组织机构、队伍部署和任务划分 (3)总体施工安排和主要阶段工期 (4)施工准备和建设协调方案 (5)分项工程施工进度计划 (6)工程接口及配合 (7)联调联试及运行试验 (8)施工总平面布置示意图(含线路纵断面缩图)、总体形象进度图、横道图、网络图
5	临时工程、过渡工程及取弃土场设置方案	(1)大型临时设施 (2)过渡工程 (3)小型临时工程 (4)取弃土场
6	控制工程及重难点工程(包括高风险工程)施工方案	(1)×××重点土石方 (2)×××桥梁 (3)×××隧道 (4)×××站房 ……

续上表

序号	主要内容	细　　目
7	一般专业工程施工方案	(1)施工准备 (2)路基工程 (3)桥涵工程 (4)隧道工程 (5)枢纽和站场工程 (6)轨道工程 (7)通信工程 (8)信号工程 (9)信息工程 (10)电力工程 (11)电力牵引供电工程 (12)灾害监测工程 (13)房屋工程 (14)其他站后工程 (15)改移道路工程 (16)重点过渡工程 (17)联调联试 (18)运行试验 (19)环水保工程
8	资源配置方案	(1)主要工程材料设备采购供应方案 (2)分年度主要材料设备计划 (3)关键施工装备的数量及进场计划 (4)劳动力计划 (5)资金使用计划 (6)临时用地与施工用电计划
9	信息化	(1)信息化实施方案 (2)BIM 技术应用实施方案
10	管理措施	(1)标准化管理措施 (2)质量管理措施 (3)安全生产保障措施 (4)营业线施工安全管理措施 (5)工期控制措施 (6)投资控制措施 (7)环境保护措施 (8)水土保持措施 (9)职业健康安全保障措施 (10)文物保护措施 (11)文明施工措施 (12)节约用地措施 (13)冬季施工措施 (14)夏季施工措施 (15)雨季施工措施 (16)路基桥梁沉降控制及观测措施 (17)营业线监控措施 (18)预警机制和应急预案 (19)信息化管理措施 (20)技术创新计划 (21)其他

续上表

序号	主要内容	细　目
11	进一步研究解决的问题及建议	根据不同工程项目具体确定
12	施工组织图表	(1)附表 (2)附图 (3)附件

4.3　指导性与实施性施工组织设计主要内容对比

指导性施工组织设计应涵盖整个项目，包括前期工作、实施过程、竣工验收等内容，其中站场改造、大型站房工程、高风险隧道、跨越大江大河桥梁、特殊桥梁、特殊路基、铺轨架梁、无砟轨道、工程接口等重点工程、专业工程及建设单位提前介入、竣工验收均应编制专项方案。

实施性施工组织设计应以施工合同和指导性施工组织设计为基础，结合现场施工具体情况，制定切实可行的施工方案和各项保证措施，全面响应指导性施工组织设计的各项要求。

表4-3为指导性与实施性施工组织设计主要内容对比情况。

指导性与实施性施工组织设计主要内容对比情况　　表4-3

序　号	主要内容对比	
	指导性施工组织设计	实施性施工组织设计
1	编制依据、范围及项目概况	编制依据、范围及设计概况
2	工程概况	工程概况
3	建设项目所在地区特征	建设项目所在地区特征
4	施工组织安排	总体施工组织安排
5	大型临时设施、过渡工程及取弃土场设置方案	临时设施、过渡工程及取弃土场设置方案
6	控制工程及重难点工程(包括高风险工程)施工方案	控制工程及重难点工程(包括高风险工程、环水保工程)施工方案建设项目所在地区特征
7	一般专业工程施工方案	一般专业工程施工方案
8	资源配置方案	资源配置
9	信息化	信息化
10	管理措施	管理措施
11	施工组织图表，包括附表、附图、附件	进一步研究解决的问题及建议
12		施工组织图表，包括附表、附图、附件

第5章 施工组织设计影响因素分析

施工组织设计应根据建设项目的特点,从总的规划出发,通过技术经济比选,选择施工方案,确定施工进度,设置临时工程,从人力和物力、时间和空间、技术和组织等方面做出全面、科学而合理的安排。通过施工组织设计,要明确回答:生产诸要素间如何做到优化组合?材料和机械设备如何选定、何时供应?能源怎样解决?如何规划交通运输线路?以及各种临时设施及现场总的布置等问题,从而确定整个项目的施工期限、施工顺序、主要施工方法、拟定技术上先进、经济上合理的技术组织措施和有效的劳动组织,以达到快、好、省和安全地完成施工项目的目的,实现较好的经济效益和社会效益。

然而,要明确回答以上问题亦非易事。施工组织设计中,施工进度计划、施工方案、施工现场布置、资源配置方案等各项要素之间又是相互影响、相互制约的,而相应的管理措施则在机制、制度和手段等方面发挥关键的保障作用。为此,在编制施工组织设计前应进行施工组织设计影响因素分析,并开展施工组织调查。

在编制施工组织总设计时,可能对某些因素和条件未能预见,而这些因素或条件却是影响整个项目施工部署的。这就需要在编制了局部的施工组织设计后,有时还要对全局性的施工组织总设计作必要的修正和调整。

下面,将主要从人力资源、机械设备选用、材料物资供应、施工方案、施工环境或施工条件、资金投入与资金管理、工程建设管理模式与管理制度等几个方面进行施工组织设计影响因素分析。

5.1 人力资源

工程项目施工组织的现场管理六要素(“人、机、料、法、环、金”)中,首先就是“人”,即对人力资源的合理组织和调配。可以说,具有熟练技能的劳动力构成的劳动组织,是顺利完成施工任务的前提,劳动组织良好的施工,才会对工程质量、工程进度发挥重要的作用。通过合理的劳动组织优化才能充分发挥每个劳动者的作用、提高劳动效率、降低工费成本等。劳动组织就是人的组合,它涉及人的综合素质,如技能、专长、经验、文化水平、处理人际关系的能力,宽容度和对激励的反映程度,处理个人与组织关系的能力等。

施工组织设计在进行人力资源调配时,应充分考虑我国建筑业市场的劳动用工方式和劳动用工特点。

(1)建筑业市场的劳动用工方式。

自从建筑业管理体制进行改革,引入招标承包制和工程项目管理方法之后,施工企业在管理体制上已普遍实行管理层和劳务作业层的“两层分离”。在工程项目施工中,需要合理地配备管理人员,以构成相应的职能机构,从而顺利组织施工;同时,必须根据施工组织设计所确定的施工方案及施工进度计划的要求,组织劳动力投入现场施工。

现阶段建筑劳动用工组织形式正逐步从零星化、松散型的个人承包制向有组织的劳务派遣和劳务企业形态发展,推行建筑业农民工劳务派遣制度,发展和壮大建筑劳务分包企业。这种成建制的劳务用工模式,不仅实现了农村劳动力向城镇建筑业跨地区的有序转移,且有利于提高建筑劳务的整体素质、维护建筑市场秩序。

(2)建筑业市场的劳动用工特点。

随着我国技术、经济综合实力的持续快速发展,大量农村剩余劳动力向城市转移,形成了令人瞩

目的劳务群体。就整个建筑行业来说,劳动用工存在需求量较大、波动明显、流动性强等主要特点;同时,从工程项目对施工劳动力需求来看,劳动用工又具有配套性和动态性的特点。

5.2　机械设备选用

施工机械、设备、模具等是进行施工生产的重要手段,随着科学技术的发展,施工机械设备的种类、数量、型号越来越多,它对提高建筑业施工现代化水平发挥着巨大的作用。特别是现代化的高层、超高层建筑及隧道、地铁、水坝等大型土木工程的施工,更离不开现代化的施工机械设备和装置。当前,工程施工组织设计的趋势是"以标准化为基本思路,充分体现规范化、机械化、工厂化、专业化、信息化和装配化'六化'的相关内容,以及标准化、数字化与工程管理的深度融合等先进理念"。

施工机械设备的选择是施工组织设计的一项重要工作内容,正确拟定施工方法和选择施工机械是合理地组织施工的关键。施工方法在技术上必须满足保证工程质量、提高劳动生产率以及充分利用机械的要求,做到技术上先进、经济上合理;同时,施工机械的选择是否适宜,很大程度上决定了施工方案的优劣。

施工机械设备的选择应根据工程项目的建筑结构形式、施工工艺和方法、现场施工条件、施工进度计划的要求进行综合分析做出决定,要考虑到各种机械的合理组合,充分发挥所选择施工机械的使用效率。如何从综合的使用效率来全面考虑各种类型的机械设备能形成最有效的配套生产能力,通常应结合具体工程的情况,根据施工经验和有关的定性、定量分析方法做出优化配置的选择方案,通过分析优化,使其在满足施工需要的前提下,配置的数量应尽可能少,以使协同配合效率尽可能最高。

选择施工机械时应从全局出发、统筹考虑,不仅要考虑本项工程,而且需考虑所承担的同一施工现场的其他工程的施工机械使用情况。这就是说,从局部考虑选择的机械可能不合理,但在全局上来说有可能是合理的。对于某一种施工机械设备的选择,其目标是技术上先进、适用、安全、可靠,经济上合理以及保养维护方便。其中,机械设备的性能参数满足工程的需要是前提。

实践表明,在施工方案确定后影响施工成本的关键是机械的配备、机械类型的选择、机械组合的匹配以及在施工顺序和作业组织形式确定后劳动力的组织合理性。上述的组织是否科学合理直接影响能否充分发挥机械效率和劳动者的工作效率,二者效率的高低直接影响施工成本中的机械和人工费用的高低。因此,在保证安全的情况下,灵活调配现场施工机械,可有效地节约成本(总成本和直接成本),降低施工费用。

5.3　物资材料供应

材料物资包括原材料、成品、半成品、构配件等,是每一个工程施工的物质前提。按其在施工生产中的地位和作用,可分为主要材料、辅助材料、燃料和周转性材料等。工程项目建设所消耗的材料、物资品种多、数量大,并且作为劳动对象,绝大部分直接构成工程的实体。因此,材料物资供应对工程的质量、成本、进度、工期和安全等都会产生重要的影响,按照施工进度的要求,保质、保量、均衡地组织这些技术物资的供应和消耗,是科学地组织施工的一项重要任务。

从施工组织的角度,不仅要根据工程的内容和施工进度计划编制各类材料、半成品、构配件、工程用品的需要量计划,为施工备料提供依据,而且还需要从管理角度,对材料物资的采购、加工、供应、运输、验收、保管和使用等各个环节进行周密地考虑。尤其应从施工均衡性方面考虑各类材料物资的均衡消耗,配合工程施工进度,及时组织材料物资有序适量地分批进场,进而控制堆场或仓库面积,节约施工用地。

在施工组织设计中,材料物资供应不合理,则可能引起以下问题:

(1)建设资金的使用不尽合理,大量资金积压在所采购的技术物资上,增加资金的利息支出或减少储备资金的增值机会。

(2)增大了施工现场材料设备的堆场和仓库设施规模,不利于节省施工用地,甚至还会造成大量技术物资的场内二次搬运,提高施工成本。

(3)增加了材料物资管理的强度和复杂性。

为此,施工组织设计应做好施工物资采购组织与调度。要做好材料设备等施工技术物资的组织与管理工作,必须加强其计划管理、采购管理、质量管理,合理确定材料的储备量、供方式、供应计划和质量保证措施,合理确定机械设备的进场和退场时间,提高其在场期间的完好率、工作效率和利用率。施工材料、构配件、工程用品及施工机械模具等技术物资的采购、供应和使用计划,应根据施工总进度计划及其按季分月滚动实施的作业计划进行编制和落实。同时,材料质量是工程质量的基础,如果材料质量不符合要求,工程质量也就不可能符合标准。因此,加强材料的质量控制,是保证工程质量的重要环节。

5.4 施 工 方 案

施工方案的选择是施工组织设计中最重要的环节之一,是决定整个工程全局的关键。对于单位工程来说,施工组织设计的核心是施工方案的选择合理。施工组织设计的各个方面都与施工方案发生联系而受到重大影响,施工方案一经确定,则整个工程施工的进程、人力资源需求和机械设备配置计划、工程质量及施工安全、工程成本、现场的状况等也就随之被确定下来。

施工的总体方案可以是多种多样的,应当根据工程具体任务特点、工期要求、劳动力数量及技术水平、机械装备能力、材料供应以及构件生产、运输能力、地质、气候等自然条件及技术条件进行综合分析,反复进行多种方案的比较,从中选择最理想的方案,只有这样才能使施工组织设计提出的施工总体方案具有实际指导意义。

施工方案的具体内容很多,概括起来主要包括以下几个方面:施工阶段的划分、施工方法的确定、施工机械的配备、施工顺序的安排和流水施工的组织。对于同一个工程,各个施工过程均可以采用各种不同的方法进行施工,而每一种方法都有其各自的优缺点,不同的施工方案会产生不同的经济效果,为此需要对主要工程项目可能采用的几种施工方法进行技术、经济比较,然后选择最优方案作为安排施工进度计划、设计施工平面图的依据。为此,如何从若干可行的施工方法中,选择适于本工程的最先进、最合理、最经济的施工方法,从而达到降低工程成本和提高劳动生产率的预期效果,是施工组织设计的重要环节。

另外,施工方法不仅指施工过程中应用的生产工艺方法,还包括施工组织与管理方法、施工信息处理和协调方法等广泛的技术领域。由于建筑工程目标产品的多样性和单件性的生产特点,使施工生产方案具有很强的个性;另外,同类建筑工程的施工又是按照一定的施工规律循序展开的。因此,通常需将工程分解成不同的部位和施工过程,分别拟订相应的施工方案来组织施工。这又使得施工方案具有技术和组织方法的共性。在工程项目施工组织设计时,通过这种个性和共性的合理统一,形成特定的施工方案,是经济、安全、有效地进行工程施工的重要保证。

5.5 施工环境及条件

施工环境分为自然环境和社会环境,其中社会环境又包括施工现场的劳动作业环境及管理环境。自然环境及条件是工程施工组织设计的基础条件。由于建设工程是在事先选定的建设地区和场地进行建造,因此,施工期间将会受到所在区域气候条件和建设场地的地质、水文地质及水文情况等因素的影响,受到施工场地和周边建筑物、构筑物、交通道路以及地下管道、电缆或其他埋设物和

障碍物的影响。在工程项目施工开始前，开展工程项目施工组织设计、制订施工方案时，必须对施工现场环境条件进行充分的调查分析，必要时还需做补充地质勘察，取得准确的资料和数据，以便正确地按照气象及地质、水文地质及水文情况，合理安排冬季及雨季的施工项目，规划防洪排涝、抗寒防冻、防暑降温等方面的有关技术组织措施，制订防止邻近建筑物、构筑物及道路和地下管道线路等沉降或位移的保护措施。

施工现场劳动作业环境，大至整个建设场地施工期间的使用规划安排，科学合理地做好施工总平面布置图的设计，使整个建设工地的施工临时道路、给排水及供热供气管道、供电通信线路、施工机械设备和装置、建筑材料制品的堆场和仓库、现场办公及生活或休息设施等的布置有条不紊，安全、通畅、整洁、文明，消除有害影响和相互干扰；小至每一施工作业场所的料具堆放状况，通风照明及有害气体、粉尘的防备措施条件的落实等。工程项目在施工阶段还会对周围环境产生影响，如植被破坏及水土流失、对水环境的影响、施工噪声的影响、扬尘、各种车辆排放尾气、固体材料及悬浮物、施工人员的生活垃圾等。

对施工现场主要环境因素的控制是文明施工的一个重要内容，在施工过程中要树立环境意识、审查环保设计，并制订环保措施，通过绿色施工，最终达到污染预防、达标排放和持续改进的目标。

另外，一个建设项目或一个单位工程的施工项目，通常由设计单位、施工承包商、材料设备供应商，以及政府监管部门、社区企业、周围居民等诸多利益相关者共同参与，相互间建立一个互助、双赢的和谐合作环境是项目顺利进行与企业良性发展的重要条件。同时，诚信建设是和谐合作环境的基础，建立和协调好外部关系，确定它们之间的管理关系或合作关系，将这种关系做到明确而顺畅，就是管理环境的重要问题。按照供应链管理的理论，充分运用合作伙伴关系原理，从分发包的选择和分包合同条件的协商中，注意管理责任和管理关系，包括协作配合管理关系的建立，以双赢或多赢为基础，为施工过程创造良好的组织条件和管理环境。

5.6　资金投入与资金管理

对于国家重大基础设施建设，项目投资大、周期长，在施工过程中应对投资进行科学地管理和严格地控制，使其发挥最大的效益。良好的资金投入对工程建设将起到重要的推动作用，同时也为投资资金的效益最大化提供强有力的保障。

施工项目管理最终的目标是使项目成果达到质量高、安全好、工期短、消耗低等目标，而施工成本则是这四项目标经济效果的综合反映。因此，施工成本是施工项目管理的核心。

施工成本是施工企业的主要产品成本，是在施工中所发生的全部生产费用的总和，一般以项目的单位工程作为成本核算对象，通过各单位工程成本核算的总和来反映施工成本。估算、概算、预算、标底、报价和结算以及决算等，都以价值形态贯穿于整个项目投资过程，构成了一个有机的整体，缺一不可。从工程建设项目申请、基本建设投资额确定和控制、基建经济管理和施工单位经济核算，到最后决算形成企业单位的固定资产，要求各种测算环节环环相扣、紧密联系，贯穿于整个投资过程，并作用于全部施工过程。

工程项目施工组织设计时，常常会出现以下问题：重视施工方法、设备需要的数量和施工技术的先进性，忽视施工组织设计、设备配置的选择、施工方案的经济性；施工方案、施工进度、施工成本三者出现脱节，致使施工方案失去指导施工的作用；根据施工方案确定的工、料、机总费用超过合同价，中间过程未进行确认、核实和调整，一旦实施就是亏损，亏损额只有项目完成后待做出决算时才能得知。为避免施工组织设计与施工成本严重脱离的现象，必须将施工方案、施工进度与施工成本统一起来，即在制订施工方案时要考虑施工成本，安排施工进度时也要考虑施工成本。

为了有效地处理项目资金投入与资金管理问题，必须正确处理好施工组织设计与施工成本的关系，具体包括：施工方案与施工进度的关系，施工方案与施工成本的关系，施工进度与施工成本的关系。

(1)施工方案必须编制其施工成本的直接成本费用,然后与承包费用的直接成本进行比较。经比较后施工方案的直接成本费用小于承包额的直接成本费用,施工方案可确定,否则重新修改和调整方案直到满足要求为止。

(2)施工进度的快慢与投入资源数量的多少有关,投入资源的数量多,施工进度就快;否则就慢,二者存在着相互依赖的关系。施工进度越快,直接成本费用增加,施工成本费用也增加。在施工过程中应按这一原理安排施工进度,否则在经济上将会受到损失,增加施工成本。盲目加快施工进度不能及时验工计价,没有资金继续保证施工进行,筹集资金势必贷款,而贷款付利息加大了投资的时间价值投入,增大了施工成本。同时要求安排施工进度时只要满足合同期要求,施工成本等于或小于承包价的施工进度,才是合理的施工进度。

(3)由施工方案、施工进度与施工成本构成的相互依存、相互制约的系统工程是一个完整的体系,必然会形成一个闭合的信息反馈系统。因此,只有正确处理施工组织设计与施工成本的关系,才能事先预测按照编制的施工组织设计指导施工所形成的盈利水平。

5.7 管理模式与管理制度

建设项目的实施是一个复杂的系统工程,需要采用与之相适应的管理模式和管理方法去实现。工程项目的各项管理制度是否建立、健全,直接影响各项施工活动的顺利进行。有章不循其后果非常严重,无章可循则更是危险。总结以往的教训,最突出的表现是:用行政办法去解决工程建设中的经济问题,缺乏合格的和有能力的专门组织对工程的技术、经济责任和全过程负责;忽略了工程项目建设内在的有机联系,将设计、设备制造和施工安装相互脱节,使设计在工程建设中的主导作用未能得到充分发挥,从而导致工期、成本和质量控制工作难以保证,影响了工程建设的整体效益。因此,要不断学习和实践国际上先进的项目施工组织形式,明确各方定位,选择科学的项目管理模式,规范建设项目管理。

施工组织与管理的基本任务是以施工项目管理目标控制为指导,以施工组织设计和计划管理为手段,在施工投标竞争招揽工程、施工前期准备工作和施工作业管理全过程中,全面、全过程地做好相应的施工组织与管理工作,以保证工程施工的顺利进行并达到预期的管理目标。为此,需要建立、健全各项管理制度,包括:标准化管理制度、工程质量检查与验收管理制度、安全管理制度、工期控制管理制度、环境保护措施及管理制度、施工图纸会审及技术管理制度、预警机制和应急预案管理制度、信息化管理制度、工程技术档案管理制度等。

为加强工程项目管理,规范项目管理行为,健全项目管理体系,提高工程项目管理水平和盈利能力,需要制订相应的工程项目精细化管理办法和管理制度。对项目实施分级管理,将项目管理层级分为指导层、管控层、主责层、执行层和操作层。明确层级关系,在工程项目管理过程中,遵循"集约化、标准化、精细化、全员、全过程、全覆盖"原则。

5.8 其他影响因素

其他影响因素有设计文件及合同等。

第6章　施工组织调查

6.1　施工组织调查目的

我国工程项目基本建设程序主要包括决策、设计、准备、实施、竣工验收五个阶段，其中施工准备、施工过程和竣工验收是工程项目施工阶段的三个组成环节，而施工准备则是整个建设项目的重要开端。施工准备工作的内容很多，以单项工程为例，包括建立指挥机构、编制施工组织设计、修建大型临时设施、材料和施工机械准备、施工队伍的集结、后勤准备及现场“三通一平”等工作。对于众多的施工准备工作，最基础的工作则是施工调查。

通过施工组织调查，最直接目的是完成施工组织设计内容的前三项：完成编制依据、范围及设计概况，工程概况和建设项目所在地区特征等内容的编制。在此基础上，进一步实现以下目的：

(1)熟悉、核查设计图纸及有关资料，掌握设计内容及技术条件，弄清工程建设项目的规模、结构形式、特点、进度要求、建设期限，摸清施工的客观条件。

(2)熟悉地层岩性、地质、水文等勘查资料，审查地基处理和基础设计、审查建筑物与地下构筑物、管线之间的关系，熟悉建设地区的规划资料等。

(3)在已有书面资料基础上，通过进行实地勘测调查、获得第一手资料，编制施工调查报告，为编制切合实际的施工组织设计、合理组织施工提供基础资料。

(4)为合理部署施工力量，从技术、物资、人力和组织管理等方面为工程项目施工创造一切必要的条件，包括技术准备、现场准备和资金准备。

(5)为企业搞好目标管理、推行技术经济承包责任制提供重要依据。

(6)最终为工程项目顺利施工、在保障工程质量的前提下加快施工进度、节约投资和原材料以及优化环境保护措施等提供根本保障。

6.2　施工组织调查程序及调查内容

根据工程项目施工总体部署情况确定施工准备(包括技术准备、现场准备、资金准备等)，在此基础上确定施工调查程序和施工组织调查内容。

(1)首先，应拟定详细的调查提纲，以便调查研究工作有计划、有目的地进行。

(2)然后，分层次进行施工调查，做到科学组织、分工明确、重点突出、不遗漏关键细节。

施工调查组应由施工技术管理部门牵头，经营、物资、机电、运输、安监、生活供应等部门的人员参加。调查组组长一般为项目经理或副总经理。

按照公司将项目分级管理的模式，公司承建的所有工程项目的施工调查由公司或子公司(专业分公司)负责组织调查，公司负责组织公司自管项目或其他重大项目的施工调查，子公司(专业分公司)负责组织除公司组织施工调查的工程项目之外的项目施工调查；凡大中型工程项目涉及几个子公司施工者，由公司或公司指挥部组织调查；由一个子公司独立承担施工的大中型项目，由子公司组织施工调查。公司自管项目或其他重大项目施工调查组人员由公司、参建单位有关人员组成；子公司(专业分公司)参与施工调查的人员及分组、分工由各单位自行确定。

为使施工调查工作有序、高效开展，参与施工调查的人员原则上应分成领导小组、工程技术组、物资组、综合组四个小组开展相关事项的调查,各小组应密切合作,各负其责,为编制施工组织设计提供真实、全面的基础资料。各个调查小组的主要职责如表6-1所示。

(3)建立开工报告审批制度,坚持没有做好施工准备不准开工的原则。

单位工程开工必须具备的条件如下:

①施工图纸经过会审,图纸中存在的问题和错误已经得到纠正。

②施工组织设计或施工方案已经批准并进行交底。

③施工图纸预算已经编制和审定,并已签订工作合同。

④场地已经“三通一平”。

⑤暂设工程已能满足连续工要求。

⑥施工机械已进场,经过试车。

⑦材料、构配件均能满足连续施工。

⑧劳动力已调集,并经过安全、消防教育培训。

⑨已办理开工许可证。

(4)施工组织调查内容。

施工调查一般包括建设地区自然条件和技术经济条件两个方面。建设地区自然条件的调查包括:建设地区的地形、地质、水文、气象和地震等方面的情况;建设地区技术经济条件的调查包括:资源、材料、构配件及设备的情况,交通运输条件,水、电、气条件,劳动力和生活设施以及参加施工单位的技术情况等。

施工组织调查的主要内容如表6-1所示,施工组织调查部分应用表格可参见附录5。

施工组织调查小组分工的主要职责及调查内容　　表6-1

序号	小　组	分工的主要职责及调查内容
1	领导小组	组织各单位施工调查工作安排,确定重大事项
2	工程技术组	(1)现场核对设计文件(如,是否符合国家有关方针、政策,设计图纸是否齐全,图纸本身及相互之间有无错误和矛盾,图纸和说明书是否一致),查看沿线工程施工条件、施工场地情况,并结合现场情况提出改善意见,研究是否可行; (2)了解工程概况和地区特征,核实沿线的工程地质、水文地质和气候情况,落实重点工程的施工条件、施工方法及措施意见; (3)核实沿线对环境保护、文明施工、节能减排的要求; (4)落实大型临时设施和过渡工程的位置和规模; (5)编制施工组织设计所需的其他资料等调查工作
3	物资组	(1)落实大堆材料的产地、产量、质量和价格; (2)落实砂、石等当地建筑材料产地、产量、质量及运输条件,了解预制构件场地设置及当地构件生产能力和价格; (3)沿线铁路、公路、水运等交通运输情况及可资利用的情况,公路桥梁、水运船只的承载能力及拟修便道的方案,以及运价、装卸费率等调查工作; (4)选择材料厂设置地址
4	综合组	(1)了解生产、生活用水、用电等相关的水源、电源及施工通信路径,落实当地水源、电源、通信利用的可能性及接入工地和生活区的方案; (2)可以借用的当地施工力量、如成建制的施工队伍、农村中的富余劳动力和运输力量等调查工作; (3)综合考虑各施工单位驻地,施工队伍的组织调配及施工场地的布置方案; (4)地方生活供应、医疗、卫生、防疫和民族风俗,特别是沿线地区时发性、传染性的流行病,以及少数民族地区的生活风俗习惯; (5)核实建设单位提供的其他有关资料

6.3　施工组织调查重点

施工调查的内容很多并且都很重要,从不同的角度或关注点入手,调查的侧重点是不同的。这里,主要考虑对工期影响较大的影响因素进行重点调查,一是征地、拆迁工作,二是有关物资供应的调查,其他因素可实时进行安排。

(1)征地拆迁。

①制约征地拆迁工期的因素主要是外部环境影响,该项工作政策性强,设计部门多,牵涉人民群众利益广泛,故应进行重点调查。

②根据征地拆迁的原则拟定本项内容的详细调查计划,做到有的放矢。

对于重点工程的征拆,应实行点监控,以保证节点工期的要求;一般地段、城市工程、站场改造工程的征拆,要突出顺序、统一、一次到位的原则,杜绝二次拆迁、重复拆迁,按照"统筹兼顾、先主后次、先重点后一般"的顺序,逐渐开展征拆工作。

③根据工期的安排,制订翔实的征地拆迁计划,明确征拆工期、责任单位及责任人,及时办理各种征拆手续,并确保手续齐全,征拆合法。

(2)有关物资供应的调查。

①依据设计文件、工程承包合同,结合建设单位物资管理规定,调查并确定甲供、自购物资的品种、规格、数量及相应质量技术标准。

②按照单项工程施工进度计划,确定主要物资的使用时间和进场批量,明确主要物资分期供应计划及相应采购权限。

③物资部门组织开展采购前市场调查,分析当地资源分布和供求态势,做好采购前准备和市场信息收集工作;对水泥、粉煤灰、混凝土外加剂、砂石料等材料要取样送检,确保主要材料质量合格。

④调查主要物资供求状况、交通运输条件等因素,做好重点物资储备、仓储计划和临时工程的建设工作;对于使用火工品的工程项目,重点调查火工品仓库的规划及当地公安部门审批、验收程序。

⑤调查单项工程开工计划和储备要求,以便组织好物资催运和发货工作,保证物资供应满足施工需求。

⑥物资供应应急方案调查。

6.4　施工组织调查报告

施工现场调查工作完毕后、各专业小组应提交本组的调查报告,由施工技术组汇总,编写完整的施工调查报告。

与分层次进行的施工调查相对应,施工调查报告的编写也应分层次进行。由公司或公司指挥部组织的施工调查报告,应由公司总经理组织工程、经营、物资、机电、运输、安监、人力资源、生活等部门的领导听取汇报,对施工队伍安排、施工运输、施工物资供应、施工供电、施工供水、施工通信、大型临时建筑的设置、生活供应等方案进行审定,作为编制实施性总体施工组织设计的依据;由子(分)公司指挥部组织的调查报告,由子(分)公司经理组织有关业务部门进行审定,作为编制单位工程施工组织设计的依据;由工程队组织的调查,由队长组织听取汇报并进行审议,作为编制专项施工方案的依据。

施工组织调查报告的主要内容如下。

(1)工程概况及主要工作量,包括:工程类型、工程数量、工程特点、重(难)点工程分布情况;重点工程、技术难度较大工程及整个工程项目的工期要求;对工程重点、难点拟采取的对策措施。

(2)设计情况,包括:主要技术标准;地形、地貌;工程地质;水文地质等。

(3)施工指挥系统及队伍安排,包括:任务来源,工程指挥部成立,施工内容,项目经理部成立,物资供应及管理等。

(4)工期安排,包括:工期目标,建设单位要求完成的年度主要工程量。

(5)主要工程施工方法。

(6)安全、质量目标。

(7)施工调查情况及对应的建议方案。

①天气水文气象。

②既有交通状况,并在此基础上提出全线交通运输方案(附示意图)。新建汽车便道、扩建加固既有公路的数量和修建标准;如利用水运,则应有沿河清滩、船只使用管理、靠岸码头等建议。

③施工用电情况,并在此基础上提出施工供电方案(附示意图)。示意图应标出高压线路的路线和长度、输送电压和变压站的位置;如采用自发电集中供电方案,应将电站设置地点、装机容量、机组来源、管理方式等加以说明。

④施工用水情况,并在此基础上提出施工供水方案(附示意图)。尤其是对缺水地段的施工供水方案,要有水源利用方式,输水管路的路径及管路坡度,管道的规格型号、供水区域及供水量。

⑤施工通信情况,并在此基础上提出施工通信方案(附示意图)。

⑥当地材料情况,并在此基础上提出物资供应方案,包括:水泥供应方式,钢材供应方式,火工、油料、木材的供应方式,五大材的供应价格,材料厂的选址以及相应的建议与要求。

⑦施工场地情况,并在此基础上提出指挥机构驻地和现场生产区、辅助生产区、办公生活区的规划。

⑧提出临时设施,如施工便道、生产及生活用水设施、弃渣场方案等;对所需的混凝土拌和站、预制厂、钢筋加工场及其他大型临时设施的设置地点、规模等的安排意见;小型临时设施的修建标准和数量。

⑨卫生防疫、社会治安及当地民俗情况,并在此基础上提出生活供应保障方案,指出施工进场和施工过程中应注意的问题、如少数民族的习俗等。

⑩环境保护、文明施工、节能减排等方面的意见。

(8)其他需要解决的问题和事项。

第7章　施工组织安排

7.1　施工组织安排原则及主要内容

随着我国综合实力的提升，工程项目建设的经济、技术水平不断提高，工程项目施工组织及管理水平也大幅度提升。为此，施工组织设计及施工组织安排必须与时俱进，施工组织安排应遵循以下基本原则。

(1)以标准化为基本思路。

(2)按照“六位一体”要求，以工期目标为重点，明确各项管理目标。

(3)体现规范化、信息化、专业化、工厂化、机械化和装配化等“六化”理念，标准化、数字化与工程项目管理深度融合，紧密结合工程项目精细化管理。

(4)注重技术方案和施工措施，提高施工组织设计及专项方案的针对性和可操作性。

(5)突出安全质量核心。

(6)安排好重点工程。

(7)搞好资源配置。

(8)统筹安排、精心组织、全面推进、均衡生产。

表7-1为指导性和实施性施工组织安排的主要内容对比，本章将着重介绍实施性施工组织安排的有关内容。

指导性和实施性施工组织安排的主要内容对比　　表7-1

	指导性施工组织设计	实施性施工组织设计
施工组织安排的主要内容	(1)建设总体目标(安全、质量、工期、投资、环保、稳定等)； (2)建设组织机构和任务划分； (3)总体施工安排和主要阶段工期； (4)施工准备和建设协调方案； (5)关键线路及各专业工程施工工期； (6)工程接口及配合； (7)提前介入； (8)联调联试及运行试验； (9)施工总平面布置示意图(含线路纵断面缩图)、总体形象进度图、横道图、网络图	(1)建设总体目标(安全、质量、工期、投资、环保、稳定等)； (2)建设组织机构、队伍部署和任务划分； (3)总体施工安排和主要阶段工期； (4)施工准备和建设协调方案； (5)分项工程施工进度计划； (6)工程接口及配合； (7)联调联试及运行试验； (8)施工总平面布置示意图(含线路纵断面缩图)、总体形象进度图、横道图、网络图

7.2　建设总体目标

建设总体目标的制订应根据法律、法规和国家主管部门对项目的审批意见进行，涉及主要工程目标、总体组织安排、总体施工安排、施工进度计划及总体资源配置等方面，包括进度(工期)、质量、安全、投资(成本)、环保(水保)、文明施工、技术创新、标准化及创优等管理目标。

结合当前工程建设项目发展趋势，建设总体目标的制订应以科学发展观为统领，树立创新管理理念,按照“标准化管理”的总体要求,牢牢把握项目建设特点,以工程项目建设“四个标准化”为抓手,以建设一流工程项目为目标,以工程质量为核心,以进度目标为主线,以节约增效为中心,以管理创新为手段,以科技攻关为动力,以廉政建设为保障,全面实施工程项目标准化管理,全面落实质量、安全、工期、投资、环保和稳定“六位一体”的管理要求,确保实现项目建设“履约、优质、安全、廉洁”的工作目标。

基于建设总体目标的要求,进一步确定项目分阶段(期)交付的计划和项目分阶段(期)施工的合理顺序及空间组织。

7.3 组织机构及职责分工

为实现建设总体目标,首先应明确建设组织机构及其管理层级、任务划分。从工程项目实施性施工组织设计的角度,工程项目施工组织机构应包括管理模式及建设组织机构、施工单位现场组织机构以及施工标段划分。总体组织安排确定的各级项目经理部组织机构,应明确各层级的责任分工,并采用框图的形式进行辅助说明(应附相应的项目组织机构图)。

根据标准化和精细化项目管理要求,项目组织管理推行层级管理模式,分别由各管理层级成立相应的工程项目施工组织机构:以施工单位项目经理为主任,有关分管领导为副主任,相关部门负责人为成员的项目管理委员会,负责项目安全管理、质量管理、成本控制、进度管理等重大事项的决策和监督。

7.4 开竣工日期及总工期

建设项目总工期指从施工准备开始到工程交付运营的全过程所需的时间。施工组织设计的施工组织安排应明确项目的开竣工日期及总工期安排。

施工组织设计中总工期由关键线路确定,各节点工期可通过网络计划来安排。在满足总工期和均衡生产的要求下,优化各节点的施工进度计划。

通过充分的分析论证,进行控制工程的方案测算和关键线路的技术检核,从而确定工程项目施工的总工期。以高速铁路工程项目为例,总工期计算模型可采用式(7-1)进行计算:

$$\text{工程建设总工期} = \mathrm{A} + X + \mathrm{B} + Y + \mathrm{C} \tag{7-1}$$

式中:A——施工准备;

X——站前工程施工;

B——铺轨(架)施工;

Y——四电工程施工;

C——包括静态验收、联调联试和运行试验、初步验收以及安全评估。

除 X、Y 为变量外,其余均为常量,X、Y 通过网络计划图和公式计算确定。

总工期的详细分析和计算步骤如下。

(1)施工准备,包括收集、分析施工组织调查资料,了解项目的工程概况、地区特征,填写全线工点一览表(含路基、桥梁、隧道),并结合重大拆迁、迁改、环水保因素的影响,合理评估施工准备时间。

(2)初步确定控制性工程及重难点工程的施工方案和工期。

(3)初步确定铺轨基地的设置方案及铺轨方向。

(4)初步确定箱梁(T梁)、轨道板(轨枕)预制厂的设置方案及架梁方向。

(5)计算线下分段工程工期。

(6)优化控制性工程及重难点工程的施工方案、大型临时工程布局方案和工期。

(7)初步确定大型站房的方案和工期。

(8)初步确定铺架完成后的接触网、信号工程方案和工期。

(9)初步确定铺架完成后达到联调联试基本条件的其他站后工程方案和工期。

(10)初步确定联调联试及运行试验、初验及安全评估的工期。

(11)绘制总体施工组织形象进度图,在均衡配置“人、财、物、机”的基础上,对铺架工程和联调联试两条主线下的控制性工程及重难点工程的施工方案和工期,进行技术经济比较,提出总工期的推荐意见。

7.5　总体施工顺序及主要阶段工期安排

通常,铁路工程、地铁工程的总工期与阶段工期以“铺架工程”和“联调联试及运行试验”两条主线统筹安排,而公路工程则以水稳层铺设为主线进行确定。这里,主要以高速铁路为例进行简要说明。

(1)总体施工顺序。

总体施工顺序的安排应综合考虑可利用因素,临时与永久结合的正式工程等应安排在前;站场改造时,安排车场及股道的施工顺序要尽量考虑利用既有设施过渡,以减少过渡工程。

以高速铁路工程项目为例,图7-1为高速铁路总体施工顺序示意图。在安排上力求做到突出重点、兼顾一般、平行流水、均衡施工,力争工程项目施工实现:科学管理、密切配合、安全优质、高效建成等目标。具体到单位工程,一般应做到以下几点。

①路基、桥梁、隧道:重点安排,整体推进,一次成型,质量达标。

②架梁、铺轨、四电:超前谋划,攻克难关,交叉进行,按期完成。

③房屋、附属、调试:统筹兼顾,密切配合,均衡连续,确保开通。

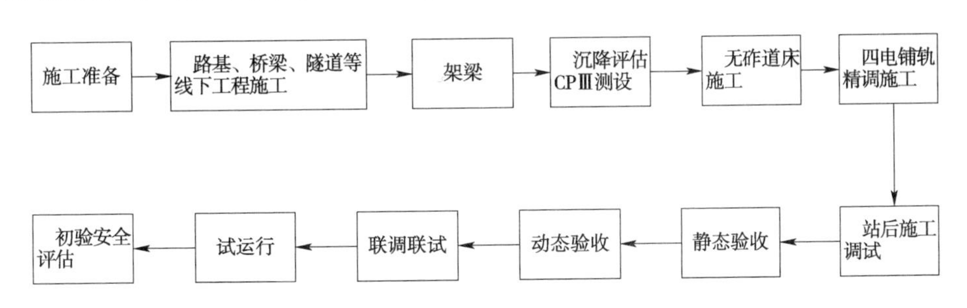

图7-1　高速铁路总体施工顺序示意图

图中CPⅢ主要为轨道铺设和运营维护提供控制基准。

(2)主要阶段工期安排。

通过关键线路确定了施工组织设计中的总工期之后,划分施工阶段,确定施工进度计划及施工进度关键节点,进一步通过网络计划技术来安排各节点工期,采用网络图或横道图及进度计划表等形式编制并附必要说明。同时,在满足总工期和均衡生产的要求下,优化各节点的施工进度计划。

以高速铁路为例,对于高速铁路施工,在总工期一定的条件下,以架梁、无砟轨道铺设、铺轨和联调联试为主线,划分主要阶段工期和重点工程节点工期。主要阶段工期安排的主要步骤如下:

①划分施工标段,制定总体施工进度计划。

②确定项目铺架工程和联调联试两条主线下的主要节点工期(含控制及重难点工程、铺架工程、联调联试等),并编制分标段分年度施工进度计划。

③计算分标段分年度“人、财、物、机”(含主要施工装备)的需要量和供应计划。

④平衡“人财物机”的需要量并修正进度计划,并进行反复比较和优化。

7.6 施工准备、征地拆迁和建设协调方案

7.6.1 施工区段划分

在进行施工准备之前,施工区段的划分非常重要,它是工程项目施工组织的一项重要内容,该项工作的好坏直接关系到工程建设的工期和成本。合理的区段划分对工程中原材料的运输、大型设备的配置、铺轨架梁作业、土石方调配以及劳动力均衡安排等都有着重大影响。

(1)施工区段划分原则。

施工区段的划分应考虑地形条件、工程量分布情况、控制工程的位置及项目总工期等因素。施工区段的划分遵循以下原则:

①按规模适中的原则,结合沿线工程量分布情况,充分考虑当前施工企业的管理水平、施工机械化程度以及分段施工和分段投产的可能性,做到统筹兼顾、系统策划,有利于各工程的施工在工序、时间、空间和管理等各环节的统筹安排和合理衔接。

②综合考虑施工组织设计的工期安排、大型临时工程和过渡工程的实际情况及铺架范围等因素,兼顾考虑地方行政区划、设计里程分界、现场平面布置、工程量分布、土石方调配、材料运输组织、控制工程的位置等因素,以便有利于大临设施、过渡工程和辅助工程的合理配置。

③重点考虑专业化施工的因素,如:大型站房、特长隧道、特大桥梁、四电集成等控制工期的重点工程及地段,应有专业施工队伍承担;除此之外,一般均以独立经济核算的工程公司为划分单元。

④区段划分应有利于集中力量和施工资源、合理配置和均衡利用资源,宜大不宜小,以适应大规模工程项目建设迅速、有序、高效展开,保证区段的工作任务平衡、饱满,并考虑在本建设项目内流水,避免施工队伍频繁转移。

⑤区段划分应有利于工程质量、施工安全和进度的控制;推行工程总承包,以便合理利用和充分发挥专业装备优势,体现工程承包规模优势和减少管理协调,有利于施工技术管理、施工队伍、工装设备(包括运架制梁、铺轨基地、施工机具等重要工程机械设备和相关产品、构件的经济运距)等有效资源的合理调配,发挥规模效益,并有利于减少招标工作量,控制招标成本。

(2)施工区段划分应注意的问题。

施工区段划分在坚持前述原则基础上,还应注意以下几点:

①除控制工期的重点工程和专业性较强的工程项目按专业划分外,施工区段的划分一般应以路基、桥梁和隧道等工程,结合轨道结构施工,进行分界里程的综合划分。

②在桥梁的两端和隧道出入口两端,一般应有一定长度的路基工程作为分界里程,以便有利于土石方的调配,保证桥涵与路基过渡段的施工及其工程质量的提高。

③一般不宜在桥隧相连的困难地段划分分界里程,除非在隧道洞口端预留架桥机拼装和架设箱梁的基本作业长度。

④长大隧道或桥梁中间可作为分界里程。

(3)高速铁路施工区段划分。

以高速铁路为例,一般是按照土建工程、轨道工程和四电工程分别进行区段划分。高速铁路施工区段划分通常以铺架工程为主线,综合考虑铺轨基地、制(存)梁场和轨道板预制场的位置、所管辖的范围和工程分布情况以及沿线地形、地貌、交通运输等周围环境和工程的作业量。重点控制区段一般为邻近铺轨基地线路的地段,控制工程项目一般为各区段内影响预制梁(无砟轨道)架设(铺设)作业的路基、桥梁和隧道等;除非安排掉头转场作业场地,尽量减少过隧道架梁和架桥机调头转场作业。

①土建工程划分根据区段内桥梁、隧道和路基工程数量,尽量做到任务均衡、饱满;在长大隧道

和特大桥梁重点工程较多的地段,可以适当缩短划分区段的长度,以满足最后统一铺轨的需要。

②轨道工程的划分与铺轨方案关系密切,通常以铺轨基地为中心向两边延伸划分,并保证在铺轨基地的辐射范围内。

③四电工程(通信、信号、电力、电气化等站后工程,包括综合调试)应结合工程特点、工期要求进行系统集成。

7.6.2　施工准备

为保证工程建设目标的顺利实现,施工人员应在开工前,根据施工任务、开工日期、施工进度和现场情况等的需要,充分做好各方面准备工作,为全线施工创造条件、满足项目分阶段(期)施工的需要。施工准备工作是整个建设项目的重要开端,是影响工程按时开工和工程施工顺利进行的一个重要因素,是完成单位工程施工任务、实现施工进度计划的一个重要环节,也是单位工程施工组织设计中的一项重要内容。为此,应高度重视施工准备各项工作的组织安排,确保后续工作的顺利开展。

施工准备应结合基本工程的先后顺序和施工要求,分段、分期安排。通常情况下,施工准备工作应在工程项目开工前进行,但不排除边施工边准备,尤其是针对重点工程、控制工程,由于工期紧,为了确保工程进度,施工准备工作通常采取同步实施的方式。

总体施工准备应包括组织准备、技术准备、物资准备、设备准备、现场准备和资金准备等,包含的计划方案有:征地拆迁的推进计划、施工图供应计划、工程招标计划、施工物资供应计划等。做好前述各项开工前的各项准备工作、满足相关条件要求之后,办理开工报告。

7.6.2.1　组织准备

包括现场管理组织机构(项目经理部)的建立,各层级组织机构相关职责、工作内容和工作范围的确定,施工队组及人员的配备和进场等。

针对工程规模和特点,组建各层级工程项目施工现场管理组织机构,明确各机构相关职责、工作内容和工作范围;组织劳动队伍,进行人员配备,做到项目管理人员精干、高效、技术实力强、经验丰富,施工队伍社会信誉好、施工质量佳;按照开工日期和劳动力需要量计划,集结施工力量、组织劳动力进场;同时进行安全、防火和文明施工等方面的教育工作。

7.6.2.2　技术准备

听取设计人员的交底,领会设计意图,了解工程的特点和难点,在施工技术上做好充分准备,做到技术先行,具体包括施工所需技术资料的准备、图纸深化和技术交底的要求、试验检测和测试工作计划、样板制作计划以及与相关单位的技术交接计划等。

(1)全面熟悉设计标准、技术条件及要求。

按工程特点和设计要求,备齐工程施工所需的有关标准、规范和规程、标准图集、技术资料及工具书等;根据建设单位与设计单位签订的供图协议,积极跟踪施工图纸的供图进度情况,若有施工顺序调整,及时与建设单位和施工单位沟通;按试验及检测要求设置工地试验室,准备好各种计量器具、测量仪器和试验检测设备,试验室必须认证合格,确保各类试验检测设备在检测有效期内,满足质量检测项目的要求。

(2)熟悉与会审施工图。

认真地熟悉施工图纸、了解设计意图,以便正确地组织施工,且施工目的明确。对设计文件进行核查并做好核查记录。通过会审施工图,应着重分析的要点包括:拟建工程在总平面图上的坐标位置是否准确;基础设计与实际地质条件是否一致;建筑、结构和设备安装图纸上的几何尺寸、高程等相互关系是否吻合;设计是否与当地施工条件和施工能力相符;设计中提出的材料资源是否可以解决;施工机械、技术水平是否能达到设计要求;对设计的合理化建议等。

(3)进行计划与技术交底,并做好技术培训工作。

把拟建工程的设计内容、施工计划和施工技术等要求,详尽地向施工队组和工人讲解交代,是落实计划和技术责任制的最好办法。技术交底的内容有:工程的施工进度计划、月(旬)作业计划;施工组织设计,尤其是施工工艺、质量标准、安全技术措施;图纸会审所确定的有关部位设计变更与技术核定等事项。

按照管理系统逐级进行交底工作,由上而下直到工人队组;交底方式可采用:书面、口头或现场示范等多种形式。队组、工人接受施工组织设计、计划和技术交底后,要组织其成员进行认真地分析研究,弄清关键部位、质量标准、安全措施和操作要领,必要时应该进行示范,并明确任务及做好分工协作,同时建立健全岗位责任制和保证措施。

在进行技术交底的同时,做好对施工队伍的技术培训,特别是对特殊施工工艺的技术交底和施工研讨工作,并要求特殊工种必须持证上岗。

(4)进行交接桩及桩点复测工作。

交接桩应按有关规定办理书面交接手续。桩点由专职测量工程师进行复核,并建立多级水准高程和轴线测量控制网,同时对各分部分项工程制订周详的测量方案。根据复测成果形成复测报告并呈报建设、监理单位。

(5)组织施工调查并编写调查报告。

在施工调查的基础上,根据工程特点、实际工程数量、工期要求等,编制具有针对性和可操作性的施工组织设计、施工预算和专项施工方案以及相应的质量计划和安全保证体系文件,并不断进行完善和深化。施工组织设计和专项施工方案尽早报请施工监理和业主认可。

(6)征地拆迁。

本项施工准备工作极其重要,贯穿于设计、施工前期的整个过程,是施工协调工作的重要主城部分,涉及“六位一体”的稳定性原则,应引起高度重视,做到周密安排,确保手续齐全、征拆合法。

7.6.2.3 物资准备

(1)依据设计文件和施工合同,并结合建设单位有关物资管理的规定或文件进行物资准备,分别确定甲供及自购物资的品种、规格、数量和相应质量技术标准。

(2)在工程建设之前积极进行物资市场调查和询价,分析当地资源分布和供求态势,做好采购前准备和市场信息收集工作,对紧缺物资(如轨道工程备料、砂石料备料、路基填料备料等)进行提前储备,以确保各类物资供应及时、充足。对水泥、粉煤灰、混凝土外加剂、砂石料等材料要取样送检,确保主要材料质量合格。

(3)按照单项工程施工进度计划,确定主要物资的使用时间和进场批量,编制主要物资总需求计划和分期供应计划,建立《分工好主要物资需用量明细表》《主要物资需用限(定)额数量总计划表》《主要物资月度需用量计划表》《主要物资月度采购(申请)计划表》等管理台账。

(4)依据主要物资分期供应计划及相应采购权限,及时将甲供物资分期供应计划和甲控物资招标采纳计划上报建设单位。同时,根据建设单位认可的甲控物资招标计划,按照公司物资采购管理制度要求,积极推行物资集中(区域)招标采购、战略采购、网上竞价采购等方式,充分利用《公司电子商务平台》开展物资采购业务,在规定时间组织完成招标和评标工作,保证工程物资及时进场满足施工需要。另外,根据自采物资的市场资源状况,对不适宜采取招标采购的物资,可采取竞争性谈判或询价采购等方式进行。严禁劳务企业自行采购工程实体物资。

(5)结合主要物资供求状况、交通运输条件等因素,做好重点物资储备、仓储计划和临时工程的建设工作;对于使用火工品的工程项目,必须做好火工品仓库的规划,并上报当地公安部门审批、验收。

(6)根据单项工程开工计划和储备要求,组织好物资催运和发货工作。

(7)做好物资验收和仓储保管工作,填写《进场/入库物资验收登记簿》,建立《物资送检台账》,

按合同规定，组织物资进场、验收、检验、储存、使用管理，及时办理结算手续，保证物资供应既满足公司采购管理制度、又满足工程施工需要。

7.6.2.4　设备准备

(1)为满足工程快速、优质的施工要求，对工程施工过程中需要的大型机械设备，尤其是架桥、铺轨机械等要提前准备、提前联系，以满足工程建设的要求，确保工程施工的正常运转。

(2)大型机械配置应按照经济、高效原则进行配套的机械组合。运架设备、铺轨与大型养路设备、掘进机、盾构机等大型机械的配置应考虑：机械设备的进场时间要满足项目节点工期安排要求；机械设备的选用顺序依次为自有设备、租用设备、购置设备；机械设备的组合应进行效率与费用的综合技术经济比较。

(3)工程部根据施工组织设计和项目施工进度安排提出《机械设备配置计划》，物机部依据机械需求计划和项目施工需要提出机械配置计划，明确机械名称、规格型号、数量、使用日期、来源等，上报公司审批执行；根据公司相关办法，机械设备购置实行集中招标采购。

(4)项目部根据项目施工需要，编制《机械设备租赁计划》，并调查当地市场的机械设备租赁资源和价格情况，形成调查报告，上报公司审批。原则上内部调剂，内部资源不能满足时，通过外部租赁解决。

(5)无论是公司自有、外部租赁或劳务企业自带，特种机械设备必须取得地方特种设备监督管理部门颁发的"安装验收检验报告"和《安全检验合格证》，建立安全使用卡控措施，确保现场施工机械正常运转。

7.6.2.5　现场准备

施工现场准备工作主要是依据设计文件及已编制的施工组织设计中的有关各项要求进行，包括生产、生活等临时设施的准备以及与相关单位进行现场交接的计划等。施工现场准备工作主要有：

(1)清除障碍物。

此项工作通常由建设单位完成，但有时也委托施工单位完成。架空电线、埋地电缆、自来水管、污水管、煤气管道等的拆除，应与有关部门取得联系并办好手续后方能进行，最好由专业公司、单位来拆除；场内的树木，需报请园林绿化部门批准后方能砍伐；原有建筑物或构筑物只要在水源、电源、气源等切断后方能进行拆除。

(2)做好"三通一平"(即，路通、水通、电通和场地平整)。

①路通：先修筑好施工现场的临时运输道路，保证建筑材料、机械、设备和构件早日进场，并尽可能利用已有道路或结合正式工程的永久性道路位置、修整路基和临时路面，节省工程费用。

②水通：包括工地临时施工用水、供热等管线敷设以及施工现场红线内的排水系统布置。为节省暂设工程费用，上水管网的敷设尽量采用正式工程的管网线路，施工现场排水沟依场地地势而定，坡度不小于1.5‰。

③电通：配电变压器的选择根据各种施工机械、设备用电及照明用电量进行计算确定，主动联系供电部门并按施工组织设计的要求，架设好连接电力干线的临时供电及通信线路，需特别注意保护红线内及施工现场周围不准拆迁的电线、电缆。

④场地平整：按照设计总平面图中确定的高程进行施工现场平整工作。在测量基础上计算挖土、填土数量，然后根据土方量大小和现场实际条件，组织人力或机械进行平整工作。对施工用的大型机械、构件的堆放和使用地点，要认真进行碾压。

(3)做好施工场地围护，保护周围环境。

根据施工现场交通及自然条件，必要时采用围墙将施工用地围护起来，以便施工方便和行人安全，同时也有利于保护周边环境。围墙的形式和材料应符合市容管理的有关规定和要求，并在主要出入口设置标牌，标明建筑工地名称、施工单位、工地负责人、建筑面积等。

(4)测量放线或场地控制网的测量。

在开工前的阶段性工作准备中,测量放线应包括:平面控制网的测定与桩位保护、高程控制网的测定与桩位保护、建筑物定位及放线、±0.000高程以下的施工放线准备工作等。

需要指出,在测量放线以前,应做好测量仪器的检验与校正、校核红线与水准点,制订测量放线方案(如平面控制、高程控制等)等工作。如发现红线桩与水准点有问题时,提请建设单位处理。

(5)搭设临时设施。

根据施工调查和施工组织计划安排,在工程正式开工前,进行临时房屋、运输道路、临时通信、供电、供水、排水、大临设施等临时设施的修建,以保证基本工程的顺利施工。临时设施的设置应符合施工组织设计的要求。现场所需临时设施,应报请规划、市政、消防、交通、环保等有关部门审查批准后方可实施。

为保证工程顺利开工,需搭设的临时设施有:工地办公室、职工宿舍、食堂、材料仓库、钢筋棚、木工棚、混凝土搅拌站等。为节约用地、节省开支,施工现场临时设施的搭设应尽可能利用原有建筑物或先盖一部分永久性建筑加以利用,并尽可能减少临时设施的数量;各类临时设施之间的距离应满足安全防火要求;根据不同工程建设业主及主管部门要求,临时设施的设置尽可能满足标准化建设要求。

(6)组织材料、机械设备进场,并预定后续材料、设备等。

项目部根据现场实际需要,有计划地组织材料及机械设备进场。必要时要编制设备进场安(拆)装专项技术方案,经公司物资机械管理部门、技术部门、安质部门会审,总工程师批准后方可实施。

项目部、物机部负责对进场物资(或材料)的数量和质量验收把关,对大宗物资、批量物资实行两人或以上共同验收制度,具备条件的可通过视频监督物资验收过程,及时填写《进场/入库物资验收登记簿》;同时按规定程序进行检验和试验,建立《物资送检台账》,物资进场验收合格后,及时办理入库手续,填制材料验收单并对入库物资按要求进行标识。

机械设备进场时,要对设备的完好状态、安全及环保性能进行验收,有关各方共同到场按规定验收签字,并做好机械设备进场验证记录。

入库或进场的材料及机械设备按相关现场管理规定进行使用和管理,并根据现场实际情况做好后续材料、设备等的预定工作和进场准备。

(7)冬、雨季施工准备。

根据我国地域的特点,气候条件复杂,东北、华北、西北等寒冷地区工程项目的冬季施工条件极其恶劣,对工程项目施工质量、工期和造价等影响极大,采用一般的施工工艺和方法难以达到预期目的,必须采取特殊的技术措施,组织施工才能满足要求。因此,寒冷地区工程项目的冬季施工准备非常重要。

冬季施工前应根据工程特点、冬季施工原则及现场施工条件等编制工程项目的施工组织设计,并以此为依据进行冬季施工准备,包括设计文件准备、技术准备、现场准备以及安全与防火准备。其中,冬季施工现场准备主要应做好以下几个方面:按要求选择、采购各种原材料、外加剂和保温材料,进场后妥善保管;搭建加热用的锅炉房、搅拌站,敷设管道并保温,对锅炉进行试火试压等;计算变压器容量,接通电源、水源;工地的临时供水管道及白灰膏等材料须做好保温防冻工作;称量、测量工具应及时到位,并能保证在负温条件下计量准确无误;临时设施应齐全,运输道路通畅,确保冬季施工期间安全、可靠使用。

雨季施工具有突然性、持续性、间断性和地区性等特点,非常复杂。在我国南方及西南地区,受极端气候的影响,甚至可能在雨季施工期间遭遇暴雨、洪水、滑坡、泥石流等自然灾害或地质灾害。为此,雨季施工应编制合理的施工组织计划、科学组织施工,以保证措施得当、经济合理,并加强事前预测控制。具体地说,雨季施工应提前做好以下几方面的准备:一是场地排水和道路排水等施工场地准备;二是做好机电设备、塔式起重机、排水设备及防水材料、原材料与成品半成品的保护等设备与材料准备；三是临时设施的检修和维护；四是提前进行灾害及风险评估，对易遭受雨水影响或破坏的工程，力争在雨季来临之前完成，并做好相应的应急预案。

7.6.2.6　资金准备

根据前述各项施工准备的工作量统计情况以及工程项目施工组织总体设计情况，结合图表形式辅助说明，编制工程项目施工资金使用计划和筹资计划，并按照计划和公司财务有关资金管理制度进行资金准备。

7.6.3　建设协调方案

建设协调方案包括征地拆迁协调，图纸供应协调，与沿线公路、环保、水保等政府相关部门的协调等。

(1)征地拆迁协调。

征地拆迁工作要根据全线总体施工进度及施工组织设计的工期安排，明确征地拆迁组织形式和责任主体，制订翔实的征地拆迁计划，包括实施方案和推进计划，制订依次进行：按照征地拆迁计划，明确征拆工期、责任单位及责任人，及时办理各种征拆手续，并确保手续齐全，征拆合法。

征地拆迁工作计划的编制应遵循以下原则：为保证节点工期的要求，应重点监控重点工程、重点厂矿企业、重点管线等单位的征拆工作；对于一般工程、站场改造工程的征拆及三电迁改工程，要突出顺序、统一拆迁、一次拆迁到位的原则；按照“先主后次、先重点后一般”的顺序，逐渐开展征拆工作；杜绝二次拆迁、避免重复拆迁。

(2)图纸供应协调。

建设协调中应根据总体进度安排与设计单位签订供图协议，并及时就站房设计与地方政府签订阶段性协议。施工单位根据供图协议积极跟踪施工图纸的供图进度情况；如有施工顺序调整，及时与建设单位和设计单位沟通，以便设计单位及时调整出图计划，满足工程施工要求。

(3)其他与沿线有关政府部门的协调。

对于穿越地区广、途经大城市数量多的工程项目，因涉及拆迁工程量大、内容复杂，需要提前安排征拆工作。同时，因征拆工作情况复杂、工作难度大、政策性强、牵扯面广，直接关系到国家、集体和个人的利益以及整个工程建设进度，需要做大量艰苦、细致的工作，既要满足施工用地的需要，同时又要控制征拆费用，节约建设资金。因此，在征拆工作过程中应积极向地方政府汇报，争取得到地方有关部门和各单位的积极支持和大力配合，妥善解决，确保不影响工程施工。

同时，还应积极与沿线公路部门、环保部门、水保部门、国土部门、林业部门、电力部门等就工程建设影响的其他有关方面进行协调等，协调的内容涉及：

①环境保护、水土保持等有关评估评价；

②管线路迁改、公路立交、航道交叉等协议签订；

③物资采购供应；

④外部电源接入；

⑤综合交通枢纽中市政、机场、地铁等工程的配套实施；

⑥工程引入铁路枢纽的配合施工；

⑦与其他铁路交叉、跨越关系的工程实施等。

7.7　主要进度指标及分项工程施工进度计划

7.7.1　主要进度指标

在总工期确定的基础上，应对专业工程及分项工程的工期和进度指标进行分解计划。

专业工程及分项工程的工期和进度指标指完成该条目对应的全部工作内容,并验收合格所需的时间或进度。以现行铁路施工组织设计标准为例,将主要进度指标分为综合指标和单项指标。位于关键线路上的长大隧道、复杂桥、重点土石方、铺轨架梁等工程应根据工程量采用单项指标计算工期;位于非关键线路上的工程可直接按照综合指标计算工期。

7.7.2 专业工程施工进度计划

这里,主要以高速铁路为例进行专业工程施工工期的安排,所涉及专业工程包括:①路基土石方、桥梁下部、隧道工程;②梁部工程(预制梁架设、现浇梁等);③无砟道床;④铺轨;⑤整道、无缝线路锁定及精调;⑥房建工程;⑦四电工程;⑧联调联试与运行试验;⑨初验及安全评估。

各专业工程(或分项工程)施工工期的安排,以保证铺轨控制线和联调联试线为原则,具体工期可根据工程数量、施工方案和工期进度指标计算确定,但各专业工程的开、竣工时间必须明确。各节点时间安排应考虑路基、桥涵、隧道等结构的沉降变形稳定时间以及工程间和专业间的接口问题。在工程实施过程中,应由业主、设计、监理和施工方共同对各区段路基、桥梁、隧道等基础设施的变形和工后沉降进行评估,共同确定轨道结构物的具体工期。对铺架工程,应分别编制架梁进度表和铺轨进度表,铺轨进度表中应说明全线主要的路基工点、长隧道、连续梁等铺轨的起止时间、顺序等。无砟道床线路应编制无砟道床进度表,说明无砟道床铺设的起止时间及设备配置情况等。

在安排施工顺序时,要考虑主要设备的周转使用情况。在总工期许可范围内,分期分批地施工,凡控制全线或影响铺轨的工程应先开工,必要时提前准备、提前开工,在近铺轨起点的工程也应提前开工。在工期安排时明确要求,各专业工序之间,上道工序按时完成各项内容后应及时与下道工序办转序手续。

工期安排中,还需考虑的其他主要因素如下:

(1)站前、站后工程间及各专业间的接口问题应得到充分考虑。综合接地预埋件和路基上接触网立柱基础、电缆槽、声屏障基础、预埋管线等工程应与线下主体工程同时施工。

(2)对于路基施工,应优先安排有堆载预压的路基,尽可能保证路基预压完成且能满足工后沉降要求后,运梁车通过。

(3)分析征地拆迁难易程度,结合征地拆迁实施计划推进情况进行工期安排。

(4)统筹协调好各种工程之间的关系,包括:正线工程、正式工程、配套工程、附属工程、过渡工程、站房工程以及其他工程。

各专业工程施工工期的安排要求,简要描述如下:

(1)预留充分的时间或技术保障,以适应或满足路基、桥涵、隧道等结构的沉降变形、混凝土尤其是连续梁的收缩徐变、锁定轨温、联调联试等的变形规律或时间要求。

(2)路基工程全面开展的条件为准备工作完毕且施工场地具备,亦可同时开工与小桥、涵洞一起开工,以便尽早完成路基本体和基床表层填筑;应尽早安排架梁及铺轨起点段的路基工程施工;为保证有充分的时间做好桥梁锥体护坡填土、桥头填土、过渡段填筑和涵洞顶部填土等工作,需在桥台、涵洞工程完工后一定时间施工同区段路基工程。

(3)为保证有充分的时间结合土方工程进行桥头及锥体填筑工作,桥梁工程一般宜在路基土石方工程完成前一定时间内完工。按照架梁方向与顺序分单元平行展开桥梁工程的下部主体结构施工,从下至上按结构部位组织单元内流水,以保证架梁节点工期要求为原则进行单元划分长度的确定。在满足架梁节点工期的前提下,按预留徐变上拱最短工序延时的原则,独立组织特殊孔跨(各连续梁工点)施工。为确保铺轨机、架桥机的通过,提前协调跨公路、河道施工的各项工作,并尽早安排架梁起点附近的桥墩及控制架梁工期的连续梁主跨和桥梁工程的水中基础施工;对于简支梁制架,必须预留充足的时间做好场地规划、建设等各项准备工作。此外,不宜在雨季安排桥梁的桥台、主跨及水中墩施工。

(4)为避免影响铺轨工期，在完成施工准备后，隧道工程应尽早开工、抓紧施工，并保证在铺设无砟道床或铺轨前一定时间内完成。根据隧道的长度、断面尺寸以及隧道所处地段的地质情况等因素，采取不同的施工方法，严格控制长大隧道和施工环境复杂的隧道。在雨季、冬季来临之前完成隧道洞口段施工。隧道工程的工后沉降须满足设计要求，一般需保证一定时间的沉降观测期。

(5)根据桥梁施工进度、梁板预制情况和架梁机械配置情况确定架梁工程施工工期，一般应在路基、桥墩台、现浇梁和隧道等主体工程施工完成后，且具备一定的架梁条件时进行，在铺轨工程之前结束。一般应在架梁完后安排一定期限的桥梁工程沉降观测期，对于沉降量很小(如岩石地基等)桥梁，在桥梁架设后或者张拉完成后安排一定时间的沉降观测期。

(6)在路基、桥涵和隧道等基础设施完工并满足沉降评估和设计要求后方能进行无砟轨道作业。确保路基、隧道和桥梁主体已基本竣工，路基的附属设施如电缆槽的铺设、接触网支柱和声屏障的基础等已施工完成后，在轨道结构物施工范围内，不再有架桥机作业等。

(7)为尽早创造铺轨条件，在预制厂集中预制轨道板，实行多单元平行组织铺设安装施工。优先安排好铺轨基地，为全线铺轨提供保障。在桥、隧、路基工程都已完工且相应沉降变形稳定时间达到要求时，方可进行铺轨工程施工。

(8)按总工期要求统筹安排各专业工程施工时间，确保铺轨完成后一定时间内结束主要站后工程。其中，四电工程所属的沟、管、槽和接触网支柱基础，声屏障基础，预埋管线等随路基和桥梁主体结构施工；根据铺轨进度顺序安排接触网导线架设和信号轨旁设备安装施工；在道岔就位后，一次性施工完毕信号工程，包括信号楼、机电房屋等；为避免返工，应配合有关工程进行其他站场设备、机电安装等。

7.7.3　分项工程施工进度计划

在拟定的施工方案基础上，确定分项(单位)工程各施工过程的施工顺序、施工持续时间以及相互衔接穿插配合关系，从而编制分项工程施工进度计划。分项工程施工进度计划是编制分形工程施工季度计划和月计划的基础，是确定劳动力和物资资源需要量的依据。分项工程施工进度计划应突出关键线路上的工程和重难点工程。关注征地拆迁、管线路迁改、评估评价工作和相关协议签订、物资采购供应、环境保护、图纸供应、质量检验与评估等制约工程顺利推进的因素，明确征地拆迁、架梁、无砟道床、铺轨、联调联试等重要节点的开竣工日期。

施工进度计划应按照项目总体施工部署的安排进行编制，具体的编制依据包括：经过审批的施工总平面图、分项工程结构施工图、设备布置图及有关文件；规定的工期；施工组织总设计对工程的要求；主要分部工程的施工方案；施工条件(包括人工、机械、材料等配备情况及场地条件等)。施工进度计划可采用网络图或横道图表示，并附必要的文字说明。

施工进度计划编制应遵循以下原则：

(1)遵守基本建设程序。

(2)编制的施工进度计划应内容全面、安排合理、科学实用。

(3)根据企业管理水平和技术装备水平等合理安排工期，鼓励采用先进工法、工艺、工装设备和材料。

(4)人力、物资、设备和资金等资源分配均衡。

(5)分项工程施工进度应与施工总进度相互协调，体现和落实总体进度计划的目标控制要求，体现总进度计划的合理性，同时各施工工序前后兼顾、合理衔接、施工均衡。

(6)在保证工程施工质量、总工期的前提下，加快资金循环，充分体现投资效益。

(7)满足首件评估、线下工程沉降、梁体收缩徐变、联调联试及运行试验、验收整改的必要时间，在满足锁定轨温要求的气温条件下进行无缝线路锁定，专项安排铺轨后各工程占轨时间。

(8)根据优化条件和目标不同进行施工进度计划的优化调整。

7.8 工程的接口及配合

施工组织安排中应正确处理工程接口及配合的问题,提前梳理站后与站前各专业间以及不同标段之间的接口与配合关系,占轨时间安排,通过合同管理、工期控制等措施,做好专业和标段间的接口与配合工作,确保上序专业工程为接口项目所属专业工程及时提供进场施工条件,全面合理地统筹安排施工,为工程顺利实施创造条件。

在施工组织安排过程中,正确处理工程接口及配合关系的内容包括:工程接口的内容、涉及的专业、质量交接验收的方式及工期要求。以高速铁路工程为例,各站前工程、房屋建筑工程、站后系统集成工程、联调联试与运行试验之间主要接口项目、技术条件要求、进场条件要求及占轨计划安排等工程接口关系,参见现行《铁路工程施工组织设计规范》(Q/CR 9004—2018)中"表 5.3.1 工程接口关系表"。

7.9 联调联试及运行试验

在工程施工组织安排中,应明确联调联试的基本条件、联调联试及运行试验的起讫时间,并针对长大干线应考虑设置先导段。

在完成静态验收之后,为验证工程是否满足设计功能和标准,采用试验列车和检测列车对各系统的工作状态、性能、功能及系统间匹配关系进行的综合测试、调整和优化,对综合系统进行实车验证,使整体系统达到设计要求的工作过程为联调联试。

7.9.1 联调联试及运行试验基本条件

(1)已编制完成联调联试及运行试验的实施组织方案,且联调联试大纲已经建设单位上级主管部门批准。

(2)已成立工程相应的联调联试组织机构,准备完善各项测试、试验所需的仪器、设备,已制定并颁布相关的运营规章、办法、安全保障措施和应急预案、故障处理措施。

(3)已完成路基、桥梁、隧道、轨道、站场、牵引供电、电力供电、通信、信号等主体工程施工,准备齐全各项技术文件或相关资料,包括:相关工程竣工图纸和牵引供电、电力供电、通信、信号系统技术文件、运用维护手册齐全、自检合格的工程质量和系统功能测试报告等。

(4)已完成由建设单位组织的静态验收,并确认合格后,由建设单位上级主管部门组织专家进行静态验收报告评审,建设单位完成静态验收和评审提出问题的整改,并向建设单位上级主管部门提出试验申请。

(5)试验用动车组的开行条件满足建设单位上级主管部门的有关规定。

7.9.2 联调联试及运行试验工程条件

(1)线路基础工程:正线及车站到发线完工,轨道状态已进行调整,利用轨道检查车进行最高时速 160km 检测时,按运基线路电[2008]227 号中 200km/h≤v≤250km/h 轨道动态管理标准评判,原则上不得存在Ⅲ级及以上偏差。

(2)牵引供电和电力供电系统:完成牵引供变电子系统、电力子系统、牵引和电力供电远动(SCADA)子系统以及接触网子系统等各子系统所有设备安装、电缆接续,完成单体试验及子系统调试,且各项功能指标和安全措施符合设计及相关规范要求,外部电源接入。

(3)通信信号系统:完成光通信和传输子系统调试并已为各应用系统提供稳定的光传输通道和

通信通道;完成调度通信子系统调试、列车运行控制系统及其接口调试,调度通信子系统和车站连锁已具备开通条件,道岔已不需加锁,轨道电路工作稳定、载频、码序和信号显示正确,应答器安装位置正确、数据完成低速测试;完成清频工作,GSM-R 子系统具备语音通信功能,CTC 系统具备列车追踪与监视功能并实现人工和自动进路办理;通信系统内部调试和信号系统内部调试均已完成,符合设计要求,系统运行正常。

(4)综合接地工程:完成安装和静态试验,符合设计要求。

7.9.3　联调联试工作内容

根据批准的检测试验大纲,开展常规检测与专项检测,并提交检测试验报告及总结。

常规检测包括:轨道结构动力性能测试、供变电系统、接触网系统、通信系统、列控系统,列控中心、连锁系统、CTC 系统、轨道电路、客运服务系统、动车组动力学性能监测、综合接地测试、电磁兼容性测试、环境噪声、振动及减振降噪措施测试、综合检测等。

专项检测包括:路基及过渡段动力性能测试、道床与路基结构车载探地雷达测试、轨道结构动力性能测试、桥梁动力性能测试、道岔动力性能测试、列车通过隧道时气动力性能测试等。客货共线铁路还应包括货车动力学性能监测。

根据检测结果,施工单位对相关工程反复调整直至满足要求。

7.9.4　运行试验工作内容

在完成联调联试工作之后,按照实际运行图组织列车运行,全面演练和检验高速铁路在正常和非正常情况下的客运服务及应急救援等能力,验证全面开通运营的条件是否具备。

7.10　关键线路及施工总平面布置图、施工进度计划图

为正确处理全工地在施工期间所需的各项设施和永久性建筑之间的空间关系,根据施工方案和施工进度要求,需要对施工现场的道路交通、材料仓库、附属企业、临时建筑、临时水、电、管线等做出合理规划并绘制相应的布置图,用以指导整个现场的文明施工。所需绘制的图件包括施工总平面布置示意图(含线路纵断面图)、总体施工组织形象进度图、施工进度计划横道图、网络图等。

7.10.1　施工总平面图设计依据

(1)设计资料,包括建筑总平面图、地形地貌图、区域规划图、建设项目范围内有关的一切已有的和拟建的各种地上、地下设施及位置图。

(2)建设地区资料,包括当地的自然条件和经济技术条件,当地的资源供应状况和运输条件等。

(3)建设项目的建设概况,包括施工方案、施工进度计划,以便了解各施工阶段情况,合理规划施工现场。

(4)物资需求资料,包括建筑材料、构件、加工品、施工机械、运输工具等物资的需要量表,以规划现场内部的运输线路和材料堆场等位置。

(5)各构件加工厂、仓库、临时性建筑的位置和尺寸。

7.10.2　施工总平面图设计原则及要求

7.10.2.1　施工总平面图设计原则

(1)平面布置科学、紧凑、合理,尽量少占用农田、减少施工场地占用面积,充分调配各方面的布置位置,使其合理有序。

(2)方便施工流程,在保证施工区域的划分和场地的临时占用符合总体施工部署和施工流程要求的前提下,减少各工种之间的相互干扰,充分调配人力、物力和场地,保持均衡、连续、有序施工。

(3)合理组织运输,保持运输畅通方便,保证水平运输和垂直运输畅通无阻,减少二次搬运和运输费用,确保不间断施工。

(4)降低临时设施的建造费用,尽量少建临时性设施,充分利用既有建(构)筑物和既有设施为项目施工服务。

(5)临时设施应方便生产和生活,办公区、生活区和生产区宜分离设置。

(6)符合节能、环保、安全和消防等要求,合理设置垃圾、废土、废料等固体废物及生产、生活用废水的排放措施,保护生态环境,保护文物及有价值的物品,做到文明施工。

(7)保证安全可靠,做到安全防火、安全施工。

7.10.2.2 施工总平面图设计要求

(1)施工总平面布置图的绘制应符合国家相关标准要求并附必要说明。

(2)遵守施工项目当地主管部门和建设单位关于施工现场安全文明施工的相关规定。

(3)根据项目总体施工部署,按照项目分期(分批)施工计划,绘制现场不同施工阶段(期)的总平面布置图。

(4)一些特殊的内容,如现场临时用电、临时用水布置等,当总平面布置图不能清晰表示时,也可单独绘制平面布置图。

(5)平面布置图绘制应有比例关系,各种临设应标注外围尺寸,并应有文字说明。

(6)现场所有设施、用房等应由总平面布置图表述,避免采用文字叙述的方式。

7.10.3 施工总平面图内容

(1)项目施工用地范围内的地形状况,已有建(构)筑物及其他设施的位置和尺寸。

(2)全部拟建的建(构)筑物和其他基础设施的位置和尺寸。

(3)永久性测量放线标桩位置。

(4)为全工地施工服务的临时设施布置位置,包括:项目施工用地范围内的加工设施、运输设施、存储设施、供电设施、动力设施、供水供热设施、排水排污设施、通信设施、各种材料仓库堆场、取弃土场、临时施工道路和办公、生活用房等。

(5)施工现场必备的安全、消防、保卫和环境保护等设施。

(6)相邻的地上、地下既有建(构)筑物及相关环境。

(7)图例、附注。

7.10.4 施工组织形象进度图、横道图、网络图

工程项目施工进度计划可采用形象进度图、横道图或网络图表示,并附必要的文字说明。

横道图表达直观、简单、易懂,适用于建设过程中的各阶段;形象进度图由于按设计里程布置时间,比横道图更直观的表达控制工程及各项目进度情况,主要适用于设计阶段,实施阶段中的长大干线及标段工程的施工组织附图也常采用形象进度图;网络图可清晰地反映各工序之间的逻辑关系,主要适用于单位工程进度图的绘制。从发展看,网络图的应用比横道图更为广泛。

工程网络计划的基本原理:首先,绘制工程施工网络图,以此表达施工计划中各工作先后顺序的逻辑关系;然后,通过计算确定关键工作及关键线路;接着,按选定目标不断改善计划安排,并付诸实施;最后,在执行过程中进行控制、监督和调整,以达到缩短工期、提高功效、降低成本、增加经济效益的目的。

工程网络计划的表示方法通常有两种,即,双代号网络计划和单代号网络计划。两种网络计划

的编制方法和绘图原则基本相同,但具有各自的优缺点,在不同情况下各自表现的繁简程度不同,二者互为补充、各具特色。

对编制的施工网络进度计划图,需进行若干次的平衡调整工作,直至达到符合要求、比较合理的施工进度计划。施工进度计划的调整应注意以下几方面因素:

(1)整体进度是否满足工期要求。

(2)各施工过程之间的相互衔接穿插是否符合施工工艺和安全生产的要求。

(3)各主要资源的需求关系是否与供给相协调。

(4)劳动力的安排是否均衡。

一般情况下,施工网络进度计划的调整平衡方法有:将某些分部工程衔接插入时间适当提前或后延;适当增加资源投入;调整作业时间,必要时组织多班作业。

应当指出,施工网络进度计划图的编制步骤不是孤立的,而是相互依赖、相互联系的。工程项目施工是一个复杂的生产过程,受到周围客观条件影响的因素很多,所以施工企业应着眼于本企业内部全部工程规范的均衡施工问题,以便充分利用本企业的生产能力,主要资源得以均衡连续的大流水作业。在执行施工进度计划时应注意到,计划的平衡是相对的,不平衡是绝对的。故在工程进展过程中,应随时掌握施工动态,经常检查、调整计划。

第8章　总体施工方案选择(或制订)

总体施工方案应主要反映施工队伍部署、组织方案与技术方案,具体反映工程任务分解、施工队伍及组织机构安排、施工准备、临时工程布置、施工顺序与衔接及关键技术方案、资源配置方案等内容。施工方案包括的内容很多,包括施工方法的确定,施工机具、设备的选择,施工顺序的安排,科学的施工组织,合理的施工进度,现场的平面布置及各种技术措施等。概括起来主要是四项:施工方法的确定,施工装备的选择,施工顺序的安排,流水施工的组织。其中,施工方法的确定和施工装备的选择属于施工技术问题,而施工顺序的安排和流水施工的组织属于科学施工组织和管理问题,二者相互联系、相互制约,施工技术是施工方案的基础,同时又要满足科学施工组织与管理方面的要求,科学施工组织与管理又必须保证施工技术的实现。

8.1　施工准备计划

施工准备工作的内容很多,以单项工程为例,包括建立指挥机构、编制施工组织设计、修建大型临时设施、材料和施工机械准备、施工队伍的集结、后勤准备及现场“三通一平”等工作。

根据施工组织安排,实施性工程施工组织设计编制阶段的施工准备工作包括:收集、分析施工组织调查资料,了解项目工程概况、地区特征,填写权限工点一览表(含路基、桥梁、隧道等),并结合重大拆迁、迁改、环水保因素的影响,合理评估施工准备时间;根据工程项目特点和施工条件,制订合理可行的施工方案,选择先进有效的施工方法,并确定施工流向和施工顺序。

8.2　总体施工方案的制订

8.2.1　总体施工方案制订的基本要求

总体施工方案的确定是一个综合的、全面的分析和对比决策过程,既要考虑施工的技术措施,又必须考虑相应的施工组织措施。为此,总体施工方案的选择应做到:安全可靠、技术领先、切实可行、好中选优。

选择总体施工方案制订的基本要求(或原则)如下:

(1)从实际出发,切实可行。选定的方案在人力、物力、技术上所提出的要求,应该是当前已有的条件或在一定的时期内有可能争取到的条件所能满足的。选定的施工方案应符合现场实际情况,并有实现的可能性。否则,任何方案都是不足取得。

方案的优劣,并不首先取决于它在技术上是否最先进,或工期是否最短,而是首先取决于它是否切实可行,只能在切实的范围内尽量求其先进和快速。否则,再先进的技术、再快的施工速度都会落空,形同虚设。

(2)施工期限满足国家和合同规定的要求。施工方案必须保证在竣工时间上符合国家和合同规定的要求,并争取提前完成。在制订方案时,要求统筹安排施工组织,在照顾均衡施工的同时,在技术上尽可能采用先进的施工经验和技术,尽可能采用先进的施工工艺和新材料,努力提高机械化和装配化程度,并在管理上采用现代化的管理方法进行动态管理和控制。

表 8-1

铁路工程常见单位工程主要施工方案选择和施工方法

序号	单位工程名称	施工方案的选择方法	主要的施工方法名称		具体内容或适用条件
1	路基工程	(1)根据施工条件、工期要求、机械设备配置、环境要求、工程费用等进行综合比选。 (2)无砟轨道路基及软土路基等控制性工程应结合现场实际情况,分析工程及地质资料,作出风险评估,制订专项施工技术方案和应急预案。 (3)路堑开挖可按地形、土质状况、断面形状、路堑长度、施工季节和环境保护要求,并结合土石方调配选用适当的开挖方式、方法	地基处理		冲击碾压、换填土(砂、碎石、改良土)、砂(碎石)垫层、强夯、袋装砂井、塑料排水板、挤密砂桩、碎石桩、粉喷桩、搅拌桩、旋喷桩、CFG 桩、管桩、压浆、预压土
			路基填料		级配碎石、改良土与 AB 组填料、渗水土
			土石方调配		移挖作填、取土场与利用隧道弃渣
			路堑开挖	全断面开挖法	平缓地面上短而浅的路堑
				横向台阶开挖法	平缓横坡上的一般路堑(较深路堑宜分层开挖)
				逐层顺坡开挖法	土质路堑(铲运、推土机械)
				纵向台阶开挖法	傍山路堑(边坡较高时,宜分级开挖;路堑较长时,可分段开挖;边坡较高的软弱、松散岩质路堑,宜分级分段开挖)
				高边坡分层开挖法	高边坡路堑(每层高度约 5m,不大于 8m,每层分段开挖)
			路堤填筑		按照"三阶段、四区段、八流程"的施工工程序组织施工,并依据现场地形、土质、运距及机械的适合条件,选择适宜的机械组合。每个区段长度由使用的机械能力、数量确定,宜大于 200m 或以构造物为界
2	桥梁工程	(1)根据工程规模、工期要求、地质水文条件、现场条件、设备供应、环境条件、工程费用等进行综合比选。 (2)技术复杂桥梁(含深水、高墩、特殊结构桥梁等)应结合现场实际情况,分析工程及水文地质资料,作出风险评估,制订施工技术方案和专项应急救援预案	基础	明挖基础	无护壁基坑、护壁基坑和基坑围堰
				桩基础	沉桩基础、钻孔桩基础、挖孔桩基础和管桩基础。 钻孔桩施工有:冲击钻机、正循环旋转钻机、反循环旋转钻机、旋挖钻机和套管钻机。 冲击钻机的适用条件:黏性土、砂类土、砾石、卵石、软硬岩层及各种复杂地质桩基施工。 正循环旋转钻机的适用条件:黏性土,砂类土,含少量砾石、卵石的土(含量少于 20%),软岩。 反循环旋转钻机的适用条件:黏性土,砂类土,含少量砾石、卵石的土(含量少于 20%,粒径小于钻杆内径 2/3)、软岩。 旋挖钻机的适用条件:各种土质地层,砂类土,砾石、卵石。 套管钻机的适用条件:黏性土层、砂类土,但不宜在地下水位下有厚于 5m 细砂层时使用
				水中桩基承台	土围堰、钢板桩围堰、吊箱围堰、钢套箱围堰。 钢板桩围堰的适用条件:流速较小、水位较低、承台较浅、河床地质透水性弱的地层。 钢套箱围堰的适用条件:流速较小(≤2.0m/s),覆盖层较薄,平坦的岩石河床,埋置不深的水中基础
				水中沉井基础	就地浇筑下沉沉井和浮式沉井
			墩台	整体钢模	
				爬模	空心高桥墩
				翻模	不变坡的方形高墩和索塔
			上部结构	简支梁	预制梁架桥机架设、支架现浇法、移动模架法
				连续梁	悬臂灌注法、顶推法、支架现浇法、转体施工法
				钢梁	膺架法、拖拉法、悬拼法、浮运法

续上表

序号	单位工程名称	施工方案的选择方法	主要的施工方法名称			具体内容或适用条件
3	隧道工程	(1)根据施工条件、地质条件、隧道程度、隧道横断面、埋置深度、工期要求、经济效益、环境保护等因素综合选定。 (2)地质复杂及高风险隧道应结合现场实际情况,分析工程及水文地质资料,进行风险评估,制订施工技术方案和专项应急救援预案。 (3)地质复杂及高风险隧道包括:富水软弱破碎围岩、岩溶、风积沙与含水砂层、瓦斯、岩爆、挤压性围岩与膨胀岩、黄土、高原冻土、高地温等隧道	隧道开挖	钻爆法	全断面法	单线隧道Ⅰ、Ⅱ、Ⅲ级围岩;双线隧道Ⅰ、Ⅱ级围岩;地下水状态:干燥或潮湿
					台阶法	单线隧道Ⅲ、Ⅳ级围岩;双线隧道Ⅲ级围岩;地下水状态:干燥或潮湿
					环形开挖预留核心土法	单线隧道Ⅳ、Ⅴ、Ⅵ级围岩;双线隧道Ⅲ、Ⅳ级围岩;地下水状态:有渗水或股水
					中洞法	双联拱隧道
					交叉中隔壁(CRD)法	双线、三线隧道Ⅴ、Ⅵ级围岩、浅埋隧道
				掘进机法	敞开式掘进机	围岩自稳性较好、以Ⅲ级及以上围岩为主的山岭隧道
					护盾式掘进机	常用于混合地层
				盾构法	土压平衡盾构	细颗粒地层;适应黏土、砂土、砂砾,卵石土、泥质粉砂岩夹砂岩、页岩;地层渗透系数小于10^{-7}m/s
					泥水平衡盾构	较粗颗粒地层;适应粉质黏土、粉细砂、中粗砂,卵石层、泥质粉砂岩夹砂岩、页岩;地层渗透系数大于10^{-4}m/s
4	轨道工程	根据设计标准、线路长度、施工条件、安全质量与工期要求等因素综合选定	钢轨铺设			人工铺轨、机械铺轨
			道岔铺设			原位组装预铺、机械分段铺设、换铺法
			钢轨焊接			闪光接触焊、铝热焊、气压焊
			应力放散			滚筒放散法、综合放散法
			无缝线路铺轨			单枕连续铺设法、工具轨换铺法、长钢轨推送入槽法。 无缝线路的锁定轨温应严格控制在设计锁定轨温允许范围内,无缝线路锁定时必须准确记录锁定轨温;相邻单元轨节间的锁定轨温差不应大于5℃,左右股钢轨的锁定轨温差不应大于3℃,同一区间内单元轨节的最高与最低锁定轨温差不应大于10℃
5	通信工程	本着劳动力均衡使用的原则,在工期允许是,一般采取先线路后设备安装的方法	通信线路			根据站前施工进度所达到的施工条件,先进行无线铁塔、泄露同轴电缆施工,后进行光电缆线路施工
			通信设备安装			根据房建施工进度所达到的施工条件,先进行影响主通道调试的设备安装(通信站、基站、直放站、信号中继站等),后进行其余接入点的设备安装
			系统调试			在具备稳定电源后,按子系统单机试验、子系统试验、通信系统试验的顺序进行调试;各子系统调试首先进行通信电源、同步时钟、传输及接入子系统调试,然后再调试移动通信及其他各子系统
6	信号工程	主要施工程序为先信号点复测、电缆线敷设,然后室内外设备安装,最后进行系统调试	电缆线路敷设			在站前电缆槽盖板完毕后采用流水作业施工
			信号设备安装			采用分段流水作业法,包括室外路基地段信号、室外高架桥信号和室内信号三部分
			系统调试			根据分部工程的不同采用平行作业法进行室内外设备联锁试验及系统调试

续上表

序号	单位工程名称	施工方案的选择方法	主要的施工方法名称	具体内容或适用条件
7	电力工程	电力工程应与电牵、信号、房建专业施工紧密配合,其施工进度要优先通信、信号、电力牵引工程施工,以便为各专业设备的安装调试提供电力供应	电力线路	包括电力电缆敷设和电力线路架设两部分,电缆敷设一般采用轨型车辆机械敷设和无轨车辆辅助人工敷设等方式,电缆线路施工应尽量考虑路基、桥梁、隧道施工同步,为降低相互干扰一般采用人工方式敷设
			变、配电所	为电力工程区段内的关键工程,包括室外设备和室内设备
			电力远动	主要工作内容为设备安装、单体调试和系统调试,调试方法宜采用同步分级法
8	接触网工程(电气化工程)	本工程施工标准、质量等级要求较高,多采用新技术、新设备、新工艺和新方法。接触网工程在站前单位提供作业面后,采用流水施工组织,实行程序化、机械化施工	支柱安装	汽车起重机吊装法和服从轨道占用计划的列车安装法
			吊柱安装	服从轨道占用计划的接触网作业车安装法
			底座、肩架及腕臂安装	接触网作业车安装法
			附加线架设	接触网作业车安装法
			承力索与接触线架设	采用恒张力架线车进行架设,并采用超拉或额定张力自然延伸等措施
			高速接触网精调	以CPⅢ精确网为基准、以轨道平顺达标为基础,以静态检测为依据,以0号综合检测100km/h以下静态检测数据为指导
9	大型临时工程	(1)选址应符合《铁路大型临时工程和过渡工程设计暂行规定》的有关规定。 (2)根据制梁规模、制梁能力、地形与地质条件、设备配置等选择简支梁预制厂布置的型式,以及“制架、制存、运架”三匹配的原则优化梁场布局和制存能力	选址	铺轨基地、箱梁或T梁预制厂、轨道板预制厂、拌合站等选址
			简支梁预制厂	简支梁预制厂布置型式有:轮轨式和轮胎式搬梁机场内搬梁,轮轨式提梁机场内移梁,移动台车横移梁法移梁
			施工便道与便桥	尽量利用既有桥梁和道路,没有利用的可新建,主要方案有:贯通便道与多条引入便道,单车道、双车道及单车道加避车道,便桥与便桥的比较等
			施工用电	优先采用公用电网电源,困难时可采用柴油发电机组等其他电源,主要方案有:永临结合,地方电源与自发电,局部贯通线与支线引入,临时电力线路等级(35kV与10kV、6kV)
			施工用水	尽量利用既有水源,缺水地区应进行深井取水与汽车运水的比较
10	房建工程	(1)在具备施工条件后马上开工,可考虑平行与流水结合施工,各单位工程按期平面结构特点划分流水段进行流水施工。 (2)房屋总体施工应遵守“先地下后地上,先主体后围护,先结构后装修、先土建后设备”的原则,以主体施工围先导,分区、分层、分段流水施工	包括土建工程、结构工程、装修装饰工程等	包括地基处理、土方、钢筋、混凝土、钢结构、建筑装饰装修、屋面、给水排水及采暖、电气、通风、空调、电梯、模板、脚手架等工程。 基坑支护方法有:深层搅拌水泥桩墙、钢板桩、挖孔桩、地下连续墙、加筋水泥土桩法(SMW工法)、土钉墙、逆作拱墙等。 钢结构安装方法有:高空拼装法、整体安装法、高空滑移法
11	大型站场改造工程	综合考虑运营条件、电务过渡条件、封锁施工能力、均衡作业等因素,进行比选后确定		大型站场改造方案选择应符合下列规定:电务过渡配合方案可行,施工封锁及现行条件满足运营单位要求,减少过渡工程,均衡组织施工

(3)确保工程质量和安全施工,并提出保证工程质量和施工安全的技术组织措施,使方案完全符合技术规范、操作规范和安全规程的要求,选择的施工方法应符合施工验收规范和质量检验评定标准的有关规定。

(4)在合同价控制下,尽量降低施工成本甚至施工费用最低。施工方案在满足其他条件的同时,必须考虑方案的经济合理性,增加生产盈利。需要指出,施工组织问题是政治、经济、技术的综合,而不是单纯的经济问题,在施工方案选择中进行经济比较是完全必要的,经济比较具有重要参考价值,但绝不能将其作为决定方案的唯一标准。

以上几点是一个统一的整体,不可分割,在制订施工方案时应进行通盘考虑,多方面分析比较,综合权衡,最终选择出相对最优方案,并使得所选出的总体施工方案:符合施工组织总设计的要求,满足施工技术要求,符合提高工厂化、机械化程度的要求,符合先进、合理、可行、经济的要求,满足工期、质量、成本和安全的要求。

8.2.2 主要项目施工方案拟定的内容

为做好技术准备和资源准备工作,保证施工进程的顺利开展和施工现场的合理布置,需要对一些主要工程项目和特殊的分项工程项目施工方案提前拟定。这些项目的工程量大、施工难度大、工期长,在整个建设项目中起关键作用甚至影响全局施工。概括起来,主要项目施工方案拟定的内容及要求主要包括以下四个方面:

(1)施工方法,要求兼顾技术先进性和经济合理性。

(2)工程量,对资源的合理安排。

(3)施工工艺流程,要求兼顾各工种各施工段的合理搭接。

(4)施工机械设备,能使主导机械满足工程需要,又能发挥其效能,是各大型机械在工程上进行综合流水作业,减少装、拆、运的次数,辅助配套机械的性能应与主导机械相适应。

另外,在主要项目施工方案制订时还应注意以下几个问题:

(1)对地质灾害及上跨下穿、高空作业、长大隧道、运架梁等安全风险较大的工程项目,需制订相应的应急预案。

(2)建设环境复杂区段征地拆迁对工期的影响及采取的对策。

(3)隧道施工方案中应有超前地质预报,并明确方法、手段、组织机构、信息处理。

(4)针对本项目的不良工程地质和特殊地质路基,做好沉降观测,并制订施工技术方案。

以铁路工程为例,常见单位工程主要施工方案选择如表8-1所示。

8.3 施工方法的选择

工程项目施工因其多样性、地区性和施工条件的特殊复杂性,以至于同一工程施工项目,其施工工艺、方法也是多种多样的。单位工程各主要施工过程的施工,可以采取不同的施工方法和施工机械来完成。施工方法的选择应根据工程项目结构特点,建筑平面的形状、长度、宽度、高度、工程量大小及工期长短,劳动力及资源供应情况,气候及地质情况,现场及周围环境,施工单位技术、管理水平和施工习惯等,进行综合分析,选择合理的施工方法,实现技术与经济的统一。施工方法选择应注意以下问题:

(1)应着重研究那些影响施工全局的重要单位工程或分部(分项)工程,包括工程量大、工期长的单位工程或分部(分项)工程,施工技术复杂的或采用新技术、新工艺及对工程质量起关键作用的单位工程或分部(分项)工程,以及不熟悉的特殊结构工程或特殊专业工程。

(2)应首选主导工程所需要的施工方法,并注重主导机械和辅助机械的配套问题。在选择施工方法时,应根据工程特点针对性地、着重考虑影响整个施工的几个主导施工过程的施工方法;对于工

程量小、按常规施工和工人熟悉的施工过程,则可不必详细考虑,只要提出应注意的问题和要求就可以,以便突出重点。

主导施工过程施工方法选择的内容主要包括:土石方工程、基础工程、砌筑工程、钢筋混凝土工程、结构安装工程等。其中,基础工程主要包括挖土方法、挖土顺序、无图技术措施的确定,砌筑工程主要是确定现场垂直、水平运输方式和脚手架类型等,钢筋混凝土工程着重于模板工程的工具化和钢筋、混凝土施工的机械化等。

(3)需考虑技术经济指标,首选技术上先进的、经济上管理有效的施工方法和相应的施工机械,一般重点考虑工期、劳动消耗量和成本费等影响技术经济指标的主要因素,确保选择的施工方法符合先进、经济、技术上可行的要求及满足施工工艺和安全施工的要求。

(4)选择的施工方法与所选择的施工机械及所划分的流水工作段相互协调的问题。

以铁路工程为例,常见单位工程的主要施工方法选择见表8-1。

8.4　施工流向和施工顺序的确定

8.4.1　施工流向的确定

根据生产需要、缩短工期和保证质量等要求,在平面或空间上开始施工的部位及流动方向即为施工起点和流向。施工流向的确定是组织施工的重要环节,牵涉一系列施工过程的开展和进程。为此,施工流向的确定应考虑以下几个因素。

(1)关键因素:生产工艺及流程。一般情况,生产工艺上影响其他施工区段或生产使用上要求急的区段,部分先安排施工。

(2)基本因素:建设单位对生产和使用的要求。

(3)从施工技术考虑施工的繁简程度。一般来说,应先行施工技术复杂、工程量大、进度较慢、工期较长的区段或部位。

(4)根据施工条件和现场环境情况,先行施工条件具备的(如材料、图纸、设备供应等)。

(5)根据分部工程或施工阶段的特点,施工流向应各自不同。如基础工程的平面施工流向由施工机械和方法决定;主体工程从平面上看,哪一边先开始都可以,但竖向一般自下而上施工;而装饰工程竖向的施工流向比较复杂,室外装饰可采用自上而下,室内装饰则可以采用三种流向(自上而下、自下而上及自中而下再自上而中)。

(6)房屋高低层或高低跨,以及从沉降等因素考虑,宜按“先高后低、先深后浅”的流向施工。

(7)根据工程条件选用的施工机械,其开行路线或布置位置通常决定了施工起点和流向。如,正铲、反铲、拉铲等挖土机械,履带吊、汽车吊、塔吊等吊装机械,这些机械的开行路线或布置位置便决定了基础挖土及结构吊装的施工起点和流向。

(8)施工组织的分层分段也是决定施工流向时应考虑的因素,如,伸缩缝、沉降缝、施工缝等。

8.4.2　施工顺序的确定

施工顺序是指单位工程中各分部工程或各专项工程的先后顺序及其制约关系。施工顺序安排是编制施工方案的重要内容之一,在组织施工时,应根据不同阶段、不同的工作内容、按其固有的、不可违背的先后次序进行施工。施工顺序安排得好,可以加快施工进度,减少人工和机械的停歇时间,并能充分利用工作面,避免施工干扰,达到均衡、连续施工,实现科学组织施工,做到不增加资源,加快工期,降低施工成本。

一般工程的施工顺序为:“先地下、后地上”“先主体结构、后围护装饰”“先土建、后设备安装”。由于影响施工顺序的因素很多,施工顺序并非一成不变、永固定式,需根据实际情况综合考虑多方面因素,根据施工规律和工艺及操作要求来确定施工顺序,并及时对施工顺序作调整。

(1)安排合理的施工顺序应考虑以下几点要求。

①考虑施工组织的要求,统筹考虑各单位工程及分部分项工程之间的关系。

施工过程的先后顺序是与施工组织要求有关的,在一个单位工程项目中,任何分部分项工程同它相邻的分部分项工程的施工总有先有后,有些是由于施工工艺的要求而经常固定不变的,也有些不受工艺的限制,有灵活性。同时,一个项目的各单位工程施工也存在合理施工顺序的问题。

以铁路工程为例,应合理处理好以下各单位工程之间的关系:

有堆载预压的路基应优先安排施工,在运梁车通过前完成路基预压,且预测能满足工后沉降要求;桥梁施工优先考虑桥台及主跨的施工,水中墩不宜安排在雨季施工;路基、桥涵、隧道主体工程完成后,变形观测期满,经评估变形和工后沉降满足要求后,方可开始无砟道床施工;隧道工程的洞口段应在雨季、寒冷季节到来前完成;综合接地预埋件和路基上接触网立柱基础、电缆槽、声屏障基础、预埋管线等工程应与线下主体工程同时施工。

②考虑施工方法、工艺和施工机械的要求。

选用不同的施工方法和施工机械时,施工过程的先后顺序是不相同的,各种施工过程之间客观存在着的工艺顺序关系并随建筑物的结构和构造不同而不同。如,桥梁工程采用钻孔灌注基础时,施工方法采用钻机间隔施工钻孔,不能相邻桩顺序施工,否则会发生坍孔现象。因此,必须采取措施合理安排桩基的施工顺序,保证钻机移动次数尽量少,避免多次拆卸和重新安装钻机浪费时间,同时又保证钻孔安全并加快施工进度。

③考虑自然条件的影响,特别是考虑当地气候条件和水文要求。

在南方施工时,应从雨季考虑施工顺序,可能因雨季而不能施工的应安排在雨季前进行,如,土方工程不能安排在雨季施工,而隧道工程在雨季前进洞以后则不再受雨季和冬季的影响。在严寒地区施工时,则应考虑冬季施工特点来安排施工顺序。需特别指出,桥梁工程应特别注意水文资料,枯水季节宜先施工位于河中的基础,并最好安排在汛期之前完成桥梁的基础工程。

④考虑施工质量的要求。施工过程的先后顺序是否合理,将影响到施工的质量。

⑤考虑安全技术要求。合理的施工先后顺序,必须使各施工过程的施工不引起安全事故。

⑥安排施工顺序时应考虑经济和节约,降低施工成本。

在工程项目施工过程中,应合理安排施工顺序及周转材料的使用。如桥墩、台,基础施工顺序安排好,可加速周转材料的周转次数,减少周转材料配备的数量,在同样完成任务的情况下减少材料成本。

⑦合理安排施工顺序可使施工期最短,带来显著的经济效益。

合理安排施工顺序,缩短工期,能有效减少管理费、人工费、机械台班费和无须额外的附加资源,降低施工直接成本,从而带来显著的经济效益。

(2)常见的部分工程项目施工顺序。

常见的部分工程项目如桥梁工程、道路工程、多(高)层全现浇钢筋混凝土框架结构建筑工程等的施工顺序见表8-2。

常见的部分工程项目施工顺序 表8-2

序号	单位工程	分项工程名称	施工顺序
1	桥梁工程	基础工程	一般基础:围堰→就位、接高、落床、封底→钻孔桩 深水基础:平台搭设→护筒制备及下沉→钻孔桩成桩→钢筋笼制作安装→水下混凝土灌注
		下部构造	承台→墩身→墩帽→系梁

续上表

序号	单位工程	分项工程名称	施　工　顺　序
1	桥梁工程	上部构造	(1)连续梁:安装支架→支箱梁(含翼板)底模及两侧外模板→扎底板钢筋,绑扎箱梁腹板钢筋→装腹板模板→隐验→浇底板腹板混凝土→支顶板模板,扎顶板钢筋→隐验→浇筑梁肋及顶板混凝土→养护→拆模板→人行道、栏杆→桥面。 (2)斜拉桥主梁挂篮悬臂现浇施工:塔下现浇施工→牵索挂篮安装→主梁分段对悬浇→边跨现浇段施工→边跨合龙段施工→中跨合龙段施工。 (3)斜拉桥主梁预制悬拼施工:预制台座→主梁预制→梁块运输→梁块起吊、试拼胶拼(湿接)缝施工→预应力张拉、压浆、索力调整→斜拉索安装、张拉吊机走行→下一节段施工→合龙段施工→全桥索力调整。 (4)悬索桥:施工准备工作→安装起重门架→安装鞍座下格栅→吊装主鞍、散索鞍→导索过江→安装锚道→安装主缆牵引系统→架设主缆→调整主缆线型及锚跨拉力→挤紧→安装索夹与吊索→加劲梁安装→从两边逐段吊装钢箱梁→合龙箱梁→拆除临时附属设施,主缆、索夹、吊索及其他部位防腐施工
2	道路工程	填土路基	施工准备→相关试验→清理场地→碾压原地面→填土→整平→压实→检测各项技术指标→填上一层土
		填粉煤灰路基	施工准备→相关试验→清理场地→碾压原地面→填包边土→填粉煤灰→洒水→整平→碾压→检查有关指标→进行上一层施工→二灰稳定土封层施工
		路面底基层	(1)路拌法:施工准备→材料及各种相关试验→路基验收→铺试验路段→检查各种指标→确定松铺厚度→压实工艺→配料、闷料→上料→摊铺→补水→拌和→整平→碾压→检查各项指标→养生→进行下一段施工。 (2)厂拌法:施工准备→材料及相关试验→验收路基→试拌→铺试验段→确定松铺厚度和压实工艺→检查各项指标→配料、上料→厂拌→运输→摊铺→碾压→检验技术指标→养生→进行下一段施工
		路面基层	施工准备→材料及相关试验→验收路基→试拌→铺试验段→确定松铺厚度和压实工艺→检查各项指标→配料、上料→厂拌→运输→摊铺→碾压→检验技术指标→养生→进行下一段施工
		沥青混凝土面层	准备工作→各种材料及相关试验→试验、摊铺试验段→确定压实系数、压实工艺等→清扫底基层→配料、上料→拌和→运输→摊铺→碾压→养生
3	多、高层全现浇钢筋混凝土框架结构建筑	地下工程	(1)有一层地下室且又建在软土地基层上:桩基(包括围护桩)→土方开挖→破桩头及垫层→基础地下室底板→地下室墙、柱(防水处理)→地下室顶板→回填土。 (2)无地下室且也建在软土地基上:桩基→挖土→垫层→钢筋混凝土基础→回填土
		主体结构	(1)采用木模:扎柱钢筋→支柱梁板模板→浇柱混凝土→绑扎梁、板钢筋→浇梁、板混凝土。 (2)采用钢模:扎柱筋→支柱模→浇筑混凝土→支梁板模→扎梁板筋→浇梁板混凝土
		屋面工程	(1)北方地区卷材防水屋面:抹找平层→铺隔气层及保温层→找平层→刷冷底子油结合层→做防水层及保护层。 (2)南方地区卷材防水屋面:抹找平层→做防水层→隔热层
		围护工程	包括砌筑外墙、内墙(隔断墙)及安装门窗等施工过程,对于这些不同的施工过程可以按要求组织成平行、搭接及流水施工。但内墙的砌筑则应根据内墙的基础形式而定,有的需在地面工程完工后进行,有的则可在地面工程之前与外墙同时进行
		装饰工程	(1)室内装饰和室外装饰施工顺序通常有先内后外,先外后内及内外同时进行三种。具体使用哪种施工顺序应视施工条件和气候而定。 (2)室内同一空间内装饰有两种情况:①安装门窗框→天棚墙体抹灰→楼地面→安装门窗扇、玻璃、油漆;②安装门窗框→楼地面→天棚墙体抹灰→安装门窗扇、玻璃、油漆。 (3)室外装饰:外墙饰面→散水→台阶

8.5 施工方案技术经济评价

对施工方案进行技术经济评价是选择最优施工方案的重要途径。因为任何一个分部分项工程，一般都会有几个可行的施工方案，而施工方案的技术经济评价的目的就是在它们之间进行优选，选出一个工期短、质量好、材料省、劳动力安排合理、成本低的最优方案。常用的施工技术经济分析方法有定性分析和定量分析两种。

8.5.1 定性分析评价

定性的技术经济分析是指结合施工实际经验，对几个方案的优缺点进行分析和比较。通常主要对以下几个指标进行评价：

(1)工人在施工操作上的难易程度和安全可靠性。

(2)为后续工程创造有利条件的可能性。

(3)利用现有或取得施工机械的可能性。

(4)施工方案对冬、雨季施工的适应性。

8.5.2 定量分析评价

施工方案的定量技术经济分析评价，是通过计算各方案的几个主要技术经济指标，进行综合比较分析，从中选择技术经济指标最优的方案。定量分析评价一般分为以下两种方法。

(1)多指标分析评价法。

多指标分析评价法是对各个方案的工期指标、实物量指标(如单位建筑面积造价、劳动量消耗、主要材料消耗指标)和价值指标(如降低成本指标、投资额)等一系列单个的技术经济指标进行计算对比。

在进行施工方案评价时，同一方案的各项指标一般不可能达到最优，不同方案之间的指标不仅有差异，有时还有矛盾，这时应根据具体条件和预期目标来进行调整。

(2)综合指标分析评价法。

综合指标分析评价法是以各方案的多指标为基础，将各指标的值按照一定的计算方法进行综合，得到每个方案的一个综合指标，对比各综合指标，从中选出优秀的方案。该方案一般先根据多指标中各个指标在方案中的重要性，分别确定出它们的权值 W_i，再依据每一指标在各方案中的具体情况，计算出分值 C_{ij}。

设有 m 个方案和 n 种指标，则第 j 方案的综合指标 A_j 可按式(8-1)计算：

$$A_j = \sum_{i=1}^{n} C_{ij} W_i \tag{8-1}$$

式中：$j = 1, 2, \cdots, m$；

$i = 1, 2, \cdots, n$。

计算出各方案的综合指标，其中综合值最大的方案为最优方案。

施工方案的优劣程度，通常没有绝对分明和固定不变的界限，需要综合考虑多种指标，可以采用模糊综合评价的方法进行。

8.6 主要资源配置计划

在总体施工方案中，应对主要资源配置计划进行说明，重点从人员配置、施工装备配置、物资材料计划和资金计划等方面进行总体考虑。

主要资源配置计划内容如下：

(1)确定总用工量、各工种用工量及工程施工过程各阶段的各工种劳动力投入计划。

(2)确定主要施工装备进场计划,并明确型号、数量、进出场时间等。

(3)确定主要建筑材料、构配件和设备进场计划,并明确规格、量、进场时间等。

(4)根据施工总进度计划确定各施工阶段(期)的劳动力配置计划。

施工组织设计应建立资源用量和计算模型。人、机、料、金为主要施工资源,应分别建立计算公式。公式(8-2)为某项工程日均劳动力用量计算公式。

$$日均劳动力用量 = \beta \sum a_i C_i / R \tag{8-2}$$

式中：C_i——各单项工程量；

a_i——单位工程劳动用工量；

β——企业管理水平调整系数,最高为1.0；

R——本项工程的工期。

另外,资金、物资、设备需求量也应建立公式计算。

8.6.1　人员配置计划

人员配置计划(或人力资源的配置计划)是总体资源配置计划的重要组成部分,具体包括总用工量、各工种用工量及工程施工过程各阶段的各工种劳动力投入计划等。

人力资源的配置应按照工程规模、进度安排、专业类别等要求,以及“专业化、合理跨度、责权利相结合”的原则,编制人力资源需求和使用计划,并进一步根据劳动力需要量计划编制人员配置计划。在满足施工任务与成本管理的基础上,按照“架子队”模式进行组建和管理,实现人力资源的精干高效。

劳动力需要量计划是根据施工预算、劳动定额和进度计划编制的,主要反映工程施工所需各种技工、普工人数,它是控制劳动力平衡、调配的主要依据,也是确定暂设工程规模和组织劳动力进场的依据。

根据劳动力需要量计划和人员配置计划,结合施工项目的规模、复杂程度、专业特点、人员素质和地域范围等确定项目管理组织机构形式和项目管理模式。一般情况,大中型项目宜设置矩阵式项目管理组织,远离企业管理层的大中型项目宜设置事业部式项目管理组织,小型项目宜设置直线职能式项目管理组织。也可根据施工规模、技术难度等因素将工程项目分为不同的等级,针对不同等级工程项目采取分级管理的模式,建立相应的分级管理体系,做好分包工作计划和作业层队伍建设计划。

8.6.2　施工装备配置计划

根据施工方案、施工方法及施工进度计划编制施工装备配置计划,主要反映施工所需的各种机械和器具的名称、规格、型号、数量及使用时间,可作为落实机械来源、组织机械进场的依据。

正确拟订施工方法和选择施工装备是合理地组织施工的关键,二者又有相互紧密的联系。施工方法在技术上必须满足保证施工质量,提高劳动生产率,加快施工进度及充分利用装备的要求,做到技术上先进,经济上合理;施工装备的选择是施工方法选择的中心环节,正确地选择施工装备能使施工方法更为先进、合理,又经济。因此,施工装备选择的好与否很大程度上决定了施工方案的优劣。

8.6.2.1　施工装备的选择原则

(1)在现有的或可能争取获得到的装备中选择。尽管某种机械在各方面都很合适,对工期的缩短、人力的节省都很好,但不能得到,就不能作为可供选择的一个方案。

(2)根据施工条件合理选择机械的类型,所选择的机械类型必须符合施工现场的地质、地形条件及工程和施工进度的要求等。

(3)固定资产损耗费与施工装备的投资成正比,需充分考虑固定资产损耗费与运行费是否经济。在装备运行中,需重点考虑折旧费、大修费、投资利息等固定资产损耗费用,以及包括劳动工资与直接材料费、燃料费、保养小修费、劳保设施费和其他管理费等装备运行费。

(4)施工装备的合理组合是决定所选择的施工装备能否发挥效率的重要因素,主要包括主机与辅助机械在台数和生产能力的相互适应,以及作业线上的各种机械相配套的组合。

首先,主机与辅助机械的组合,必须保证在主机充分发挥作用的前提下,考虑辅助机械的台数和生产能力。其次,作业线上的各种机械相配套的组合。一种机械施工作业线是几种机械联合作业组合成一条龙的机械化作业线施工,几种机械的联合才能形成生产能力。如果其中某一种机械的生产能力不适应作业线上的其他机械的生产能力或机械可靠性不好,都会使整条作业线的机械发挥不了作用。

(5)从全局出发统筹考虑选择施工装备。不仅要考虑本项工程需要,也要考虑所承担的同一现场上的其他项工程施工的需要。就是说,从局部考虑选择可能不合理,但从全局考虑则是合理的。

(6)购置机械与租赁机械的选择。根据工程量的大小与企业资金情况,对施工需要的机械是购置还是租赁,必须要进行比较。

8.6.2.2 施工装备管理优化

加强施工装备管理,不断提高其完好率和作业率,防止事故发生,保持机械设备的最佳状态,合理地使用施工机械,对完成项目施工任务和提高经济效益都有着重大的意义。施工装备管理优化就是要从仅仅满足施工任务的需要中转到如何发挥其经济效益上来。

施工装备管理优化的内容包括:施工机械的经济选择、合理配套、机械化施工方案的经济比较以及施工机械的维修管理等。

8.6.3 物资材料供应计划

(1)物资材料的采购供应原则。满足生产需要,合理有效利用物资材料的采购资金。

(2)项目部根据合同要求和进度计划要求编制分年度主要物资材料采购供应计划表(包括自购物资材料和甲供物资材料)。

(3)拟定材料供应的料源点。根据调查资料,分别按建设项目专用材料、主要建筑材料和当地料三大类,拟定料源点,如果其储量、产量不满足设计要求时,应扩大调查范围。

(4)拟定运输方法和运输距离。运输方法应综合比较后确定;如有水路运输条件,应注意通航季节、运输能力、船只来源、修建码头的费用等因素,与陆地运输条件比较后选择;对于铁路工程,铺轨后应尽可能由工程列车运输;改建铁路,有条件的应尽可能考虑以火车、轨道车运输。

(5)运输方案比选。根据不同的运输方法、运距、运价,并全面考虑不同运输方案所引起的修建临时设施的费用,不同产地材料价格的差别、安全可靠性等因素,选择合理的运输方案。

8.6.4 资金使用计划

根据总体施工进度计划及合同计量规则,编制资金(使用)需求计划表;根据公司年度施工计划、项目施工进度计划制订工程用款计划,根据备料及设备订购计划安排用款;项目储备适度的周转资金,集团公司设专用资金,用以调节工程用款。

8.7 总体施工进度计划

总体施工进度计划(或工期总计划、施工总进度计划)是总体施工方案的重要组成部分,与主要工程目标、总体施工安排等密切相关，对工程建设目标具有重要指导意义，具体包括施工阶段划分、总体施工进度计划及施工进度关键节点的确定等内容。

以铁路工程项目为例，工期总计划的编制主要采用了综合指标和单项指标进行工期计算。其中，位于非关键线路上的工程直接按照综合指标（表8-3）计算工期，位于关键线路上的长大隧道、复杂桥梁、重点土石方、铺轨架梁等工程根据工程量采用单项指标计算（附录6）。同时，使用综合指标计算总工期时，尚应考虑单项工程间的搭接时间（附录6）。

铁路工程工期安排综合指标表　　表8-3

序号	工程项目				单位	综合指标
1	施工准备	控制工程征拆			月/项	1~3
		城市征拆			月/项	6~12
2	路基	地基处理			月/项	3~6
		主体	平原丘陵		月/项	4~12
			山区		月/项	12~24
3	一般桥梁	墩高30m以内			月/座	3~12
		墩高30~50m			月/座	4~15
4	隧道	钻爆法	单工作面	隧长　≤1000m	月/座	6~15
				隧长　1000~2000m	月/座	15~28
			双工作面	隧长　2000~4000m	月/座	22~28
			双工作面	隧长　4000~5000m	月/座	28~34
			多工作面	隧长　>5000m	月/座	34~42
		掘进机法	开敞式		m/月	330~400
			护盾式		m/月	400~450
5	无砟轨道	双块式			m/天	100~140
		板式Ⅰ型			m/天	140~200
		板式Ⅱ型			m/天	120~180
6	站后工程（不含站房）				月	9~18
7	站房	建筑面积	≤10,000m²		月/处	10~12
			10,000~50,000m²		月/处	12~18
			50,000~100,000m²		月/处	16~22
			100,000~200,000m²		月/处	22~28
			>200,000m²		月/处	24~36
8	联调联试				月/全部系统	2~5
9	运行试验				月/全部系统	1

注：1. 路基工期未含堆载预压工期，堆载预压应按设计要求计算工期。
2. 本表所列隧道工期围岩级别比例按照Ⅱ、Ⅲ、Ⅳ、Ⅴ级2:3:3:2编制，当实际围岩级别与此相差较大时可调整。
3. 站房建筑面积包含雨棚面积，工期含基础、建筑、结构、装饰装修，智能建筑及配套设备安装调试，如预留地铁施工，工期在此基础上增加5~7个月。

总体施工进度计划的编制以整个项目各单项工程工期计划为基础，但需指出，各单项工程工期计划的编制并不是孤立的，而是相互依赖、相互联系的，所以施工企业应着眼于本企业内部全部工程规范的均衡施工问题，以便充分利用本企业的生产能力，主要资源得以均衡、连续地大流水作业。同时，计划的平衡又是相对的，不平衡是绝对的，故需要进行工期优化，并在工程进展过程中随时掌控施工动态，经常检查、调整计划。

第9章　控制性及重难点工程施工方案确定

实施性施工组织设计要求根据不同的建设项目特点,编制控制性工程、重难点工程及高风险工程的施工方案,包括工程概况,施工方法,施工装备,施工顺序和作业空间规划,劳动及作业组织方式,关键工序、施工工艺及质量控制,施工难点和应注意问题等。同时,高风险工程应制订风险管理预案,按设计及规范要求提出相应的施工措施,并进行风险跟踪管理。

9.1　控制性及重难点工程确定

所谓控制性工程,就是网络图上位于关键线路上的、控制工期的、需要耗时最长的工程,比如公路、铁路上起着控制工期作用的长大隧道、桥梁工程等。同一个工程里面最难的一个或是几个项目,以及影响转序或交工的分部工程或子分项工程,因施工难度大或技术要求高,一般都能对整个工程的建设进程产生重大影响,特别是影响整个施工工期,故在编制施工组织设计时将其列为控制性工程。

重难点工程只是一个相对概念,每一个工程项目的重难点都是不一样的。一般地说,重难点是指施工难度较大,容易出现安全、质量问题,对工期有较大影响的分部或分项工程,如地质条件复杂的长大隧道、特殊桥梁,深基坑等。重点是如何保证施工安全、质量和进度等,难点就是采用现有技术或方法难以保证施工安全、质量和进度等,而需要采用先进技术、先进工艺工法、先进管理方法或新材料等的分部或分项工程。对于重点工程,在《铁路工程施工组织设计规范》(Q/CR 9004—2018)条文说明中指出:“重点桥梁指基础水深在10m以上桥梁,墩高50m及以上桥梁,100m及以上大跨度桥梁,钢结构、钢混结构等特殊桥梁,使用专题、阶段拼装、支架现浇、顶推等特殊工法桥梁;重点隧道指明挖、盾构、TBM等特殊工法隧道,地下车站及大跨隧道。”

控制性及重难点工程一般在关键线路上,所以须合理、科学地确定方案的开工日期,确定竣工日期。通过管理、组织、技术、经济等措施保证方案能在确定的竣工日期之前竣工。

实施性施工组织设计时,对控制性及重难点工程施工方案确定后,应对其工程概况进行简要描述,应描述的主要内容包括:工程名称、规模、性质、开竣工日期、相关建设及参建单位、工程地点、工程总造价、施工条件、建筑面积、结构形式、图纸设计完成情况、承包合同等。

依据工程的设计文件及指导性施工组织设计文件以及与建设单位签订的施工合同,在施工组织设计现场调查基础上,分别从施工组织安排(包括安全、质量、工期、成本、环水保等目标)、施工场地、关键技术、施工管理等方面进行重难点分析。

通过对施工技术和管理要求等重难点分析基础上提出相应的施工对策。主要从以下四个方面进行考虑:

(1)加强施工组织,配齐各项要素,通过合理安排各项工序,提出合理的流水施工组织方式,争取早日完工。

(2)积极开展科技创新活动,聘请内外部专家参与指导施工,解决各项施工技术难题,保证施工顺利。

(3)制订切实可行的施工方案,采取先进的施工工艺,严格加强过程控制,保证各项工程质量。

(4)制订专项安全防护方案,做好施工安全工作。

针对控制性及重难点工程进行重、难点分析,并提出相应的施工对策之后,对施工难点和应注意问题尚应补充说明。

9.2　控制性及重难点工程施工风险评估及风险对策

对于控制性工程及重难点工程的施工，首先应从源头上进行工程风险的识别和评估，然后在此基础上提出相应的对策措施，从而有效保证工程项目施工的安全、质量和进度等目标。

《铁路工程施工组织设计规范》中指出，施工组织风险管理应由建设单位全面负责，设计阶段的设计单位（咨询单位或相关专业机构）、施工阶段的施工单位与监理单位等在建设单位指导下分别进行管理。

9.2.1　工程项目风险识别

风险识别就是利用科学的方法、途径和措施来全面、客观地判断、认识风险因素，并实施量化识别。

工程项目风险评估的第一步就是对风险进行识别和分析，这是进行风险评估的基础和前提。为了全面、彻底地预测出工程项目的风险，就要明确项目风险识别的依据，对工程项目来说，主要来自三个方面：一是工作经验，二是规划性资料，三是风险种类。

在项目风险识别过程中一般要借助于一些技术和工具，不但识别风险的效率高而且操作规范，不容易产生遗漏。识别项目风险的方法很多，常见的风险识别方法有检查表法、头脑风暴法、德尔菲法、情景分析法和 SWOT 分析法等，在具体应用过程中要结合工程的具体情况，结合起来应用。

9.2.2　工程项目风险评估

在风险识别基础上进行风险估计，进一步为风险评估打好基础。风险估计也是风险评估模式之一，具体体现为针对任意一风险来评估其出现的概率、可能带来的影响等，包括概率估计与损失估计。

风险评估则是立足于风险识别与估计，在工程项目开始之前创建一个全面覆盖的风险评级模型，着重分析风险概率与所带来的后果，从整体上核算出系统的风险数值；然后，参照风险接受规定与评价指标，全面分析、综合评价系统的风险，从中分析出系统风险能否被承受，同时提出科学的风险应对策略与解决措施，从而确保工程项目建设能够在安全风险内开展。

工程项目风险评估的依据主要有：一是工程项目风险管理计划。二是工程项目风险识别的成果，已识别的工程风险及风险对工程的潜在影响需进行评估。三是工程进展状况，风险的不确定性常常与工程项目所处的生命周期阶段有关。在工程初期，项目风险症状往往表现的不明显，随着工程的实施，风险及发现风险的可能性会增加。四是工程项目类型，一般来说，普通项目或重复率较高项目的风险程度低；技术含量高或复杂性强的项目的风险程度比较高。五是数据的准确性和可靠性，是用于风险识别的数据或信息的准确性和可靠性进行评估。六是概率和影响程度，这是用于评估风险的两个关键方面。

工程项目风险评估的方法主要有：自我评价法、标杆评价法、层次分析法、模糊风险综合评价法、主观概率评分法、蒙托卡罗模拟法和外推法等。

施工组织风险评估应结合各阶段工作特点和内容，确定风险评估对象和目标，进行评估工作，指向相关的工程风险管理技术规范的规定。其中，安全风险是风险评估的首要目标，在保证安全的前提下，进行其他目标风险（质量、工期、投资、环境、稳定、第三方等）的评估。

9.2.3　工程项目风险对策

一切风险识别、估计与计算最终的目标都是为科学决策做铺垫，能够通过有效的决策方式来控制风险,减少风险的危害,根据风险评价指标来对决策方案作出科学的取舍,获得最合适、最优方案,并确保贯彻落实。

加强风险评估已受到了广泛关注,对工程项目风险进行研究,是寻求如何预防和减少工程项目风险的途径,从而提高工程项目效益,实现项目目标。根据工程项目的风险评估结果,项目人员可以选择一种或几种组合来应对,如:风险缓解、风险转移(包括工程项目担保、工程项目保险、发包、分包等)、风险自留、风险回避和风险监控等。

实施性施工组织设计应针对识别和评估出来的各种风险制订应对措施,并制订相应风险应急预案。

风险应急预案内容主要包括:编制目的、组织机构、职责、应急主要措施、应急资源配置、应急预案实施负责人、应急预案编制部门、演练记录等。

(1)安全风险:重点控制深水基础、高墩、大跨度桥梁的施工安全,隧道施工中坍塌、瓦斯逸出、涌水、流沙、岩爆、触电、火灾等安全事故的发生,以及铺轨运架梁作业中防溜车、起落梁、长轨条装卸铺和行车运输环节。针对以上施工编制相应的应急预案,预案要有针对性及可操作性。

(2)质量风险:重点控制路基高填方施工及软基处理及路基沉降、预制梁施工及桥梁墩台施工、隧道衬砌混凝土质量及厚度、防水板接头等质量风险。针对以上施工编制相应的应急预案,预案要有针对性及可操作性。

(3)环境保护及职业健康风险:重点控制桥梁钻孔桩基础的施工,隧道弃渣、废水、有毒气体、粉尘、高地温等有害物造成环境污染或危及人体健康,路基的弃土场,地方性疾病。针对以上施工编制相应的应急预案,预案针对影响工程施工的“人、机、料、环、法”进行优化,尽量减少工程施工过程中对周边环境的影响,做到环保施工,同时坚持“以人为本”的原则,制订施工各工种职业健康安全操作措施。

(4)工期风险:如征地拆迁、施工图纸供应、工期变更、逾期付款、工程变更、供料延迟、延迟确认施工方案、外电提供时间拖延等都有可能造成工期风险。要重点控制长大隧道、深水基础、大跨度连续梁桥梁施工工期,综合考虑各种不利因素,制订工期时,要预留一定时间的富余量,以应对工期风险。

(5)成本风险:针对成本风险,重点要规范项目成本核算行为,项目成本进行动态管理,同时加强合同风险防范工作,规避合同风险。

针对各种风险因素,在编制实施性施工组织设计时,应认真分析研究工程及水文地质资料,结合现场实际情况,针对有可能发生的安全事故,制订安全风险控制措施和专项应急救援预案,如:爆破作业风险控制;坍塌风险控制;涌水风险控制;流沙风险控制;岩爆风险控制;触电风险控制;火灾风险控制;深基坑开挖风险控制;高边坡稳定性风险控制;桥梁深水施工作业平台风险控制;桥梁的脚手架风险控制;施工挂篮风险控制;高处作业风险控制;施工机械风险控制;结构质量风险控制等。

在控制性及重难点工程施工过程中,应加强风险监控工作。跟踪识别风险,识别剩余风险和出现的风险,修改风险管理计划,保证风险计划实施,并评估消减风险的效果。

风险监控包括:随机应变措施;纠正行动变更请求;修改风险应对计划。风险监控中发现异常,立即启动应急预案。

9.3 施工组织安排

根据控制性及重难点工程的特点,确定施工顺序和空间组织,并对施工作业的衔接进行安排。

9.3.1 施工准备

根据控制性及重难点工程的特点,在进行施工准备之前进行施工区段的划分。

然后，根据总体施工准备计划，针对控制性及重难点工程的特点，做好相应的组织准备、技术准备、物资准备、设备准备、现场准备和资金准备等，制订相应的征地拆迁推进计划、施工图供应计划、工程招标计划、施工物资供应计划等计划方案。由于控制性及重难点工程的工期通常情况下是非常紧张的，为了确保工程进度，施工准备工作通常采取同步实施的方式。

9.3.2　施工顺序

在施工过程中应遵循合理的施工顺序。

总体施工顺序按照先地下、后地上；先结构、后围护；先主体、后装修；先土建、后专业的总施工顺序原则进行部署。主体工程自下而上施工，室内装修采用自上而下的流向，水、电、电梯和设备等各专业分项工程在结构阶段配合结构施工做好预埋及预留的同步作业，其施工阶段随结构与装修工程穿插进行，专业分项工程与土建工程必须相互密切配合，由项目部统一协调与指挥，确保工程顺利进行。

以铁路工程为例，施工组织设计设定了两条主控制线，即铺架工程线和联调联试线。站前工程中的路基、桥梁、隧道的工期不能碰铺轨线，否则必须采取优化措施；站后工程中的四电、房建、站场设施施工期不能碰联调联试线。为此，施工顺序的安排应特别注意：

(1)站前工程，为确保铺轨期限，应首先安排好控制工程和重点工程的施工顺序，然后再考虑一般工程的施工顺序。

(2)轨道工程，有砟轨道应着重考虑铺轨与铺砟的关系，若铺砟控制工期，须采取相应措施，有限安排铺砟进度；无砟轨道应重点考虑无砟道床与站前工程(特别是控制性和重点工程)的关系。

(3)站后工程，应结合站前、站房工程及接口工程的施工进度，统筹安排，配套完成；其中接口工程明确各项接口工程交付的时间节点。

9.3.3　作业空间规划

控制性及重难点工程的作业空间规划，实质为施工总平面图或施工平面图(对单位工程)的设计。它按照施工方案和施工进度的要求，对施工现场的道路交通、材料仓库、附属企业、临时房屋、临时水电管线等做出合理的规划布置，从而正确处理全工地施工期间所需各项设施和永久建筑、拟建工程之间的空间关系。

作业空间规划的主要目的是，在施工过程中，对人员、材料、机械设施和各种为施工服务的设施所需的空间，做出最合理的分配和安排，并使它们相互间能够有效地组合和安全地运行，从而获得较高的生产率和经济效果。

作业空间规划的设计要求：

(1)尽量减少施工用地，少占农田，使平面布置紧凑合理。

(2)短运距，少搬运；二次搬运要减到最少。

(3)施工区域的划分和场地的确定，应符合施工流程要求，尽量减少专业工种和各工程之间的干扰。

(4)充分利用各种永久性建筑物、构筑物和原有设施为施工服务，降低临时设施的费用。

(5)各种生产生活设施应便于工人的生产生活。

(6)满足安全防火、劳动保护的要求。

将作业空间规划分为单位工程施工空间规划和全场性空间规划。

单位工程施工空间规划内容包括：建设项目施工总平面图上的一切地上、地下已有的和拟建的建筑物、构筑物以及其他设施的位置和尺寸，一切为全工地施工服务的临时设施的布置位置。

全场性空间规划或施工总平面图的内容与单位工程基本相同，只是偏重于全场性设施，如场地周围环境设施及交通线路，变电站及热力点等。

其他尚需进行空间利用规划的情况有:高空施工及消防供水;塔式起重机之间回转范围有交叉,高压线保护,施工范围对公共交通道路有干扰时的防护措施,多层及高层脚手架必要的图示及安全设施的必要图示,塔式起重机与建筑物顶端的关系,临时设施的立体示意,泵送混凝土,高耸构筑物的施工立体图,土方开挖及垂直运输,降低地下水位方案立体示意,多栋建筑物之间的立体关系等。

单位工程施工空间规划(施工平面图)与全场性空间规划(施工总平面图)的基本设计要点大体相同。只是前者的范围小些,需要做更细致地考虑。全场性空间规划的设计要点主要包括:运输道路的布置、仓库的布置、混凝土搅拌站和预制加工厂的布置、场内临时道路布置、临时行政、生活福利设施的布置、临时水电管线布置等。其中,仓库面积、工棚面积、均应经过计算并进行必要地设计后再确定。

9.3.4 施工进度计划

按"突出重点、兼顾一般、合理投入、均衡生产"的原则统筹安排施工进度,保证实现工程项目的工期目标;保持施工的连续性和均衡性;确保工程项目的安全、质量可控。

施工进度计划以总体施工形象进度图、横道图和网络图的形式编制,主要包括以下内容:

(1)施工工期总目标。

根据控制性及重难点工程的特点,制订工期安排原则和工程进度指标。

(2)制订主要阶段工期计划和分年度形象进度。

(3)制订各专业工程施工工期,包括各分项工程的施工作业安排及主要节点工期安排。

(4)以表格的形式明确主要工程项目施工进度指标。

施工进度计划实施的检查要点包括:工程实物量完成情况、节点工期完成情况、进度目标完成情况、资源使用及需求情况、上次检查出问题的整改情况等内容。

施工进度计划实行动态管理,不断优化和调整。施工进度计划一经确定,项目部应根据计划目标配备相应的资源,确保计划目标的实现;施工中若发现施工进度计划偏差要及时分析原因,研究相应的对策和解决方法;除对劳动力、材料、机械、资金等因素进行分析外,还应包括对设计、技术、组织管理、外部环境的影响及各参建单位的协调配合诸因素的分析。

9.3.5 资源配置计划

包括人力资源配置计划、施工装备的配置计划、施工物资材料的配置计划和资金使用计划。

9.4 施工方法及工艺要求

控制性及重难点工程因其施工难度大或技术要求高,故其施工方法及工艺要求应受到高度重视,应进行多方位多角度比选和论证,以便选择先进、科学、合理的施工方法,提出优化的施工方案,从而满足工程施工的技术和质量等要求。例如,桥梁工程施工方案应根据工程规模、工期要求、地质水文条件、设备供应、环境条件、工程费用等进行综合比选;隧道工程施工方案应根据施工条件、地质条件、隧道长度、隧道横断面、埋置深度、工期要求、经济效益、环境保护等因素综合选定。因此,控制性及重难点工程的施工方法及工艺选择应做好以下工作。

(1)对工程项目本身及周边环境进行详细调查研究,获得准确的基础资料,熟悉定额涵盖的内容。

(2)要认真研究图纸及各种技术资料,在施工方案的确定时,应先比较施工方案的经济合理性,尽量选用较经济的施工方案,以达到控制工程造价的目的。

(3)要认真研究工期、质量、工艺三者之间的关系,根据企业自身的实际情况,依靠科技进步,大胆采用新工艺、新设备、新材料。要因地制宜,靠加大企业自身的改革力度等措施来保证业主的工期

和质量，要真正做到少投入、高效益，使施工组织设计不但在工期、质量、工艺上有一个突破性的进展，还为降低工程造价提供了技术保证。

(4)建立健全项目组织岗位责任制，将成本目标逐级分解并落实到各职能部门及责任人，为降低工程造价提供组织保证。

不同类型的控制性及重难点工程，其施工特点和技术要求不同，复杂程度不同，相应的关键工序、施工工艺及质量控制要求不同。故针对不同类型的控制性及重难点工程，应进行专门的、详细的介绍。

第10章 大型临时工程及过渡性工程设置

实施性施工组织设计应考虑临时工程、过渡工程及取弃土场设置方案,包括大型临时设施和过渡性工程及驻地与营房、钢结构加工厂等小型临时设施设置的具体方案、标准、规模、能力、主要工程数量和主要设备数量,并附施工总平面布置等;以及取、弃土场等设置方案。

临时工程是指工程施工需配备的一般通用的大型施工设备和设施。临时工程包括为完成本合同工程承包人所需要的所有临时设施和工程。大型临时工程则是指施工单位为进行建筑安装工程施工及维持既有线正常运营,根据施工组织设计确定所需修建的大型临时建筑物和过渡工程。

过渡性工程主要指为满足改扩建既有线、增建第二线等工程施工需要,并确保既有线(或车站)正常运营工作而修建的便线、过渡性站场设施及其相关的配套工程。

10.1 常见大型临时工程及过渡性工程

10.1.1 常见大型临时工程

(1)制梁场或存梁场。主要是指本项目设计建设的大型预制厂或存储成品梁的专用场所。

(2)铺轨基地。主要包括轨节拼装场、长钢轨焊接基地等。

(3)轨枕板预制厂。

(4)拌合站。主要包括混凝土拌合站和填料集中拌合站。

(5)汽车运输便道。指通行汽车的临时运输干线,包括通往隧道、特大桥、大桥和混凝土成品预制厂、材料厂、制(存)梁场、混凝土集中拌和站、填料集中拌和站、大型道渣存储场等场所以及机械化施工的重点土石方工点的运输便道。

(6)铁路便线、岔线和便桥。指通往混凝土成品预制厂、材料厂、道渣场(包括砂、石场)、轨节拼装场、长钢轨焊接基地、钢梁拼装场、制(存)梁场等场(厂)内为施工运料所需修建的便线、便桥,机车转向用的三角线和架梁岔线,独立特大桥的吊机走行线,以及重点桥隧等工程专设的运料岔线等。

(7)电力线路。包括临时电力干线(指供电电压在6kV及以上的高压输电线路)和通往隧道、特大桥、大桥和混凝土成品预制厂、材料厂、砂石场、轨节拼装场、制(存)梁场等的引入线。必要时还有集中发电站、变电站等。

(8)通信干线。指困难山区铁路施工所需的临时通信干线(包括由接轨点最近的交接所为起点所修建的通信干线),不包括由干线到工地或施工地段沿线各处、段、队所在地的引入线、场内配线和地区通信线路。

(9)给水干管路。指为解决工程用水而铺设的干管路(管径100mm及以上或长度2km及以上)。

(10)栈桥、缆索吊。主要给跨河或跨峡谷桥梁施工提供运输通道的临时措施。

(11)既有线防护工程。靠近既有线的改扩建工程设置的安全防护措施。

(12)运梁通道。指专为运架大型混凝土成品梁而修建的运输便道。

(13)其他。如,通行汽车为施工服务的渡口、码头、浮桥、吊桥、天桥、地道等。

10.1.2　常见过渡性工程

常见的过渡工程包括便线、便桥、车站、通信、信号、电力、电气化等。

(1)正线过渡工程,如便线过渡、便桥过渡。

(2)车站过渡工程,包括客运站改扩建过渡、区段站和编组站改扩建过渡工程,以及相应的信号、接触网、桥涵等设备和建筑物。

(3)改扩建既有线路(车站)施工过渡的临时工程,包括便线、客货运设施、通信和信号及道路、排水等相关的配套工程。

10.2　大型临时工程的设置原则及施工组织设计内容

10.2.1　大型临时工程设置原则

根据项目实施需要、施工合同和总体施工组织设计设置大型临时工程,要求满足项目的生产、生活需要,按照满足工期、环保、质量、安全、适用等几方面的原则设置。

(1)平面布置科学合理,施工现场场地占用面积小。

(2)合理组织运输,减少二次搬运。

(3)施工区域的划分和场地的临时占用应符合总体施工部署和施工流程的要求,减少相互干扰。

(4)充分利用既有建筑物和设施为施工服务,降低临时建设费用。

(5)临时设施应方便生产和生活,办公区、生活区和生产区分开。

(6)符合节能、环保、安全和消防的要求。

(7)临时工程应根据运量、运距、工期、地形和当地材料设备条件,采用多种形式,灵活布置。

(8)靠近主要场地,便利工程运输。运输便道应尽可能靠近修建的铁路和大型工点,但不能占用铁路路基,并应尽量避免与铁路线交叉,以减少施工时对行车的干扰。

(9)合理选线、造价低廉、快速建成。充分利用有利的地形,使线路顺直,运程短;避免地质不良地带和工程造价高的工程;避免拆迁建筑物和穿过良田,少占农田;对原有道路经改善后,能利用者尽量利用。

(10)兼顾当地居民利益,尽量永临结合。在有可能的情况下,运输便道的修建要与当地的交通规划相结合。这样,既满足了铁路施工,又利于地方经济的发展。

10.2.2　大型临时工程施工组织设计内容

设施主要根据签订的施工合同,施工组织设计为主要参考,要求满足项目的生产、生活需要,质量合格,满足工期、环保、质量、安全、适用等方法设置。

大型临时工程一般具有完整的功能,所以大型临时工程施工组织设计应说明的要素和总体工程施工组织要素类似。大型临时工程设计的主要内容包括:工程概况、施工进度计划、施工准备与资源配置计划、主要施工方案以及施工现场平面布置等。

以铁路工程为例,部分大型临时工程的施工组织设计主要内容如下:

(1)汽车运输便道。根据沿线交通情况和工程量分布情况,结合材料供应计划,拟定新建和改建运输便道的地点、长度、标准、路面类型、占地面积,估算工程数量。对于地方有偿使用的道路,应根据运量、施工工期的要求,与新建运输便道进行比较后确定。

(2)铁路便线、便桥。根据其用途和修建地点及使用期限,拟定标准、长度、占地面积,估算工程数量。

(3)临时渡口、码头等。根据运输方案的具体情况,拟定需新建或改建的临时渡口、码头、天桥、地道等的地点和建设规模,估算工程数量。

(4)临时通信基站。应优先利用沿线既有通信资源,困难时可设置临时通信系统。根据沿线的地形条件,临时通信系统可选择采用有线通信或无线通信方式,其标准根据工程的具体情况确定,估算工程数量。

(5)临时供电。根据沿线电力资源可利用情况,拟定供电方案。当采用地方电源时,应根据工程分布情况,计算用电量,选定采用临时电力线的标准,估算工程数量。当采用自发电时,根据具体情况,选定采用集中发电或分散发电。

(6)临时给水设施,根据沿线水资源情况,拟定施工供水方案,对距水源较远的工点或工程较集中的地段,可考虑修建给水干管路,根据用水量选定给水管路的标准,估算工程数量。

(7)铺轨基地。根据沿线与营业线的连接情况及其供应范围、铺架作业量、地形地质和交通运输条件、材料供应等因素,拟定铺轨基地的设置方案及其位置、规模,估算工程数量。

(8)制(存)梁场。根据建设项目的总工期、生产能力、存储能力、工程量和桥梁分布等因素,拟定其设置方案及位置、规模,估算工程数量。其中"T 梁"应做价购成品梁与现场制梁的综合技术经济比选。

(9)轨道板(轨枕)预制厂。根据轨道板(轨枕)需求量、预存量、铺设施工组织、施工条件等因素,拟定其设置方案及位置、规模,估算工程数量。

(10)混凝土集中拌和站、填料集中加工站。根据场地、运输和工期要求以及供应强度、拌合物使用时间技术要求等,拟定其设置方案及位置、规模,估算工程数量。

(11)其他大型临时设施。根据现场情况拟定其设置地点及规模,估算工程数量。

(12)有条件时,对大型临时设施设计宜研究考虑临时工程与正式工程结合的方案,提前修建正式工程,满足施工需要,降低投资。

10.3 过渡性工程设置原则及设计内容

10.3.1 过渡性工程设置原则

(1)尽量减少施工对运营的干扰,确保行车及人身安全。

(2)应满足车站主要运输设备在施工期间最低的能力要求。

(3)一般不降低主要设备的原技术标准(如便线的平剖面条件及股道有效长度等)。

(4)应充分利用既有设备,尽量减少废弃工程(如对拆除设备的利用,尽量避免修建便线、便站,多次拆改临时工程等)。

(5)应全面考虑有关设备及建筑物的相互配合过渡(如信号设备、电气化铁路的接触网及桥涵等设备和建筑物与站场线路改造的配合),采用一次封锁、多处同时实施,提高"天窗"利用率为原则,尽量减少换侧和拨接。

(6)在不增加或少增加投资的情况下,尽量考虑施工的方便(如尽量避免跨线作业,有利于线路压道及工程列车的进出等)。

(7)应尽量利用既有和新增的永久工程用地。

(8)工程量及投资应力求准确,尽量减少其概算与施工实际的投资差额。

10.3.2 过渡性工程设计内容

过渡性工程的施工组织设计内容,应根据设计工程内容,结合既有设施产权与维护管理部门的意见,拟定安全、可靠的施工过渡方案及其规模、标准,并估算工程数量。

以铁路工程为例,部分常见过渡性工程的施工组织设计主要内容如下:

(1)正线过渡工程设计采用便线过渡方案时,应根据被改建线路的既有技术标准,客货运输最低要求,以及过渡期限等因素,确定便线的速度目标值及相应的技术标准,便线的最大坡度不应大于既有线路的最大限制坡度。

(2)过渡工程中的站前工程应按相应速度目标值的正线标准设计;站后工程设计应满足过渡期间的运输需求,并确保行车安全。

(3)车站过渡工程设计应在考虑信号、接触网、桥涵等设备和建筑物与线路站场改造相配合的基础上,提出安全、适用、经济、可操作性强的施工过渡方案。车站施工过渡方案应根据先易后难,先外后内,先建后拆,先扩建后改建,先延长后缩短,先开通运能紧张的站场和区间后开通一般的站场和区间等原则进行设计。车站的落坡或抬高过渡,可采用侧移修建部分新站代替老站,再扩建老站方案,困难时可采用分层抬高方案。特别困难时,方可采用另建便站过渡方案。

(4)客运站改扩建过渡,宜采用以先施工的新增线路代替封锁停用线路进行分步实施方案,特别困难时,可采用相邻客站分担客运作业或另建便站过渡方案。

(5)区段站和编组站改扩建过渡方案,应根据既有设备规模、改建工程量大小、线路繁忙程度、进一步发展条件等因素综合比选确定。区段站宜采用原站临时工程、货运车场移出成客货纵列、增加货运车场成一级三场式等方案。编组站宜采用先施工新扩建部分以代替原线路、车场、驼峰等设备,进行分步实施的方案;困难时,可采用借助枢纽内或路网中其他编组站,临时担当改建编组站的部分作业的方案。编组站改扩建过渡,一般采用先施工新扩建部分以代替原线路、车场、驼峰等设备,进行分步实施的方案;困难时,可采用借助枢纽内或路网中其他编组站,临时担当改建编组站的部分作业的方案。

第11章 资源配置

实施性施工组织设计的资源配置内容主要包括劳动力计划,工程材料、设备采购供应方案,分年度主要材料、设备计划,关键施工装备的数量及进场计划,资金使用计划等。

资源配置应与施工方案相匹配,按照拟定的施工方案和进度安排,计算主要材料、设备、关键施工装备的数量及分阶段消耗量,确定分阶段的进料时间、储存及供应数量。

11.1 人力资源配置计划

人力资源的配置应按照工程规模、进度安排、专业类别等要求,以及"专业化、合理跨度、责权利相结合"的原则,编制人力资源需求和使用计划。

11.1.1 施工管理人员及技术人员配置计划

按照项目法施工要求,本着精干高效原则,组建项目施工的组织机构(即,项目经理部)。

项目经理部设经理一名,负责项目全面管理工作;设副经理数名,协助项目经理做好项目的施工组织与协调、物资供应、资源配置、施工安全、文明施工、环境保护和施工进度等工作;设专职书记一名,负责项目部党、政、工、团建设及宣传、教育及培训工作;设总工程师一名,负责本项目施工技术、合同管理、安全质量等工作;设安全总监一名,负责项目安全教育培训、现场安全控制及文明施工工作。项目部共设工程技术部、物资机械部、安全质量部、计划合约部、综合办公室、财务部、成本管理部和中心试验室等六部二室,根据工程管理需要,明确各部门职责(附项目部组织机构图)。

根据施工进度及各工序需用工种人数,合理组织管理人员和施工人员分批进驻本工程施工现场,并加强人员动态管理。

施工单位应严格按照有关架子队管理模式的文件精神,结合建设单位和上级管理部门的要求,通过"优选队伍、加强培训、监管到位、过程控制、运作高效"的原则,积极推广架子队管理模式。

根据本项目实际情况及特点,项目部综合办公室作为劳务管理的主责机构,配备专职劳动力管理人员,按照施工区段进行劳务管理,优选劳务队伍,加强劳务用工管理。

建立健全劳务管理制度,对劳务作业人员登记造册,记录其身份证号、职业资格证书号、劳动合同编号以及业绩和信用等情况,基本情况报业主、监理单位备案。

接受建设单位、监理单位对项目部现场管理机构人员等的核查,按照规定组建和管理架子队、设置劳务管理机构和人员、使用劳务作业人员等。如发现架子队、劳务企业使用不合格的劳务作业人员或包工队时,施工单位无条件接受建设单位、监理单位下发的限期整改,清退不合格劳务作业人员或包工队等相关指令并立即整改。

11.1.2 劳动力组成及机构

在满足施工任务与成本管理的基础上,按照"架子队"模式进行组建和管理施工队伍,实现人力资源的精干高效。严格执行招标文件要求,项目经理部特成立架子队管理机构(图11-1)。其中,组长由项目经理兼任,副组长由项目部副经理、总工程师担任,组员包括:项目各部门负责人、各工区(经理、部门负责人)、各架子队队长。

架子队在配齐"九大员"的基础上,以作业面为单位,配置跟班作业的"四大员"(技术员、安全

员、质检员、工班长)。由于一个架子队有可能管理两个及两个以上的作业面,而每个作业面都有不同的施工任务,所以基层管理人员必须管理到作业面,必须以作业面为单位来划分管理单元,每个作业面单元配置跟班作业"四大员"。

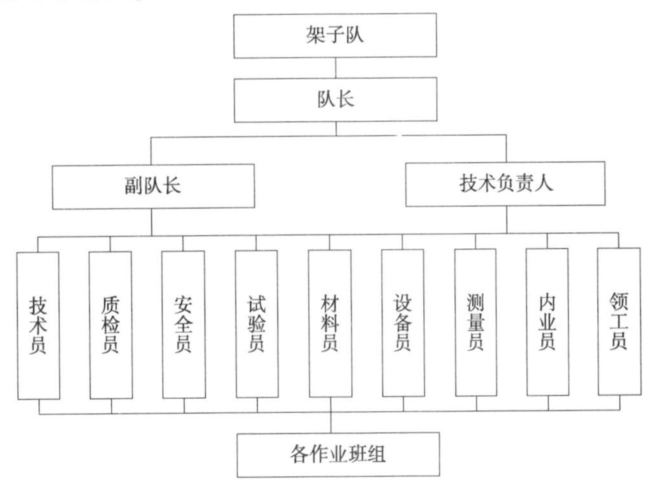

图11-1 架子队组织机构图

根据本项目工程的特点和工期要求,本着合理组织、动态管理的原则,项目经理部除配备足够经验丰富的管理人员外,架子队还设置专职队长、技术负责人,配置技术、质量、安全、试验、材料、领工员、工班长等主要组成人员。

另在劳动力组织方面还配备精干的专业队伍进场施工,以企业员工和社会合格劳务工相结合的组织方式组织劳动力,主要工种有:电工、钢筋工、模板工、机械司机、机修工、管道工、泥瓦工、装吊工、混凝土工、开挖工、普工等,管理人员和技术人员均有大、中专以上学历,具有招标文件规定的职称和职称比例要求,具有参与国家重点工程的施工管理经验和施工技术经验,技术工人都有技术等级证书,普通工人均经培训考核后,持证上岗。

11.1.3 劳动用工管理

1)建立健全组织机构

组建精干、高效的经理部和作业队、架子队,经理部除代表公司全面履行施工承包合同、科学组织施工外,负责作业队、架子队进场人员的选派工作,并随着工程进度及时掌握和调整人员编制,确保工程施工顺利、高效地进行。

2)员工队伍的管理

管理服务人员和生产人员合理配置,形成较强的生产能力,劳动力的规模根据施工进度情况实施动态管理。所有管理人员、技术人员、主要技术工人按要求持证上岗。进入施工现场人员,严格进行自我安全保护、环境保护、生态保护、民族风俗、宗教信仰等方面知识的培训工作,做到先培训、后上岗。

3)劳务人员的管理

施工现场所有劳务作业人员纳入架子队统一集中管理,由架子队按照施工组织安排统筹作业。

对劳务提供单位的信誉、资质实行有效控制。对使用的劳务工工资实行登记造册,每月由项目经理部财会部负责监督发放到劳务工手中。管理组织机构和岗位职责及各种规章制度覆盖全体参与施工的劳务工。指定专业部门及成员直接对架子队劳务工实施劳动管理和安全管理。

结合设计文件和项目特点,明确职业卫生防护设施完成时间节点和相关措施,确保建设项目职业卫生防疫设施能够与主题工程同时施工、同时投入生产和使用,并加强对建设项目劳务人员的职业卫生防疫检查和管理工作。

4)岗前培训

为确保本标段工程施工安全和质量,所有施工人员进场前必须经过专业技术培训,对于特种作业人员等部分施工人员尚需经考试合格后持证上岗。为全面提高架子队管理及作业人员素质,需切实强化业务技能培训,建设打造高素质架子队,可开展全员培训、实施有计划、分层次的培训、加强实时培训等。

针对本项目工程特点、技术难点、技术要求、质量标准、操作工艺等,分专业制订岗前培训计划,组织具有丰富施工经验的专家,对准备进场的管理人员和施工人员进行集中学习和培训。使所有管理和施工人员熟悉与本标段工程相关的安全生产知识、施工技术标准、质量要求、操作规程及有关规定,经理论和实践考核合格后方可进场。确保所有人员均能以饱满的热情、认真负责的工作态度、精湛的施工技术和安全优质高效地完成施工任务。

在正式施工前,由经理部统一组织,针对施工人员施工的具体工程项目,对施工人员进行岗前培训,明确设计标准、技术要求、施工工艺、操作方法和质量标准,以及安全标准或安全要求等。施工人员经培训合格后上岗。

施工过程中,在施工队伍中开展劳动竞赛,技术比武和安全评比等活动,提高施工人员整体施工水平。对于施工中采用的新工艺、新设备,在施工人员中挑选理论知识、实际操作能力都较强的专业技术人员到专门技术学校及专业厂家进行培训,待其熟练掌握操作技术后,才能进场。

作为储备的施工队伍在上场之前,先在公司劳务基地进行相关教育培训,根据现场施工需要时随时进场。

11.1.4 特殊时期劳动力保证措施

为保证本工程在节日期间能正常施工,不因缺乏劳动力导致工程进度缓慢,制订农忙季节及节假日劳动力保障措施,配备相应的服务设施,保障特殊季节及节假日劳动力稳定且满足需要,具体措施如下:

(1)节日来临之前,加强员工的思想政治教育工作,使员工从思想上认识到本工程的工期十分紧张,以及现代建筑市场竞争的激烈,工程来之不易,让员工正确处理好公司与个人之间的关系。

(2)节日期间施工,给工地施工人员发放节日慰问金,并安排好节日生活,让员工在工地上既能过上一个愉快的节日,又能安心从事施工生产。

(3)节日期间将调动我公司其他地区的剩余劳动力补充本工程施工,以保证节日期间施工有足够的劳动力。

(4)实现全面经济承包责任制,遵循多劳多得、少劳少得、不劳不得的分配原则,使劳动者深刻意识到缺勤可能造成的经济损失及对工程施工可能造成的影响,充分发扬劳动者的主人翁责任感,减少特殊季节及节假日劳动力缺失。

(5)做好特殊季节及节假日劳动力意向及动态的摸底工作,提前做好补充预案,保证施工正常进行。

11.2 机械设备配置计划

11.2.1 配置原则

(1)大型机械配置应按照经济、高效原则进行配套的机械组合。在设备选型配套的基础上,按工作面、工作班制、施工方法,结合专业特点和国内平均先进水平,进行专业技工和一般工人的优化组合设计。

(2)设备选型要求必须按照生产上适用、技术上先进、经济上合理的原则,并充分考虑设备的技术性、适用性、可靠性、可维修性和经济性;必须选购国家或行业定点生产的优质产品,严禁购置未经行业主管部门鉴定,未颁发生产许可证的非标设备。

(3)机械设备购置应以保证施工生产需要为前提,认真做好需要机械的技术性能、产品质量、市场价格、保证供货期、配件供应及售后服务的调查研究,确切掌握各项信息后,方能选厂订货。

(4)设备性能机动、灵活、高效、低耗、运行安全可靠,符合环境保护要求。

(5)设备通用性强,能在工程项目中持续使用。

(6)新型施工设备宜成套应用;单一施工设备应与现有施工设备生产率相适应。

(7)大型机械设备(如:运架设备、铺轨与大型养路设备、掘进机、盾构机等)的配置应考虑:机械设备的进场时间满足项目节点工期安排要求;机械设备的选用顺序依次为自有设备、租用设备、购置设备,租用设备应签订租用协议;机械设备的组合应进行效率与费用的综合技术经济比较。

11.2.2　配置及进场计划

(1)施工单位根据项目施工组织方案拟定设备配置计划表,详细填写需要机械的名称、型号、规格、数量、使用地点及需用时间,整理完毕后报公司设备管理部门。公司设备管理部门根据公司内部设备资源情况进行统一调配,确因施工需要新购的设备经公司同意后方可购置。

(2)负责机械设备购置的单位应做好机械发运、移交、售后服务及索赔工作;机械设备到达现场后,接收单位应立即进行检查验收,清点备品附件和技术资料,并签章接收。

(3)经公司同意需要采购的主要施工机械设备,在机械设备购置前应当进行技术经济论证,掌握机械产品的技术发展动态和市场价格信息,认真做好机械设备选型工作。

(4)购置机械设备必须签订订货合同,作为供需双方责任和义务的约束,也是付款和索赔的依据;签订合同必须手续完备,填写清楚,包括机械名称、型号、规格、数量、价格、供货日期、运输方式、到达地点、付款办法等,并应明确双方应承担的责任和经济制约办法,以及其他附加条件和特殊要求;经双方签章后方具有法律效力。

(5)所有机械设备和试验检测仪器设备,根据配置数量和施工能力均在附近工点就近调配,满足施工和工期要求。

(6)路基、桥涵、隧道等施工的机械设备和试验仪器设备按照各专业工程施工总体部署、施工顺序以及工序安排适时进行调配,保证机械设备的完好率和使用率,达到均衡生产的目的。

(7)关键施工装备的数量及进场计划。

①关键装备配置编制表格,内容包含设备名称、单位、数量、进场时间等。

②主要施工设备编制表格,内容包含设备名称、规格型号、数量、国别产地、进场时间、额定功率、生产能力、用于施工部位等。

11.3　物资材料采购供应方案

11.3.1　物资材料的采购供应原则

11.3.1.1　满足生产需要原则

(1)物资材料的配置应满足生产需要、降低成本的要求。

(2)按照甲供、自购材料的规格、数量、供应时间节点要求制订相应的物资、材料招标采购计划。

(3)对于钢轨、道岔等特殊物资,应提供较准确的供应计划,如有变化提前通知生产厂家及时调整,确保按时供货。

(4)施工单位根据项目施工组织方案拟定物资材料计划表,详细填写需要物资材料的名称、型号、规格、数量、使用地点及需用时间,整理完毕后报公司物资设备管理部门。公司物资设备管理部门根据公司内部设备资源情况进行统一调配。

(5)负责物资材料购置的单位应做好机械发运、移交、售后服务及索赔工作;物资材料到达现场后,接收单位应立即进行检查验收,清点备品附件和技术资料,并签章接收。

11.3.1.2 合理有效利用物资材料的采购资金原则

(1)经公司同意需要采购的主要施工物资材料,在物资材料购置前应当进行技术经济论证,掌握产品的技术发展动态和市场价格信息,认真做好物资材料的选择工作。

(2)购置物资材料必须签订订货合同,作为供需双方责任和义务的约束,也是付款和索赔的依据;签订合同必须手续完备,填写清楚,包括机械名称、型号、规格、数量、价格、供货日期、运输方式、到达地点、付款办法等,并应明确双方应承担的责任和经济制约办法,以及其他附加条件和特殊要求;经双方签章后方具有法律效力。

11.3.2 分年度主要物资材料采购供应计划

项目应根据合同要求和进度计划要求编制分年度主要物资材料采购供应计划表。

11.3.2.1 自购材料设备

(1)自行采购的材料,采购中遵循质量优先,兼顾价格的原则进行招标采购。在广泛掌握材料产地、货源、价格、生产、流通等材料市场信息的基础上,开展材料招标采购、订货业务活动,保质保量,做到公开、公平、公正,并接受业主对招标采购过程的监督。同时,会同监理进行检验和交货验交,按要求进行材料抽样检验和工程设备的检验测试,检验和测试结果提交监理审核。

(2)由施工单位作为货物采购招标人进行招标采购。负责编制资审文件、招标文件,组织评标(审)工作,招标前向甲方报告。

(3)施工单位上报的供应商资格文件真实可靠,经甲方审查批复后才能进行自购物资招标。

(4)对于构成主体工程的砂石料、土工材料及其他重要辅助材料,在甲方监督下实施招标采购。

(5)将各项物资材料的供货人及品种、规格、数量和供货时间等报送监理工程师审批,同时向监理工程师提交物资材料的质量证明文件,并满足合同约定的质量标准。

(6)物资材料均由物机部负责采购,运输和保管,并对自购的物资材料负责。

11.3.2.2 甲供物资材料

(1)由业主供应的材料,提前上报用料计划,由业主统一组织供料,并按业主指定的交货地点和交货方式准时办理交接和检验。

(2)甲供物资材料由甲方直接招标采购供应并进行资金结算和质量控制,施工单位编制供应计划。

(3)甲方物资设备部负责督促供应商按供应合同要求将甲供物资送达指定地点。

(4)甲供物资到达指定地点后,施工单位协同监理单位在甲方物资设备部的组织下,对甲供物资设备的规格、型号、数量、品种、检测报告、合同证书、外观质量等按合同要求进行检查验收。

(5)按照“谁供应、谁负责”的原则,甲方物资设备部负责组织对质量反馈问题调查认定,界定责任,解决问题,并形成处理报告。对建设项目造成损失的,做好索赔工作。

(6)施工单位协同监理单位在甲方物资设备部的监督下对甲供物资的现场管理,做好物资设备现场分配工作,提升现场物资管理水平。

11.3.2.3 供应保障措施

(1)施工中严格按照工总下发的有关物资、材料管理办法进行管理。

(2)建立健全材料的采购程序及质量把关程序,所有进场材料必须质量合格,且各种手续齐全。

(3)材料进场必须由监理工程师检查,并经抽检试验合格,否则不能使用。

(4)加强材料的实地考察及市场询价工作,做到货比三家,选择有相应资质,有良好信誉的厂家供应材料,争取最佳性价比。

(5)所有材料的采购必须签订合法的采购合同,材料的质量具有可追踪性。

(6)现场材料建立专项档案,并建立现场铭牌,材料的种类、规格、时间、使用部位等应标识清楚。

(7)现场材料专人管理,必须经工程技术人员的现场确认后方可使用。

(8)材料采购计划具有超前性,并经工程技术人员确认,防止材料采购的种类、型号出现错误或采购的时间不对,避免出现采购不及时或库存时间过长等现象。

(9)合理进行材料库及材料堆放场的布置,材料分批进场,库存量合理。

(10)特殊材料的采购提前进行,考虑充足的时间富余量,加强与材料供应单位的联系,确保材料的正常供应。

(11)节假日期间的材料供应提前作好充足准备,并多方考虑,以最不利情况进行采购工作,确保材料库存量能满足节假日期间施工正常需要。同时,加强对材料供应单位节假日放假制度的了解,掌握他们在节假日期间的业务管理制度,随时保持联系,争取在节假日期间能正常进行材料供应,并作好应急准备,确保在非常规情况下仍能保证材料的正常供应。

11.4 资金计划

11.4.1 资金(使用)需求计划

根据总体施工进度计划及合同计量规则,编制资金(使用)需求计划表。

11.4.2 资金管理措施

(1)项目机构成立后,按招标文件要求开设工程款结算账户,接受发包人对本建设项目建设资金和农民工工资保证金账户资金使用情况的监督;确保本项目资金专款专用,不发生挪用、转移资金的现象。

(2)项目物设部、安质部及各分部按月上报资金使用计划及应付款台账,发包人拨付资金到位后,由项目财务部根据公司资金管理要求及项目支付需求情况编制资金计划,经项目经理审批,报公司批准后进行支付。

(3)支付机械设备及周转材料租赁摊销费、职工保险、养老及医疗统筹保险基金、工会经费等款项,须附上级单位出具的转账通知等有效资料,以确保资金专款专用。

11.4.3 资金使用计划

1)合同用款估算

依据合同条款进行计价、拨款,根据公司年度施工计划、项目施工进度计划制订工程用款计划,根据备料及设备订购计划安排用款。

2)资金使用计划

为管好用活建设资金,施工中将根据初步的形象进度计划,编制资金使用计划,由财务部根据使用计划,管理监督资金的使用,确保建设资金专款专用。

3)资金管理

为了保障本工程的顺利实施,管好项目资金:为完成本标段施工工程内容在当地开设工程款结算账户;将流动资金及发包人所拨付资金专用于本标段工程建设;监管项目部各分部、各工区的资金管理,确保所拨付资金专项用于本标段工程建设。具体措施为:

(1)项目经理部成立后,按招标文件要求开设工程款结算账户,接受发包人对本建设项目建设资金和农民工工资保证金账户资金使用情况的监督。

(2)确保本项目资金专款专用,不发生挪用、转移资金的现象;保证不通过权益转让、抵押、担保承担债务等任何其他方式使用基本结算户资金。

(3)机械设备及周转材料租赁摊销费、职工保险、养老及医疗统筹保险基金、工会经费等款项,须附上级单位出具的转账通知等有效的支持资料,以确保资金专款专用。

(4)在银行设立专项账户,按合同要求预存农民工工资保证金,为本项目的所有农民工开设工资卡,在拨付工程款时,同时将农民工工资拨付到工资账户,以保证及时兑付农民工工资,并接受发包人和地方政府的监督。

(5)项目储备适度的周转资金,集团公司设专用资金,用以调节工程用款。

第12章　管 理 措 施

实施性施工组织设计的管理措施内容包括：标准化管理措施、质量管理措施、安全生产保障措施、营业线施工安全管理措施、工期控制措施、投资控制措施、环境保护措施、水土保持措施、职业健康安全保障措施、文物保护措施、文明施工措施、节约用地措施、冬季施工措施、夏季施工措施、雨季施工措施、路基桥梁沉降控制及观测措施、营业线监控措施、预警机制和应急预案、信息化管理措施、技术创新计划等。

施工组织设计编制与管理应以质量安全为核心，坚持"质量安全第一"的方针，遵守"管施组，必须管质量安全"的理念，坚持目标导向和问题导向，早发现、早处理影响工程质量安全的隐患；同时，施工进度管理应以质量安全管理为前提。

限于篇幅，本章重点介绍标准化管理措施、质量管理措施、安全生产管理措施、进度控制措施、投资控制及财务风险管理措施、环境保护与水土保持措施、信息化管理措施等。其他有关管理措施参见附录1。

12.1　标准化管理

为规范施工组织管理行为，促进公司和项目管理的科学化、规范化、标准化，提高项目管理水平和盈利能力，制订标准化的施工组织流程，对于公司和项目管理都十分必要。

12.1.1　标准化管理内容

在《企业标准体系要求》中对企业标准化的定义是"为在企业的生产、经营、管理范围内获得最佳秩序，对实际的或潜在的问题制订共同的和重复使用的规则的活动，上述活动尤其要包括建立和实施企业标准体系，制订、发布企业标准和贯彻实施各级标准的过程。标准化的显著好处是改进产品、过程和服务的适用性，使企业获得更大的成功"。借助企业标准化的概念及优点，施工组织管理标准化就是以获得最佳秩序、追求更大的经济效益、管理效益和社会效益为根本目的，同时在标准化的基础上鼓励公司和项目部按照P-D-C-A科学管理模式和方法进行持续改进，为项目组织管理的进步提供源动力。

企业管理的标准化与施工组织的标准化是一脉相承的，标准化的施工组织，可从施工项目的管理策划、管理模式、基本原则、施工项目标准化管理等方面入手，主要涵盖管理制度标准化、人员管理标准化、现场管理标准化、过程控制标准化等内容。

1）管理制度标准化

建立思路清晰、分工明确、内容高效务实及切实可行的管理制度。

2）人员管理标准化

按照招标文件和标准化管理文件的要求，必须配齐各岗位人员，根据项目的实际情况以精简高效原则实现岗位设置，定员、定岗并强化岗位责任。

3）现场管理标准化

要符合安全文明施工、建设单位及地方监管部门的要求，实现现场管理标准化。

4）过程控制标准化

建立项目管理目标、责任、分级控制系统和健全评价体系，明确安全、质量、环保、水保和文明施工等控制要点,确保过程控制有效,实现工程建设目标。

12.1.2 标准化管理工作流程

为推进项目管理规范化、标准化和程序化,使项目的施工组织标准化工作流程有章可循,按照项目前期控制、工程产品清单和责任矩阵为主线展开,主要包括:设定项目组织管理模式、项目组织管理机构、风险控制与管理、质量管理、进度管理、技术管理、成本管理、环境管理、资源配置、信息化管理等。

公司和项目部应根据项目标准化管理工作,组织开展项目管理策划,确定项目管理模式,对工程项目进行分级管理,对工程项目的施工组织设计进行编制、审批和实施,此外各级生产机构必须根据施工组织设计合理配置各项施工生产资源,均衡组织施工生产,加强施工过程控制,确保实现安全、质量、工期、效益目标。

12.1.3 标准化管理基本要求

1)时间要求

为规范施工组织设计的编制和审批,明确各级单位、部门在施工组织设计管理中的职能,各公司应制订《施工组织设计标准化管理办法》,要求在项目管理机构成立后3个月内,必须编制完成施工组织设计,并按规定报上级审批后组织实施。

2)审批权限要求

项目部根据单项工程技术难度、规模、安全风险等级、工期等要素,按照《建设工程安全生产条例》和相应行业的施工组织设计规范要求,履行审批流程。建设单位和地方政府另有要求的,从其规定。

3)施工组织设计方案编制研讨会的要求

施工组织设计方案编制前需召开研讨会。由项目经理组织,项目总工程师主持,项目领导班子其他成员、各职能部门和主要施工班组负责人参加,以确定总体思路,论证合理性。

4)施工组织设计核心要求

实施性施工组织设计的核心是施工部署、方案比选、施工顺序、工期安排、关键工序的工艺设计以及重点的辅助施工设施设计,要做到重点突出,简洁实用。在进行主要施工方案制订过程中要进行充分的方案比选,保证施工方案的安全性、先进性、经济合理性。要特别重视结构检算、工序能力计算、临时工程设计等。

5)施工组织设计审批流程要求

施工组织设计方案编制完成后,由项目经理或项目总工程师召开自评会,形成并签署自评意见,而后按照审批权限逐级报批。首先报送项目部上级组织进行内部审查,内部审查后送监理单位审核,最后报送建设单位组织审批。项目总工程师(或技术负责人)负责根据上级审查意见,在规定的时间内组织修改完善。经修改完善并获得审批后的方案,由项目经理或项目总工程师负责组织召开施组方案技术交底会。项目部必须严格按批复的施工组织设计方案组织施工,不得擅自改动。

6)重大、特殊工程项目施工组织设计要求

重大、特殊工程项目应由项目部上级单位的总工程师(或技术负责人)主持,主责部门组织编制指导性施工组织设计,并按照审批权限逐级报批后下达到项目部。

在实施过程中,当客观条件发生重大或较大变化,难以按预定施工组织设计实施时,应由原编制单位对施工组织设计进行修订或局部调整。对施工方案、施工方法、施工工艺、装备配置、质量、安全、环水保等措施的调整、变更应符合指导性施工组织设计,调整后的施工组织设计,按原审批程序履行手续。

调整的前提条件包括但不限于以下情况:方案发生重大变化;总工期、重要节点工期发生较大变化;实际工程进度与施工组织设计中的进度安排严重不符;机械设备、物资、劳动力供求发生较大变化;其他因素引起施工组织设计需要进行调整。

12.1.4 标准化组织管理策划

项目标准化组织管理策划是指导项目管理和施工组织管理工作的前瞻性文件,涵盖了施工组织设计所要求的全部内容,能够对项目的目标、依据、内容、资源、组织、方法、程序和控制措施起到前瞻性和预见性的作用,也能保证后期项目的有效组织、正常运转及有序推进,其主要工作内容包含项目规划大纲和项目管理实施规划的编制两个方面。

12.1.4.1 标准化管理规划大纲编制

(1)项目标准化管理规划大纲应分级进行编制,公司应编制所有一般项目的大纲,而重、难点工程项目管理规划大纲,则由项目单独编制并报公司相关部门审批及备案。

(2)项目标准化管理规划大纲由公司经营管理部门组织相关职能部门编制,公司主管领导审批。

(3)项目标准化管理规划大纲编制内容为:明确项目管理目标;分析项目环境和条件;收集项目的有关资料和信息;确定项目管理组织模式、结构和职责;明确项目管理内容;编制项目目标计划和资源计划;汇总整理,报送审批。

(4)项目标准化管理规划大纲编制依据包括:招标文件及公司对该标段标前评审分析研究结果;工程现场环境的调查结果。编制前,重点调查对施工方案、合同执行、合同实施、成本控制有重大影响的因素;业主提供合同文件及图纸等工程信息和资料;公司相关的管理制度及办法;国家、地方及行业的法律、法规等。

(5)项目标准化管理规划大纲内容包括:项目概括;项目管理目标规划;项目管理模式;项目管理组织规划;项目成本管理规划;项目进度管理规划;项目质量管理规划;项目职业健康安全和环境管理规划;项目资源管理规划;项目风险管理规划;项目信息管理规划;项目考核评价规划;项目沟通管理规划;项目维护与回访规划等。

12.1.4.2 标准化管理实施规划编制

(1)项目标准化管理实施规划由项目部负责编制,报上级公司项目管理主责部门审核,并由上级公司主管领导审批后组织实施。

(2)项目标准化管理实施规划编制依据包括:业主、公司等上级管理组织的指导意见;项目管理规划大纲;项目条件和环境分析资料;工程合同,协议及相关文件;同类项目的相关资料等。

(3)项目标准化管理实施规划的内容包括:

①项目概括。在项目管理规划大纲的基础上,根据项目掌握的详细信息,对项目管理规划大纲的概括进一步细化,主要包括:工程概况,工程所在地环境、水文地质条件,施工条件,业主、设计、咨询、监理单位情况,合同环境、合同约定目标等。

②总体工作计划。包括项目的质量、进度、成本、安全、环保、文明工地,信用评价目标;作业队资源配置计划,作业队需求计划、来源及组织方式,材料供应计划,设备使用计划;区段划分与施工顺序安排等。

③项目组织机构。包括项目组织结构图,职能分工表,项目部的人员安排等。

④技术方案。包括各单位工程、分部分项工程的施工方法和施工工艺等。

⑤进度计划。应包括总工期、里程碑节点工期,主要工序时间安排及指标,兑现措施等。与进度计划相应的人力计划、材料计划、机械设备计划、大型机具计划及相应的说明。

⑥质量计划。包括创优规划,质量控制措施,质量目标和要求,质量管理组织和职责。

⑦职业健康安全与环境管理计划。根据项目的实际情况和特点进一步细化在项目管理规划大纲中职业健康安全与环境管理规划,包括项目的职业健康安全管理点,识别危险源,判别其危险等

级,制订安全技术措施计划,制订安全检查计划,高危风险项目安全专项方案及应急预案,根据污染情况制订防治污染保护措施。

⑧资金使用计划。依据合同约定、项目总体施工部署、总体进度计划、材料采购计划、设备购置、租赁计划等编制。

12.1.4.3　标准化管理模式确定

项目标准化管理模式应依据项目的实际情况,尽可能采用“扁平化”的管理模式。同时应达到压缩管理层次、降低管理成本、理顺管理关系、明确管理职责、提高管理效益的目标。

1)标准化管理模式类型

标准化管理模式类型的合理选择,可为项目创造更大经济效益奠定坚实基础,也可为项目顺利实施创造前提。本书列举两种常见的管理模式,以供读者借鉴,分别是:总公司直接管理模式和总公司委托管理模式。

(1)总公司直接管理模式。

适用范围:总公司为合同主体,并派员组建项目部,负责项目,实施的工程项目。适用于公司中标的大型工程项目,或技术含量高、工程类别多、管理跨度大的项目。

组织方式一般为:项目部(工区)→作业队。

管理职责:项目部代表公司负责管理该项目施工,履行与业主签订的合同。对工程项目的安全、质量、工期、成本等各项管理目标负管理责任。项目部根据项目特点可直接管理作业队,也可下设工区,与工区签订管理目标责任书并进行考核。工区组织机构一般由子、分公司负责组建,主要负责本工区施工所需人力、设备、物资等全部资源的配置,负责作业队的选择、使用和管理,负责本工区的责任成本控制,对本工区的安全、质量、工期、成本等各项管理目标的实现全面负责。

(2)总公司委托管理模式。

①对于总公司中标的工程规模较小或较大但单一的工程项目。

适用范围:公司为项目合同主体,委托子、分公司管理的项目。适用于公司中标的工程规模较小或工程规模较大但工程类别比较单一的工程项目。

组织方式一般为:项目部→作业队。

管理职责:项目部是公司委托子、分公司代表公司负责管理该项目施工,履行与业主签订的合同。负责项目施工所需人力、设备、物资等全部资源的配置,负责作业队的选择、使用和管理,对工程项目的安全、质量、工期、成本等各项管理目标全面负责。

②对于总公司中标的大型、综合性总承包项目。

组织方式一般为:总公司项目部→集团(或子、分公司)项目部→作业队管理模式。

管理职责:项目部代表总公司负责管理该项目施工、履行与业主签订的合同,对工程项目的安全、质量、工期、成本等各项管理目标负全面责任。

2)标准化管理模式选择原则

选择合适的工程项目管理模式,是项目顺利实施的重要保障,是实施项目管理的基础。根据承担工程任务的特点,应按照效益优先、管理高效和机构精简务实原则选择及确定更加灵活、可行的标准化管理模式。

12.1.5　工程项目标准化组织机构

为加强标准化管理,公司应成立标准化管理组织机构,以总经理为组长,副总经理、总工程师及各部门负责人为成员的标准化管理领导小组,主要负责制订标准化推进计划,明确工作分工,检查各项目部对标准化施工的执行情况,同时要指导项目管理机构的建立、项目领导班子的配备、项目组织机构和人员设置等方面的工作。

1)项目管理机构职能

项目部是由公司法人代表授权、在职能部门的支持下按照相关规定组建的、进行项目管理的一次性组织机构,其主要职责如下:

①项目部接受公司职能部门的指导、监督、检查、服务和考核,承担实施项目管理任务和实现管理目标的全面责任。

②项目部由项目经理领导,按照项目管理实施规划和施工组织设计对项目资源进行合理使用和动态管理。

③项目部要合理使用和为公司培养优秀管理人员和技术人员。

④根据项目合同要求、规模、管理模式、技术难度、工程特点等确定项目部领导班子、职能部门及其管理人员数量。

2)项目部领导班子

(1)项目部领导班子成员一般不宜超过5人,并根据项目规模和进展情况进行动态调整。

(2)项目部领导班子组建应遵循双向选择、自主自愿的原则,并逐步建立全面公开竞聘、公平选拔的制度。成员可由公司直接聘任或在公司内部公开招聘选拔。

(3)项目部书记、财务总监(部长)、安全总监可实行公司委派制,并建立、完善相关的管理制度。

3)项目组织机构和人员设置

(1)项目管理机构和人员设置由公司人力资源部门会同公司相关职能部门拟定,按公司相关程序批准。

(2)项目部机构设置应体现精干高效原则,一般设工程部、安全(环保)质量部、计划财务部、设备物资部、综合办公室和中心试验室等职能部门。

(3)项目部各职能部门直接受项目经理的领导,同时,接受公司相关职能部门的业务指导与监督。

(4)项目部应本着一岗多责的原则进行管理人员配置,并视工程进展情况动态管理。

4)项目组织的其他要求

(1)项目部要树立项目团队意识,围绕项目目标建立协同工作的管理机制和工作模式。项目部应注重管理绩效,有效发挥个体成员的积极性,形成和谐一致、高效运行的项目团队。

(2)项目经理要对项目团队建设负责,培养团队精神,建立畅通的信息沟通渠道和各方共享的信息工作平台,保证信息准确、及时、有效地传递。通过多种方式统一团队思想,营造集体观念,定期评估团队运作绩效,提高项目运作效率。

12.2 质量管理措施

必须重视质量管理工作,施工组织管理要遵循质量为核心的原则,紧紧围绕项目施工的质量计划、质量目的、创优规划等质量管理内容开展工作,全面分析项目的质量控制重点,落实质量“红线”制度,制订相应可行的质量保障措施。

12.2.1 质量管理目标及原则

质量管理目标:为了实现更大的社会效益和经济效益,同时为了满足各项工程质量标准、客户及法律法规要求,以及保证人民的生命财产安全、发挥建设功能及树立企业品牌形象等。

将工程项目质量控制工作落到实处,避免形式化。要坚持全面管理原则、动态管理原则和目标管理原则在实际工作中的运用。

1)全面管理原则

就工程项目来说,其质量属于一项重要的指标体系,具有较强的综合性,涉及多个方面,必须加强全员与全过程管理，提高各个施工环节质量，确保工程项目施工顺利进行。

2)动态管理原则

在工程项目建设过程中，因质量管理工作的特殊性，公司可以在施工准备阶段就组织相关人员围绕施工内容要求，制订科学、合理的工程质量管理计划以及质量控制方案，否则当工程进行到中后期，甚至竣工阶段，再进行工程质量纠偏，将难以保证工程项目整体质量。

3)目标管理原则

在工程项目建设中，公司和项目部可以根据工程项目特点、性质，综合考虑主、客观影响因素，明确不同岗位工作人员职责，层层划分，将制订的工程质量管理目标落到实处，避免流于形式，构建目标管理体系，多角度提高工程项目整体质量。

12.2.2 质量创优规划

为实现项目的创优规划目标，结合工程特点和创优要求，应针对创优规划的工作公司和项目部要进行分解，做到质量管理机构完善，质量保证体系健全，落实工作质量保证措施有力。

(1)明确创优目标的设立：各单位工程必须达到国家、行业验收标准，符合设计文件和有关技术规范要求，一次验收合格，坚决杜绝和遏制质量事故的发生。

(2)项目部成立创优领导小组，由项目经理任组长；项目部经理、总工程师落实创优措施，并定期召开质量分析会，制订不同时期不同工程项目的质量对策措施，督促落实，实现全面创优局面。

(3)建立每单位工程质量创优体系，工程部根据工程规模，制订创优计划和详细的创优措施，成立相应的创优攻关小组，定期或不定期举行活动，分析质量、工期、安全、管理成本存在问题，制订对策，采取措施不断提高工程质量。

12.2.3 质量管理计划

12.2.3.1 质量管理体系的建立

公司和项目部建立施工质量管理控制体系，强化质量管理人员的责任意识，树立质量管理概念，将质量管理措施贯穿于施工的全过程管理，将质量管理体系作为主要的管理制度进行坚持和推行，保证质量管理体系能够得到落实，以实现对工程质量的有效监管。

1)设立质量管理机构

公司应建立质量管理领导小组，由公司总经理、分管生产副总经理、总工程师、各部门负责人等人员组成，并同时建立以项目经理为组长的项目经理部质量管理领导小组，领导项目质量管理工作、兑现质量管理目标。

2)强化人员的质量责任意识

(1)项目部要从强化管理人员的质量意识入手，要有全过程质量管理的思路，必须明确各级管理层次的责任人员，落实质量管理责任，树立牢固的质量管理观念。

(2)各职能部门和人员要切实承担起本部门、本岗位的工作职责，严把质量关，充分发挥职能部门在质量管理中的监督保证作用，使质量意识落实到工程施工过程中的每个阶段、每个环节。

(3)公司应确立项目经理为工程质量主要责任人，签订质量承包责任书，建立风险抵押金制度，制约和激励项目经理，同时监督项目经理认真落实相关管理制度，把创造优质工程、树立企业形象作为考核项目经理的重要指标，要坚决杜绝“以包代管”的管理方式。

3)加强施工全过程质量管理工作

公司和项目部必须加强并坚持全过程的质量管理工作，随着施工工程技术水平的不断提升，质量管理工作也要与时俱进，要在管理手段和管理方式上，也要在管理内容和管理理念上不断创新，以保证施工质量管理全过程能够达到相关标准。

4)积极创新质量管理的方式

在施工质量管理的过程中,公司和项目部可以积极借鉴国内外优秀施工企业的成功经验,不断探索新技术和新管理手段在质量管理领域的应用,发挥施工质量管理的积极作用,使建筑施工管理过程能够取得积极的管理效果。

12.2.3.2　质量管理责任制

项目要建立以质量管理责任制度为核心的制度体系,强调质量管理责任制在项目管理中的重要作用,贯彻实施建设质量方针,全面落实质量终身制,制定质量培训计划,并纳入施工组织设计中。公司和项目部可以按照不同层次、不同对象来制定各部门和各类人员的质量责任制。通过落实质量责任,使之形成一个职责明确、覆盖面纵横交错、层次分明的质量责任网络,在任务分配时,尽可能做到精细化。

12.2.3.3　落实质量“红线”制度

(1)结构物(路基、桥梁及部分隧道、涵洞)沉降评估不达标的不得进行后续施工。

(2)桥梁收缩徐变不达标的不得进行后续施工。

(3)锁定轨温不达标的不得进行后续施工。

(4)联调联试不达标的不得进行后续施工。

(5)工序质量不达标的,即上一道工序未验收签认的不得进入下一道工序施工。

12.2.4　质量风险管理

(1)项目部应成立质量风险管理工作小组,由项目经理任组长,工作内容主要包括风险识别、评估、纠偏及控制。

(2)质量风险可分为一级、二级、三级、四级共四个级别。项目部对在建项目质量风险实行动态管理,每月底定期对质量风险进行管控。具体分级对应措施如下:

①一级、二级以上质量风险由公司监管,三级质量风险由项目部监管,四级质量风险由作业队监管。

②项目部应明确各项一级、二级、三级、风险的监督管理责任人。其中,一级风险由项目经理监管,二级风险确定一名项目部领导班子成员监管,三级风险确定一名项目部业务部门负责人监管。

③监管责任人应做好巡视记录和风险控制情况总结。一级风险监管责任人每周至少巡视二次,每周总结一次风险控制情况;二级风险监管责任人每周至少巡视一次,并总结风险控制情况;三级风险监管责任人每月至少巡视一次,并总结风险控制情况。

④项目部应加强对一级、二级风险项目的质量检查工作,对专项技术方案、质量管理方案、管理措施的实施情况进行检查,发现问题和质量隐患及时组织整改。

(3)公司对各级质量风险的分级管理要求及主要措施汇总见表12-1。一级、二级质量风险项目施工前必须制订质量保证措施。

各级质量风险的分级管理要求及主要措施　　表12-1

风险级别	监管级别	管理要求	公司稽查周期	责任人要求
一级	公司监管	目标管理,制订专项技术、质量管理方案、质量交底、应急预案	至少每二个月一次	公司、项目部、作业队分别明确专人负责
二级			至少每季度一次	项目部、作业队分别明确专人负责
三级	项目部监管	制订管理措施、质量交底	至少每半年一次	作业队分别明确专人负责
四级	作业队监管	质量交底	每半年一次	

12.3 安全生产管理措施

施工单位在编制实施性施工组织设计时,应结合自身实际情况,细化安全风险保障措施和应急预案,落实安全“红线”制度,并定期组织演练。对高风险隧道、特殊结构桥梁等重大风险源应编制专项安全施工方案,并履行相应的审批程序。

12.3.1 安全生产管理目标、重点及风险控制措施

12.3.1.1 安全生产管理目标

公司和项目部必须明确安全质量目标,结合工程实际情况做到安全风险可控。安全目标要层层包保,才能促进安全生产状态的稳定。主要安全目标包括:杜绝较大及以上生产安全责任事故,遏制一般事故;杜绝特大及以上道路交通责任事故,遏制一般C、D类铁路交通责任事故;杜绝较大及以上火灾责任事故和机械设备责任事故,杜绝锅炉、压力容器爆炸责任事故。

12.3.1.2 安全生产管理重点

公司和项目部要依据项目的实际特点,确定风险源及风险级别,纳入安全生产重点管理清单,主要包括但不限于:

(1)隧道施工(重点是隧道浅埋,泥岩风化剥落、危岩落石、顺层偏压不良地质段落,易坍方段落,瓦斯的施工安全控制,隧道弃渣防次生地质灾害)。

(2)桥梁施工(重点是高墩施工防高空坠落和落物伤人,跨越既有公路桥梁的安全防护,防现浇梁支架垮塌、防掉梁、防起重机和架桥机倾覆等)。

(3)高边坡路基、深基坑施工管理。

(4)火工品管理。

(5)机械设备的安全使用,交通车辆安全管理。

(6)临时用电的安全管理等。

12.3.1.3 安全风险的控制措施

公司和项目部要针对不同工程、不同安全控制要点,制订相应的安全风险控制措施。在编制实施性施工组织设计时,应结合自身实际情况,细化安全风险保障措施和应急预案,并定期组织演练。对高风险隧道、特殊结构桥梁等重大风险源应编制专项施工方案,并履行审批程序。

12.3.2 安全生产管理策划

项目施工前,可对项目全过程施工安全防控重点进行统一策划,编制安全生产策划书,内容应主要包括:编制依据、工程概况、总体策划、保证体系、过程控制(重大危险源评价、安全教育、安全检查等)、资源配置计划、安全费用投入计划等。

12.3.2.1 安全生产保证体系建立

安全生产保证体系的作用在于从组织上、制度上保证公司的安全生产顺利进行。通过建立安全管理体系,明确各部门、各环节的安全管理职能,使安全工作制度化、常态化,可有效地保证施工生产安全;同时,可以把公司各环节的安全管理工作联系起来,使公司安全施工有坚实的基础,也可以把公司内的安全信息相互沟通起来,使公司安全管理活动上下衔接、左右协调,综合处理,迅速发现事故隐患,并及时处理。

安全生产保证体系,必须设立安全管理部门,配足人员,成立安全质量稽查大队及区域性稽查队,加强现场安全稽查和督促整改;必须明确项目经理是安全生产的第一责任人,建立以项目经理为

组长的项目安全生产领导小组,并层层签订安全质量责任书;项目经理、安全总监、安质部长、安全员、质检员、群众安全生产监督员、特殊工种等需按要求持证上岗等。

此外,在安全生产保证体系中,还应建立安全生产管理制度体系,加强安全生产检查及教育培训具体可参见相关的安全生产法规,及各公司的安全生产管理文件。

12.3.2.2 安全管理机构设立

公司要建立安全管理领导小组,由公司总经理、分管生产副总经理、安全总监、总工程师、各部门负责人等人员组成,并同时建立以项目经理为组长的项目经理部安全管理领导小组,领导项目安全管理工作、兑现安全管理目标。

12.3.2.3 班组长责任制

实行班组长安全质量责任制,让公司可实现自身健康,也让工程项目精细化管理有了具体的体现。班组长既是作业班组的直接管控者,也是安全质量控制的直接责任人,在安全质量管理中起着极为关键的作用。因此,强化班组长安全责任意识,推行班组长责任制度,有着重要的意义。

1)班组长责任制的总体思路

工程项目部是工程安全质量管理的责任主体,在现场作业或带班作业的班组长是直接控制作业面安全生产和施工质量的责任人。通过明确班组长及其安全质量责任,将技术、安全、质量、作业标准落实到作业班组、作业面,从源头上加强安全质量管控,强化过程管理,确保建设项目的安全质量。

2)班组长责任制的基本原则

(1)坚持依法合规要求。根据国家有关法律法规,依法与分包单位签订分包合同,完善安全质量自控体系,把班组长安全质量责任制纳入分包合同依法管理。

(2)坚持责任明晰原则。明确作业层和管理层的安全质量责任,坚持"干活负干活的责任,管理负管理的责任",做到职责分明。

(3)坚持突出重点原则。坚持严控实体工程重要环节和关键工序安全质量,突出安全质量管理的重点。

(4)坚持奖罚分明原则。制订对班组长的管理考核办法,做到职责明确、权责一致、奖罚分明,激励和鞭策班组长尽心尽职,做好本职工作,切实抓好安全质量。

3)班组长责任制的要点

(1)签订安全质量责任书。工程(工序)施工前,项目部(分部、工区)及时与班组长签订安全质量责任书,责任书应明确班组长的实名信息、安全质量责任,未签订责任书的班组不得施工。工程验工计价前,班组长、项目部(分部、工区)安全质量总监(或副经理)对拟计量工程(工序)签订安全质量承诺书,作为工程计量支付的依据之一。

(2)健全完善作业层管理制度。公司可结合自身实际和工程项目特点,健全完善作业指导书、岗前培训考试、班前交底和作业过程检查验收、考核奖惩以及工程施工安全质量问题责任追究等作业层管理制度,加强作业层的施工过程安全质量自控。

(3)完善分包合同。各公司要根据班组长安全质量责任制和分包管理情况,依法合规、实事求是完善分包合同,在合同中明确班组长的任职资格、任职条件和安全质量责任、相应权利及相关待遇问题,切实加强安全质量管理,落实班组长安全质量责任制。

4)班组长责任制的注意事项

实行班组长安全质量责任制,必须注意以下事项:

(1)明确重要环节。重要环节是影响工程实体安全质量的重要过程,如隧道开挖与支护、混凝土拌合站、混凝土半成品生产、测量与控制、试验与检验、原材料使用、重大专用设备使用、主体工程的施工作业等,并针对其关键工序进行安全质量控制,突出重点,有的放矢,提高工程施工的安全质量水平。

(2)梳理关键工序。以强化安全质量过程管理为主线,梳理本项目、本标段的具体单位工程在施工过程中重要环节的关键工序,列出关键工序清单。

(3)制订作业指导书。根据工程特点和技术操作规程,认真编制工序作业指导书。作业指导书内容主要侧重于施工工序步骤、方法、安全质量注意事项等,针对各班组进行简洁明了、通俗易懂的书面交底。

(4)选准选好班组长。根据分包模式和作业班组组建情况,采取择优选聘、由分包人授权委托等形式,挑选直接在现场带领工人干活、品行良好、责任心强、具有一定施工管理经验和较强管控能力的人员担任班组长。班组长的数量以满足每个班组施工时应有班组长带班为宜。

(5)抓好培训考试。对挑选出来的班组长进行分专业、分工种的培训考试。培训的主要内容包括:作业指导书、作业标准、工序施工应知应会、安全生产知识等操作技能。培训教材应紧密结合实际施工工序、突出重点、图文并茂、通俗易懂。培训完成后组织考试,合格后持证上岗。

(6)严格落实"三检制"。在每道工序施工过程中,要严格落实班组长自检、技术人员复检、质检人员专检的"三检制",重点抓好班组长的自控把关,切实提高工程验收一次通过率。

(7)加大考核奖惩力度。项目部(分部、工区)要建立健全班组长安全质量责任制考核制度,每月对班组长安全质量责任制落实情况进行一次量化考核,根据考核结果进行奖惩。对优秀班组长要及时给予表彰奖励,对诚信缺失、信誉低下的班组长及时清退并列入"黑名单"。

12.3.2.4 落实安全"红线"制度

(1)高风险点安全专项方案未经批准的不得开工。

(2)既有线施工方案未经批准、各种程序未履行的不得开工。

(3)隧道安全步距超标和擅自改变开挖方法的必须停工。

12.3.3 安全风险分级管理措施

安全风险管控,可按"分级管理、分级负责"的基本原则进行,对于健全和完善工程项目安全风险分级监管机制,明确各层级的监管职责,有效控制安全风险,消除重大安全质量隐患,杜绝和严控各类生产安全事故发生有着重要的意义。

1)安全风险的等级划分

针对工程性质、类别和特点的不同,可从营业线施工、地铁工程、隧道工程、桥梁工程、铺架工程、房建工程、四电工程、爆破和拆除工程、其他工程等不同类别工程项目,及其对应的安全风险程度、施工技术复杂程度和风险转化为事故后的危害程度等因素考虑,将风险项目(工程)由高至低划分为:特级、一级、二级、三级四个等级(表 12-2)。同时,需结合施工项目涵盖专业特长和风险管控要求的不同,对安全风险等级进一步细化和适当调整。

安全风险分级控制表 表 12-2

工程分类	特级风险	一级风险	二级风险	三级风险
营业线工程	涉及既有线铁路的营业线工程	(1)对铁路运输有重大影响的大型站场改造工程; (2)主要干线换梁施工、新线引入、更换正线道岔等施工作业; (3)主要干线及枢纽上跨铁路构筑物、大型信联闭改造、大型电气化改造施工; (4)在主要干线及枢纽的顶进涵施工作业	(1)对铁路运输影响较大的大、中型站场改造工程; (2)主要干线以外的其他线路换梁、新线引入、更换正线道岔等施工作业; (3)主要干线及枢纽以外的其他线路上跨铁路构筑物、大型信联闭改造、大型电气化改造的施工; (4)在其他铁路运输线上的顶进涵施工作业	一级、二级重大风险以外的各类施工。桥涵接长、路基帮宽、并行绕行段施工以及临近既有线铺轨架梁作业等

续上表

工程分类	特级风险	一级风险	二级风险	三级风险
地铁工程	(1)临近或穿越具有重大影响(政治、军事、国防、外交)的建筑物、构筑物的地铁工程; (2)风险控制难度极大,有可能造成重大社会影响或重大人员伤亡的地铁工程	(1)开挖断面超过120m^{2}的暗挖施工; (2)浅埋或穿越建筑物、构筑物、管道、江河湖海等有重大安全影响的施工作业; (3)有突泥、突水等不良地质情况; (4)有瓦斯的地铁工程,瓦斯的涌出量大于或等于0.5m^3/min的高瓦斯工区及瓦斯突出工区的施工作业	(1)开挖断面在120m^{2}以下的暗挖施工; (2)浅埋以及对穿越的建筑物、构筑物、管道等有较大安全影响的施工作业; (3)有松散地层、暗河、风积沙和含水砂层、挤压性围岩、断层、堆积体等不良地质情况; (4)有瓦斯的地铁工程,瓦斯的涌出量小于0.5m^3/min的瓦斯工区及低瓦斯工区的施工作业	一级、二级重大风险以外的地铁施工作业
隧道工程	(1)属富水软弱破碎围岩且有突泥、突水、高地应力和大变形、复杂断层等不良地质的隧道工程; (2)有高瓦斯工区及瓦斯突出工区的隧道工程; (3)暗挖法通过江河湖海隧道工程	(1)长度大于5000m且开挖断面大于150m^{2}的施工难度大的隧道; (2)属富水软弱破碎围岩、突泥、突水等不良地质隧道; (3)瓦斯隧道,瓦斯涌出量大于或等于0.5m^3/min的高瓦斯工区及瓦斯突出工区的施工作业; (4)3000m以上湿陷性黄土隧道	(1)长度为5000m以下、开挖断面大于120m^{2}小于150m^{2}施工难度较大的隧道; (2)属松散地层、溶洞、暗河、膨胀性岩层、岩爆、破碎带、岩溶、风积沙和含水砂层、挤压性围岩、断层、堆积体等不良地质隧道; (3)瓦斯隧道,瓦斯的涌出量小于0.5m^3/min的低瓦斯工区的施工作业,设计为疑似瓦斯隧道; (4)浅埋及穿越(铁路、公路、构筑物、建筑物、湖塘河流及各类管线等)隧道施工作业; (5)3000m以下湿陷性黄土隧道	一级、二级重大风险以外的各类隧道施工作业
桥梁工程	(1)具有极其复杂特殊水文、地质、气候等环境因素的桥梁工程; (2)具有重大影响(政治、军事、国防、外交)的桥梁工程	(1)墩高超过100m以上技术复杂、施工难度大的桥梁工程; (2)跨海、江、河等水深达20m以上的桥梁工程; (3)首次施工、技术复杂、施工难度大、桥型结构复杂、安全风险大的桥梁工程	(1)墩高在50~100m技术比较复杂的桥梁工程; (2)跨海、江、河等水深达5~20m的桥梁工程; (3)技术比较复杂、施工难度较大的桥梁工程	(1)墩高50m以下的桥梁工程; (2)跨海、江、河等水深5m以下的桥梁工程; (3)一般桥梁工程

续上表

工程分类	特级风险	一级风险	二级风险	三级风险
铺架工程	跨铁路主干线、跨国家高速公路的铺架工程	(1)跨铁路主干线桥梁架设施工; (2)跨高速公路(国道)桥梁架设施工	(1)跨地方铁路、专用铁路、专有铁路桥梁架设施工; (2)跨公路(省道)桥梁架设施工	一级、二级重大风险以外的各类桥梁架设工程
房建工程	具有重大影响(政治、军事、国防、外交)的房建工程	(1)深度超过15m的深大基坑开挖施工以及临近既有线、建筑物、构筑物安全风险大的施工作业; (2)1000m^{2}以上高大模板的整体拼装及拆除工程(包括脚手架搭设及拆除作业)	(1)深度在10m以上15m以内的基坑开挖施工以及临近既有线、建筑物、构筑物安全风险较大的施工作业; (2)500m^{2}以上1000m^{2}以下较大的模板拼装及拆除工程(包括脚手架搭设及拆除作业)	一级、二级重大风险以外的基础开挖和模板工程
四电工程	铁路既有大型车站、编组场电气化改造工程	铁路既有线、中型车站电气化改造工程,易对铁路运输造成重大安全影响的四电施工作业	铁路既有线、小型车站电气化改造工程,易对铁路运输造成较大安全影响的四电施工作业	一级、二级重大风险以外的各类施工作业
爆破拆工程	(1)极其复杂环境爆破、拆除爆破或城市控制爆破工程; (2)临近铁路主干线、标志性建筑物或构筑物的爆破拆除工程	(1)A级复杂环境深孔爆破或拆除爆破或城市控制爆破工程; (2)B级以上的大爆破(含硐室爆破、露天深孔爆破、地下或水下深孔爆破)工程; (3)临近既有线、建筑物、构筑物的爆破或拆除爆破施工以及安全风险大的爆破作业	(1)B级复杂环境深孔爆破或拆除爆破或城市控制爆破工程; (2)C级以上的大爆破(含硐室爆破、露天深孔爆破、地下或水下深孔爆破)工程; (3)临近既有线、建筑物、构筑物的爆破或拆除爆破施工以及安全风险较大的爆破作业	一级、二级重大风险以外爆破或拆除爆破工程
其他工程	具有重大社会影响(政治、军事、国防、外交)的其他工程	没有列入各类专业工程的其他工程,如建筑物纠偏和平移、结构补强、特殊设备的起重吊装、特种防雷技术等施工作业安全风险大的工程	没有列入各类专业工程的其他工程,如建筑物纠偏和平移、结构补强、特殊设备的起重吊装、特种防雷技术等施工作业安全风险较大的工程	一级、二级重大风险以外的特种专业工程施工作业

2)风险信息识别和备案

公司投标前,可对工程项目的安全风险进行采集、识别和预评估,依据公司具体管控能力确定是否接受该投标工程项目安全风险。在项目开工前,须根据工程结构的难点、特点、地质、环境及季节变化等因素,对照表12-2中工程风险分级控制类别,对项目的风险工序逐一识别和分级细化确认。项目开工3个月内须将"风险项目(工程)清单"和"分级控制表""在建工程项目管理台账"一并报上级单位核备。

12.4 进度控制措施

项目进度管理是在确保安全、质量的基础上,以均衡生产为原则,以各项管理措施为保证手段,以实现合同工期为最终目标,实行施工全过程的动态控制。根据总体建设工期要求进行合理的安排,公路工程以水稳层铺设主线,铁路、地铁工程以铺架工程和联调联试为主线,统筹各分项、分部及单位工程施工;同时要对重、难点工程进行过程控制,明确专门工期。

12.4.1 进度管理的要求

为保证项目进度管理目标的实现,公司和项目部必须以施工合同、施工图纸、施工组织设计、施工计划为依据,根据要求的总工期,编制详细的工程总体网络计划,对各分部分项工程进行计划管理。施工中要严格按照进度计划展开流水作业,相互协调配合,对照施工中发生的变化及时修改计划。具体要求如下:

(1)要求项目通过多方案比选和分析,保证推荐建设项目总工期技术可行、经济合理。

(2)要求确定控制工程各专业工程工期和关键线路,确保设计的工期目标可行。

(3)要求确定的材料供应方案经济合理。

(4)要求确定的大临工程布局合理,与工期相匹配。

(5)要求铁路工程以批复总工期为基础,以铺架工程和联调联试为主线,确定标段工期目标。

(6)要求确定重难点和控制工期目标、主要工程节点工期目标。

(7)要求做好各工程接口安排,确保工期可控。

12.4.2 进度控制策划

12.4.2.1 进度保证体系建立

公司和项目部要建立进度保证体系和健全进度管理制度,明确分工和职责。项目部根据施工合同、实施性施工组织设计、业主和公司的年度、季度计划,结合施工现场的实际情况,编制年度、季度、月度施工进度计划,并对各计划期的计划执行情况进行检查、分析与反馈、调整,作业队则根据进度计划组织实施。进度保证体系如图 12-1 所示。

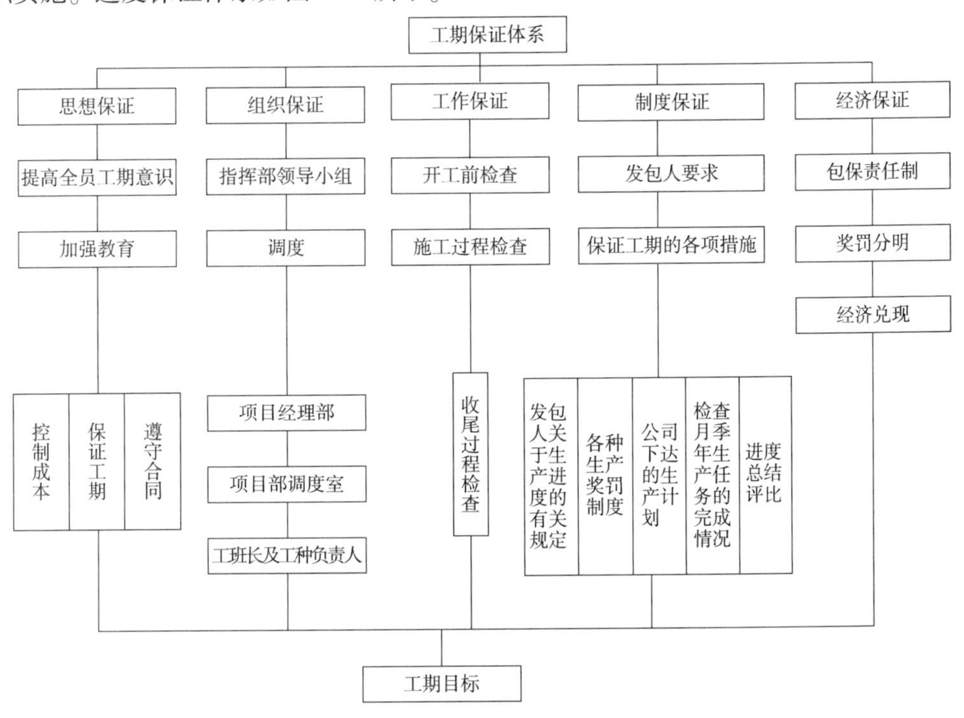

图 12-1 进度期保证体系图

1)建立进度控制制度体系

项目部要建立进度控制的制度体系,如:进度计划审核制度、检查分析制度及进度协调会议制度等。

2)建立进度控制目标体系

项目部要编制施工总体、年度、季度、月度进度计划,报公司相关管理部门审批后,细化分解至各作业队执行,与劳务企业和班组签订劳务合同时,应明确各阶段工期要求。

3)制订与进度计划挂钩的绩效考核体系

项目部要制订与进度挂钩的绩效考核体系,以调动和激发员工保进度和工期的积极性。

4)健全材料与设备的保障体系

项目要编制与进度要求相适应的设备计划和材料计划。一方面,加强机械设备的维修保养,提高机械的完好率和使用率,保证足够的生产能力,保证施工生产的连续进行;另一方面抓好材料的采购、储备和供应,保证施工生产充实的物资作保证,防止发生停工待料。

12.4.2.2 工期保证机构设立

项目要成立由项目经理任组长的工期保证领导小组,健全岗位责任制,从组织上、制度上、措施上保证计划工期完成。

12.4.2.3 进度控制措施

1)进度控制的技术保证措施

项目应充分运用项目管理技术,通过各种计划的编制、优化实施、调整而实现对进度有效控制的措施,主要包括:

(1)建立一套实用和完善的设备工程进度控制的程序文件。

(2)审查提交的进度计划,确保工程项目在合理的状态下施工。

(3)编制进度控制工作细则,确保工程项目在业主、监理的有效指导下实施进度控制。

(4)采用网络计划技术及其他科学适用的计划方法,并结合计算机的应用,对建设工程进度实施动态控制。

(5)积极推广应用“四新”和开展“五小”革新工作,不断改进施工作业工艺,提高工效,加快施工进度。

每一个施工进度计划周期结束后应从下至上将工程项目的实际进度与计划安排的差异进行反馈,以便对造成实际进度与施工计划执行所产生偏差的问题进行及时的处理,减少偏差。当实际进度与计划出现偏差较大时,应根据预测的未来进度情况及时调整原进度计划,重新编制下达新的进度计划,并及时做好与相关单位和部门的协调沟通工作。

2)进度控制的管理保证措施

(1)推行CM承发包模式。对建设工程实行分段设计、分段发包和分段施工。

(2)加强合同管理和调度管理。协调合同工期与进度计划之间的关系,保证合同中进度目标的实现。

(3)加强安全管理。建立健全安全管理体系,加强安全管理,防止发生安全事故影响施工进度。

(4)加强设备管理,在施工中加强对机械设备管理,作好设备的用、保、修工作,组织好设备配件的采购、供应,配足常用易损配件,提高设备完好率和利用率,保证工程进度的落实。

(5)加强后勤保障管理。成立强有力的物资供应保障小组,按施工计划做好材料和设备供应。做好施工用风、用水、用电保障,配备足够的柴油发电机组,以满足停电时施工用电需要。

(6)加强资金管理。施工中加强资金管理和资金调度,确保工程的资金使用。

(7)实行工期目标责任制管理。开展工期目标管理,将总工期、阶段工期、单位工程和分项工程工期层层分解,由施工队落实,责任到人。奖惩兑现,提高参建职工的主动性、创造性。

(8)加强外部协调。加强外部协调,创造良好的施工环境。

3)经济和制度保证措施

项目部应及时办理工程预付款及工程进度款支付手续,对应急赶工给予优厚的赶工费用,同时制订相应的奖惩制度,对工期提前给予奖励,对工程延误收取误期损失赔偿金。

12.4.3 工期风险分级管理

公司和项目部要加强工期风险管理,在合同中应充分考虑风险因素对进度的影响,以及相应的处理方法。项目部可参考将工期高风险等级分为特级、Ⅰ级和Ⅱ级等三个级别。其中,已影响总工期目标实现的工期影响敏感点,其工期风险等级为特级;影响阶段性工期目标且对总工期目标构成直接威胁的工期影响敏感点,其工期风险等级为Ⅰ级;影响阶段性目标的工期敏感点,其工期风险等级为Ⅱ级。

项目部成立工期风险管理小组,项目经理任组长。工期风险管理小组对标段内的特级和Ⅰ级工期高风险等级工点可实行每周分析报告制度。对Ⅱ级工期高风险等级工点实行每月分析及报告制度。

12.5 投资控制措施及财务风险管理措施

在保证建设项目质量、安全的前提下,经技术经济比选,合理采用工程措施和施工方案优化施工组织设计,节省工程投资;同时,严格按照批复的建设工期,对控制性和重难点工程,强化资源配置和财务风险管理,保证建设资金需要。

12.5.1 项目投资及财务风险管控的关键点

对于需要投资的项目,公司必须确定技术可靠、经济合理的投资方案、施工组织设计和施工方案,才能有效保证总投资计划合理,必须以合同造价及成本红线为控制目标进行分解,要优化施工方案,体现资金时间价值,做好各类有利于投资目的的资源均衡配置。

公司还应重视工程项目的财务风险管理。在项目建设的投标阶段,准确计算投标价格,严格进行财务亏损风险分析,并完善合同中对于工程款支付、结算以及违约索赔的相关规定,以保护自身利益,避免出现财务风险问题;在项目建设的施工阶段,在财务风险的防控方面对施工方案进行审核、优化,在实施过程中应该严格控制人工、材料、机械、管理等成本费用投入;在项目竣工阶段,及时办理竣工验收,并准确地编制建筑工程竣工决算,确保项目的足额结算,加速工程款资金回笼。

12.5.2 投资控制措施

(1)重视工期对投资的影响。为使项目尽快投产产生效益,在实际情况中“工期”往往成为项目管理的首要目标,工期的长短直接影响公司投资效益,因此,施工组织设计的周密考量对项目推进、工期保证和投资控制目标实现至关重要。在建设过程中,应根据项目推进阶段性情况合理优化施工组织设计,确保建设目标实现,投资额控制在计划目标之内。

(2)合理利用建设资金的时间价值。对于铁路、公路等长大线性工程,在条件许可情况下,尽量将非关键线路上的单位工程和工序的施工时间延后,尽量消除项目进度网络计划上这些单位工程、工序的自由时差,使项目的资源投入尽量后延,尽量节约建设资金的时间成本。

(3)分析确定最经济的关键线路。要分析确定施工组织设计进度的关键控制线路,并尽量在进度计划中为后续可能出现的延滞情况,预留动态调整补偿空间。

12.5.3 财务风险管控

12.5.3.1 财务风险分析

1)财务风险控制环境分析

公司应该积极分析环境可能给公司带来的风险,建立有效的数据收集、判断和预防机制。

(1)积极地对建筑行业市场的外部环境进行分析,有针对性地采取预防措施,尤其是重视建筑施工合同中的风险条款,将各种突发风险进行转移或者是分担。

(2)准确地把握好行业发展的方向,及时地调整公司的内外管理对策,降低外部市场或者是政策调整带来的风险。

(3)在公司内部要建立合理的授权管理体制,明确公司内部管理层级,确保公司管理规章制度以及措施的有效执行。

(4)重视公司内部信息系统的建设,形成便捷通畅的信息传递分析渠道,确保经营管理阶段的各种信息能够及时得到汇总分析,为财务风险管理提供准确的依据。

2)财务风险识别和评估

(1)全面地收集与财务风险相关的各项资料与数据,特别是涉及施工项目建设的施工合同、项目说明书、财务状况、投资情况等,做到资料收集全面准确。

(2)采用定性或者定量识别的方法对财务风险形势进行分析。可以通过财务风险核对表、项目建设工作分解、敏感性分析以及事故树分析等相应的风险识别分析技术和工具。

(3)对财务风险的发生概率与后果进行评估,对企业的承受能力进行准确的判断,确定公司的整体风险水平以及对风险的可承受能力。

12.5.3.2 财务风险防范与控制措施

1)财务风险防范措施

包括:强化专业人才培养;树立财务风险意识;加强物料管理;建立财务风险预警体系等。

2)财务风险控制措施

包括:筹资风险的控制和投资风险的控制。在筹资风险控制管理上,重点是合理筹资渠道、筹资工具、筹资结构等,强化所筹资金的管理,通过现金预算进行规范管理,同时加强工程款的清欠工作,提高资产的流动性,降低筹资风险。投资项目必须完善投资管理规章制度及流程,确保投资项目有序规范运作,防范财务风险的发生。

12.6 环境保护与水土保持措施

根据批复的环境影响评价报告书、水土保持方案报告书和设计文件,结合工程和现场环境、水土流失实际情况,按照绿色施工标准,编制环境保护施工组织设计和水土保持施工组织设计,在施工过程中观测落实各项环境保护措施和水土保持措施,确保环境保护、水土保持与主体工程的“三同时”要求。

12.6.1 环境保护与水土保持目标及管理要求

12.6.1.1 环境保护与水土保持目标

(1)符合国家及地方各项环保法规规定。

(2)满足环境保护、水土保持与主体工程“同时设计、同时施工、同时投产”的环保及水土保持目标要求。

(3)满足设计和环保部门的要求。

(4)工程结束后,达到环境部门验收要求。

12.6.1.2　环境保护与水土保持管理要求

(1)项目部要建立环境保护与水土保持管理的组织机构,明确环境保护与水土保持管理职责,制订相应制度和措施,对参建人员进行环境保护与水土保持管理目标、环境保护与水土保持管理计划与措施的技术交底以及必要的培训。

(2)涉及自然保护区、风景名胜区、世界文化和自然遗产地、饮用水水源保护区、重要湿地、基本农田保护区、文物保护单位等环境敏感区或专项重点环境监控的,应编制环境保护专项施工组织方案,并履行审批程序;涉及水土流失严重区域的,针对该区域水土流失情况及相关要求,还应编制水土流失保持专项施工组织方案,并履行审批程序。

(3)项目部应根据施工现场不同的施工阶段和不同的场所配置和设置环境保护与水土保持设施,建立并实施环保设施的使用维护制度,依据制度和措施搞好现场的环境保护与水土保持管理。定期进行监督检查,实施纠正和预防措施,及时解决发现的问题。保持现场良好的作业环境、卫生条件和工作秩序。

(4)项目部应对所确定的重要环境因素进行有效防控,加强对主要污染物排放点的监控,并保证信息通畅,预防可能出现的损害。

(5)在出现环境事故时,项目部应及时处理,减少污染,并实施相应防控措施,防止发生二次污染。

(6)项目部应根据工程需要和地方政府的要求,办理相关许可证。保证施工活动满足环水保的要求。

(7)项目部应保存有关环境保护与水土保持管理的工作记录和文件及其他管理证据。

(8)项目部应进行现场节能管理,有条件应规定能源使用指标。

12.6.2　环境保护与水土保持管理体系建立

公司和项目部应遵照环境保护与水土保持管理的相关要求,建立环境保护与水土保持管理体系(图12-2),保证其正常运行并持续改进。项目施工前,应进行环境因素识别评价,并对重要环境因素进行控制和监测。对易引起环境污染事件的重要环境因素,制订专项应急预案,配备必要的应急材料和设备,适时进行演练、评审和改进。

12.6.3　环境保护与水土保持管理机构设立

成立以项目经理为第一责任人的环境保护与水土保持领导小组,主要负责环境因素的识别、评价、治理、改进和水土保持工作。

12.6.4　环境保护与水土保持管理制度制订及实施

12.6.4.1　环境保护与水土保持管理制度制订要求

项目部要按照国家环境保护与水土保持政策及地方政府有关法规、条例,通过对环境因素的识别和评估,确定需要重点控制的重要环境因素,编制项目的《环境保护与水土保持计划》,制订环保《应急预案》,明确管理目标及主要指标,确定环境保护所需的技术措施、资源以及投资估算,严格执行国家环保部门的各项规定。

12.6.4.2　环境保护措施

公司和项目部应具体做好项目环境保护的宣传、学习、废渣处理、现场卫生、场地布置、污水和废气排放、垃圾焚烧及环保文件归档的措施和制度。

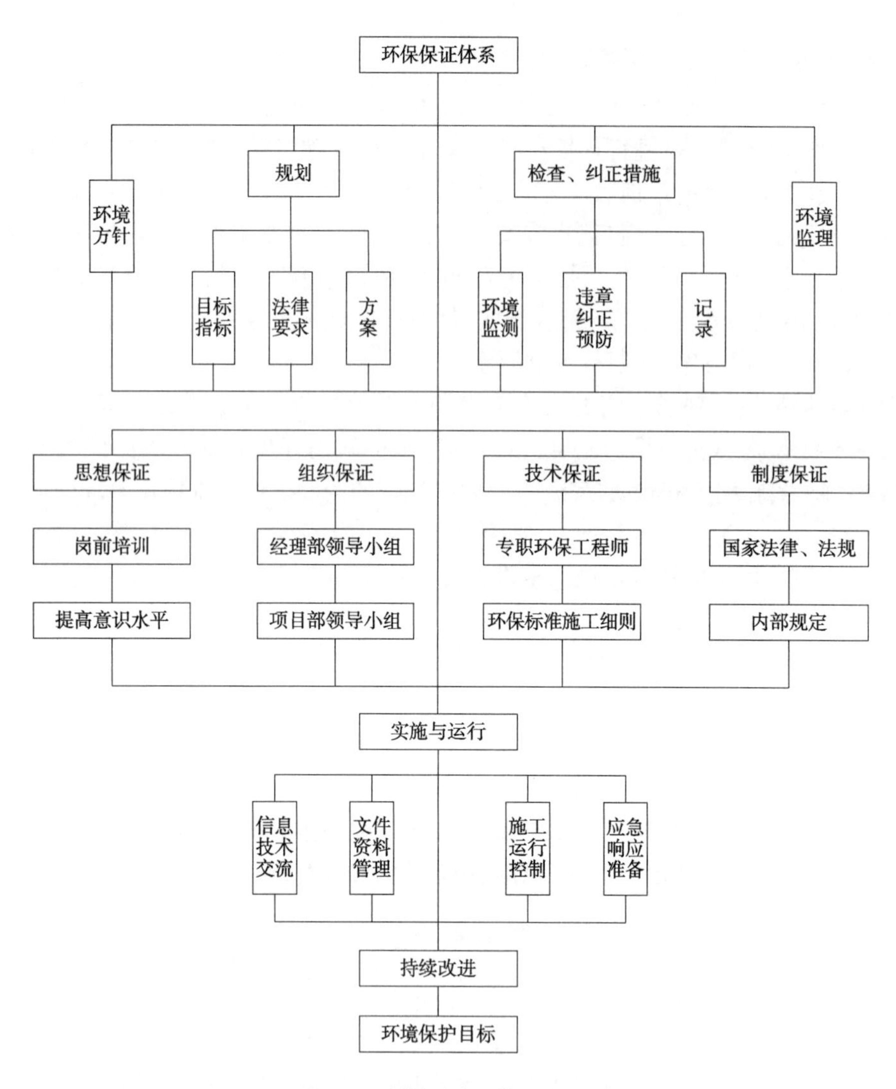

图 12-2　环境保护保证体系示意图

12.6.4.3　水土保持措施

(1)项目经理部要设专人负责水土保持工作,施工前与当地水保部门签订水土保持施工协议,按有关要求施工。

(2)针对工程特点,定期检查、监督各工点的各项水土保持工作的落实。

(3)按照《中华人民共和国水土保持法》《中华人民共和国水土保持法实施条例》及地方政府有关法律、条例的要求,严格组织施工管理,开展文明施工,创标准化施工现场。施工前做到全员教育,全面规划,合理布局。

(4)建立健全水土保持体系,坚持"预防为主,综合防治,全面规划"原则,抓住本工程水土保持工作重点,有针对性地采取措施,确保水源、植被不被污染和破坏。

(5)按照设计要求认真做好环保和绿化工作。永久用地范围内暴露地表用植被覆盖,临时用地要进行复耕,裸露部分要植草或种树。

12.6.5　环境风险管理

对于重大的、有可能违反国家及地方环境、环保法规规定的项目施工组织,公司和项目部要严格审查环保方案,控制环境风险。

12.7 信息化管理

施工组织设计的编制应积极采用信息化手段,在施工进度计划管理、大临设施规划、资源配置管理等方面开展信息化应用,实现施工组织设计编制、优化、动态管理的信息化、自动化。在施工组织设计实施中,应根据建设单位的有关要求,积极应用信息化手段开展禁毒、质量、安全、投资、环保等数据采集和展示,逐步实现工程建设信息化管理。

12.7.1 信息化管理目标及内容

12.7.1.1 信息化管理目标

信息化管理的最终目标是提升公司的核心竞争力及项目的经济效益。

12.7.1.2 信息化管理内容

公司信息化的内容就是以项目精细化管理为框架进行拓展,把人员、资金、采购、经营、数据集中起来管理,让利润可计划、可控制、可实现,在实现客户需求的基础上严格控制技术、生产、经济三条关系的作用力,随时关注质量、进度、成本三个基本要素的变化规律,利用好合同、资金的平衡关系。

项目信息化管理主要是从生产、经营、采购、人员、成本、资金等方面对项目进行全过程对口管控,主要涵盖以下内容:

(1)全体员工的信息交流、沟通协调信息系统。

(2)项目跟踪、投标过程、客户关系和竞争分析进行综合管理的市场经营管理。

(3)对工程分包、劳务分包、材料及设备集中采购管理的招标采购管理。

(4)项目的全面预算管理、滚动预算、月度资金计划、结算控制、实际支付控制、成本核算一条龙的资金控制体系。

(5)财务的报表实现实时、准确、灵活的财务管理,以及业财共享的管理。

(6)人员的配置、培训、薪酬、绩效等做好统筹的人力资源管理,还有档案、数据管理及其他基础运营管理等。

公司要实时跟踪项目全过程管理,根据各方面数据分析,实时调整项目具体管理策略,并为决策提供数据支撑。

12.7.2 信息化管理策划

12.7.2.1 信息化管理体系建设

包括:搭建信息化管理架构、制订公司信息标准化管理规范、建设工程项目信息化管理系统、建设电子商务信息化管理平台以及基础设施建设等内容。

12.7.2.2 信息化管理机构设立

为进一步加强对信息化工作的组织领导,进一步健全和完善信息化工作组织机构。公司及各级项目部都要设立信息化管理领导小组,组长由公司总经理、各级项目部经理担任。成立专门的信息技术部,设置网络管理岗和软件开发岗等岗位。明确信息化归口管理部门,全面负责企业及项目信息化管理工作,做到统筹管理,有职有权,为信息化建设提供组织保证。

12.7.2.3 信息化管理制度制订及实施

根据公司及项目部建设需要,制订项目信息化管理系列制度,包括:内部计算机安全防范管理制度,信息保密管理制度,信息网络安全管理制度,信息化系统管理制度,数据安全管理制度,网络故障应急预案等。

12.7.3 信息化管理保障措施

(1)组织保障。公司可成立领导小组,负责计划的制订和实施工作;邀请信息化专家,成立咨询小组,负责对信息化计划的实施和修订提供指导和咨询工作。

(2)制度保障。公司可根据自身信息化管理计划,制订信息化管理制度,并积极落实,建立健全信息化工作体制,强化统一管理职能,不断提高信息化建设的决策和实施能力。

(3)资金保障。公司应设立信息化建设专项资金,纳入公司预算管理,集中投资,统一管理,专款专用。通过加强投资管理,调整投资结构,确保投资项目的合理性,提高资金使用效率和信息化的投资回报率。每年按照营业收入的比例保持适度增长,保证系统建设和运行维护资金的持续投入。

(4)定期考核与评估机制。公司可制订信息化绩效考核管理办法,纳入公司的绩效考核指标体系中,并对信息化建设项目实行全生命周期的评估机制,找到薄弱环节,确保信息化管理任务的实施效果。

第三篇

专业施工组织设计要点

第13章　项目综合性(指导性)施工组织设计要点

项目综合性(指导性)施工组织设计是以施工合同和综合指导性施工组织设计为基础,结合现场施工具体情况,注重各专业间接口的搭接关系,通过制订切实可行的施工方案和各项措施,达到指导综合及标段实施性施工组织设计的目的。本章以铁路工程项目综合性(指导性)施工组织设计要点为例进行介绍,其他行业可根据实际需要进行参考。

13.1　编制依据、范围及项目概况

13.1.1　编制依据

(1)国家现行相关法律、法规、条例等。
(2)国家现行相关标准。
(3)行业现行相关技术标准、规范、规程、指南等。
(4)地方政府现行相关政策、法规、规定、条例等。
(5)项目批复文件、批复的项目策划书。
(6)项目工程施工图设计文件。
(7)施工组织调查报告。
(8)建设单位编制的指导性施工组织设计。
(9)施工合同及附件。

13.1.2　适用范围

适用于本标段的工程范围。

13.1.3　设计概况

(1)项目建议书的批复情况。
(2)勘察、设计及各阶段批复情况。
(3)批准的建设规模、工期。

13.2　工程概况

简要介绍项目的工程情况,主要技术标准,着重介绍工程特点、控制工程及重难点工程。主要包括以下内容:

(1)线路概况,线路走向、途经地区(图示)、桥隧比例及修建意义,邻近营业线施工应分段说明与营业线的平面关系,并附位置关系图。

(2)主要技术标准,列出初步设计批复的主要技术标准。

(3)主要工程数量,以表格为主,并辅以简要文字叙述,包括主要工程数量汇总表等。

(4)营业线改建或增建二线概况,包括并行段及绕行段的长度,换边的次数,改造车站的数量等;

以及营业线的运输状况,包括允许施工的运输列车时间间隔、能提供的慢行时分及既有线天窗点等,说明可供本项目施工作业的时间。

(5)征地拆迁数量、类别、特殊拆迁项目情况,包括重要企业厂矿、军事拆迁、重要油气管路拆迁、超高压线路拆迁等。

(6)工程特点,主要叙述本项目在自然条件、结构设计、施工环境、施工方案等方面的特点。主要阐述相应工程的技术特点、工程分布特点和工程结构特点等。

(7)控制工程及重难点工程,简要介绍控制工期或对工期影响大的工程,技术复杂、施工特别困难的工程,对质量安全影响大的工程的名称、位置、规模(隧道长度、桥梁主跨等)、工期、重难点问题及处理措施等。

(8)重点环境保护内容,包括取弃土场设置情况、隧道污水处理设置情况、声屏障设置情况,重点保护区情况等。

以上均应结合相应的标段工程、单位工程、地段或工点等具体情况进行编写,线路概况可先反映整个项目情况。

13.3 建设项目所在地区特征

简要介绍项目的施工条件,区域地理和社会环境因素等。主要包括以下内容:

(1)自然特征,包括地形地貌、工程地质、水文地质及地震动参数,高原、严寒、风沙、盐碱、沼泽、海洋、软土、黄土等的范围及特征,以及气温、风力风向、降雨、台风、潮汐等气象特征。

(2)交通运输情况,新建铁路说明既有铁路、水运、公路等可资利用的情况;营业线及邻近营业线施工项目应详细说明营业线运输状况,包括营业线的运输组织、运量、控制区间及可资利用的情况。

(3)沿线水源、电源、燃料等可资利用的情况(含缺水、缺电地段说明)。

(4)当地建筑材料的分布情况(含缺砂、缺石、缺填料地段说明)。

(5)其他有关情况(含地方卫生防疫、地区性疾病、民风民俗等)。

13.4 总体施工组织安排

1)施工总体目标(包括质量、安全、工期、投资、环保、稳定等方面的施工目标)

(1)质量目标。

施工单位应坚持“百年大计,质量第一”的方针,认真贯彻执行国家和行业部门有关质量管理法规,以先进技术和管理经验为支撑对建设工程质量实施全过程监控,确保主体工程质量“零缺陷”。交验工程质量达到国家、行业质量验收标准,符合设计文件和有关技术规范要求。

(2)安全目标。

施工单位坚持“以人为本,坚持安全发展,坚持安全第一、预防为主、综合治理”方针,建立健全安全管理组织机构,完善安全生产保证体系,杜绝安全特别重大、重大、较大事故、杜绝死亡事故,防止一般事故的发生。消灭一切责任事故;确保人民生命财产不受损害。创建安全生产标准工地。

(3)工期目标。

施工单位应积极响应合同文件的要求,本着“统筹策划、阶段控制、抓住关键线路”的原则,立足专业化、机械化、标准化施工,精心组织、精心施工,确保工程总工期、关键节点工期及阶段性工期的顺利实现。确保施工进度满足业主下达的总工期和各项里程碑工期的要求。

(4)投资控制目标。

施工单位应遵循“先进、合理”原则,认真组织,抓好精细化管理,严控成本目标,在实施过程中应层层分解、落实到位。同时组织应增强成本目标的可考核性,并通过各职能和层次成本目标的实现来保证总体投资和成本目标的实现。

(5)环境保护目标。

施工单位应严格按照国家环保、水保法律和地方政府有关规定落实环保“三同时”,采取各种工程防护措施,减少工程建设对沿线生态环境的破坏和污染,确保工程项目沿线景观不受破坏,江河水质不受污染,植被得到有效保护,不发生影响建筑物及管线正常使用事件,生产用水和生活用水及渣土的弃运和堆放符合环保要求,减少噪声污染。

(6)稳定目标。

施工单位必须维持建设项目的稳定状态,稳定状态的目标是“四不一确保”暨不发生集体讨薪事件、不发生重大上访事件、不发生严重阻工事件、不发生群体冲突事件,确保内外部环境稳定。维持稳定目标应逐级分解,施工单位与各分包单位或协作队伍应签署年度《维持稳定包保责任书》,将维护稳定工作作为重要指标纳入考核。

2)施工组织机构和任务划分,队伍部署和任务划分

(1)为了加强项目管理,实现建设目标,针对标段工程项目的特点,可依据实际情况组建工程项目经理部。项目经理部可参考设五部二室,即工程部、安质部、财务部、工经部、物机部、综合办公室及试验室,相应的管理职责可参照“第18章新管理办法”中的表18-2(项目部主要管理职责责任矩阵)。

(2)施工队伍部署和任务划分应按照建设总目标要求,进行详细计划,合理组织。

①专业工作队在各个施工段上的劳动量要大致相等,其相差幅度不宜超过10%~15%,以保证相应的专业工作队在施工段与施工层之间,组织有节奏、连续、均衡地流水施工。

②对于工程量大的项目,施工段的数目要满足合理流水施工组织的要求。

③每个施工段要有足够的工作面,使其所容纳的劳动力人数或机械台数,能满足合理劳动组织的要求。

3)开竣工日期及总工期,总体施工顺序及主要阶段工期安排

(1)开竣工日期及总工期,施工顺序及工期安排应遵循以下依据:

①工程合同的要求。

②设计图纸或设计资料的要求。

③施工技术、施工规范与操作规程的要求。

④施工项目整体的施工组织与管理的要求。

⑤施工机械和施工现场的实际情况。

⑥本地资源和外购资源状况。

⑦施工项目的地质、水文及本地气候变化对施工项目的影响程度。

⑧重点工程、难点工程、控制工期的工程以及对后续影响较大的工程情况。

项目部要依据上述要点通盘考虑,动态地确定合理的施工顺序,在不增加资源条件下,加快施工进度。

(2)施工顺序的影响因素。

确定施工顺序时,一般应考虑时间和空间上的影响。施工顺序,有空间上的顺序,也有时间上的顺序。这两种顺序的安排都受到多方面的影响,只有对具体工程和具体条件加以分析,掌握其变化规律才能安排得合理。

4)施工准备、征地拆迁和建设协调方案

施工准备包括制订工程招标计划、征地拆迁及管线迁改计划、施工物资供应计划、外电引入建设计划等,安排各项施工准备的时间节点,包括征地拆迁、三电及管线迁改、跨河跨路手续办理、临时驻地建设及安全评估、大临工程建设、取弃土场及排污等环保设施建设等。另应认真落实各项开工条件,严格执行开工标准化的要求。

建设协调方案包括征地拆迁协调,图纸供应协调,外电引入协调,与沿线公路部门协调,与环保、水保部门的协调与营业线设备管理、运输管理单位的协调等。征地拆迁及三电迁改中应明确征地拆迁组织形式,责任主体,制订实施方案和推进计划;与地方沟通协调站房设计方案以及相关配套工程建设一并纳入施工组织设计。营业线运营状况调查包括:对营业线运输组织进行详细调查,分析可施工作业的时间;根据总工期安排及阶段性工期安排,合理确定营业线或邻近营业线施工组织顺序和施工资源调配组织;对营业线设备设施进行调查,对利旧设备在施工顺序上倒接做详细安排;尽量优化设计方案,减少过渡工程。

5)施工进度计划

(1)施工进度计划编制的方法。

①根据计划任务编制总体的人力、资源需要量计划,如劳动力计划、现金流动计划、钢筋、混凝土、模板等供应计划,并及时跟踪检查。

②通过跟踪与反馈,对计划执行的全过程实行有效的控制。对计划执行的全过程进行跟踪检查,把实际执行情况与计划对比,如有延误,分析原因,制订措施。

③注重计划实施的衔接性。要以动态的管理方式进行进度管理,随着主客观条件的变化,适时得到调整和完善,从而提高各专业工程计划的匹配性。

④保证进度计划的系统性。执行过程中要根据实际情况不断修订计划,以确保计划目标的实现,在修订过程中,必须保证进度计划的系统严密性,随时检查、发现与各专业工程进度计划之间的问题并及时处理。

(2)施工进度计划编制的主要原则及内容。

施工进度计划内容包括:主要进度指标及分项工程施工进度计划,工程的接口及配合,关键线路及施工总平面布置示意图、施工组织形象进度图、施工进度计划横道图、网络图等图表。

主要原则及内容如下:

①当采用边架边铺法施工时,应编制铺轨架梁表,按照铺架顺序,说明每段路基、每座桥梁、每座隧道的铺架起止时间。当采用先架后铺法施工时,应分别编制架梁进度表和铺轨进度表,铺轨进度表中应说明全线主要的路基工点、长隧道、连续梁等铺轨的起止时间、顺序等。

②铺设无砟道床的线路应编制无砟道床进度表,说明无砟道床铺设的起止时间及设备配置情况等。

③各节点时间安排应考虑路基、桥涵、隧道等结构的沉降变形稳定时间以及工程间和专业间的接口问题。

④营业线改建或增建二线按照“分段推进、分段验收、分段开通”的原则,以铺架线为主线,以站场改造和线路拨接为节点,统筹安排线下工程施工顺序;以开通后线路为保证,统筹安排新增线路开通计划,保证物资运输;合理划分施工区段和施工单元,统筹安排要点计划和优化运输组织,保证施工时间。

⑤各专业工序之间,上道工序按时完成各项内容后应及时与下道工序办理转序手续。

⑥工程接口及配合:包括工程接口的内容、涉及的专业、质量交接验收的方式及工期要求,应提前梳理施工线与营业线、站后与站前各专业间以及不同标段之间的接口与配合关系,统筹做好运输组织安排以及占轨作业时间安排,协调施工与运营、专业和标段间的接口与配合工作。四电、客服及相关接口工程,应重点明确土建、站房预留四电及客服接口控制、四电相关征拆控制、信号列控系统、第三方评估、外部电源进度控制、枢纽及中心系统接入控制等内容。根据具体情况,相对独立的雨棚及基础、进出站通道等工程宜与站前工程一并组织实施。

⑦联调联试及运行试验:联调联试及运行试验的开始结束时间以及施工配合组织安排。营业线扩能或改造应根据扩能或改造后的标准,确定开通与达速的施工组织安排,进一步明确进行动态检测(综合调试或联调联试)组织方案。一般情况下按照“先按现状开通,再进行提速试验”的组织方

式进行安排。

⑧绘制施工总平面布置示意图(含线路纵断面图)、施工组织形象进度图、施工进度计划横道图、网络图、慢行方案平面示意图等。形象进度图以时间为纵坐标,线路里程为横坐标,纵坐标上的时间宜以月或季度为单位,慢行方案平面示意图用于反映新建线路与营业线路之间的平面关系以及同一时间全线慢行处数和剩余慢行施工安排。

13.5 临时工程、过渡工程及取弃土场设置方案

(1)大型临时设施:大型临时设施中应说明设置的具体方案、标准、主要工程数量,以及建设规模、占地面积、生产能力、供应范围、供应数量、主要设备数量等。

主要包括:①铺轨基地(存砟场);②制(存)梁场;③轨道板(轨枕)预制厂;④材料场;⑤铁路便线;⑥混凝土集中拌和站、填料集中加工站;⑦汽车运输便道(含运梁便道);⑧临时通信基站、临时供电、临时给水设施、隧道污水处理站;⑨混凝土构配件预制厂、钢梁拼装场;⑩临时渡口、码头等。

(2)过渡工程:施工过渡方案应在征求运输管理部门及相关设备管理单位意见后制订。

(3)取、弃土场。

(4)小型临时设施设置的具体方案。包括:驻地与营房、钢结构加工场、接触网预配场等

13.6 控制工程及重难点工程(包括高风险工程、环水保工程)的施工方案

包括工程概况,开竣工日期、施工方法,施工装备,施工顺序和作业空间规划,劳动及作业组织方式,关键工序、施工工艺及质量控制,施工难点和应注意的问题等。

控制工期的重点隧道工程,应编制工程概况、工程地质和水文地质条件、施工条件、辅助坑道情况、施工工区及任务划分、各工区承担的围岩级别及数量、施工进度指标、工期安排、主要施工方案和方法、施工辅助措施等,宜采用图表表示。对不良地质或特殊地质地段,应重点说明地质情况、施工风险情况、施工技术措施、机械化配套设置及应急预案,并进行风险跟踪管理。应附隧道施工组织形象进度图。

控制工期的桥梁工程,应编制工程概况、工程地质和水文地质条件、施工条件、施工单元的划分,明确连续梁和简支梁现浇的设备配置,确定进度指标、工期安排。深水桥应按照水中墩的分布和施工条件,设置辅助设施,分析进度指标,并重点说明施工风险情况、施工技术措施及应急预案。

控制工期的大型站房工程,应编制工程概况、工程地质和水文地质条件、施工条件、施工单元的划分、大型钢屋架安装方案等,明确与线下、铺轨、四电、信息、客服等工程的施工顺序,确定进度指标和工期安排。运营线为高架站房的,还应制订分阶段实施方案和过渡方案。

营业线及邻近营业线除新建隧道、桥梁等控制工期的重难点工程外,还应包括站场改造工程、营业线设备设施加固改造、涵洞接长或顶进工程、换边及龙口拨接工程、铺架工程、营业线电化工程等,应分别编制施工组织方案及施工安全控制方案。特别是邻近高速铁路施工的,施工方案应对既有高铁线路的安全影响进行评估,制订沉降观测方案,施工过程中加强观测。

13.7 施工方案

施工单位应结合项目特点,分专业说明工程概况、工程数量、施工方法、施工装备、施工顺序和作业组织方式、工期安排、施工难点和应注意的事项。各专业工程按施工顺序分别制订施工方案和技术措施,并突出质量控制、检测方法和手段、沉降变形的观测与评估。高风险工程应制订风险管理预

案,按设计及规范要求提出相应的施工措施,并进行风险跟踪管理。过渡方案应主要说明过渡工程内容、位置、天窗计划等,并绘图说明实施步骤。

施工单位应重点明确铺架方案:包括铺架口的安排、铺架方向、铺架方法及运输方式与营业线、既有车站的接轨方案。

营业线及邻近营业线施工组织方案应以安全管理为核心,以开通方案、线路铺架和列车运行监控装置(LKJ)数据换装为主线,按照“合理组织、有效综合利用天窗”以及采取必要的工程措施或过渡方案,坚持施工和运营兼顾、尽量减少施工和运输相互干扰的原则,不断优化施工方案,合理划分施工区段及确定每个施工区段的施工顺序,并制订专门的工程线安全管理办法及切实可行的物理隔离措施,确保工程安全与质量。

专门编制环保工程施工方案,包括环水保主要工程内容,重点工程包括隧道污水处理、弃渣场、声屏障工程等施工组织方案和时间节点要求。

下面,针对路基工程、桥梁工程、隧道工程、基坑工程、地铁地下车站工程等分项工程的施工方案编制作简要介绍。

1)路基工程

在总体施工组织设计中,路基工程应充分考虑与后序工艺的衔接和配合问题,要充分了解地基处理、路基填筑、路堑开挖等施工工艺的特点,合理组合和安排人员和机具,避免窝工情况的发生。

2)桥梁工程

在项目综合性(指导性)施工组织设计中,应重视桥梁工程对工期的影响,充分考虑桥梁工程的类型和施工方法,合理安排工期,利用好总工期的自由时差。

桥梁工程的主要工法和工序如下:

(1)桥梁下部结构施工包括:桥梁墩台施工和墩台基础施工。其中,墩台基础施工方法有:明挖扩大基础施工,桩与管柱基础施工,沉井基础施工等。桥梁墩台施工方法有:整体式墩台施工(石砌墩台、混凝土墩台),装配式墩台施工,砌块式墩台施工,柱式墩台施工等。

(2)桥梁承载上部结构施工包括:支架现浇法,预制安装法,悬臂施工法,转体施工法,顶推施工法,移动模架主孔施工法,横移法,提升与浮运法等。

3)隧道工程

在项目综合性(指导性)施工组织设计中,同样应重视隧道工程对工期的影响,充分考虑隧道工程施工的重点、难点及施工工艺,隧道工程主要施工方法如下:

(1)山岭隧道的主要施工方法:矿山法(钻爆法)和掘进机法(TBM),其中矿山法又分为传统矿山法和新奥法。

(2)水底隧道:沉埋法和盾构(或TBM)法等。

(3)城市隧道:明挖法、盖挖法、浅埋暗挖法和盾构法等。

4)基坑工程

基坑工程多见于房建、市政工程中,在项目综合性(指导性)施工组织设计中,应充分考虑环境和安全因素的影响,做好施工准备和支护工作。

主要的基坑支护的方法有:放坡开挖、深层搅拌水泥土围护墙、高压旋喷桩、槽钢钢板桩、钻孔灌注桩、地下连续墙、土钉墙、SMW 工法等。

5)地铁地下车站工程

地铁地下车站工程属市政工程,在总体施工组织设计中,除考虑合理的施工方法外,同样应充分考虑环境和安全因素造成的影响,此外还应重点考虑施工现场的布置、交通导行方案和环保要求等。通常地铁地下车站的施工方法有:明挖法、盖挖法、浅埋暗挖法等。

13.8　资源配置方案

包括主要工程材料设备采购供应方案、分年度主要材料采购计划、关键施工装备的数量及进场计划、劳动力计划、资金使用计划等，特别是钢轨、道岔、道砟、轨枕等材料供应方案。

13.9　信　息　化

包括信息化实施方案及BIM技术应用实施方案。

(1)信息化实施方案：包括工作内容、计划安排、工作组织、人员设备、模块配置数量及功能等。

(2)BIM技术应用实施方案：包括BIM技术应用的具体工点、关键技术、计划安排、组织机构等。

13.10　管理措施

包括标准化管理措施、质量管理措施、安全生产保障措施、营业线施工安全管理措施、工期控制措施、投资控制措施、环境保护措施、水土保持措施、职业健康安全保障措施、文物保护措施、文明施工措施、节约用地措施、冬季施工措施、夏季施工措施、雨季施工措施、路基桥梁沉降控制及观测措施、营业线监控措施、预警机制和应急预案、信息化管理措施、技术创新计划等。

13.11　施工组织图表(包括附表、附图、附件)

施工单位应按照相关要求填写附表，主要包括：工程数量汇总表、路基工点表、桥梁表、隧道表、车站表、施工标段表、大型临时设施和过渡工程汇总表、大型临时设施(铺轨基地、制(存)梁场、轨道板(轨枕)预制厂)设置表、过渡工程表、架梁进度计划表、无砟道床进度计划表、铺轨进度计划表、铺架进度计划表(边铺边架)、甲供材料设备表、自购材料设备表、分标段分年度主要材料设备计划表、主要施工装备数量表、人员配置数量表等。施工组织附表详见“附录4”。

附图包括施工总平面布置示意图、施工组织形象进度图、施工进度计划横道图、网络图、慢行方案平面示意图、铁路枢纽布置示意图、过渡工程示意图等，特殊工点施工顺序图，控制工程及重难点工程(包括高风险工程)应单独绘制施工进度计划横道图、网络图。

第14章　专项或单位工程实施性施工组织设计要点

按照铁路规范,将各专业类别的工程称为专项工程,如站改工程、重点隧道工程、四电工程、大型站房工程和重点桥梁工程等,而其他建筑工程项目则习惯根据是否有独立文件以及是否竣工后能发挥生产能力,而将工程项目划分为单项工程和单位工程。本章暂将路基工程、隧道工程、桥梁工程、站房工程、轨道工程及四电工程定义为单位工程,并以铁路工程为例,对专项或单位工程施工组织设计要点分为总体概述和分项叙述两部分进行介绍。

14.1　专项或单位工程实施性施工组织设计总述

14.1.1　编制依据、范围

14.1.1.1　编制依据

1)必要依据

(1)专项或单位工程施工图设计文件。

(2)专项或单位工程施工组织调查报告。

2)若项目综合性(指导性)施工组织设计已含下列依据,则不必要重复编写

(1)国家现行相关法律、法规、条例等。

(2)国家现行相关标准。

(3)行业现行相关技术标准、规范、规程、指南等。

(4)地方政府现行相关政策、法规、规定、条例等。

(5)项目批复文件、批复的项目策划书。

(6)建设单位编制的指导性施工组织设计。

(7)施工合同及附件。

14.1.1.2　编制范围

各专项或单位工程所涵盖范围。

14.1.1.3　设计概况

该专项或单位工程的批准建设规模、工期。

14.1.2　专项或单位工程概况

主要包括工程名称、性质和地理位置、主要工程内容及数量、工程特点、重难点工程等,工程的建设、勘察、设计、监理和施工等单位的情况;现场施工条件。

14.1.2.1　专项或单位工程简介

简述专项或单位工程地理位置,专项或单位工程内容以及主要技术标准,可参考表14-1。

14.1.2.2　专项或单位工程主要工程数量

各专项或单位工程施工组织设计内应包含主要的工程数量应涵盖下述部分,其他可根据项目实

际情况增加。

专项或单位工程主要内容和技术标准　　表14-1

序号	工程名称	主要内容
1	路基工程	地形地貌、地质条件、基础处理方式、施工工法等
2	隧道工程	高程、净空断面尺寸、覆土深度、施工方法、地质条件、地形地貌、起讫里程、总长度、单双线类型、最大及最小埋深、洞身坡度、辅助坑道、衬砌支护类型等
3	桥梁工程	起讫里程,总长度,坡度,曲线半径,桥梁布置,基础类型、墩台身类型,墩身高度,特殊孔跨结构形式等
4	轨道工程	轨道、道岔基本类型、轨道长度和参数要求等
5	四电工程	工期要求、与站前工程及铺轨工程的搭接关系、四电接口、牵引供电工程、信号工程、信息工程、灾害监测工程和涉及营业线改造工程
6	(房建)站房工程	具体规模、使用功能、基础形式和结构形式等

(1)路基工程主要包括:路基长度、土石方量、路基处理方量等。

(2)桥梁工程主要包括:架梁标段长度;各规格梁片数量、各制梁台座数量,最大存梁能力等。

(3)隧道工程主要包括:洞身开挖数量、超前支护数量、初期支护数量、临时支护数量、模筑衬砌数量、防排水项目数量、水沟数量、电缆槽数量等。

(4)轨道工程主要包括:正线路基长度、明洞长度、路桥隧过渡段长度、桥梁段长度、到发线长度、安全线长度、长轨直铺长度、单元焊接长度、应力放散及锁定长度等。

(5)通信工程主要包括:长途干线光缆敷设长度、长途干线电缆敷设长度、地区及站场光(电)缆敷设长度、通信设备安装调试数量、长途干线光电缆整治长度、无线列调数量、数调设备安装与调试数量、通信干线传输设备安装与调试数量等。

(6)信号工程主要包括:电缆槽道长度、敷设各类电缆长度、电缆防护数量,电缆过道、过桥、涵、水沟的钢管防护数量、信号机安装数量、连锁装置配套工程量及TDCS列车调度指挥系统改造数量等。

(7)电力工程主要包括:供电线路长度、电源设备数量、其他电力装置数量等。

(8)接触网工程主要包括:钢柱基础数量、拉线基础数量、立直埋杆数量、立钢柱数量、腕臂组装数量、软横跨组装数量、拉线安装数量、回流线肩架安装数量、架空地线肩架组装数量、接地极安装数量、承力索架设数量、接触线架设数量、回流线架设数量、架空地线架设数量、供电线架设数量、接触悬挂调整数量等。

(9)(房建)站房工程主要包括:站房及雨棚工程的工程数量、钢结构工程的工程数量、建筑安装工程的工程数量。

14.1.2.3　工程特点及难点

各专项或单位工程施工组织设计内应对具体工程的特点和难点进行简要分析,主要内容如下:

(1)路基工程:软基处理方法简介、路基类型、地质情况、工期要求、安全风险浅析等。

(2)隧道工程包括:隧道围岩等级、不良地质、工期要求、施工条件、通风要求、安全风险浅析等。

(3)桥梁工程包括:梁片形式、桥梁结构、制架方案简介、深基坑施工方法简介、大体积混凝土施工方法简介、异形混凝土结构施工方法简介、钢结构施工方法简介、桥梁工后沉降观测方法简介、混凝土徐变要求、安全风险浅析等情况。

(4)轨道工程包括:长钢轨的施工组织简介、道砟的供应、备料方案简介、安全风险浅析等。

(5)四电工程包括:四电接口、牵引供电工程、信号工程、信息工程、灾害监测工程和涉及营业线改造工程等。

(6)(房建)站房工程:地基处理方法简介、站房的特殊结构形式、跨度、悬挑距离简介、与新建或既有铁路交叉施工组织简介等情况。

14.1.3 专项或单位工程所在地区特征

包括工程地质及水文地质(地形地貌、地层岩性、构造、地震、水文地质、地下水情况等);主要的不良工程地质及特殊地质影响;自然特征、交通运输情况,影响施工的构(建)筑物情况;周边主要单位(居民区)、交通、供水、供电和材料供应点情况;其他应说明的情况。

14.1.4 专项或单位工程施工组织方案

专项或单位工程施工组织方案包括施工总体目标(质量、安全、工期、投资、环保和稳定等目标),施工组织机构及职责分工、队伍部署和任务划分,开竣工日期及总工期,总体施工顺序及主要阶段工期安排,施工准备、征地拆迁和建设协调方案,主要进度指标及分项工程施工进度计划,工程的接口及配合,关键线路,劳动力组织,施工平面布置示意图,施工形象进度图,施工进度计划横道图、网络图。

专项或单位工程施工组织方案的核心是完成规定的施工工期目标,施工准备则应包括:现场核查、图纸会审、技术交底等,并形成报告或表格。

专项或单位工程施工进度计划必须满足项目总体施工进度计划要求,按照 PDCA 循环工作法进行,要为后序单位工程预留好接口时间,以保证总体进度目标的实现。

(1)路基工程:地基处理优先安排施工,而后站场路基优先安排施工,为架桥机顺利通过提供条件。

(2)桥梁工程:作为重点控制性工程之一,桥梁下部按施工作业队多作业面平行流水组织施工,控制工期的特殊结构优先安排施工。桥梁下部结构和现浇梁要安排在架梁前 1 个月完成,保证架桥机顺利通过。

(3)隧道工程:作为重点控制性工程之一,应优先安排施工。队伍部署和任务划分(工区数量,各工区施工范围、正洞及辅助坑道的围岩级别及数量、工作面组织),施工准备、征地拆迁和建设协调方案,开竣工日期(施工准备,各正洞、辅助坑道的关键工序的开始、完成日期及总天数)及总工期,主要进度指标(含Ⅰ、Ⅱ级机械化配套正洞及辅助坑道施工的各类围岩的进度指标)及分项工程施工进度计划。

(4)轨道工程:铺轨工程作为铁路工期控制主线之一,要对架梁、隧道施工、路基堆载预压、沉降观测及评估、CPⅢ测设进行全面部署。

(5)四电工程:主要进度指标及分项工程施工进度计划,工程的接口及配合,关键线路,劳动力组织,全部四电工程的进度指标。

(6)(房建)站房工程:主要进度指标及分项工程施工进度计划,工程的接口及配合,关键线路,劳动力组织,样板创优计划,施工平面布置示意图,施工进度计划网络图,分阶段(地基与基础、主体、装饰装修)的现场平面布置情况。

专项或单位工程要以分部、分项工程为基础,做好施工进度计划形象进度图、网络图、横道图,直观、形象地反映单位工程进度情况。各单位工程进度计划图主要要素组成可包括:

(1)路基工程:地基处理、地基土石方、路基填筑、堆载预压、沉降观测、路基附属工程、涵洞工程等。

(2)桥梁工程:桩基础、承台、墩台身、连续梁、桥面系及附属、箱梁预制及架设等。

(3)隧道工程:隧道进口、隧道斜井及正洞、隧道出口等。

(4)轨道工程:铺轨基地建设、轨道板场建设、轨道板预制及轨道板铺设等。

(5)四电工程:牵引变电各分部工程、电力工程各分部工程、信号各分部工程、通信各分部工程及接触网各分部工程。

(6)(房建)站房工程:钢柱吊装、铸钢件安装、斜柱安装、钢梁安装、屋盖吊装、站台墙施工、自承式楼板施工、安装及装修工程施工等。

14.1.5　临时工程设置方案

各专项或单位工程的临时工程应说明设置的具体方案、标准、主要工程数量,以及建设规模、占地面积、生产能力、供应范围、供应数量、主要设备数量等。

14.1.6　专项或单位工程施工方案要点

专项或单位工程的施工方法、关键技术、工艺要点及要求是施工组织设计的核心环节,施工技术及工艺一旦确定,则整个施工阶段的进度、人力、机械、成本及现场安排也基本确定。各单位工程应根据各自工程的不同情况,以先进、合理及经济为原则,择优选择。

施工单位应结合该单位工程特点,详细说明工程概况、工程数量、施工方法、施工装备、施工顺序和作业组织方式、工期安排、施工难点和应注意的事项。同时应制订施工方案和技术措施,并突出质量控制、检测方法和手段、沉降变形的观测与评估。

高风险单位工程应制订风险管理预案,按设计及规范要求提出相应的施工措施,并进行风险跟踪管理。此外,还应专门编制环保工程施工方案,包括环水保主要工程内容。

通用施工方法及工艺在此不详述,编制时可参考附录3(铁路通用施工方法及工艺)。

14.1.7　专项或单位工程施工资源配置

包括主要工程材料设备采购供应方案,分年度主要材料设备计划、主要施工装备的数量及进场计划、劳动力计划、资金使用计划等。

14.1.7.1　劳动力配备及进场计划

根据单位工程的特点和工期要求,本着合理组织、动态管理的原则,在劳动力组织方面配备精干的专业队伍进场施工,遵循总体施工组织设计的安排。

14.1.7.2　设备配置

必须包括分年度主要材料设备计划,施工装备的数量及进场计划,同时设备配置必须适应单位工程所在地的施工条件和结构特点,主要原则包括:

(1)按照安全生产法规,证照必须齐全,特种设备必须通过检验,并取得相应证书。

(2)能满足施工图要求和施工强度要求,设备要性能机动、灵活、高效、低耗、运行安全可靠,符合安全要求。

(3)必须按各工作面、施工强度、施工方法进行选型配套。

(4)设备运行状况良好,能在工程项目中持续使用。

(5)设备购置及运行成本较低,易于获得零配件,便于维修、保养、管理和调度。

(6)必须按照总体施工组织设计,合理安排主要施工设备供应计划。

14.1.7.3　材料采购及供应

包括专项或单位工程材料采购供应方案、分年度主要材料采购计划。

14.1.8　专项或单位工程信息化

包括专项或单位工程信息化实施方案及BIM技术应用实施方案。

专项或单位工程信息化实施方案:包括工作内容、计划安排、工作组织、人员设备、模块配置数量及功能等。

14.1.9 专项或单位工程管理措施

专项或单位工程管理措施主要包括施工组织机构,现场组织协调,施工现场监控,现场安全风险管理与控制,安全、质量、工期、环保等方面的保障措施,冬季、雨季等施工措施,应急预案及措施。

此外,施工单位可根据每项单位工程的特点及目标控制要求增加相应的管理措施。

14.1.10 专项或单位工程施工组织图表(包括附表、附图、附件)

图表的内容可参照第13.11章节,主要附表形式可参照附录4(施工组织设计应用表格)。

14.2 专项或单位工程实施性施工组织设计要点分述

14.2.1 路基工程

14.2.1.1 编制依据、范围

1)编制依据

请参照第14.1.1章节进行编制。

2)编制范围

本工程标段范围。

3)设计概况

概述设计情况。

14.2.1.2 工程概况

包括路基的起讫里程,总长度,坡度,曲线半径,主要工程数量。

14.2.1.3 所在地区特征

1)工程地质和水文地质

详述本工程所经过地区的地形地貌、地层岩性、地质构造、地震动参数、水文等情况。

2)自然特征和施工条件

(1)介绍项目所在地气候、日照长短、海拔变化、极端气候及冻融深度等环境情况。

(2)介绍项目所在地铁路、公路和水运等交通情况。

(3)介绍项目现场布置及场地条件,三通一平情况。

(4)介绍项目物资、设备的供应方式及运输等情况。

(5)介绍项目卫生防疫和民风民俗情况。

3)主要的不良工程地质及特殊地质影响

不良工程地质地段、类型及分析可能对本工程造成的影响。

14.2.1.4 施工组织安排

1)施工总体目标

介绍工程质量、安全、工期、投资、环保、稳定等目标。

2)施工组织机构及职责分工

施工组织机构及分工可根据项目实际情况进行设置,可参考将项目经理部设五部二室,即工程部、安质部、财务部、工经部、物机部、综合办公室及试验室。

职责分工可以项目部主要管理职责责任矩阵为基础,根据实际需要进行增加或修改。

3)其他组织方面

主要包括:队伍部署和任务划分,开竣工日期及总工期,总体施工顺序及主要阶段工期安排,施工准备、征地拆迁和建设协调方案,主要进度指标及分项工程施工进度计划,工程的接口及配合,关键线路,劳动力组织,施工平面布置示意图,施工形象进度图,施工进度计划横道图、网络图等。

14.2.1.5　临时工程及过渡工程

临时工程和过渡工程主要包括:

(1)进出场道路,便道情况。

(2)供电方式,变压器设置数量、容量、所在里程及供应范围。

(3)驻地与营房,材料场等小型临时设施设置的具体方案、标准、规模、能力、主要工程数量和主要设备数量,并附施工总平面布置等。

14.2.1.6　施工方案

施工方法应根据总体施工部署和本合同段桥梁的结构设计形式等设计要求,并结合施工的现场环境(包括地形、地貌、地质、气象水文、外部环境等)以及工期要求、设备和经验等各种因素综合分析考虑,以合理选择最佳的施工方法。

路基施工方法主要分为一般路基和特殊路基施工,具体可参考附录3及工艺及第14章相关内容。

14.2.1.7　资源配置

(1)工程主要材料的供应方案。

(2)与施工进度及工作量相符合的工程设备的供应方案。

(3)分年度主要材料及设备的需求计划。

(4)主要施工装备的数量及进场计划。

(5)劳动力进场计划。

(6)资金使用计划。

14.2.1.8　信息化

根据工程实际情况编制包括隧道信息化实施及BIM技术应用实施方案。

14.2.1.9　施工组织管理措施

路基工程施工组织管理措施主要包括施工组织机构,现场组织协调,施工现场监控,现场安全风险管理与控制,安全、质量、工期、环保等方面的保障措施,冬季、雨季等施工措施,应急预案及措施等方面。

可参考附录1,依据具体的施工项目特点增加相关内容。

14.2.1.10　施工组织图表(包括附表、附图、附件)

施工单位应按照相关要求填写附表,主要包括:工程数量汇总表、桥梁表、施工标段表、大型临时设施和过渡工程汇总表、大型临时设施(制(存)梁场)设置表、架梁进度计划表、甲供材料设备表、自购材料设备表、分标段分年度主要材料设备计划表、主要施工装备数量表、人员配置数量表等,详见附录4。

附图包括施工总平面布置示意图、施工组织形象进度图、施工进度计划横道图、网络图。

14.2.2　隧道工程

14.2.2.1　编制依据、范围

1)编制依据

请参照第14.1.1章节进行编制。

2)编制范围

本工程标段范围。

3)设计概况

概述设计情况,主要包括但不限于:技术标准、隧道设计概况、隧道纵(横)断面设计情况、隧道总体走向、防水、排水、通风、防灾、辅助坑道及其他附属工程设计情况。

14.2.2.2　工程概况

详述隧道工程内容、主要工程量、难点及特点和相关技术标准(如:起讫里程、总长度、单双线类型、最大、最小埋深、洞身坡度、辅助坑道、衬砌支护类型等)。

14.2.2.3　所在地区特征

1)工程地质和水文地质

详述隧道工程所经过地区的地形地貌、地层岩性、地质构造、地震动参数、水文等情况。

2)自然特征和施工条件

(1)介绍项目所在地气候、日照长短、海拔变化、极端气候及冻融深度等环境情况。

(2)介绍项目所在地铁路、公路和水运等交通情况。

(3)介绍项目现场布置及场地条件,三通一平情况。

(4)介绍项目物资、设备的供应方式及运输等情况。

(5)介绍项目卫生防疫和民风民俗情况。

3)主要的不良工程地质及特殊地质影响

详述隧道不良工程地质地段、类型及分析可能对本工程造成的影响。

14.2.2.4　施工组织安排

1)施工总体目标

介绍工程质量、安全、工期、投资、环保、稳定等目标。

2)施工组织机构及职责分工

施工组织机构及分工可根据项目实际情况进行设置,可参考将项目经理部设五部二室,即工程部、安质部、财务部、工经部、物机部、综合办公室及试验室。

职责分工可以第19章表19-2项目部主要管理职责责任矩阵为基础,根据实际需要进行增加或修改。

3)其他组织方面

队伍部署和施工任务划分(工区数量,各工区施工范围、正洞及辅助坑道的围岩级别及数量,工作面组织,施工准备、征地拆迁和建设协调方案),开竣工日期(施工准备,各正洞、辅助坑道的关键工序的开始、完成日期及总天数)及总工期,主要进度指标(含Ⅰ、Ⅱ级机械化配套正洞及辅助坑道施工的各类围岩的进度指标)及分项工程施工进度计划。

工程的接口及配合,关键线路,劳动力组织,施工平面布置示意图,施工形象进度图,施工进度计划横道图、网络图。

14.2.2.5　临时工程及过渡工程

临时工程和过渡工程主要包括:

(1)进出场道路,便道、便桥,跨道情况。

(2)供电方式,变压器设置数量、容量、所在里程及供应范围;施工临时用电系统按照现行《施工现场临时用电安全技术规范》和国家电网公司的特殊要求进行布设。对有瓦斯隧道、突水突泥隧道,必须设置双电源,并进行相应的供电计算,以达到应急要求。

(3)混凝土供应,包括拌和站位置、数量,生产能力及供应范围。

(4)钢筋及钢结构加工场设置,规模、数量及供应范围。

(5)驻地与营房,材料场等小型临时设施设置的具体方案、标准、规模、能力、主要工程数量和主要设备数量,并附施工总平面布置等。

14.2.2.6　施工方案

隧道是线性工程中,施工速度较慢,工期较长的专项工程。一些长大隧道往往是控制全线是否竣工的"关键性工程",为加快隧道的施工进度,我国在以往的隧道建设中通常是利用平行导坑、横洞、竖井及斜井等所谓的辅助坑道,以增加工作面。如何加快隧道的施工进度对于整体工期而言十分重要,隧道的常用施工方法基本上可以分为矿山法、掘进机法、沉管法、顶管法、明挖法等,具体施工工艺请参考。

1)施工方案编制内容

施工方案主要包括确定施工方法、选择施工装备、制订施工顺序和作业组织方式、施工机械装备、劳动力配置。按施工顺序分别制订施工技术措施,并突出质量控制、检测方法和手段。施工关键工序、施工难点和应注意的事项等。

隧道施工方案编制内容主要包括:

(1)隧道总共设工作面情况,各洞口的位置,周边施工条件。

(2)每个洞口(含辅助坑道)的工作面及主攻方向。

(3)各工作面的施工范围及开挖方法。

(4)出渣装运方式。

(5)施工排水方式。

(6)通风、供水、电方式。

(7)风、水管、电线路设置方法。

(8)喷浆料、混凝土的生产及运输方式。

(9)型钢、格栅钢架及钢筋加工、运输、拼装方式。

(10)超前地质预报方案、监控量测方案。

(11)不同区段、不同岩性、不同围岩级别采取的开挖工法、初期支护及二次衬砌的类型,防水板、排水盲管敷设方法。

(12)仰拱、水沟电缆槽模筑方法。

(13)二次衬砌模筑方法。

(14)辅助坑道设置情况,包括与正洞交汇里程方向、长度,与正线交角、坡度,有、无轨及单、双道类型,净空尺寸,用途类别等。

2)施工方法的选择原则

隧道的施工方法要根据断面形状、隧道长度、工期、地质、周围环境等条件综合确定。选择施工方法时要注意以下几点:

(1)地形、地质的特殊性,如洞口段、浅埋段、易变形的地质状况等。

(2)是否有限制条件,如对地表沉降的限制、地基承载力不足等。

(3)必要时要与辅助工法配合。

(4)要尽量采用能避免围岩松弛的施工方法,如在泥岩或黄土中采用机械开挖。

(5)应尽量使用支护及早封闭,避免多次扰动围岩,控制初期支护位移、变形。

(6)施工组织的统一协调,在同一隧道中尽量减少工法的频繁变换。

(7)尽量采用机械化施工,提高作业效率,加快施工速度。

施工方法的选择关键在于要和隧道的地质条件相匹配,这就要求提供隧道设计的地质资料要齐全完整、真实可靠。要求隧道地质勘察要查明隧道通过地段的地形、地貌、地层、岩性和地质构造;岩质隧道应着重查明岩层层理、片理、节理等软弱结构面的产状、密度及组合形式,断层、褶曲的性质、产状、宽度及破碎程度;土质隧道应着重查明土的地层年代、成因类型、结构特征、物质成分、粒径大小、密度及破碎程度;查明不良地质、特殊岩土的分布及对隧道的影响,特别是对洞口及边仰坡的影响。据此选择合适的方法,对于特长隧道目前比较成熟并广泛采用的隧道是钻爆法和掘进机(TBM)法。

14.2.2.7 资源配置

隧道工程的资源配置主要包括:

(1)工程主要材料的供应方案。

(2)与施工进度及工作量相符合的工程设备的供应方案。

(3)分年度主要材料及设备的需求计划。

(4)主要施工装备的数量及进场计划。

(5)劳动力进场计划。

(6)资金使用计划。

14.2.2.8 信息化

根据工程实际情况编制隧道信息化实施及 BIM 技术应用实施方案。

14.2.2.9 施工组织管理措施

隧道工程施工组织管理措施主要包括施工组织机构,现场组织协调,施工现场监控,现场安全风险管理与控制,安全、质量、工期、环保等方面的保障措施,冬季、雨季等施工措施,应急预案及措施等方面。

可参考附录1(工程通用的项目管理及保证措施),依据具体的施工项目特点增加相关内容。

14.2.2.10 施工组织图表(包括附表、附图、附件)

施工单位应按照相关要求填写附表,主要包括:工程数量汇总表、施工标段表、大型临时设施和过渡工程汇总表、大型临时设施表、甲供材料设备表、自购材料设备表、分标段分年度主要材料设备计划表、主要施工装备数量表、人员配置数量表等。施工组织附表见附录4。

附图包括施工总平面布置示意图、施工组织形象进度图、施工进度计划横道图、网络图。

14.2.3 桥梁工程

14.2.3.1 编制依据、范围

1)编制依据

请参照第14.1.1章节进行编制。

2)编制范围

本工程标段范围。

3)设计概况

概述设计情况。

14.2.3.2 工程概况

包括桥梁的起讫里程,总长度,坡度,曲线半径,桥梁布置,基础类型、墩台身类型,墩身高度,特殊孔跨结构形式;工程数量。

14.2.3.3 所在地区特征

1)工程地质和水文地质

详述桥梁工程所经过地区的地形地貌、地层岩性、地质构造、地震动参数、水文等情况。

2)自然特征和施工条件

(1)介绍项目所在地气候、日照长短、海拔变化、极端气候及冻融深度等环境情况。

(2)介绍项目所在地铁路、公路和水运等交通情况。

(3)介绍项目现场布置及场地条件,三通一平情况。

(4)介绍项目物资、设备的供应方式及运输等情况。

(5)介绍项目卫生防疫和民风民俗情况。

3)主要的不良工程地质及特殊地质影响

详述桥梁基础位置,不良工程地质地段、类型及分析可能对本工程造成的影响。

14.2.3.4　施工组织安排

1)施工总体目标

介绍工程质量、安全、工期、投资、环保、稳定等目标。

2)施工组织机构及职责分工

施工组织机构及分工可根据项目实际情况进行设置,可参考将项目经理部设五部二室,即工程部、安质部、财务部、工经部、物机部、综合办公室及试验室。

职责分工可以第19章表19-2项目部主要管理职责责任矩阵为基础,根据实际需要进行增加或修改。

3)其他组织方面

主要包括:队伍部署和任务划分,开竣工日期及总工期,总体施工顺序及主要阶段工期安排,施工准备、征地拆迁和建设协调方案,主要进度指标及分项工程施工进度计划,工程的接口及配合,关键线路,劳动力组织,施工平面布置示意图,施工形象进度图,施工进度计划横道图、网络图。

14.2.3.5　临时工程及过渡工程

临时工程和过渡工程主要包括:

(1)进出场道路,便道、便桥,跨道情况。

(2)供电方式,变压器设置数量、容量、所在里程及供应范围。

(3)混凝土供应,包括拌和站位置、数量,生产能力及供应范围。

(4)钢筋及钢结构加工场设置,规模、数量及供应范围。

(5)驻地与营房,材料场等小型临时设施设置的具体方案、标准、规模、能力、主要工程数量和主要设备数量,并附施工总平面布置等。

(6)梁场设置,包括设置位置,规模及布置形式,制、存梁台座数量,模板配套。

14.2.3.6　施工方案

桥梁的施工方法应根据总体施工部署和本合同段桥梁的结构设计形式等设计要求,并结合施工的现场环境(包括地形、地貌、地质、气象水文、外部环境等)以及工期要求、设备和经验等各种因素综合分析考虑,以合理选择最佳的施工方法。

桥梁施工方法和工艺繁杂,此节不详细阐述,可参考附录3。

1)施工方案编制内容

施工方案主要包括确定施工方法、选择施工装备、制订施工顺序和作业组织方式、施工机械装备、劳动力配置。按施工顺序分别制订施工技术措施,并突出质量控制、检测方法和手段。施工关键工序、施工难点和应注意的事项等。

桥梁施工方案编制内容主要包括:

桥梁施工单元的划分,施工顺序安排;各分部工程施工方法,包括基础施工方法、承台基坑围护方法、墩身施工方法、垫石施工方法、架梁方式、特殊孔跨结构施工方法等;施工测量、线形监控,深水桥水中墩的分布和施工条件,设置辅助设施. 进度指标。

现浇梁施工:包括施工方法,施工顺序,辅助设施,进度指标分析等;支架现浇的基础处理,模板、支架的设计及计算,支架的沉降观测等。

特殊结构施工:包括施工方法,施工顺序,辅助设施,进度指标分析等。

2)施工方法的选择原则

选择桥梁施工方法时,应考虑的主要因素有以下几点:

(1)桥梁的结构形式和规模。

(2)桥位处地形、自然环境和社会环境,尤其是桥台所处位置的地质状况及地质特殊性等。

(3)施工机械和施工管理的制约。

(4)以往的施工经验。

(5)安全性和经济性等。

14.2.3.7 资源配置

(1)工程主要材料的供应方案。

(2)与施工进度及工作量相符合的工程设备的供应方案。

(3)分年度主要材料及设备的需求计划。

(4)主要施工装备的数量及进场计划。

(5)劳动力进场计划。

(6)资金使用计划。

14.2.3.8 信息化

根据工程实际情况编制包括隧道信息化实施及BIM技术应用实施方案。

14.2.3.9 施工组织管理措施

桥梁工程施工组织管理措施主要包括施工组织机构,现场组织协调,施工现场监控,现场安全风险管理与控制,安全、质量、工期、环保等方面的保障措施,冬季、雨季等施工措施,应急预案及措施等方面。

可参考附录1,依据具体的施工项目特点增加相关内容。

14.2.3.10 施工组织图表(包括附表、附图、附件)

施工单位应按照相关要求填写附表,主要包括:工程数量汇总表、桥梁表、施工标段表、大型临时设施和过渡工程汇总表、大型临时设施(制(存)梁场)设置表、架梁进度计划表、甲供材料设备表、自购材料设备表、分标段分年度主要材料设备计划表、主要施工装备数量表、人员配置数量表等,详见附录4。

附图包括施工总平面布置示意图、施工组织形象进度图、施工进度计划横道图、网络图。

14.2.4 轨道工程

14.2.4.1 编制依据、范围

1)编制依据

请参照第14.1.1章节进行编制。

2)编制范围

本工程标段范围。

3)设计概况

概述设计情况。

14.2.4.2 工程概况

本工程的地理位置,与营业线路、周边铁路的关系,本工程在地域发挥的作用,新铺线路长度、新

铺道岔类型及数量、铺砟、拆除线路及道岔数量等。

14.2.4.3　所在地区特征

(1)介绍项目所在地气候、日照长短、海拔变化、极端气候及冻融深度等环境情况。

(2)介绍项目所在地铁路、公路和水运等交通情况。

(3)介绍项目现场布置及场地条件,路基及站后各专业交叉施工完成情况。

(4)介绍项目物资、设备的供应方式及运输等情况。

(5)介绍项目卫生防疫和民风民俗情况。

14.2.4.4　施工组织安排

1)施工总体目标

介绍工程质量、安全、工期、投资、环保、稳定等目标。

2)施工组织机构及职责分工

施工组织机构及分工可根据项目实际情况进行设置,可参考将项目经理部设五部二室,即工程部、安质部、财务部、工经部、物机部、综合办公室及试验室。

职责分工可以项目部主要管理职责责任矩阵为基础,根据实际需要进行增加或修改。

3)其他组织方面

主要包括:队伍部署和任务划分,开竣工日期及总工期,总体施工顺序及主要阶段工期安排,施工准备、主要进度指标及分项工程施工进度计划,工程的接口及配合,关键线路,劳动力组织,施工平面布置示意图,施工形象进度图,施工进度计划横道图、网络图。

14.2.4.5　临时工程及过渡工程

临时工程和过渡工程主要包括:

(1)进出场道路,便道、便桥,跨道情况。

(2)供电方式,变压器设置数量、容量、所在里程及供应范围。

(3)铺轨基地、轨道板(轨枕)预制厂的生产能力及供应范围。

(4)钢轨、道砟、轨枕等材料的供应方案。

(5)驻地与营房,材料场等小型临时设施设置的具体方案、标准、规模、能力、主要工程数量和主要设备数量,并附施工总平面布置等。

14.2.4.6　施工方案

施工方案主要包括确定施工方法、选择施工装备、制订施工顺序和作业组织方式、施工机械装备、劳动力配置。按施工顺序分别制订施工技术措施,并突出质量控制、检测方法和手段。施工关键工序、施工难点和应注意的事项等。

铺轨工程施工方法和工艺,可参考附录3。

14.2.4.7　资源配置

(1)工程主要材料的供应方案。

(2)与施工进度及工作量相符合的工程设备的供应方案。

(3)分年度主要材料及设备的需求计划。

(4)主要施工装备的数量及进场计划。

(5)劳动力进场计划。

(6)资金使用计划。

14.2.4.8　信息化

根据工程实际情况编制包括隧道信息化实施及BIM技术应用实施方案。

14.2.4.9　施工组织管理措施

轨道工程施工组织管理措施主要包括施工组织机构,现场组织协调,施工现场监控,现场安全风险管理与控制,安全、质量、工期、环保等方面的保障措施,冬季、雨季等施工措施,应急预案及措施等方面。

可参考附录1,依据具体的施工项目特点增加相关内容。

14.2.4.10　施工组织图表(包括附表、附图、附件)

施工单位应按照相关要求填写附表,主要包括:工程数量汇总表、车站表、施工标段表、大型临时设施和过渡工程汇总表、大型临时设施(铺轨基地、轨道板(轨枕)预制厂)设置表、过渡工程表、无砟道床进度计划表、铺轨进度计划表、铺架进度计划表(边铺边架)、甲供材料设备表、自购材料设备表、分标段分年度主要材料设备计划表、主要施工装备数量表、人员配置数量表等,详见附录4。

附图包括施工总平面布置示意图、施工组织形象进度图、施工进度计划横道图、网络图、慢行方案平面示意图、铁路枢纽布置示意图、过渡工程示意图等,特殊工点施工顺序图。

14.2.5　四电工程

14.2.5.1　编制依据、范围

1)编制依据

请参照第14.1.1章节进行编制。

2)编制范围

本工程标段范围。

3)设计概况

概述设计情况。

14.2.5.2　工程概况

包括线路概况、工程特点、设备制式及主要技术指标、主要工程内容及数量、工程特点、重难点工程(四电接口、牵引供电工程、信号工程、信息工程、灾害监测工程和涉及营业线改造工程)等。

14.2.5.3　所在地区特征

(1)介绍项目所在地气候、日照长短、海拔变化、极端气候及冻融深度等环境情况。

(2)介绍项目所在地铁路、公路和水运等交通情况。

(3)介绍项目现场布置及场地条件,三通一平情况。

(4)介绍项目物资、设备的供应方式及运输等情况。

(5)介绍项目卫生防疫和民风民俗情况。

14.2.5.4　施工组织安排

1)施工总体目标

介绍工程质量、安全、工期、投资、环保、稳定等目标。

2)施工组织机构及职责分工

施工组织机构及分工可根据项目实际情况进行设置,可参考将项目经理部设五部二室,即工程部、安质部、财务部、工经部、物机部、综合办公室及试验室。

职责分工可以项目部主要管理职责责任矩阵为基础,根据实际需要进行增加或修改。

3)其他组织方面

主要包括:队伍部署和任务划分,开竣工日期及总工期,总体施工顺序及主要阶段工期安排,施工准备、征地拆迁和建设协调方案,主要进度指标及分项工程施工进度计划,工程的接口及配合,关键线路,劳动力组织,全部四电工程的进度指标,施工进度计划横道阁、网络图、形象进度图。

14.2.5.5　临时工程及过渡工程

驻地与营房，材料场等小型临时设施设置的具体方案、标准、规模、能力、主要工程数量和主要设备数量，并附施工总平面布置等。

14.2.5.6　施工方案

包括确定施工方法、选择施工装备、制订施工顺序和劳动力、作业组织方式、施工机械装备、劳动力配置。各专业工程按施工顺序分别制订施工技术措施，并突出质量控制、检测方法和手段。施工难点和应注意的事项等。

主要施工方案有：四电接口、接触网工程、信号工程、牵引变电所工程、信息工程、灾害监测工程、送电开通、营业线改造工程等。

(1)四电接口：主要包含精测网交桩、土建预留四电接口现场确认和交接工作；路基工程附属的综合接地、过轨管线、接触网支柱基础、电缆槽、电缆井等；桥梁工程的电缆槽、电缆上桥预埋槽道、锯齿孔、接触网基础、公跨铁立交桥异物侵限现场监测装置安装接口(含检修门或通道)等设施的预留；隧道工程的预埋件；轨道线路绝缘及道岔、钢轨锁定；房屋建筑的孔洞预留、预埋件、接地装置等；站台雨棚缆线通道预留预埋、吊挂件预埋、孔洞预留等；站房客服设备吊挂件预埋及安装工作面预留等。

(2)接触网工程：包括接触网支柱、硬横跨、腕臂安装、承力索和接触线架设、接触网精调等采用的施工技术、冷滑试验、接触网送电开通。

(3)信号工程：包括电缆施工、箱盒配线、轨道电路、道岔施工、设备安装、联锁试验等。明确电缆的敷设方式：道岔转辙装置安装前需做的工作及相关的施工配合，道岔转辙装置安装；信号设备安装根据站前和房屋工程进度开展作业；在设备运行前，检查电源；单台设备送电试验；总体联调试验等。采用CTCS-2、CTCS-3级列控系统的线路，明确列控基础数据复核、发布、列控工程数据发布、列控软件编制、仿真测试、现场联锁试验及既有站天 窗点信号软件换装试验等关键环节时间节点。

(4)牵引变电所：包括在变电专业设备安装前与房建专业和设备厂家的相关协调工作；主变压器运输及吊装方案；安装就位；送电开通等。

(5)营业线改造工程：包括制定营业线改造总体施工方案，各专业间的施工协调配合；接触网过渡施工方案等；信号换装中室外信号机、道岔、轨道电路的箱盒配线、室内分线盘、接口架、轨道架、组合架、站联电路的配线摸底调查，过渡方案论证审核；新旧设备接入的试验方案；单项试验和联锁试验、天窗点试验；既有变电所改造工程过渡方案；通信专业设备倒接、光电缆割接、调度所引入方案；信息专业系统接入及切换方案等。

14.2.5.7　资源配置

(1)工程主要材料的供应方案。

(2)与施工进度及工作量相符合的工程设备的供应方案。

(3)分年度主要材料及设备的需求计划。

(4)主要施工装备的数量及进场计划。

(5)劳动力进场计划。

(6)资金使用计划。

14.2.5.8　信息化

根据工程实际情况编制包括隧道信息化实施及BIM技术应用实施方案。

14.2.5.9　施工组织管理措施

四电工程施工组织管理措施主要包括：施工组织机构，现场组织协调，施工现场监控，现场安全风险管理与控制，安全、质量、工期、环保等方面的保障措施，冬季、雨季等施工措施，应急预案及措施等方面。

可参考附录1,并依据具体的施工项目特点增加相关内容。

14.2.5.10 施工组织图表(包括附表、附图、附件)

施工单位应按照相关要求填写附表,主要包括:工程数量汇总表、施工标段表、甲供材料设备表、自购材料设备表、分标段分年度主要材料设备计划表、主要施工装备数量表、人员配置数量表等,详见附录4。

附图包括施工总平面布置示意图、施工组织形象进度图、施工进度计划横道图、网络图,以及铁路枢纽布置示意图、过渡工程示意图,特殊工点施工顺序图等。

14.2.6 站房工程

14.2.6.1 编制依据、范围

1)编制依据

请参照第14.1.1章节进行编制。

2)编制范围

本工程标段范围。

3)设计概况

概述设计情况。

14.2.6.2 工程概况

主要包括工程名称、性质和地理位置、主要工程内容及数量、工程特点、重难点工程等,工程的建设、勘察、设计、监理和施工等单位的情况;现场施工条件。

14.2.6.3 所在地区特征

1)工程地质和水文地质

详述项目所在地区的地形地貌、地层岩性、地质构造、地震动参数、水文等情况。

2)自然特征和施工条件

(1)介绍项目所在地气候、日照长短、海拔变化、极端气候及冻融深度等环境情况;

(2)介绍项目所在地铁路、公路和水运等交通情况;

(3)介绍项目现场布置及场地条件,三通一平情况;

(4)介绍项目物资、设备的供应方式及运输等情况;

(5)介绍项目卫生防疫和民风民俗情况。

3)主要的不良工程地质及特殊地质影响

详述不良工程地质地段、类型及分析可能对本工程造成的影响。

14.2.6.4 施工组织安排

1)施工总体目标

介绍工程质量、安全、工期、投资、环保、稳定等目标。

2)施工组织机构及职责分工

施工组织机构及分工可根据项目实际情况进行设置,可参考将项目经理部设五部二室,即工程部、安质部、财务部、工经部、物机部、综合办公室及试验室。

职责分工可以项目部主要管理职责责任矩阵为基础,根据实际需要进行增加或修改。

3)其他组织方面

主要包括:队伍部署和任务划分,开竣工日期及总工期,总体施工顺序及主要阶段工期安排,施工准备、征地拆迁和建设协调方案,主要进度指标及分项工程施工进度计划,工程的接口及配合,关键线路,劳动力组织,样板创优计划,施工平面布置示意图,施工进度计划网络图,分阶段(地基与基

础、主体、装饰装修)的现场平面布置情况。

14.2.6.5　临时工程及过渡工程

驻地与营房,材料场等小型临时设施设置的具体方案、标准、规模、能力、主要工程数量和主要设备数量,并附施工总平面布置等。

14.2.6.6　施工方案

包括确定施工方法、选择施工装备、制订施工顺序和作业组织方式、施工机械装备、劳动力配置。按施工顺序分别制订施工技术措施,并突出质量控制、检测方法和手段。施工难点和应注意的事项等。

主要施工方案:

(1)危险性较大的分部分项工程施工方案。主要包括地基处理、基坑支护、降水工程、土方开挖、大体积混凝土浇筑、脚手架工程、卸料平台工程、模板支撑、吊篮工程、塔式起重机基础及安拆、施工升降机基础及安拆、起重吊装工程、幕墙安装、钢结构(网架等)安装;采用新技术、新工艺、新材料、新设备方案等。

(2)其他主要施工方案。包括施工测量、临时设施、周转料使用、机械配置、季节性施工、砌体工程、抹灰等装饰装 修工程、给排水工程、电力(气)安装工程、消防系统、智能建筑工程、屋面工程方案等。

14.2.6.7　资源配置

(1)工程主要材料的供应方案。

(2)与施工进度及工作量相符合的工程设备的供应方案。

(3)分年度主要材料及设备的需求计划。

(4)主要施工装备的数量及进场计划。

(5)劳动力进场计划。

(6)资金使用计划。

14.2.6.8　信息化

根据工程实际情况编制包括隧道信息化实施及 BIM 技术应用实施方案。

14.2.6.9　施工组织管理措施

站房工程施工组织管理措施主要包括:施工组织机构,现场组织协调,施工现场监控,现场安全风险管理与控制,安全、质量、工期、环保等方面的保障措施,冬季、雨季等施工措施,应急预案及措施等方面。

可参考附录1,依据具体的施工项目特点增加相关内容。

14.2.6.10　施工组织图表(包括附表、附图、附件)

施工单位应按照相关要求填写附表,主要包括:工程数量汇总表、施工标段表、甲供材料设备表、自购材料设备表、分标段分年度主要材料设备计划表、主要施工装备数量表、人员配置数量表等,详见附录4。

附图包括施工总平面布置示意图、施工组织形象进度图、施工进度计划横道图、网络图。

14.2.7　站改工程

14.2.7.1　编制依据、范围

1)编制依据

请参照第14.1.1章节进行编制。

2)编制范围

本工程标段范围。

3)设计概况

概述设计情况。

14.2.7.2　工程概况

(1)本工程的地理位置,与营业线路、周边铁路的关系,本工程在地域发挥的作用。

(2)站改前状况及站后设备变化情况,包括:

①站改前各个方向连接的车站、本站的日到发列车对数及各场(区)的功能等;

②改造后设备变化情况,包括各场(区)、牵出线、安全线股道增减及功能变化;

③站改主要工程数量,包括:站前工程路基土石方、桥涵、新铺线路、新铺道岔、铺砟、拆除线路及道岔数量,安装软横跨及硬横梁、承导梁架设数量,信号工程敷设信号电缆、更换道岔装置、信号机安装、室内信号连锁设备安装数量,还建行车生产房屋、信号楼装修数量,其他工程的电务风管路改造、车辆试风管路迁改、脱轨器改造、停车器控制室改迁、投光灯塔改迁数量等。

14.2.7.3　所在地区特征

(1)介绍项目所在地气候、日照长短、海拔变化、极端气候及冻融深度等环境情况。

(2)介绍项目所在地铁路、公路和水运等交通情况。

(3)介绍项目现场布置及场地条件,路基及站后各专业交叉施工完成情况。

(4)介绍项目物资、设备的供应方式及运输等情况。

(5)介绍项目卫生防疫和民风民俗情况。

14.2.7.4　施工组织安排

1)施工总体目标

介绍工程质量、安全、工期、投资、环保、稳定等目标。

2)施工组织机构及职责分工

施工组织机构及分工可根据项目实际情况进行设置,可参考将项目经理部设五部二室,即工程部、安质部、财务部、工经部、物机部、综合办公室及试验室。

职责分工可以项目部主要管理职责责任矩阵为基础,根据实际需要进行增加或修改。

3)其他组织方面

主要包括:队伍部署和任务划分,开竣工日期及总工期,总体施工顺序及主要阶段工期安排,施工准备、征地拆迁和建设协调方案,主要进度指标及分项工程施工进度计划,工程的接口及配合,关键线路,施工总平面布置示意图,施工组织形象进度图,站场改造概述及示意图,施工阶段划分及示意图,分阶段施工项目、施工时间及示意图,分步骤施工内容、施工时间、完成工作量及示意图,封锁时间、施工地点、施工内容、工作量及示意图,劳动力组织等。

14.2.7.5　临时工程及过渡工程

驻地与营房,材料场等小型临时设施设置的具体方案、标准、规模、能力、主要工程数量和主要设备数量,并附施工总平面布置等。

14.2.7.6　施工方案

包括确定施工方法、选择施工装备、制订施工顺序和劳动力、作业组织方式。各专业工程按施工顺序分别制订施工技术措施,并突出质量控制、检测方法和手段。施工难点和应注意的事项等。

站改工程各专业施工方法和工艺,可参考相关专业的施工方法及工艺。

14.2.7.7　资源配置

(1)工程主要材料的供应方案。

(2)与施工进度及工作量相符合的工程设备的供应方案。

(3)分年度主要材料及设备的需求计划。

(4)主要施工装备的数量及进场计划。

(5)劳动力进场计划。

(6)资金使用计划。

14.2.7.8　信息化

根据工程实际情况编制包括隧道信息化实施及 BIM 技术应用实施方案。

14.2.7.9　施工组织管理措施

站改工程施工组织管理措施主要包括施工组织机构,现场组织协调,施工现场监控,现场安全风险管理与控制,安全、质量、工期、环保等方面的保障措施,冬季、雨季等施工措施,应急预案及措施等方面。

可参考附录1,依据具体的施工项目特点增加相关内容。

14.2.7.10　施工组织图表(包括附表、附图、附件)

施工单位应按照相关要求填写附表,主要包括:工程数量汇总表、车站表、施工标段表、大型临时设施和过渡工程汇总表、大型临时设施[铺轨基地、轨道板(轨枕)预制厂]设置表、过渡工程表、无砟道床进度计划表、铺轨进度计划表、铺架进度计划表(边铺边架)、甲供材料设备表、自购材料设备表、分标段分年度主要材料设备计划表、主要施工装备数量表、人员配置数量表等,详见附录4。

附图包括施工总平面布置示意图、施工组织形象进度图、施工进度计划横道图、网络图、慢行方案平面示意图、铁路枢纽布置示意图、过渡工程示意图等,特殊工点施工顺序图。

第15章 典型工程实施性施工组织设计

典型工程实施性施工组织设计的编制依据及范围、工程概况、建设项目所在地区特征、施工组织安排、临时工程及过渡工程、资源配置、信息化、施工组织管理措施、施工组织图表等部分与第13、14章所介绍内容无本质区别,故本章对此不再详述。施工单位在具体实施过程中应以典型工程中的特殊施工方法及工艺为主线,以第13、14章中的编制内容为框架,参考本书下册典型案例,依据工程项目实际情况进行编制。

实施性施工组织设计的核心内容是施工方案,施工方案的核心内容是施工方法及工艺。工程项目只有当施工方案确定后,才能进行施工准备、计划、配置、组织和实施。在此,编写及收集了部分典型工程(特殊路基、复杂地质隧道、水下隧道、典型桥梁工程及CRTSⅢ型板式无砟道床)施工方法及工艺,以供借鉴与参考。

15.1 特殊路基施工方法及工艺

我国幅员辽阔,地质条件复杂,分布土类繁多,工程性质各异。有些土类,由于地理环境、气候条件、地质成因、物质成分及次生变化等原因而具有与一般土类显著不同的特殊工程性质。当其作为路基时,如果不注意其工程特性,并采取相应的治理措施,将会造成工程事故和行车安全隐患等。

由于岩土体工程性质的差异,在路基施工过程中会出现各类特殊路基。铁路工程所指特殊路基主要包括:软土地段路基,膨胀土(岩)路基,黄土路基,盐渍土路基,冻土地区路基,风沙地区路基,雪害地区路基,滑坡地段路基,危岩、落石和崩塌与岩堆地段路基,岩溶与人为坑洞地段路基,浸水路基,水库地段路基。

特殊路基施工方法及工艺如下:

15.1.1 换填垫层

15.1.1.1 一般要求

(1)换填垫层法可用于浅层软弱地基及不均匀地基的处理。

(2)换填垫层应根据荷载性质、结构特点、地基条件、施工机械设备及换填材料等选择合理的施工方法。

(3)换填垫层可采用砂砾石垫层、碎石垫层、灰土垫层、水泥土垫层和加筋垫层等。

15.1.1.2 施工方法

(1)垫层施工前应对换填的范围、深度进行核实。

(2)垫层的施工方法、分层铺填厚度、每层压实遍数等宜通过现场试验确定。除接触下卧软土层的垫层底部应根据施工机械设备及下卧层土质条件确定厚度外,垫层的分层铺填厚度宜取200~300mm。

(3)基坑开挖时应避免坑底土层受扰动,可保留约200 mm厚的土层,待铺填垫层前再挖至设计高程。碎石或卵石垫层底部宜设置150~300 mm厚的砂垫层或铺一层土工织物,防止下卧土层表面的局部破坏及基坑边坡坍土混入垫层。

(4)加筋垫层施工应符合相关规范的规定。

15.1.1.3　质量控制

(1)换填垫层质量检验内容包括垫层压实质量及承载力等。

(2)压实质量检验应符合下列规定：

换填垫层应检测压实系数，灰土垫层和水泥土垫层还应检测无侧限抗压强度；路基基底换填，应沿线路纵向每一压实层每100m抽样检验3个点，其中换填垫层中间1个点，两侧距换填层边缘2m处各1点；对刚性基础基底换填，每层$100m^2$检查不少于5处；刚性基础基底换填垫层应通过载荷试验进行承载力检验，每个单体工程不宜少于2处。

15.1.2　冲击(振动)碾压

15.1.2.1　一般要求

(1)冲击(振动)碾压可用于浅层碎石土、卵石土、砂土、低饱和度的粉土与黏性土、湿陷性黄土、素填土和杂填土等地基处理。

(2)冲击(振动)碾压设计与施工应根据具体的地形地貌、土质条件等因素结合冲击碾压的适用范围综合确定。冲击碾压施工应考虑对居民、构造物等周边环境带来的影响，距既有建筑物较近时应预留安全距离或采取减振措施。

(3)冲击(振动)碾压施工前应选取代表性场地进行试验性施工，确定其适用性、施工工艺和施工参数。

15.1.2.2　施工方法

(1)施工前应进行场地平整，清除表层土，修筑机械设备进出道路及施工区周边排水沟，确保场地排水通畅。

(2)冲击(振动)碾压的碾压遍数应根据试验性施工确定，冲击碾压的碾压遍数可根据现场施工时冲击轮轮迹高差小于15mm控制，并应满足设计要求的压实标准。

(3)冲击碾压施工时自边坡坡脚一侧开始，顺(逆)时针行驶，以冲压面中心线为轴转圈，而后按纵向错轮冲压，全路幅排压后，再自行向内冲压。压实机的行进速度应控制在10～12km/h。

(4)冲击碾压时应通过改变转弯半径调整冲压地点，使其均匀冲压。

(5)冲击碾压时应及时对地基表面适量洒水，使水分充分渗透，达到适宜的含水率后进行冲击碾压。冲击碾压10遍左右后，平地机大致整平，再冲击碾压。

(6)振动碾压应控制碾压速度，施工由地基处理两侧向中心碾压，轮迹覆盖整个路基表面为碾压一遍。

(7)振动碾压应按静压→弱振→强振→弱振→静压的顺序施工。

(8)相邻两段冲击碾压搭接长度不宜小于15m，振动碾压搭接长度不宜小于5m。

(9)冲击(振动)碾压段出现橡皮土时应及时停止施工，并作相应处理。

(10)冲击碾压完成后，用平地机平整，用光轮压路机最后碾压。

(11)施工过程中应对碾压遍数和轮迹高差等参数进行记录。

15.1.2.3　质量控制

(1)冲击(振动)碾压检验内容包括压实质量及承载力等。

(2)地基处理压实检测宜在碾压处理7～14d后进行，填土追加压密可在施工后及时进行。

(3)压实质量检验应符合下列规定：

压实质量应检测压实系数，压实标准应符合设计要求。检测的数量为每$2000m^2$测不少于4处，且至少有1处在边坡线上，对于重要构筑物地基应增加检验点数；承载力检验应采用平板载荷试验，检测的数量为每$3000m^2$抽样检验4处。

15.1.3 强夯及强夯置换

15.1.3.1 一般要求

(1)强夯可用于处理碎石土、砂土、低饱和度的粉土和黏性土、湿陷性黄土、素填土和杂填土等地基。强夯置换适用于高饱和度的粉土和软塑、流塑的黏性土等地基处理。

(2)强夯及强夯置换施工前,应结合工程类型及工程地质条件等在施工现场有代表性的场地上选取一个或几个试验区,进行试夯或试验性施工,确定其适用性和处理效果。

(3)邻近既有建筑物、居民区时,地基处理不应采用强夯及强夯置换。

15.1.3.2 施工方法

(1)夯锤质量可取 10~60t,其底面形状宜采用圆形或多边形,锤底面积宜按土的性质确定。锤底静接地压力值可取 25~40kPa。对于细颗粒土,锤底静接地压力宜取较小值。锤的底面宜对称设置若干个与其顶面贯通的排气孔,孔径 250~300mm。强夯置换锤底静接地压力值可取 100~200kPa。

(2)施工机械宜采用带有自动脱钩装置的履带式起重机或其他专用设备。采用履带式起重机时,可在臂杆端部设置辅助门架或采取其他安全措施,防止落锤时机架倾覆。

(3)场地地表土软弱或地下水位较高、夯坑底积水影响施工时,宜采用人工降低地下水位或铺填一定厚度的松散性材料,使地下水位低于坑底面以下 2m。坑内或场地积水应及时排除。

(4)强夯施工所产生的振动对邻近建筑物或设备可能产生影响时,应设置监测点,并采取挖隔振沟等隔振或防振措施。

(5)施工过程中应加强过程控制:

①开夯前应检查夯锤质量和落距,确保单击夯击能量符合设计要求。

②每一遍夯击前,应对夯点放线进行复核,夯完后检查夯坑位置,发现偏差或漏夯及时纠正。

③强夯处理范围和夯击点布置应符合设计要求。强夯夯坑中心偏差不应大于 0.1D(D 为夯锤直径),强夯地基横坡偏差不应大于 0.5%。

④满夯时搭接面积不小于加固面积的 1/4。

⑤强夯加固的地基承载力以及强夯处理的实际有效深度应满足设计要求,对强夯置换尚应检查置换深度。

(6)施工过程中应对各项参数及施工情况进行详细记录。

15.1.3.3 质量控制

(1)强夯及强夯置换质量检验内容包括地基夯实质量、置换墩密实度及地基承载力等。

(2)施工结束后应间隔一定时间后方可进行质量检验,采用强夯处理地基时,对于碎石土和砂土地基施工结束后 7~14d,粉土地基施工结束后 14~28d;采用强夯置换处理地基施工结束后 28d。

(3)强夯加固地基应采用标准贯入、静力触探试验对有效加固深度进行检验,检验数量为每 3000m^{2}抽样检验 9 点,其中标准贯入试验 6 点(或动力触探 3 点),静力触探 3 点。

(4)强夯置换应采用动力触探对墩身密实度进行随机检验,检验数量为总墩数的 2‰,且不少于 3 根;采用静力触探检查墩间土的强度,每 3000m^{2}抽样检验 6 点。

(5)强夯处理地基的承载力检验应采用平板载荷试验,每 3000m^{2}抽样检验 3 处。

(6)强夯置换墩承载力检验应采用单桩平板载荷试验,检验数量为总墩数的 2‰,且不少于 3 根。

15.1.4 袋装砂井及塑料排水板

15.1.4.1 一般要求

(1)袋装砂井及塑料排水板可用于大面积场坪工程的淤泥质土、淤泥和冲填土等饱和黏性土地

基,不应用于正线及到发线地基处理。

(2)袋装砂井及塑料排水板处理地基时,预压荷载大小及类型应根据工后沉降控制标准、施工工期、现场条件等确定。路堤工程宜采用路堤填土预压法,当工期较紧、单独以路堤填土或真空预压荷载不能满足工后沉降要求时,可采用填土超载预压或真空、堆载联合预压。

(3)袋装砂井及塑料排水板处理地基应预先通过勘察查明地层成因,水平和竖直方向的分布、变化,查明地下水类型及水源补给情况等,并应通过土工试验结合原位测试确定土层的基本物理指标、压缩指标、渗透系数、固结系数、抗剪强度指标等。

(4)袋装砂井及塑料排水板处理长大工程地基时,宜先期填筑试验段并进行地基竖向变形、侧向位移、孔隙水压力、真空度、地下水位等项目的监测。地基加固前后应进行原位十字板剪切试验和室内土工试验,根据试验工程获得的监测及测试资料确定加载速率控制指标,推算地基的最终变形及工后沉降等,分析地基处理效果,指导设计与施工。

(5)变形控制的工程采用填土超载预压或真空预压时,地基经预压所完成的变形量、平均固结度及工后沉降满足设计要求后,方可卸载。

15.1.4.2　施工方法

(1)袋装砂井施工应符合下列规定:

①砂料应选用中粗砂,含泥量不应大于5‰。

②砂袋进场后应妥善存放,禁止暴晒。

③砂袋应防止扭结、缩颈、磨损和断裂,砂袋灌砂应饱满、密实。

④袋装砂井应锚定在孔底,施工中拔管带出长度大于0.5m时应重新补打。

⑤施打一周内应经常检查袋中砂的沉缩情况,并及时补砂。

(2)塑料排水板施工应符合下列规定:

①性能指标必须符合设计要求,滤膜应紧裹芯板不松皱。

②塑料排水板进场后应妥善存放,禁止暴晒。

③安装及打设过程中塑料排水板不应扭曲,滤膜不应破损和污染,并防止泥土等杂物进入排水板滤膜内。

④塑料排水板不得接长使用。

⑤塑料排水板应锚定在孔底,施工中拔管带出长度大于0.5m时应重新补打。

(3)袋装砂井及塑料排水板平面井距偏差不应大于5cm,垂直度偏差不应大于1.5%,深度不得小于设计要求,埋入砂垫层中的长度应大于50cm。

(4)袋装砂井及塑料排水板施工完成后应及时清除周围带出的泥土并用砂回填密实。

(5)袋装砂井及塑料排水板处理地基时,对堆载预压工程,预压荷载应逐级施加,确保每级荷载下地基的稳定性,对真空预压工程,可一次连续抽真空至设计要求的真空度。

(6)袋装砂井及塑料排水板处理地基时,对堆载预压工程,在加载过程中应进行地基竖向变形、边桩水平位移及孔隙水压力等项目的监测,并根据监测资料控制加载速率。

(7)袋装砂井及塑料排水板处理地基时,路堤填土速率应符合下列规定:

①填筑时间不应小于地基抗剪强度增长所需的固结时间。

②路堤中心沉降每昼夜不得大于10mm,边桩水平位移每昼夜不得大于5mm。

(8)真空预压的抽气设备宜采用射流真空泵,空抽时必须达到95kPa以上的真空吸力。真空泵的设置应根据预压面积大小和形状、真空泵效率和工程经验确定,每块预压区至少应设置两台真空泵。

(9)真空管路的连接应严格密封,在真空管路中应设置止回阀和截门。水平向分布滤水管可采用条状、梳齿状及羽毛状等形式,滤水管布置宜形成回路。滤水管应设在砂垫层中,其上覆盖厚度

100~200mm 的砂层。滤水管可采用钢管或塑料管、外包土工织物等滤水材料。

(10)密封膜应采用抗老化性能好、韧性好、抗刺穿性能强的不透气材料。密封膜热合连接时宜采用双热合缝的平搭接,搭接宽度应大于15mm。密封膜宜铺设2~3层,膜下宜设土工编织布等保护材料,膜周边设密封沟,将膜体四周沿密封沟内壁埋入土层,用黏土回填密实,沟内覆水密封。

(11)真空预压相邻分区抽真空应同步实施,当不能同步实施时应在相邻分区间采取防止漏气的隔离措施。

(12)真空预压加固区周边邻近既有建筑物时,应设置监测点,并采取挖隔离沟、打隔离桩等防护措施。

(13)采用真空-堆载联合预压时,先进行抽真空。当真空压力达到设计要求并稳定后,再进行堆载,并继续抽气。堆载前应采取在膜上铺设土工编织布及砂垫层等保护措施。

15.1.4.3 质量控制

(1)预压后需检验的主要内容有预压所完成的竖向变形和平均固结度等。

(2)预压竣工后,质量检验应符合下列规定:

①排水竖井处理深度范围内和竖井底面以下受压土层,经预压所完成的竖向变形和平均固结度应满足设计要求。检验数量为每3000 m^2抽样检验6点。

②必要时,应对预压完成的地基土进行原位十字板剪切试验、室内土工试验及载荷试验。

15.1.5 碎石桩

15.1.5.1 一般要求

(1)碎石桩可用于处理砂土、粉土、粉质黏土、松软土、素填土和杂填土等地基以及可液化地基。处理不排水抗剪强度小于20kPa的饱和黏性土地基,应通过现场试验确定其适用性。

(2)碎石桩正式施工前应通过现场试桩确定施工工艺、施工参数和加固效果。

(3)居民集中区应优先采用低噪声设备,改进施工工艺,减少对环境的影响。

15.1.5.2 施工方法

(1)碎石桩施工可采用振冲法或沉管法,沉管法包括振动沉管成桩法和锤击沉管成桩法。用于消除砂土及粉土液化时,宜采用振动沉管成桩法。

(2)振冲碎石桩施工可根据设计荷载、原土强度、设计桩长等条件选用不同功率的振冲器。施工前应在现场进行试验,以确定水压、振密电流和留振时间等施工参数。

升降振冲器的机械可采用起重机、自行井架式施工平车或其他合适的设备。施工设备应配有电流、电压和留振时间自动信号仪表。

施工现场应事先开设泥水排放系统,或组织好运浆车辆将泥浆运至预先安排的存放地点,宜设置沉淀池重复使用上部清水。

(3)振冲碎石桩施工可按下列步骤进行:

①清理平整施工现场,布置桩位。

②施工机具就位,使振冲器对准桩位。

③启动供水泵和振冲器,将振冲器徐徐沉入土中,直至达到设计深度。记录振冲器经各深度的水压、电流和留振时间。

④造孔后边提升振冲器边冲水直至孔口,再放置孔底,重复2~3次扩大孔径并使孔内泥浆变稀,开始填料制桩。

⑤将振冲器沉入填料中进行振冲制桩,当电流达到规定的密实电流值和规定的留振时间后,将振冲器提升30~50cm。

⑥重复以上步骤,自下而上逐段制作桩体直至孔口,记录各段深度的填料量、最终电流值和留振

时间,并均应符合设计规定。

⑦关闭振冲器和水泵。

(4)沉管法施工中应选用能顺利出料和有效挤压桩孔内砂料的桩尖结构。当采用活瓣桩靴时,对砂土和粉土地基宜选用尖锥型,对黏性土地基宜选用平底型。一次性桩尖可采用混凝土锥形桩尖。

(5)振动沉管成桩法施工中应严格控制拔管高度、拔管速度、压管次数和时间、填砂石量、电机工作电流,保证桩体连续、均匀、密实。

(6)振动沉管碎石桩可按下列步骤进行:

①清理平整施工现场,布置桩位。

②施工机具就位,使沉管垂直对准桩位。

③振动成孔。利用锤重及沉管自重徐徐静压1~2m后开动振动锤振动下沉,每下沉0.5~1.0m,留振5~10s,直至设计深度。

④石料投放。沉管至设计深度或沉管拔出地面时及时投料或补料至满。

⑤反插。振动成孔后,停振灌料至满,先振动再开始拔管,边振边拔,每次拔管高度0.5~1.0m,反插深度0.3~0.5m,并停拔振动5~10s。

⑥加压成桩。

(7)捶击沉管成桩法施工应根据冲击锤的能量控制拔管高度、分段填砂石量、贯入度,保证桩体质量。

(8)锤击沉管碎石桩施工可按下列步骤进行:

①清理平整施工现场,布置桩位。

②施工机具就位,使沉管垂直对准桩位。

③投石制塞:往导管内投入适量碎石,形成一定高度的“石塞”,高度宜为0.6~1.2m。

④内击沉管:用冲锤反复冲击管内碎石塞,通过碎石与管内壁摩擦力带动导管与石塞一道沉入土中,达到预定深度为止。

⑤分段填冲:拔管、加填料、冲夯,循环往复,直至制桩完成。

⑥制桩完成。

(9)砂土和粉土地基中以挤密为主的碎石桩施工,应从外围或两侧向中间进行,中间的桩间隔(跳打)施工;黏性土地基中以置换为主的砂石桩施工,宜从中间向外围或隔排施工,同一排中也可以间隔施工;既有建(构)筑物邻近施工区时,应背离建(构)筑物方向进行。

(10)施工时桩位水平偏差不应大于0.3倍套管外径,套管垂直度偏差不应大于1%。

(11)碎石桩施工后,应将地表以下的松散土层挖除或夯压密实后铺设、压实砂石垫层。

15.1.5.3 质量控制

(1)碎石桩质量检验内容应包括桩身密实度、复合地基承载力等,对液化土地基还应检验桩间土的密实度。

(2)碎石桩施工结束后,应间隔一定时间后方可进行质量检验。对粉质黏土地基间隔时间可取21~28d,对粉土可取14~21d,对砂土和杂填土不宜少于7d。

(3)碎石桩桩身密实度采用动力触探进行随机检验。检验数量为桩孔总数的2%,且不少于3根。

(4)碎石桩桩间土的密实度检验可采用标准贯入法、静力触探试验、动力触探试验等方法进行。检测数量为桩孔总数的2%,且不少于3点。检测位置应设在等边三角形或正方形中心。

(5)碎石桩承载力检验应采用单桩平板载荷试验。检验数量为桩孔总数的2‰,且不少于3根。

15.1.6 挤密砂石桩

15.1.6.1 一般要求

(1)挤密砂石桩可用于处理松散砂土及砾石土、粉土、素填土、杂填土等地基以及可液化地基,对地下水位以下饱和松软土层,应通过现场试验确定其适用性。

(2)挤密砂石桩在正式施工前应通过现场试桩确定施工工艺、施工参数和加固效果。

(3)居民集中区应优先采用低噪声设备,改进施工工艺,减少对环境的影响。

15.1.6.2 施工方法

(1)挤密砂石桩施工可采用振动沉管成桩法、锤击沉管成桩法。用于消除粉细砂及粉土液化时,宜采用振动沉管成桩法。

(2)施工前应进行成桩工艺和成桩挤密试验。成桩质量不能满足设计要求时,应调整设计及施工有关参数,并重新进行试验。

(3)振动沉管成桩法、锤击沉管成桩法应按碎石桩成桩法实施。

(4)挤密砂石桩施工时应间隔进行,对砂土地基宜从外围或两侧向中间进行,对黏性土地基宜从中间向外围或隔排施工;既有建(构)筑物邻近施工区时,应背离建(构)筑物方向进行。

(5)施工时桩位水平偏差不应大于0.3倍套管外径,套管垂直度偏差不应大于1%。

(6)挤密砂石桩施工后,应将地表以下的松散土层挖除或夯压密实后铺设、压实砂石垫层。

15.1.6.3 质量控制

(1)挤密砂石桩质量检验内容应包括桩身密实度、复合地基承载力等,对液化土地基还应检验桩间土的密实度。

(2)挤密砂石桩施工结束后,应间隔一定时间方可进行质量检验。对饱和黏性土地基应待孔隙水压力消散后进行,间隔时间不宜少于28d;对粉土、砂土和杂填土地基,不宜少于7d。

(3)挤密砂石桩桩身密实度采用动力触探进行随机检验。检验数量为桩孔总数的2%,且不少于3根。

(4)挤密砂石桩桩间土的密实度检验可采用标准贯入法、静力触探试验、动力触探试验等方法进行检验。检测数量为桩孔总数的2%,且不少于3处。检测位置应设在正三角形或正方形中心。

(5)挤密砂石桩承载力检验应采用单桩平板载荷试验。检验数量为桩孔总数的2‰,且不少于3根。

15.1.7 灰土(水泥土)挤密桩

15.1.7.1 一般要求

(1)灰土(水泥土)挤密桩可用于处理地下水位以上的湿陷性黄土、素填土和杂填土等地基。以消除地基土的湿陷性为主要目的时,宜选用灰土挤密桩;以提高地基土的承载力、增强其水稳性、降低压缩性和控制地基沉降变形为主要目的时,宜选用水泥土挤密桩。

(2)施工前应选取代表性地段进行现场试及试验性施工,验证设计参数和施工效果,确定施工工艺及参数。

15.1.7.2 施工方法

(1)灰土(水泥土)挤密桩成孔应按设计要求、成孔设备、现场土质和周围环境等情况选用沉管(振动、锤击)、冲击或夯扩等方法。

(2)灰土(水泥土)挤密桩施工前进行的成桩试验,试桩数量应符合设计要求且不得少于2个施工单元。

(3)灰土(水泥土)挤密桩桩顶设计高程以上的预留覆盖土层厚度应符合下列规定:

①沉管(振动、锤击)成孔,宜为0.50~0.70m。

②冲击成孔,宜为1.20~1.50m。

(4)灰土(水泥土)挤密桩成孔时,地基土宜接近最优含水率或塑限。土的含水率低于12%(特别是在整个处理深度范围内的含水率普遍很低)时,宜对拟处理范围内的土层进行增湿。增湿处理应于地基处理前4~6d,通过一定数量、深度的渗水孔,均匀地将水浸入拟处理范围内的土层中。

(5)灰土(水泥土)挤密桩成孔及孔内回填夯实应符合下列规定:

①成孔挤密应间隔分批进行,成孔及孔内回填夯实的施工顺序;整片处理时,宜从里(或中间)向外间隔1~2孔进行,对大型工程,可采取分段施工;局部处理时,宜从外向里间隔1~2孔进行。

②成孔后应及时夯填,当发生桩孔严重缩颈或回淤时,可视实际情况填入干砂、生石灰块或碎石等重新成孔。

③挤密桩填料应采用机械拌和且随拌随用。桩孔填充料应拌和均匀,色泽一致,无灰团、灰条和花面现象。在向孔内回填填料前,孔底应夯实,并应抽样检查桩孔的直径、深度和垂直度。

④桩孔的垂直度偏差不宜大于1.5%。

⑤桩位(纵横向)的允许偏差为50mm。

⑥桩孔检验合格后,应向孔内分层填入筛好的灰土或水泥土填料,并分层夯实。回填过程中不宜间隔停顿或隔日施工。

⑦夯填高度宜高出桩顶设计高程20~30cm。

(6)灰土(水泥土)挤密桩铺设桩顶垫层前,应按设计要求将桩顶高程以上超出部分的桩尖挖除,将桩周围预留松动土层挖除或夯(压)密实。

(7)灰土(水泥土)挤密桩雨季或冬季施工时,应采取防雨或防冻措施,防止灰土或水泥土料受雨水淋湿或冻结。夏季施工应防止桩体填充料暴晒过干。

15.1.7.3　质量控制

(1)灰土(水泥土)挤密桩质量检验内容应包括桩身及桩间土密实度和复合地基承载力等,对湿陷性黄土地基还应检测桩间土湿陷系数。

(2)灰土(水泥土)挤密桩施工结束7~14d后,采用重型动力触探、钻机取样对桩身质量进行检验:

①检验数量不应少于总桩数的2‰,且不少于3根。

②在全桩长范围内,在桩心附近采用钻机取样,每2m采取试样测定干密度。

(3)灰土(水泥土)挤密桩施工结束7~14d后应对桩间土的处理效果进行检验:

①沿线路纵向连续每50m抽样检验不少于3处。

②在桩间形心点、成孔挤密深度范围内采用钻机取样,每2m取样测定干密度并进行压缩试验,对湿陷性黄土还应进行湿陷性试验。

(4)灰土(水泥土)挤密桩承载力检验宜在成桩28d后进行。应采用单桩或复合地基载荷试验,检验数量为总桩数的2‰,且不少于3根。

15.1.8　柱锤冲扩桩

15.1.8.1　一般要求

(1)柱锤冲扩桩可用于处理黄土、杂填土、粉土、黏性土、素填土等地基,对饱和松软土层应通过现场试验确定其适用性。

(2)施工前应进行现场试验及试验性施工,确定施工工艺及参数。

15.1.8.2　施工方法

(1)柱锤冲扩桩法宜用直径300～500mm、长度2～6m、质量1～8t的柱锤进行施工。

(2)地基处理深度较大时,可采用履带式螺旋钻机或机械洛阳铲取土成孔。桩孔的垂直度偏差不宜大于1.5%,桩孔中心点的偏差不宜超过桩距设计值的5%。

地基处理深度不大于6m时,可采用柱锤冲孔,根据土质及地下水情况可分别采用下述三种成孔方式:

①冲击成孔:将柱锤提升一定高度,自动脱钩下落冲击土层。如此反复冲击,接近设计成孔深度时,可在孔内填少量粗骨料继续冲击,直至孔底夯击密实。

②填料冲击成孔:成孔出现缩颈或坍孔时,可分别填入碎石和生石灰块,边冲击边将填料挤入孔壁及孔底。孔底接近设计成孔深度时,夯入部分碎石挤密桩端土。

③复打成孔:当坍孔严重难以成孔时,可提锤反复冲击至设计孔深,然后分次填入碎石和生石灰块。待孔内生石灰吸水膨胀、桩间土性质有所改善后,再进行二次冲击复打成孔。

采用上述方法仍难以成孔时,可采用套管成孔,即用柱锤边冲孔边将套管压入土中,直至桩底设计高程。

(3)柱锤冲扩桩法施工步骤及技术要求如下:

①清理平整施工场地,应将桩顶高程以上松土全部铲除。

②布置桩位,准确定出桩孔位置并进行编号。

③成孔顺序应由外向里间隔分排进行,防止错位或漏孔。

④柱锤冲扩机就位后,应保持平整稳固,使柱锤对准孔中心,并能自由地落入孔底,确保动能压强。

⑤成桩:成孔达到要求深度后,用标准料斗或运料车将拌和好的填料分层填入桩孔并逐层夯实。

锤的质量、锤长、落距、分层填料量、分层夯填度、夯击次数、总填料量等应根据试验或当地经验确定。每个桩孔应夯填至桩顶设计高程以上至少0.5 m,其上部桩孔宜用原土夯封。施工中应做好记录,并对发现的问题及时处理。

⑥施工机具移位,重复上述步骤进行下一根桩施工。

(4)成孔和填料夯实的施工顺序,宜间隔进行。

(5)封顶或拍底可采用质量2～10t的扁平锤,并铺设、压实垫层。

15.1.8.3　质量控制

(1)柱锤冲扩桩质量检验内容应包括桩身及桩间土密实度和复合地基承载力等,湿陷性黄土地基还应检测桩间土湿陷系数。

(2)柱锤冲扩桩施工结束7～14d后,采用重型动力触探、钻机取样对桩身质量进行检验。

①检验数量不应少于总桩数的3‰,且不少于3根。

②在全桩长范围内,在桩心附近采用钻机取样,每2m采取试样测定干密度。

(3)柱锤冲扩桩施工结束7～14d后应对桩间土的处理效果进行检验:

①沿线路纵向连续每50m抽样检验不少于3处。

②在桩间形心点、成孔挤密深度范围内采用钻机取样,每2m取样测定干密度并进行压缩试验,对湿陷性黄土还应进行湿陷性试验。

(4)柱锤冲扩桩承载力检验宜在成桩28d后进行。应采用单桩或复合地基载荷试验,检验数量为总桩数的2‰,且不少于3根。

15.1.9　水泥土搅拌桩

15.1.9.1　一般要求

(1)水泥土搅拌桩可用于处理正常固结的淤泥、淤泥质土、粉土、饱和黄土、素填土、黏性土以及无流动地下水的饱和松散砂土等地基。对泥炭土、有机质含高的淤泥质土、塑性指数大于25的黏性土,以及夹有块石、较大粒径的碎石、卵石的地基,应通过现场试验确定其适用性。

(2)水泥土搅拌桩按加固材料状态不同可分为浆体搅拌桩(水泥浆搅拌桩、水泥砂浆搅拌桩)和粉体搅拌桩,按施工机械叶片搅拌方向不同又可分为单向水泥土搅拌桩和多向水泥土搅拌桩。处理深度较大、地基承载力要求较高时,宜采用多向水泥土搅拌桩或多向水泥砂浆搅拌桩。

(3)水泥土搅拌桩用于处理泥炭土、有机质土、塑性指数较大的黏土以及无工程经验的地区,必须通过现场试验确定其适用性。地基土天然含水率小于30%(黄土含水率小于25%)时,不宜采用粉体搅拌桩。

(4)确定水泥土搅拌桩处理方案前,应详细查明地基土的分层及组成情况、含水率、塑性指数、有机质含量、地下水侵蚀性和pH值等。

(5)地下水有侵蚀性时,应采用普通硅酸盐水泥和粉煤灰作为胶凝材料,粉煤灰掺量宜通过试验确定。

(6)水泥土搅拌桩施工前应进行室内配比试验,选择满足设计强度要求的水泥、外掺剂及其掺量,并进行现场试验或试验性施工,确定施工工艺及参数。

15.1.9.2　施工方法

(1)水泥土搅拌桩应根据地基条件、工程要求等选择合适的施工机械。施工机械应符合下列规定:

①根据地基的加固深度选择合适的搅拌钻机、注浆泵、粉体喷射机及配套设备,不得使用无浆(粉)体自动计量装置的搅拌机。

②当要求桩体强度较高或有效桩长较长时,宜采用双轴多向水泥土搅拌桩机或双轴多向水泥砂浆搅拌桩机。

③搅拌头翼片的枚数、宽度与搅拌轴的垂直夹角、搅拌头的回转数、提升速度应相互匹配,钻头直径磨损量不得大于10mm。

(2)水泥土搅拌桩桩体搅拌次数应符合设计要求,宜全桩长复搅。

(3)水泥土搅拌桩成桩过程中应严格控制钻进和提升速度、喷粉(浆)高程及数量,确保成桩质量。

(4)粉体搅拌桩成桩过程中因故停止喷粉时,应将搅拌头下沉至停灰面以下1m处,待恢复喷粉时再喷粉搅拌提升;浆喷搅拌桩如因故停浆,应将搅拌头下沉至停浆点以下0.5m处,待恢复供浆时再喷浆搅拌提升。若停机超过3h,应在原桩位旁边进行补桩处理。

15.1.9.3　质量控制

(1)水泥土搅拌桩质量检验内容应包括桩身完整性、均匀性、桩身强度、单桩或复合地基承载力等。

(2)水泥土搅拌的桩身完整性、均匀性、无侧限抗压强度应符合下列规定:

①成桩7d后,可采用浅部开挖桩头,深度宜超过停浆面下0.5m,目测检查搅拌的均匀性,量测成桩直径。检验数量为总桩数的2‰,且不少于3根。

②成桩28d后,应采用双管单动取样器在桩径方向1/4处、桩长范围内垂直钻孔取芯,观察桩体完整性、均匀性,取不同深度的不少于3个试样做无侧限抗压强度试验。检验数量为施工总桩数的2‰,且不少于3根。

(3)水泥土搅拌承载力检验宜在成桩28d后进行,采用单桩或复合地基载荷试验。检验数量为总桩数的2‰,且不少于3根。

(4)对相邻桩搭接要求严格的工程,应在成桩15d后选取数根桩进行开挖,检查搭接情况。

15.1.10 旋喷桩

15.1.10.1 一般要求

(1)旋喷桩可用于处理淤泥、淤泥质土、黏性土、粉土、砂土、碎石土、黄土及人工填土等地基加固及防渗处理。地下水流速过大的地基,土中含有较多的大粒径块石、大量植物根茎或有较高的有机质时,应通过现场试验确定其适用性。

(2)地下水有侵蚀性时,宜采用普通硅酸盐水泥和粉煤灰作为胶凝材料,粉煤灰掺量宜通过试验确定。

(3)旋喷桩施工前应进行室内配比试验,并进行现场试验或试验性施工,确定施工工艺及参数。

15.1.10.2 施工方法

(1)旋喷桩应根据地基条件、工程要求选择单管法、双管法或三管法进行施工。

(2)旋喷桩施工工序为机具就位、插入喷射管(钻孔)、喷射注浆、拔管和冲洗等,施工中应配置浆液自动计量装置。

(3)旋喷桩成孔一般采用振动钻机钻孔,遇到比较坚硬的地层时宜采用地质钻机钻孔。

(4)单管法、双管法的高压水泥浆和三管法高压水的压力应大于20MPa。

(5)喷射孔与高压注浆泵的距离不宜大于50m,桩位与设计位置的偏差不得大于50mm。

(6)孔内喷射注浆应自下而上、均匀提升,喷射管分段提升的搭接长度不得小于100mm。需要局部扩大加固范围或提高强度的部位,可采取复喷措施。

(7)高压喷射注浆过程中出现压力骤然下降、上升或冒浆异常时,应查明原因并及时采取措施。

(8)高压喷射注浆完毕应迅速拔出喷射管。必要时应在原孔位采取冒浆回灌或二次注浆等措施,防止浆液凝固收缩影响桩顶高程。

15.1.10.3 质量控制

(1)旋喷桩质量检验内容应包括桩身完整性、均匀性、桩身强度、单桩或复合地基承载力等。

(2)旋喷桩的完整性、均匀性、无侧限抗压强度可采用以下方法检验:

①成桩7d内,可采用低应变检查桩身均匀性。检查数量为施工总桩数的2‰,且不少于3根。

②成桩7d后,可采用浅部开挖桩头(深度宜超过停浆面下0.5m),目测检查搅拌的均匀性,量测成桩直径。检验数量为总桩数的2‰,且不少于3根。

③成桩28天后,应采用双管单动取样器在桩径方向1/4处、桩长范围内垂直钻孔取芯,观察桩体完整性、均匀性,取不同深度的不少于3个试样做无侧限抗压强度检验。检验数量为施工总桩数的2‰,且不少于3根。

(3)旋喷桩承载力检验宜在成桩28d后进行,应采用单桩或复合地基载荷试验。检验数量为总桩数的2‰,且不少于3根。

15.1.11 水泥粉煤灰碎石桩及素混凝土桩

15.1.11.1 一般要求

(1)水泥粉煤灰碎石桩和素混凝土桩可用于处理黏性土、粉土、砂土和已自重固结的素填土等地基,不适用于淤泥和泥炭土地基。对淤泥质土及夹有块石或碎石、卵石层的地基,应按地区经验或通过现场试验确定其适用性。

(2)水泥粉煤灰碎石桩和素混凝土桩设计应选择承载力相对较高的土层作为桩端持力层。

(3)水泥粉煤灰碎石桩和素混凝土桩设计前,应搜集拟处理区域内详尽的岩土工程资料,包括地层分层及空间分布情况、土的含水率、有机质含量、地下水侵蚀性及 pH 值等。

(4)水泥粉煤灰碎石桩和素混凝土桩施工前应进行室内配比试验,并分段进行现场试验或试验性施工,确定施工工艺及参数。

15.1.11.2　施工方法

(1)水泥粉煤灰碎石桩和素混凝土桩的施工,应根据现场条件选用下列施工工艺:

①长螺旋钻孔管内泵压桩体材料灌注成桩,适用于黏性土、粉土、砂土,以及对噪声或污染控制要求严格的场地。

②振动沉管灌注成桩,适用于粉土、黏性土及素填土地基。

(2)长螺旋钻孔管内泵压桩体材料和振动沉管灌注成桩施工应符合下列规定:

①施工前应按设计要求进行室内配合比试验,施工时按配合比配制桩体材料。长螺旋钻孔管内泵压桩体材料成桩施工的坍落度宜为 160 ~ 200mm,振动沉管灌注成桩施工的坍落度宜为 30 ~ 50mm。振动沉管灌注成桩后桩顶浮浆厚度不宜超过 200mm。

②长螺旋钻孔管内泵压桩体材料成桩施工在钻至设计深度后,应准确掌握提拔钻杆时间,桩体材料泵送量应与拔管速度相匹配。遇到饱和砂土或饱和粉土层时,不得停泵待料。沉管灌注成桩施工拔管速度应匀速控制,拔管速度应大致控制在 1.2 ~ 1.5m/min;如遇淤泥或淤泥质土,拔管速度应适当放慢。

③施工桩顶高程宜高出设计桩顶高程不少于 0.5 m。

(3)冬期施工时,桩体材料入孔温度不得低于 5℃;必要时,应对桩头和桩间土采取保温措施。

(4)截桩应采用切割法,清土和截桩不得造成设计桩顶高程以下桩身断裂和桩间土扰动。

(5)施工过程中产生的弃土应妥善处理,不得对周围环境造成影响。

(6)桩顶垫层铺设宜采用静压法,压实质量应满足设计要求。

15.1.11.3　质量控制

(1)水泥粉煤灰碎石桩和素混凝土桩质量检验内容应包括桩身完整性、均匀性、桩身强度、单桩或复合地基承载力等。

(2)水泥粉煤灰碎石桩和素混凝土桩的桩身完整性、均匀性、无侧限抗压强度可采用以下方法检验:

①成桩 7d 内,可采用低应变检查桩身完整性。检查数量为施工总桩数的 10% ,且不少于 3 根。

②成桩 28d 后,应在桩体中心处、桩长范围内垂直钻孔取芯,观察桩体完整性、均匀性,在桩身上、中、下取不同深度的不少于 3 个试样做抗压强度试验。检验数量为施工总桩数的 2‰,且不少于 3 根。

(3)水泥粉煤灰碎石桩和素混凝土桩承载力检验宜在成桩 28d 后进行,应采用单桩或复合地基载荷试验。检验数量为总桩数的 2‰,且不少于 3 根。

15.1.12　钢筋混凝土桩网(桩筏)结构

15.1.12.1　一般要求

(1)钢筋混凝土桩网或桩筏结构可用于基础变形控制严格的软弱地基加固。

(2)钢筋混凝土桩网结构由钢筋混凝土桩(群)、桩帽及加筋垫层组成,钢筋混凝土桩筏结构由钢筋混凝土桩(群)、褥垫层及钢筋混凝土板组成。

(3)钢筋混凝土桩,可选用机械成孔灌注桩或预制打入(压入)桩。

(4)单一无硬壳的流塑状淤泥或淤泥质土地层,应采取加强桩网(桩筏)结构横向稳定性的措施,并通过现场试验确定其适用性。地基土夹块石、漂石以及岩溶地区,不宜采用打入(压入)桩。

(5)钢筋混凝土桩网或桩筏结构混凝土应满足有关铁路混凝土结构耐久性设计规范等的要求。

15.1.12.2　施工方法

(1)钢筋混凝土桩可根据地基土性质及设备情况选择机械成孔灌注桩或预制打入(压入)桩。地基土容易缩孔时,宜采用预制打入(压入)桩。

(2)施工前应平整场地,并准确进行桩位放样测量。桩平面点位中误差不大于5cm。

(3)施工前应进行成桩工艺试验,并进行单桩载荷试验,确定施工工艺及参数。

(4)机械成孔灌注桩法,宜采用长螺旋、旋挖、冲击成孔,孔内加压混凝土灌注等工艺。

(5)预制桩宜采用锤击法或静压法施工。

(6)打入(压入)桩施工应由内向外施作。

(7)预制实心方桩宜采用焊接或硫黄胶泥锚固接桩,预制预应力管桩宜采用焊接接桩。

(8)钢筋混凝土桩施工后,应对桩头进行处理,使钢筋混凝土桩(群)桩顶高程符合设计要求。

(9)碎石垫层应采用质地坚硬、不易风化且级配良好的砾石或碎石,其最大粒径不应大于50mm,含泥量不大于5%。碎石垫层压实质量应符合路基本体填筑的要求。

(10)土工格栅的连接应牢固,连接强度不低于设计抗拉强度。

(11)填土作业应分层进行,防止集中加载造成桩身歪斜。

15.1.12.3　质量控制

(1)桩网结构质量检测内容包括桩基的单桩竖向承载力和桩身完整性。

(2)预制桩进场应按设计要求进行质量检验。

(3)机械成孔灌注桩施工完成28d后采用无损检测方法进行成桩质量检测。无损检测桩的桩数不少于全部桩数的10%,且每一工点不少于3根。

(4)桩施工完成28d后采用单桩载荷试验进行地基加固效果检测。单桩竖向承载力试验的桩数不少于全部桩数的2‰,且每一工点不少于3根。

15.1.13　钢筋混凝土桩板结构

15.1.13.1　一般要求

(1)桩板结构可用于基础变形控制严格的深厚软弱地基、湿陷性黄土地基、桥隧间短路基过渡段、岔区路基及既有路基加固、岩溶及采空区地基处理等。

(2)桩板结构由钢筋混凝土桩、托梁和承载板,或钢筋混凝土桩和承载板组成。钢筋混凝土桩一般选用机械成孔灌注桩,也可采用预制打入(压入)桩。

(3)桩板结构各构件耐久性设计应符合有关铁路混凝土结构耐久性设计规范等的规定。

15.1.13.2　施工方法

(1)桩板结构施工前应编制施工技术方案。

(2)桩板结构施工前应平整场地,并准确进行桩位放样测量,桩位平面点位中误差不应大于50mm。

(3)机械成孔灌注桩宜采用旋挖、冲击成孔,孔内泵压混凝土灌注等工艺。

(4)桩板结构施工顺序应按照"桩基—(托梁)—承载板"的工艺流程进行。

(5)灌注桩桩身钢筋笼的下放应采用吊车起吊,竖直、稳步放入桩孔内,避免碰撞孔壁造成泥皮或孔壁的破坏,以防桩孔坍塌和断桩、废桩等。

(6)灌注桩施工完成且混凝土强度达到设计强度80%以上时,应对桩头进行处理。距桩顶面20cm范围内的桩头应采用人工凿除,以满足桩顶设计要求,确保桩头质量。

(7)托梁立模施工中,应重点检查桩体伸入托梁的长度,以及桩顶主筋锚入托梁的长度。

(8)托梁与承载板采用刚性连接时,应对托梁顶面作凿毛处理。

15.1.13.3　质量控制

(1)桩板结构质量检测内容包括桩基的单桩竖向承载力及各构件的完整性和均匀性。

(2)钢筋混凝土钻孔灌注桩施工完成28d后应采用低应变反射波法对全部基桩进行成桩质量检测,长度大于40m或复杂地质条件下的桩,应采用声波透射法进行检测。

(3)特殊条件下的摩擦桩,施工完成28d后应进行单桩载荷试验。单桩载荷试验的桩数不少于全部桩数的0.5%,且每一工点不少于1根。

15.1.14　注浆

15.1.14.1　一般要求

(1)注浆可用于岩溶、人工坑洞地基处理及既有铁路工程加固。

(2)注浆方案应根据工程地质、水文地质条件及工程要求,明确注浆处理对象和注浆目的。

(3)注浆材料主要为水泥浆。空洞和裂隙较大时,可在水泥浆液中适量掺入砂、黏性土、粉煤灰或其他掺和料。

(4)施工前应结合工程情况进行现场试验性施工,确定施工工艺及参数。

(5)注浆施工应遵循"探灌结合"的信息化施工原则,根据探察和施工揭示的地质特征调整注浆范围、参数和工艺。

(6)注浆施工不得影响相邻建筑物的稳定性。施工中应注意注浆对周边环境的影响,避免造成地表环境与地下水的污染。

(7)施工结束后,应采用物探、压水试验、钻孔取芯等方法,结合施工过程资料对注浆效果进行综合评价。

15.1.14.2　施工方法

(1)施工前应平整场地,设置集水坑和临时排水设施。

(2)试验性施工应选择代表性场地进行注浆、注水试验,确定注浆压力、注浆量、水灰比、外加剂类型及掺量等施工参数。

(3)施工中应采用自动流量和压力记录仪进行注浆施工记录,并及时对资料进行整理分析。

(4)注浆过程中根据浆液流量、注浆压力特征动态调整浆液水灰比。岩溶注浆水灰比可取0.6~2.0,常用的水灰比为1.0。

(5)注浆孔中应有不少于20%的工序孔兼作勘探孔,取芯并编制柱状图,根据揭示的地下岩溶形态调整注浆工艺。

(6)在钻孔过程中,易塌孔的土层和岩溶发育破碎带应采用跟管干钻。

(7)钻孔钻至设计深度后埋入注浆管,注浆管距孔底距离不大于1m,并在注浆孔上部设置止浆装置。

(8)注浆应按先外后内、自下而上的顺序进行,必要时采用分层注浆。

(9)注浆终注条件:注浆段注浆压力达终注压力(≥0.3MPa),10min持续注浆量不大于5L/min。

(10)施工中应记录孔深、注浆压力、注浆量等内容。

15.1.14.3　质量控制

(1)施工中应加强过程质量控制,按注浆孔的2%~3%布置质量自检孔,且每个注浆段落不得少于3孔。注浆质量应满足以下要求之一:

①自检孔岩芯可见多处水泥结石体,基本填满可见缝隙。

②自检孔每延米注浆量不大于周围4孔平均每延米注浆量的15%。

(2)注浆结束后应进行注浆效果检验,见表15-1。

检测内容与方法表　　表15-1

注浆处理对象	检测内容	检测方法
采空区及人为坑洞	注浆充填率 波速 渗透系数	钻孔法 波速测井法 电磁波CT 压水试验
岩溶	注浆充填率 波速 渗透系数	钻孔法 瞬态面波法(覆盖层小于25m) 电测深法(处理前后同时采用,两者进行对比) 压水试验 电磁波CT
既有工程	注浆充填率 密实度或变形模量	钻孔法 原位测试

(3)岩溶注浆施工结束后应采用钻孔取芯、压水试验、瞬态面波法和电测深法进行质量检验。检查应符合下列规定:

①钻孔取芯及压水试验孔数不少于注浆孔总数的2%。

②瞬态面波法检测点数不少于注浆孔总数的5%。

③电测深法检测长度不少于整治段落长度的10%。

④不足20孔的注浆工程,检验点的数量不少于3个点。

15.2　特长地质复杂隧道总体施工方案及主要施工方法、工艺

15.2.1　施工总体方案的选择

特长地质复杂隧道的施工方法要根据断面形状、隧道长度、工期、地质、周围环境等条件综合确定。选择施工方法时要注意以下几点:

(1)地形、地质的特殊性,如洞口段、浅埋段、易变形的地质状况等。

(2)是否有限制条件,如对地表沉降的限制、地基承载力不足等。

(3)必要时要与辅助工法配合。

(4)要尽量采用能避免围岩松弛的施工方法,如在泥岩或黄土中采用机械开挖。

(5)应尽量使用支护及早封闭,避免多次扰动围岩,控制初期支护位移、变形。

(6)施工组织的统一协调,在同一隧道中尽量减少工法的频繁变换。

(7)尽量采用机械化施工,提高作业效率,加快施工速度。

施工方法的选择关键在于要和隧道的地质条件相匹配,这就要求提供的隧道设计地质资料要齐全完整、真实可靠。要求隧道地质勘察要查明隧道通过地段的地形、地貌、地层、岩性和地质构造;岩质隧道应着重查明岩层层理、片理、节理等软弱结构面的产状、密度及组合形式,断层、褶曲的性质、产状、宽度及破碎程度;土质隧道应着重查明土的地层年代、成因类型、结构特征、物质成分、粒径大小、密度及破碎程度;查明不良地质、特殊岩土的分布及对隧道的影响,特别是对洞口及边仰坡的影响。据此选择合适的方法,对于特长隧道目前比较成熟并广泛采用的是钻爆法和掘进机(TBM)法。

15.2.2　施工总体平面布置

15.2.2.1　施工总平面布置原则

特长隧道主要考虑原则包括：

(1)严格遵守国家、地方有关土地资源使用方面的法律、法规。

(2)充分考虑特长隧道施工特点，利于交通疏解，减少对居民生活的干扰。

(3)以洞口为中心布置施工场地。

(4)轨道运输的弃渣线、编组线和联络线，应形成有效的循环系统。

(5)特长隧道洞外应有大型机械设备安装、维修和存放的场地。

(6)充分利用既有交通资源，尽量节约运输和装卸的时间与费用。

(7)合理布置施工现场的运输道路及各种材料堆放场仓库和工作车间的位置，保证外购材料直达存放场地，避免二次搬运。

(8)火工产品库房布置，按有关规定办理。

其他原则可参照普通隧道工程施工平面布置原则。

15.2.2.2　临时设施布置及说明

长大隧道可主要考虑洞口、斜井口及其他主要区域的施工围挡、辅助生产设施、施工队伍驻地及办公设施的布置。

15.2.2.3　隧道洞口转渣场地与隧道弃渣场地布置

(1)隧道弃渣场地的选择原则。

①场地容量应足够，且出渣运输方便，以使运费最少。

②不得占用其他工程场地和影响附近各种设施的安全。

③不得影响的农田水利设施，不占或少占耕地，尽量选择在荒山或荒地；在可能的情况下，应利用弃渣造田，增加耕地。

④不得堵塞河道、沟谷，不得挤压桥梁墩台及其他建筑物；弃渣堆置应不使河床水流产生不良的变化，不妨碍航运，不对永久建筑物与河床过流产生不利影响。

⑤弃渣场一般选择在地势较低处，最好选择在便于弃渣又不易被水冲走的封闭沟、谷中，尽量避免设在山坡上；在弃渣前应挖出表层土壤层，并保存好；在弃渣堆外围设置排水沟，以防洪水冲蚀。弃渣场堆的边坡，应作防护，“先挡后弃”(对弃渣堆容易发生坍塌的一侧设置拦挡设施)，防止水土流失；在弃渣作业结束后，将原来表层土覆盖在弃渣堆上，进行人工绿化(植树、种草)。

⑥避免选择在雨水汇集量大、冲刷严重的地方；选择在肚大口小，有利于布设拦渣工程的地形位置；施工场地范围内的低洼地区可作为弃渣场，平整后可作为或扩大为施工场地。

⑦拓宽弃渣场选址视野和比选空间，全面综合分析，对于提高选址的合理性和工作效率具有重要作用，而且有利于弃渣场后期的实时跟踪管理；还应考虑景观路、生态路建设的要求，弃渣场地应尽量布置在建设场地视野范围之外。

⑧经过生态脆弱地区，工程设计中要充分体现“预防为主，保护优先”原则。工程弃渣场应避开湿地，以保护其特殊生态功能。

⑨原则上城区规划用地范围内不能设置弃渣场；特殊坑凹大的地方，可根据规划要求设置。

(2)弃渣场地布置。

隧道弃渣均弃于设计指定的弃渣位置。为防止弃渣在雨季被冲走，在渣堆坡脚设挡墙。弃渣场底部埋管排水，并于弃渣场顶部设截水沟、挡墙，外侧设水沟，形成完善的排水系统。渣堆坡面采用播草籽防护。弃渣完成后，将弃渣场整平，渣顶复垦。

(3)洞口转渣场地布置。

在隧道正洞进口、出口及斜井洞口设临时转渣场,卸渣台采用浆砌片石结构,采用洞内皮带机、有轨运输或无轨运输等方式将弃渣卸入临时渣仓后,由装载机配合自卸汽车将渣二次倒运至弃渣场。

15.2.2.4 供电系统

施工临时用电系统按照现行《施工现场临时用电安全技术规范》(JGJ 46)和国家电网公司的特殊要求进行布设。

(1)电源。确定工程拟用电源情况、安装变压器型号,另外要配置适合功率的柴油发电机作为备用电源。

(2)电力线路。从接电点至箱式变压器采用电缆接通,在变压器出口设总动力箱,采用三相五线制供电系统,设专用保护线及三级漏电保护开关,在基坑周围敷设电力电缆,并根据需要布设分动力箱,从分动力箱用电缆为各负荷供电。为尽量避开施工面及降低成本,动力线路、照明线路、生活用电线路等低压线路沿围挡采用架空方式铺设。

15.2.2.5 给水系统

根据现场实际情况,合理布置用水管路,明确用水管路的大小型号、接入各施工作业点的布置方案。

15.2.2.6 施工通风系统

特长隧道通风系统的要求,主要包括:

(1)施工通风设计要尽可有降低通风技术难度,便于施工管理;要尽可能减少风门,减少施工运输通道内的障碍。

(2)瓦斯隧道工作面需要提供的新鲜风量,按照洞内允许最小风速、同时工作的最多人数、同一时间爆破使用的最多炸药用量、瓦斯绝对涌出量以及洞内使用的防爆型内燃机械分别计算,取其中的最大值。

(3)瓦斯隧道的通风系统要根据工程的进展不断进行调整。

15.2.2.7 现场消防

对于特长隧道,必须建立健全消防组织机构和相关制度,加强消防知识的宣传和对现场易燃易爆物品的管理,尽可能消除一切可能造成火灾、爆炸事故的根源。

15.2.3 钻爆法施工隧道

15.2.3.1 隧道开挖

1)洞口、洞门段

隧道开挖前,首先完成洞口截水沟、洞口土石方开挖及边仰坡防护施工。洞口土石方采用挖掘机自上而下分层施工,必要时采用控制爆破。挖掘机配合装载机装渣,自卸汽车运渣,并及时做好坡面防护,开挖一层防护一层。洞口边坡施工完成后,进口、出口均采用管棚进行超前支护。洞口段衬砌完成后适时进行洞门的施工。

2)洞身开挖

通常根据不同的地质条件采用全断面法、台阶法、双侧壁导坑法、中隔壁法(CD法)或环形开挖预留核心土法等进行开挖(详见附录3)。

一般情况下,Ⅲ级围岩段采用全断面开挖法开挖,多功台架湿式凿岩机钻孔,光面爆破;Ⅳ级围岩段采用台阶法开挖,多功台架湿式凿岩机钻孔,光面爆破;Ⅴ级围岩段采用环形开挖预留核心土法开挖,上台阶环形采用人工手持风镐开挖,核心土及下台阶采用挖掘机开挖,人工修整到位,必要时采用控制爆破;断层破碎带等不良地质段采用环形开挖预留核心土法开挖,必要时采用中隔壁法

开挖。

15.2.3.2　隧道出渣

钻爆法施工隧道，正洞段出渣多数采用无轨运输方案，装载机装渣，自卸汽车运输，并配备挖掘机进行隧道找顶和清底渣；也可以采用矿巷式有轨运输出渣。

15.2.3.3　隧道支护

包括超前支护、初期支护和二次衬砌（详见附录3）。

一般情况下，Ⅲ级以下围岩（含Ⅲ级围岩偏压段）采用格栅（型钢）钢架锚喷联合支护；Ⅱ、Ⅲ级围岩采用锚喷支护；Ⅴ级围岩浅埋、偏压段，Ⅳ围岩偏压段采用大管棚超前预注浆加固围岩；Ⅴ级围岩、Ⅳ围岩浅埋段采用小导管超前预注浆加固围岩；Ⅳ级围岩、Ⅲ围岩偏压段采用超前中空注浆锚杆预支护；较高水压、可能突水、突泥、无自稳能力段采用开挖轮廓线外8m或5m超前帷幕注浆；高水压、涌水量大于控制值、有自稳能力段及既有引水隧洞通过段采用5m或3m径向注浆；全隧地下水不发育地段可采用混凝土湿喷机湿式喷射混凝土。

15.2.3.4　隧道通风

对于特长隧道，通风系统的科学设置非常重要，相对于一般隧道，通风系统更需要进行专项设计论证。通风系统是特长隧道施工的一个重点工程。

1）通风设计原则

隧道掘进工作面都必须采用独立通风，严禁任何两个工作面之间串连通风。隧道需要的风量，须按照爆破排烟、同时工作的最多人数分别计算，并按允许风速进行检验，采用其中的最大值。隧道施工中，对集聚的空间和衬砌模板台车附近区域，可采用空气引射器、气动风机等设备，实施局部通风的办法。隧道在施工期间，应实施连续通风。因检修、停电等原因停机时，必须撤出人员，切断电源。

2）通风设计标准

请参照现行标准的规定。

3）必须遵循的原则

（1）必须按照工程实际进行通风方案设计的比选和优化。

（2）必须按经济适用的原则进行通风设备配置，通风机选用环保节能、维修方便风机，通风管在断面许可时尽量采用大直径。

（3）通风机安设在洞外或洞内新鲜风流内，避免污风循环。

（4）通风管挂设必须做到平、直、顺，减少风管阻力。

（5）加强通风管路维护减少漏风，衬砌完成的地段必须更换成新风管，换下来的旧风管经修补后挂至开挖工作面使用。

4）通风系统管理内容

（1）现场安装风机风压较大时，进行演算，必要时在风道内布置小型增压风机。

（2）设立通风作业小组，作业人员进行通风值班，确保按要求通风以及及时关闭有关风门，防止漏风、窜风。

（3）风道板底端及平坡段设置检查口，用于设备检测以及风道除尘，检测及除尘时停止送入污风，并开启排风机向外排风。

（4）风道接缝处（包括钢板连接、边墙接缝等）采用密封胶封堵，减少漏风，提高通风效率。

（5）通风机安装必须稳固，通风方向与施工前进方向一致。

（6）通风机与风管使用要做长远规划，避免反复安装。通风设备要定时检修和保养，平时有两台性能良好的通风机备用，如果隧道通风机突然损坏可随时更换，以确保通风系统时刻处于良好状态。

（7）做好风机用电计划，避免后期电压降太大，不能满足要求。

15.2.3.5　超前地质预报

对于特长隧道,要求在施工过程中对全隧道进行超前地质预报,在设计中的断层带、岩性接触带、富水带、节理密集带、褶皱发育带等地段采用物探方法探测,同时辅以超前水平钻孔探测,进行地质物探综合分析法超前预报。主要采取的手段为TSP、HSP、地质雷达和水平地质钻孔,辅以地质素描等综合探测法。物探方法预报有效距离最长的约可达100~150m,短的达到10~30m。同时将超前地质预报纳入施工工序中,作为一项工序开展(参见附录3)。

15.2.3.6　围岩变形监控量测

按照《铁路隧道监控量测技术规程》(QCR 9218—2015)的要求进行监控量测,隧道施工进行信息化动态管理,确保工程质量和进度。包括监控量测项目,监控量测方法、仪器选用及观测频率,信息反馈基本控制基准及管理基准,监控量测信息反馈及信息化施工等内容(参见附录3)。

特别强调对瓦斯及有害气体浓度的监控量测,主要是对煤与瓦斯突出产生的基本地质条件的分析、研究、观测和预测预报。重点监测:高地应力地区;高量、高压瓦斯煤层;煤包压冲逆断层下盘、封闭的背斜核部、小断层交汇处等特殊构造部位;构造煤的存在等地段或部位。

15.2.3.7　隧道内不良地质及施工地质灾害的处理方案

隧道内不良地质现象很多,如断层破碎带、岩溶、地下水、高地温、强岩爆、软弱围岩大变形、放射性、有毒有害气体、活动断层等。

1)隧道内不良地质体性质的鉴别技术和涌水量监测

(1)塌方地质体性质的鉴别技术。

①隧洞中断层破碎带的鉴别识。

别断层的地层标志、断层面标志 、破碎带的岩石标志 、破碎带的矿物标志、破碎带的构造标志。

②隧洞中岩溶陷落柱的鉴别。

总体形态多为上细下粗的锥体或等粗的圆柱体,轴线与岩层垂直;高度有限,只有少数可以坍塌至地表;物质组成杂乱,成分复杂,主要为上覆岩层的碎块;多为棱角状,大小混杂;与围岩接触面参差不齐,界限明显;虽与断层破碎带(特别是张性断层破碎带)相似,但不具备上述断层破碎带的5种标志。

(2)塌方可能性的判断。

①断层破碎带塌方可能性的判断。

判断依据包括:断层上下盘岩性和岩石力学性质;断层力学性质;断层复合与复合特征;断层破碎带的厚度;断层破碎带的物质组成和胶结程度;断层破碎带的围岩结构;断层破碎带的产状及其与隧洞的空间关系;地下水和地应力的影响等。

②岩溶陷落柱塌方可能性的判断。

包括:岩溶陷落柱的规模大小;岩溶陷落柱的干、湿性;岩溶陷落柱的含泥量和物质组成;岩溶陷落柱边缘的地下水特征等。

③突泥突水可能性的判断。

超前探水时钻孔出现的涌水:

a.独孔喷射距≤5m,相当于涌水量小于100m^3/h,为较小型涌水。

b.独孔喷射距5~9m,相当于涌水量为100~300m^3/h,为小型突水。

c.独孔喷射距9~12m,相当于涌水量为300~400m^3/h,为中型突水。

d.独孔喷射距>12m,相当于涌水量大于400m^3/h,为大型 、特大型涌水。

2)岩爆

隧道施工中可能发生岩爆时采用“以防为主,防治结合”的原则。要认真研究设计文件及相关地质资料并结合开挖面前方的围岩特性、水文地质情况进行预测、预报,判别岩爆存在的可能性及岩爆

等级，以便采取有效的、有针对性的防治措施。

(1)岩爆施工。

在可能发生岩爆地段的隧道施工中，坚持“短进尺、多循环、以防为主、防治结合”的原则。

①掘进时短进尺，每循环进尺宜控制在1.0～1.5m，一般不超过2.0m。

②选用预先释放部分能量的方法。用超前钻孔释放能量或喷射高压水冲洗法，先期将岩层的原始应力释放，以减少岩爆的发生。

③加强光面爆破技术，使开挖轮廓线圆顺，降低岩爆发生的强度。

选用与硬岩相匹配的水胶炸药。周边眼间距较无岩爆地段适当加密，周边眼采用ϕ20小药卷不耦合装药，严格控制药量，尽可能减少爆破对围岩的影响。

④局部增设锚杆及钢筋网或采用钢架锚喷支护等手段进行防护，尽可能减少岩层暴露时间，减少岩爆发生。

(2)发生岩爆采取的措施。

隧道施工中，一旦发生岩爆，应立即采取下列处理措施：

①停机待避，同时进行工作面的观察记录。

②在工作面、侧壁和拱部，每一循环内进行2～3次找顶。

③采用能及时受力的锚杆：锚固剂锚杆。

④采用喷射微纤维混凝土，厚度为5～8cm。

⑤当用台车钻眼，岩爆的强度在中等以下时，可在台车及装渣机械、运输车辆上加装防护钢板，避免岩爆弹射出的块体伤及作业人员和砸坏施工设备。

3)高地应力软岩大变形

(1)针对高地应力软岩大变形地段，主要施工技术措施是：快速开挖、快速封闭、及时支护、及时量测、及时反馈。

(2)施工方法：开挖采用全断面浅眼光面爆破，一次开挖成形或采用微台阶法，上、下台阶一齐起爆。开挖时尽量减少围岩扰动，快速形成封闭结构，改善支护结构的受力状态，控制隧道的收敛及拱顶下沉。

(3)支护原则：先让后抗，以抗为主，先柔后刚，刚柔并举。

(4)支护形式：必要时采用可压缩钢支撑，喷混凝土或喷钢纤维混凝土与锚杆的联合支护。并快速封闭成环，喷混凝土或喷射钢纤维混凝土，采用逐层加喷的湿喷作业；预留变形量；支护与围岩密贴黏结，形成一体，共同发挥支护效果。

(5)监控量测：及时进行监控量测，根据反馈信息，修改支护参数与采取施工技术措施。

4)瓦斯突出地段

瓦斯突出地段施工中，要抓住三个主要环节：严禁火种、瓦斯监测和加强通风。其主要技术措施是：超前预报、加强通风、加强瓦斯监测、配置双回路电源、固定设备防爆等。

(1)超前预报。

隧道通过瓦斯地层时根据设计资料，结合现场实际情况，对瓦斯含量、压力、涌出速度等指标进行测量和分析及早查明煤层的位置和突出性，利用弹性波判断前方煤层的具体位置，采用洞内钻孔测瓦斯的含量及压力。根据瓦斯含量大小、压力、涌出速度三个指标，进行低、中、高瓦斯隧道的分级，以确定采取不同的技术措施。

(2)加强通风。

合理选择风机的功率大小及通风方式，保证有足够的风量及风速，以便稀释及加速瓦斯的排出，使洞内瓦斯含量不大于0.3%。加强通风按下述原则：

①低瓦斯时，将正常情况下的20min通风时间延长到40min，风管尽量靠近工作面。

②当瓦斯严重时要作专门的通风设计，采用以压入式为主的混合式通风。由于瓦斯浓度较高的

地方都在开挖面顶部附近,故吹出风管尽量靠近开挖作业面,一般情况下为8~10m。瓦斯稀释后,通过巷道排出洞外。

③当具有瓦斯突出的危险时,进行专门的通风设计,洞内风速必须达到0.6~1.2m/s。

(3)建立完善的瓦斯监测检查制度。

采用瓦斯自动报警仪与人工检查相结合,配专职的瓦检员,每班两人,对隧道进行全天候交叉巡回检测,对爆破作业,实行“一炮三检制”。

(4)洞内配置双回路电源。

洞内配置双回路电源,隧道施工时的网电为主回路电源,配四台250kW的内燃发电机为另一回路电源,以满足通风、照明、排水的需要。

(5)设备防爆隔爆。固定机电设备防爆,移动机电设备不防爆。

5)突水、突泥地段施工

隧道通过富水段接触带时,施工中有可能产生突然涌水、涌泥现象。

(1)突水地段施工。

洞内突水对隧道施工的危害很大,施工中必须采取相应的防水、排水措施。根据涌水量的大小,提前封堵和疏排,同时做好应急准备,一旦发生涌水,迅速排出,以防大量地下水涌入洞内,造成危害。具体措施(可参考)如下:

①加强地质预探、预报。根据设计文件,在开挖即将进入设计富水地段时,加强工作面前方的地质预探、预报工作,准确掌握前方地下水含量、压力、分布,并结合预测结果设置超前探水孔,判断是否有发生涌水的可能。

②根据水源补给、涌水量和突出水压等预测预报情况及设计要求,分别采取帷幕注浆、超前注浆堵水措施;采用超前钻孔、管道引排等方法,排除部分地下水,减少水量,降低水压。

③采用上部弧形导坑预留核心土法、台阶法等开挖方法,并辅之以超前小导管预注浆止水(浆液为水泥—水玻璃双液浆)穿越突水段。按顺序分部开挖隧道断面,施作支护。支护系统锚杆由厚壁小导管代替。施作支护时,根据渗漏水的情况,在各渗漏水处钻眼引水,设置弹簧排水管。在大面积淋水或水流量仍很大的情况下,设置多层弹簧排水管,通过弹簧排水管将水引入墙脚纵向排水管,流入排水沟将水排出洞外。

④铺设复合防水板,全断面模筑防水钢筋混凝土。

⑤富水地段备足抽水设备,加强施工用水、排水管理,防止拱脚和基底浸泡。

(2)突泥地段施工。

涌水在较厚断层泥或溶洞充填物中往往导致突泥,造成坍方,而且使隧道周围岩体产生空隙以至大体积的空洞,危害更大。

施工中,首先要依靠地质超前预报作出判断,根据断层或溶洞规模及填充物的性质,提前采用超前帷幕注浆或超前小导管预注浆进行封堵,以加固地层并堵水。出现突泥时,必须尽快将口堵住。堵塞的材料以钢筋、钢管和型钢为骨架,填塞草袋、劈柴和木板。堵口后,用喷混凝土将其封闭,并将周围洞身加固;然后沿开挖面周边设超前钢管支护,采用ϕ40mm、ϕ50mm或ϕ80mm长6~8m的无缝钢管。必要时两层、三层重叠,形成“套管”以增大其抵抗松散地层压力的能力。同时在此断面附近设置监控量测点,监控量测围岩的收敛变形情况。

15.2.3.8 确保钻爆法开挖施工质量措施

1)中线与高程控制

(1)测量采用“三级复核制”,即测量总队、精测队、测量组三级复核。

(2)开工前对测量人员进行工程情况、技术要求、测量规范、测量操作规程、测量方案、测量基本知识、测量重要意义的培训。

(3)定期将测量仪器交由有检定资格的检校单位进行检校,确保测量结果的有效性。

(4)施工中与其他标段进行中线和高程的联测,联测结果在测量误差允许范围内方可据此施工,如超出误差允许范围应查明原因,并经调整或改正后,方可据此施工。

(5)积极和监理方测量工程师联系、沟通、配合,满足测量监理工程师提出的测量技术要求及意见。重要部位的测量,请测量监理工程师旁站监理,测量监理工程师经过内业资料复核和外业实测确定无误后,方可进行下步工序的施工。

(6)所有测量的内业资料计算,以及外业实测资料的整理和交底,都必须有计算人,复核人,确保资料的准确无误。现场施工测量要有检校条件,形成闭合或附合导线及水准路线形式,或者换人走不同的路线、不同的测量方法重复测量来达到检核目的。

(7)在拨角测量放线时,为防止方位角达不到设计计算的精度,在放线过程中,直线段每隔100m左右与基本导线联测,用坐标成果表中标出的点坐标值进行校验,如有偏差,修正直线方位角。直线方位、线路长度、高程的测量精度控制,严格按工程测量规范进行。

(8)控制点选在稳定、通视良好、不受施工扰动的地方。导线点要有明显的十字标志,水准点表面为圆球状。测量标志旁有明显持久的标记或说明,并详细记录在草图上,避免外业观测中用错点。测量标志如有损坏,立即恢复。

(9)对地面导线点、地面高程点定期进行复测,随时发现点位变化,随时进行测量改正,严格遵守各项测量工作制度和工作程序,确保测量结果万无一失。

2)开挖轮廓线控制

洞身开挖轮廓线预留围岩变形量,应根据围岩级别、隧道宽度、隧道埋深、施工方法和支护情况采用工程类比法确定。隧道开挖轮廓线以衬砌设计轮廓线为基准,考虑围岩变形量、施工误差等因素适当加大。

3)爆破施工要求

隧道施工采用钻爆法开挖,光面爆破。爆破前根据地质条件、断面尺寸、开挖方法、循环进尺、钻眼机具和爆炸材料等进行钻爆设计,施工中应根据爆破效果及时调整爆破参数。隧道开挖不应欠挖,拱脚和墙脚以上1m范围内严禁欠挖。

15.2.3.9　确保安全的技术保证措施

特长地质复杂隧道施工的技术保证,一方面可参考普通隧道施工技术保证措施,如:隧道开挖安全保证措施、火工品运输及爆破施工安全保证措施、隧道装渣及运输安全保证措施、支护及衬砌安全保证措施等进行编制,另一方面还要根据特长地质复杂隧道施工项目的特点,详细编制隧道不良地质地段安全保证措施、隧道断层破碎带及节理密集带地段施工安全技术保证措施、隧道岩爆地段施工安全技术保证措施、洞口危岩落石地段施工安全技术保证措施、隧道浅埋偏压地段施工安全技术保证措施、隧道富水地段施工安全技术保证措施、隧道软质岩大变形地段施工安全技术保证措施、隧道岩溶、突泥涌水地段施工安全技术保证措施、隧道膨胀岩段施工安全保证措施等

15.2.3.10　应急预案

针对特长隧道的特性,项目应根据具体工程的特点,详细的制定应急救援预案,并经专家评审后实施(详见附录1的有关内容)。

1)针对特长隧道坍塌的应急措施

(1)处理坍方要及时迅速,首先详细观测坍方范围、形状、坍穴地质、水文情况,由专业人员制订处理方案,再进行处理;情况不明时,不可盲目冒险施工。

(2)当坍方仍有发展,先将顶部情况摸清处理妥当再进行下部施工。处理坍方尽量不放炮,在坍穴内工作,设置遇险时安全撤离的通道。

(3)当发生人员伤亡时,立即采取紧急救援工作,救援时必须2人以上进行防护,在确保救援人

员无生命安全威胁的情况下进行抢救工作;若坍塌继续无法救援时,则在安全位置守候待命,以便及时进行抢救,抢救过程中一定要保证抢救人员的生命安全,防止坍塌损害进一步扩大。

(4)当发生关门坍塌,隧道内有被困人员时,要首先考虑通过高压风管向被困人员输送新鲜空气、食品等,维持被困人员生存,再制订可靠的救援措施施救。

(5)当抢救全身被土埋者,根据伤员所处的方向,确定部位,先挖去其头部的土物,使被埋者尽量露出头部,迅速清洁其口、鼻周围的泥土,保持呼吸畅通,进行口对口呼气,然后再挖出身体的其他部位。

(6)对呼吸、心脏停止者,应立即进行口对口人工呼吸和胸部按压。

(7)现场采取与坍塌程度及范围相对应的施工技术措施,控制坍塌的进一步发展。在确保施工人员安全的环境下,积极进行坍塌处理,尽快恢复正常施工生产。

2)针对突泥涌水的应急措施

(1)应急救援指挥部人员在查看现场事故情况后,立即明确紧急抢险方案,抢险组立即按照紧急抢险方案在确保救援工作人员安全的情况下,以搜救被困人员为目标进行抽水、清淤等实施抢救工作,并根据实际情况对断层破碎段进行加固。

(2)当抢救出伤员时,根据伤员人数、受伤程度,由医务人员在现场采取相应的急救措施后,按照"先重后轻"的原则,及时将伤员送到医院进行抢救、治疗。

(3)当事故情况比较严重时,现场救援能力不足时,总指挥立即通知调度中心组报告建设单位、政府和上级相关部门进行救援,同时做好相关救援配合工作。

(4)现场采取安全警戒线或隔离措施,对事故现场周围的居民和事故现场无关人员进行紧急疏散,与事故救援无关的人员禁止进入事故现场,避免灾害损失的次生、扩大。

3)预案的演练

(1)演练要求。

隧道坍塌和突泥涌水是特长隧道施工的重大风险因素,因此,要加强控制。此外,应急预案的演练也十分重要,项目部必须由项目经理部牵头,安全总监负责编制演练方案,项目经理组织实施,演练要求实地进行,不能仅限桌面,应急救援指挥部和每个隧道架子队全员参与。演练要每年举行一次,直至该风险因素消失或降低至一般级别。

(2)演练要达到的效果。

通过演练发现应急救援机制上的不足,予以完善,使所有救援人员明确自己的工作职责,熟悉工作流程,当应急事件发生时,迅速进入工作状态。对所有参建人员进行安全教育,让每一个人在事故发生时都能在最短的时间作出最正确的反应。

15.2.4 TBM(或盾构法)施工隧道

15.2.4.1 隧道开挖

TBM 法为大型机械全断面开挖,与钻爆法相比具有其独特的优越性,但关键在于要根据不同的地质条件进行掘进机(TBM)法的适应性分析,并在此基础上进行设备选型,从而充分发挥本方法开挖的优势、回避其弱势。

隧道掘进机(Tunnel Boring Machine,TBM)通常是指岩石隧道全断面掘进机,它是一种集掘进、出渣、支护和通风防尘等多功能为一体的大型高效隧道施工机械。

与传统的钻爆法相比,掘进机法具有以下明显的特点和优点:

(1)超大型综合设备,要求较安全的运输通道和组装场地及配套设备。

(2)隧道工厂化施工,要求配套设施齐全,且布局合理。

(3)施工速度快,要求材料、配件的供给储存必满足需要。

(4)TBM 设备复杂,对地质较敏感,灵活性小,对前期配套工程的依赖性强。

(5)TBM 施工环节多,相互协调要求高。

(6)用水量、用电量、刀具消耗量大。

(7)作业连续,施工效率高。它可进行掘进、出渣、支护一条龙连续作业,在中硬岩条件下,施工速度为钻爆法的 3 ~5 倍。

(8)开挖轮廓圆顺,超挖量少,可减少劫掠工作量。

(9)对围岩扰动小,避免因爆破振动可能引起的围岩松动或坍塌,施工安全性好。

(10)使用劳动力少,劳动强度低,作业环境好,有利于维护作业人员的健康。

尽管 TBM 施工对隧道围岩条件的适应能力受到一定限制,设备购置和施工费用较高,但随着科学技术的进步,TBM 设计制造及施工技术日趋成熟和完善,国内外采用 TBM 施工的隧道越来越多,已成为隧道施工的主要方法之一。对于特长隧道应优先考虑 TBM 施工的可行性。

15.2.4.2　隧道出渣

通常情况下,有 3 种出渣方式:有轨运输、无轨运输、履带式运输。

对于 TBM 施工隧道,通常采用连续皮带机出渣方案。将隧道掘进产生的洞渣传送至洞口,在洞口设置转渣装置,然后将洞渣转为无轨运输,转运至指定弃渣场。另外,隧道施工所需支护材料及其他施工材料采用有轨运输方式。洞内布设双线,采用编组列车进料。

15.2.4.3　隧道支护

包括超前支护、初期支护和二次衬砌。

(1)常见的超前支护措施有超前管棚、超前注浆、超前锚杆等,主要适用于钻爆法施工隧道,对于 TBM 施工隧道穿越特别复杂或地质条件很差的情况需参考这些工法进行特殊处理。

(2)TBM 施工隧道洞身支护施工方案:隧道初期支护由人工配合掘进机自带的支护设备在掘进过程中一次性完成。TBM 通过完整的Ⅲ级围岩及支护量小的Ⅳ级围岩时,TBM 掘进的同时在护盾后进行锚杆、钢筋网初期支护,在后配套喷浆区域进行喷混凝土支护,通过破碎的Ⅳ、Ⅴ级在围岩时,及时在护盾后进行钢支撑、挂钢筋网、锚杆及初喷混凝土支护,后配套后喷浆区域及时进行二次补喷混凝土。

(3)TBM 施工隧道的二次衬砌施工。

根据总体施工安排,TBM 掘进段必须采取同步衬砌的方案才能确保施工工期,但同步衬砌施工干扰大,影响 TBM 掘进,造成施工工效低。

为了加快掘进并取得同步掘进的经验,在 TBM 预备洞步进时进行皮带运输机、衬砌台车、修补台车、铺防水材料及绑钢筋台车等,并在第一掘进段掘进时进行同步衬砌,在 TBM 第一掘进段结束后检修及步进通过斜井开挖正洞段的同时完成前面剩余的衬砌。TBM 第一掘进段、第二掘进段拱墙衬砌及斜井施工的正洞地砌采用 16.5m 长普通液压模板台车,台车的设计仅需满足运输机车双线通行空间、高压电缆等管线、高压风水管、皮带运输机通过功能。TBM 预备洞采用 12m 长普通液压模板台车施工,台车的设计仅需满足运输机车双线通行空间、高压电缆等管线及皮带机通过要求。二次衬砌利用多功能作业平台人工铺设防水板、绑扎钢筋后,衬砌台车一次整体性完成拱墙浇筑。所有混凝土由洞外自动计量拌和站集中生产,轨行式混凝土运输车运输,泵送入模,插入式振捣器捣固。仰供采用在洞外预制厂地集中预制、养护、存放,列车有轨运输至掘进面,通过掘进机尾部的安装设备进行安装。

15.2.4.4　隧道通风

通常情况下,因特长隧道独头掘进长,通风难度较大,根据总体施工方案安排,需要采用压入式和巷道式通风,分不同阶段进行通风布置。如,将隧道施工期间通风分为两个阶段:

第一阶段:将风机安放在隧道出口,通过风管,将新鲜风压入 TBM 后配套尾部,利用 TBM 后配套上的接力风机向掌子面供风,污风从隧道出口排出。

第二阶段:TBM 转场于斜井出渣后,在洞内采用大功率轴流风机将新鲜风压入 TBM 后配套尾部,利于 TBM 后配套上的接力风机向掌子面供风,污风由斜井通过射流风机排出。

15.2.4.5 TBM 施工的关键技术

1)TBM 选型

TBM 的性能及其对地质条件和工程施工特点的适应性是隧道施工成败的关键,所以 TBM 的选型尤为重要。在设计 TBM 时其各个系统、各个部件的选型按照性能可靠、技术先进、经济适用相统一的原则,依据招标文件、招标文件提供的地质资料,并参考国内外已有 TBM 工程实例及相关的技术规范进行,一般遵循如下原则:

(1)选取适合项目的 TBM 类型。TBM 按适用的工程地质大致分为软岩 TBM 和硬岩 TBM,不同生产商生产的同类的 TBM 在结构上也有很大差别,各有优缺点,要根据工程特点对照选型。

(2)选择有丰富施工经验、产品质过硬、信誉高的 TBM 制造商。了解供应商的生产能力和企业状况,确保能按时、保质完成 TBM 生产、交付。

(3)选用性能可靠的 TBM。TBM 是个非常复杂的施工设备,集机、电、液于一身,要完成掘进、出渣、支护、地质预测预报、测量等重多方面的工作。TBM 由成千上万零部件组成,只要其中任何一个部件或系统出现问题就会造成整个施工的停顿。所以各个系统和部件在选用时优先选用产品质量可靠的 TBM 产品。

(4)选用技术能力与项目匹配的 TBM。在选用 TBM 前要详细了解 TBM 将要应用的项目对 TBM 的功能有哪些要求,TBM 能否达到这些要求,各系统工作能力是否匹配,各性能参数是否符合要求,任何一个系统的技术能力不匹配,都会影响总的生产能力。

(5)选用技术先进的 TBM。随着科学技术的发展,许多先进技术都已应用在了 TBM 上,先进技术是提高 TBM 设备质量的保证,能够使 TBM 具有可靠的性能、快速的施工能力。但是在采用先进技术时要考虑其适用的条件,不能盲目追求先进,还应注意其与项目的适应性。

2)TBM 适应性分析

(1)对地质的适应性分析。

①刀盘、刀具及刀间距之间的适应性。

TBM 在切割不同硬度的岩石时,其贯入度不同,当岩石硬度较软时,如果滚刀贯入度过大,过小的刀间距,会形成粉碎状岩渣,进而导致开挖效率减小、机械能耗浪费;当岩石硬度较高时,同样的推力下贯入度变小,过大的刀间距又影响到破岩效果。为了获得广泛的适应性,选定的刀间距一般为贯入度的 10 ~20 倍,即 65 ~90mm。

②TBM 超前地质预测预报设备的适应性。

采用 TBM 在软弱围岩中进行隧道开挖,对未开挖的前方地层进行较为准确的地质预测预报十分重要,它是制订合理可靠的支护及加固方案的前提和基础。

为了对付隧道的软弱围岩地段以及可能出现的极端地质情况,TBM 配备地质超前预报系统来进行超前地质预测预报,超前钻孔和掘进参数对比分析及地质素描综合地质预测预报方法,通过相互印证以达到准确预测预报的目的。

③TBM 对不良地质的适应性。

通过超前管棚、超前预注浆等超前支护手段对前方的不良地质进行超前处理,使 TBM 能够安全、快速地通过不良地质段。

(2)TBM 长距离掘进的适应性。

TBM 掘进长度超过 15km,要求 TBM 的配套设备如运输设备、通风设备、水电供应设备达到相应的要求,通过计算可采取相应的符合长距离环境要求的设备来满足施工。TBM 的出渣系统可采用长

距离连续皮带机系统,它具有经济、高效、环保、安全、便于维护等诸多优点;进料运输采用轨道运输方式,机车牵引。连续皮带机运输和有轨运输相互配合达到最佳的运输效果,有效缓解长距离掘进所带来的通风、运输等难题。为了缓解长距离掘进所造成的二次衬砌工期压力,配备能够使连续皮带机、运输车辆穿越的液压模板台车,实现同步衬砌施工。

(3)对快速掘进的适用性。

①刀盘刀具对快速掘进的适用性。

TBM 的刀具采用盘形滚刀、楔形安装,刀具轴承寿命长,刀具更换和检查时间少,纯掘进时间相对多,总掘进速度快;刀具承载力大,刀盘可承受的总推力大,在相同岩石硬度的情况下对岩石的切削力大,掘进贯入度大,掘进速度快;刀圈可磨损质量大,使用寿命长,更换次数少,纯掘进时间多,总掘进速度快。

②皮带出渣系统对快速掘进的适用性。

TBM 掘进所产生的石渣必须快速运出才能保证快速掘进,采用连续皮带机出渣方式,将掘进产生的石渣快速、连续不断地输出洞外。

③支护设备对快速掘进的适用性。

TMB 配备的钢拱架安装器具有快速运输、快速安装的功能,能在较短时间内完成一组钢拱架的安装工作。

(4)整机设计功能完备,稳定可靠。

TBM 设计充分考虑了在隧道施工中可能发生的各种情况,具备了 TBM 施工中开挖、出渣、支护、注浆、导向、控制等过程所需的全部功能,包括刀盘刀具、主驱动系统、推进系统、拱架安装系统、超前地质预报预测系统、喷浆支护系统、仰拱块安装系统、油脂系统、液压系统、电气控制系统、激光导向系统及通风、供水、供电系统、出渣系统等。

TBM 的一个主要特点是结构复杂、功能齐全,各个系统都能正常运行才能完成 TBM 施工作业,任何一个环节出现问题都会导致整个施工停顿。所以对关键部件的设计要求非常可靠,如主轴承、刀盘等。由于 TBM 在施工时荷载变化范围很大,并且往往难以得到准确的荷载值,所以在结构设计时选取了较大的安全系数,各部件的强度、刚度均留有较大余量,以满足施工特殊的荷载要求。

(5)良好的可操作性。

TBM 的操作设计充分考虑到减轻操作者的劳动强度,提高操作者的劳动效率。司机在主控室内可以控制 TBM 掘进的大部分操作如启动泵站、推进、调向、刀盘操作、油脂系统的注入、出渣系统的控制等,TBM 的主要状态参数如各种油压油温、各种掘进参数、TBM 的姿态等也直接反馈到主控室内。

仰拱块安装机的操作采用无线遥控的方式,可高效作业。喷浆机械手的操作也全部在一个可移动的操作面板上完成,使操作人员远离喷浆区,减小环境对人的伤害。钢拱架的运输和安装都是通过机械来完成,既安全又快捷。TBM 可操作性的另一个方面还表现在所有的刀具都可以在刀盘背后更换,避免了人员进入刀盘前面更换刀具而可能发生的危险。

(6)技术先进。

TBM 上大量采用变频、液压、自动控制、导向等领域的新技术。其控制系统的底端全部由 PLC 可编程控制器直接控制,上端由上位机进行总体控制。TBM 还可以通过网络系统由洞外技术部门或 TBM 厂家进行远程监控、调试及控制。TBM 的数据采集系统可以记录 TBM 操作的全过程的所有参数。

液压系统的推进系统及仰拱块安装系统大量采用比例控制、恒压控制、功率限止等先进的液压控制技术。

TBM 采用先进的 PPS 激光导向系统来控制隧道的掘进方向。

(7)环境保护。

TBM 设计充分考虑了施工及消耗材料对环境的保护要求。TBM 通过切削岩石实施掘进作业,减小对围岩的挠动;通过以电作为能源的长距离皮带机出渣减小油烟的排放,减轻对环境的污染;

TBM 通过长距离的独头掘进大量减少长大隧道施工中斜井、竖井等辅助设施的数量,不但大大减少工程投资,也避免了这些辅助设施对环境的损害。

3) TBM 进场运输、组装与调试

(1)TBM 的进场运输。

TBM 部件自国外运抵港口后,应及时研究运输方案,及时协调地方各部门,为大件运输做好准备。采用公开招标的方式,选用具有资质的专业运输公司完成。

(2)TBM 组装。

TBM 组装工作主要包括:主机部分的组装、后配套部分的组装和连续皮带机的组装。

①组装刀盘中间块;放置前行走架,并将下支撑放在前行走架上。将主轴承座和机头架组装在一起,并安装到下支撑上。

②将主梁安装到机头架上;在机头架和主梁内安装主机皮带机和受料槽。将刀盘中间块安装到机头架上;同时将鞍架装配到主梁后部,并安装上部水平支撑缸、推进油缸和支撑靴。

③安装后支撑;将主驱动和侧支撑安装到机头架上。

④依次安装环形梁安装器、钻机、走道和人梯,以及液压和电器部件。

⑤铺设后配套行走轨。从后向前依次完成各拖车的组装,每组装完一节向后退让开下次组装空间,全部完成后将其向前推进和主机相连。

(3)TBM 调试。

TBM 调试分两个阶段,第一阶段的调试是在主机和后配套分别组装完成之后进行,调试内容包括辅助设备的单机调试、电气系统和液压系统调试及 TBM 整机调试。第二阶段的调试是在连续皮带机组装完成后,进行联机调试。

4)TBM 步进

(1)预埋 TBM 步进行走轨。

①在步进架后安装挡块,给 TBM 前行提供支反力。

②抬起后支撑,使前下支撑架和行走架着地。

③缓慢伸出推进油缸,使前下支撑架带着 TBM 一起向前滑行。

④当推进油缸伸出一个行程后放下后支撑,使行走架离开地面。

⑤收推进油缸,使撑靴和行走架一起前移,到一个推进油缸行程,收起后支撑,使前下支撑和行走架着地,重复步骤②~⑤,使 TBM 不断前进。

(2)安装步进行走梁总成(步进架),此项工作在开始组装时进行。

当 TBM 通过后即可拆除步进行走轨,同时进行仰拱块和连续皮带机的安装等工作。在安放仰拱块时,还要在两侧安放三角墩,防止仰拱块左右摆动,在仰拱块下注入混凝土砂浆,上面铺设轨道,使后配套拖车通过。在 TBM 步进前完成连续皮带机驱动部分、皮带储存装置的安装工作,步进过程中同步进行皮带机的安装工作。

5)连续皮带机出渣系统

TBM 出渣系统可选用连续皮带机出渣方式。刀盘掘进产生的石渣通过刀盘渣斗后依次进入 TBM 皮带机、后配套皮带机、连续皮带机,由连续皮带机将渣经过长距离的运输输送到洞外(无斜井时)或斜井交叉口处,再通过斜井皮带机输送到洞外(有斜井时)。在洞外皮带机的终端设临时渣仓,用自卸汽车运到弃渣场。运输皮带机采用电力驱动,自动张紧,通过数据线把各皮带机相互联锁,皮带的运行状态可通过视频在主控室进行监视。连续皮带机设储存装置位于连续皮带机后部,皮带可以随着 TBM 的掘进自动释放;连续皮带机支架由人工安装,随着 TMB 的掘进而向前延伸,实现连续作业。

(1)皮带机的安装。

连续皮带机安装在靠掘进方向的右侧,连续皮带机采用支架安装的方法。

采用小型冲击钻钻孔,孔的横向布置为每排孔的距离为3000mm;为加快进度,可采取分两个小组从两头分别进行施工。

首先把连续皮带机架放在支架的正确位置,用螺栓把连续皮带机架与支架连接起来;然后再开始组装第二节连续皮带机架子,使用螺栓把两节皮带机架子连接起来;最后再把第二节连续皮带机架子用螺栓与支架进行连接。按照相同顺序依次把皮带机架子固定在支架上。

(2)皮带的硫化。

将皮带的一头从上部皮带机架子上面绕过,然后使用吊链将皮带的两头拉拢,最后通过电热式硫化机将皮带的两头进行搭接后加热加压。

(3)连续皮带机的调试。

起动皮带机,观察皮带的张紧和跑偏情况,通过张紧装置来调整它的松紧;通过调整托辊和滚筒的角度调整皮带的跑偏;调试皮带机与主机的互锁功能。

(4)掘进中连续皮带机的延伸。

掘进中,在皮带机延伸位置用冲击钻在洞壁上钻孔,并将预埋螺栓锚固。皮带储存箱自动延伸皮带,在皮带机尾部的安全作业窗口安装支架,使用扣件将上部槽形托辊支架与下部连接。

6)TBM 的拆卸和运出

TBM 拆卸在洞内进行。拆除后的部件,从隧道出口运出。

根据以上边界条件,在 TBM 贯通后首先进行正洞连续皮带机的拆除,在拆除连续皮带机的同时进行同步衬砌台车、TBM 管线和后配套管线的拆除等 TBM 拆卸的准备工作。主机和连接桥在洞内拆卸,后配套用机车拖出,在洞外拆卸。

(1)拆机准备工作。

TBM 拆卸准备工作是一项系统的工作,先制订详细的拆卸施工组织设计(包括大型桥吊洞内安装实施性施组),成立相关的机构和组织,确定相关责任人。拆机工作是一个技术性强、危险程度高的工作,拆机施组要请有关方面的专家和专业技术人员进行评审,针对每个细节都要进行技术和安全方面的评估,对重要环节要反复进行论证,必要时进行试验,所有环节安全无误方可实施。在实施过程中要严格按照既定方案进行,不能随意更改;如发现异常情况马上停止,请技术人员判定,确认无误再恢复工作。拆机准备工作主要包括:水、电配置及土建工程;以及拆机设备、工具和材料、拆机人员组织、技术准备等。

(2)拆机实施阶段。

①管线拆解。

管线拆解是 TBM 拆机的基础,TBM 步进到拆机位置时,须将 TBM 的电缆、液压、风、水管线和后配套皮带机的皮带进行拆解。以利于主机与设备桥分离和后配套拖拉拆卸。

②拆机顺序。

TBM 的拆卸遵循先附件再主件、从上到下、从外到内、先拆设备再拆框架的总体顺序。拆下的部件分类包装、存放,对有防雨、防潮、防压、防振、防倾翻等特殊要求的部件要制订特殊的措施,对易锈蚀的部件要进行防锈处理,做长期存放的准备,防止部件损坏。

③拆卸洞内的设备拆卸,场地清理阶段。

完成 TBM 拆卸的所有工作后,开始拆卸桥吊、轨道、地锚等所有辅助设备,完成所有场地清理工作。

④连续皮带机的拆除。

连续皮带机的拆除分为皮带的回收、驱动部分的拆除、皮带机架的拆除三大部分。拆除的顺序为:先进行皮带的回收,完成后再进行驱动装置的拆除和皮带机架的拆除。

(3)拆毕整理阶段。

对使用水冷却的设备必须将机体内的水放净,以防冻裂或生锈,液压系统中的油液不必放出,用钢堵头拧紧,以防生锈或污染。核对设备及构件数量,整理编码标识及存放位置记录。

15.2.4.6　超前地质预报

TBM 隧道工程施工是一个复杂的系统工程,其最主要特点是机械化、速度快,但对地质条件变化适应性较差。根据 TBM 施工的特点及 TBM 刀具的掘土(破岩)机理,配合 TBM 施工超前地质预报应做到以下几点:要求其探测长度大,尽量减少对 TBM 正常工序的干扰,即现场探测时间应尽量短;预报方法应充分考虑 TBM 的工作条件、工作环境,以及对仪器系统的干扰或特殊要求,例如受金属、高压电的影响等;禁止在掘进机机头附近放炮,测试人员不能任意靠近掘进机机头等。为此,考虑所选择的物探方法能够与 TBM 搭载并开展地质预报。

针对目前隧道工程大量涌现的技术需求,国内外许多研究机构倾力于研发搭载于 TBM 施工的超前地质预报方法,重点在搭载探测及探测理论、方法和仪器研发等方面取得创新突破。这些方法主要分为两大类,一类是利用介质弹性波阻抗差,探测前方断层破碎带、软弱夹层等地质构造的探测方法;另一类是利用介质温度场、介电差异、极化特性等,探测前方地下水情况的探测方法。

水平声波剖面法预报技术(Horizontal Seismic Profiling,HSP)及产品设备,利用掘进机刀盘冲击岩石产生的震动信号,测试水平声波反射变化,预报前方地质构造,能够在不停机状态下完成测试;温度场地下水探测技术(Rock-mass Temperature Probing,RTP),可通过温度场畸变的位置和范围来预测隧道开挖面前方地下水情况,防止隧道突涌水地质灾害的发生。由德国 GEOHYDRAULIC DATA 公司推出的电法超前探测系统(Boring-Tunneling Electrical Ahead Monitoring,BEAM)就是针对掘进机系统的一种地质预报系统。该系统在掘进机系统的适当部位安装电极,激发并接收探测前方的电阻率信号,并据此分析探测前方的地质条件。该方法预报距离为隧道洞径的 5 倍(30 ~ 50m) ,激发与接收探头安装在工作面附近能够实施连续探测。在此基础上研发的三维地震(Seismic Ahead Prospecting,SAP)和三维激发极化超前预报系统(Tunnel Induced-polarization Prospecting),利用 TBM 停机工序进行自动化探测,能够对掌子面前方 100m 范围内断层破碎带和前方 30m 含水构造进行三维定位和水量估算。

15.2.4.7　围岩变形监控量测

对于隧道净空位移量测,目前一般采用尺带收敛计、挂尺水准抄平等接触量测方法进行。这种方法具有成本低、简便可靠、能适应恶劣施工环境的优点。但是,采用常规量测方法存在以下问题:常规方法不能靠近隧洞变形敏感部位进行监测,无法获取净空主要位移。由于掘进机设备上众多构件使收敛计拉钢尺的空间随时被阻挡而无法完成量测,尤其在刀盘附近的上层空间更为突出;对于拱顶下沉量测,掘进机上难以提供稳定的测站平台,不能实现用水准抄平方法量测拱顶下沉。为此,采用常规收敛量测方法难以满足 TBM 施工段的净空位移监测要求,其关键问题是受 TBM 设备阻挡,量测位置受限,无法及时获取开挖初期敏感部位的位移。

为解决现有监测方法难以满足 TBM 施工环境下隧道净空位移监测要求,有关单位提供过新方法,即可利用掘进机与隧道周边之间的纵向通视空间,通过对拱顶和两侧边墙三点位应用激光准直法来实现。

该方法技术方案如图 15-1 所示:紧贴掘进机刀盘尾部,在拱顶和两侧边墙最大跨度处岩面埋设测点并安装靶器,在其后方不小于 6 倍洞径的变形已稳定地段安装准直激光源,它提供基准光束射向靶器。当掘进机推进时,围岩变形使靶器随之位移,滑动(手动或电动)靶器上的靶标使之对准光斑(刻线对准或线阵元件控制),由靶器上测量模块测量位移。

该方法的工作原理如图 15-2 所示。拱顶和两侧边墙最大跨度处一般是隧道断面产生最大变形的部位,其位移矢量主要位于竖直(拱顶)和水平方向上(边墙)。因此,技术方案采用上述三点位量测可获取断面上最大净空位移。准直激光源设于围岩变形已稳定或相对稳定地段,以提供基准光束。根据围岩变形的空间效应,一般围岩变形发展主要发生在距掌子面 3 倍洞径内,超出此长度围岩变形趋于稳定。

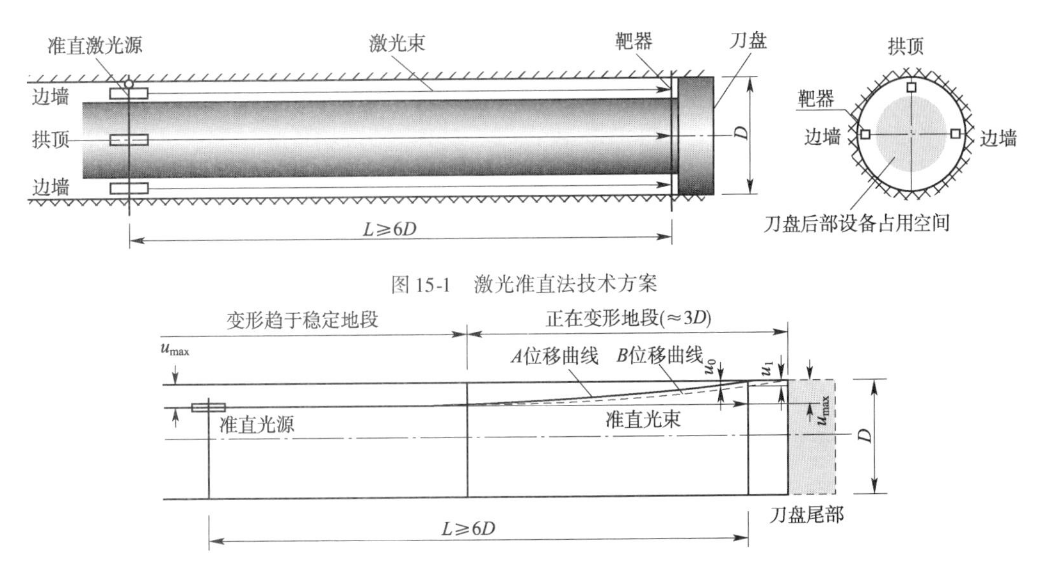

图 15-1　激光准直法技术方案

图 15-2　激光准直法工作原理

如图 15-2 所示，其中 u_0为刀盘尾部测试前已发生位移，u_1为测出位移(新掘进位置 B 位移曲线与原掘进位置 A 位移曲线之差)，u_{1max}为最大测出位移，u_{max}为全位移最大值，$u_{max} = u_0 + u_{1max}$。当测点紧贴刀盘尾部埋设时，u_0很小可忽略，所测 u_1即为围岩变形中主要位移量，$u_{max} \approx u_{1max}$。实施中按不小于 6 倍洞径考虑，目的是确保激光源设于变形稳定地段。必要时(如膨胀性围岩)可通过常规引点以串联接力方式将激光源引至更远处，以确保基准光束稳定，从而实现利用掘进机与隧道周边之间纵向通视空间、通过拱顶和两侧边墙应用激光准直法进行 TBM 施工条件下净空位移监测。

15.2.4.8　隧道内不良地质及施工地质灾害的处理方案

隧道内不良地质现象与钻爆法施工隧道相同，只是 TBM 施工隧道的 TBM 地质适应性问题远不如钻爆法施工隧道，这正是新型 TBM 施工设计应重点研究解决的问题。

15.2.4.9　应急预案

同钻爆法施工隧道。

15.3　水下隧道施工方法及工艺

水下隧道工程与山岭隧道工程、城市地铁隧道工程等相比较，施工技术特点有颇多共同点和相似处，但水下隧道工程具有其独特的环境水文条件和特有的技术问题。水下隧道工程的一般建造方法有：沉管法、暗挖法、盾构法、围堰明挖法、悬浮法等，其优缺点见表 15-2。

其常见的施工方法主要有三种，包括：沉管法、钻爆法和 TBM 法(或盾构法)。钻爆法和 TBM(或盾构法)在隧道工程施工中较为常见，已在第 15.2 章节(复杂地质隧道)中进行了详细介绍。本小节主要针对沉管隧道施工进行详细介绍，并针对水下 TBM 施工应注意的问题进行简要介绍。

15.3.1　沉管隧道施工

15.3.1.1　主要施工步骤

(1)首先根据航道条件、气象和水文等基础资料进行分析研究，选择合理的施工方案，确定关键施工参数，设定各项管理程序，进行场地布置和其他施工准备。

(2)根据设计进行干坞场地选择、干坞工程施工及管节预制。同时进行沉管端基槽开挖施工。

(3)开展管段浮运沉放之前的大量准备工作，包括坞内准备工作，坞内灌水、检漏，坞口破除，管段舾装等。

水下隧道工程常见的建造方法及特点

表 15-2

序号	建造方法	描述	优点	缺点	备注
1	沉管法	在海岸边的干坞里或大型船台上将隧道管节预制好,再浮拖至设计位置沉放对接而后联通成隧	(1)隧道埋深浅，线路相对较短； (2)隧道断面形式灵活，可以做得很大且利用率很高； (3)隧道管节在岸边或船上工厂化预制，质量有保证； (4)隧道管节长度大，接缝少，防水结构可靠； (5)隧道结构比重小，对地基的地质条件和承载力要求较低，且抗震性能较好； (6)技术成熟，造价可控，工程风险相对较低	(1)当水下地形复杂、基槽开挖困难或工程量太大时,不易实现； (2)当海域水深过大时，隧道结构防水能力不足或基槽开挖没有能力实现； (3)水道流速过大时（目前受限于3m/s），管节沉放对接困难； (4)当航道交通异常繁忙时，无法为管节拖放提供时间或空间	使用沉管法修建水下隧道优势明显,有利于在软弱地层中的应用,特别是在江河下游地区更适宜用沉管法修建水底隧道,在有条件的地方修筑海底隧道应该首推沉管法
2	盾构法	盾构技术已很成熟,包括气压平衡(土压平衡)盾构、泥水加压平衡盾构、复合式盾构等多种形式的盾构机和硬岩掘进机(TBM)。TBM 又可分为敞开式和伸缩式双护盾两类	(1)掘进速度快，效率高； (2)施工通风易解决,可实现长距离独头掘进； (3)进洞工作人员作业环境较好，安全保证程度高； (4)隧道管片及防水系统工厂化预制，机械化拼装，质量稳定； (5)比较钻爆法开挖施工隧道埋深要求较低,可缩短线路长度	(1)隧道断面形式和线型受限，灵活度不大，曲线半径不能太小； (2)机件复杂，设备昂贵，建设成本中设备费用占用比率较高； (3)对地层地质和水文情况敏感度极高，在掘进前方不良地质、严重水害和障碍物难以探明的情况下，建设风险较大； (4)掘进中途需要更换刀具和整修刀盘，工艺复杂，操作困难； (5)隧道洞口附近需较大的施工整备场地，包括预制管片的场地,代价较高	使用盾构机法建造水下隧道有其显著优势。在水下隧道建设中，凡能使用盾构掘进机施工的,当优先采用,并为其发展创造条件
3	钻爆法	一般的暗挖法施工最多的是人工开挖、机械开挖和钻爆开挖。这里，主要指爆破法开挖	(1)隧道断面可灵活变化,随机设置，空间利用率高； (2)施工方法和施工顺序易于调整，机动性好，对地层地质适应能力好； (3)借助中间辅助坑道或平行导坑开辟工作面，可以较大幅度地提高整个隧道的施工进度； (4)机械化程度可高可低，便于成本控制，在劳动力价格相对低廉的情况下可以节省工程费用； (5)尤其在掘进过程中遭遇不良地质，像突水、涌泥、熔岩时，工程风险相对较低	(1)钻爆法施工洞内作业环境差，工人劳动强度高，频繁的爆破作业对隧道围岩扰动大，不利于围岩稳定； (2)对海底隧道的埋深要求高，比较沉埋隧道和盾构隧道钻爆法隧道埋深最大，线路最长，相应地加大了工程费用； (3)采用钻爆法长距离独头掘进通风困难； (4)现场构筑施工环节较多，工程质量难以控制； (5)采用钻爆法掘进施工建造水下隧道往往需要有较多的辅助施工手段配合，如锚固、注浆、管棚等。这些工程措施对通过断层破碎带和软弱地层很有效	施工防、排水是钻爆法掘进施工建造水下隧道的关键环节之一
4	围堰明挖法	使用围堰排水后，采用明挖的方法构筑水下工程	是一种较简易的工法,主要用于水深不大或有枯水期的江河	受水深、航道交通、地形等环境因素的影响较大	对水下隧道来说机会不多
5	悬浮法	将工程结构置于水下悬浮状态	使用悬浮隧道的方法尚处在试验研究阶段	受水深、航道交通、地形等环境因素的影响较大	对水下隧道来说机会不多

(4)管段起浮移位,包括管段坞内起浮,管段干舷,管段坞内移位,基槽检测等。

(5)管段浮运沉放及对接,包括浮运、沉放时间拟定,航道管理和封航、限航时间的确定,管段浮运、沉放测量控制方案制订,管段浮运,管段沉放、管段对接,管段对接结束后的加压载水、舾装件水下拆除等作业。

(6)最终接头施工。

(7)岸上段、口部附属建筑及内部装修,包括照明系统、通风系统、交通及设备监控系统,以及给排水、消防及供电系统等的后续施工。

15.3.1.2　关键辅助措施

1)沉管隧道的水下检测与监测

由于沉管法隧道的多个主要作业面位于水面以下,工程质量的控制较为复杂,难度较大,而出现问题时采取补救措施也较为困难,所以水下检测与监测工作在沉管隧道工程建设中占有重要地位。沉管隧道工程的水下检测与监测内容需要根据具体工程特点展开,确定检测位置、范围、检测频率等,在必要时需要根据实际情况开展试验研究。

目前常见的水下检测与监测项目与内容有以下几个方面:

(1)基槽与航道,包括:原始河床面地形调查、土石分界面地形调查,临时航道地形检查,基槽的地形与回淤检测,接口段端头围护结构及坞门的拆除效果检测等。

(2)管段浮运,包括:浮运航道地形检测,临时支承垫块坑的地形与回淤、临时支承垫块碎石垫层的地形检测,临时支承垫块、桩帽的安装检测,管段浮运姿态的监测等。

(3)管段寄放,包括:寄放区原始河床面地形,浚挖地形、回淤,管段寄放姿态监控等。

(4)沉管基础,包括:基槽地形与回淤监测,灌浆基础垫层高程及地形、灌浆基础垫层的覆盖面与饱满度等检查,灌砂(浆)基础充填效果的检测与过程控制,基础灌砂(浆)过程中的水容重检测与监测等。

(5)管段沉放对接,包括:对接前 GINA 带、端钢壳、鼻托(导向梁)、管段进排水口的检测,对接完成后接头形状检测,管段抛石锁定检测(抛石高度与管壁贴合情况),沉放前与沉放对接中的水容重检测与监测,管段沉放对接过程实时姿态监测等。

(6)最终接头,包括:最终接头模板安装检测与止推梁安装检测等。

(7)二次围堰,包括:钢围堰安装检测与水下模板安装检测等。

(8)回填,包括:管段的分层分段回填检测与最终回填效果检测等。

(9)隧道健康监测,包括:隧道轴线与沉降监测、隧道接头状态监测、隧道管段结构性能检测、管段底部基础完整性检测、隧道顶覆盖层检测等。

2)沉管隧道的基础处理及回填技术措施

对于横跨港湾的海底沉管隧道,台风会引起潜在的危险情况发生(如轮船抛锚或沉没),因此,要求采用很厚的覆盖层来保护沉管隧道,以便承受抛锚或沉船等意外荷载。对于一些环境条件比较恶劣,河流(或环流)的流速较大,潮汐水位差较大,水面到结构底部的深度较大,致使在进行沉管隧道基槽开挖时,淤泥成为一个十分严重的问题。一方面,基槽开挖成型困难,基槽边坡稳定性差;另一方面,因淤积速度快,对沉管隧道基底的平顺性、沉管基础的稳定性等影响较大,进一步可能引发沉管管段之间的不均匀沉降,对沉管隧道结构稳定性产生影响。因此,沉管隧道的基础处理及回填技术应得到高度重视。

沉管隧道的基础处理及回填,特别是矩形沉管隧道的基础处理,是沉管隧道施工的难题之一。从沉管隧道基础处理的发展来看,曾使用过桩基法、桥台法、灌囊法、灌砂法,现在常用的有刮铺法(样板刮平法)、喷砂法、压砂法和压浆法。沉管隧道采用什么类型的基础和回填材料,完全根据各沉管隧道的地质条件、水文条件、承包方的施工能力和水平等有关具体情况而定。欧洲国家习惯采用喷砂法和压砂法;美国则大多数采用刮铺法;日本则压浆法使用较多;灌砂法和压浆法在国内多座沉管隧道工程中获得成功应用,并考虑了相应的抗震要求。

至于沉管隧道的回填及覆盖,应根据沉管隧道的埋深、抗浮要求、通航条件等环境要求,对主航道范围内和其他地段采取不同的回填及覆盖措施。在主航道范围内,建议管顶覆盖层厚度不小于设计覆盖厚度,回填材料可采用块石;其他地段则可适当小一些;在沉管两侧则根据基础处理方法回填不同级配的碎石、片石。

沉管隧道基础处理及回填需进一步考虑以下几个问题:

(1)沉管隧道基槽开挖的平整度标准及其检测方法。

目前,世界各国对基槽开挖的平整度标准各不相同,而检测手段则没有解决。为此,需要针对沉管隧道所处的环境、水文等条件,开展沉管隧道基槽开挖与基础处理平整度标准及其检测方法研究。

(2)基础回填材料的选择及其级配问题。

基础回填材料则应根据基础处理的方法,结合当地具体实际条件确定。一般在条件许可的情况下,用得较多的是回填块石和碎石,如基底下回填块石,接近隧底时用碎石,以使底板受力比较均匀,沉管两侧为碎石或块石,管顶覆盖层用片石或块石。材料的级配应满足不同基础处理的要求。如采用压浆法时,要求两侧回填的材料级配尽可能密实,以防管底压浆时,浆液从两侧大量逸出,影响压浆的质量。材料的级配问题应作为回填技术中的一个重点做一些研究。

(3)基础回填的密实度检测问题。

基础回填的密实度与沉管将来的下沉量大小有密切的关系。密实度的检测问题,国外没有很好地解决,国内的珠江和甬江隧道施工时也没有有效的手段来检测回填密实性。珠江隧道在施工前作了灌砂模型试验,密实度与孔口压力、荷载、灌砂孔间距等都有关系,是一个比较综合性的效应。

(4)沉管隧道埋设后可能的水流改变对河床的冲刷影响等问题。

作为水下建筑物,沉管隧道的修建是否会造成水流方向和流速的改变,引起隧址的河(海)床变化(冲刷或淤积)?该问题应根据隧址区的工程地质条件、水下地形地貌、水(海)流情况(包括流速、流向、潮汐、水温等)、泥沙含量以及水深条件等进行具体分析研究,不能一概而论,故在施工过程中及工程完毕后应开展相应的监测及研究工作。

3)岸上段、口部附属建筑及内部装修

(1)沉管隧道的岸上段。从其功能角度考虑,将沉管隧道分为道路沉管隧道和轨道运输系统沉管隧道。沉管隧道一般由沉管段和两岸上段组成,岸上段包连接沉管段的岸上暗埋段和敞开段,但后者不一定是必须的。护岸工程与隧道的岸上段,在结构上相关联,结构受力相互影响,故岸上段必须与护岸工程结合在一起施工。

无论道路沉管隧道,还是轨道运输系统沉管隧道,如沉管段的最终接头采用水中接头,那么两岸上段则可采用明挖法施工;埋深大时,暗埋段亦可能采用盾构法或矿山法施工;如果最终接头设置在与岸上段相连接处,通常将沉管段的最一节做成短管节,并与明挖法施工段共同组成隧道的暗埋段。

岸上段的护岸可分为施工需要的临时护岸与永久护岸两种形式,在采用明挖法施工岸上暗埋段时,通常需要将原永久护岸拆除。为了不使河(海)水倒灌,一般都要做一段临时护岸,待暗埋段施工完毕后,按规划或防洪要求恢复永久护岸,有时可将临时护岸与永久护岸合二为一。

对于道路沉管隧道而言,岸上敞开段为与两岸道路衔接的过渡段,一般做成口形框架,该段设计施工时应考虑的主要因素为抗浮和光过渡段。主要的抗浮措施有四种:在底板两侧加翼板,翼板以上用覆土作为抗浮压重;加厚底板,用敞开段自重抗浮;在敞开段底板设置抗拔锚杆或抗拔锚桩;敞开段底板两侧采用地下连续墙加固抗浮。光过渡段一般有两种形式:全部采用加强人工照明的形式;采用减光建筑与加强人工照明相结合来实现光过渡。

(2)沉管隧道的口部建筑。主要包括通风建筑、管理楼及收费广场以及其他建筑等。在隧道口部一般都设有通风竖井,包括:进风口(包括进风口百叶)、进风口消音器、垂直风机、空气波滤器、送

风道等。在沉管隧道的两岸口部出洞口处还设置的其他建筑有:雨水废水水池、雨水泵房、消防泵房和变电所等。

(3)洞内结构处理。包括压重层及接头施工、路面层及整体道床施工以及防洪措施等。

(4)隧道内部装修。包括机动车道隧管侧墙及顶棚的装修等。

15.3.1.3 沉管隧道工程主要的施工方案和施工方法

沉管隧道施工涉及的工程范畴大、技术面广、工法多、工序转换频繁且复杂,主要包括:管节预制,基槽开挖,管节浮运、沉放及水下对接,基础处理,岸上段、口部附属建筑及内部装修,以及隧道内部装修、通风、排水、消防、供电、监测系统等工程的施工。

本节主要对管节预制、基槽开挖、管节浮运、沉放及水下对接、基础处理、沉管施工测量及监控等进行介绍。图15-3为沉管隧道管节典型施工工序图。

1)管节预制

管段预制技术要求包括:混凝土性能要求、外形几何尺寸精度要求、管段防水要求等。

(1)管节预制模板。

模板系统包括底模结构、底板边模、外侧模板、内侧模板、内隔墙模板和端封门模板。

施工要点:必须保证工程结构和构件各部分形状尺寸和相互位置符合设计要求;模板具有足够的刚度、强度和稳定性,能可靠地承受现浇混凝土的自重和侧压,以及在施工过程中所产生的荷载;模板的刚度、垂直度、平整度、外模板的正确直接决定了管段的最终体积,因此模板安装的精度、混凝土施工过程中对模板的变形的监视特别重要。

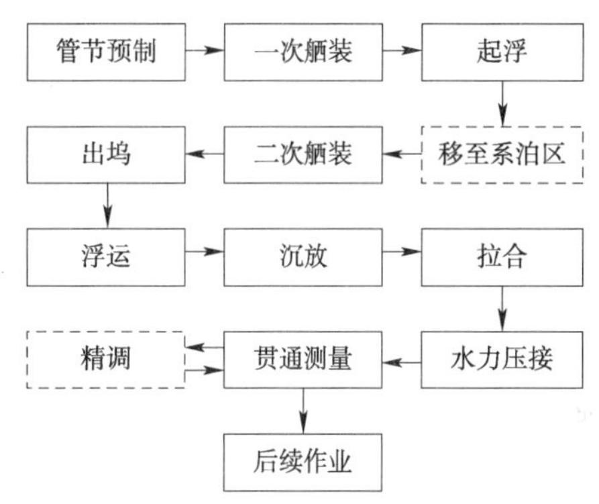

图15-3 沉管隧道管节典型施工工序图

(2)混凝土。

施工要点:为满足管段混凝土性能要求,用低水化热水泥并严格控制用量,在满足强度的前提下,添加外加剂,降低水泥用量。充分利用混凝土的后期强度,在不降低混凝土的强度及抗渗性的情况下,最大限度地减少水泥用量。掺入适量的外加剂,减少混凝土表面裂缝的产生;混凝土浇筑必须保证连续进行,避免施工冷缝;严格控制混凝土的入模温度,避免产生收缩裂缝;严格按照配合比施工,保证管段容重,满足浮运、沉放要求;由于侧墙比中隔墙厚,在混凝土浇筑时,应先浇中隔墙再浇侧墙,始终使中隔墙与侧墙保持相应的高度差,以达到模板及支撑系统受力平衡,避免因偏压造成模板偏移。

(3)端钢壳安装。

端钢壳安装在每一节预制管段的两个端头,与管段混凝土联为一体,主要作用是在连接各管段接头时,用来安装GINA止水带和OMEGA止水带,供管段沉放期间管段结合使用。

技术要求:为使GINA止水带完全均匀压缩,以达到两节管段紧密结合,使接头完全水密,以及适应各管段沉放后的坡度变化,对钢端壳的平整度、倾斜度等制作精度要求较高。

制作及安装:端面板及连接骨架分开加工及安装,连接骨架(包括锚固钢筋)及端面板由专业的钢结构加工厂进行整体加工,分段运输,现场拼装;管段两端浇注混凝土前,在胎架上安装连接骨架,初步调坡并与管段钢筋连接;在管段混凝土全部浇注后,观察管段的稳定情况,待管段稳定后,进行第二次精确调坡,安装端面板,最后在形成的空腔内使用高强水泥砂浆进行压力灌浆。

施工要点:端钢壳在加工、安装过程中,要严格控制因施工而产生的变形,确保误差在允许范围内。防止变形的主要措施是设置临时支撑点来限制构件在空间的自由度,使构件不会产生任何方向的位移,还要增设夹具,加密夹点,并要保证测量控制线的准确性。在焊接工艺上采取间断焊缝,并控制每次焊缝的长度及间断的距离等。在安装后、混凝土施工时、混凝土施工完成后,要加强施工测量,保证其平整度、垂直度、角度满足设计要求。

(4)压载水箱。

压载水箱制作的施工顺序:钢骨架制作→面板的焊接→加劲肋的焊接→防水层制作→水尺、支撑的安装→试漏。

压载水箱制作的施工工艺:清洁作业面,找出对应的水箱预埋钢板位置,根据设计要求完成竖向和横向H型钢安装。型钢安装可以采用手拉葫芦等基本设备辅助定位,四周满焊;焊接面板时先点焊定位,然后再进行单面满焊;焊接加劲肋时遇到型钢中断,端口需用与型钢焊接固定;采用适当的配合比环氧砂浆对预埋件进行堵漏。

(5)端封门。

施工步骤:管段预留端封门钢筋→在浇注管段混凝土之前预埋止水钢板→绑扎端封门钢筋且埋设预埋件→脚手架支组合钢模→浇注端封门混凝土及枕梁混凝土→拆模及养护→安装型钢端封门支撑。

(6)止水带安装。

包括OMEGA止水带安装和GINA止水带安装。

①OMEGA止水带安装。

管段顶的一段OMEGA带:将需安装于端钢壳上部之一段OMEGA带以帆布拉到上部后稍为固定,将OMEGA带的两角拉到上部后以铁扣件扣好;将OMEGA带的1/2用粉笔划上记号对应端钢壳的1/2,以铁扣件扣好及固定,此时,OMEGA带应在中央扣好,左右边却坠下来,接下来的是1/4、1/8、1/16,这种分中的方法可将OMEGA带平均安装好。当整段OMEGA带已安装妥,将所有螺栓上紧。同样用分中方法将侧墙及底板的OMEGA止水带安装好。

②GINA止水带安装。

首先装置其中一只上角,然后再装置另一只上角,将GINA带的中央及钢端壳的上部中央对应之后,将该部分之GINA带角扣件装置好。装置好GINA带的上部后,便可装置侧墙部分,首先装置其中一只下角,然后以分中的方法装置好GINA带的左侧墙,再装置另一只下角,然后以分中的方法装置好GINA带的右侧墙。最后是GINA带的下部,同样以分中的方法装置好。

(7)管段外防水。

管段外防水层包括底钢板外包防水、侧墙及顶板涂料防水层两种,侧墙及顶板涂料防水层待管段混凝土全部浇注完成,并养护30d后进行。

沉管段防水层铺贴顺序为:底板防水施工顺序为先做底钢板,然后做结构;侧墙防水施工顺序为先做结构,再涂防水胶膜,最后做水泥砂浆保护层;顶板先做结构,再涂防水胶膜和水泥砂浆保护层,最后做防锚层。

2)沉管段基槽开挖

沉管隧道基槽开挖与航道疏浚和水底管线敷设工程相近似,故沉管隧道基槽开挖设备多数与相同航道疏浚相同。在水下进行挖掘疏浚工程使用的挖泥船种类较多,有耙吸、铰吸、链斗、抓斗、铲斗、射流等多种形式的挖泥船。通常情况下,沉管隧道基槽开挖需调配大挖深的挖泥船。

沉管隧道基槽开挖应根据隧址区的工程地质条件、水下地形地貌、水(海)流情况(包括流速、流向、潮汐、水温等)、泥沙含量以及水深等条件,设计合适的基槽开挖横断面、纵断面及平面布置,重点考虑三个问题:沉管段的基槽和与其邻接的两岸上段对接区基槽内水力条件变化的影响;基槽开挖深度加深值;基槽开挖过程中泥沙流失控制。为此,应根据施工地段的水文和地质情况,选择不同的沉管隧道基槽开挖方法和相应的开挖设备。对于水深较浅、开挖地层较为软弱的泥、沙、土的地段,采用航道疏浚部门现有的一般设备即可开挖;对于水深较深地段,则需特殊的或专门制作的、挖深较大的设备;对于通过地层为岩石的地段,还需要进行水下爆破后才能进行开挖。此外,由于沉管隧道对基槽底部平整度、沉积物厚度以及基槽边坡稳定性等的要求较高,在基槽开挖时必须考虑防淤和

清淤问题。

除了开挖设备外，定位测量仪器也是施工设备必不可少的一部分，准确的定位测量是保障开挖顺利和工程施工质量的重要手段。常用的定位、测量仪器有 DGPS 接收机、微波定位仪、自动追踪型全站仪、经纬仪、水准仪、测深仪、测深水陀、声速剖面仪、潮位遥报仪等。

沉管隧道的基槽开挖过程，根据基槽所在位置的地层岩性不同分为两类。一类是非岩石类沉管基槽开挖，主要包括：表面清理、基槽切滩、基槽粗挖和基槽精挖等四道工序；另一类是岩石类沉管基槽开挖，主要包括 3 步：

①借助定位测量仪器确定待开挖范围并设立标志，表面清淤并进行测深。

②利用炸礁船按设计要求在基岩上钻孔，装填炸药，将基槽深度范围内的岩石炸开，并用抓斗式挖泥机清除炸碎的岩石，若岩石深度大，还应分层爆破。

③用探杆配合经纬仪、水准仪、测深仪进行平面和水深测量，以最后确认基槽开挖是否符合设计要求。

图 15-4 为基槽开挖流程示意图。

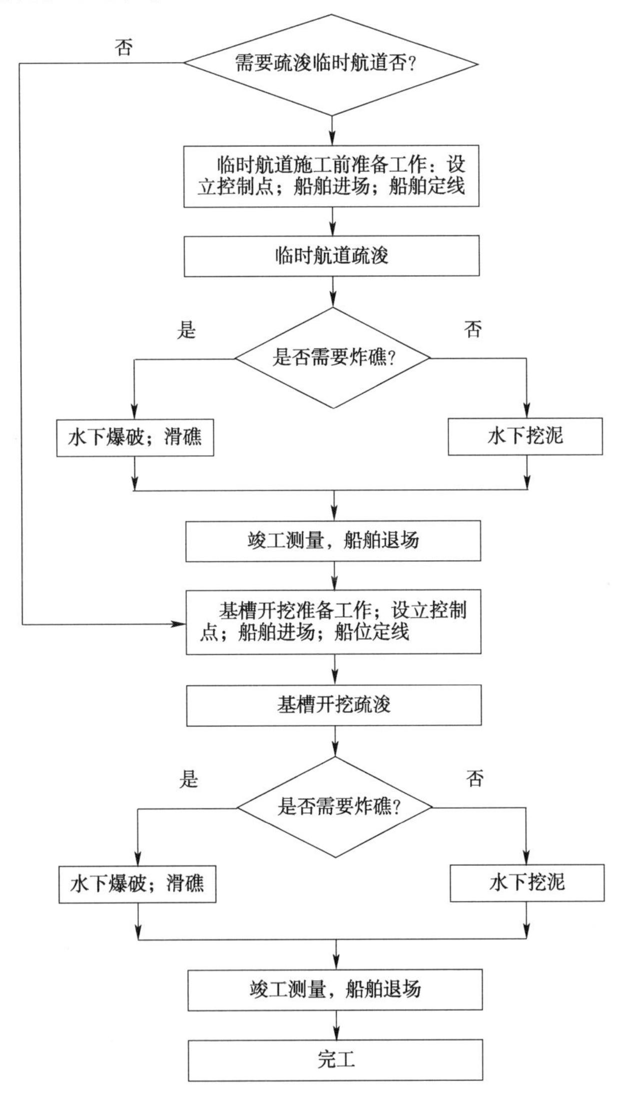

图 15-4　沉管隧道基槽开挖流程示意图

在准备进入管段浮运、沉放施工之前三天停止清淤施工，并同时进行基槽检测。采用超声波水下探测仪和测深水陀相结合的方式进行基槽检测，通过有效的质量控制手段控制基槽施工精度，以满足本工程高标准的验评要求。

3)管节浮运、沉放及水下对接

沉管隧道管节浮运、沉放及水下对接施工流程如图15-5,主要包括管节出坞、管节浮运、管节沉放、水下对接以及对接结束后的作业等。

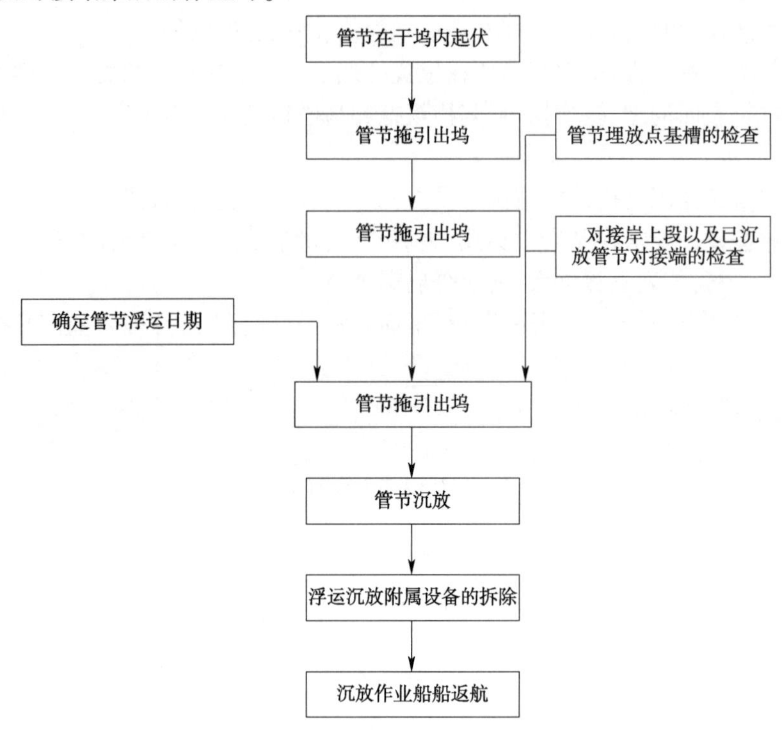

图15-5 管节浮运、沉放及水下对接施工流程图

施工要点:浮运、沉放时间拟定;管段浮运、沉放各工况的结构安全性检算及试验研究;管段浮运;管段沉放(强制灌水加载,匀速下沉;平移调整,水平定位;精确就位,校正误差);管段对接;对接结束后的作业。

4)沉管基础处理

沉管隧道基础处理的目的是消除不规则的空隙,其方法分为先铺法和后填法两类(图15-6)。前者是在管段沉放之前,先铺好砂、石垫层;后者是先将管节沉设在预置于沟槽底上的临时支座上,随后再补填垫实。

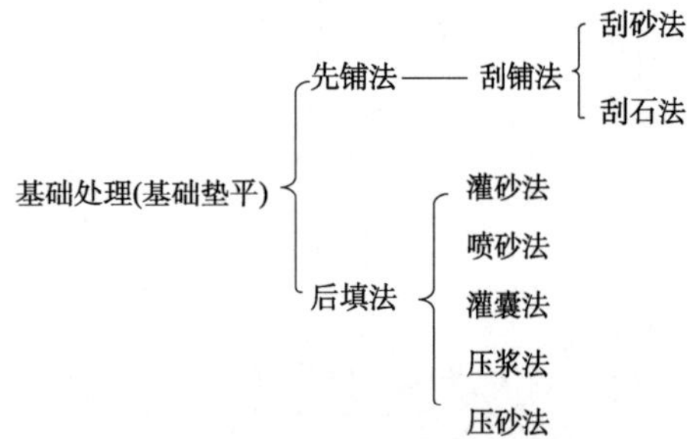

图15-6 沉管隧道基础处理的主要方法

从沉管隧道基础发展来看,早期采用的是刮铺法(先铺法),它适用于底宽较小的钢壳圆形、八角形或花篮形管段。美国早期的沉管隧道常用此法。该法有不少缺点,特别是对矩形宽断面隧道不适用,而逐渐被淘汰,取而代之的是后填法。

后填法是将管段先沉放并支承于钢筋混凝土临时垫块上,再在管段底面与地基之间垫铺基础。后填法克服了刮铺法在管段底宽较大时施工困难的缺点,并随着沉管隧道的广泛应用,不断得到改进和发展,现有灌砂法、喷砂法、灌囊法和压注法,其中,压注法又分为压浆法和压砂法(表15-3)。

后填法各种方法分析对比 表15-3

方 法	基本工艺	优 点	缺 点	适用性
灌砂法	管段沉放完毕后,从工程船舶上通过导管在沉管管段侧面向管段底部灌填粗砂,构成纵向垫层	不需专用设备,施工方便	不能使矩形断面管段底面中部充填密实,故不适用	底宽较小的钢壳圆形、八角形或花篮形管段

续上表

方　法	基本工艺	优　点	缺　点	适用性
喷砂法	主要是在水面上用砂泵将砂、水混合料通过深入管段底面的喷管向管段底部喷注，以填满其空隙。喷砂所筑的垫层厚一般为1m	在喷砂开始前，可利用吸砂设备将基槽底面上的回淤土清除干净，适用于宽度较大的沉管隧道	喷砂台架影响通航，且设备费用昂贵；对砂子粒径要求较严，增加了费用	在欧洲用得较多，适用于宽度较大的沉管隧道
囊袋灌浆法	先在基槽底铺一层砂、石垫层，管段底事先系扣上囊袋一并下沉。管段沉放后，从工程船舶上向囊袋内灌注混合砂浆，直至管段底面以下的空隙全部充填满为止	混合砂浆的强度要求不高，适用于宽度较大的隧道	囊袋较贵，安装工艺、水上作业和潜水作业复杂，现已基本上被压浆法取代	适用于宽度较大的沉管隧道
压浆法	是在灌囊法基础上进一步改进和发展向来的。压浆法是从管段内部，用通常的压浆设备，经预埋在管段底板上带单向的压浆孔，向管段底部空隙压注混合砂浆	不干扰航道；不受水深、流速和潮汐等水文条件影响；施工设备易得，投资少；与管段的底部结合紧密，可防止沉降	对砂浆的强度、流动性、和易性及泌水性都有较高要求	注浆浆液凝固后不液化，在可能发生地震或有其他动载作用的情况下尤为合适
压砂注	与压浆法相似，是在管段底板上预先设置压砂孔，沉放后通过压砂孔向基础压注砂水混合料	对粒径的要求比喷砂法低；价格便宜；不干扰航道；不受水深、流速、潮汐等水文条件影响	对基槽中回淤的要求严格	较广泛，荷兰应用最多

5）沉管隧道施工测量控制

沉管隧道施工测量分地上测量和水下测量，尤其是水下测量难度较大。涉及沉管隧道施工的测量内容很多，主要有：管段预制厂地-干坞施工的有关测量、沉管基槽施工的有关测量以及管段浮运、沉放、安装、对接等过程测量。

这里主要介绍水下沉管对接测量。先在干坞内预制管段，然后炸开坞坝，逐个浮运拖到海面位置沉放和水下对接。在沉放过程中，利用岸上控制点测量沉管棱镜塔目标的坐标，根据棱镜塔目标与管段的几何关系，推算出管段的目前位置和状态，从而指示沉放工作。水下对接完成后，还要准确测出最后状态，以利于下节管段的准确对接。

（1）干坞内预制管段尺寸的检测。

炸开干坞围坝前一定要对预制的管段检测，看其尺寸是否符合对接的精度要求；有问题的要返工，否则影响端面的对接质量和隧道轴线的线路位置。检测前，先建立一个用于干坞内检测的独立控制网，取独立控制网的 X 轴大致与各管段中心轴线平行，利用控制点测取检测点位的三维坐标（X,Y,H）。检测内容包括：管段前后两个端面的平整度，端面形状尺寸及中心位置，管段中心长度，端面与管段中心轴线的夹角（垂直或设计角度）。其中，端面与管段中心轴线的夹角数据最为重要。

（2）棱镜塔与管段的关系测定。

管节位移观测点的设置：浮运沉放之前，在靠近前后端面的管段顶上要安装2个棱镜塔（固定不动），塔的高度要保证管段沉放到底时，塔顶仍在潮位之上：前端面的塔顶宽度基本与管段同宽，两端各安置1个反光棱镜，后端面的塔安在中心，塔顶安置1个反光棱镜，共3个棱镜目标。

测量塔与管段位移测量：在管段浮运沉放前几天进行棱镜塔安装。由于坞坝炸开已很长时间（4～9个月），管段在水中受潮汐的影响很可能发生位移。因此，在测量棱镜塔的同时，需测量管段位移。

(3)沉放过程中的测量工作。

每条水下隧道都先沉放由离岸最远处的取水头,然后逐节对接,最后一节进入岸边的接口井。沉放之前,建立统一坐标系的精密三维控制网。沉放过程中的测量工作包括:浮运过程中的跟踪测量、沉放过程中的跟踪测量和对接后的静态测量。

6)沉管隧道施工监控量测

沉管隧道的施工监控量测与常规的隧道施工监控量测不同,它更多的是关注水下施工质量的控制。由于沉管法隧道的多个主要作业面位于水面以下,工程质量的控制较为复杂,难度较大,而出现问题时采取补救措施也较为困难,所以水下检测与监测工作在沉管隧道工程建设中占有重要地位。沉管隧道工程的水下检测与监测内容需要根据具体工程特点展开,确定检测位置、范围、检测频率等,在必要时需要根据实际情况开展试验研究。

其中,涉及监测的主要项目有:管段浮运姿态的监测、管段寄放姿态监控、沉管基槽地形与回淤监测、灌砂法基础处理过程控制、水容重的检测与监测、管段沉放对接过程实时姿态监测以及沉管隧道健康监测等。其中,沉管隧道健康监测包括:隧道轴线与沉降监测、隧道接头状态监测、隧道管段结构性能检测、管段底部基础完整性检测、隧道顶覆盖层检测等内容。

15.3.2 TBM 法水下隧道施工

15.3.2.1 主要施工步骤

(1)首先分析研究工程环境和工程所处的水文地质条件,选择合理的施工方案,设定各项管理程序,进行场地布置和其他施工准备。

(2)按设计完成 TBM 预备洞、出发洞段的钻爆法施工。其开挖、支护和施工运输与钻爆法水下隧道的施工顺序相同,开挖完成后(在 TBM 步进施工前)再进行 TBM 预备洞段的铺底和 TBM 出发洞的衬砌施工,满足 TBM 步进、试掘进要求。

(3)施工通风根据设计要求及工程进展情况,制订专门的通风方案,分阶段进行。

(4)TBM 的掘进。

(5)施工期间采用每间隔一定距离设置集水井,通过污水箱的水泵排到 TBM 后配套后自流到洞外。

(6)TBM 的拆除和外运。

15.3.2.2 关键辅助措施

1)TBM 高压电缆

TBM 用电采用高压进洞,高压电缆通过电缆挂钩悬挂在隧道的一侧大跨下边墙位置,便于电缆延伸时施工。电缆延伸利于 TBM 自带的电缆卷筒完成,计划每 400m 换接固定长度,固定电缆延伸换接时,将整盘电缆由平板车运输进洞,采用人工转动电缆卷筒将电缆悬挂在隧道边墙上;TBM 自带的电缆采用人工将收盘在平板车上,通过内燃机车运送到后配套后部,然后启动电缆卷筒按钮,将电缆盘在卷筒上,最后由专业电工联结电缆快速接头。

2)隧道施工照明

隧道照明用电前期直接从沿外供电,TBM 掘进距离长后,在横通道设置变压器提供照明用电电源,向两端引出照明线。TBM 设备本身施工照明用电在正常情况下使用高压电源经变压器降压至 220V 的电源。在遇到突然停电或断电的情况下,由后配套系统的发电机自动起动提供 TBM 自身照明用电及安全设备用电。正洞内的照明采用三相五线制,每 30m 布置一盏隧道防水日光灯,照明线支架安装在掘进方向左侧大跨上下部位,采用角钢加工,用冲击钻钻孔固定,在 TBM 掘进过程中由 TBM 值班电工安装完成。

3)风水管线

包括供排水管、通风管和风水管线的延伸。洞内布设 1 根水管,供水由 ϕ200mm 的钢管从洞外

供给 TBM 后配套供水系统,污水用污水箱的水泵排到 TBM 后配套后自流到洞外,不考虑排水管。考虑衬砌台车同步作业的影响,将水管布置在仰拱块中心水沟边缘上。通风管采用满足通风要求的拉链式软风管。

4)运输轨道延伸

洞内布设双线,运输轨道采用 43kg 轨,直接固定在预埋的仰拱块螺栓上。计划采用 12.5m/根的普通钢轨,当班掘进班长视掘进进度情况,通过加长平板车的方式通过机车将钢轨倒运至设备桥下,然后操作轨道吊机将钢轨就位,利用人工或风动扳手将钢轨固定。

15.3.2.3 TBM 施工水下隧道应注意的问题

TBM 选型原则,TBM 适应性分析,TBM 进场运输、组装与调试,TBM 步进,连续皮带机出渣系统,TBM 的拆卸和运出等关键技术及要点参见第 15.2.4 章节。这里,主要对水下隧道施工测量控制、水下隧道施工监控量测和超前地质预报进行简要介绍。

1)水下隧道施工测量控制

(1)控制网复测。

依据设计提供的测量控制点及资料,对工程的平面及高程控制网按等级要求进行严格复测并进行内业平差计算,当测量成果各项指标符合规范要求后,再根据工程的实际需要加密平面及高程控制网。

(2)加密平面、高程控制点布设。

平面控制点:根据工程要求,按控制等级布设控制点。控制点设置在稳固可靠,通视效果良好不易破坏的地方,结合现实际情况,定测时所确定的线路位置以及隧道的进出口,竖井等标桩位置选点布网。在洞口附近设置三个以上平面控制点,便于联测洞外控制点及向洞内测设导线。然后与首级控制网进行联测,按等级及规范要求进内业计算及测量成果整理,作为隧道定位施工控制依据。

高程控制点:可共用平面控制点,在特殊场合也可另设置。洞口水准点布设在洞口附近土质坚实、通视良好、施测方便、便于保存且高程适宜之处。隧道口设置两个以上水准点,与其高程控制网进行联测,内业平差计算成果作为该项工程高程控制依据。

(3)TBM 掘进测量。

①TBM 始发位置测量:也称施工放样测量。TBM 始发井建成后,应及时将坐标、方位及高程传递到井下相应的标志点上;以井下测量起始点为基准,实测竖井预留出洞口中心的三维位置。TBM 始发基座安装后,测定其相对于设计位置的实际偏差值。TBM 拼装竣工后,进行 TBM 纵向轴线和径向轴线测量,主要有刀盘、机头与盾尾连接点中心、盾尾之间的长度测量;盾构外壳长度测量;TBM 刀口、盾尾和支承环的直径测量。

②TBM 姿态测量,包括平面偏离测量、高程偏离测量以及管片成环状况测量。

平面偏离测量:测定轴线上的前后坐标并归算到 TBM 轴线切口坐标和盾尾坐标,与相应设计的切口坐标和盾尾坐标进行比较,得出切口平面偏离和盾尾偏离,最后将切口平面偏离和盾尾偏离加上盾构转角改正后,就是 TBM 实际的平面姿态。

高程偏离测量:测定后高程程加上 TBM 转角改正后的高程,归算到后标 TBM 中心高程,按 TBM 实际坡度归算切口中心高程及 TBM 中心高程,再与设计的切口里程高程及盾尾里程高程进行比较,得出切口中心高程偏离及盾尾中心高程偏离,就是 TBM 实际的高程姿态。

TBM 测量的技术手段应根据施工要求和 TBM 的实际情况合理选用,及时准确地提供 TBM 在施工过程中的掘进轨迹和瞬时姿态;采用 2' 全站仪施测;TBM 纵向坡度应测至 0.1%、横向转角精度测至 1′、TBM 平面高程偏离值和切口里程精确至 1mm。TBM 姿态测定的频率视工程的进度及现场情况而定,理论上每 10 环测一次。

管片成环状况测量:包括测量衬砌管片的环中心偏差、环的椭圆度和环的姿态。管片 3 ~ 5 环测量一次,测量时每个管片都应当测量,并测定待测管片的前端面。测量精度应小于 3mm。

③贯通测量。

隧道贯通测量包括地面控制测量、定向测量、地下导线测量、接收井洞心位置复测等。隧道贯通误差应控制在:横向 ±50mm,竖向 ±25mm。

④竣工测量。

包括线路中线调整测量和断面测量。

(4)隧道内控制测量。

随着隧道掘进延伸,隧道的掘进方向必须严格控制,因此,从洞外引进导线于洞内,在隧道内设置通视效果好且稳固的导线点,直线隧道施工导线点平均边长 150m,特殊情况下不短于 100m。曲线隧道施工控制点埋设在元素上,一般边长不小于 60m。为保证隧道贯通,采用闭合导线,以导线控制隧道掘进方向,每 200m 内组成一个闭合环。定期检查洞内各导线点,如发现误超限,及时改正,确保隧道高精度贯通。

(5)隧道内高程控制测量。

由洞外向洞内引测水准点,首先在隧道内埋设好稳固的水准点,然后严格按等级要求与洞外进行联测平差计算测量成果。隧道内每 200m 设置一个高程控制点,定期检核各点高程。

(6)竖井地面控制测量。

为满足施工需要,严格地按四等导线测量规范增设了导线点,并在竖井处适当位置增设了精密导线点和精密水准点,开展竖井定向控制测量和水准测量。将新增设的控制点与地面首级控制网进行了联测,确保施工竖井的设计位置在多方控制中。井口平面位置根据图纸设计尺寸,采用极坐标法逐点定出,并用相邻控制进行检核各部尺寸,误差在规范规定范围内方可施工。

竖井施工中主要依靠井口十字线控制各部尺寸。高程采用钢尺悬吊法。当竖井开挖至设计高程时,进入隧道施工测量可利用竖井的十字线,采用串线法控制隧道中线。

由竖井进入隧道施工,在隧道内设置控制导线,由于竖井空间有限,向隧道内传递控制定向边较短,导线控制点在施测过程中产生一定误差。随着隧道掘进延伸,误差随着增大。因此控制在一定的范围采用陀螺仪定向,确保相向开挖高精度贯通。

2)水下隧道施工监控量测

与 TBM 施工的复杂地质隧道监控量测相同,参见第 15.2.4 章节。

3)水下隧道施工超前地质预报

水下隧道地质勘察比在山岭隧道地质勘察更困难、造价更高而且准确性相对较低,所以遇到未预测到的不良地质情况风险更大。在水下隧道施工中,由于前方地质情况不明,常常出现各种险情,甚至出现塌方、突涌水等毁灭性地质灾害。因此,必须寻求切实可行的办法来超前探明隧道前方的地质情况。

针对 TBM 施工水下隧道,可提出如下地质超前预报解决方案:坚持以地质法为基础,选择快捷、可靠且适应于 TBM 施工的综合物探方法,建立长短结合、洞内与洞外结合、钻探与物探结合、搭载式与便携式探测方法相结合的综合地质预报体系,参见第 15.2.4 章节。

15.4 典型桥梁施工方法及工艺

桥梁由于工程浩大、技术复杂、造型优美、影响深远,在铁路、公路、市政道路等公共基础设施中具有重要地位和作用,甚至成为一座城市、一个国家或地区的标志性建筑和象征。桥梁的勘测、设计、制造、施工、维护、病害诊治、修缮加固等工作涉及众多学科,随着新材料、新装备、新技术、新工艺的不断研发和应用,一座优秀的桥梁所承载的已不仅仅是车辆和行人等有形荷载,更是历史和文化的传承,它所体现的科技水平是一个国家综合实力的反映,也是人类改善自身生活环境、实现人与自然和谐相处的例证。

近年来，我国现代化特大型铁路桥梁的建设，取得了突出成就，以下主要介绍典型的铁路桥梁施工方法及工艺，主要包括：斜拉桥和拱桥两类。

15.4.1 斜拉桥施工

斜拉桥主塔分为钢筋混凝土主塔、钢结构主塔和结合型主塔，本节所介绍内容，适用于钢筋混凝土主塔施工作业。

索塔是斜拉桥的主要承重结构，索塔的施工质量直接影响到整个桥梁的使用寿命及结构安全。主要有如下特点：

(1)高空作业，斜拉桥索塔一般都有几十米，上百米、甚至几百米高，所有施工作业均为高空作业，施工风险很大。

(2)立体交叉施工，索塔施工包含劲性骨架、钢筋，混凝土、预应力、模板、支架、斜拉索等工程，各种工程施工交叉作业，但一般不在一个高程平台上，施工均在多层平台上穿插进行，相互干扰，影响很大。

(3)多工序转换的循环作业，钢筋混凝土索塔施工包括钢筋、混凝土、预应力、模板、劲性骨架及斜拉索等作业，各工序循环施工，转换速度快，一般只有一两天，甚至仅有几个小时。

15.4.1.1 主塔施工

钢筋混凝土主塔作业内容包括劲性骨架、钢筋、混凝土、预应力、模板、支架、索导管等。钢结构主塔主要为吊装作业。

索塔总体施工工艺见图15-7。

施工准备 → 塔吊及电梯设置 → 下塔柱施工及对拉设置 → 下横梁施工 → 中塔柱施工及对撑设置 → 中横梁施工 → 上塔柱施工及索导管安装 → 上横梁及塔冠施工 → 检查验收

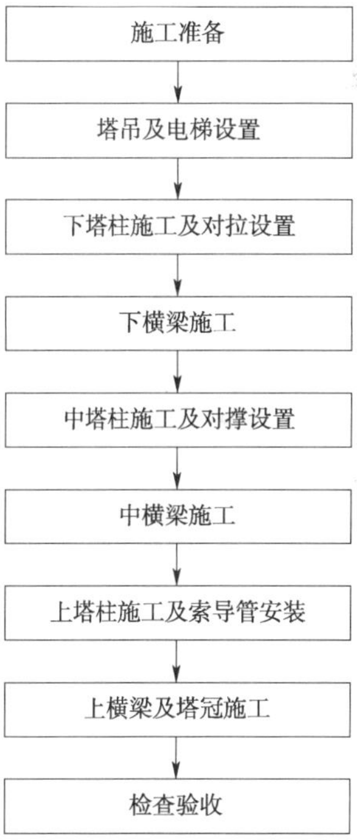

图15-7 斜拉桥索塔总体施工工艺流程图

1)支架工程

在直塔施工中，外支架一般不参与受力，只是作为上下通道及施工平台之用，一般布置在主塔四角，并间隔一定的高度连成整体，形成施工平台。在斜塔施工中，须考虑斜塔施工中主塔本身的稳定，部分须设置支架或预应力予以加固。支架在工厂加工，现场拼装或大节段吊装的方式进行，在施工中，应保证支架的垂直度及附着，使其受力模式跟设计相同，以确保其安全性。在斜塔支架施工中，参与斜塔施工过程中辅助受力部分，应及时设置，保证主塔结构的受力模式，确保主塔受力满足要求。

2)模板工程

主塔外模采用翻模和爬模两种形式，当主塔为空心时，还需设置内模，主塔内模一般采用现场拼装形式，关于模板工程，具体见专项工程工艺。

3)横梁的施工

主塔横梁根据横梁的高度，规模等采用不同的施工方法。当高度不太高时一般采用落地支架法施工，当高度较高，但规模不大时，采用预埋件焊接牛腿的支架法施工，当规模较大又高时，可采用分层浇注和分段悬臂浇注的方法进行。

4)劲性骨架

(1)劲性骨架的作用。在直塔劲性骨架中，骨架主要作用是固定、定位钢筋，索道管，并作为内外模调整的依托。在斜塔中，其不仅起到以上作用外，还需承担混凝土侧压力及偏载。因此，斜塔劲性骨架一般都比较强，其刚度及焊接质量要求高。

(2)劲性骨架的设计。劲性骨架结构首先要考虑索塔钢筋、预应力及索导管的布置，尽量避开布设，在直塔中，劲性骨架受力不大，但索道管精度要求高，因此，劲性骨架应具有足够的刚度。在设计中，应考虑索道管定位和模板调整的方便性，并尽量少影响钢筋混凝土的施工。在斜塔劲性骨架设计时，其受力较复杂，结构也一般很复杂，既要考虑索道管、钢筋等的定位，又要考虑模板的固定，其荷载包括结构重力，混凝土侧压力、混凝土偏载、风荷载及施工荷载。

(3)劲性骨架的安装。劲性骨架一般由新制钢结构组成,工厂分节段制造,现场采用节段吊装焊接的方式进行。

5)索道管施工

索道管在专用台座上加工制作,索道管加工要满足以下要求:

(1)索道管中心线与锚垫板中心线不能有偏角。

(2)钢管切割后两端必须磨光,出口端的内侧须磨成圆弧倒角。

(3)钢管与锚垫板焊接时,锚垫板圆孔边缘不得露出钢管内壁,否则必须打磨齐平。

(4)钢管焊接时必须用同材质的焊条,且须保证内表面光滑。

索道管、劲性骨架加工好后,进行索道管安装定位。安装一般步骤为:

(1)根据设计数据进行相对位置的尺寸计算。

(2)测量对台座进行放样,并将索道管位置在劲性骨架上做好标志。

(3)用吊车吊安索道管,测量人员用钢卷尺、测距仪反复校核,直到满足设计位置后用角钢固定。

(4)劲性骨架与索道管进行中跨、边跨及节段编号、堆放,堆放时应避免劲性骨架变形。

(5)劲性骨架与索道管拼装为整体进行吊装,并进行索道管的精确调整。

6)预埋件施工

索塔预埋件分工程埋件和施工埋件两种,工程埋件有限位支座预埋钢板、塔内检修楼梯预埋钢板、铁门门洞预埋钢板、预埋通风孔、照明灯座埋件、航空障碍灯灯座埋件;施工埋件主要有塔吊附着埋件、电梯附着埋件、泵管、水管附着埋件、横梁支撑牛腿埋件、横梁支撑钢管埋件、中塔柱临时撑杆埋件、脚手管支承埋件等。工程埋件按设计要求的材料和尺寸加工,在加工场完成,由专人负责。加工、安装严格按照设计图纸进行。

7)索塔防雷设施

主塔作为一个高耸结构,容易遭遇雷击。除设计设置的避雷装置以外,在施工期间亦需要注意防雷击。施工期间的防雷装置可利用主体结构设计的防雷装置。每根接地极的电阻应小于4Ω,根据施工进度,进行逐段测定,每年在雷雨季节以前亦必须检查接地极和接地电阻,以策安全。

15.4.1.2　主梁施工

1)预应力混凝土主梁悬浇施工

本节介绍工艺适用预应力混凝土斜拉桥主梁的悬浇节段施工,悬浇施工常用牵索挂篮。牵索挂篮按其受力特点可分为长平台牵索挂篮和短平台牵索挂篮。长平台牵索挂篮通常为后部悬挂于已施工混凝土主梁上,前端与既有斜拉索连接,并将力传递至主塔。短平台牵索挂篮为长平台牵索挂篮与普通挂篮相结合。

施工工艺的内容包括:施工准备、牵索挂篮安装及静载试验、挂篮提升并定位及高程调整、模板、钢筋、预应力管道和索道管的安装、斜拉索的张拉、混凝土浇筑及养护、预应力张拉及孔道压浆等、体系转换及永久索张拉、挂篮走行等。斜拉桥主桥悬浇施工工艺流程见图15-8。

(1)施工准备。

①牵索挂篮安装前施工塔下现浇段,其长度应按照设计要求并满足悬浇挂篮拼装长度的需要,在支架上就地现浇混凝土,张拉预应力后,挂拉斜拉索。

②牵索挂篮的设计与工厂制造。

③施工期间为了保证主梁在悬臂浇注施工状态下的稳定性,在塔梁间应设置竖向、纵向、横向临时约束。

(2)牵索挂篮安装及静载试验。

①挂篮安装前,各重要构件应按设计图纸要求进行探伤检查和试拼组装。挂篮构件在拆装和运输过程中如有变形,必须进行矫正合格后才使用。

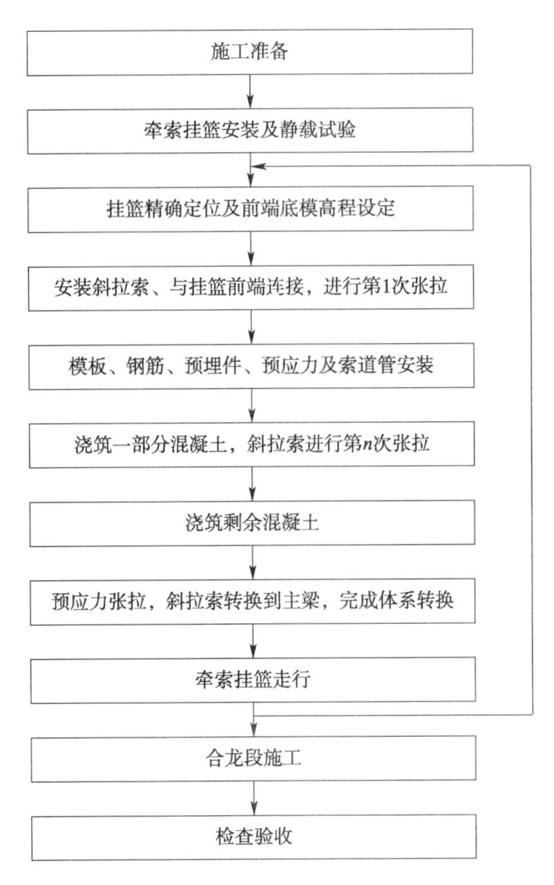

图15-8　斜拉桥主桥悬浇施工工艺流程图

②按既定方案进行安装，可整体提升，也可按构件顺序安装。首先安装承重系统，然后安装吊挂及升降系统，把挂篮提升到位。

③挂篮定位锁定。挂篮提升到位生，使用中后横梁的吊挂系统微调立模高程。用横向水平千斤顶调整挂篮纵向位置。当挂篮平台调整至设计要求后，将抗剪柱与梁体间抄实，中后横梁吊挂 收紧顶死。使挂篮与梁体牢固连成一体。

④安装第一个悬浇节段索导管，挂设斜拉索，通过接长杆将斜拉索固定在牵索纵梁前端的承压支座上，并张拉至设计牵索索力。

⑤在挂篮拼装完成后，在中后吊挂处设置传感器，对挂篮进行称重。

⑥称重完成后，通过液压千斤顶与螺旋支顶交替作业，顶升挂篮进行挂篮提升试验。挂篮提升到位到，将挂篮定位锁定。

⑦挂篮静载试验模拟第一个悬浇节段，进行荷载分级试验。

(3)主梁节段施工。

①完成模板安装、绑扎钢筋、索道管安装、预应力体系安装、预埋件安装等。

②浇筑一部分混凝土，从前往后浇筑。然后再次张拉斜拉索，并完成剩余混凝土的浇筑。

③待混凝土达到设计强度以后，张拉预应力，并进行孔道压浆及封端。

(4)牵索挂篮走行。

①按照退索索力继续张拉斜拉索，然后拧紧主梁锚块处缆索锚头大螺母。再拆除斜拉索与接长杆的连接，把斜拉索转换的主梁上，并张拉至设计索力，完成体系转换。

②牵索挂篮脱模，依靠中吊挂及反顶装置，使挂篮整体下降。

③利用顶推千斤顶顶推挂篮整体前行，需同时同步进行。

④顶推到位以后，进行挂篮位置调整，然后锁定挂篮，进行下一个主梁节段的施工。

(5)牵索挂篮主要特点。

①施工过程中各工况的受力具有空间特点,在长平台牵索挂篮提升、下降和走行过程中,在顺桥向可以假定为简支受力,其受力较为明确。当牵索张拉之后,长平台牵索挂篮均为多点受力,属于超静定结构,无法通过静力平衡条件求得各构件的内力。因此,在计算时需先明确斜拉索的中间索力,再进行结构计算。

②对于单索面牵索挂篮来说,由于索间距较小,其平面稳定性较差,要求后吊挂系统及底平台系统刚度适当加大,以增强其稳定性。

③由于牵索挂篮前端为斜拉索受力,受其长度、角度及受力的影响,挂篮前端变位相对较大,在施工工程中要不断调整斜拉索的索力,以调整高程,施工烦琐。

(6)牵索挂篮几个问题的说明。

①牵索系统与底平台连接问题。

牵索挂篮前端点通过牵索系统传递到斜拉索,再传递到主塔,但除斜拉索平行布置外,其余布置锚固点与斜拉索的角度是个变化值,在牵索锚点的设计中,一般在牵索纵梁锚点位置设置弧形首,以适应斜拉索不同角度的锚固,也有部分牵索挂篮通过活动铰的方式实现,但结构比较复杂。

②牵索张拉问题。

牵索挂篮在施工过程中需要多次张拉,以适应不同工况的受力需要。张拉时应尽量保证同步进行。

③走行问题。

牵索挂篮没有主梁系统,其走行一般采用前走行框加后反压轮的方式进行。也有部分在梁顶设置走行主梁,这种走行方式就同普通挂篮。

(7)短平台牵索挂篮挂篮施工。

复合挂篮是几种挂篮形式的综合运用,一般是牵索挂篮作为主要受力模式,而普通挂篮部分只作为补充,其作用是增加稳定性,参与部分受力,减小梁端变形,减少牵索调节次数等作用。其施工综合有普通挂篮和牵索挂篮的方法,挂篮施工中应注意如下几点:

①挂篮为多次超静定结构,受力复杂,挂篮主梁系统一般均比较弱,在施工中应严格控制变形,及时调整牵索索力,使其满足设计受力模式要求。

②混凝土应均匀浇注,确保少产生偏载,准确计量,以准确确定牵索张拉时间。

(8)合龙段悬浇施工。

①合龙段劲性骨架施工。

合龙段劲性骨架是为了在合龙段混凝土达到强度前不受扰动,以保证混凝土质量。劲性骨架共受 3 个方向的力,在劲性骨架锁定时,合龙段受力模式表现为:由于温度力的影响,右侧伞体结构会向右侧滑动或有滑动趋势,因此,纵向所受水平力为大温度力或大摩擦力;由于索梁温差、梁顶底温差,塔梁温差等影响,主梁会上下扰动,竖向需要克服上下扰动产生的竖向剪力;右侧伞体由于不平衡风力的影响,将产生水平转动趋势,水平向需要克服这方面的水平剪力。因此,劲性骨架设计中应全面考虑三向受力,以保证合龙段混凝土质量。

劲性骨架一般由三部分组成,即纵向拉压杆、竖向剪刀撑和水平剪刀撑,在劲性骨架焊接前,需要进行连续 2 到 3 天的温度、合龙口测量,以确定劲性骨架锁定时间,锁定温度及为了保证线形而采取的措施。等确定锁定要素后,进行一侧的水平拉压杆和竖向剪刀撑的焊接,等焊接完后在确定温度稳定时迅速将共轭端焊接锁定,后焊接水平剪刀撑,完成劲性骨架施工。

②吊架施工。

在劲性骨架锁定后,即可进行吊架的施工,吊架由挂篮或模架改制而成,在合龙前后一个块段施工完后即进行挂篮(模架)改制工作,在中跨合龙段施工时,其中一只挂篮(模架)拆除(或后退,根据计算确定),将另一只改制为吊架,等合龙段锁定后,在合龙口两侧设置吊杆,将吊架安装于合龙口,

即可进行合龙段钢筋混凝土施工。

2)预应力混凝土主梁悬拼施工

本节介绍工艺适用于铁路斜拉桥预应力混凝土主梁悬拼施工，在混凝土主梁安装方案、安装支架设计、吊装设备、合龙技术和测量监控的技术措施和工艺措施等方面，可供今后其他类似大型桥梁混凝土梁悬拼施工借鉴。

主梁悬拼工作主要有塔区梁段施工(如0号、1号块段)；塔区梁段在纵向、竖向、横向临时锁定；架梁吊机安装；对称悬拼梁段施工及监控；合龙段施工工艺流程见图15-9。

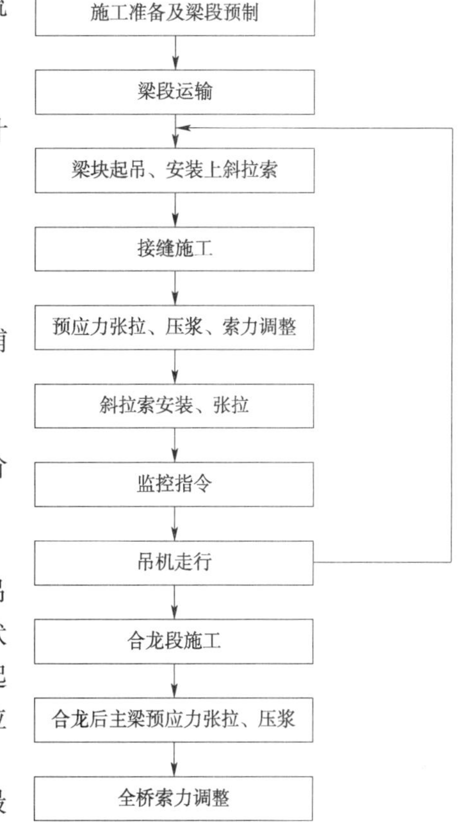

图15-9　斜拉桥主梁悬拼工艺流程图

(1)施工准备、梁段预制及运输。

①对预制梁块匹配面检查、清理。混凝土龄期达到设计要求后清理表面污物，疏通预应力管道。

②对预制件进行成品检查，做好坐标换算工作。

③对预制梁块运输设备进行检查、试车。

④对架梁吊机进行检查、试车。

⑤取得胶拼材料的试验结果，准备好胶拼材料和其他辅助工具，做好胶拼人员的技术培训工作。

⑥制订水上运输方案，并获得河道管理部门的许可。

⑦取得塔柱的初始状态系数，以便同梁块架设的不同阶段进行对比照。

(2)主梁吊装试拼。

架梁吊机起吊预制梁块应垂直起吊，不得斜吊。在起吊预制梁块20cm左右时应停止提升，检查起重设备的工作状态；确认其状态正常后，继续提升；同时撤走运输车(船)。起吊梁块上结构的连接应快速、安全有效。梁块起吊至桥面位置后，通过吊机顶部平移机构与一拼梁块对接试拼，其目的：

①检查梁块之间的匹配情况。要求试拼时梁块之间的最大间隙不得大于2mm。

②检验孔道对中情况，用直钢管检验，要求能顺利通过匹配面，否则应对孔道进行处理，使其顺直。同时穿入预应力筋与已拼梁块试接。

(3)主梁悬拼。

起吊梁块试拼合格后，通过吊架上的纵推油缸使起吊梁块与已拼梁块之间产生400～500mm的顺桥向距离(满足梁块间涂胶以及涂胶后对位拼接的空间要求)。涂胶完成后，将起吊梁块退回到预拼的位置，精确对位后张拉主梁纵向预应力，使胶拼材料在压力状态下固化(固化压力应不小于0.2MPa或根据设计要求执行，挤压应在3h以内完成)。可以通过以下手段实现梁块的全方位位置调整：通过吊架两侧提升设备的同步升降，调整梁块的高程位置，通过两侧提升设备的不同步升降，调整梁块的横桥向高差，通过吊挂在吊架和梁块之间的倒链，调整梁块顺桥向的扭角，通过在起吊梁和已拼梁块之间设置千斤顶，调整起吊梁块的顺桥向位置。

(4)湿接缝施工。

在干拼梁块一定距离后需用现场浇筑的湿接缝对梁块进行拼接。采用湿接缝的主要目的为调整梁体线型。因此，湿接缝后的第一个梁块定位显得十分重要。其高度、纵轴线、仰角、水平扭角应符合监控部门的要求。

①梁块定位。

a.测量放线，在已拼梁块上打出桥中线及第一道横隔墙中线位置。

b. 调整吊架梁块的三维坐标。满足中线和里程要求后通过接头短筋焊接与设置剪刀支撑临时固定。全部过程必须有测量跟踪监控。

c. 定位精度要求：首先应满足设计要求。设计无要求时可参考以下数据执行：纵轴线偏差≤1mm并与纵轴线平行；横向隔墙里程偏差≤2mm；梁顶四角高程误差±2mm；纵向扭转≤5×10^{-4}弧度。

②湿接缝施工。

梁块临时锁定后，脚手平台移至湿接缝处，立底模，安装底板预应力孔道，底板钢筋焊接、绑扎，立内箱模，安装顶板预应力孔道，钢筋焊接、绑扎，浇筑混凝土。

需说明的问题：

a. 湿接缝采用补偿收缩混凝土。

b. 混凝土达到设计要求强度后张拉预应力。

c. 预应力张拉完成后解除临时锁定机构。

d. 混凝土浇筑过程中要跟踪观测已拼梁块的沉降及扭转情况，如不能满足要求要及时调整。

e. 混凝土需对称浇筑，防止横向扭转。

f. 起吊梁块的提升设备必须有良好的锁定装置，防止浇筑混凝土及以后的养生阶段起吊梁块与已拼梁块的相对位置变动。吊点应稳妥可靠，并符合设计要求。

(5)匹配面涂胶。

①需胶拼的梁块在试拼时按湿接缝梁块的测量定位方法进行准确定位，满足精度要求后方可移开梁块。

②通过试验选定合适的胶拼材料，材料的选用应满足以下要求。

a. 可在潮湿界面下涂刷而不影响胶结效果。

b. 要有足够的操作时间(一般不少于24h)。

c. 要求强度增长快，24h内强度达到梁体强度的60%，并满足最后强度大于混凝土设计强度。

d. 应满足不同的温度要求。

e. 胶拼材料与设计部门提出的有出入时应征得设计部门的认可。

③配胶涂刷工艺。

胶拼前，应将胶拼材料按要求进行组分配置，并根据组分比例要求和搅拌要求进行混合搅拌；经充分搅拌均匀后即可涂刷。胶拼面的两面均需涂刷胶拼材料，采用先上后下的涂刷办法，涂刷工作宜在30min内完成，涂胶厚度以1mm为宜，最厚不得大于1.5mm。

④胶拼。

涂胶完成后移动吊架平移机构使匹配面对接。张拉预应力筋使匹配面形成不小于0.2MPa的压力，胶结料在均匀压力作用下固化。用人工刮除挤出的多余胶，用通孔器疏通匹配面孔道，以免胶料堵塞孔道。胶拼完成后接缝部位要及时覆盖，防止雨水冲刷和阳光直射。胶拼面因缝隙较大挤压不密实的部位，可在全部应力张拉后用黏度较小的净浆灌缝。

⑤测量。

预应力张拉完成后对梁块的安装位置进行测量，以便确定下一梁块的安装位置。匹配面尽量不采用加设垫片的方法调整梁体位置；确需加设垫片时，垫片材料的强度应满足设计和规范要求。

(6)预应力张拉。

按设计要求、现行规范中的技术要求进行。

(7)挂索、调整及吊机走行。

挂索、调整及吊机走行施工应在设计图纸和监控部门要求实施时段进行，并严格按照设计图纸和监控部门的要求执行。

(8)主梁合龙。

主梁合龙为梁部施工的关键工序，结合外部的施工环境综合考虑，选择合适的施工方案，该工作

应按照以下原则进行：

①按设计要求选择合适的时间拆除架梁设备。

②合龙前两悬臂端高差需严格控制，用临时钢支撑（必要时加临时预应力）进行临时锁定，随即解除塔，梁间临时约束，进行体系转换。

③采用补偿收缩混凝土浇筑，浇筑时应按照设计合龙温度进行，选择良好天气进行，风力不大于3级。合龙端混凝土达到设计要求强度后张拉主梁预应力，然后解除合龙段临时锁定结构。

3）钢桁主梁拼装施工

本节介绍工艺标准适用于斜拉桥上部结构钢桁梁安装施工，在钢桁梁安装方案、安装支架设计、钢梁吊装设备、合龙技术和测量监控的技术措施和工艺措施等方面，可供今后类似大型桥梁钢桁梁安装借鉴。

斜拉桥钢桁梁架设的主要作业内容，包括节间钢架设、高强度螺栓施拧、油漆涂装、桥面板铺设。

（1）施工准备及大型辅助设施。

①架梁施工场地。

架梁场地内除一般必备设施外，如果是整体节点，还应设置斜拉桥整体节点的上弦杆的翻身设施，将倒放运来的上弦杆翻身，使节点板朝下，以便预拼。翻身台座示例见图15-10。

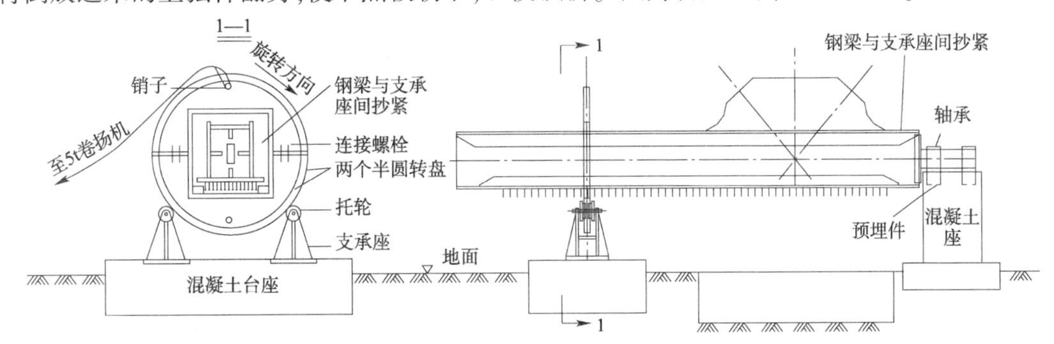

图15-10 整体节点上弦杆翻身台座示意图

②主要大型辅助设施。

a.墩旁托架。

墩旁托架根据在钢梁拼装过程中的主要作用的不同分别布置在斜拉桥的塔墩和边墩处。墩旁托架主要是依附在桥墩一侧（或两侧），利用桥墩自重（或自身）来平衡倾覆力矩的牛腿式结构。

为了拼装斜拉桥塔墩墩顶无索区节间钢梁和桥面板以及架梁吊机拼装应安装塔墩托架，塔墩托架在主塔钢梁挂设张拉第一对斜拉索之后，任务即基本完成。托架顶点临时支承应考虑卸载设备。为满足工期要求，塔墩墩旁托架应在主塔施工完成后、钢梁拼装前即进行安装，托架主桁宽应与钢梁主桁对应，托架高度和长度应能满足施工要求，托架设计应能满足施工需要。

边墩墩旁托架一是为了迎接拼装到来的钢梁，维持钢梁整体稳定；二是在中跨合龙以后，降低边墩处支承高程时，使托架支承钢梁的反力达到设计值。边墩墩旁托架顶临时支点的高程，应根据伸臂端的最大挠度，工厂制造拱度、主跨梁坡度及边墩墩顶设备高度等因素确定。边墩墩旁托架上临时支点起顶量及顶力大小，应由监控及设计单位提供，并不得超过托架的安全承载力，确保索梁安装安全。

b.墩顶布置。

墩顶布置包括主塔横梁顶及其托架支点处的临时布置，其作用一是支承钢梁；二是调整钢梁的高程和纵横向位置（图15-11）。

斜拉桥钢桁梁双伸臂拼装过程中，钢梁由主塔墩顶正式支座和斜拉索支承。横桥向水平抗风由墩顶永久支座支承。主塔支点处节点板上的临时起顶点作为临时支承点在调整钢梁位移和体系转换时使用。

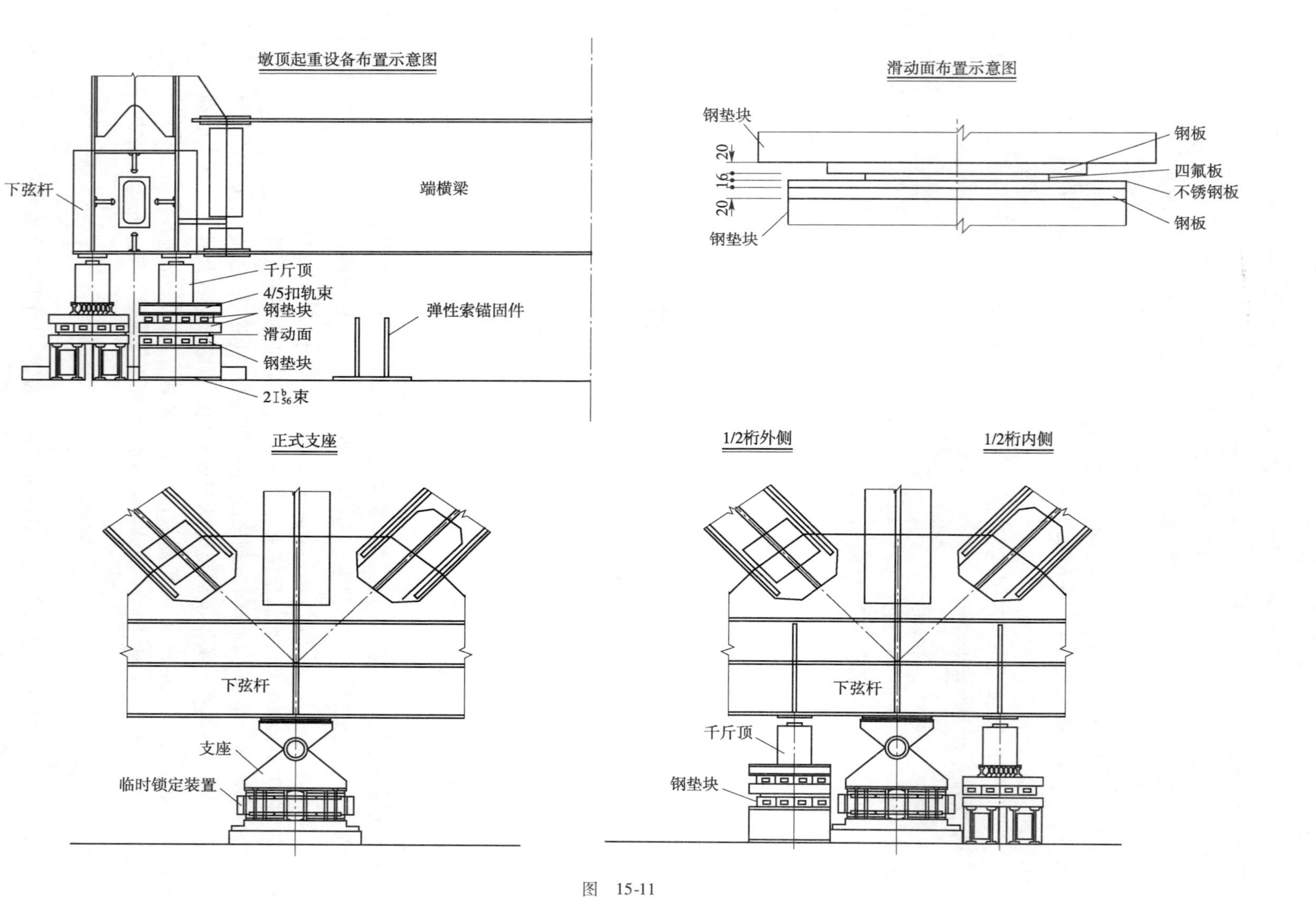

墩顶起重设备布置示意图
下弦杆
端横梁
千斤顶
4/5扣轨束
钢垫块
滑动面
钢垫块
弹性索锚固件
2I56b束
滑动面布置示意图
钢垫块
钢板
四氟板
不锈钢板
钢板
钢垫块
20
16
20
正式支座
下弦杆
支座
临时锁定装置
1/2桁外侧
1/2桁内侧
下弦杆
千斤顶
钢垫块

图 15-11

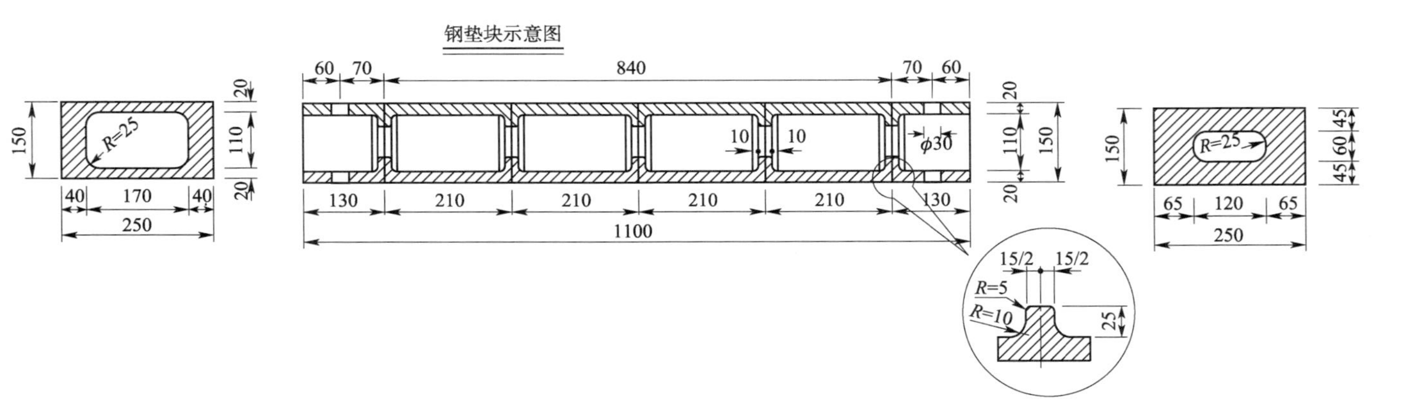

说明：1.支承垫石浇筑时应预留3cm压浆层厚度；墩顶布置前，应预先将支承垫石顶凿毛。
2.放上支座后压浆并将支座临时锁定，在支座两侧需摆工钢束之处用沙浆抄平，不锈钢板和聚四氟乙稀板要先用机油清洗干净，再涂一层黄油或硅脂，切忌有沙粒尘埃附在板上。
3.钢垫块加工时热处理温度为890~910℃，其长度方向所成斜度允许差≤0.25/L。
4.全长范围内不平度匀许差≤0.25；其宽度方向所成斜度匀许差≤0.20/B。
全宽范围内不平度匀许差≤0.25；L为长度，B为宽度。
5.千斤顶与钢梁之间加一层石棉板，以增加其摩擦力。

图 15-11　墩顶布置示意图

斜拉桥钢桁梁架设应从主塔墩向两侧双向全悬臂对称架设,架设过程中同时挂设张拉斜拉索,直至钢梁跨中合龙,并根据设计要求可同时或滞后铺设桥面板。

(2)拼装步骤。

步骤一:在墩旁托架上架设无索区节间钢梁和桥面板,然后在桥面上拼装架梁吊机。

步骤二:架梁吊机试吊,检查合格后进行架梁施工。由架梁吊机双向全悬臂对称架设第1对斜拉索对应节间钢梁,调整中线及偏差后挂设并张拉第1对斜拉索,并进行钢梁线形、应力及索力监控。

步骤三:继续利用架梁吊机双向悬臂对称架设各节间钢梁及桥面板,并挂索张拉,直至钢梁跨中合龙,并按设计步骤分段结合钢桁梁与桥面板。

步骤四:按照设计顺序,进行边跨合龙施工,体系转换。

步骤五:按照设计顺序,进行中跨合龙施工,体系转换。

步骤六:安装支座,进行二期荷载的施工。

(3)拼装顺序。

斜拉桥钢桁梁拼装顺序必须符合设计要求,并满足先主桁后桥面联结系、先主桁后副桁和锚箱、先下平联后上平联的要求,尽快将桁架闭合。

拼装顺序示例见图15-12。

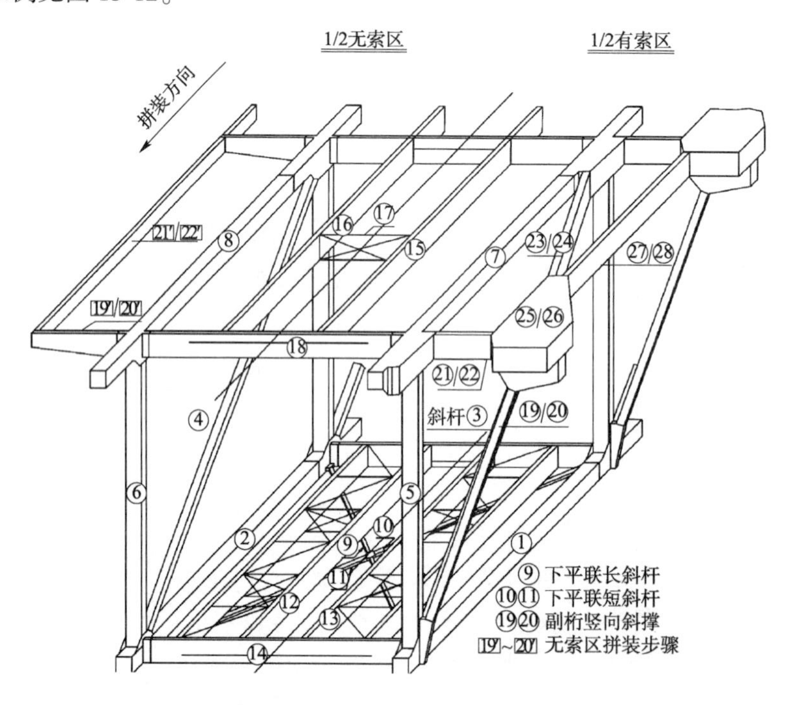

图15-12 钢桁梁节间拼装顺序图

(4)钢梁涂装。

①钢梁的涂装按现行《铁路钢桥保护涂装标准》中第Ⅳ涂装体系的要求执行。并按《铁路钢桥用防锈底漆供货技术条件》和《铁路钢桥用面漆供货技术条件》两项技术标准进行涂料质量检查,各项技术指标必须满足标准规定。

②钢梁工地保护涂装全桥面漆要求使用同一厂家、同一品种的油漆,保证油漆表面颜色一致。栓接点螺栓、螺母、垫片涂装前应水洗皂化膜,用封孔剂进行封孔,然后和钢梁喷铝面一道喷涂油漆。

拼装顺序:首先安装钢桁梁下弦杆1.2,接着安装斜杆3.4,使主桁梁形成三角形稳定结构。再接着安装竖杆5.6,再接着安装上弦杆7.8,再接着安装下平联9.10.11,再安装铁路纵梁12.13,再安装铁路横梁14,再安装公路纵梁及其联结系15,再安装副桁竖向斜撑19.20,副桁前后横梁21.22,接

着安装水平斜杆23,再安装锚箱25.26,最后安装公路外纵梁。

(5)合龙段施工。

合龙点通过弦杆竖板上设长圆孔+圆孔连接来实现。长圆孔和圆孔均配锥形销栓,销栓均带有螺母。根据施工实际情况考虑以强迫合龙方案为主(即"第一方案")。"第一方案"为拼接板、杆件上螺栓孔眼均按设计尺寸在工厂钻孔发送工地,如个别点合龙困难则可按监控领导小组研究同意后采取备用方案(即"第二方案"),"第二方案"为合龙点处拼接板一端孔眼在工厂按设计要求钻孔,另一端孔眼则根据现场实测尺寸在工地钻孔。

合龙基本步骤:先贯通两侧桁中线,再调整合龙口两侧竖向高差,长圆孔合龙,后调整纵向位移,再圆孔合龙;采用先合下弦后合上弦再合斜杆的顺序。

(6)拼装注意事项。

①斜拉桥钢桁梁架设应按设计提供的施工步骤进行。

②斜拉桥架设过程中应对钢桁梁、桥面板、斜拉索以及主塔应力及变位进行全面监控,监控应以应力、线形双控,在架设过程中,应注意分析研究监控资料,适时进行调整工作。

③斜拉桥钢桁梁的架设,首先在墩顶及墩旁托架上进行,安装前应按设计高程测量托架顶临时支座及墩顶起顶支座高程,托架上支座高程应适当考虑支架压缩量。墩顶临时支座应考虑对钢梁的横向约束,承受风力作用下的横向水平力。

④斜拉索安装位置必须正确,在索导管中应居中,不得与管壁相碰。

⑤斜拉索应对称同步张拉。如不能做到同步,应分级张拉达到设计要求。

⑥塔墩墩旁托架上节间的无索区钢梁安装位置要求准确,确保钢桁梁中线、高程偏差满足要求。

⑦拼装过程中如发现中线偏移和纵向位置有误差,应用墩顶临时起顶处横移设施、弹性索张拉或调斜拉索予以调整。如发现支座高程有误差,未挂索前应调整到位,尽量避免挂索后调整支座高程。索力调整只在设计规定范围内进行,调整时应按设计要求顺序,逐步张拉到位。

⑧斜拉桥架设中,一般塔墩处支点不作起顶操作。如必需起顶时,应该对起顶重量作可行性研究,制订起顶工艺及相应的各项措施,经审定后实施。

⑨架设过程中,应随时核对下锚点相对应的高程和桥梁中线。

⑩测试应力及变位,应在气温变化不大的时段进行。

⑪双向全悬臂拼装钢桁梁时梁上施工荷载应尽量对称;将梁上荷载位置及重量绘制成图表,以便监控分析。两悬臂端拼装重量差,必须保持在设计允许范围之内。

⑫对于未设置上平联的钢梁,施工应中对上平面节间对角线尺寸进行测量调整,使其偏差控制在一定的范围之内。

4)斜拉索施工

斜拉索施工主要包括施工准备工作、斜拉索吊装上桥、桥面展索、挂索、张拉、索力检测、索力调整及减振装置安装等工序。斜拉索在主梁上的基本索距,边跨尾索区索距,塔上索距均要按照设计要求进行确定。斜拉索表面设双螺旋线,同时设置黏滞阻尼器。索塔位置设0#索,不设竖向支座。索塔处设液压阻尼器为纵向约束。

(1)施工工艺。

施工工艺见图15-13、图15-14。

(2)施工要点。

整盘斜拉索进场检查验收→存放→运输上桥→放索→斜拉索修补→检查验收→挂设→张拉牵索→体系转换→张拉永久索,做好挂索前的准备工作,采用塔端软牵引法挂索,利用多股钢绞线通过特殊连接器或组合式多节张拉杆与索头加长拉杆相连,配合连续快速千斤顶牵引斜拉索到位的方法牵引(图15-15)。

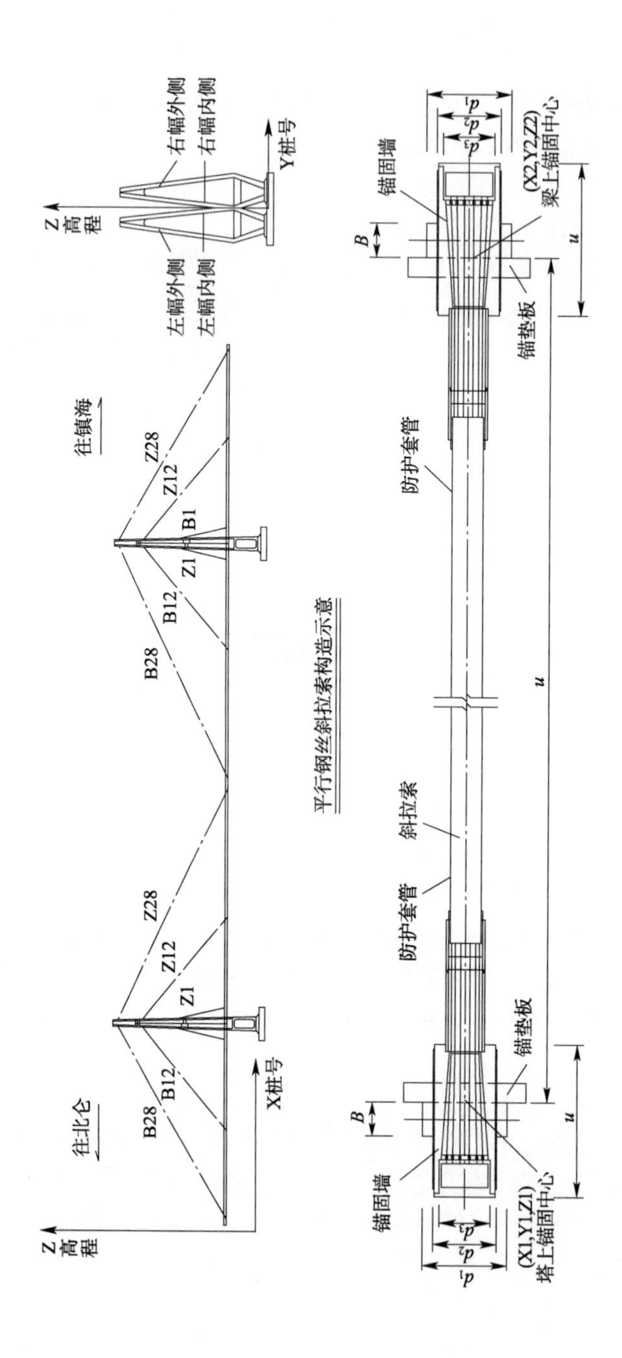

图 15-13　斜拉索的立面和平面示意图

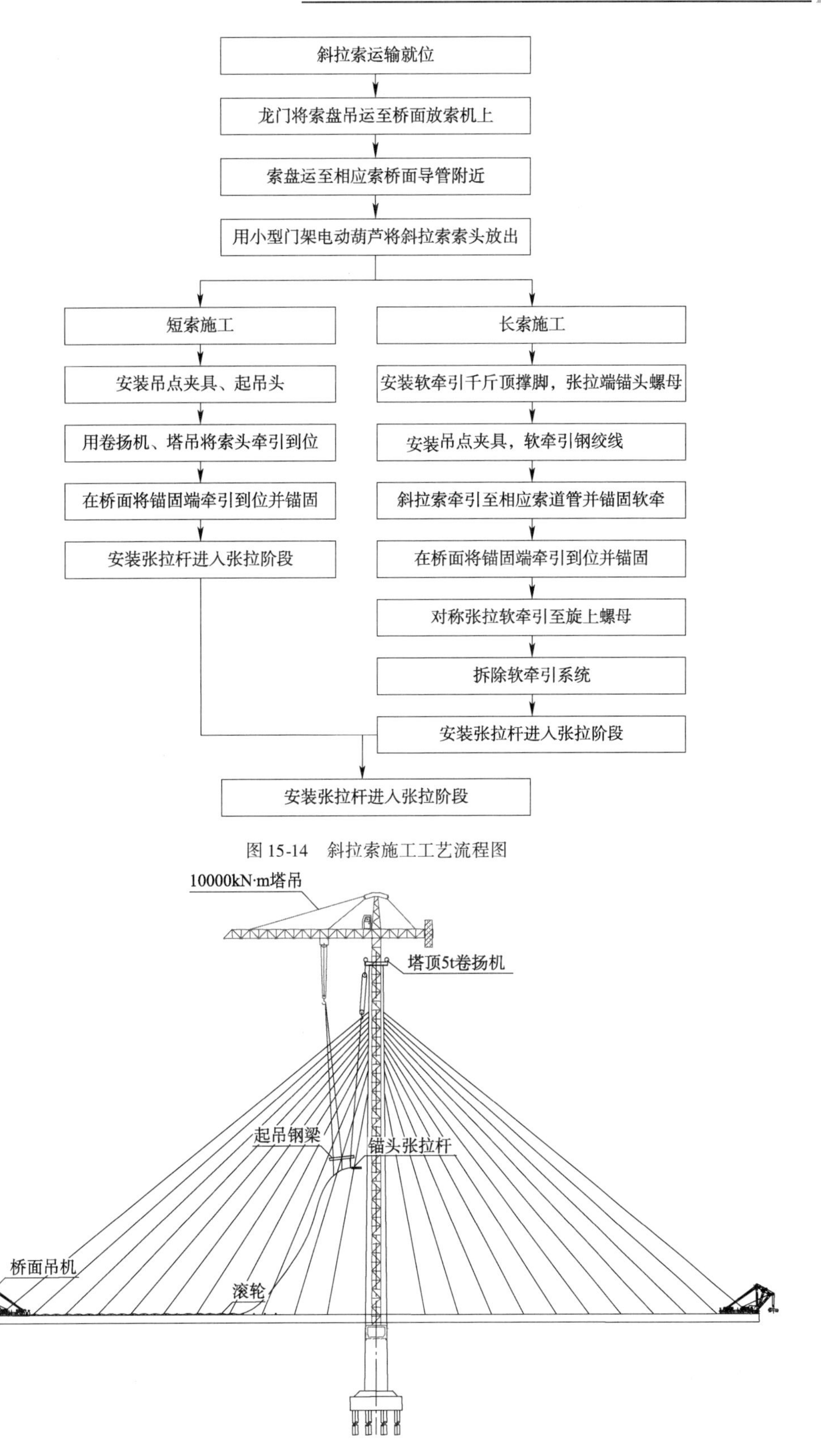

图 15-14　斜拉索施工工艺流程图

图 15-15　斜拉索起吊方法

张拉拉索时，张拉前的准备工作→安装千斤顶→张拉杆拧如冷铸锚杯→拧入张拉杆工具锚圈→调整各部分的相应位置→施加5%设计索力→检查并调整安装位置，记录初始值→解除安装千斤顶时的吊点或支垫点的约束→分级试力直达到一次张拉所要求的拉力值→与张拉同步拧紧锚圈量测应力→检验,与设计应力应变值核对→外观检查→检验合格,拆除千斤顶、张拉杆,进入下一根索的张拉周期;索力调整与索力张拉在同一部位进行,共用一套设备,调整时将张拉设备、工具分别安装就位,张拉丝杆拧入冷铸锚杯,并拧合到位,不装工具锚圈,千斤顶与油泵油管接好,开动油泵,使千斤顶活塞无负荷空升少许;张拉器具定期到国家法定计量单位进行配套标定,确保张拉吨位准确,尽量减小索力调整次数。

15.4.2 拱桥施工

本小节对拱桥的支架法、悬臂拼装法、悬臂浇筑法及转体法进行简要介绍。

15.4.2.1 支架法

支架法施工拱桥主要适用于跨度、矢高小,跨越区域冲刷及支架施工方便,两岸高差小,及通航要求低等。其主要工艺特点,无须大型起吊设备,可同步进行作业,安装精度易控制。

该施工工艺规定了拱在支架施工工程中应遵照的操作规则和质量检测方法。支架施工大致分为以下工序:施工准备、支架基础施工、拼装支架、支架预压、架设或现浇拱圈及桥面、支架拆除等。

1)施工准备

(1)对施工区域进行清理、平整,修筑便道或便桥,并对施工区域进行围护。

(2)对支架基础进行测量放线。

(3)根据施工方案要求配备相应的材料及机械设备。

2)支架基础施工

(1)扩大基础或满堂基础施工。

①进行基础开挖、基底处理(如换填、压实),设置防排水系统。

②立模浇注基础并及进养护。

(2)桩基或钢管桩施工。

①进行钻孔(挖)并浇注混凝土,或采用振拔机进行钢管桩插打。

②桩间承台或联结系及平台施工,预埋支架预埋件。

3)拼装支架

(1)支架各构件在加工厂进行加工,加工好后对单个构件进行验收。

(2)验收合格后进行预拼,通过平板车及船舶等运至墩位处,采用吊机进行安装,安装时需对吊点进行计算并加强,以免支架变形,对位准确后需及时将支架固定,固定后才能松钩。

4)支架检查及预压

(1)支架安装完成后,需对支架进行全面检查,一是看是否按设计进行安装,有无错、漏现象;二是检查各构件连接情况,如螺栓或焊缝等;三是检查各构件有无变形情况,有变形的需立即更换。

(2)支架检查并整改合格后,进行签证,准备预压。

(3)支架预压可采用堆载法进行,采用现有材料或采用水袋、砂(土)袋等。

(4)支架预压量荷载不小于设计荷载的1.2倍,并进行分级预压,每级需作好观测测量,记录各点变形,变形稳定后,才进行下一级预压,加载与卸载均需做好记录。

(5)每级荷载加载过程中,除必要的人员外,其余人员不准在预压区行走,荷载加载完成后,检查人员才允许对支架进行过程检查。

(6)预压完成后,进行数据分析,确定预拱度。

5)架设或现浇拱圈及桥面

(1)根据预压所得数据,设置预拱度,构造物浇注或架设安装。

(2)构造物浇注或架设过程中,需对支架进行检查。

(3)支架上不允许堆放设计以外的荷载,并需均匀。

6)支架拆除

(1)构造物浇注或架设完成后,待强度达到设计要求,完成工序后,进行脱架。

(2)脱架原则:先中间,后两边,根据构造物设计扰度分级进行。

(3)支架拆除时,严禁将构件直接往下抛掷。

15.4.2.2　悬臂拼装法

悬臂拼装法施工适宜于山谷、宽深河流及施工期水位变化频繁不宜水上作业的拱桥施工。

铁路拱桥主要为钢管混凝土拱桥,悬臂拼装法施工钢管桁架主拱采用缆索吊机吊装、斜拉扣背索悬臂施工,钢管桁架节段由工厂加工制造。制造好的桁架节段成品,经工厂预拼达到设计和规范要求的技术标准后,分段装运,由工厂运输抵达桥址处缆索吊机吊点下,由缆索吊机吊起于空中对接拼装并张拉好扣、背索后松钩,两岸对称进行直至合龙。

悬臂拼装法施工的主要作业内容为钢管拱肋的加工工艺及焊接质量的评定,钢管拱桁架的吊装,扣、背索的安装与调整,合龙段钢管拱肋的安装,拱脚定位钢管的安装,拱脚混凝土的浇筑,扣、背索的拆除,拱肋钢管混凝土的灌注。

1)施工准备及基础施工

(1)按基础施工要求完成拱座、墩身、转向架及背索锚点等施工。

(2)所有参加吊装工作的人员均须认真阅读主桥施工设计图及相应变更设计图、缆索吊机施工设计图及公事通知单、有关操作规程和施工工艺。详细掌握施工技术要求和操作要领,熟悉缆索吊机使用方法。

(3)吊装前,应将扣索与扣点、锚索与锚点、系杆束号、钢管桁轲节段与吊点位置及测量观测点等点位用油漆清楚地标出,以免施工时弄混出错。扣索与锚索下料长度务求准确,钢绞线应用砂轮切割机切割,严禁氧气烧割和电焊切割。

(4)配足扣索、锚索张拉调整用各型千斤顶、油泵及压力表等张拉设备,并按规定要求进行检定和校正。

2)拱架工厂预拼及验收

(1)外观检查:

①钢管表面不应有明显的凹凸面和划痕损伤及皱褶,焊疤、残存物及毛刺应清除干净并处理光滑圆顺。

②拼接板、联结螺栓、扣点及反力梁等配件齐全、数量与规格正确。桁架接头及联结法兰盘型号、联结螺栓孔眼数量无误。栓孔周边毛刺飞边,螺栓有垫圈完好。

③钢管内壁应除锈除污并作防腐处理。外表涂装应均匀、厚薄一致、色泽光艳,无涂装缺陷。

(2)悬臂拼装法施工的主要工艺步骤是钢管拱肋加工与拼装,应严格控制其施工质量,故检查结构几何尺寸应满足设计条件,其各项误差应符合要求。

3)安装缆索吊机并试吊

请参考有关施工工艺,此处不再详述。

4)吊装拱架、安装扣背索

(1)检查和测量拱脚结构尺寸与预埋钢管的位置并使之符合设计要求。清除拱脚与预埋钢管上的杂物及预埋钢管中的积水。

(2)捆绑吊点钢丝绳,捆绑绕扎位置可参照设计办理。

(3)缆索吊机起吊,并空中对接、拼联及调整。

(4)把钢管拱架临时连接后,安装扣背索,扣索和锚索的张拉与调整指令,应由指挥台发布,其他人员万不可擅自指挥,以免造成混乱出错。

(5)拱肋之间的系杆在相应节段分别安装。

5)安装合龙段及灌注管内混凝土

(1)合龙段拼装宜先在一天中温度较低的时间连续完成,适宜温度为15℃～20℃;温度超出20℃时拼装合龙,则须报经设计单位批准。

(2)灌注管内混凝土。

6)拆除扣背索及缆索吊机

(1)扣背索的拆除应严格按照设计要求,按照先后顺序进行。

(2)在其他结构施工全部完成以后,拆除缆索吊机,应该按照设计拆除顺序进行。

15.4.2.3　悬臂浇筑法施工

悬臂浇筑施工方法适用于山谷、宽深河流及施工期水位变化频繁不宜水上作业的河流、湖泊、海域上桥梁的施工。预应力混凝土拱桥采用悬臂浇筑法施工主要利用拉索挂设进行施工,拉索是临时扣索,在全桥合龙后,需进行体系转换。

拱桥悬臂浇筑法施工内容主要是拱座及墩身、临时拉索及后背索锚碇施工,临时墩及现浇支架的施工,主梁0#节段现浇混凝土,现浇支架拆除,主梁与临时墩固结,挂篮及临时扣背索的安装,分段浇筑主梁,挂设主梁拉索并调整索力,合龙段施工,拆除扣背索、解除临时墩支承全桥成拱。

1)施工准备

悬浇施工前应由工长或现场技术人员对参与施工的工人进行培训、技术安全交底。做到熟练掌握起重、立模、钢筋绑扎、浇筑、振捣、张拉、压浆等技术,要有应对安全紧急救援的措施,操作人员要保持稳定。

2)挂篮拼装

(1)铺设挂篮走行轨道。

(2)挂篮主桁运输至墩位后,采用吊车提升至箱梁0#块顶面进行组拼,挂篮主桁拼装起重设备主要采用吊车。安装挂篮锚固系统。

(3)依据设计资料,复核悬浇梁段轴线控制网和高程基准点,确定并调整立模的轴线及高程。安装挂篮底模、侧模及内模等。

(4)挂篮组拼完成后,需检验挂篮的性能和安全,消除结构的非弹性变形,获取挂篮弹性变形曲线的参数为箱梁施工提供数据,应对挂篮进行试压,试压通常采用试验台座加压法、水箱加压法等。

3)安装背索及挂篮拉索

扣索及背索的安装参拱桥悬臂拼装法。

4)混凝土浇筑及挂篮走行

(1)绑扎钢筋、安装预应力等。

(2)浇筑节段混凝土。

(3)待混凝土强度达到设计要求后,张拉预应力,然后将临时拉索转换于拱桥主梁节段。

(4)按普通挂篮的走行方式,顶推挂篮至下一个节段施工。

5)合龙施工

(1)将主梁节段全部施工完成后拆除挂篮。然后调整背索及拉索的索力,使之与设计要求保持一致。根据合龙段施工要求,安装吊篮,然后设置劲性骨架,再安装钢筋及预应力等。

(2)在温度恒定的低温时段浇筑混凝土并养护。

(3)张拉合龙预应力等。

6)拆除临时设施

按计划有步骤拆除背索及拉索,完成体系转换。

15.4.2.4　转体法

转体法施工它具有结构合理、受力明确、工艺简便、施工设备少、节约施工用料、安全可靠、合龙

速度快等特点，特别适合于施工场地狭窄，地势陡峭的山谷、宽深河流、施工期水位变化频繁不宜水上作业及跨线的铁路拱桥。转体法施工可采用平面转体、竖向转体或平竖结合转体。拱桥采用转体法施工主要是在山谷、河流的两岸或适当位置，利用地形或使用简便的支架先将半桥预制、拼装完成，然后以桥梁本身为转动体，使用一些机具设备，分别将两个半跨拱转动到桥的轴线位置合龙成桥的施工方法。转体系统由半跨钢管拱、交界墩索塔、扣索背索系统、上盘及平衡重；转台、环道、撑脚和基础、拽拉牵引系统等组成。本工艺重点介绍拱桥转体施工，有关拱肋内混凝土压注施工的内容可参考本章其他工艺。

转体法施工内容主要是转体部分的施工、牵引转动体系的安装、线型测量及内力的监控、扣背索及预应力筋的张拉、半跨钢管拱转动到位及位置偏差的调整、转盘锁定及合龙段的临时锁定、主管合龙段的安装、拱脚及转盘间混凝土的封填、扣背索及预应力筋的交替拆除、拱座片石混凝土的回填。

以北盘江大桥为例就转体法施工工艺步骤及质量控制分述如下。

1）上下转盘、球铰、转台和交界墩施工

（1）拱座基坑的开挖，应满足以下要求：基坑开挖尺寸控制；基坑平面位置，尺寸应符合设计要求，不得有欠挖，对边坡高度 $H<8\text{m}$，$+0\sim+0.2\text{m}$；$8\leqslant H<15$ 时，$+0\sim+0.3$；$H\geqslant15\text{m}$，$+0\sim+0.5\text{m}$。基底地质、承载力应与设计资料相符。

基底高程允许偏差 +50 ~ −200mm；混凝土面光滑平整，棱角平直，基础前后、左右边缘距设计中心线 ±50mm；基础顶面高程允许偏差 ±30mm。

（2）下转盘及下球铰施工，下转盘上设置转动系统的下球铰、内撑脚环形滑道及转体牵引千斤顶反力支架等是钢管拱桥转体法施工的核心部分，施工前应认真阅读图纸，精心组织施工设计，确保每道施工工序满足设计要求。

（3）转台及上盘施工，主要是上球铰、预应力筋及牵引索的施工，包含了转动结构的核心。其质量控制，必须符合相关规范要求；球铰上、下锅形心轴、球铰转动中心轴务必重合。

（4）在施工交界墩托盘时预埋扣索、后背索及墩身横桥向预应力筋孔道，待转体完成，拱肋合龙，上下转盘封盘完，拆除扣索、背索，再进行余下墩帽施工。

2）钢管拱肋施工

半跨钢管拱在拱脚以临时铰铸钢支座支承于转体上盘两翼，拱上端以扣索拉锚于交界墩顶部，交界墩顶部又以背索拉锚于转体上盘后端，交界墩底部与上盘固结；转体上盘座于转台上，以聚四氟乙烯盆式钢球铰支座支承于基础上，并以六组均布的撑脚辅助支撑于下盘顶面环道上，确保水平转动时三点支承和转体稳定；水平转动牵引索锚固端则预埋于转台侧面圆周上，张拉端以千斤顶传到预埋于下盘混凝土基础顶面的钢支撑上。

半跨钢管拱拼装应满足相关规范的要求。

3）钢管拱转体合龙

当交界墩墩身施工完毕、半跨钢管拱拱肋拼装调整完，并经检查合格以及转体前的各项准备工作完成后，即可进行钢管拱的转体工作。钢管拱转体主要分两步进行，即第一步为钢管拱脱架；第二步为钢拱转体及微调。

（1）选择无风或微风气候分步骤对称张拉钢管拱拱肋前扣索、交界墩后背索以及上转盘纵向第三批预应力筋使钢管拱脱拱形成转体状态。为保证每根钢绞线受力均匀，前扣索开始时用等值张拉法控制。

（2）转体结构重心位置调整。为使转体结构安全稳定、减小振动，使得转体时平稳最终平衡重力 $G_{\text{总平衡重}}=1.05G_{\text{理论平衡重}}$，重心略向后移。

（3）牵引动力系统经试调完毕后，将由上转盘转台引出的钢绞线与牵引千斤顶连接好。安装微调及 控位设备、清理及检查内环滑道与内保险腿间的空隙及平整度情况。

（4）拱肋脱架后静置 24 小时，另设保险垛并观测其变化。

(5)转体。先用手动转体起动试转,因起动时静摩擦系数太大,需将辅助千斤顶与主作用千斤顶共同牵引启动。待手动试转正常后,即辅助顶退出工作,主顶即可转换“自动”运行。待半跨钢管拱转体快到设计位置时,将牵引系统由“自动”改为“手动”,用手动、点动操作,以精确定位。

(6)转体到位后,进行调整和锁定以及合龙段的施工。

(7)封拱脚混凝土及钢管拱混凝土泵送施工,拱上结构施工,桥面系、钢管拱现场喷涂及其他工程。

15.5 CRTSⅢ型板式无砟道床施工方法及工艺

与传统的有砟轨道相比,板式无砟轨道具有以下优点:稳定性、平顺性良好;建筑高度低,自重轻,可减小桥梁二期荷载和降低隧道净空;轨道变形缓慢,耐久性好;不需要维修或者少维修且维修费用低。虽然板式无砟轨道初期建设费用高于有砟轨道,但是鉴于其稳定性好、使用寿命长,因此,在铁路客运专线中采用板式无砟轨道结构已成为现在高速铁路建设的主流模式和必然趋势。目前,我国高速铁路建设中,采用的板式无砟轨道主要有3种结构形式:CRTSⅠ型板式无砟轨道、CRTSⅡ型板式无砟轨道和CRTSⅢ型板式无砟轨道。CRTSⅠ型板式无砟轨道引自日本新干线板式轨道,CRTSⅡ型板式无砟轨道引自德国博格板式轨道,而CRTSⅢ型板式无砟轨道则是我国铁路自主创新的新型无砟轨道结构形式。从3种类型无砟轨道的应用来看,目前大范围使用的是CRTSⅡ型板式无砟轨道。但随着我国自主研发的CRTSⅢ型板式无砟轨道的不断推广应用,此类型的轨道结构以后将是我国板式无砟轨道的主要结构类型。虽然CRTSⅢ型板式无砟轨道按照“双块式受力,Ⅰ型板制造,Ⅱ型板施工”的理念设计和施工,但是CRTSⅡ型和CRTSⅢ型板式无砟轨道之间的施工还是存在较大的差异。因此,本节主要介绍CRTSⅢ型板式无砟轨道施工方法工艺。

CRTSⅢ型无砟轨道线上施工前应结合当地原材料通过CRTSⅢ型板式无砟轨道线下工艺性试验,使无砟轨道作业人员熟练掌握无砟轨道施工各工序流程和工艺特点,形成一套成熟的工法和科学参数。对施工管理人员进行培训教育,掌握关键工序控制要点,以便更好地指导线上施工,其主要目的如下:

(1)了解掌握CRTSⅢ型板式无砟轨道的施工工艺流程,着重解决关键工序的施工方法。

(2)确保自密性混凝土各项检测指标满足规范要求。

(3)对底座、自密实混凝土层施工模板设计进行检验,并不断优化。

(4)检验工装的使用效果,形成一套成熟完备的施工工装及机具设备。

(5)解决CRTSⅢ型板式无砟轨道铺设时存在的关键点、重难点问题。

(6)为线上先导段施工做好准备。

15.5.1 CRTSⅢ型板式无砟施工基本工艺流程

见图15-16。

15.5.2 桥面及路基验收

无砟轨道底座施工期前,必须对桥面及路基进行交接验收。桥面验收主要包括桥面Z字筋预埋情况及埋设质量、Z字筋抗拔力检测、梁缝宽度、平面位置、桥面高程、桥面平整度、相邻梁端高差及梁端平整度、防水层质量、桥面清洁度、桥面排水坡等。路基验收包括路基顶面高程、平面位置、表面平整度、表层质量、护坡情况、相关资料等。

15.5.3 沉降变形评估

铺设无砟轨道前,按照相关规范对路基、桥涵变形进行系统评估,确认路基的工后沉降和变形、桥涵基础沉降和梁体长期变形、各种过渡段的差异沉降等符合设计要求,满足无砟轨道铺设条件。

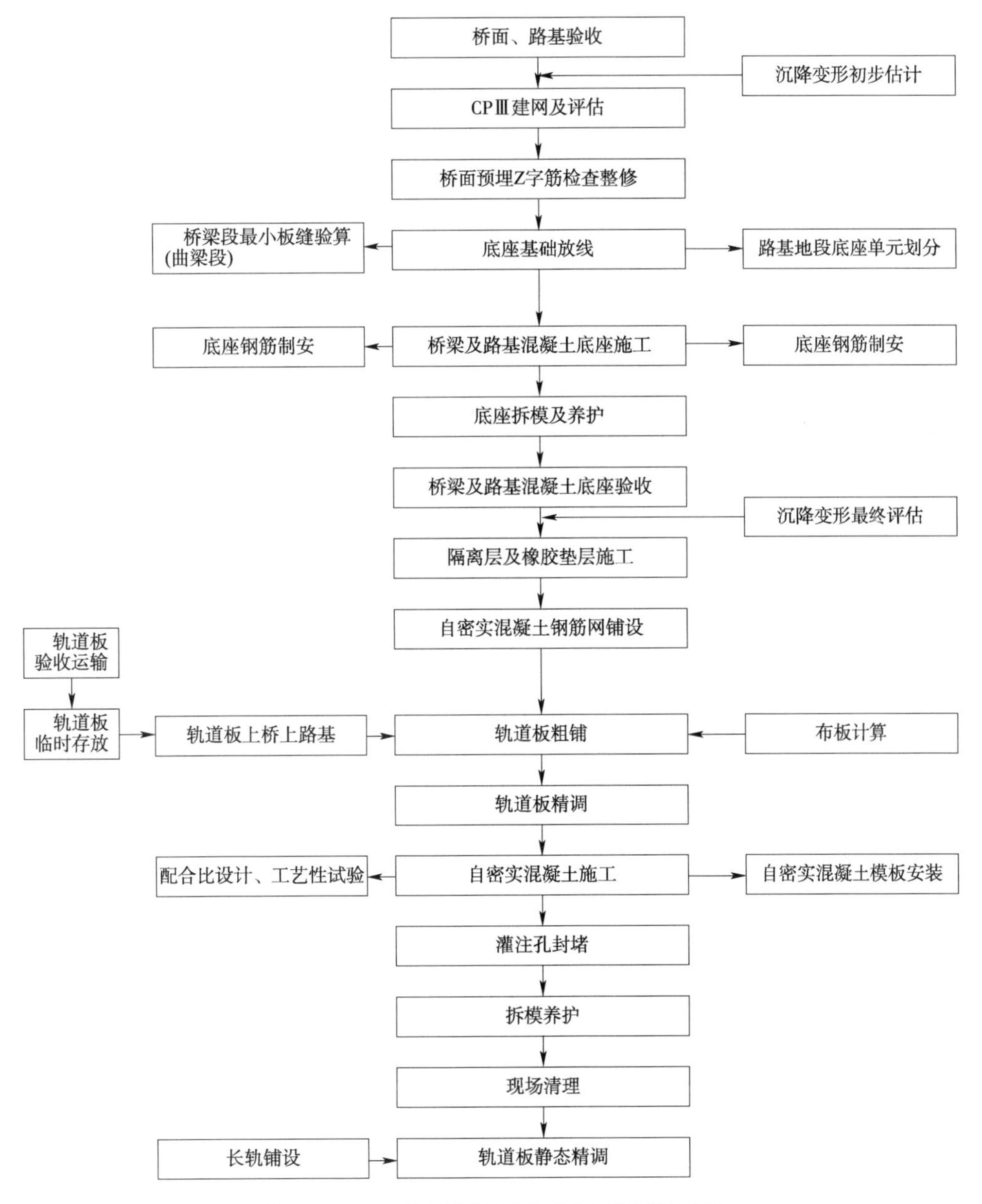

图 15-16　CRTSⅢ型板式无砟施工基本工艺流程见图

15.5.4　CPⅢ建网及评估

CPⅢ精密控制网为沿线路布设的三维控制网,起闭于 CPⅠ或 CPⅢ,约 60m 一对,无砟轨道CPⅢ网一般采用自由设站边角交会法测量,一般在线下工程施工完成后施测,为无砟轨道铺设和运营维护的基准。

15.5.4.1　前期准备

(1)CPⅠ、CPⅡ 及高程控制网的复测。

(2)CPⅡ 点的加密测量。

(3)编制 CPⅢ测量实施方案。

(4)桥梁防护墙、接触网支柱基础已完工。

15.5.4.2　CPⅢ点埋设与编号

1)CPⅢ点的埋设

CPⅢ采用完全嵌入式方式埋设,避免被破坏。路基上 CPⅢ桩主要设于接触网支柱基础旁,桥上主要设于防护墙上,高于外轨面不小于300mm。

2)编号

CPⅢ控制点编号的标注应全线统一(表15-4)。

CPⅢ控制点编号方式　　表15-4

点编号	含　义	数字代码	在里程内点的位置
0260301	表示线路里程DK260范围内线路前进方向左侧的CPⅢ第1号点,"3"代表"CPⅢ"	0260301	(轨道左侧)奇数1、3、5、7、9、11等
0260302	表示线路里程DK260范围内线路前进方向右侧的CPⅢ第1号点,"3"代表"CPⅢ"	0260302	(轨道右侧)偶数2、4、6、8、10、12等

注:自由设站点编号按"Z026001,Z026002…"沿线路里程增加方向编号。

"Z"表示设站点,"0260"表示里程,"01""02"表示该里程的设站号。

CPⅢ的点号由七位数组成,从左到右前四位数表示CPⅢ点所在里程的整公里数,第五位是"3"表示是CPⅢ网点,后两位数字表示点的顺序号,点的顺序号为单数表示该点在里程增加方向的左侧,点的顺序号为双数表示该点在里程增加方向的右侧,当里程不足千、百、十公里时,加"0"填充以保证CPⅢ的点号都是七位数齐全。

15.5.4.3　CPⅢ控制网区段的划分和区段之间的连接

(1)CPⅢ控制网的区段定义为在上一级控制网点约束下进行本次平差计算的CPⅢ网的范围。

(2)CPⅢ控制网(包括平面网和高程网)可分区段分别进行观测和平差计算,区段的长度不宜低于4km。

(3)CPⅢ平面网区段的两端必须起止在上一级控制网点(CP或CPⅢ)上,而且应保证有连续的三个自由设站与上一级控制网点联测。

(4)CPⅢ高程网要满足区段中联测的上一级水准点的数量不得少于3个,而且CPⅢ高程网区段的两端必须起止在上一级水准点上。

(5)CPⅢ网区段与区段之间,至少应该有四对(8个)CPⅢ点作为公共点在相邻的两区段中都要测量;这些点在各自区段中的观测和平差计算,应该满足CPⅢ网的精度要求;除此之外,还要满足各自区段平差后的公共点X、Y、H坐标较差应小于±2mm的要求;在达到上述要求后,前一区段CPⅢ网的平差结果不变,后一区段的CPⅢ网要再次平差,再次平差时除要约束本区段的上一级控制网点外,还要约束前一区段公共点中至少一个公共点的坐标;这样其他未约束的公共点在两个区段分别平差后的坐标差值应≤1mm,以确保CPⅢ网的整体精度。最后公共点的坐标,应该采用前一区段CPⅢ网的平差结果。

(6)CPⅢ测量成果评估。

CPⅢ数据处理完成后,根据测量情况编制CPⅢ测量成果报告,报告内容应包括:技术设计书;外业测量观测手簿;测量平差计算表;控制点成果表;控制网联测示意图;测量技术总结报告。报告完成后由建设单位组织,设计、施工、监理及咨询评估单位参加,对CPⅢ测量成果进行评估,在通过评估后方可进行无砟轨道的施工测量。

15.5.5　底座施工

15.5.5.1　底座施工工艺流程

底座施工工艺流程图如图15-17所示。

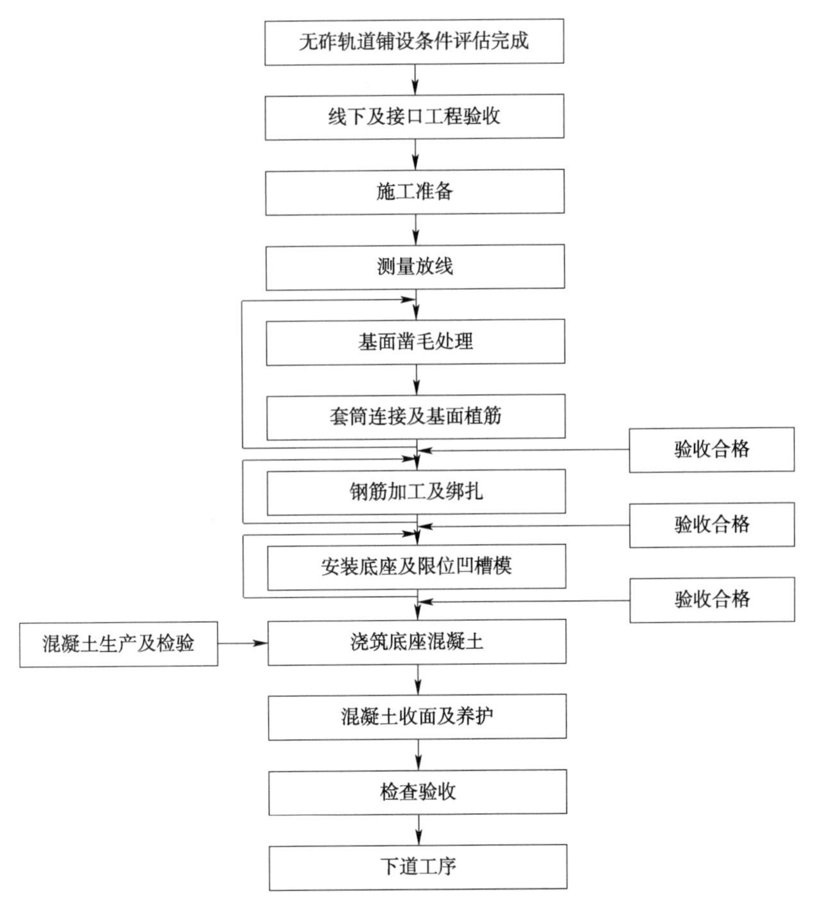

图 15-17　底座施工工艺流程图

15.5.5.2　原材料

钢筋、混凝土及砂石料均应符合相关的国家标准及规范。

15.5.5.3　基础整修、拉毛

底座施工前，在浇筑路基道床板混凝土前，对混凝土基床进行验收，轨道中心线 2.9m 范围内基床表面应进行拉毛处理，拉毛深度为 1.5 ~2mm。无砟轨道施工前应对拉毛效果进行检查，若拉毛效果未达到设计要求，应对基床面进行补充凿毛，凿毛范围见新面不应小于75%，浮渣碎片等应清除干净。对桥面高程进行测量，对超出规范要求的进行处理；对施工范围内的 Z 字筋撬起，对 Z 字筋脱落或数量不足、抗拔力不满足要求的重新进行植筋处理。底座钢筋施工前，应对施工范围的杂物清理干净。

15.5.5.4　基础放线

底座基础放线应根据 CPⅢ测量控制网，对底座的中线位置、高层进行测量放样，偏差满足相关规范要求。曲线地段桥梁底座施工前，应根据设计图纸计算底座悬出量，其后再根据已确定的悬出量均匀调整(除对应梁端外的)其他板缝值。在底座施工前，应进行梁端底座悬出后最小板缝的验算，如果验算结果不满足要求，应及时与建设单位及设计院沟通，解决后方可施工。曲线段放样时，必须根据实际超高考虑轨道中线线的偏移量，保证底座模板、凹槽模板放样位置的准确性。

路基地段应根据设计图纸要求划分轨道板单元，一般路基地段的一个底座单元对应 4 块轨道板；短路基或过渡段的一个底座单元可对应 2 块或 3 块轨道板。

15.5.5.5　钢筋工程

底座钢筋网片为冷轧成品焊网，由专业厂家生产。存放使用前下垫上盖，防止生锈。钢筋网片由上下两层组成,施工时,一般地段根据 35mm 钢筋保护层厚度放置混凝土垫块,按照底层焊网、上层焊网、U 形架立筋的顺序依次安装。对于曲线超高地段,超高采用外轨抬高方式,U 形筋及架立筋高度在缓和曲线区段按线性变化完成衔接过渡。凹槽结构钢筋及四角处上下两层 CRB550 防裂钢筋,由现场钢筋加工场制作,与焊网相连接固定。钢筋绑扎剪力筋安装:Z 形剪力筋加工采用砂轮切割,安装时确保与基面呈垂直状态,23mm 长度套丝全部旋入预埋套筒内,拧紧力矩不小于 100N·m。钻孔深度及植筋长度满足要求,植入筋与基面呈垂直状态,注入胶液略高于孔口,试验采用拉拔力试验检测,拉拔力不小于 65kN。

15.5.5.6 模板工程

底座采用高模低筑法施工。模板采用 24cm 高定型钢模,面板厚度 4mm。模板打磨清理干净后涂刷脱模剂,根据底座平面测量位置弹线支立模板,测量底座面高程,在侧、端模板内面按照 50cm 间距张贴双面胶标记,控制底座面高程和平整度符合要求。模板固定采用在基面打设锚固钢筋进行固定,设置可调三角支撑固定牢固,三角支撑间距不大于 2m。底座模板底部的缝隙采用发泡胶封堵,从内向外注打,将多出部分沿着模板面切除整齐。每块轨道板对应的底座板范围内设置两个限位凹槽,限位凹槽尺寸 720mm×1020mm。限位凹槽模板为整体定型钢模,放置到底座单元固定位置处,与侧模连接稳固。安装时,调整丝杆螺母使凹槽模板顶面与底座高程面一致。伸缩缝位置设置 7mm 钢板与模板上部 40mm×60mm 方管夹紧聚乙烯泡沫板。模板安装前必须对模板表面清理后涂刷脱模剂。模板安装时,根据 CPⅢ控制网测量底座顶面高程并在模板上采用双面胶底面作为标记。

模板安装要顺直、牢固,接缝严密,防止跑模、漏浆,限位凹槽模板位置必须准确。

模板安装注意事项:

(1)由于底座板单元板长度较长,而底座板高度较小,导致模板在纵向刚性较小,施工时容易胀模。因此,底座板纵向模板底三角支撑间距不得大于 2m。

(2)模板使用前应除锈处理,并涂刷脱模剂。

(3)模板底部缝隙使用泡沫胶封堵密实,封堵完成后使用刀片对外露部分切除整齐。

(4)安装底座模板时,需同时安装好伸缩缝型钢。底座范围外的型钢部分需使用 2 根钢筋进行焊接固定,桥上行车时,需采用栈桥对型钢进行保护,确保型钢不弯折。伸缩缝型钢不得切割。

(5)为方便轨道板的扣压,在底座施工时压紧装置对应底座板位置,以 ϕ25mm 的 PVC 管预留轨道板压紧用锚固孔,PVC 管与底座内下层两排钢筋绑扎牢固,锚固孔在底座靠下位置,深度为 40cm(PVC 管),自密实混凝土浇筑完成后使用自密实混凝土进行堵孔。

质量控制要点:质量控制要点:模板定位准确,安装牢固、平顺、接缝严密,做到不跑模,不漏浆。

凹槽处模板采用角钢定制的固定架与纵向模板连接固定凹槽的位置,横向和竖向采用可调设计,以确保安装凹槽模板的易操作性和凹槽位置的准确性。当安装曲线段的凹槽模板时,通过调节曲线外侧的凹槽螺杆,使之达到高程要求。

凹槽模板安装注意事项:

(1)凹槽模板与固定架连接在纵向模板采用固定设计,横向可根据放样的凹槽边线调整,位置及高程准确后方可拧紧螺栓。待螺栓拧紧后再次检查凹槽位置符合设计要求时方可使用,若不符合要求,则重新丈量尺寸并固定模板,直到凹槽位置及高程符合要求方可使用。

(2)凹槽固定定架成批进行加工,若焊接位置不一致时,应与对应的底座模板统一编号使用,防止凹槽位置发生错位。

(3)模板使用前应除锈处理,并涂刷脱模剂。

(4)凹槽模板安装后,必须反复核对模板高程,保证凹槽尺寸符合设计要求。

(5)模板拆除:限位凹槽模板在混凝土初凝后拆除,根据前期气候情况,白天 4h 后,晚间 5h 后,实际施工需根据具体情况调整。凹槽模板拆除后,人工抹面,将限位凹槽顶面进行压光。侧模在混

凝土强度达到 5MPa 以上，其表面及棱角不因拆模而受损时，进行模板拆除。

底座模板在安装完成后，必须对模板安装质量进行检查，底座板模板安装允许偏差及底座板外形尺寸允许偏差应满足相关的规范要求。对安装不合格的模板应立即组织人员返工安装，直到模板安装检查符合表中数据要求后方可进行混凝土施工。

15.5.5.7　混凝土工程

底座板采用低弹性模量 C40(C35)混凝土，混凝土浇筑前，必须对梁面进行晒水润湿。梁面润湿前，应确认底座板范围内的梁面确认清理干净，梁面上无灰尘、焊渣等杂物清除。确保混凝土施工时梁面湿润并无积水。底座板混凝土灌注采用罐车配合梭槽或采取泵送的方式入模。混凝土入模后，前方混凝土振捣采用人工插入式振捣器捣固，捣实后，用木抹将其抹平，先用木抹找平基准面，再用铁抹精抹平，最后将两端轨道板范围外底座面压光。混凝土的入模温度控制在 5～30℃，当环境温度大于 30℃时应采取降温措施，底座板采用 C35 混凝土现场浇筑，混凝土布料须均匀布料，浇筑时要尽量降低出料口高度，以减小混凝土对钢筋的撞击。采用插入式高频式振捣器进行振捣，混凝土振捣过程中，应避免重复振捣，防止过振。振捣棒要垂直地插入混凝土内，振捣棒要快插慢拔，以免产生空洞。混凝土振捣时间要适当，当混凝土停止下沉、不冒气泡、泛浆、表面平坦后，即停止该点振捣，转至下点。在振捣时应加强检查模板支撑的稳定性和接缝的密合情况，防止在振捣混凝土过程中产生漏浆和跑模现象。混凝土浇筑不得中断，每单块板必须一次浇筑完成，杜绝后补及二次浇筑。

混凝土灌注时，应保证混凝土高出模板顶面少许(一般为 2cm)，用振捣棒振捣施工时应以没有气泡冒出和表面泛浆为止，然后将振动棒慢慢地沿垂直方向从混凝土中拔出，其插入孔必须自己封闭。采用 50 捣固棒，插入间距不大于 50cm(必须从钢筋的间隙插入，尽量避免碰触钢筋和绝缘卡)，振动棒的作用范围必须交叉重叠。

混凝土收面时，要严格按设计高程进行高程控制，平整度要求、底座宽度、限位凹槽深度、限位凹槽长度及宽度都必须符合相关规范要求。

15.5.5.8　底座养护、检查验收

底座板施工完成后，养护采用“一管一布一膜一桶”方式，收面、压光待表干后，覆盖湿润土工布，上铺滴灌管再覆盖塑料薄膜保湿养护，30～40m 配一个养护桶。养护覆盖的土工布必须覆盖完底座板侧面后压边 20cm 以上(宽度不足可进行搭接)，使用沙袋进行压实。塑料膜四周压紧密封，防止水分散失过快。根据外界环境温度，每天洒水次数以确保混凝土表面湿润为主，养护时间不少于 14 天。

底座养护质量控制要点：凹槽四角位置涂刷养护液。底座表面上先覆盖一层土工布，现场设置水箱，接入带孔软管布设于土工布面上进行滴灌，其上再覆盖一层塑料布，用砂袋压角，上部加设可移动遮阳棚。养护时间不少于 14d。混凝土达到设计强度的 75% 之前，严禁各种车辆在底座上通行。现场制作同养试件，进行混凝土抗压强度检测。

底座施工完成后。应进行混凝土施工质量检查及中线和高程测量检查，根据检查验收结果进行相应处置。其中，对高程误差大于 8mm 的底座板区域表面要进行削切(宜使用混凝土削切机。如使用打磨机，则须进行表面再刷毛操作)，确保自密实混凝土厚度满足要求。

当底座板混凝土完成拆模后，须对成型的底座板进行外形外观及实体质量验收，外型外观检查要符合相关要求。对外形尺寸不符合要求的，采取打磨、外观修复等措施进行整改至符合设计要求。

当外观质量存在裂纹、掉块、缺棱掉角、蜂窝、麻面、平整度不符合要求等质量缺陷时，必须对其进行质量缺陷修补，裂纹、缺棱掉角、蜂窝以及麻面修补按照试验室出具的修补砂浆配合比严格拌料进行修补。掉块修补修补按照试验室出具的修补混凝土配合比严格拌料进行修补，修补完成后采用薄膜覆盖，并做好养护工作。混凝土表面平整度不够时，采用打磨机对底座板进行打磨。直至混凝土的表面平整度符合设计要求。

15.5.6 伸缩缝施工

采用专用切割机将底座缝间聚乙烯泡沫板顶部和侧面切出 2cm 深的缝，并使用风机吹干净缝里的杂物。在嵌缝的顶、侧面人工均匀涂刷界面剂，持胶枪连续注入嵌缝材料(硅酮)并采用刮刀刮平。嵌缝前，在缝两侧张贴黄胶带，一是防止嵌缝料污染底座面，二是保持嵌缝胶面线形顺直。工艺流程见图 15-18。

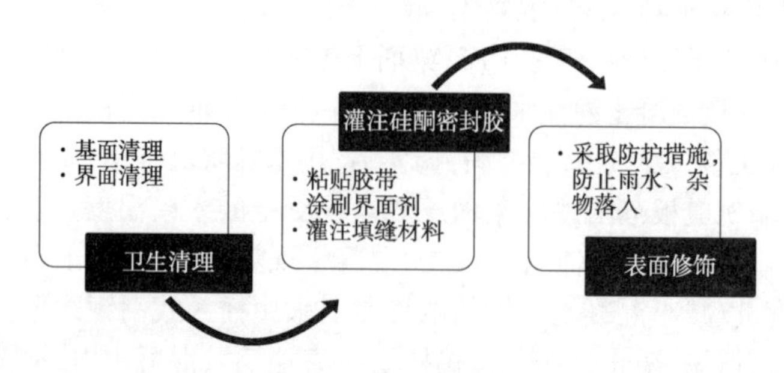

图 15-18　无砟轨道底座伸缩缝施工工艺流程图

(1)泡沫板切割至底座板顶面及侧面进去 2～3cm，对缝内松散混凝土用刷子和高压风机清理，对个别突出点用角磨机加以修理，并用吹风机对接缝灰尘、浮渣进行清理，保证缝内干燥、洁净，无灰尘、杂物，表面应平整、密实，无起皮、开裂、掉粉、起砂、松散脱落等现象。

(2)伸缩缝两侧底座表面粘贴黄色胶带，防止密封胶污染混凝土。

(3)灌注聚氨酯材料前，应在缝槽两侧均匀涂刷界面剂，应待界面剂表干后再填充聚氨酯材料。界面剂材料的相关指标和施工方法应与密封胶相适应。

(4)在聚乙烯泡沫塑料板顶面安装完隔离材料后与侧壁涂刷界面剂，待界面剂表干后沿伸缩缝使用胶枪将聚氨酯密封胶均匀灌入，灌注口应靠近接缝处，灌注速度应缓慢均匀、填缝饱满，尽量避免产生气泡，对于曲线超高地段接缝，从高处分段灌注，使填缝密封材料顺序流向低处，灌注完毕至实干前，灌注后避免扰动或使灰尘污染顶面，采用有效措施防止雨水、杂质落入，并避免下一步施工工序对填缝材料的损坏。聚氨酯密封胶灌注宽度要宽于伸缩缝两侧 5mm，防止伸缩缝出现离缝。

15.5.7 隔离层施工

15.5.7.1 原材料要求

隔离层用土工布应满足相关规范的要求。

隔离层采用聚丙烯非织造土工布，不得添加回收料，不得添加除消光剂、抗紫外线稳定剂之外的添加剂。

应采用单位面积质量 700g/m^2、厚度 4mm 土工布，单位面积质量允许偏差为 ±6%，厚度允许偏差为 ±0.5mm，宽度为 2600mm ± 10mm。

土工布的技术要求分为内在质量和外观质量，相关检验结果必须符合相关规范要求。

隔离层施工前，必须对土工布、隔离橡胶垫层、发泡材料进行检验，合格后方可使用。

隔离层施工前，应将混凝土底座表面清理干净，无杂物、表面光滑无明显凹凸，保证隔离层的滑动作用。

15.5.7.2 施工方法

隔离层施工时，首先进行土工布的铺设，土工布铺设时，其搭接长度满足相关规范和技术条件要求。土工布铺设完成后再在凹槽内铺设发泡材料和弹性橡胶垫层。

15.5.8 自密实混凝土钢筋施工

在底座验收合格后,先安装自密实混凝土凸台中的钢筋,然后在安装钢筋焊网,凸台钢筋及钢筋焊网底层安装混凝土垫块同强度等级要求的混凝土垫块,数量不少于4个/m^2。

15.5.9 轨道板粗铺

15.5.9.1 轨道板交接验收

轨道板运送到铺设地点或临时存板场前,制板单位首先应按批提供轨道板技术证明书等相关资料,轨道板到达铺设点或临时存板场后,由铺板工班长在每块轨道板卸板时按照技术交底要求填写"轨道板到位检验单表格",检查每块轨道板的状态接收,检查结果必须满足相关规范要求。

15.5.9.2 轨道板的运输、存放及吊装

桥梁地段施工便道沿线路贯通,并能够满足轨道板运输及吊装上桥要求,轨道板上桥采用履带吊,无便道地段采用双向运板车运输至施工位置。

轨道板在存放运输途中应注意以下问题:

(1)轨道板的存放场地应坚固平整。

(2)由于轨道板是与现场铺设位置相对应、不可更换,而且又是采用双线同向铺设,因此轨道板的运输和存放必须考虑一定的顺序。此外,左右线的轨道板还需要分类存放,并设专人负责对材料及轨道板的来货、发货作清楚的纪录。

(3)轨道板装卸时应利用轨道板上起吊装置水平起吊,四角均匀受力;把吊环安在插入螺栓上时,应注意充分上紧螺栓,不使螺栓损伤。

(4)在运输过程中,要采取措施防止轨道板倒塌或产生三点支承,不要使其遭受过大的冲击。

(5)装卸轨道板时严禁撞、摔、碰,不能在轨道板纵方向起吊。

(6)轨道板采用汽车运输时,应用特制支撑架,相邻板间用橡胶垫块隔离。临时平放(不超过7天)时,堆放层数不超过4层,层间净空不小于20mm,承垫物的位置应和起吊套管位置一致并保证承垫物上下对齐。

15.5.9.3 混凝土底座清理

轨道板铺设前,应对混凝土底座表面进行清理,达到无浮砟、碎片、油渍无积水等。

15.5.9.4 轨道板铺设

自密实混凝土层钢筋施工验收合格后,方可进行轨道板粗铺。

轨道板粗铺前,放出轨道板边线,轨道板粗铺时,轨道板两端中心尽量与线路中线对齐,避免轨道板精调工作量的增加。

轨道板高程采用水准仪。粗铺时,先使轨道板的纵向和横向位置根据所放边线大致到位,然后在轨道板四角放置临时支撑垫块,垫块高度95mm,再安装双向调整工装,最后用水准仪测量轨道板高程,将其高程控制在 $-5\sim+5$mm。

工艺流程如图15-19所示。

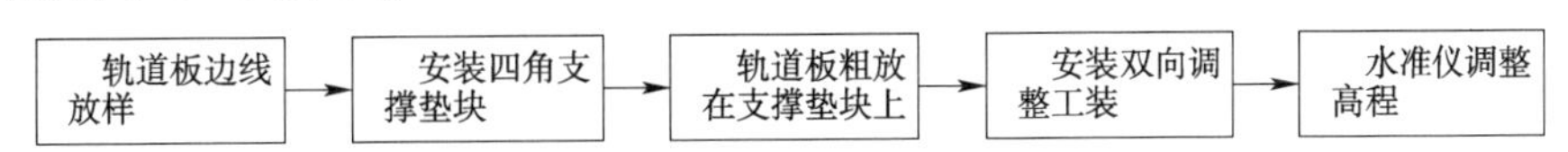

图15-19 轨道板铺设工艺流程图

15.5.10 轨道板精调

轨道板精调可采用相应的测绘CRTSⅢ型板精调系统。轨道板测量系统包括徕卡全站仪、工控

计算机及显示屏、反光棱镜和7个带反光棱镜的测量标架,并配置专用软件计算和处理测量数据,其中测量标架需要安装在轨道板承轨槽中间的螺栓孔上,此时反光棱镜的位置相当于铺轨后钢轨顶面以上20mm与钢轨中心线的交点位置,即轨道板精调采用测量精调框架的方式,本质上就是对轨道板上钢轨线性位置的测量。

精调工艺如图15-20所示。

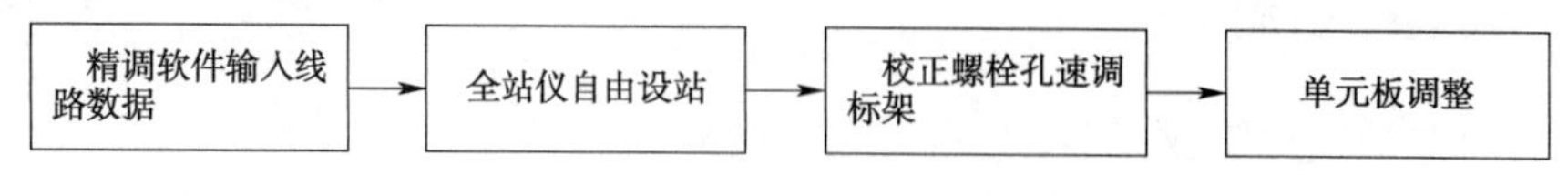

图15-20　轨道板精调工艺流程图

15.5.11　自密实混凝土施工

自密实混凝土施工前,应进行混凝土的原材料及配比试验,通过混凝土的工作性、强度、绝热或半绝热升温、自由收缩值等和耐久性指标、抗裂性能的对比试验确定原材料及配比,合格后方可施工。

自密实混凝土施工前,应对自密实混凝土进行现场工艺性揭板试验,验证和完善自密实混凝土的配合比、施工工艺、施工设备以及施工组织,揭板效果应经过验收。

自密实混凝土的施工包括自密实混凝土的搅拌、运输、模板安装、灌注、养护和拆模等。施工前,应对自密实混凝土进行现场工艺性揭板试验,验证和完善。

自密实混凝土的配合比、施工工艺、施工设备以及施工组织,灌揭板效果应通过验收。正式生产前必须对自密实混凝土拌合物进行开盘鉴定,检验其工作性能是否满足要求。

自密实混凝土的原材料、配合比、搅拌、运输、模板安装、灌注、拆模、养护及质量检验必须满足相应的规范要求。

第四篇

“四新技术”及新管理方法

第16章 新 技 术

16.1 高速铁路建造技术

高速铁路与其他运输方式相比，具有速度快、客运量大、全天候、安全可靠、能耗低、污染轻、占地少、舒适、高效为突出特点。跨入21世纪，随着铁路跨越式发展战略的实施，以及2004年国家《中长期铁路网规划》的颁布，我国高速铁路在短时间内取得了迅猛发展。截至2017年年底，中国铁路运营里程接近3万km，其中高速铁路运营里程29272km，设计时速为200～250km的达到19240km，设计时速为300～350km的达到10032km，占世界高速铁路总里程的66.3%以上，居世界第一位。

根据2016年7月新调整后发布的《中长期铁路网规划》，将加快完善高速铁路网，到2020年，中国铁路网规模将达到15万km，其中高速铁路3万km，覆盖80%以上的大城市。届时，中国将建成以“八纵八横”主通道为骨架、区域连接线衔接、城际铁路补充的现代高速铁路网。我国高铁建设进入了新一轮高潮。

16.1.1 建造技术系统构成

16.1.1.1 桥梁工程

突破了900 t双线整孔箱梁制、运、架成套技术，掌握了新型结构大跨度桥梁及大跨度桥梁采用无砟轨道关键技术，攻克了跨大江大河和高架站桥等复杂桥梁建设难题，实现了工厂化、机械化快速施工，建成了武汉天兴洲大桥、南京大胜关长江大桥、济南黄河大桥、广珠西江大桥等世界一流的新型结构大跨度桥梁，创造了多项世界第一的纪录。

16.1.1.2 隧道工程

通过大量的试验研究，基本摸清了列车运行情况下的隧道空气动力效应的影响规律，通过采取特殊洞口结构，增加隧道断面，优化断面类型，有效降低了列车进入隧道和会车时的压力波，满足了旅客舒适度的要求，实现了动车组列车在隧道内以时速350km安全运行和交会，为工程建设提供了技术依据，形成了客运专线铁路大断面黄土隧道设计、施工技术，以及大断面隧道硬岩快速掘进、高压富水岩溶破碎带施工、长大隧道快速施工等技术，突破了艰险山区、复杂地质高速铁路长大隧道群、水下隧道建设技术难题。

16.1.1.3 路基工程

针对我国复杂多样的地质及气候条件，创新桩板结构、桩筏结构和预应力管桩、CFG桩等复合地基沉降控制技术，攻克了湿陷性黄土、冻土、膨胀土、盐渍土和软土地区沉降变形控制难题，掌握了复杂地质条件下高速铁路地基处理、路基填筑和线下构筑物刚度均匀化技术，实现路基沉降变形收敛可控。

16.1.1.4 四电工程

构建了高速铁路牵引供电系统设计、施工、检测技术平台，研发了大容量供电、大张力接触网、高速接触网检测、远程监控等成套装备，应用抗拉强度高、导电性能好的接触线与承力索，建立接触网——受电弓耦合仿真系统平台，掌握了36～40kN大张力接触网设计、施工技术，实现时速350km

动车组重联双弓安全运行。

16.1.1.5　轨道工程

系统掌握了高速铁路无砟轨道大规模应用设计、制造、施工、精调成套技术;自主研制了满足时速350km要求的高速道岔,掌握了500m长轨制造、运输、铺设、焊接成套技术,攻克了长大桥梁无缝线路技术,突破了与信号轨道电路适应性、大跨桥上变形控制等技术难题。突破轨道空间几何毫米级精度控制难题,构建了勘测、施工、线形维护"三网合一"精密测量控制网,实现了轨道的精确定位和构筑物变形量控。

16.1.1.6　站房工程

广泛采用大跨度钢架结构、悬垂结构、无柱雨棚设施以及冷热电三联供、智能化分级光控系统等先进技术,使高铁站成为与城市轨道交通、公交乃至航空港等多种交通方式紧密衔接的综合交通枢纽。

工程关键核心技术创新突出,代表了铁路建设的创新能力与水平,对引领铁路技术进步、提升中国铁路国际影响力有明显作用;工程设计与建造过程中在降低工程投资、节约能源和资源、加强环境和土地保护等方面成效突出,经济效益和社会效益显著。

16.1.2　典型高速铁路关键技术

2008年8月1日,我国开通了第一条设计时速350km的京津城际高速铁路,标志着中国铁路正式迈入"高铁时代",相继建成了世界上等级最高的高速铁路——京沪高速铁路,世界上首条高寒高速铁路——哈大高速铁路,世界上最长的高速铁路——京广高速铁路,首条修建在沙漠戈壁大风区的高速铁路——兰新高铁等具有开创性的高速铁路,全面系统地掌握了具有自主知识产权、适用于不同气候环境条件、不同地质条件、不同轨道结构类型、涵盖时速250~350km的高速铁路勘察设计、施工、四电、关键材料和装备等建造成套技术,逐渐成为世界高速铁路的领跑者。各典型线路的关键新技术见表16-1。

高速铁路建造关键新技术　　表16-1

线路名称	工程特点及难点	关键新技术
遂渝线	遂渝线无砟轨道试验段为国内首次成区段铺设的无砟轨道线路,在不同结构物上无砟轨道的计算原理和设计方法、无砟轨道绝缘处理措施及ZPW-2000轨道电路传输性能、路基工后沉降控制、测量控制等方面取得了重大突破和比较系统的研究成果	(1)自主研发了普通板式、框架型板式、纵连板式、双块式、道岔区轨枕埋入式无砟轨道结构。 (2)基本掌握了轨下金属导体距轨底的距离对钢轨参数的影响规律。 (3)研发了客运专线铁路(高速铁路)和客货共线铁路无砟轨道结构用扣件系统。 (4)研发了用于无砟轨道的12号和18号可动心轨道岔及其配套的转换设备,研发了岔区无砟轨道及线下结构的关键技术,提出了岔区轨道刚度均匀化的设计原则及工程措施。 (5)在土质路基上铺设无砟轨道,路基工后沉降控制措施有效。 (6)在主跨168m大跨连续刚构、32m简支T梁桥上铺设全桥纵连板式无砟轨道,突破大跨桥上铺设无砟轨道限制。 (7)研究建立了高精度测量网和沉降变形观测网;研发了板式、双块式、道岔区无砟轨道生产、施工技术以及配套设备。 (8)研发了100m长定尺钢轨运输、吊装、铺设、单元轨焊接、集装箱式基地焊轨成套设备。 (9)在无砟轨道条件下,采用综合接地系统技术

续上表

线路名称	工程特点及难点	关键新技术
京津城际	京津城际是我国第一条设计时速350km/h的高速铁路，全线铺设无砟轨道和无砟道岔，地基承载力低，处理难度大，路基工后沉降控制技术及工程措施要求高。全线桥梁孔跨类型多，大跨度桥跨多，最大跨度128m，徐变控制难度大，必须把无砟轨道和线下工程作为整体系统研究解决	(1)掌握了软土、松软土地区路基设计和施工技术，桥梁设计和施工技术，无砟轨道设计、制造、施工、评估、检验技术，一次铺设无缝线路和高速道岔施工技术，建立了精测网并应用了沉降变形计算和观测评估技术。 (2)研究解决CRTSⅡ型板式无砟轨道施工关键设备的国产化及施工技术难题。 (3)攻关研制的CRTSⅡ型板式无砟轨道施工专用的铺板龙门吊、双向运板车、轨道板精调系统、水泥沥青砂浆车、500m长钢轨铺轨机等关键设备。 (4)实现了CRTSⅡ型板式无砟轨道施工关键设备的国产化，并总结形成了一套拥有自主知识产权的CRTSⅡ型板式无砟轨道铺板、铺轨、铺岔等各个工序环节的综合施工技术与工艺
京沪高速铁路	京沪高速铁路工程项目是一个庞大的综合体系，涉及机械、土木、电子、电气、材料、信息等多个学科领域，技术难度和复杂性、特殊性堪称“高铁技术博物馆”。工程项目创新了复杂工程环境下高铁工程建造技术，通过高速动车组技术的引进消化吸收再创新，系统掌握时速350km高速动车组“九大核心”和“十大关键”技术。实现了高速动车组列车持续高速度、高密度、高安全性运行和多制式互联互通	(1)建立了高速铁路桥梁耦合大系统模型，首创主跨2×336m双连拱板桁组合新结构和主动控制高精度合龙施工新技术，建成世界通过速度最高的高速、深水、大跨、六线的南京大胜关长江大桥。 (2)建立了超长、大跨桥梁无砟轨道无缝线路的计算理论，首次实现在165km超长桥梁和180m大跨桥梁上铺设无砟轨道无缝线路。 (3)构建了基于铁路大型客站的现代综合交通枢纽规划与设计技术，建成了集高铁、普速铁路、航空、公路、城市公交、地铁、磁悬浮等多种运输方式为一体的上海虹桥综合交通枢纽。 (4)建立了复杂工程环境下高铁路基刚性桩复合地基成套技术。 (5)建立了高速列车耦合分析动力学完整理论模型，攻克并创新了高速转向架关键技术，转向架临界速度达到了时速550km。 (6)研制了高空气动力学性能的新头型，优化了整车气动外形，气动阻力减小8%。 (7)提出了主动控制模式下16辆编组双弓取流弓网接触力随速度变化的算法，系统解决了高速行车稳定受流难题。 (8)建立了数字化、自动化、柔性化的高速列车制造平台，高速列车形成规模化生产。 (9)通过列车运行控制系统的集成创新，攻克了高速运行情况下车地信息可靠传输、列车运行安全控制、与不同列控制式线路互联互通等关键技术，研发了列控系统核心装备，构建了时速350km/h的CTCS-3级列车运行控制系统
武广高速铁路	武广高速铁路建设采用了大量新技术、新材料、新工艺、新设备，是一项高标准建设的庞大系统工程。通过模拟仿真与现场测试、移动检测与地面检测相结合，采用了高速综合检测列车、试验动车组等先进的移动测试设备，光纤传感器、激光测试、微波测试、图像识别、系统辨识等先进测试技术及数字化、网络化先进的测试系统	(1)在联调联试中采用了地面轨道、路基、隧道、桥梁、声屏障等基础设施网络化远程实时综合测试系统。 (2)研发并采用了基于光纤测试技术的无缝道岔、无缝线路长期监测系统；首次采用了GSM-R无线通信系统网络接口监测技术。 (3)采用了具有自主知识产权的高速动车组运行参数测试系统。 (4)攻克了路基沉降控制、桥梁线型控制、900t大型箱梁制运架等多项技术难点

续上表

线路名称	工程特点及难点	关键新技术
哈大高速铁路	哈大高速铁路是世界上第一条高寒地区新建高速铁路。哈大高速铁路沿线气候严寒,冬季极端最低温度达 -40℃左右,土壤最大冻结深度达205cm,这样的特殊环境给哈大高速铁路设计、建造和运营带来了一系列技术难题。62号道岔直向允许通过速度350km/h、侧向允许通过速度220km/h,是我国自主设计研发的直、侧向速度最高的道岔	(1)系统掌握了高寒铁路工务工程、移动装备、运营管理、系统集成等的成套技术,构建了我国完整的高寒铁路技术体系。 (2)研究解决了结构防冻胀、寒区无砟轨道、特殊结构桥梁工程、寒区工程施工等技术难题,并在路基冻胀整治、接触网融冰治理等方面也取得了良好的成效。 (3)通过对超大号码道岔在加工、组装、运输、铺设、质量控制等方面难点的技术攻关,在超长钢轨变形控制、轨顶面通长加工、轨头轮廓高精度控制、高速道岔综合防腐技术、高速道岔精细化制造等方面取得突破和创新,提高了我国高速道岔整体制造水平
兰新高速铁路	兰新高铁是首条修建在沙漠戈壁地区的高速铁路。新疆段穿越举世闻名的内陆四大戈壁风区,总长度达462.4km,部分区段年均大于8级大风的天气达到208天,最大时速60m/s,相当于17级大风。风沙会对列车高速运行有很大影响,当风力较大时,直接影响高速列车受电弓从接触网正常取电,引起设备故障;当横向风力较大时,将对高速列车车体产生较大的侧向力,严重时会导致高速列车脱轨甚至倾覆;风沙还会在高铁线路堆积,严重时会掩埋钢轨	(1)在高铁路基的迎风侧设置了高度3.5~4m的挡风墙,并根据不同区域的风力、风向、频率、地形及线路条件,因地制宜地设计了悬臂式、扶臂式、柱板式等多种结构形式的钢筋混凝土挡风墙。 (2)针对大风区的124座桥梁,分别设计了T形、箱形、槽型桥梁结构和总长达95km的挡风屏,根据风力大小,由不同尺寸的H形钢柱和开孔波形钢板组成,固定在桥梁的两侧或一侧。 (3)在大风频繁、风力最为强劲的百里风区,更是采用结构受力和防风结构相结合的槽形梁形式,这也是该结构在高铁的首次应用。 (4)在百里风区的核心地带,还设计建成了长达1.2km的防风明洞,相当于在路基上拼装了一座完整的“地上隧道”,迎风一侧为实体墙,背风一侧留有通风和照明窗口,有效确保了高速列车的运行安全

16.1.3 无砟轨道建造新技术

国内首次采用CRTSⅡ型双块式整体道床的高速铁路为郑西高铁,其是西部黄土地区高速铁路轨道工程设计的代表作。

作为国内首条全线铺设CRTSⅠ型板式整体道床的铁路,沪宁高铁突破了CRTSⅠ型板式整体道床在小半径曲线地段、大跨度提篮拱桥、大跨度连续梁等特殊结构地段铺设的众多设计难题。

CRTSⅢ型板式无砟轨道是综合了Ⅰ型板式、Ⅱ型板式、双块式等无砟轨道的优缺点,充分吸收国外无砟轨道先进技术,充分考虑了我国的国情和路况,并以成灌线为载体进行轨道结构试验及不断深化研究,最终研发出具有完全自主知识产权的高速铁路Ⅲ型无砟轨道结构形式。CRTSⅢ型板式无砟轨道按照“双块式受力,Ⅰ型板制造,Ⅱ型板施工”的理念设计和施工,以自密实混凝土替代水泥乳化沥青砂浆施工板下充填层作为其关键技术。其主要结构具有分层结构、刚度逐层递减,采用分块单元的预应力轨道板结构,采用高性能自密实混凝土作为充填层,底座之间采用纵向传力杆连接,分层之间各自设置限位结构等特点。通过跨学科、多单位联合攻关,建立了我国高速铁路无砟轨道服役性能提升的控制理论与关键技术体系,包括:建立了无砟轨道伤损分类方法,探索了无砟轨道伤损的产生机理;探明了无砟轨道状态演变对其服役性能的影响规律;建立了无砟轨道服役性能评价方法与评价指标,提出了无砟轨道疲劳耐久性寿命预测方法;从材料、结构设计、施工、养护维修方面提出了提升无砟轨道服役性能的综合技术措施,并编制了相应的技术指南,为高速铁路无砟轨道服役性能提升提供了理论与技术支撑。研究成果在遂渝、成绵乐、成渝、成贵等高速铁路无砟轨道上成功应用。

16.2 高原及重载铁路建造新技术

世界上在多年冻土区修筑铁路已有百年以上的历史。俄罗斯早在1895年就开始修建第一条西伯利亚大铁路(后贝加尔铁路),该线全长9446km,穿越多年冻土2200km;美国于1904年修建阿拉斯加铁路,线路长756km,通过多年冻土378km;加拿大在多年冻土区建有5条铁路,最早的哈德逊湾铁路建于1910年,全长820km,穿越多年冻土611km。在我国,已建成的青藏铁路是世界上海拔最高、线路最长、施工技术难度最大的高原冻土铁路,在建设过程中,攻克了多年冻土、高寒缺氧、生态脆弱三大世界难题,系统掌握了高原铁路建设成套技术,达到了世界先进水平,在高原铁路建设中具有里程碑的意义。

我国重载铁路起步于20世纪80年代,大秦铁路是我国第一条开行25t轴重重载列车的双线电气化运煤专用铁路,并相继建成开通了朔黄、山西中南部重载铁路。近年来,在大秦线和朔黄线上分别试验开行3万t级重载列车和30t轴重重载列车,通过不断的技术研发和自主创新,解决了机车车辆装备升级、路网改造、机车无线同步操纵控制和优化运输组织等一系列重大关键技术问题,大幅度提升了我国铁路重载运输的技术水平及设计、制造能力,推动我国铁路重载运输技术整体迈上了新台阶,且在目前在建的蒙华重载铁路新线建设方面也取得了较大进展,构建了以大秦铁路为代表的重载运输技术体系。

我国重载铁路技术与世界先进水平仍有一定差距,而我国重载铁路又具有“速、密、重”并举的中国特色,在牵引重量、运输密度及行车速度上均逼近或超过国外记录。目前我国基本掌握轴重30t和牵引重量3万t重载运输成套技术,处于全面赶超世界领先水平的关键时期,因此,我国重载铁路的进一步发展,需要重点突破一些长期困扰世界重载铁路运输发展的瓶颈技术。我国铁路重载运输提出的发展目标及要求是:专用线按轴重30t标准设计,既有线采用27t轴重。目前,27t轴重通用货车、30t轴重专用货车已开始试运行。

16.2.1 青藏铁路建造新技术

青藏铁路由青海省省会西宁至西藏自治区首府拉萨,全长1956km,格尔木至拉萨段全长1142km,格拉段有两大特点:一是高原,线路所经均为高海拔地区,海拔高程大于4000m的地段长达965km,最高的唐古拉山垭口,海拔高程为5072m;二是沿线广泛分布高原多年冻土,线路经过连续多年冻土地区长550 km,是迄今为止世界上海拔最高、线路最长的高原铁路。青藏铁路多年冻土、高寒缺氧、生态脆弱是青藏铁路建设的三大难题。

16.2.1.1 多年冻土

在高原多年冻土地区施工是青藏铁路建设的一大难题,经过多年的研究,已基本掌握了多年冻土的处理方法及工程措施,具体有如下方面。

(1)路堤。

①选用优质填料。

②设置路堤保温护道。

③采用冻土路堤加筋措施,即在路基面下一定位置设计土工格栅。

④对高温不稳定区和高温极不稳定区路堤进行适当的加宽。

⑤对高温极不稳定区的高含冰量冻土和含土冰层地段,采用设气冷路基的措施,如通风管、片石气冷路基等。此外还可使用热棒路基。

⑥对于较低路堤地段,根据具体情况对基底进行适当的换填。

⑦对于采用路堤通过确实有较大困难的地段,采用以桥代路的形式通过。

(2)路堑。

①加大边坡坡率。

②堑顶进行保温处理,采用包角形式并铺复合土工膜隔水层及上下垫层。

(3)基底和边坡根据具体情况进行挖除换填及铺保温板的措施。

(4)多年冻土区的砂浆、混凝土均采用低温早强耐久型材料,对混凝土工程均采用保温、保湿养护技术。

16.2.1.2 高寒缺氧

青藏铁路格拉段海拔4000m以上地段占全线85%左右,年平均气温在0℃以下,大部分地区空气含氧量只有平原地区的50%~60%。高寒缺氧、风沙肆虐、紫外线强、自然疫源多,被称为人类生存的禁区。如何在严酷的高原环境下确保建设者的生命安全,也是一项世界性难题。

(1)健康保障目标。

一是防止高原病意外的发生;二是防止鼠疫疾病的发生;三是防止群体食物中毒的发生。以保障参建职工的健康和战斗力,保障青藏铁路建设的顺利进行。

(2)健康措施主要是构建完善的医疗卫生保障体系。

①建立健全三级医疗卫生机构:施工队建立一级医疗机构;各局集团有限公司指挥部建立设备完善的二级医疗机构;在格尔木和拉萨,同大医院建立合作关系,作为三级医疗保健机构。

②加强高原病的防治。

a.把好体检关。对参建员工实行健康动态监测。

b.加强宣传教育。对所有参建人员进行高原卫生知识宣传教育工作,发放各种宣传手册、图片等。

c.预先习服。要求上高原的职工必须在格尔木、拉萨习服1周以上时间。

d.严格执行高原作业、作息时间。对高原作业、作息时间做了如下规定:海拔在4000m以上时,野外作业时间控制在每个劳动日不大于6h,隧道内作业工时不大于4h。劳动强度保持在中等以下。必须从事高强度劳动和延长作业时间时,采取必要的劳动保护和现场医疗监护措施。

e.坚持夜间查房制度和工地巡视医疗制度,对患病人员要及时予以诊治。遵守病情稳定后由高向低送的原则。

f.建立健全独具特色的供氧系统,如背负式供氧、建立氧疗室、因地制宜设置富氧室。

16.2.1.3 生态脆弱

青藏高原号称世界屋脊和地球第三极,是巨川大河的发源地,亚洲的"水塔",也是世界山地生物物种的主要起源中心。自然环境恶劣,生态环境原始,独特而脆弱。一旦破坏将难以恢复并将对全球环境及气候造成灾难性的影响。采取预防为主、保护优先的原则,在工程的设计、建设、运营中切实保护好冻土环境和生态环境,对环境的破坏降低到最低程度。主要采取了以下措施。

(1)高原、高寒地表植被的保护。

为了保护青藏高原特殊的植被系统,合理规划施工便道,施工场地、取弃土场和施工营地,严格划定施工范围和人员、车辆行走路线,防止对施工范围之外区域的植被造成碾压和破坏;采用分段施工、植被移植的方法,先将施工区的草皮切成块,然后用铲车将草皮连同土壤一起搬到草皮移植区,专人负责养护。路基成型后,再把草皮移植恢复到路基边坡上;对昆仑山以南自然条件较好的地段,精选适合高原生长的草种,辅以适合的喷播、覆膜等技术,尽力恢复地表植被。在沱沱河、安多、当雄等高海拔地段,进行种植和移植草皮试验,获得成功后在全线推广,开创了世界高原、高寒地区人工植草试验成功的先例。

(2)自然保护区和珍稀濒危野生动物资源的保护。

为保护青藏高原独特而又极为珍贵的野生动物资源,铁路选线尽量避开野生动物栖息、活动的重点区域。对必须经过野生动物活动区域的路段,组织专家研究野生动物保护问题,掌握沿线野生动物分布习性和迁徙规律,根据不同动物的迁徙习性,通道被设计为桥梁下方、隧道上方及缓坡平交三种形式,尽量减少对它们的干扰。

(3)对高原湖泊、湿地生态系统的保护。

为保护高原湿地,青藏铁路尽量绕避湿地,必须经过湿地时,一般采取"以桥代路""多设涵洞""路基基底抛填片石"等措施,避免路基下地下径流被切割,保证地表径流对湿地水资源的补充,防止湿地萎缩。尤其是在建设古露车站时,创造性地进行了人造湿地建设。

(4)高原冻土环境和沿线自然景观的保护。

为了保持冻土环境稳定和避免对沿线原生的自然景观产生影响。工程采取了路基填方集中设置取土场,取、弃土场尽量远离铁路设置并做好表面植被恢复;对挖方地段,在路基基底铺设特殊保温材料并换填非冻胀土,避免影响冻土上限和产生路基病害,以确保路基两侧区域冻土层的稳定。

(5)严格控制污染物排放,保护铁路沿线环境。

在高原上尽量减少铁路车站的设置,以减少车站排放污染物对环境的影响。对必须设置的铁路会让车站,将采用相应的污水处理措施,对车站产生的生活性污水进行处理,处理后出水达到国家标准后将用于车站范围内的绿化,不直接排入地表水体;车站用能将尽量选用太阳能、风能等清洁型能源;施工期和运营期产生的各类垃圾集中收集,定期运交高原下邻近城市垃圾场集中处置。

基于青藏高原风沙灾害形成的原因及其与铁路建(构)筑物的互馈机制,依托现场定位观测数据、风洞试验、数值模拟、室内试验等研究分析手段,对青藏铁路沿线风沙灾害特征和风沙流运动规律进行了研究,评价了青藏铁路沿线既有防沙措施的防沙效益,并对其防护结构进行适当的改良,研发了多种新型风沙防护措施(植生管、箱式挡沙墙、PE网大方格、石棉瓦格状沙障等),提出了适合于青藏高原铁路风沙灾害防护的技术,总结出了青藏铁路沿线风沙灾害防护模式,并在青藏铁路沿线风沙灾害严重区段进行了推广应用,取得了较为明显的经济效益和社会效益。

16.2.2 大秦铁路建造新技术

大秦铁路自山西省大同市至河北省秦皇岛市,纵贯山西、河北、北京、天津,全长653km,是中国西煤东运的主要通道之一。大秦铁路是中国新建的第一条双线电气化重载运煤专线,1992年底全线通车,2002年运量达到1亿t设计能力。

大秦线重载组合列车的纵向冲动、长大下坡道的循环制动和隧道区段的通信可靠性是危及重载组合列车运行安全性的三大关键技术难题。

(1)采用分布式无线同步控制技术(LOCOTROL),配以800MHz的无线电台、GSM-R网络无线通信设备,实现了多台不同型号、不同传动方式机车之间的同步控制,不仅提高了1.52万t和2万t列车编组的灵活性,更为重要的是有效降低了长大组合列车车辆间的纵向冲动,缩短了制动距离,提高了列车运行的安全性,有效解决了山区铁路的通信可靠性问题。

(2)采用自重轻、载重大的新型C80型重载货车轴重达到25t,针对C80系列敞车分别研制了具有低动力作用的25t轴重交叉支撑转向架和25t轴重摆动式转向架,提高了车辆运行速度。

(3)研制了新型RFC型车辆连挂牵引杆装置,缩小了车辆间的连挂间隙,降低了车辆间的纵向冲动。

(4)研制了120-1制动阀、中间牵引杆、E级钢车钩和大容量弹性胶泥缓冲器等主要配套装备,大幅度减少了列车纵向冲动,提高了列车安全性。

(5)研制了具有阻抗小、磨耗低、结构简单、性能稳定的大容量重载钩缓装置,减少了重载列车的纵向冲动。

(6)独特的支撑转向架适应长大列车的纵向冲动;可控列尾装置有效解决了制动电磁阀、通信模块(TCU)的可靠性及电池容量等技术问题,提高了列车制动性能。

(7)独特的机车自动过分相装置,让各种组合方式的列车实现安全平稳运行。

(8)此外,5T系统的成功应用、ZPW2000A型移频轨道电路四显示自动闭塞对原三显示自动闭塞设备的代替,以及牵引变电系统中采用的综合自动保护装置和远动系统,合力推动了大秦重载技术的发展。

大秦铁路重载运输成套技术项目解决了我国铁路重载运输发展中的一系列难点和关键问题,促进了一批高新技术装备的开发、研制、生产及产业化,显著提升了铁路货车制造业水平、铁路无线通信网络技术水平、铁路电气化技术水平和铁路重载轨道装备技术水平,带动了相关行业的发展,提升了行业竞争力。

大秦铁路采用70~75kg/m淬火钢轨的轨道结构,代表着重载铁路钢轨重型化的发展方向。通过改善轮轨关系和优化轮轨接触状态,使大秦铁路的钢轨使用寿命由9亿t提高到15亿t以上,试验段钢轨的使用寿命甚至达到20亿t以上。

16.2.3 山西中南部铁路通道建造新技术

山西中南部铁路通道是我国第1条30t轴重重载铁路,正线长度约1267.3km,按Ⅰ级铁路干线标准建设,为双线电气化、自动闭塞、客货混行线路。设计年运量为2亿t,设计时速为120km,山西中南部铁路通道采用了我国近年来研发的30t轴重重载工务工程技术和设备,如首次研制了30t轴重机车、30t轴重货车和电控空气制动系统;首次研发了同相供电技术和节能牵引变压器;首次研发应用了30t轴重重载铁路轨道结构、重载钢轨与道岔及线桥隧成套技术。在长子南站—平顺站设置正线长度为91.8km的30t轴重重载铁路试验段,开展了30t轴重的综合试验研究,为我国开通运营30t轴重重载铁路打下坚实基础,进一步提升了我国重载铁路技术创新水平,形成了具有自主知识产权的30t轴重重载铁路成套技术体系。

(1)有砟轨道技术创新。

从重载铁路轮轨关系、关键设计参数、总体设计、关键部件结构设计等多方面对30t轴重重载铁路有砟轨道关键技术进行了研究,研究分析了30 t轴重重载铁路轮轨关系,提出重载轨道结构关键设计参数取值,提出重载轨道结构总体设计方案;研发了适应30 t轴重重载铁路弹条Ⅵ型扣件(有挡肩结构)和弹条Ⅶ型扣件(无挡肩结构)系统;采用了热塑性弹性体垫板,研发了适应30 t轴重重载铁路用有挡肩Ⅳa和无挡肩Ⅳb两种重载轨枕;配套设计了桥枕,研究提出桥隧地段轨道结构强化技术措施。针对桥隧刚性基础地段,为延缓道砟粉化,减少养护维修工作量,研究提出设置砟下胶垫、弹性轨枕、聚氨酯道床的技术措施。

(2)无砟轨道技术创新。

结合山西中南部通道重载铁路特点,对隧道无砟轨道结构形式进行了详细的研究比选分析,提出了重载弹性支承块式、双块式、长枕埋入式3种无砟轨道结构形式和相关参数,完成了尺寸设计和配筋设计,研发了适用于弹性支承块式无砟轨道的弹条Ⅶ型扣件,适用于现浇枕式(双块式或长枕埋入式)无砟轨道的WJ-12型扣件,并进行了全面系统设计、试制和试验。统筹考虑了60kg/m与75kg/m钢轨的通用性,轨下基础可以采用相同的结构形式,仅通过配置不同类型的绝缘轨距块实现接口条件的通用性。

(3)重载道岔技术创新。

提出了适合我国30t轴重重载铁路特点的重载道岔系列、设计方法和计算理论。研究设计了道岔平面和总图,采用合金钢材质的基本轨、尖轨,提高了耐磨性能;开发了镶嵌翼轨式合金钢组合辙叉、爆炸硬化高锰钢组合辙叉以及新型的扣件系统,在岔枕内设预埋件与道岔铁垫板连接,提高了抵

抗横向力的能力,可有效减少现场的养护维修工作量。研究设计了新型轨撑,可有效提高转辙器基本轨和护轨基本轨的稳定性。开发了新型重载道岔用岔枕,增加了岔枕断面,提高了岔枕的承载能力和稳定性,并提出在岔枕底部增设弹性垫层的方案,可有效提高岔区轨道弹性。采用分动外锁闭装置,提高了列车过岔时的安全性。研制了适用于30t轴重60kg/m钢轨的12号、18号道岔和75kg/m钢轨的12号、18号道岔,并对60kg/m钢轨的12号、18号道岔在大秦铁路和北同蒲铁路进行了试铺试验,明确了道岔主要易损件(尖轨、护轨和辙叉)的使用寿命。

16.3　桥梁建造新技术

中国桥梁建设发展在学习引进国外先进技术的基础上,坚持走自主建设和创新发展的道路,依托国家重点工程,积极组织开展关键技术攻关,在桥梁设计理论、结构形式、施工方法、施工装备、工程材料、钻探测控技术等方面不断取得突破。建成了以铜陵公铁两用长江大桥、广州新光大桥、鹦鹉洲长江大桥、南京大胜关长江大桥、港珠澳大桥等为代表的一大批结构新颖、技术复杂、设计施工难度大和科技含量高的特大型桥梁。

在桥梁基础施工技术与装备方面,已掌握大直径钻孔桩、大直径钢管桩、PHC管桩、钢管复合桩、大型群桩基础、大型沉井基础、超深地连墙基础等施工技术,自主研发了包括打桩船、液压打桩锤、钻机、混凝土搅拌船、双轮铣槽机等在内的桥梁基础施工装备。

在超高桥塔施工技术及装备方面,研发了混凝土桥塔液压爬模技术、混凝土超高泵送技术和钢桥塔预制吊装与高精度拼装施工技术。

在主梁施工技术及装备方面,建立了钢箱梁数字化制造生产线,掌握了混凝土梁整孔预制架设技术、梁上运梁架设技术、短线匹配法预制拼装施工技术、钢箱梁整体吊装施工技术和使用缆载吊机、桥面吊机、顶推与滑模等主梁架设与施工技术,自主开发了浮吊、架桥机、桥面吊机、缆载吊机、大型龙门吊、滑模设备等关键装备。

在施工控制技术方面,在传统变形—内力双控基础上,结合无应力状态控制理念提出了几何控制法,首创了一种用于解决桥梁分阶段施工的理论控制方法——分阶段成形无应力状态法,并提出了多构件无应力几何形态设计制造安装全过程几何控制方法,大大提高了大跨径斜拉桥施工控制精度。

在主梁结构方面,钢箱梁、钢桁梁、钢—混凝土叠合梁、钢—混凝土混合梁等结构形式不断得到创新并推广应用。首次在悬索桥上采用了分体式双箱断面钢箱梁,研发了三片主桁三索面的新型结构形式、设置复合连接件的钢格室混合梁结合部结构、钢桁梁与正交异性桥面板组合的主梁结构形式。

在混凝土方面,C50,C60混凝土得到广泛应用,C80以上高强混凝土在局部部位开始使用,纤维混凝土、轻质混凝土等也得到了研究与应用,同时近年来越来越重视通过提高混凝土材料性能来改善结构性能,多功能混凝土添加剂的发展也为高性能混凝土应用提供了支撑。

在钢材方面,目前我国Q345、Q370得到大量使用,Q420在桥梁上的应用已逐步展开,Q500已研发成功并开始应用,耐候钢、环氧涂层钢筋、不锈钢钢筋等也逐步得到应用。

在缆索材料方面,1770MPa钢丝、1860MPa钢绞线已实现国产化并在工程中应用,1960MPa钢丝(锌铝合金)也已研发成功并开展应用。

16.3.1　梁式桥建造新技术

梁式桥施工的关键新技术见表16-2。

梁式桥关键新技术

表 16-2

序号	桥梁名称	关键新技术
1	松花江大桥	(1)大桥连续梁支座采用球形钢支座设计,最大设计荷载200000kN,单个支座最大重量达到168t,为全国首例超大型钢支座。 (2)主桥连续梁0号块顶板宽度29.4m、底板宽度23.6m、最大高度8.6m,节段长度20.8m,体积2937m^3,此大体积0号块设计施工为全国首例。 (3)主梁采用单箱4室5腹板结构,采用挂篮悬臂浇注施工方法、单侧单个悬臂节段最大质量860t,此设计全国首例。 (4)施工中根据实际情况,对挂篮进行专项设计,采用6片主桁,两套挂篮并行,整体式走道梁的设计方案,挂篮设计达到国内领先水平。 (5)采用了深水钢板桩围堰大管井降水无封底混凝土施工技术、大体积连续梁0号块现浇施工技术、超宽超重挂篮研发应用技术、高寒地区连续梁悬灌冬季施工技术
2	甬江大桥	(1)采用大直径超长嵌岩桩成孔技术及钢筋笼自由吊挂定位系统,刷新国内3m直径钻孔桩深度纪录。 (2)针对钢混结合段无法整体吊装难题,采用“模块匹配制作、组拼”技术,解决了场地受限难题,保证了安装精度和质量。 (3)针对难以水上喂梁拼装的难题,利用混合梁斜拉桥先边跨后中跨的施工特点,国内首次采用“桥址拼梁→边跨提梁→梁上运梁→旋转悬拼”新方法。 (4)应用BIM新技术,模拟构造复杂的混凝土主梁和钢混结合段,优化施工组织;国内首次在铁路桥梁索塔中使用整体式钢锚箱结构。 (5)斜拉桥道砟槽内首次应用MMA(甲基丙烯酸甲酯)防水防滑层,效果良好。 (6)铁路斜拉桥首次应用具有精度高、灵敏度高、分辨率高、抗腐蚀、抗电磁干扰等特点的FBG传感器
3	芝水沟大桥	(1)项目将常规节段拼装湿接缝工艺进行了拓展和改进,综合胶接缝节段预制方法,可适用于不同箱梁结构的长短线结合节段的预制,节段预制模板采用全液压装置,可进行0.1mm级的调整。 (2)研究了该地区气候条件与不同标号混凝土的隔离剂,形成了一系列匹配梁混凝土隔离剂配合比。 (3)研究设计了塑料波纹管单向和双向橡胶堵头,开发了适合该成孔工艺的波纹管塑料撑管。 (4)利用三维调节小车实现了在长线台座上自动调整首节段横纵向及高程位置。 (5)对铁路简支梁胶接缝节段拼装施工工艺进行了系统研究和实践,提出了具体的施工工艺,对后续节段预制胶接拼装箱梁提供技术参考。 (6)利用节段拼装造桥机悬吊系统,研发了一整套节段测力装置和高程调整装置,节段自动调整和定位锚固体系
4	蔡家沟大桥	(1)发明了A型超高空心桥墩,解决了高墩大跨铁路桥梁的刚度控制难题及超高墩桥梁动力特性与墩身工程量的协调问题,形成了A型高墩大跨度混凝土连续刚构桥建设关键技术。 (2)提出并采用带预应力筋的哑铃型承台群桩基础结构,减小了承台尺寸。 (3)提出并采用劲性骨架配合液压爬模的施工工法,即A型超高桥墩斜腿施工工法。 (4)提出并采用预应力钢绞线配合低回缩锚具对梁体施加竖向预应力的新工艺。 (5)探索出基于Ansys的桥墩优化设计方法,以桥墩刚度作为状态变量、墩身混凝土体量作为目标函数,建立参数化模型,优化高墩结构尺寸。 (6)提出时速200km客货共线铁路高墩大跨混凝土连续刚构桥横向自振周期限值参考范围,可限制在1.7s以内,解决了高墩大跨混凝土连续刚构铁路桥动力特性控制难题。 (7)提出山区铁路桥梁利用数值风洞和虚拟气象站相结合的设计风参数的确定方法,完善了高墩大跨连续刚构桥的风致响应计算方法

续上表

序号	桥梁名称	关键新技术
5	德大铁路黄河大桥	(1)采用了国内领先的具有爬坡过尖顶走行能力的70t桅杆架梁吊机悬臂架梁施工技术,吊机具有平行、爬坡、过尖顶和下坡四种走行状态,能够完成从上坡侧23°至下坡侧23°的自由转换翻越钢梁尖顶,该吊机可在曲弦钢桁梁或钢桁拱上推广使用。 (2)通过临时墩布置位置的合理选择,有效解决了变高度梁悬臂端梁高大于支承端梁高的问题。 (3)通过合理的桥面布置,充分利用斜腹杆下方空间,将线间距5.0m双线钢桁梁桥桁宽减小至12.4m。 (4)采用了新型的混凝土挡砟墙与钢桥面板的连接构造,通过在钢桥面板上焊接剪力钉和连接钢板等构造措施,在使两者有效地连接成整体的同时,混凝土挡砟墙也可承受人行道等外载荷引起的弯矩的作用。 (5)设计通过纵向阻尼器的设置改善了主桥的抗震性能,降低了固定墩的设计难度。钢梁与阻尼器支座的连接件设计预留了开启式手孔,便于阻尼器的安装和后期养护维修工作。 (6)配套设计具有上、下坡及过尖顶能力的上弦检查车。上弦检查车采用步履走行方式,具有机械锁止保护功能,走行安全可靠,解决了曲弦桁梁桥难于检修的问题。梁底设置了具有旋转折叠过孔功能的下弦检查车,减少了检查车的使用数量,实现了1台检查车检查多孔的目的

16.3.2 拱式桥建造新技术

拱式桥施工的关键新技术见表16-3。

拱式桥关键新技术　　表16-3

序号	桥梁名称	关键新技术
1	新建南广铁路西江特大桥	(1)主桥为41.2m+486m+49.1m中承式钢箱提篮拱桥,拱肋为变高度钢箱结构。 (2)钢箱提篮拱架设采用“缆索吊机+扣挂法”悬臂拼装方案,该桥拱肋拼装、架设线形精度要求高,为了配合拱肋拼装、架设,确保该桥最终成桥线形及内力符合设计要求,采用扣缆塔合建的缆索吊机方案,并研制了吊耳、扣索扣点、锚索锚点、临时连接件等辅助结构临时设施。 (3)在拱肋的制造、拼装及架设阶段,采取了多项线形调整控制措施,合龙过程中则采取扣索索力调整、合龙温度控制等多项措施。合龙后,该桥的主拱长、宽、高及对角线误差均在±2mm以内,满足精度要求
2	广州新光大桥	(1)主桥为177m+428m+177m三跨连续飞雁式刚架钢桁系杆拱桥,是我国首座大跨度钢桁拱与混凝土三角刚构的新型组合桥,实现了钢、预应力混凝土、普通钢筋混凝土等不同材料以及钢桁拱与三角刚构不同结构形式的有机结合,具有独特的造型。 (2)采用了大型深水基础不封底单层钢板桩围堰施工新工艺,降低了成本,缩短了工期。 (3)大桥的围偃施工完善了钢板桩围堰抗渗、抗浮计算方法,对深水基础施工的理论研究有着重大推动作用。 (4)通过对广州新光大桥全桥抗风试验研究,创新地完成了飓风气候模式下的抗风性能理论研究和风洞试验(以前主要采用良态气候模式),实现了大跨度拱桥抖振位移的理论计算与风洞试验的一致性验证。 (5)设计了以承担弯、剪受力为主的钢混连接新型构造(以前以承担轴压为主)并通过了试验验证。 (6)通过有限元分析结合模型试验验证,对钢桁拱拱肋与混凝土三角刚构、边拱钢拱肋拱脚处以及大体量的三角刚构等复杂节点进行了深入研究,探明了在各种荷载状态下的应力分布规律,并将研究成果用于设计中,保证了结构施工、运营中的安全

续上表

序号	桥梁名称	关键新技术
3	虎跳门特大桥	(1)首创外侧两管平行—内侧单管提篮内倾的三肢桁架拱结构,解决了单线铁路大跨度连续刚构—柔性拱组合结构的梁、拱刚度合理匹配的关键技术难题。 (2)创新了拱肋加劲主动控制技术,有效解决了大跨度混凝土结构后期徐变控制的关键技术难题,提高了单线铁路混凝土梁竖向刚度及跨越能力。 (3)铁路桥梁首创腹杆与主弦管节点板连接技术
4	南京大胜关长江大桥	针对"三大一高"的特点,大桥采用了大量的新材料、新结构、新设备、新工艺等一系列新技术。 (1)采用了Q420qE级高强度、高韧性与良好焊接性能的新型钢材,开创了我国钢桥建设的历史新篇章。 (2)采用了三片主桁承重结构、正交异性钢桥面板,板桁组合结构等。 (3)采用了伸缩量1000mm的桥梁轨道温度调节器、伸缩量800mm的梁端伸缩装置和最大反力达18000t大吨位球型支座。 (4)研制使用了400t全回转浮吊、KPY-4000型大扭矩钻机、70t变坡爬行架梁吊机。 (5)采用无导向船的双壁自浮式围堰作施工平台的施工方案、利用大型吊装设备实施重型构件安装、采用吊索塔吊辅助钢桁拱合龙等新工法

16.3.3 斜拉桥建造新技术

斜拉桥施工的关键新技术见表16-4。

斜拉桥关键新技术 表16-4

序号	桥梁名称	关键新技术
1	铜陵公铁两用长江大桥	(1)主桥为90m+240m+630m+240m+90m的三主桁三索面钢桁梁斜拉桥,首次采用全焊桁片设计、制造、运输、安装技术。 (2)首次采用箱—板—桁组合结构,研发了复杂水文地质条件下大型沉井基础施工技术,创新大吨位钢桁梁单点顶推施工技术,研发了大跨度斜拉桥钢绞线斜拉索安装技术。 (3)大桥首次采用大跨度公铁两用斜拉桥全焊桁片式钢桁梁结构。钢桁梁采用全焊整体节点、正交异性桥面系,铁路面为箱-板-桁组合结构,全焊桁片设计,两个节间为一个桁片单元
2	武汉天兴洲公铁两用长江大桥	(1)设计三索面三主桁斜拉桥新结构,解决了桥梁跨度大、桥面宽、活载重、列车速度快带来的技术难题,使得我国铁路桥梁跨度从300m级跃升到500m级。 (2)采用边跨公路混凝土桥面板与主桁结合、中跨公路面钢正交异性板与主桁结合共同受力的混合组合结构,解决了超大跨度公铁两用桥梁中跨加载时的边墩负反力问题,同时提高桥梁结构的竖向刚度以适应高速列车运行。 (3)钢桁梁架设方法采用桁段法与杆件散拼法相组合的方法。实现了我国钢桁梁架设从传统的单根杆件安装向工厂整体制造、工地大节段架设的转变,大幅减少了工地的焊接工作,提高了的安装效率。 (4)依托基于无应力状态法理论编制的空间结构分析软件3D bridge,研究并确定斜拉索二次张拉到位的控制方案及相应的工程变化应对措施,实现钢桁梁架设过程的连续性与多工序同步性,并系统研究及实施三主桁、三索面合龙口多手段多向空间变形主动控制技术,实现高精度、快速合龙的工程目标。 (5)创造吊箱围堰锚墩定位及围堰随长江水位变化带载升降技术下,实现大型深水围堰的精确定位,提高了围堰的度汛能力。 (6)施工监控结合钢桁梁架设方案与工序变化等工程实际情况,应用研制的KTY4000型全液压动力头钻机,把长江深水孔能力从直径3m提高至4m。 (7)研制了700t架梁吊机,实现了桁段架设中的多点起吊和精确对位

续上表

序号	桥梁名称	关键新技术
3	安庆长江铁路大桥	(1)采用了深水大直径双壁钢围堰结构设计技术;圆形围堰气囊断缆法整体下河技术;活动插板法封堵围堰底部高低不平河床缺口技术;无泥浆护壁的环保节能型大直径变径超深嵌泥岩钻孔桩施工技术;无导向船重锚锚锭系统定位围堰技术;3号墩深水无覆盖层桩位集群护筒群组分组下放定位技术;水上大尺寸围堰平面隔仓分区封底技术。 (2)采用了三桁整体桥面斜拉桥桁间高差、轴线偏差及桁长偏差控制技术;多合龙口的大跨度三桁整体桥面斜拉桥多点精确合龙技术。 (3)发明墩旁桁内开启式钢梁提升上桥装置,解决3号墩钢梁上桥难题;塔柱大节段爬模施工技术
4	郑州黄河公铁两用大桥	(1)采用六塔单索面连续钢桁结合梁斜拉桥的结构,既保证了大跨度铁路桥行车舒适度,又满足了整体刚度的要求,在世界高标准公铁两用桥上为首次采用。 (2)研发了大跨长联钢桁梁多点同步连续顶推技术和斜主桁制造拼装技术。 (3)首创中桁垂直、边桁倾斜的三主桁结构。 (4)首次采用新型双重板桁组合结构。 (5)首创新型内置索桁锚固结构。 (6)研发了平行四边形截面杆件加工及焊接工艺
5	黄冈公铁两用长江大桥	(1)主桥主塔为钢筋混凝土结构,塔高193.5m,采用液压爬模施工。 (2)钢桁梁为N形桁架,倒T形截面,采用对称悬拼架设。 (3)合建段引桥桥墩采用钢筋混凝土双层框架墩,分建段引桥铁路桥墩采用圆端形空心墩,基础采用钻孔灌注桩。 (4)铁路简支梁采用预制架设方案,公路连续箱梁采用钢管支架现浇施工。 (5)首创大跨度斜主桁钢桁梁斜拉桥新结构。 (6)首次采用宽翼缘平行四边形截面钢桁梁架设技术。 (7)研发了复杂地质桥梁墩塔快速建造技术。 (8)首创大跨度桥梁自平衡抗风技术

16.3.4 悬索桥建造新技术

悬索桥施工的关键新技术见表16-5。

悬索桥关键新技术 表16-5

序号	桥梁名称	关键新技术
1	武汉鹦鹉洲长江大桥	(1)该桥首创三塔四跨悬索桥新型结构形式,攻克了多跨悬索桥工程应用关键技术难题。 (2)采用钢—混凝土结合梁作为大跨悬索桥加劲梁,提高了钢板主梁结构的抗风性能,较好地解决了大跨悬索桥桥面铺装技术难题。 (3)首创低高度、大承载力新型散索鞍座结构,解决了传统散索鞍座结构尺寸过大、主缆股束受力不均、安装及运输不便等缺点。 (4)中塔采用新型人字形钢—混凝土叠合主塔结构,解决了中塔顶鞍座与主缆间抗滑移安全问题。 (5)首创环型截面多孔新型沉井结构,采用不排水下沉,解决了沉井下沉对附近高楼及长江大堤的不利影响,极大地方便了施工

续上表

序号	桥梁名称	关键新技术
2	马鞍山长江公路大桥	(1)分析各阶段支架、钢塔结构温度变形对中塔结构的影响,确定合理的施工顺序,解决T1节段精确定位、叠合段施工时机选择、塔梁固接时间段选择等关键问题,保证中塔最关键部位的结构安全。 (2)通过配合比试验、模型试验确定叠合段施工配合比及施工工艺,并组织实施,成功解决大面积封闭条件下叠合面与钢座板密贴问题。 (3)针对钢塔标准节段安装总质量213.3t,安装高度超200m的实际情况,在多方比选的基础上,新研制同类世界第一的D5200-240塔吊,安全顺利完成钢塔标准节段架设,创造标准节段架设2.3天/节段的施工新纪录。 (4)采取多种措施保证钢塔节段厂内制造精度,合理选择塔吊附着、主动横撑位置,利用4个调整接口消除钢塔架设累积误差,有效保证钢塔线形
3	港珠澳大桥	(1)提出了"大型化、工厂化、标准化、装配化"的项目建设理念和指导方针,大面积推行"工厂化生产、机械化装配"的建设思路,变水上施工为陆域加工制造,把工地变成工厂,把构件变为产品。 (2)建成了国内首条钢箱梁板单元制造自动化示范生产线;钢结构焊接、组装从传统的工地式、粗放式转变为工厂化、精细化管理模式;板单元、钢结构拼装阶段采用"无损装焊、无损吊运、无损支撑"的三无拼装技术。 (3)研发了钢主梁板单元机械化、自动化制作技术及钢主梁无码组焊和焊接机械化施工及群控新技术,开创了钢梁制造和总拼自动化的先河,推动了行业技术进步。 (4)混凝土桥面板实现了工厂化生产、叠合;解决了超大构件的装船、运输及吊装难题,大大减少了桥位工作量、提高了产品质量;成功实现了体系转换,有效保证了组合梁的成桥线形。 (5)研发了多项大型外海施工设备及工装:8锤联动大型钢圆筒同步振沉系统;自动液压管节全断面预制模板系统;节段预制混凝土冷却系统;沉管多点液压支撑顶推系统;平台式深水碎石垫层铺设整平船;深水无人自动管节沉放及调位系统;深水自动定位多耙头基槽清淤船;桥梁沉桩导向架;船载导向架;可移动施工平台;墩身承台整体预制模板;大型浮吊;承台安装三向调位系统;支座预偏工装

16.4 隧道及地下工程建造新技术

中国国土面积大,高速铁路隧道在东北、华北、华东、中南、东南沿海、西南和西北地区均有分布,所通过地形及地质情况异常复杂。东北地区气候寒冷,隧道工程要重点考虑防冻害问题;西北地区黄土分布广泛,要重点解决大断面黄土隧道的施工技术问题;东南沿海地区地层岩性比较坚硬,需要解决火成岩的不均匀风化技术难题;中南地区江河较多,经常遇到长距离穿越江河的技术难题;西南地区隧道岩溶发育,需要攻克岩溶隧道的突泥突水等地质灾害问题。

通过大量隧道工程实践,取得大量的隧道及地下工程建造新技术,如高瓦斯隧道、高地应力软岩大变形隧道、高原高寒冻土及复杂地质隧道、软弱围岩大跨度浅埋隧道、水下或海底隧道、水利水电及LPG地下工程等建造新技术。

16.4.1 高瓦斯隧道

渝黔铁路天坪隧道全长13.978km,隧道地质条件极其复杂,集高瓦斯、高地应力、高地温、岩溶突水突泥、有毒有害气体、断层破碎带、膨胀性岩土等不良地质于一体,瓦斯压力达3.75MPa,瓦斯含量达$14m^3/t$。

(1)首先利用物探和超前地质钻探相结合的超前预报技术,精确确定煤层瓦斯的位置和重要的参数,为瓦斯抽放消突和揭煤提供依据。

(2)采用穿层网格预抽煤层瓦斯技术,在开挖施工前大幅度降低煤层中瓦斯含量和压力,消除瓦斯突出的危险,为揭煤施工提供前期安全保障,并利用揭煤施工技术,实现安全揭煤。

(3)利用瓦斯涌出量随时间呈指数衰减的规律,综合采用瓦斯抽放、初喷封闭、分部开挖等措施来实现对瓦斯涌出量的有效控制。

(4)利用施工风量不均衡性和变频风机自动控制技术,来实现隧道的节能通风,节能效果达18%以上。

(5)利用瓦斯涌出量的控制技术、自动节能通风技术和瓦斯监测监控技术,实现对整个隧道的瓦斯浓度控制,确保瓦斯浓度控制在0.3%以下,同时加上配套的安全措施,实现瓦斯突出隧道的非防爆无轨运输,解决瓦斯突出隧道无轨运输的难题。

主要取得以下技术成果:基于PC-STEL标准的爆破排烟风量的计算方法;瓦斯隧道节能通风技术;隧道内瓦斯抽放防突技术;大断面隧道揭煤施工技术;瓦斯涌出量控制技术;隧道无线瓦斯监测技术;隧道工区瓦斯等级阶段化的理念;瓦斯突出隧道非防爆无轨运输技术。

16.4.2 高地应力软岩大变形隧道

高地应力软岩隧道施工的关键新技术见表16-6。

高地应力软岩隧道关键新技术 表16-6

序号	隧道名称	主要工程地质问题	关键新技术
1	木寨岭隧道	兰渝铁路木寨岭隧道为双洞单线分离式特长隧道,全长19.06km,共设置8座斜井,地质条件十分复杂,主要穿越板岩及炭质板岩软弱围岩区,隧道洞身共发育11条断裂,隧道穿过3个背斜及2个向斜构造,最大地应力为27.16MPa,属极高地应力区,软岩地段占全隧长度的84.5%。隧道围岩不仅变形大,且变形快,流变性强,极易坍塌,被国内外专家称为“国内之最,世界罕见”	(1)通过超前地质预报确定前方地质,遵循“改善隧道形状,直墙变曲墙;先柔后刚,先放后抗;多重支护法控制变形;加大预留变形量,防侵净空;底部加强,抑制隆起,加固围岩,控制变形;短台阶施工,及早封闭,提高二次衬砌刚度”的原则。 (2)采用全国独有的“小导洞应力释放+三层支护+长锚索+单层衬砌”的兰渝铁路“木寨岭模式”推进隧道建设,有效控制了极高地应力软弱围岩条件下的隧道大变形问题,初步建立了高地应力软岩地质条件下围岩变形与支护的控制标准。 (3)确定了贯通段长度及采用“4层初期支护结构+径向注浆+长锚杆+长锚索+二次衬砌”的变形控制方案,优化了施工工序和纵向施工布局,保证了变形控制效果,其成果可为后续类似工程的设计和施工提供借鉴
2	天平山隧道	天平山隧道全长1.40km,为贵广铁路全线第三长隧,穿越广西寿城省级自然保护区。隧道主要穿越页岩、炭质页岩地层,最大埋深775m,其中高地应力软岩大变形段达2.4km,断层突水风险段400m,为原铁道部批复的Ⅰ级高风险隧道	(1)通过对软岩变形特征与控制技术开展科研攻关,形成了一套软弱围岩隧道施工变形综合控制技术体系。 (2)解决了大断面软岩大变形控制难题。 (3)采取综合超前地质预报、超前注浆堵水、H形钢加强支护等措施,成功在导水软岩断层破碎带中长距离并行下穿黄沙河。 (4)贯彻“绿色贵广”设计理念,成功穿越省级自然保护区。 (5)提出了隧道软弱围岩定义、分级及对应的支护设计形式与参数。 (6)揭示了软弱围岩隧道施工时、空变形特征。 (7)形成了基于塑性应变突变理论的软弱围岩隧道稳定位移判别方法和基于支护结构稳定的变形管理基准。 (8)形成了软弱围岩隧道空间变形综合控制技术

16.4.3 高原高寒冻土及复杂地质隧道

高原高寒冻土隧道施工的关键新技术见表16-7。

高原高寒冻土隧道关键新技术 表 16-7

序号	隧道名称	主要工程地质问题	关键新技术
1	关角隧道	关角隧道是我国第一座长度超过30km的隧道,也是我国目前最长的铁路隧道,世界上高海拔第一长隧,工程规模巨大。关角隧道最大埋深900m,隧道区岩性复杂、构造发育,沉积岩、岩浆岩、变质岩均有分布,通过区域性断裂3条,次级断裂14条,其中以F3断层为主、包括其他5条断层共同组成的二郎洞断层束长达3000m,施工中发生了较为严重的变形。岭脊地段通过长达10km(双延长)的富水灰岩地段,岩溶裂隙水极为发育,施工中总涌水量达到了238954m³/天,属世界罕见	(1)施工过程中创建了按围岩变形潜势分级的大变形控制支护体系。 (2)提出了关角隧道建设中堵、排水技术的临界水量标准,建立了岩溶裂隙水综合注浆系统技术。 (3)研发了高原高寒地区浅埋风积沙层隧道施工国家级工法。 (4)创建了高海拔隧道施工环境卫生控制标准。 (5)发明了长斜井隔板式施工通风技术。 (6)研发了钻爆法施工的特长隧道长斜井皮带运输机出砟系统技术。 (7)揭示了高海拔隧道内烟气分布特性,创立了我国高海拔特长隧道防灾疏散救援技术体系。 (8)提出了高海拔运营隧道内有害气体和粉尘的控制标准。 (9)首创了采用自然通风方案的高海拔地区特长隧道运营通风节能减排新技术,实现了运营通风技术的重大突破
2	祁连山隧道	隧道长达9.49km,隧道轨面海拔最高高程为3607.4m,是世界上海拔最高的高速铁路隧道。隧道穿越F6、F7断层带,岩性由板岩、砂岩、泥岩、灰岩组成,在F6、F7断层带中出现了非常特殊的地质现象,即碎屑流地层,俗称地下泥石流,其具有难以预判、突发性强、超前支护困难的特点,施工风险极高	(1)为了克服碎屑流难题,采用"预报定位、正面封堵、高位泄水、超前支护、分部开挖、超强支护和模筑紧跟"的成套施工技术,并进行了全方位的围岩变形及支护应力现场监控量测。 (2)通过试用国内钻爆法施工的10种不同工法,总结出"一探、二封、三泄、四注"的全新工艺,并成功穿越了施工难度最大、安全风险最高的突水突泥突石坍塌体区段,攻克了软岩极高地应力挤压大变形地质难题和大规模突水突泥突石灾害等世界级施工难题

16.4.4 软弱围岩大跨度浅埋隧道

软弱围岩大跨浅埋隧道施工的关键新技术见表16-8。

软弱围岩大跨浅埋隧道关键新技术 表 16-8

序号	隧道名称	主要工程地质问题	关键新技术
1	八达岭地下车站隧道	隧道全长12.01km,八达岭地下车站最大埋深102m,地下建筑面积3.6万m²,是世界最大、埋深最大的高铁地下车站。车站层次多、洞室数量大、洞型复杂、交叉节点密集,是目前国内最复杂的暗挖洞群车站。车站两端渡线段单洞开挖跨度达32.7m,是国内单拱跨度最大的暗挖铁路隧道	(1)车站施工采用了永临结合的立体多通道辅助坑道网络和基于人机定位系统的先进组织管理,实现了全方位多通道安全快速作业。 (2)采用了精准微损伤控制爆破的先进技术,消除了工程建设对沿线文物和环境的不利影响,减小了施工爆破对相邻洞室围岩及支护结构的损害。 (3)运用BIM技术、人车定位系统、智通交通指挥系统等信息技术,实现隧道多作业面施工管理的创新。 (4)在大跨过渡段施工采用预应力锚杆、预应力锚索新施工工艺,采用DFHZ开挖工法,即顶洞超前、分层下挖、核心预留、重点锁定的施工工法。 (5)尝试应用掌子面地质素描数字图像信息处理、超大断面变截面隧道二衬台车设计、复杂洞室群地下车站施工组织优化、复杂洞室群地下车站施工通风、纳米喷射混凝土等新技术

续上表

序号	隧道名称	主要工程地质问题	关键新技术
2	北京前三门隧道	北京站至北京西站地下直径线工程前三门隧道是国内首条城市繁华地区采用大直径泥水盾构修建的全电气化客运铁路线，隧道全长7.285km，覆土厚度0～30.78m。隧道主要采用12.04m大直径气垫式泥水平衡盾构，是北京市首次采用泥水盾构施工的隧道，为当时北京市在建风险最大、难度最高的地下工程	(1)主要采用盾构法施工，其他区段采用明挖法、盖挖法、浅埋暗挖法(洞桩法、CRD法、双侧壁导坑法)。 (2)富水砂卵石地层大直径泥水盾构施工技术。 (3)高压密闭空间动火作业技术。 (4)盾构在浅覆土条件下沉降精确控制。 (5)砂卵石黏土混合地层泥水配套技术。 (6)临近建(构)筑物大断面洞桩法隧道沉降控制
3	石家庄六线隧道	石家庄六线隧道位于石家庄市区，是一条六线并行(局部七线)、普速与高速并行的庞大地下隧道工程，隧道全长4.98km。隧道结构断面形式繁多，结构断面宽度26～50m，结构高度约13m，隧道最大埋深约22m(至基坑底)	(1)针对大断面双连拱浅埋暗挖隧道下穿既有石太直通线，采用大管棚超前支护，中洞法结合CRD法进行分步开挖施工，同时对既有线路进行扣轨加固，对既有线路基及桥台进行注浆加固。 (2)针对隧道下穿既有市政道路段落，结合交通疏解、管线迁改方案，确定了分幅施做盖板的盖挖半逆作工法。 (3)隧道设计过程中为后续的地铁、城市地下商业开发预留条件。 (4)针对超长、超大、超深的明挖基坑工程的雨季防洪、隧道分段快速施工、锚索在砂质地层中的应用、不同围护支撑体系结合部的处理、为避免局部支撑构件失效引起整个基坑的失稳而进行超静定支护体系的设计、临近既有线的大型基坑开挖引起的沉降、变形预测等方面结合现场实验，确定了合理的设计参数、制订了合理施工措施，确保了工程的顺利实施
4	天津枢纽地下直径线	全长约5.2km，其中海河隧道全长3.61km，占线路总长69.4%。本线位于天津市区繁华地带，走行于海河西岸。在海河两岸已经形成、正在建设及规划的小区、地铁、快速路对地下直径线的线路走向产生很大影响。本工程盾构隧道埋深较深，在20～43.6m(覆土在8.4～32m)处，盾构机选用泥水加压平衡盾构机施工，从天津站端始发	(1)隧道明挖法施工段结构形式为矩形或拱形断面，采用明挖顺作法施工，采用咬合桩、地下连续墙、钻孔灌注桩+止水帷幕作为围护结构。 (2)盖挖法施工段结构形式为拱形断面，围护结构采用ϕ1000@750钻孔咬合桩。 (3)盾构法施工段结构形式为圆形断面。盾构始发井和到达接收井的围护体系采用1.0m厚的地下连续墙+ϕ600的钢管内支撑的围护体系。 (4)攻克了由砂卵石地质至淤泥地质变化、隧道直径调整引起的一系列技术难题，完成了盾构机的重新设计及改造。 (5)采用封闭式硬咬合桩技术对盾构始发井进行加固，为盾构成功始发奠定了坚实的基础

16.4.5 水下或海底隧道

水下或海底隧道施工的关键新技术见表16-9。

水下或海底隧道关键新技术 表16-9

序号	隧道名称	主要工程地质问题	关键新技术
1	厦门翔安海底隧道	隧道总长度为8.695km,其中两岸浅埋段长2.745km,隧道穿越海底部分长5.95km。采用三孔隧道形式,中间为服务隧道,两侧为左、右行车隧道。行车隧道主洞宽17.2m,高12m,主洞开挖断面达170.7m²,采用暗挖法施工。隧道最大埋深在海平面下约70m,海中隧道覆盖层最薄仅4.5m,是目前世界上覆盖层最薄的海底隧道。全强风化花岗岩浅埋暗挖、与海水相连的富水砂层、风化槽(囊)群,是厦门翔安海底隧道面临的三个世界级技术难题	(1)加强超前地质预报,采购了当今世界最先进的RPD180C多功能钻机,秉承"有险必探、无险也探、先探后干"的原则。 (2)创造性地提出变大跨为小跨的改型CRD工法,在国内首次开发出大断面海底隧道穿越富含海水砂层CRD法一整套综合施工方案、技术和工艺,隧道在穿越富水砂层过程中,在进入砂层之前,采用综合超前地质预报技术,精确探明砂层的位置、规模和分布形态。 (3)采用地下连续墙+井点降水法,成功穿越630多米的富水砂层;在隧道洞顶地表采取"防渗地下连续墙分仓止水"+"仓内深井井点降水",地下连续墙分仓止水,阻断仓内与外界砂层水,然后对每个分仓进行深井井点降水,抽排仓内的砂层水,降低砂层的含水量,当砂层水位降低到砂层底高程以下,再进行隧道开挖。洞内采用超前小导管对砂层掌子面进行注浆加固,CRD法开挖。 (4)用全断面帷幕注浆技术、注浆小导管技术以及锁脚锚管技术等,战胜了肆虐的强风化槽,不仅保证了隧道的安全施工,同时工效提高3倍以上
2	港珠澳大桥沉管隧道工程	港珠澳大桥沉管隧道工程是世界范围内第二个成功实现管节工厂化的建设项目。以系统的技术工艺解决大体积混凝土管节的控裂和耐力性问题,节约用地的同时大大提高了生产效率。其中东西人工岛岛上段各长518m,海中沉管段总长5664m。沉管段共分33节,标准管节长度180m,宽37.95m,高11.4m	(1)成功实现工厂化生产的5大关键设施:管节混凝土模板系统、混凝土搅拌及供应系统、混凝土温控及养护系统、管节顶推与导向系统、管节支承系统。 (2)采用节段式管节,管节结构自防水。大接头构造:GINA止水带及OMEGA止水带双道防水;剪力键:侧墙钢剪力键、中墙后浇混凝土剪力键、底板压舱层后浇混凝土剪力键;节段接头构造:聚脲防水涂层;橡胶密封条;中埋式可注浆止水带;OMEGA止水带。 (3)基础采用复合地基+组合基床方案,实现隧道基础刚度平顺过渡。 (4)斜坡段采用挤密砂桩联合堆载预压,中间段为天然地基加强夯抛填块石,管节与地基间均铺设碎石垫层

16.4.6 水利水电及LPG地下工程

水利水电及LPG地下工程施工的关键新技术见表16-10。

超长或超大断面隧道关键新技术 表16-10

序号	隧道名称	主要工程地质问题	关键新技术
1	大伙房输水工程特长隧洞	大伙房输水工程特长隧洞长85.32km,开挖洞径长8.03m。隧洞的施工需穿越数十条岩石断裂带以及多个地质单元与向斜构造,隧洞掘进过程中遭受透水、渗流以及围岩塌落等因素的威胁,施工地质条件十分复杂,TBM施工涉及围岩稳定性、涌水和石英砂岩的掘进效率及岩爆问题	(1)采用TBM为主、钻爆法为辅的联合施工方案,选择连续皮带机出渣方式,TBM独头掘进施工,单管单机通风距离超过10km的通风技术,按照NATM理念采用锚喷复合衬砌代替管片衬砌,TBM洞内组装和检修,为避免断层以及破碎带等对TBM施工的风险而采取的措施是科学合理的。 (2)经过共同努力和联合攻关,创造了许多新技术、新方法、新工艺,产生了明显的经济效益,对大伙房输水工程特长隧洞高速度、高标准、高质量的建成发挥了重要的保证作用

续上表

序号	隧道名称	主要工程地质问题	关键新技术
2	锦屏二级水电站隧洞群	锦屏山A、B线和4条引水隧洞及排水洞组成，最大埋深2525m，具有埋深大、洞线长、洞径大、水头高等特点，面临的超深埋高地应力岩爆防治、高地应力大断面软岩开挖大变形控制和高水头大流量地下水处治被行业誉为世界级技术难题。超深埋条件下绿片岩为典型的工程软岩，其软化系数<0.5，具有弱膨胀性、孔隙率低、强度低，完整的绿片岩开挖后易风化等物理特点，这为隧洞的开挖与支护设计优化提供了切合实际的基础资料	(1)解决了合理预留变形量、预加固措施、弱爆破及隧洞辅助检测等关键技术问题。防止软岩洞段净空缩小，根据围岩的级别，预留变形量30～60cm，松散地层中采取玻璃纤维锚杆预加固围岩实施大断面开挖完全可行。 (2)采取动态设计，动态施工，完全贯彻新奥法施工理念，依靠支护作为主要承载体，二次衬砌只起降低过水糙率与安全储备的作用。 (3)采取挂网及型钢拱架、砂浆长短锚杆、湿喷混凝土，再结合预应力锚杆、锚索、锚筋桩及围岩固结灌浆等综合措施，有效地控制了隧洞的大变形。 (4)研究了岩爆的断面尺寸与群洞效应问题，提出了强至极强岩爆的防治措施；同时引进微振监测技术（粒子精算法定位）对岩爆进行预测。 (5)总结出2×135kW轴流双速风机（目前国内比较好的轴流风机）压入式通风时，配2.0m螺旋风管，在百米漏风率1%～1.5%的情况下，实现无轨运输独头极限通风长度4500m。 (6)施工贯彻先探后掘，择机封堵原则，因此对含水构造进行精细预报是确保工程施工安全的技术难点。 (7)分析了突涌水产生的危害，重点研究钻孔雷达含水构造精细预报、大流量地下水抽排设备配套等关键技术
3	烟台LPG地下水封洞库工程	烟台LPG洞库储存丁烷、LPG和丙烷气体，总库容为100万m^3，主洞库分为丁烷洞库、LPG洞库和丙烷洞库，每个洞库均由3～4条长度为200～400m的洞室组成，最大宽度18m，高度26m，断面积397m^2	(1)攻克了水幕系统关键核心技术难题，研发的水幕系统计算分析与测试方法揭示了水幕系统渗流场分布规律，建立的低效率孔判断标准准确率100%，国内首次提出了附加水幕孔设计原则。 (2)提出了基于水幕密封性的超大断面洞库减震爆破控制指标，设计了梯级开挖和导洞超前方案，大断面洞库不良地质段处理方法。 (3)建立了"竖井＋风仓"分配式通风系统，提高了轴流风机通风效率，改善了洞库群施工通风质量，经济效益提高35%以上。 (4)阐述了大型地下水封洞库库容测量原理，精确测量、计算出洞库库容，与实际产品储存量误差率仅为0.02%。 (5)提出的基于地下水稳定的监测方法保证了水幕系统的稳定和安全，研发的大型地下水封洞库机械化配套模式成为洞库行业标配，工效提高3倍，实现了多工作面洞库群安全快速施工。 (6)形成了《地下水封石洞油库施工及验收规范》(GB 50996—2014)国家标准，具有广泛的应用价值

16.5 地质与路基新技术

随着我国高速公路、铁路等线路工程的大规模建设，不可避免地会遇到各种特殊岩土、边坡灾害、采空区等工程难题，但也给地基处理、边坡防治、地质勘探和监控量测的新技术发展提供了机遇和挑战。

广大工程技术人员以具体工程为依托,如武广和郑徐高铁的软土、郑西高铁的湿陷性黄土、哈佳铁路的膨胀土、哈大和青藏铁路的冻土等,通过研究特殊岩土的物理力学性质、工程特性、置换、加固处理与改良技术,还制订了相应的设计、施工规范。由于高速铁路路基的工后沉降控制非常苛刻,通常会采用柱体式加固法中常用的碎石桩、挤密砂桩、CFG桩、深层搅拌桩、旋喷桩、混凝土桩、预制桩、PCC桩、大直径薄壁筒桩及其他复合加固体,形成了极富特色的复合加固技术,其是在既有的地基处理方法基础上不断发展的地基处理方法,具有以下特点:同一加固体由不同材料、不同工艺完成,形成具有多功能的加固体;同一场地采用不同的加固体形成多元复合地基;刚性桩(素混凝土桩、钢筋混凝土桩)被越来越多地应用于地基处理。

面对严峻的道路边坡灾害形势,我国铁路和公路部门自20世纪50年代宝成铁路开始,以满足工程建设和管养安全为目标,进行了大量道路边坡灾害整治,积累了丰富的治理经验,形成了相对完整的边坡灾害整治技术体系。经历了由"少防护或无防护"(20世纪50年代以前)→"以高大圬工混凝土或浆砌工程防护为主"(20世纪50年代至80年代)→"支挡与锚固工程刚柔组合使用"(20世纪90年代至21世纪初)→"多种措施综合整治"(21世纪初至今)的演变,形成了清方减载、刚性支挡、锚固、排水、防护五大类主要整治措施。边坡工程监测的技术和方法正在从传统的点式仪器检测向分布式、自动化、高精度、远程监测的方向发展。如分布式光纤监测系统,其体积小、重量轻,便于铺设安装,将其植入监测对象中不存在匹配不正确的问题,对监测对象的性能和力学参数等影响较小;光纤本身既是传感体又是信号传输介质,可实现对监测对象的远程分布式监测。

地质灾害风险识别或早期识别的主要任务是研判地质环境因素变化可能产生新的地质灾害,目前,铁路设计院以工程风险管理、土力学、计算机科学等为理论基础,从定性与定量综合的角度,运用风险管理的思想方法进行系统研究,对路堤地段、路堑地段、滑坡及岩堆地段、软土和泥沼地区、膨胀土地区、地震地区及取弃土工程中的风险因素做出量化分析,并编制了科学的、实用的风险评估计算系统。以复杂艰险山区铁路建设为依托,开展了相关防灾减灾关键技术研究,系统提出了复杂艰险山区综合防灾选线技术;适用于顺层岩质边坡爆破施工的减震爆破等新技术。

在线路工程地质勘探及超前地质预报方面,开展了路基工程原位测试智能化技术研究,形成了深层触探成套装备、工艺、应用技术、专业软件及相关标准;为了解决超前地质预报与TBM快速施工之间的干扰,结合TBM的施工特点,分析地质预报的难点,研究了适用于TBM施工的HSP声波反射法原理和探测方案,创造性地利用刀盘剪切岩石产生的振动信号为震源信号,采取阵列式布极,获取前方地层特征参数,实现了TBM掘进时预报前方的地质条件,达到了TBM快速施工的目标。

16.5.1 特殊岩土地基处理及沉降控制新技术

16.5.1.1 软土、松软土

软土及松软土地基处理及沉降控制新技术见表16-11。

软土及松软土地基处理及沉降控制关键新技术　　表16-11

序号	依托工程名称	关键新技术
1	武广高速铁路	(1)开展了沿线岩溶发育区深厚软土、松软土特性及工程措施研究,为CFG桩、桩网结构和旋喷桩等复合地基的设计提供了试验数据和计算手段。 (2)得出了路基桩板梁结构的设计技术标准,形成了路基桩板梁结构设计与施工系列建设技术。 (3)总结提出了岩溶发育区深厚软土、松软土地区路基地基处理的设计原则,施工工艺和质量检测标准。 (4)成果已纳入《铁路路基工程地基处理技术规程》和《客运专线铁路地基处理施工手册》,从理论上和实践上解决了岩溶发育区深厚软土、松软土地基的工后沉降控制和岩溶塌陷引起的沉降突变控制问题

续上表

序号	依托工程名称	关键新技术
2	哈大客运专线	(1)地基加固设计变更采用桩(CFG 桩、搅拌桩)+垫层+钢筋混凝土板复合地基结构。 (2)获得高速铁路桩板基础 CFG 桩复合结构处理深厚软土地基的工作性状、加固机理和沉降特性的基本规律。 (3)获得高速铁路桩板基础 CFG 桩复合结构处理深厚软土地基的沉降计算及其预测方法。 (4)获得高速铁路桩板基础 CFG 桩复合结构处理深厚软土地基在承载力与沉降、适用性与合理性等方面加固效果综合评价
3	郑徐铁路客运专线	(1)路基填高 5~8.4m,地基处理主要采用螺杆桩、预应力管桩、CFG 桩、双向搅拌桩、钻孔灌注桩、素混凝土桩、高压旋喷桩等。 (2)针对高填方、深厚松软土地基条件下进行地基处理方法选型和地基处理关键技术等研究,提出了七种复合地基承载力及沉降变形的计算方法。 (3)首次在高铁工程高填方路基深厚松软土地质条件下对七种桩型进行对比分析,总结出不同条件下各种桩型的适用性,供类似工程参考,形成了一套安全、可靠、经济和先进的工艺装备和施工工艺

16.5.1.2 湿陷性黄土

郑西高速铁路为世界上在湿陷性黄土地区修建的第一条高速铁路,全线铺设无砟轨道,要求路基工后沉降不大于 1.5cm,标准高、难度大,其天然地基及压实性能不能满足客运专线严格的工后沉降要求。围绕湿陷性黄土区路基沉降控制问题,通过现场调查研究、大型室内外试验、理论计算和数值模拟相结合等方法,提出了湿陷性黄土区高铁路基沉降控制成套技术。

(1)对郑西高速铁路沿线黄土场地湿陷类型、湿陷等级、自重湿陷量修正系数 β_0 和湿陷性黄土下限深度进行了分段评价。

(2)研发的“地基深部分层变形观测方法和装置”,可有效捕捉地基不同深度的变形,客观确定湿陷性黄土的下限深度和浸水影响范围等。

(3)提出了柱锤冲扩桩、水泥土挤密桩地基质量检测指标建议值,并提出了湿陷性黄土复合地基模量的非线性表达式。

(4)对水泥土挤密桩进行了水泥掺量分别为 6%、8%、10% 的各种并行试验,详细分析了试验结果,提出了郑西客专水泥土挤密桩最佳水泥掺量为 8%。

(5)通过对 CFG 桩的两种碎石粒径、两种坍落度、两种试验强度、两种试件尺寸共八种配合比,分四个龄期进行了物理力学性能试验,最终确定了长螺旋泵压和沉管施工工艺下的合理配合比。

(6)研究确定了不同龄期的桩身强度、模量关系,提出了水泥土挤密桩、CFG 桩施工检测可按照 7d 龄期强度、模量作为桩身强度和加固效果判断的初步依据,以缩短现场施工检测周期,指导现场施工。

(7)研究提出了在铁路路基工程水泥土挤密桩强度检测中,采用径高比为 1:2 的圆柱体试件,既符合水泥土挤密桩桩型受力实际情况,又方便了现场勘探取样,可作为完善现行《铁路工程土工试验规程》(TB 10102—2010)的参考。

16.5.1.3 膨胀土

由于哈佳铁路沿线膨胀土的参数指标与典型的膨胀土存在不同,针对哈佳铁路沿线此类膨胀土进行填筑试验研究。采用室内试验、现场试验和理论计算分析等手段对我国工程建设领域中普遍遇到的膨胀土进行了系统性研究。主要研究成果如下。

(1)对哈佳铁路全线膨胀土进行了膨胀性试验及统计,按照自由膨胀率、阳离子交换量、蒙脱石含量的不同主次组合,创新了膨胀土的细化分类和研究方法,将哈佳铁路膨胀土细化了为两大类、九小类常见类别,丰富了路基填料的选用范围。

(2)基于膨胀土的细化分类,进行了现场多点位、多种类的膨胀土取样,设计了多种含水率变幅和上覆压力下的膨胀土干湿循环试验,首次获得了膨胀土的胀缩变形、抗剪强度指标和膨胀力随干湿循环次数和上覆土体压力的变化规律。基于以上研究参数,进行了大量的理论计算和对比分析,评价了哈佳铁路膨胀土的工程适用性和危害性。

(3)选取了三种较为典型且分布较广的膨胀土进行现场填筑试验和改良土填筑试验,获得了两个雨季和一个冻融周期的路基胀缩变形及边坡位移监测数据,明确了液限小于40%、自由膨胀率小于40%的膨胀土,可用于基床以下路堤的填筑。

(4)通过对比分析理论计算和实测数据,提出了考虑大气影响深度和干湿循环的膨胀土路基边坡设计原则。课题研究成果已应用于哈佳铁路的路基边坡及土石方优化设计,取得了显著的经济效益和社会效益显著。

16.5.1.4　冻土

冻土区铁路工程修建新技术见表16-12。

冻土区铁路工程修建关键新技术　表16-12

序号	依托工程名称	工程地质问题	关键新技术
1	青藏铁路	铁路沿线多年冻土的地温变化复杂、含冰量高,其特殊性和复杂性在世界铁路建设史上没有先例	(1)创新了多年冻土工程的设计思想。确立了“主动降温、冷却地基、保护冻土”的设计思想。 (2)制订了体现当代冻土工程先进水平的勘察、设计和施工暂行规定,为工程建设提供了规范性依据。 (3)提出了评价多年冻土热稳定性的地温分区和工程分类方法,预测了气候变化对青藏铁路多年冻土工程的影响,建立了青藏铁路多年冻土热状态的预测模型,得出了不同升温幅度下青藏铁路沿线多年冻土年平均地温的变化特点及区域变化规律。 (4)提出了多年冻土区以桥代路的设计原则,确定了在厚层地下冰地段、不良冻土现象发育地段和地质条件复杂的高含冰量冻土地段采取“以桥代路”形式。 (5)确定了以主动降温为主的成套多年冻土工程措施。 (6)突破了钻孔灌注桩在多年冻土区应用的局限性,为青藏铁路大面积推广应用提供了依据。 (7)提出了“保护冻土、减小融化圈”的设计思路和“一次衬砌+防水层+隔热保温层+防水层+二次衬砌”的新型复合防冻胀结构
2	哈大高铁	哈大高铁是我国在东北严寒深季节性冻土区自行设计、建造的第一条高速铁路客运专线	(1)通过建立工程试验段现场测试研究和室内试验研究相结合的方法,分别对路基基床防冻层技术、路基防水防冻胀技术、保温法防治冻胀技术、涵洞路基防冻胀技术以及寒区边坡稳定技术等进行了系统、深入的研究。 (2)提出了适用于严寒深季节性冻土区的高速铁路路基及涵洞综合防治冻胀关键技术,解决了严寒地区无砟轨道高速铁路路基防冻胀问题,为成套、系统的路基防冻胀关键技术体系。 (3)采用这一技术,对路基基床、路涵过渡段路基及路基边坡等易发生冻胀的路基结构进行防冻胀处理,抑制路基冻胀和融化压缩变形,控制变形量在允许的范围之内

16.5.2　边坡工程治理新技术

16.5.2.1　滑坡治理工程

中铁西北院针对规模大、多层滑面的滑坡,对塌陷诱发滑坡,抢险救灾工程等亟待解决的技术难题,以及对隐蔽的边坡锚固工程施工质量检测控制、评估以及预应力损失补强等问题,对这些滑坡高边坡灾害防治中遇到的关键技术难题开展了系统的研究。以实际工程为依托,取得了一系列成套创新成果,主要用于滑坡、边坡灾害防治工程。

(1)适用于多层面滑动及深层滑面的多锚点抗滑桩的设置方法,改善了桩的受力条件、控制了桩身位移,达到了减少桩身内力、桩截面及桩长的目的。

(2)锚管构架支护方法和一种快速安全环保的非开挖式抗滑桩施工方法,具有机械化施工程度高、施工快捷、安全可靠、占用施工场地小等特点。

(3)锚索工程质量检测验收方法,采用应力波法无损检测锚索自由段钢绞线的长度,据此来测算锚索锚固起始位路,并结合现行的锚索锚固段抗拉拔力试验检测,综合评判锚索的工程质量。

(4)用于既有锚固工程检测的装置及方法,通过采用专门的既有锚固工程质量检测及应力补偿装臵,将锚索端头残留的钢绞线接长进行张拉,通过特定的张拉程序和技术方案来检测锚索长期的预应力状态和承载性能,并对应力损失过大的锚索用该装臵进行张拉补强。

(5)地下洞室内设置支撑柱,采用钢管与模袋及水泥砂浆在洞室内形成多个地下支撑柱群的方法,对地表起到支撑作用,避免了跑浆、漏浆现象,提高了注浆效率。

16.5.2.2　边坡治理工程

中铁西北科学研究院有限公司在对受地震影响严重的四川都汶公路映秀—汶川段、宝成铁路广元—成都段和成昆铁路钐溪—乐跃段沿线灾后边坡病害调查的基础上,分析归纳出灾后边坡病害典型的地质结构模式及变形破坏类型,提出了适用于快速治理边坡的新结构,通过数值模拟、理论分析和现场试验,提出了新结构的设计计算方法。

(1)拼装式锚索(杆)框架由竖肋、横梁分别预制拼装组成,有Ⅰ型和Ⅱ型两种,两种结构竖肋与竖肋、横梁与横梁之间的相互连接点均位于跨中,竖肋与横梁在节点处相互咬合,可以采用高强度混凝土灌注结合缝,以起到黏结后共同受力的作用,从而提高结构的受力性能。

(2)递控式锚杆在被加固体地层段(自由段)分段交替设置了黏结段和无黏结段,在受力过程中自由段锚杆应力峰值和轴力呈错峰交替出现,改变了锚杆自由段孔壁黏结应力的分布,避免了传统锚杆在临近破坏面自由段产生较大的应力集中,从而很好地改善了锚杆的受力性能,对边坡能够起到快速治理效果。

(3)柔性桩—锚结构采用"人"字形和"爪"字形布置,与现有平行布置的竖向微型桩群相比,其整体性和稳定性较好、变形较小、承载能力较强。

上述成果不仅可以解决暴雨、地震等灾后大量边坡病害急需快速定性、快速治理和防护的问题,还可以直接应用于工程建设中产生的大量边坡、滑坡病害勘察设计和应急抢险工程中,在病害变形初期进行有效加固治理,达到治早治小,防灾减灾的目的。

16.5.2.3　高烈度地震山区边坡工程

高烈度地震山区铁路建设面临大量边坡需要进行地震稳定性评价和加固设计,需要对地震边坡的破坏机理、稳定性评价方法、支护结构抗震设计方法进行深入研究。通过采用动力强度折减法对地震边坡破坏机理和破裂面的研究,动力有限元强度折减法计算地震边坡稳定性研究,采用动力有限元强度折减法对边坡支护结构抗震性能的研究,大型振动台试验验证研究,选取边坡典型工程的设计分析等研究,取得以下主要创新性成果:

(1)首次揭示了地震作用下边坡拉—剪组合破裂面的破坏模式。

(2)提出了以边坡破裂面贯通、位移与响应加速度突变和位移是否收敛作为边坡动力破坏的综合判据。

(3)提出了地震作用下边坡动力设计的两种新方法:考虑拉—剪破裂面的修正有限元时程分析法;综合考虑动力荷载、动力破裂面和稳定性等因素的全动力强度折减法。

(4)揭示了地震作用下边坡支护体系的变形受力特征:抗滑桩土压力分布规律为抛物线形;锚杆轴力在边坡腰部与顶部最大;锚索预应力损失较大,最大达到15.7%。

(5)完善了抗滑桩、锚杆、预应力锚索等边坡支护结构的抗震设计方法,提升了设计可靠性与合理性。

16.5.2.4　复杂艰险山区边坡工程

中铁二院工程集团有限责任公司结合南昆铁路、内昆铁路、渝怀铁路、京珠高速公路等复杂艰险山区道路工程,开展了一系列试验研究工作,在对这些研究成果进行系统总结分析基础上,提出适用于山区道路边坡灾害机理分析、稳定性分析的系统理论和山区道路边坡灾害防治工程技术。

(1)建立了山区道路边坡的坡体结构分类体系,及与之配套的边坡灾害预测、稳定性评价和防治措施。

(2)提出了路堑边坡开挖松动区的概念及其确定方法,建立了应用开挖变形分区、开挖卸荷强度折减法等确定潜在滑移面的方法,拓展了路堑边坡开挖变形分析理论。

(3)提出了变形系数法,发展了斜坡软基路堤边坡稳定性评价方法。斜坡软弱地基路堤采用侧向约束限制地基侧向变形综合地基处理技术,确保了斜坡软弱地基路堤稳定。

(4)总结提出了膨胀土边坡、碎裂体岩质路堑边坡、顺层岩质路堑边坡等坡体结构的失稳破坏规律、成灾机理、开挖变形规律以及相应的稳定性分析方法,丰富了膨胀土和顺层岩质边坡的稳定性分析理论。

(5)提出了分层开挖、分级稳定及坡脚预加固技术,解决了软弱碎裂岩质路堑边坡的开挖稳定问题。

(6)提出了轻型支护体系的概念及相关设计计算理论,为顺层岩质路堑边坡灾害防治技术开辟了新的途径。

(7)提出了桩锚结构(含预应力锚索、预应力锚索梁、预应力锚索桩)等新型支挡结构的计算分析方法,为合理设计该类型结构提供了理论依据。

(8)提出了有效降低顺层岩质路堑开挖爆破地震效应的技术途径和技术措施,即采用深孔爆破与缓冲爆破相结合的预留保护层综合爆破施工方法,解决施工爆破导致边坡失稳的技术问题。

(9)总结提出了膨胀岩土、斜坡软土、顺层边坡设计原则,为解决膨胀岩土、斜坡软土路基、顺层边坡失稳问题提供了科学指导。

(10)系统研究了动荷载、不同填料、降雨、防排水措施、环境作用、荷载组合、施工质量等对支挡结构安全性的影响,提出了支挡结构设计和施工中的安全性控制要素,为《铁路路基支挡结构设计规范(附条文说明)》(TB 10025—2006)修订提供了重要的科学依据。

(11)进一步提出了工程护坡植被向自然植被正常演替的规律,植被演替所经历的三个生长期,即外来植被生长期、本地植被侵入期和植被稳定生长期。同时,总结了山区道路边坡的植被防护的防灾机理、植被防护工程技术、施工工法和质量检验标准。

16.5.3　路基工程新技术

路基工程新技术见表16-13。

路基工程关键新技术　　表16-13

序号	依托工程名称	工程地质问题	关键新技术
1	遂渝铁路	沿线红色丘陵地区,影响路基工程稳定性的“红层软基的处理、红层软岩填料的利用、软基路堤与基床的结构形式”三大技术问题	(1)建立了红层泥岩土动力累积变形预测模型。提出了“0.6m级配碎石+0.2m中粗砂夹复合土工膜+1.7m红层泥岩土”的基床结构形式及设计参数。 (2)结合红层泥岩土本身特点与相关工程经验,总结了高速铁路红层泥岩土路基的设计与施工关键技术。主要包括红层泥岩填料选择原则、标准,压实质量标准,路基结构与形状,防排水措施,加筋加固,边坡防护,施工工艺等设计与施工等相关技术

续上表

序号	依托工程名称	工程地质问题	关键新技术
2	渝怀铁路	在斜坡地基上填筑土石方,易产生地基以及填方工程变形或破坏,是山区铁路、公路、城镇等工程建设中的突出薄弱环节	(1)提出了基于填方工程的斜坡软弱地基定义、斜坡软弱地基分类及成因,初步研究了斜坡软弱地基勘察技术,系统研究了斜坡软弱地基填方工程设计技术。 (2)提出了以限制斜坡软弱地基侧向变形为核心的斜坡软弱地基填方工程设计原则。 (3)研究成果揭示了斜坡软弱地基在填方荷载作用下的变形机理,从理论上解决了斜坡软弱地基填方工程设计的关键技术问题
3	广西沿海铁路	线路 D2K93 + 000 ~ D2K95 + 000 需要从煤矿采空区上部以路基工程通过,该采空区具有深埋、多层、高压富水等特征,针对南钦高速铁路复杂采空区,通过综合地质勘察、理论分析、数值模拟及现场试验等系统研究,有效解决了高速铁路路基复杂采空区的技术难题	(1)采用电测深、地震波 CT、电磁波 CT、钻探等多种组合综合勘探技术,解决了南钦铁路通过深埋多层高压富水复杂煤层采空区勘察技术难题,揭示了采空区发育分布特征。 (2)提出了深埋多层高压富水采空区“探灌结合、试验先行、分区、分层、分序”的加固设计原则。 (3)提出了高压富水采空区群孔驱赶排水注浆加固施工工艺。 (4)提出了深埋多层复杂采空区注浆加固的综合检测方法及质量验收标准。 (5)引入物位计建立了高速铁路采空区实时变形监测预警系统,并与铁路运营综合防灾系统组网应用

16.5.4 地质勘探新技术

16.5.4.1 城市轨道交通勘察新技术

铁道第三勘察设计院集团有限公司针对城市轨道交通勘察应用需求及技术特点,系统开展了深层触探设备、工艺、测试机理及应用技术等研究,形成了深层触探成套装备、工艺、应用技术、专业软件及相关标准,为深层触探技术在城市轨道交通项目工程应用奠定了坚实基础,对进一步提高城市轨道交通项目岩土工程勘探质量和效率,丰富综合勘察手段,降低勘探成本具有重要的理论和实践意义。主要取得如下成果。

(1)研制出成套深层触探测试系统及测试新工艺,实现深层静力触探车最大测试深度达 74.9m、轻便型深层静力触探仪最大测试深度达 64m、旋转触探最大测试深度达 86m。

(2)建立了深层静力触探、旋转触探测试指标与土体物理力学性质参数之间的理论关系,揭示了深层触探测试机理。

(3)建立了应用深层静力触探、旋转触探测试指标确定城市轨道交通项目所需土体物理力学参数、基床系数、地基承载力、桩侧摩阻力、桩端阻力和地基沉降变形等分析方法及系列经验公式。

(4)形成了深层触探成套装备、工艺、应用技术、专业软件及相关标准。

16.5.4.2 CPTU 精细化勘察技术

在港珠澳大桥项目中,科研技术人员在海中人工岛护岸地基加固成功应用水下挤密砂桩后,在沉管隧道过渡段也大规模采用了挤密砂桩方案,并专门研发了大型的水上挤密砂桩船,采用了以 CPTU 为主、传统钻探为辅的精细化勘察技术。CPTU 每 20mm 进行一次自动数据采集(包括端阻、侧阻、孔压和探头倾斜四个数据)并能实时显示,因此可快速、准确地进行地质分层。通过地质分层,形成三维地质数据库,为软基处理提供可靠依据。

16.5.4.3 适合于 TBM(或盾构)的地质超前预报技术

中铁西南科学研究院有限公司针对国内目前还没有比较成熟的 TBM 施工超前地质预报系统,

提出了利用掘进机冲击振动信号作为声波反射法激发震源的不良地质体预报理论和岩体温度法含水体预报理论,形成了以常规地质法为基础,HSP声波反射法预报不良地质体界限、岩体温度法并结合红外探测进一步确认不良地质体是否含水的理论体系。

(1)通过调研TBM施工特点,不良地质体及地下水灾害对TBM施工影响的基础上,提出了TBM施工地下水预报技术测试方法、设备系统及成果处理在应用中存在的问题,并针对问题进行针对性改进和优化。

(2)研究改进了预报测试方法,首次提出了HSP空间阵列式测试布置新方法,开发了HSP声波信号无线传输采集模块,提出了岩体温度法测温快速埋置方法,实现了测试与TBM施工的紧密配合。

(3)开发了数据处理新方法及成果分析软件,首次提出了HSP声波反射与散射联合成像方法及成像软件,编制了岩体温度法含水体预报成果分析软件,提高了对不良地质体及其含水情况的准确预报。

(4)针对TBM施工环境,研制了新型无线传输式HSP地质超前预报仪、RTP209型岩温法预报仪及新型高分辨弯扭式压电检波器等设备硬件,均具有防尘、防潮和防干扰性能,更适合在TBM洞内恶劣环境下使用。

(5)提出了适合于TBM施工地下水预报的工作方法,即以HSP声波反射法预报不良地质体界限为主要手段,采用水文地质分析及岩体温度法判断不良地质体含水特征。

16.5.5 地质灾害识别及防治新技术

16.5.5.1 地质灾害风险评估计算系统

中铁二院工程集团有限责任公司采用层次分析结合专家打分的方法,计算风险因素权重和风险值并综合模糊评价整体风险;运用理正岩土软件和现有的设计软件对支挡结构和路基边坡结构进行计算和分析;运用敏感性分析方法分析路基本体工程、边坡工程和地基处理工程的目标函数相对于风险因素的敏感性;用图解法分析支挡结构风险、边坡加固风险与一般路堤和路堑以及滑坡地区、崩坍地区岩堆地区膨胀土地区及地震地区路基风险之间的关系,分析地基加固工程风险与软土路基风险之间的关系;用列表法给出西南山区路基设计过程中针对不同的风险因素的防范和施工过程中针对不同的风险因素的应对措施。技术的创造性与先进性体现在如下方面。

(1)运用层次分析法并结合专家打分法对山区铁路路基工程风险因素进行定性分析和风险值的定量计算并排序。

(2)用敏感性分析法对山区铁路路基工程中重点风险因素进行分析和排序。

(3)采用模糊数学法对山区铁路路基工程的风险大小进行评价。

(4)提出了西南山区铁路路基工程风险事件相互关系图。

该研究成果可直接用于指导铁路路基工程设计和建设管理,能提高设计和施工、建设管理人员的风险管理意识和风险管理能力,从而达到减少工程事故发生和节省投资的目的。

16.5.5.2 复杂艰险山区铁路防灾减灾关键技术

中铁二院工程集团有限责任公司针对渝东地区复杂的地形、地质、水文等环境条件,以渝怀铁路、襄渝增建第二线建设为依托,开展了渝东复杂艰险山区铁路防灾减灾关键技术研究。

(1)系统提出了岩溶地区、河谷地段、顺层地段等复杂艰险山区综合防灾选线技术。

(2)推导了隧道衬砌结构体系地下水渗流理论解析公式,提出了“限量排放”的隧道防排水原则及指标体系,研发了高水位富水隧道新型衬砌结构体系和高压富水大型充填粉细砂溶洞综合处理技术,建立了高水压富水隧道设计理论与结构体系。

(3)提出了顺层边坡成灾模式及基于开挖松动区控制的防护体系,提出了适用于顺层岩质边坡爆破施工的减震爆破技术。

(4)建立了斜坡软弱地基填方工程地质力学模型,提出了基于地基侧向变形控制的斜坡软基路堤设计方法及其加固技术。

(5)研发了主跨192m的双线铁路连续钢桁梁桥和百米级高墩预应力混凝土连续刚构桥的建造技术。

16.5.5.3 岩土工程分布式监测的关键技术

南京大学在国内外首次研制出了岩土工程分布式光纤传感器系列和相应的监测系统和方法,从而解决了岩土工程分布式监测的关键技术瓶颈,实现了桩基、隧道、基坑与边坡等典型岩土工程体及工程结构的应变、应力、变形、温度、水分和渗流等多场分布式监测。

(1)创制了分布式应变感测光缆系列、分布式温度感测光缆系列、准分布式光纤光栅传感器系列,并建立了相应典型岩土工程对象的分布式光纤监测系统。其中,灌注桩基础分布式光纤传感检测方法可以获取沿桩身的连续应力分布,并可以对桩身完整性加以识别。

(2)隧道围岩径向应力应变分布式监测技术,可以掌握围岩整体径向变形规律,获得大面积岩土体变形、位移和应力的变化规律。

(3)隧道收敛变形分布式光纤监测方法与系统,能够准确地实现对隧道断面收敛变形的监测,并可实现远程、在线、分布式监测。

16.6 四电工程新技术

随着高速铁路建设的发展应用,中国在高速铁路供变电技术、弓网关系、综合自动化、供电安全检测监测、通信信号和列控系统等关键技术方面已经取得了突破性的成果。全面掌握了高速铁路和轨道交通牵引供电、通信信号、系统集成和安全保障技术。建立了我国高速铁路牵引供电技术体系,研发了具有国际领先水平的高强高导接触线及其配套零部件、牵引供电系统RAMS标准体系、接触网融冰技术、牵引供电防雷技术;首创时速380km接触网张力体系,搭建了高速铁路接触网腕臂吊弦计算平台,实现了接触网腕臂预配工厂化、接触线恒张力放线大型机械化、接触网悬挂调整精准化;完成了基于通信技术的轨道交通CTCS-3列车控制系统研究,研发了我国高速铁路地震及“风、雨、雪”等自然灾害预警系统。

在通信、信号、电力、电气化4个系统中,科研究人员采用了大量的新技术、新材料、新工艺和新设备,并形成了一种四电系统集成工程建设的新模式,同时集设计、施工、装备制造、联调联试和运营维护等技术于一体,是对高速铁路具有总体把握、指导和管理作用的技术集成,是多学科的交叉融合,具有高效、准确、管理科学、规范等优势,是现代铁路工程建设专业化分工的发展方向。

16.6.1 供电工程新技术

16.6.1.1 新型铜镁接触线关键技术

高速铁路电气化接触网是高速铁路牵引供电系统的主体和关键,正常工作时需要承受冲击、振动、温差变化、环境腐蚀、磨耗、电火花烧蚀和极大的工作张力,因此其性能直接影响高速铁路运行的可靠性、稳定性和安全性。

(1)通过采用大量新材料及模具技术,解决了合金熔炼、高温高强连续挤压及高精度成型技术等难题,获得大批量具有超细晶结构的无氧铜镁合金材料,采用该材料制备的接触线及承力索产品能够有效地提高机电性能。

(2)成功研制超细晶强化型铜镁合金接触线及承力索,其主要性能比现有国外产品提升10%以上,不仅强度大幅提升,还具备良好的柔韧性及导电性。最终研制出具有自主知识产权、适合于时速

350km 及以上高速电气化铁路的高性能铜镁接触线及承力索技术。

(3)新型的铜镁接触线强度可以满足速度 300 ~400 km/h 高速铁路的要求,并且在同等强度下,比传统铜镁接触线节电至少 5% ~10%。采用超细晶强化型铜镁接触线,除了安全性能得到提高以外,还可以降低损耗,符合国家节能减排的要求。

该研究成果使我国拥有了高速铜镁接触线以及高性能承力索的制备技术和加工技术,形成了规模生产能力,满足国内建设需要,产品 2009 年成功试运行于郑西高铁,接触网关键设备的设计、制造、安装、调试均实现了 100% 国产化,这对进一步完善我国高速铁路自主创新体系具有重大意义。

16.6.1.2 大风区高速铁路接触网技术

兰新高铁风区内极大风速超过 60m/s(17 级),部分地段 8 级以上大风年平均天数超过 200 天,12 级以上大风持续时间最长 40h,特别是百里、三十里风区风力最为强劲。大风破坏铁路设施、风翻列车等情况时有发生,相比于沿海台风地区,接触网面临的风害更严重,风区行车限速条件更苛刻。为了保证大风区牵引供电系统设备安全及弓网受流质量,保障兰新高铁强风力、长风期条件下的安全与高效运营,开展了多学科联合攻关,形成了具有自主知识产权的高速铁路接触网防风成套技术。

(1)揭示了挡风结构对接触网局部风场的影响规律。接触网高度范围内,随着距轨面高度的升高,风速系数变化减缓,至一定高度后趋于最大值 1.3 且基本稳定。

(2)建立了大风区高速铁路接触网防风研究理论体系。提出了大风条件下高速铁路接触网防风技术的研究方法,风区挡风结构影响下接触网设计风速的计算方法,考虑紊流风的接触网风致响应动态计算方法,开发出了基于静力学分析的接触网腕臂安装参数化设计系统。

(3)首次开展接触网气动弹性风洞试验,在大风区建立接触网试验段和相应的监测系统,系统地验证了计算方法的准确性及理论研究的合理性。

(4)在理论研究、室内外试验和工程实施的基础上,综合考虑抗风稳定性和弓网动态受流质量,提出了大风区接触网系统技术条件,编制形成了首个风区接触网标准。

(5)揭示了大风条件下接触网线索舞动机理,研发了防舞动方法,进一步通过现场试验提出了舞动防护工程措施。

(6)研制了大风条件下高可靠性、高稳定性接触网系列技术装备。提出了大风区接触网零部件振动及疲劳试验方法,研制出了新型的整体钢腕臂结构、防风导向滑轮式坠砣限制架装置、接触网零部件防磨损结构等先进技术装备。

16.6.1.3 接触网(防)融冰关键技术

随着电气化铁路的延伸和发展,接触网不断延伸到易覆冰区,频繁发生的覆冰事故对铁路运输的危害也逐渐凸显,接触网覆冰将直接影响电气化铁路正常运行。在借鉴国内外航空、电力输电线路防止覆冰研究成果的基础上,开展了接触网防(融)冰理论研究。

(1)在分析接触网覆冰特点及机理的基础上,定量分析了覆冰对接触网工作状态的影响规律。

(2)通过在人工气候室实验分析气象条件对接触线覆冰的影响,建立了接触线覆冰数学模型,拟合了接触线覆冰经验公式。分析了不同电流情况下接触线融冰情况,建立了接触线融冰数学模型,拟合了接触线融冰经验公式,建立了接触线融冰安全性校验数学模型。

(3)开发完成了接触网(防)融冰专家控制系统,可实现接触线覆冰自动分析判断、融冰自动设定等功能。

(4)结合客运专线运营管理模式,提出了接触网(防)融冰方案。

16.6.1.4 高速铁路电力供电方案综合评价体系

中铁第四勘察设计院集团有限公司在国内首次针对高速铁路各种电力供电方案,提出了可靠性、可用性、可维护性和安全性(RAMS)的综合定量评估的方法,通过研究 RAMS 指标及敏感因子,

结合经济性等,形成了一套适合我国高速铁路电力供电方案综合评价体系,并给出了具体实施方案。

(1)在国内首次研制了高速铁路10kV电力系统RAMS评估软件,可计算铁路10kV系统各种供电方式下系统RAMS指标、电抗器最佳补偿度、中性点经消弧线圈接地和小电阻接地相关技术参数等。

(2)首次将系统无功补偿、可靠性、经济性及对通信、信号电缆的影响等因素进行综合分析,确定了当10kV电力电缆与通信、信号电缆之间长距离邻近敷设时,系统中性点接地方式、无功和线路容性电流补偿方案及其适用范围。

(3)首次提出了铁路10kV电力电缆与通信信号电缆在不同平行间距下(最小间距100mm)的最大允许敷设长度以及超过最大允许值的防护措施,突破了我国长期以来电力电缆与通信信号电缆之间最小平行间距为0.6m的规定,节约了大量工程投资。

该项目技术成果主要内容已经纳入了《时速300~350km客运专线铁路设计暂行规定》。

16.6.1.5　牵引变电所雷电过电压防护技术

高速铁路牵引变电所的雷电入侵频繁,严重影响了供电系统的可靠性。近年来,随着大量动车组(交直交机车)在高速铁路上应用,交直交机车与牵引网之间的匹配关系问题日益突出,主要表现为机车和牵引网之间的高次谐波谐振问题,严重威胁牵引供电系统和动车组、电力机车的运行安全,对铁路正常运输秩序产生了干扰。

(1)牵引变电所雷电过电压防护研究主要采用仿真计算的方法,利用EMTP的ATP版本进行建模仿真。

(2)牵引变电所谐振过电压主要采用计算机仿真计算并与现场测试、实验室试验相结合的方法进行研究,利用MATLAB/Simulink仿真软件,研究牵引变电所谐波谐振模态(包括串联谐振和并联谐振)和谐波谐振条件。

(3)牵引变电所接地网性能仿真研究主要采用软件仿真的方法,利用CDEGS进行地网各方面性能的仿真及分析。

通过现场测试、仿真计算、试验等手段,对牵引变电所及牵引供电系统的雷电过电压水平、谐振过电压水平、接地网性能做出了综合评估,分析了各种因素对这几项指标的影响,提出了过电压防护、抑制措施以及接地网特性的改善措施。

16.6.1.6　高原高海拔4000m地区铁路牵引供电系统关键技术

青藏铁路西格段是世界上第一条海拔高于3000m的高原电气化铁路,沿线运行环境复杂、恶劣,电气化铁路运行国内外尚无经验可循,利用西格二线开通运行两年时间的管理经验和运行概况,对其进行科学研究。研究确定的牵引供电系统主要技术标准解决了海拔4000m地区铁路牵引供电系统关键技术问题。

(1)系统地解决了高寒高海拔地区电气化铁路牵引供电系统空气绝缘间隙修正、高压电气设备及各类绝缘子的耐受电压修正、绝缘泄漏距离修正、爬电比距及污秽等级的确定、主要设备材料选型、SF6气体绝缘设备防止低温液化措施、盐湖地区基础及接地装置防腐、高土壤电阻率地区降阻等主要技术问题,确定了主要技术标准。

(2)确定了牵引供电制式采用结构简单、受高海拔环境条件影响小、运营维护方便、对土建工程影响的带回流线的直接供电方式,为这条海拔最高的高原电气化铁路技术标准的定位起到了关键性的作用。

(3)通过研究比选解决了本线极端低寒条件下充气绝缘高压设备低温气体液化问题,为路内首创。

(4)解决了盐湖、盐渍土地区接触网、牵引变电基础防腐问题,为路内首创。

16.6.2　通号工程新技术

16.6.2.1　高速移动复杂场景数据无线信号传输技术

北京交通大学钟章队教授团队经过多年持续研究,基于对高速铁路(时速为200～420km)复杂场景(高架桥、山区、平原等开放空间,路堑、编组站等准限定空间,隧道等限定空间,路堑群、隧道群、桥隧相连、隧道内错车、铁路枢纽、会车并线等特殊场景)实测数据的分析,发现了一些新的传播现象和信道特征。揭示了在高速移动状态,高架桥、隧道、路堑等特殊场景的新传播机制和信道特征,开创性地建立了动态规则几何建模理论与方法,建立了能精确刻画高速移动复杂场景特征的信道模型,以及适应于高速移动的快速同步和低时延信道估计方法。主要成果如下。

(1)提出高速移动复杂场景无线信道测量准则与方法。提出高速移动复杂场景统计区间、采样间隔等测量准则及方案,减小了切换次数,可对沿线所有基站覆盖进行无缝信道特征采集。获取了最高时速420km复杂场景大、小尺度信道测量数据库,为进行信道特征获取以及关键技术性能评估奠定坚实的数据基础。美国、英国、加拿大等国学者将我们的测试数据作为评估列车宽带接入容量的重要依据。

(2)发现新的传播现象和信道特征。首次揭示列车等大型用户在隧道中运行时电波传播的"近阴影"现象,依据该现象提出隧道中电波传播"远视距区"概念,对于使用分布式天线替代昂贵的漏泄电缆,实现隧道内无线覆盖具有重要科学意义;发现高架桥"屏障"效应及其对减弱信道多径衰落的作用;发现路堑U形结构加剧了多径效应。这些发现丰富了电波传播理论,对优化通信网络设计以及确保行车安全意义重大。

(3)建立高速移动复杂场景无线信道建模理论与模型。创性地提出了动态规则几何建模方法,成为继参数建模、随机几何建模和静态规则几何建模方法之后的又一类崭新的信道建模方法,丰富了现有信道建模理论。新方法可以更好地建模高速移动的车载通信环境并保持较低的建模复杂度。

(4)提出快速同步及低时延信道估计方法。传统移动通信场景中的终端移动速度较低,有足够时间获取同步及实现信道估计。但在高速移动条件下,要求在极短时间内实现快速同步捕获以及精确的信道估计。

(5)提出具有快速捕获、高估计精度、很好跟踪能力的同步以及信道估计方案和算法。研究成果对高速移动场景数据可靠传输奠定了理论基础。

16.6.2.2　CTCS-3级列车运行控制系统

CTCS-3级列车运行控制系统采用GSM-R无线通信系统,重点考虑了系统装备的标准化和技术先进性,以支撑当前在用设备的长期运用维护,支撑新建高铁自主化列控系统的应用,支撑高铁技术的可持续发展。实现了地面与列车之间控制信息双向实时传输,满足我国高速铁路高速度、高密度及不同速度等级动车组跨线运行的要求。自主化CTCS-3级列车运行控制系统创新点如下。

(1)简统化标准制定。制定了简统化系列规范,包括自主化RBC技术条件、自主化CTCS-3级列控车载设备技术条件、自主化CTCS-3级列控车载设备启机操作流程、自主化CTCS-3级列控车载柜外设备接口等,提高了系统可维护性、兼容性及不同厂家设备的可互换性。

(2)自主安全计算机平台技术突破。攻克了安全操作系统骤停及状态监控技术、双CPU信号ns级同步技术、基于有限空间状态机轮转的互检测比较技术、基于光纤的高速安全通信技术、独立多链路组合检测的安全采集技术和多级动态驱动安全输出技术,开展了系统关键信息自记录与自诊断研究。在上述关键技术突破的基础上,研制了完全自主知识产权的安全计算机平台,提升了系统安全性和可靠性。

(3)自主专用芯片技术突破。攻克了功能安全芯片设计技术、低功耗片上系统设计技术和先进封装技术,同时攻克了列控专用通信总线的片上快速实时编解码技术,成功研制符合国际IEC61375

标准的专用通信芯片，并在列控装备中获得成功应用。

(4)国密算法首次使用。首次使用首次在列车运行控制系统安全相关设备中采用国密局推荐的国密算法，具有更高安全性和实时性，能够有效规避车地无线通信被破解的风险，提高了列车运行控制系统的信息安全等级。

(5)RBC 数据、密钥分离。实现了 RBC 软件与数据的分离、车地密钥分离，减少了由于不同线路工程数据不同导致的软件频繁编译，提高了产品的通用性，在仅涉及工程数据修改时，业主可以自行实施，降低了工程实施和运营管理的风险和难度。

(6)车载全功能无缝切换技术突破。自主化 CTCS-3 级列控车载设备突破了全系统/功能无缝切换技术，主机、BTM、TCR 等设备故障后均可在不停车情况下自动切换到另一系，提升系统可靠性，且对运营效率无任何影响。

(7)测速测距技术突破。提出了多源安全误差容限算法和自适应空转打滑补偿算法，并在自主化 CTCS-3 级列控车载设备成功应用，既保证了使用的灵活性，又能有效提高测速测距的精度和安全性。

16.6.2.3 高速铁路地震预警监测技术

设计了具有自主知识产权的高速铁路地震预警监测铁路局中心系统，接收铁路沿线监测台站信息，接入国家地震台网信息，进行地震数据收集、分析及处理、生成、传输，并发布地震紧急处置信息，实现高速铁路地震信息的集中分析与处置。通过 GPRS 向车载地震装置发送紧急处置信息，通过监控单元向牵引供电系统、列控系统发送紧急处置信息，并向受影响的相邻铁路局中心系统发送紧急处置信息，使运行的列车采取限速或停车措施。技术创新点包括如下方面。

(1)首次提出与国家台网中心地震预警系统以及相邻铁路局的互联互通，沿线、邻线地震预警台站、跨局地震预警台站和国家台网中心地震预警数据协同处理的一体化技术方案。

(2)首次实现了向车载紧急处置装置、列控系统、牵引变电系统以及调度系统自动发布紧急处置信息，极大地缩短了地震处置时间。

(3)首次采用基于 P 波、S 波以及国家地震台网的预警信息 3 种方式做出异地预警，有效实现对地震影响范围内列车的安全防护。

16.6.3 四电集成系统新技术

郑西客专正线全长约 460km，是我国首批开工建设的设计时速达 350km 的三条高速铁路之一。郑西客专的通信、信号、牵引供电、电力供电工程(以下简称四电)实行系统集成施工总承包，取得了高速四电集成技术、高速四电关键施工技术等一系列的突破。

16.6.3.1 郑西客专信号系统的创新

通过特定运用分析、接口研究、联合攻关、联合设计、联合开发、系统集成、安装调试、集成试验、联调联试、运行试验等活动，成功研发并投入使用了具有中国自主知识产权的高速铁路信号系统。

(1)采用 CTCS-3 级列车运行控制系统保证了时速 350km 高速动车组的运行安全，满足了最小追踪间隔 3min 的能力要求。

(2)采用高安全性、高可靠性信号系统设备，信号系统安全等级达到 IEC61508 规定的 SIL4 级标准。

(3)采用 CTCS-3 级兼容 CTCS-2 级列控系统工作方式，满足动车组跨线运行的需求。

(4)CTCS-3 级列控系统具有 11 种工作模式，可满足 14 种主要运营场景的应用需求，保证动车组在各种工况下均能安全、可靠运行。

(5)CTCS-3 级列控系统与防灾安全监控系统接口，并同步开通运用，保证非常情况下高速动车组的运行安全。

16.6.3.2 高速接触网恒张力架线技术的突破

为保证机车受电弓在350km/h的高速下与接触线平滑运行,根据现有架线机械设备性能优良情况,参考国外部分实践经验,提出了提高架线张力至导线的额定工作张力、恒张力架线的方式,并制订相应的工艺标准和质量、安全控制保障措施。实践证明,这种架线方式与小恒张力架线相比,在不采取其他辅助矫直措施的情况下,可以很好地保证导线平直度要求,精度控制可达0.05mm,并能有效地减少镁铜合金导线小张力架线时的扭面现象,极大地缩短了高速接触网架线的作业周期。

16.6.3.3 接触悬挂精确安装技术的突破

接触导线高度的变化直接影响弓网受流质量,是高速接触网性能的重要控制指标。通过技术资源优势和组织资源优势的结合,取得了高速接触网精确安装技术的突破。

(1)发挥技术资源优势,提高计算精度。

(2)统一和优化了安装工艺流程。

(3)提高工艺质量标准,对测量精度、吊弦预制精度、吊弦安装位置、导线悬挂高度的要求均参照国外标准提高了一倍。

(4)采用先进技术手段,实行安装质量过程控制。

郑西接触网系统试验的实际检测数据表明,接触线高度误差为国外同类标准的要求一半,即相邻吊弦点间小于或等于5mm,实测大部分控制在3mm以内,相邻悬挂点间小于或等于10mm。

16.7 房屋建筑及绿色低碳新技术

(1)现代大型铁路站房多为综合交通枢纽,在站区规划、建筑造型、功能布局、关键技术、交通流线布置、服务设施等方面与以往相比都有重大突破或创新,与多种城市公共基础设施功能紧密地连接。如为了适应站台轨道层跨越地下地铁层,同时又支承候车层及屋顶的功能需要,“桥建合一”结构体系应运而生。

(2)以环保节能为核心的绿色建造技术正在改变传统的建造方式,以信息化融合建筑工业化形成智慧建造是未来建筑业提升建造能力的发展方向。目前在建筑3D打印领域,国内进行了一些有益的探索与实践,相比传统建造施工打印过程中几乎不产生噪声和大振动,并且具有低碳、绿色、环保的特点,而且能节约造价、人力、材料、设备,提高施工效率和质量,避免施工过程的安全隐患。

(3)装配式建筑是国家重点发展的战略性绿色产业,是建筑工业化的重要组成部分。它具有标准化设计、工厂化生产、装配化施工、一体化装修、信息化管理等特征,是建造方式的重大根本性变革。

(4)BIM技术在施工中能够进行多专业协调、多专业集成、多功能整合,在施工组织设计、重大施工方案动态模拟、施工技术方案的确定、四新技术的应用、施工现场动态调整,施工进度的模拟,工程安全、质量、文明施工管理、现场数据的采集、储存、后台处理,图纸及文档电子化管理、全过程造价成本管控等方面应用BIM技术,基本可以实现项目施工的全过程管理。

(5)当工程建设进行到一定阶段后,既有建筑结构的加固、维修和功能改造提升形成了一个主要的研究方向,国内通过十余年对既有建筑功能改造、托换移位及补强加固技术研究的系统研究和实践,形成了外套加固、抗震、设计与建造和管理平台、专业施工机械的成套技术体系。

16.7.1 铁路站房工程新技术

铁路站房修建的主要新技术见表16-14。

铁路站房关键新技术

表 16-14

序号	站房名称	站房基本概况	关键新技术
1	苏州站	集普速铁路、城际铁路、地铁、公交车、长途汽车、出租车、社会车等交通设施为一体的大型综合交通枢纽。充分体现了"以人为本,以流为主"的新时期客站设计新理念	(1)采用上进下出、通过式与等候式车站相结合的高架站房成为苏州最大的"桥"连通古城与新区。 (2)站房原址改造、站场过渡、分步实施。 (3)简洁高效的旅客流线。 (4)"苏而新"的独特建筑造型。 (5)丰富精彩的建筑空间与建筑细节。 (6)独特的屋顶菱形空间桁架系统。 (7)超大体量无站台柱雨棚结构体系。 (8)节能、生态、环保的车站。 (9)优质高效的设计服务
2	青岛北站	引入胶济客专、青荣城际、济青高铁、海青铁路、青连铁路以及烟蓝铁路等9条铁路以及3条城市轨道交通和其他多种交通方式,是胶东地区最大的现代化综合交通枢纽。站房原址为青岛市垃圾填埋场,在城市生活垃圾填埋区兴建如此大规模工程全国尚属首次	(1)一体化综合换乘体系。 (2)双向进站流线模式。 (3)预应力立体拱架新型结构体系。 (4)城市垃圾填埋区的地下结构设计。 (5)周边道路综合规划设计。 (6)建筑节能新技术。 (7)建筑智能化技术
3	于家堡站	其是京津城际铁路延伸线上的终点站,是国内首批全地下站房工程之一。工程结构独特,技术难度大,安全风险高。工程应用了包括建筑业十项新技术在内的九大项十八子项新技术	(1)首创了143m大跨度双螺旋单层网壳钢结构体系。 (2)创新球铰双支座传力体系。 (3)创新X形刚性节点板。 (4)建立铁路客站大跨复杂钢结构健康监测系统。 (5)采用计算机模拟分析,提出了ETFE膜屋面采光、遮阳技术方案。 (6)提出了穹顶ETFE膜反射条件下抑制声缺陷的方法。 (7)创新了ETFE气枕熔断排烟系统。 (8)采用明挖顺作和盖挖逆作相结合的施工工艺,结合65m超深地下连续墙完成了沿海地区软弱地质情况下21.5m深基坑施工。 (9)高精度施工AM扩孔桩与HPE钢管柱,定位偏差小于5mm,垂直度在1‰以内,远高于设计精度
4	郑州东站	以高速铁路为核心,集城市地铁、城际铁路、公路客运、公交和出租车等多种交通方式为一体	(1)采用"桥建合一"的设计理念,极富雕塑感的建筑特征,使得工程建造犹如艺术品加工般的精细和复杂。 (2)轨道层采用世界首创的"钢骨混凝土柱+双向预应力混凝土箱型框架梁+现浇混凝土板"结构体系,施工难度大
5	合肥南站	集铁路、城市轨道、城市道路交通功能换乘于一体的现代化大型交通枢纽	应用了建设部2010年推广应用建筑业的全部10项新技术中的25个子项。 (1)超长混凝土无缝施工技术。 (2)铝板仿石工艺应用技术。 (3)索框幕墙施工技术。 (4)单向单索幕墙施工技术等

续上表

序号	站房名称	站房基本概况	关键新技术
6	兰州西站	宝兰高铁客运办理站，是集客运专线、城际铁路、普速铁路、城市公交、轨道交通于一体的大型城市综合交通枢纽。在施工过程中采用了大量新技术、新工艺，建筑业10项新技术中10大项、31小项在本工程中得到了广泛的应用	(1)高大空间、单元式组合弧面吊顶施工技术。 (2)不等截面柱仿清水混凝土涂料应用施工技术。 (3)通透大空间金属鱼纹网板吊顶施工技术。 (4)站房幕墙施工技术。 (5)高铁站房落客平台施工技术。 (6)无站台柱、无吊顶雨棚施工技术。 (7)地铁逆作法施工技术。 (8)高大空间、大跨度复杂管桁架屋盖结构施工。 (9)站房广播点声源系统施工应用。 (10)虹吸式雨水收集系统施工应用。 (11)BIM技术在建筑工程施工中的应用
7	沈阳南站	衔接哈大、沈丹、京沈三条铁路客运专线	(1)采用虚拟仿真技术、自密实混凝土。 (2)盘扣式钢管脚手架应用、矩形框架柱模板应用。 (3)站房地下室顶板和有吸音要求设备用房顶板采用无机纤维材料进行喷涂、屋面采光顶中空夹胶LOW-E镀膜玻璃、在混凝土中掺加聚丙烯纤维
8	乌鲁木齐站	应用了包括建筑业十项新技术在内的十大项共计38个子项新技术	(1)在施工过程中采用BIM系统，将BIM技术应用到站房劲性混凝土结构复杂节点施工当中。 (2)大跨度双曲钢网架施工，采取地面网架分单元拼装、液压提升至半空对接、整体液压提升的施工方法。 (3)针对边跨弧形网架，创新性地提出了将单元区块沿"单轴旋转法"地面卧倒拼装，之后通过网架非同步提升的方法将单元网架翻转，回到设计姿态。 (4)建立铁路客站大跨复杂钢结构健康监测系统
9	南宁东站	采用线上式高架候车的大型桥建合一铁路站房。其站台层被3条正线分成4部分，工程施工过程中积极推广应用了建筑业10项新技术中的10大项中的34个子项，形成了南宁东站建造施工技术研究	(1)到发线采用普通混凝土框架结构体系，正线桥采用地道式框架桥，提高了出站层的建筑净空。 (2)高架候车层采用双向预应力混凝土框架梁，减轻了结构自重，并对应于正线桥的位置设置两道结构缝，有效地降低结构的温度作用。 (3)屋盖采用钢管混凝土柱支承的管桁架与网架相结合体系，结构布置安全、经济，采用分区分单元累积整体提升和中跨预应力索张拉施工等技术。 (4)天窗采用由钢梁和钢拉杆组成的屋架结构，结构受力合理又便于施工，实现结构与建筑的完美结合
10	沈阳站	在既有站房基础上进行改、扩建，汇集铁路、地铁、城市公共交通、社会交通等多种交通方式，实现多种交通的有机衔接。沈阳站具有规模大、新老建筑衔接难度大、地下交通组织复杂等特点	(1)新建高架站房及西站房与既有东站房(原名"奉天驿"，国家级文物保护单位)在造型互应、建筑色彩、空间衔接等方面克服困难，使得整个站房改造工程衔接有机，浑然天成。 (2)新建站房联系通道采用"盖挖逆作"的施工工艺，下穿既有站房23m宽，打通与既有地铁站的联系，方便客流换乘

16.7.2 房屋建筑工程新技术

16.7.2.1 建筑3D打印技术

顾名思义，建筑3D打印就是按照设计好的建筑信息模型，通过专用的建筑3D打印装备将建筑材料按照3D打印的方式打印成建筑。3D打印建筑可以提高建筑的品质，而且相比传统的建筑建造方式，其更加坚固耐用、生态环保，具有良好的社会效益和经济效益。2015年1月，盈创打印出了全球最高3D打印建筑“6层楼居住房”和全球首个带内装、外装一体化3D打印“1100m^2 精装别墅”。

(1)3D打印绿色建筑技术不仅能够彻底改变建筑施工中的扬尘问题，还能不开矿山、不生扬尘，利用密闭联通技术，无扬尘消化大量的建筑拆迁废弃物、矿山尾矿石等。

(2)通过混凝土垃圾无扬尘破碎及砌块技术，实现100%资源再利用，实现绿色无扬尘施工，节省建筑材料、人工、工期可达50%，综合成本节省30%，建筑综合能耗从70%降到30%。其首创技术的产业化应用将颠覆传统建筑行业和地产行业生产方式，从源头控制城市扬尘，真正实现低碳、环保、节能的绿色建筑，还天蓝、水蓝和云白。

(3)通过专用打印混凝土油墨，配合大型打印机，加上专用配套外墙石材/保温材料等，在保留原有钢筋梁柱结构体系的基础上，预留所有管线门窗等空间，实现内外装饰一体化完整打印建筑，包括墙体、保温、内墙装饰、外墙装饰等一体化组合，从而形成各类的3D打印建筑部品和构件，源头再次控制建筑新扬尘。

(4)施工作业干净整洁、精细化。完全取消了湿法操作，几乎所有的施工误差都可以避免。由于设计及现场管理工作的前置，施工现场可以实现像制造车间一样的干净、整洁、精细。其中，3D打印建筑设计技术，研究通过设计优化，解决3D打印建筑与当前建筑规范之间的适应性问题。

按装配式建筑和建筑工业化的思路，结合当前3D打印建筑的技术可能性，实现工程应用转化。同时，拓宽3D打印建筑材料的种类、等级，优化3D打印建筑材料的性能，推进3D打印建筑材料的工程应用，制定3D打印建筑材料的技术规范、应用标准。

16.7.2.2 全时空一体化绿色支护技术

我国在工程建设中贯彻“绿色、低碳、节能、减排”的发展理念，开展了全时空一体化绿色支护技术及环境灾害防治方法的研究工作，通过系统的研究，从“节材、节地、节水、节时和环境保护”角度提出了型钢水泥土连续墙技术、预应力装配式钢支撑成套技术、与主体结构相结合的支护技术、超深地下空间分级组合支护技术、承压水处理技术以及环境灾害防治方法，将绿色理念融入地下空间支护工程。

(1)围绕不同渗流特性所引起的地基固结变形及应力应变场的变化规律开展了一系列研究工作。主要研究了基于不同渗流规律(Hansbo渗流模型、非牛顿指数描述的非达西渗流、Slepicka所提出的指数形式渗流)以及初始孔压非均布条件下考虑起始比降的地基土体固结变形理论，并研究了考虑坑外渗流自由面变化以及基坑分步开挖的非稳定渗流影响的基坑及周围土体性状。

(2)提出了型钢水泥土搅拌墙和渠式切割水泥土连续墙的设计计算理论和施工技术，并进一步对配套应用的预应力装配式钢支撑技术进行了研究，提出了考虑立柱和托梁作用的单跨、多跨型钢组合钢支撑稳定分析方法，研发了预应力装配式型钢组合支撑成套技术，发明了预应力装配式拱形钢支撑(PAS)。

(3)结合具体工程项目，对逆作法和中心岛法等技术进行了系统研究，提出了各种逆作法形式的楼盖、立柱设计计算方法以及节点构造要求；针对盆式开挖的周边留土问题，提出了留土宽度和高度的设置原则以及抗力计算方法；系统地研究了带支腿的地下连续墙新技术，提出带支腿的地下连续墙变形计算方法，解决了地下连续墙嵌岩施工难、工期长和造价高的问题。

(4)针对基坑施工过程地下室加深、地下室沿竖向分台阶设置以及超深坑中坑临边设置等情况，提出了台阶状分级支护的设计计算理论,对分级组合支护结构的侧压力、稳定及变形性状等进行了研究;提出了越流系统中弱透水层的一维固结解,更真实地反映了超深基坑承压水降水引起的地基变形性状,揭示了基坑降水越流系统中应力场变化规律;考虑基坑的空间效应及土体强度,提出了一种深基坑承压水突涌稳定分析方法。

16.7.2.3　既有建筑装配化外套加固技术

北京市建筑设计研究院有限公司发明了"既有建筑装配化外套加固方法",并对其关键技术进行了深入研究。

(1)首次提出了"既有建筑装配化外套加固方法",建立了既有建筑装配化外套加固技术体系。揭示了既有建筑结构由单一体系转化为双重体系的基本特征和规律,完成了新的外套加固结构与老的既有结构协同工作的试验论证,形成了外套加固设计理论及方法,突破了国家相关结构设计规范的限制,解决了传统加固方法中断使用功能、入户施工、难以实施的难题。

(2)研发了新的外套加固结构与老的既有结构协同工作关键技术,保证了加固的可靠性。深入研究了基于销键—植筋—灌浆组合连接的新老结构之间接合面连接技术,解决了新旧材料共同工作的难题。研发了干式消能连接关键技术,提高了结构体系的抗震性能。建立了基于旋转钻进预制复合桩的外套结构沉降控制技术体系,攻克了新老结构之间沉降变形协调难题。

(3)研发了既有建筑装配化外套加固设计与建造平台,解决了既有建筑装配化外套加固技术的应用和推广难题。开发的适用于装配化外套加固方法的设计软件,为既有建筑装配化外套加固技术提供了设计工具。

(4)研发了基于 BIM 技术的虚拟建造平台,实现了对装配化外套加固施工过程进行事前控制和动态管理,为既有建筑装配化外套加固技术提供了施工管理工具。

(5)研发了旋转钻进预制复合桩专业施工机械,为既有建筑装配化外套加固技术提供了专门施工机械,实现了施工过程中对既有建筑最小的扰动。

16.7.2.4　既有建筑结构的性能提升技术

东南大学对既有建筑结构的性能提升技术进行了十余年的系统研究和实践,形成以四项创新点为代表的技术群。

(1)既有建筑基于三维激光扫描的数字化重构及变形监测技术。针对传统测绘技术效率低、精度差、易受环境影响、难以获取变形信息的缺陷,开发了基于三维激光扫描的既有建筑点云式数字重构技术,并用于国家文保建筑的测绘和鉴定、异形曲面结构二阶段施工的高精度控制、核电安全壳加载工况下的变形监测。具有快速、非接触、全天候、高精度和自动化等优势,最大测程 187m,径向距离示值误差小于 1.2mm,频率达 50Hz。

(2)既有建筑的新型托换及抗震加固技术。针对传统拆墙托换方法中湿作业多、影响外观、新增构件截面尺寸大等缺点,提出了基于钢板—砖组合构件的底部大空间托换技术。鉴于低强度砌体及混凝土梁柱节点区加固难度大、代价高,开发了基于钢绞线—聚合物砂浆复合面层的低强度砌体及节点加固技术,提高抗震承载力达 30% 以上。提出了摩擦耗能式自定心抗震结构体系,在控制既有建筑位移的同时,显著减少其震后残余变形。

(3)既有建筑的减隔震(振)加固技术及装置。针对传统加固技术创面大、工期长的缺陷,研发了一系列"以柔克刚"的新型减隔震加固装置,包括阻尼力可调的黏滞阻尼器、大出力快速响应阻尼器、无机耐久型滑移隔震支座、悬吊式的可控型调频质量阻尼器等。提出了既有建筑减隔震加固可靠度计算方法和成套施工工法,建立了大型空间结构舒适度指标及控制技术。

(4)复杂建筑的移位控制技术及系统。为协调城市发展及既有建筑保护之间的矛盾,针对复杂移位工程中传力途径多变、同步性差、施工代价高等问题,开发了非电液控制建筑物移位高精度测量技术、长距离平稳追降技术、悬吊提拉式顶升系统、差异沉降动态补偿式平移台车等技术和专用装

备,移位精度可达0.1%、施工效率提高50%以上,设备造价降低1/3。

16.8 信息化新技术

随着铁路信息化的快速发展,铁路工程建设和运营期间的数据量急剧增长,积累了海量的结构化、半结构化和非结构化数据,包括施工设计数据、基础设施检测及监测数据、自然灾害监测数据、视频监控数据和工程建设图纸等。然而,由于各信息化系统分散建设,系统之间彼此独立,没有构成有机整体,因此信息资源难以实现共享,信息“孤岛”现象严重。从2013年开始,由中国铁路总公司工程管理中心牵头,开始探索铁路建设期信息化建设工作,在现场数据采集、中间过程管控、BIM技术应用等方面都取得了丰硕成果。通过积极开发建设信息化大平台及ERP管理系统技术,实现了铁路工程建设及运营过程信息化,达到了信息资源共享的目的;开展了BIM技术在项目全生命周期的工程应用和标准编制研究,在铁路、公路、市政、房建等多个领域进行了BIM技术的研发与应用,并初步掌握了数字化施工技术流程;开发应用了隧道风险管理系统、铁路选线信息化系统、铁路地震灾害预警系统、运架设备远程监控系统、隧道及地铁工程预警系统等工程施工及运营期的信息系统,有效提升了线路工程全生命周期管控的信息化水平。

16.8.1 铁路综合项目施工的数字化及信息化技术

中铁三局集团有限公司以黔张常项目QZCZQ-10标段铁路综合项目施工为依托,进行数字化、信息化技术及其应用研究。

(1)开发铁路BIM综合管理平台,达到BIM、DTM、GIS模型融合于管理平台进行轻量化、共享化应用,实现坡度、坡向、等高线实时分析,辅助桥梁深基坑论证、土石方调配最优化。

(2)建立Revit模型的铁路建模与命名标准,模型导入平台后信息数据完整、统一,可快速查询定位任意构件并查看信息。

(3)BIM技术应用实现在线操作,档案管理中实现无纸化办公、图纸、模型、文件档案分类汇总,办公管理中实现项目各人员协同工作、工作日志平台管理及存储。

(4)三维地理信息模型与建筑信息模型深度结合,加以遥感影像与地理位置叠加,实现真实情况模拟,达到BIM技术与GIS技术融合应用,铁路线性BIM模型完美呈现。

16.8.2 运架设备群远程安全监控管理信息化系统

中铁十局集团有限公司开发了运架设备群远程安全监控管理系统,采用先进的信息技术加强高铁施工设备的安全监督管理,完善设备运行监督机制。该系统包括若干个现场设备级、工地项目级及总部集团级等三级监控管理平台;采用VPN技术组网,实现远程设备群的高速、多向互连。其为高铁施工设备的施工安全提供一个全新的监控管理模式,主要技术创新有如下方面。

(1)大吨位箱梁运架设备群安全施工远程集中监控管理系统采用自适应流量控制算法,能传送(广域网)图像,并通过广域网实现多点对多点的测控管理。终端界面具有多路实时模拟动画显示和实时数据库功能;系统具备远程干涉急停控制及远程语音直接监控管理能力。

(2)施工现场项目级管理监控网络;采用基于私有协议的实时控制无线宽带局域网,并可以传输(WLAN)实时图像。具有适应各种运架设备多协议转换的无缝数据连接能力。

(3)建立专门针对大型运架设备群,由基于力学分析的设备底层、基于施工操作的中间层和基于高层管理的管理应用层组成的三级安全监控管理模型。

(4)研发铁路T梁架桥机安全监控管理系统运用于主机和辅机,通过轴销传感器、旋转编码器、水平传感器等动态传感器单元采集数据,利用PLC进行数据分析,实现实时监控并记录,预留远程通信接口,提高施工作业的安全性和可靠性。

(5)研发测速测距装置。在辅机前端安装发射器和接收器,通过主机尾端漫反射,实时显示辅机与主机之间的安全距离,预防两车体相撞。

(6)研发了安全制动装置和基于可编程自动控制的排绳装置并成功应用于架桥机起升机构,预防了起升机构多层缠绕乱绳和落梁超速时梁片继续快速下落的施工事故。

16.8.3 铁路数字化选线信息化新技术

中铁二院工程集团有限责任公司结合工程实际开展了基于多源空间信息的铁路虚拟地理环境建模平台利用技术;基于多源空间信息的三维工程地质模型建模方法及利用技术;企业级铁路工程构造物与设备标准图三维基元模型库构建;基于铁路数字化选线系统的铁路线路构造物信息化建模技术;面向专业协同设计的铁路数字化选线系统研制。通过以上深入系统研究,取得了以下成果。

(1)基于铁路数字化选线设计系统,建立了基于多源空间信息的长距离带状虚拟地理环境快速建模方法。利用全数字摄影测量系统,基于航测、卫片资料的数字地形信息采集;基于网络地理信息的数字地形信息采集;实现了不同格式、不同坐标、DEM/DOM 空间数据集成;实现了基于航测信息的铁路虚拟地理环境快速建模;实现了基于网络地理信息的铁路虚拟地理环境快速建模;通过集成数字地形、数字地物、数字地物模型,研究了一种基于综合数据模型的铁路虚拟地理环境建模方法。

(2)建立了基于遥感信息的工程地质虚拟环境建模方法和利用技术。基于遥感图像解译判释获取数字地质信息;集成三维地形模型、多源影像融地质遥感影像和工程地质属性库,构建工程地质超图模型;根据选线系统地理环境特点,提出地质对象文化特征概念;基于 TIN 模型、约束 TIN 模型实现面状、线状地质对象的遥感解译影像在三维空间的定位,实现遥感解译影像准确叠加在地质对象上,以影像直接表达地质信息;建立了工程地质超图模型;矢栅一体化三维地质环境建模方法,将地质对象遥感解译影像与逼真显示的地理环境融合,构建工程地质虚拟环境;在数字化选线系统中实现了工程地质信息实时管理。

(3)研制了一个铁路工程构造物与设备标准图基元模型库。建立了一种铁路工程构造物基元模型分类编码方法;采用第三方软件建立铁路构造物标准图基元模型;建立了铁路构造物及轨道部件标准图基元模型库;开发了铁路构造物及轨道部件基元模型库管理系统。

(4)建立了基于基元模型的铁路线路构造物和设备信息模型建模技术(RLBIM)。提出了基于基元模的铁路标准构造物及轨道部件参数化建模方法;解决了若干基于基元模型库的铁路工程实体构造物建模关键技术;建立了基于基元模型库的铁路工程构造物三维建模方法;融合参数化建模技术、几何造型技术、光照模型技术,研究了基于基元模型的铁路线路构造物三维实体建模方法。

(5)建立了基于真实感虚拟地理环境和铁路线路 BIM 的三维实体选线技术。在铁路数字化选线设计系统中,构建了面向实体选线设计的 RLBIM 模型结构;通过对线路方案线进行桩点信息计算,基于技术标准资料、桩点信息,自动统计计算轨道、桥梁、隧道、路堤、路堑等各构造物段的模型信息,调用基元模型库中的模型基元进行参数化组合,快速构建 RLBIM 模型;融合线路实体模型与虚拟地理环境,在铁路数字化选线系统中实现了虚拟环境铁路构造物实体布设;基于构造物和设备基元模型库,在虚拟地理环境中实现了选线方案构造物实体布设;在虚拟地理环境中,实现了基于实体构造物的方案比选;实现了铁路选线设计方案三维建造效果实时仿真和漫游。

16.8.4 高烈度区铁路边坡灾害精细化评估防护及信息化大数据平台

西南交通大学在高烈度区域高铁边坡灾害评估防护技术、海量数据挖掘、系统的集成与成套装备研制等方面取得了重大的技术创新性成果。

(1)提出了一套集边坡灾害评估、防护、监测、预警为一体化的高烈度区铁路边坡灾害精细化评估防护及信息化大数据平台,保障了高速列车的安全运行,有力地解决了高烈度区高速铁路运行安全的重大技术问题,推动了铁路地震安全行业的技术进步发展,技术成熟并已形成产品应用。

(2)边坡地震稳定性三维时空精细化评估技术、边坡支挡防护结构的精细化抗震设计方法、新型边坡支挡防护结构—加筋重力式挡土墙均属于国际首创,边坡地震滑塌致灾范围精细化预测理论属于国内首创,边坡稳定性动态实时监测预警系统主要技术指标属于国际领先水平。

16.8.5 桥梁拼装施工 BIM 技术

中铁三局集团有限公司以宝兰客运专线 BLTJ-5 标段跨渭河地段的48m 节段拼装梁为依托,进行客运专线48m 简支梁节段拼装施工 BIM 技术应用研究。与传统的非 BIM 技术的阶段拼装梁施工技术相比具有以下特点。

(1)改变传统以二维图纸为施工信息传递的依据的模式,建立三维信息模型,利用模型的三维可视化、动态漫游、工程量精确计算、虚拟施工等技术提高节段拼装梁的施工效率、降低资源浪费、有效地控制成本、增加经济效益。

(2)创建了节段拼装梁的三维信息模型,利用 BIM 的三维模型可以预测施工中存在的问题,提前解决节省时间提高效率;利用 BIM 的碰撞检查和虚拟施工,可以解决节段拼装梁设计中存在的结构碰撞和施工过程中的各种碰撞,优化设计和施工组织安排,建立阶段拼装梁的 VDC 模型,利用模型指导施工,这是利用传统的非 BIM 的施工技术无法做到的。

(3)首次利用基于 BIM 技术的 EPM-4D 资源管理系统,实现资源的4D 动态管理,减少了施工过程中的资源冲突和浪费,提高了施工效率和资源的利用率。

16.8.6 基于 BIM 手段的隧道工程施工风险管理信息化技术

依托杭黄铁路桐庐隧道工程建设,针对隧道施工动态风险管理的信息集成及协同需求,开展 BIM 条件下的隧道施工风险研究。

(1)提出了隧道施工进度风险、质量风险、安全风险等施工风险信息模型的构建方法和集成应用技术,形成了基于 BIM 的隧道施工风险信息交付标准。

(2)研发了基于 BIM + GIS 的项目施工信息管理平台,实现了 BIM 条件下隧道施工风险信息的可视化管理,解决了隧道施工风险信息集成与协同应用的难题。主要适用于在 BIM 技术条件下,提升隧道工程施工风险管理信息化水平。

(3)研究成果针对隧道施工动态风险管理的信息集成及协同需求,成功解决了 BIM 条件下的隧道施工进度风险、质量风险、安全风险等施工风险信息模型构建、集成、协同应用的关键技术路径和方法,建立了基于 BIM + GIS 的项目施工信息管理平台,提供隧道施工动态风险管理信息模型集成及协同应用的可视化环境。

16.8.7 隧道及地铁工程预警控制平台

中铁七局集团有限公司自主研发的隧道及地铁工程预警控制平台,有效地将设计参数、施工信息、施工方案执行情况、防坍安全红线卡控、超前地质预报等各类信息进行综合分析,实时自动预警,着重解决信息不能有效时利用和控制模式复杂的问题,使平台系统逐步走向信息化、自动化、全面化。

(1)平台将隧道及地铁施工的设计资料、施工参数、施工进度、监控量测数据以及超前地质预报的地质资料相互结合,在升级后还继续引入实时视频监控功能,掌控一个隧道或地铁工程从开工到竣工全过程的施工安全质量,并将该工程施工全过程的设计、变更、施工、监测等信息分类储存、备份,为竣工资料提供有效依据。

(2)采用自动触发和手动预判触发双重报警控制,可自主选择任何一个工程的预警信息自动发送或是经过人工判断后再手动发出。

(3)首次采用红线卡控、围岩变形和施工材料容差三项预警相结合,根据国家、地方、行业、企业标准及相关文件,控制隧道及地铁施工的施工步距和施工材料使用量,并能通过超前地质预报数据人工预判即将施工部位的围岩地质情况,将可能存在的不良地质信息提前发送给施工人员和管理人员。通过网络平台集中管理,有效地提高了工作效率,减少企业管理成本,规范现场施工工艺,利用信息化来控制隧道及地铁工程施工安全质量,有效地减少安全质量事故的发生,杜绝重大安全事故。

16.9 技术发展展望

对应前述各领域的新技术,本节对相应领域的技术发展展望进行简要评述,仅供参考。

16.9.1 高速铁路建造技术

随着我国高速铁路运营里程和运营时间的增长,一些工程问题逐渐暴露了出来,如车轮多边形磨耗严重,部分路段轨道板出现裂纹、离缝以及基础结构异常沉降等,有些问题已对高速行车安全形成隐患,迫切需要采取合理的防控措施。这些工程问题主要包括高速动车组关键部件振动失效和疲劳损伤问题、高速条件下轮轨磨耗问题、基础结构动态性能演变及损伤问题等。另外,针对表现突出的典型工程问题,在研究确定合理的防控技术措施之后,需要尽快建立和完善中国高速铁路运营维护技术标准体系和安全保障技术体系,从而全面提升我国高速铁路设计、建造和运营维护水平。

(1)当前最紧迫的任务是建立和完善我国高速铁路无砟轨道线路维修标准。而合理确定相关管理规程及指标限值,需要研究无砟轨道结构疲劳载荷表征、结构失效机理与演变规律等。

(2)目前更多的工作是围绕车辋和辐板形状、结构与材料以及轮轨型面等方面进行降噪设计,今后应该全面地考虑轮轨粗糙度、钢轨短波不平顺、动态轮轨接触以及车线耦合作用等对轮轨噪声的综合影响,从系统工程的角度探寻轮轨降噪新方法和新技术。

(3)国际上对弓网气动噪声的研究不多,近年来逐渐得到重视,未来会有较大的技术改善空间,探索高速铁路降噪新材料、新结构、新工艺仍有广阔的前景。

(4)对于灾害形势严峻、网络规模庞大的中国高速铁路,建立完备可靠的监测与预警、应急处理与救援、恢复与重建的高速铁路应急安全保障系统,是一项极具挑战性的系统工程。

16.9.2 重载铁路技术

长编组、大轴重重载列车在提高铁路运能的同时,对机车车辆和轨道结构的安全服役带来了极为严峻的考验。由于轴重提高带来的轮轨磨耗和疲劳伤损问题,轨道结构和线路状态恶化问题,以及牵引重量增大导致的断钩事故和列车纵向冲动等,严重影响重载运输安全与效率,是世界重载铁路发达国家普遍面临的工程难题。

(1)如何处理和应对复杂接触状态对轮轨作用、轮轨磨耗与伤损的不利影响,是对高负荷作用下轮轨接触关系与合理匹配问题提出的基础性研究挑战;探讨大轴重条件下轮轨型面的适应性及其改进的可行性,提出减轻重载轮轨相互作用、降低磨耗及损伤、提高轮轨使用寿命的新型轮轨匹配技术;综合运用轮轨接触理论和轮轨系统动力学理论,研究适合于我国重载铁路运营条件的钢轨打磨技术,从而逐步建立我国重载钢轨打磨技术标准体系,是今后需要重点关注的研究方向。

(2)牵引和制动是重载铁路技术革新过程中所面临的两个重大科技难题,其中的一个关键问题是要解决列车纵向冲动问题。面临的主要科学挑战有:不同列车编组、不同车辆配置、不同运行工况及不同线路条件下组成列车车辆间的纵向冲击行为和作用机理,以及钩缓系统特性、空气制动波传递特性以及列车操纵形式等对列车纵向冲击的影响规律等。同样,为解决好长大列车纵向冲动问题,在长大列车制动技术、车间连接技术、列车操纵控制技术等方面均需要加大研究深度,从而为长大重载列车的安全运行保驾护航。

(3)大轴重重载铁路轨道主要存在如下问题:钢轨的疲劳损伤、焊接接头伤损、弹条断裂、轨枕环裂、纵裂、道床板结及翻浆严重等。因此,发展轮轨低动力作用技术和基础设施强化技术,是发展大

轴重重载铁路运输需要面对的挑战。

16.9.3 桥梁工程技术

国内桥梁工程建设将面临强风、大震、深水、恶劣天气等恶劣的建设条件，公铁合建、全天候通车、高速铁路交通等更多的功能需求，琼州海峡、台湾海峡、渤海湾海峡等更加巨大的工程。未来的大跨度桥梁向更长、更大、更柔的方向发展，相应地需要研制轻质高性能、耐久材料；大型工厂化预制节段和大型施工设备将成为桥梁施工的主流，计算机远程控制的建筑机器人将逐渐代替目前工地浇筑或分割成小型块件的拼装施工；桥梁结构必将更加重视建筑艺术造型，重视桥梁美学和景观设计，重视环境保护，达到人文景观同环境景观的完美结合。这就要求桥梁工程技术人员在以下方面做好技术储备。

(1)需要逐步建立基于耐久性的全寿命设计理念，制订相应的规范和标准，使桥梁在设计和建造阶段就考虑到全寿命的使用性能和要求。对于巨型桥梁工程，投资巨大，应提高桥梁的设计寿命。1500m 以上跨度的应考虑 200 年寿命期。相应地，对钢材和混凝土性能提出了更高的耐久性要求，还应开发耐腐蚀、耐疲劳的超高性能材料，以适应桥梁长寿命的需求。

(2)伴随着新型材料的应用，传统桥梁结构体系可能从强度问题转变为刚度问题，因此必须加强研发与复合材料相匹配的新型桥梁结构体系；同时在计算、设计、制造、连接等方面，建立起一整套不同于传统材料的设计理论和方法，推动桥梁工程进入新的发展时期。

(3)跨海长桥建设必然会遇到超深水基础问题，琼州海峡中线和台湾海峡的水深均超过 80m，因此对于水深为 60 ~ 100m 的超深水水域，需要开发出一种既便于深水施工，又经济耐久的新型深水基础形式，同时还要研发相应的大型基础施工装备。

(4)为了满足未来跨海长桥建设的需要，应当开发大型浮吊和巨型造桥机等施工装备。研发最先进的机电一体化技术，发展大型施工装备(建筑机器人)，使更大的上、下部预制构件都能迅速、准确就位。智能监测设备(传感器、诊断监测仪、便携式计算机)以及大型智能机器人施工设备的创造发明，将使桥梁的施工、管理、监测、养护、维修等一系列现场工作实现自动化和远程管理。

(5)电子计算机的普及、施工技术的进步使劲性骨架混凝土拱桥和钢管混凝土拱桥向大跨径发展成为可能，我国高铁建设对刚度大、日温差不敏感的混凝土拱桥产生了强烈需求，尤其对跨径超 300m 的混凝土拱桥发展的具有强大的推动作用。

(6)在桥梁建设过程中实现继机械化、电气化、电子信息化之后的第四次工业革命——智能化，研发适合于桥梁工程的 BIM 软件。

(7)工程结构安全性与耐久性新设计理念的研究不能离开风险评估问题，如对结构设计和建造阶段寿命期成本的评估；在运营阶段对结构安全性的评价和经济风险的评价等。而且桥梁在生命期还时刻面临着风险，这些都需要我们进一步深入研究。

总之，知识经济时代的桥梁工程将和其他行业一样具有信息化、远距离自动控制和智能化的特征。

16.9.4 隧道工程技术

随着国内交通线路不断向崇山峻岭、离岸深水延伸，越来越多的隧道工程将修建在高海拔、强风沙、高温高寒环境和高应力、高地温、强岩溶区域，包括越江跨海等水下隧道，因而，亟需发展新材料、新工艺、新方法和新技术，为未来隧道工程建设的持续发展提供重要的技术支撑。基于隧道及地下工程发展方向，超长山岭隧道建设技术、高地应力深埋隧道修建技术、高水压水下隧道建设技术、高地温隧道建设技术、构造活跃带隧道建设技术及隧道的运营维护等关键课题需要进行深入研究。

(1)超长隧道技术研究。

超长大深埋隧道宜采用不设或少设斜竖井，以 TBM 法为主的“TBM + 钻爆法”修建模式，积极采用地质预报新技术、大断面全电脑凿岩台车开挖技术、3D断面扫描技术、分层逐仓衬砌浇筑技术、可移动式长栈桥仰拱施工技术、防水板敷设机械化等,如高黎贡山隧道、新疆引水工程(独头掘进距离超过20km)等,都面临着长距离独头掘进的难题。

(2)高地应力软岩隧道大变形及岩爆控制技术研究。

我国在建和规划的高地应力软岩大变形隧道非常多,尽管在大变形控制技术方面已经取得了很大进步,如兰渝铁路、成兰铁路等大变形隧道,但是在大变形预测及极严重大变形控制方面还需要进行系统深入的研究。同时,还应关注防岩爆型支护结构的研究,尤其是具有缓冲压力和一定弹性能力的初喷混凝土材料,发展高应力区钻爆法施工的防岩爆型支护结构和掘进机施工的护盾技术,突破深部岩体工程岩爆预测预警和防治关键技术也是重要的研究方向。

(3)高水压、大断面水下隧道建设技术研究。

高水压是在建的苏埃通道、佛莞城际新狮子洋隧道,以及拟建的渤海海峡通道、琼州海峡通道、台湾海峡通道等大断面水下隧道工程所面临的重大技术难题,开展1MPa以上水压条件下的盾构刀具更换、长距离掘进等关键技术研究显得尤为迫切。

(4)高地温、高地热隧道建设技术研究。

针对大瑞铁路高黎贡山隧道(深孔钻探实测最高温度为40.6℃,路肩最高温度为36.7℃)、川藏铁路及类似工程建设的需求,需尽快开展高地温、高地热条件下隧道施工及防护技术研究。

(5)高地震烈度与构造活跃带的隧道建设技术研究。

随着国家基础设施建设的进一步加大,高地震烈度或构造活跃带地区隧道安全问题更加突出。如目前正在修建的成兰铁路隧道、川藏铁路隧道、高黎贡山隧道等都位于强地震带。

(6)隧道运营维护管理技术研究。

利用信息化技术以及人工智能对隧道的智能安全监控、隧道灾害预警以及救援措施实施等相关技术进行研究可作为该领域的一个发展方向。岩溶发育、高海拔缺氧、低温、低气压恶劣气候环境下的隧道防灾相关技术也有待进一步深入研究。

(7)新材料研发与应用的开发研究。

混凝土材料的耐久性、混凝土材料在强度发展过程中与钢筋协同工作的性能、施工性能等是提高隧道安全服役年限的重要因素,高性能混凝土(含喷射混凝土)、高可靠性防水材料等有待进一步开发。

16.9.5 地质与路基技术

16.9.5.1 地基处理

近年来,地基处理技术与应用得到了持续、长足的发展。然而随着国家基础设施建设的逐步推进,遇到的特殊地基越来越多,也为地基处理新技术的发展提供了机会和挑战。地基处理逐渐从单一加固技术迅速发展向多种方法联合方向发展,从大量的人力、材料和费用投入到实现机械、经济方法的方向发展,从高能耗、高污染技术向新型低碳技术、人与自然的和谐的方向发展。

(1)随着机械制造工业的持续发展,地基处理机械设备也逐渐向自动化、信息化和智能化发展,地基处理施工技术人员也需要尽快适应先进施工技术的发展趋势。

(2)随着新材料的发展和国家对节能环保的要求,地基处理技术逐渐朝绿色环保、节能减排的可持续发展方面发展。

(3)随着国家南海岛礁建设及沿海围海造地工程建设,海洋岩土工程中涉及的相关地基处理技术,越来越重要,有待相关工程技术人员和单位加强技术和经济投入。

(4)伴随着基础设施的持续发展,部分既有建筑物基础、高速公路、铁路等地基的工后沉降控制及修复技术,逐渐摆在广大工程技术人员面前。该方面技术研究与应用将成为后续发展的重要方向之一。

(5)加强地基处理设备、地基处理检测技术、埋深条件下复合地基的破坏模式与承载力计算、复

合地基抗震性能等的研究,以及大宽度复合地基问题,包括地基处理深度、压缩层深度、沉降计算方法等的研究,以促进我国地基处理技术的进步。

16.9.5.2 工程物探检测技术

我国的工程建设仍将处在高峰期,工程物探检测技术的应用也将越来越广泛。随着现代技术的发展,传统物探检测技术的更新、新型技术的兴起、新的应用领域拓展也是必然的发展趋势。

(1)方法上向三维发展。电法勘探实现高密度电法剖面的三维可视化;地震勘探向浅层三维地震发展并建立一套浅层三维地震勘探野外工作方法和资料分析处理技术;水声勘探向新型的多波束测深系统方向发展,实现全覆盖无遗漏扫测和大范围的三维测量等。

(2)仪器设备上向"三高"发展,即高灵敏度、高分辨率、高精度。

(3)技术上向"三多"发展,即多参数、多功能、多学科。为提高检测结果的精度,需要通过多参数综合分析,如对地层的精确探测和描述,不但要用到电阻率、磁化率、激化率、密度、纵波速度,还要用到横波速度等参数,只有这样,才能较全面进行描述。同时各种波在物体传播过程中,振幅的衰减程度、频谱的变化也都能反映物体的一种物理性质的变化。因此,把这些参数都利用起来,进行综合分析,将是今后工程物探技术发展的方向之一。

(4)资料解释上向"三优"发展,即优化方法、优化资料解释、优化成果展示。充分结合正演和反演研究,如CT技术、核磁共振等技术引起医学界诊断技术一场革命一样,CT技术必将使物探水平有更大提高,物探成果处理和显示朝着更为直观的三维可视化方向发展。

16.9.6 四电工程技术

现代铁路信号是铁路运输系统的"神经中枢"及"大脑",已由传统单一、分散的模式,发展成为高度网络化、集成化的复杂巨系统,设备与设备之间、设备与各种监测系统之间通过专用网络相互连接在一起,信号系统"大数据"时代已悄然到来。铁路信号系统作为铁路运输的过程控制系统,面对运输过程、环境、安全、设备状态等因素的千变万化,需要提升自适应、多目标决策能力,设备运行状态的健康感知能力,系统综合关联卡控能力及维修辅助决策能力,因此ISIG系统将是智能铁路的一个重要组成部分,ISIG系统将与其他专业智能化系统融为一体,实现铁路运输综合管控。

在列控系统方面,需加强以下几个方面的研究。

(1)研发国际化通用、标准化的报文编码、结构及接口模块及列控车载设备,增强设备的互换性及互操作性,减少冗余,支持列车在不同CTCS级别的高速铁路(客运专线)、既有线、城际及城市轨道交通线路上进行转线运行,实现高速铁路走出去战略。

(2)优化列控地面设备系统结构,突破原有调度、列控、连锁等系统相互独立的限制,实现以列控车载设备为主体的优化精简的系统结构。

(3)实现基于北斗卫星定位系统的列车定位,减少轨旁应答器数量,逐步减少直至取消区间轨道电路。

(4)实现高速铁路列车自动驾驶和智能驾驶,提升列控系统的自动化水平。

(5)铁路干线应用移动闭塞技术,进一步缩短追踪间隔,提高运输效率。

(6)应用无线通信新技术,如LTE-R、以IP为基础的无线通信技术等,提高列控系统车-地通信的传输带宽及传输可靠性指标。

16.9.7 健康建筑技术

随着经济水平发展,人们越来越注重生活质量和向往美好的生活,而由建筑带来的不健康因素日益凸显,如建筑室内空气污染,环境舒适度差,适老性差,交流与运动场地不足等,同时雾霾天气,饮用水安全等问题严重影响了人们的生活,甚至威胁人们的健康安全。

营造健康的建筑环境和推行健康的生活方式是满足人民群众追求健康、实现健康中国的必然要求。健康建筑领域发展的重点在于以下几个方面。

(1)健康建筑建设与评价制定健康建筑相关标准、引导健康建筑的建设,是关乎我国健康建筑推广与发展的重要环节。我国健康建筑的建设和评价工作刚刚起步,还需要参照国际先进经验,同时基于我国国情,进一步完善标准体系,稳步推进健康建筑评价工作,推动我国健康建筑的有序发展。

(2)健康建筑关键性问题研究与绿色建筑相比,健康建筑对建筑的健康性能要求更高且涉及的指标更广,健康建筑的一些关键性问题,特别是体现在运行效果上的问题,例如室内各类空气污染物的有效控制、水质标准满足和高于现行标准要求的技术措施、建筑综合设计实现最优舒适度、老龄化背景下的建筑适老设计等等,需要进一步研究和探索。

(3)交叉学科深化研究健康建筑更加综合且复杂,除建筑领域本身外还涉及公共卫生学、心理学、营养学、人文与社会科学、体育健身等交叉学科,各领域与建筑、与健康的交叉关系,需要持续深入研究。

(4)为满足人们追求健康的最基本需求,助力健康中国建设,需要以标准为引领,推动健康建筑行业向前发展。这就需要整合科研机构、高校、房地产商、产品生产商、医疗服务行业、物业管理单位、适老产业、健身产业等在内的更多资源,形成良好的健康建筑发展环境,共同带动和促进健康建筑产业的发展。

16.9.8 信息化技术

随着信息化技术的深入发展,BIM 技术正在引发建筑业的巨大变革,将深刻地改变传统的造价管理方式,永久性地改变项目参与各方的协作方式。基于 BIM 的虚拟施工技术作为新兴的学科,将是未来的发展方向,需要各方面力量的积极推动和支持,不断完善其理论和技术体系,并应用于实践,以促进施工技术的进步和发展。

面对信息革命和迅速发展的高新技术,建筑施工企业作为国家经济的支柱产业,必须勇于吸收新技术,从而推动我国经济迅速高效的发展。

(1)面对复杂施工环境和外部环境的影响,大型岩土工程通过引入现代智能分析方法,将智能分析与虚拟技术进行融合,研发具有大数据信息融合技术的智能分析及风险预测控制系统,解决岩土工程中大量的非线性、时变问题,满足快速分析、实时预测控制要求,实现"设计—施工"信息化。

(2)随着建筑业及电子信息技术的发展,信息化技术将深入建筑业各层面,将实现制造设备数字化、生产过程数字化、管理数字化,并通过集成实现整个数控车间规范化、信息化。设备控制层的数字化越来越多地采取嵌入式系统,对数控车间的管理和数控技术的应用都将有极大的推动作用。

(3)我国要结合建筑业发展需求,加强低成本、低功耗、智能化传感器及相关设备研发,实现物联网核心芯片、仪器仪表、配套软件等在建筑业的集成应用。开展传感器、高速移动通信、无线射频、近场通讯及二维码识别等物联网技术与工程项目管理信息系统的集成应用研究。

(4)随着 BIM 单项技术应用逐渐成熟,业务流程不断规范化、标准化,必将实现集成化应用,进而形成工程项目管理系统。与此同时,随着 3D 打印技术的发展,BIM"所见即所得"的技术优势将推动 BIM 技术与 3D 打印技术的融合,甚至 VR 及 AR 与 BIM 的融合;BIM 应用也将融入企业信息化管理,作为项目大数据的重要来源,成为企业信息化管理的支撑性技术。以及 BIM 与大数据、物联网、GIS 等多种信息技术的集成应用,"BIM +"融合趋势明显,如施工组织设计可采用 BIM + 无人机摄影测量辅助场地布置技术。

(5)随着计算机技术、数据库技术、GIS 技术、空间信息技术、BIM、三维仿真与模拟技术和数控技术等高新技术在铁路工程研究与应用中的不断深入,以及物联网技术和云计算技术的逐步引入,利用信息化手段对高速铁路建设过程中的勘察、设计、施工和监测等方面的数据进行集中、高效管理,借助于虚拟现实、地理信息空间分析等技术手段为高速铁路建设、管理、运营和维护等提供信息共享方式,将高铁建设和运营的全生命周期运用信息化、数字化、智能化手段进行管理是必然发展趋势。

第17章 新 工 法

工法是以工程为对象,工艺为核心,运用系统工程的原理,把先进技术和科学管理结合起来,经过工程实践形成的综合配套的施工方法。因而,新工法的核心是新工艺,而不是新材料、新设备,也不是新组织管理。施工工艺工法是施工企业标准和流程的重要组成部分,是开发应用新技术、依靠创新驱动推动企业高质量发展的一项重要内容,是企业技术水平、施工能力和品牌价值的重要标志。

中国中铁股份有限公司评审并筛选出近几年164项新工艺工法,这些工艺工法涵盖了符合国家的方针、政策和标准,具有先进性、科学性和实用性的企业级工法、省部级工法、国家级工法,代表了各专业的先进水平。本书从中优选代表性新工艺工法,反映近年来桥梁、隧道、路基、四电、房建和其他综合等方面的典型施工技术和施工工艺,具有很好的经济效益和推广价值。

17.1 桥梁工程新工法

桥梁工程进一步向大跨、轻型、高强、快速施工方向迈进,施工手段和施工工艺标准化、整体装配化、施工装备超大型化已成趋势,相应的一系列桥梁建造新工艺、新工法便应运而生。对配筋密集或人工凿毛施工特别困难的新浇混凝土,开发了缓凝剂配合高压水枪凿毛工法;在水流急、冲刷严重的复杂地质条件下修建桥梁基础时,创造性地开发形成了双壁锁口钢套箱围堰施工工法;正在兴建的高速铁路包括客运专线均大量使用了32m单箱预应力简支梁,相应地开发了适用于铁路客运专线32m及24m单箱双线预制箱梁通用化模板的制作及拼装工法;根据既能满足桥梁建设需求,又能在建设期间不影响既有线路通行的要求,发明了悬臂浇筑连续箱梁转体施工工法,实现了桥梁建设、安全生产及社会影响的合理平衡,特别是在跨越铁路、公路桥梁建设中应用较多;在桥跨较大,通航要求不高,可设置跨中临时墩的条件下,开发了多跨连续刚性梁柔性拱桥架设工法;在良好的通航交通条件下,针对钢拱桥的拱肋安装施工,形成了大跨度提篮式钢箱拱整体安装工法。这些工艺工法较常规的混凝土梁和钢桁梁制架方式均有新的突破,大量新技术、新工艺工法的开发应用,使国内建桥科技水平和综合实力跃上了一个新台阶。

17.1.1 缓凝剂配合高压水枪凿毛工法

17.1.1.1 适用范围

本工法适用于所有新浇混凝土外露面(或脱模后混凝土外露面)。对于钢筋混凝土中钢筋密集的混凝土结构面,人工及机械凿毛施工比较困难,缓凝剂配合高压水枪凿毛法特别适用此种情况。

17.1.1.2 工艺原理

本工法采用喷涂设备将高效缓凝剂喷涂于新浇筑混凝土或模板表面,使构件表面3~5mm厚度范围内的混凝土凝结时间长于构件内部混凝土凝结时间,形成一个时间差,当构件内部混凝土凝结,但表面尚未到凝结时,用冲洗设备对混凝土表面进行冲洗,去除表面的浮浆和部分细集料,使粗集料部分裸露形成粗糙的表面达到凿毛效果。

17.1.1.3 施工工艺流程及操作要点

1)施工工艺流程

具体施工工艺流程如图17-1所示。

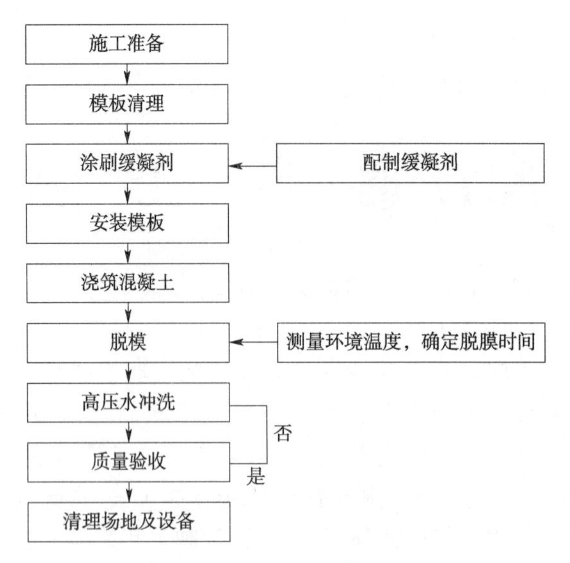

图 17-1 施工工艺流程图

2)操作要点

(1)模板清理。

对需进行凿毛面的模板进行清理集中堆放,便于涂刷缓凝剂。模板粗糙度越大,凿毛效果越好,故对需采用该工法凿毛的面模板仅对附着于模板上的大块混凝土块进行清理,不刻意进行打磨。

(2)制缓凝剂。

根据每片梁需涂刷面积计算缓凝剂用量,按缓凝剂与水的质量比 1∶4 进行配制并搅拌均匀。

(3)刷缓凝剂。

采用毛刷将配制好的缓凝剂涂刷于模板与混凝土面的接触面,为提高施工效率、减小劳动强度,涂刷遍数为一遍;涂刷时应注意涂刷均匀,涂刷厚度 0.3~0.6mm,不得有漏刷,发现漏刷进行及时进行补刷;涂刷好的模板应及时进行安装或采取保护措施,避免污染而影响缓凝效果。

(4)安装模板。

将涂刷好缓凝剂的模板安装到位,并加固好;模板密封性越好,缓凝效果越好,最好冲水后凿毛成型效果越均匀,故应特别注意对模板拼缝及预留孔洞的处理;模板拼缝处应加垫双面胶进行密封,对钢筋等需穿出的孔洞采用橡胶皮从外面进行封堵,以达到密封效果。

(5)测量环境温度确定脱模时间。

浇筑混凝土时采用温度计测量环境温度,过程中及拆模前各测量一次环境温度,取其平均值作为该段时间范围内的环境温度,并根据环境温度与冲水时间的关系确定脱模时间。

(6)脱模。

①确定的脱模时间及时进行脱模,避免脱模太晚而出现不能将粗骨料冲洗外露的现象,同时应保证脱模时内部混凝土强度达到拆模强度要求;由于 T 梁需凿毛面均为结构侧面,拆模需达到的强度为 2.5MPa,脱模时内部混凝土强度达到 10MPa 以上,完全能满足此要求。

②应加强对钢筋及混凝土棱角的保护。不能生拉硬扯、不能采用重锤的方式松动模板,应根据其结构情况,先进行松动,然后顺着预留钢筋的方向缓慢移出,避免扰动钢筋或撞坏混凝土棱角。

(7)高压水冲洗。

①在每片梁预留的水、电接口处接通高压水枪所需的水、电。

②调整好高压水枪的冲洗压力(3~4MPa)、距离(1~1.5m)、角度(35°~45°),启动高压水枪,及时对已拆除模板需凿毛面进行冲洗。

③冲洗时,结构面应由上至下进行,避免漏冲,冲洗应将混凝土表面的胶凝材料和部分细骨料冲走,使粗集料部分裸露(1/3~1/2 粒径),形成粗糙的表面。

④冲洗过程中应注意观察冲洗面的粗集料的外露情况，对水压、距离、角度进行适当微调，以达到最佳效果。本工法成功应用于湖南省永顺至吉首高速公路第17合同段670片预制T梁。

17.1.2 双壁锁口钢套箱围堰施工工法

17.1.2.1 适用范围

本工法适用于深水区水流速度急、冲刷严重、地质条件复杂、承台施工在水下进行的桥梁工程基础施工。

17.1.2.2 工艺原理

(1)围堰侧板材质为Q345B结构钢，局部受力较大位置采用20mm厚钢板，面板横向采用等边角钢进行加劲，围堰底部加劲角钢竖向布置进行加密，加劲间距根据结构受力不同而不同。围堰接缝装置采用止水锁口桩与螺栓组合的连接方式进行连接，其中锁口连接沿围堰高度方向通长布置，锁口中间灌调节级配后的混凝土，以保证其止水效果。围堰内支撑分为顶、底层两层内支撑结构，顶、底层间通过连接系连接成整体。围堰侧板下沉过程中，内支撑亦作为双层整体式导向结构。

(2)围堰壁板在竖向是整块结构，水平方向分块，块与块之间再采用锁口桩连接成整体，榫头式插入连接。结构具有方便围堰的组拼、整体拆除；受力可承受压力和面外的剪力，不能承受拉力和面内的竖向剪力，两块壁板间可发生一定角度的自由转动，不能传递水平向弯矩。围堰止水是采用竖向连续的锁口，通过灌注级配混凝土来阻断水流路径。

17.1.2.3 施工工艺流程及操作要点

1)施工工艺流程

具体施工工艺流程如图17-2所示。

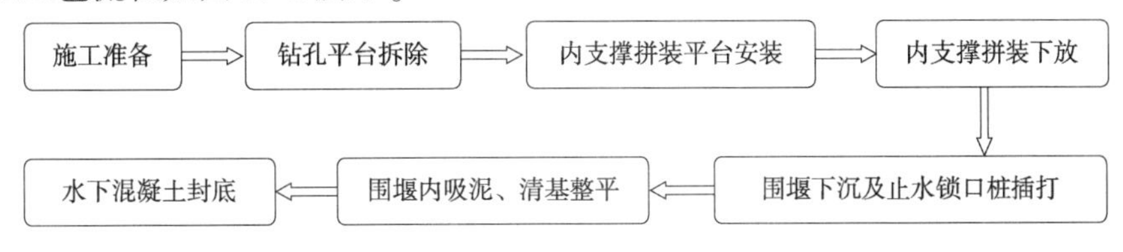

图17-2 双壁锁口钢套箱围堰施工工艺流程图

2)操作要点

(1)施工准备。

①围堰施工前的准备工作主要包括：围堰侧板材料运输到位，围堰侧板按设计图加工完成；围堰内支撑材料到位并加工完成；止水锁口桩材料到位并加工完成；其他附属材料及设备准备到位。

②在围堰施工前，先进行定位放样工作，以指导正确施工。放样工作根据桥梁中心线与墩台的纵横轴线，推出承台边线的定位点，再根据围堰尺寸推算出围堰边线。围堰各定位点的高程及插打下沉过程中高程检查，用水准测量的方法进行。

(2)钻孔平台拆除。

桥墩钻孔桩施工完成后，利用龙门吊机、履带吊机及汽车吊机拆除钻孔平台及钢护筒连接系，并拔除钻孔平台的钢管桩。

(3)内支撑拼装平台安装。

按设计图纸于钻孔桩钢护筒上焊接牛腿，并安装内支撑拼装平台，可根据内支撑施工期间的水位情况，对拼装平台高程进行调整。

(4)内支撑拼装下放。

内支撑构件于钢结构厂加工完成，运输至墩位处，首先利用双支栈桥上100t、80t龙门吊机及履带吊机等，将加工好的底层内支撑构件在拼装平台上拼装焊接，然后在底层内支撑上拼装焊接顶层内支撑,并在底层内支撑设计位置安装焊接顶、底层间连接系。

内支撑拼装完成后,于设计位置护筒顶上安装内支撑下放系统,利用内支撑下放系统将顶层内支撑提升到顶、底层间连接系上口,焊接完成,使顶、底层内支撑拼装成整体。利用内支撑下放系统吊住内支撑,拆除钢护筒上的内支撑拼装平台,最后使用6台液压千斤顶将内支撑整体下放至内支撑设计位置。

内支撑整体下放到位,在顶层内支撑底部于钢护筒上重新焊接牛腿,以固定内支撑,再拆除内支撑下放系统。

(5)围堰下沉及止水锁口桩插打。

①止水锁口桩插打。

止水锁口钢管桩按围堰侧板下沉顺序逐根插打。插打前于内支撑上钢管桩设计位置两侧焊接两根型钢,与内支撑一起作为钢管桩插打导向。

止水锁口钢管桩整根加工制作,钢管桩插打采用"钓鱼法"施工,主要由50t履带吊机配合DZ90振动锤插打。测量组精确测量待插打钢管桩桩位,确定完桩位与钢管桩的垂直度满足要求后,开动振动锤插打,下沉一气呵成,下沉至设计高程,中途不可有较长时间的停顿,以免桩周土扰动恢复造成沉桩困难。

振动锤与桩头必须夹紧,无间隙或松动,否则振动力不能充分向下传递,影响钢管桩下沉, 接头也易振动。

测量人员现场指挥精确定位,在钢管桩插打过程中要不断地检测桩位和桩的垂直度,并控制好桩顶高程。下沉时如钢管桩倾斜,及时校正,每振1~2min要暂停一下,并校正钢管桩一次。设备全部准备好后振桩锤方可插打钢管桩。

沉桩过程中如出现桩位偏差较大,应重新拔出,纠正桩位后再次锤击。

②围堰下沉。

利用100t龙门吊机起吊,围堰内支撑作为导向,侧板底口应贴紧顶层导向内支撑,然后沿顶层导向内支撑架和止水锁口桩插打缓缓下放,在下放过程中,利用测量设备观测侧板至底层导向支架的距离,使其小于5cm。

钢围堰精确着床定位是钢围堰施工中的重要环节,直接影响到围堰最终定位的质量。围堰的着床与河水的流速、水位、河床冲刷及冲刷的范围、冲刷后河床面高差变化情况、气象条件、围堰着床前设定的位置有关。

导向内支撑安装完成后测量组做竣工测量,以便后面控制围堰的平面位置偏差。

导向内支撑安装到位后,对围堰侧板范围内的河床面进行清理,特别是对施工中掉落在施工区域内的型钢、钢护筒、铁件等进行打捞清理,防止侧板下沉过程中偏位,围堰侧板范围内的河床使用砂石泵进行清基,砂石、淤泥等由泥浆船运走,河床高程清理至设计高程,清理完成后进行围堰侧板的安装。

a. 围堰起吊。

龙门吊机及履带吊机配合起吊围堰侧板。围堰侧板上设有4个吊耳,履带吊机吊钩吊挂侧板内2个吊耳,龙门吊机吊钩起吊插打装置上2个吊耳;两吊钩同步上升。

b. 围堰立起。

龙门吊机吊钩上升,履带吊机吊钩下降,逐个解去副吊钩,使围堰由水平姿态逐渐转成竖直姿态。

c. 围堰下放。

龙门吊机走动,吊装侧板A至设计位置并测量定位后,慢慢下放吊钩,使围堰在重力作用下紧贴导向内支撑自动下沉,根据计算围堰与覆盖层间的摩擦力以及围堰的浮力,围堰在自重及侧板内灌水9m的作用下下沉入淤泥1.3m,过程中须测量监控侧板平面位置。

下放到河床面后，侧板 A 分块依靠其自身重量慢慢下沉，待侧板不再下沉时，龙门吊松钩，利用导链将侧板顶与顶层导向内支撑拉紧。围堰侧板下沉及止水锁口桩插打均到位后，对锁口位置填充调节级配混凝土，完成对围堰锁口止水工作。

(6)围堰内吸泥、清基整平。

①根据围堰的大小及其所在位置的地质情况，围堰内吸泥、清基整平采用多台砂石泵。吸泥支架安装在顶层内支撑上。

②围堰内清底采用 Φ273mm 砂石泵从中间向边沿发展，按照一定坡度吸出围堰内壁范围内泥沙。吸泥时，注意保持围堰内外水位一致，必要时采用水泵补水，防止翻砂影响清底效果。

③砂石泵支架在出浆槽口侧拼装，通过通道连接好风水管路后移至围堰中央，分别锁定吸泥支架和大梁，然后开始吸泥，过程中根据吸泥深度接长吸泥管及风水管路。在围堰中央吸至设计高程后，松开支架或大梁锁定，将支架移至下一处继续进行吸泥作业。

④在吸泥过程中经常摇荡管身和移动位置，以使吸泥效果最好。吸泥管口一般离开泥面为 15～50cm。要随时升降砂石泵，以能经常吸出最稠的泥浆为标准。如吸泥效果不佳时，可采用“憋气”的方法，即暂时将闸阀关闭，稍停 2～3min，猛开风阀使风量风压突然增大，即可吸出较坚硬的土块或堵塞物。

⑤围堰内清底采用砂石泵从中间向边沿发展，按照一定坡度吸出围堰内壁范围内泥沙。吸泥时，注意保持围堰内外水位一致，必要时采用水泵补水，防止翻砂影响清底效果。

⑥吸泥后期，潜水工要配合吸泥和打捞，采用逐段清理、逐段检查的方法。按方格网坐标点采取拉网式逐点用测深仪测出基面高程，以确保封底混凝土厚度满足设计要求。

(7)水下混凝土封底。

①围堰封底前为防止冲刷，需在围堰侧板外侧抛填沙袋护脚。封底前下潜水工认真清理钢护筒外壁及围堰内壁，使其表面无泥土附着。承台封底混凝土分为 3 个隔舱分别进行灌注，每个隔舱灌注采用由上游向下游推进的方式进行，共投入 4 套灌注导管系统（每套导管架横向布置 5 根导管），先灌注完上游侧第一个隔舱混凝土后，将 4 套灌注导管系统整体倒用至下个隔舱进行封底混凝土灌注，3 个隔舱共倒用 2 次灌注导管系统，直至整个桥墩承台封底混凝土灌注完成。

②灌注导管布置：灌注导管采用 Φ377mm 卡式快装垂直导管，按灌注半径 5m 重叠覆盖布置导管数量。导管安装前先组拼试压，试压强度取水头压力的 1.5 倍。组拼时须编号对接，确定导管长度和安装拼接顺序。导管架布置：导管架支承在围堰上层内支撑的圈梁上，须覆盖围堰底面范围，平台上布置混凝土集料槽与混凝土工厂相匹配，保证导管灌注时埋深大于 0.7m（见《公路施工手册—桥涵》第 735 页）。

③封底混凝土首盘方量应大于 7m^3。封底时导管距基底的距离为 30cm，此时混凝土的扩散直径取 5m，其计算导管埋深约为 0.5m。外加在首盘混凝土灌注的过程中，混凝土会一直向料斗内注入，因此导管的埋深大致在 0.8m 以上。

首盘完成后，要连续不间断地向料斗内注入混凝土。封底混凝土灌注顺序先低后高，先中间后周围。为了保证封底混凝土质量，使混凝土导管在下料后能形成可靠的均衡的混凝土堆，随导管内不断下料，混凝土在无水的导管内注入混凝土堆内，并使混凝土堆不断地扩散和升高，封底前布置足够数量的测量点，加大测量的频率，真实的反映混凝土顶面高程的情况，并及时的反馈现场指挥人员，以全面了解围堰水下混凝土面的高程情况，实际封底高度较设计高程高出约 5～10cm。

每根导管的首批混凝土灌注时要求连续、不能间断的进行，封底过程中，通过开放围堰上的连通孔，必须保证围堰内外水头一致，尤其围堰外水头不能高于围堰内。若遇涨水需及时向围堰内进行补水。封底混凝土强度达到设计要求前，钢围堰不得受到冲击、干扰和承受额外荷载，以免影响混凝土强度增长，确保混凝土的强度、整体性和水密性。封底混凝土施工过程中要通过对封底方量与封底顶面高程这两个参数进行控制。要保证这两个参数的相互关系正确，以保证封底混凝土顶面高程达到设计要求，且使封底顶面最高点不得超过设计高程的300mm。本工法成功应用于成贵铁路宜宾金沙江公铁两用桥主桥3#墩围堰施工。

17.1.3 客运专线预制简支梁32m箱梁工装通用化施工工法

17.1.3.1 适用范围

本工法适用于铁路客运专线32m及24m单箱双线预制箱梁通用化模板的制作及拼装。

17.1.3.2 工艺原理

客运专线32m箱梁模板通用化拼装施工重点在于对比不同单箱双线预制箱梁的结构尺寸来确定不同单箱双线预制箱梁的底模板、侧模板、内模板通用部件的设计制作尺寸，再通过模块化技术实施，使其通用部件能在不同梁型的客运专线32m及24m单箱双线预制箱梁模板间部件实现通用最大化。

底模通用化拼装是将制梁台座中部钢纵梁从传统的钢筋混凝土施工成通用性钢构件，再在纵梁上安装模块化、通用型的底模板。

侧模板通用化拼装是将侧模桁架杆件、侧模马凳、侧模人行走道板、爬梯、护栏设计制作成通用型钢部件，通过侧模背面板与侧模桁架间设置的活动块来调节通用型部件在不同梁型间的共用，若梁型间侧模面板弧度相差大，须重新制作新梁型的侧模面板与通用型构件拼装成新梁型侧模板。

内模板通用化拼装是将内模主梁、主梁上内模顶面板、液压系统、丝杆、内模支撑托架设计制作成通用型钢部件，两梁型间内模面板弧度等几何尺寸相差大时，重新制作新梁型的内模面板及安装液压丝杆底座位置与通用型构件拼装成新梁型侧模板。

17.1.3.3 施工工艺流程及操作要点

1)施工工艺流程

具体施工工艺流程如图17-3所示。

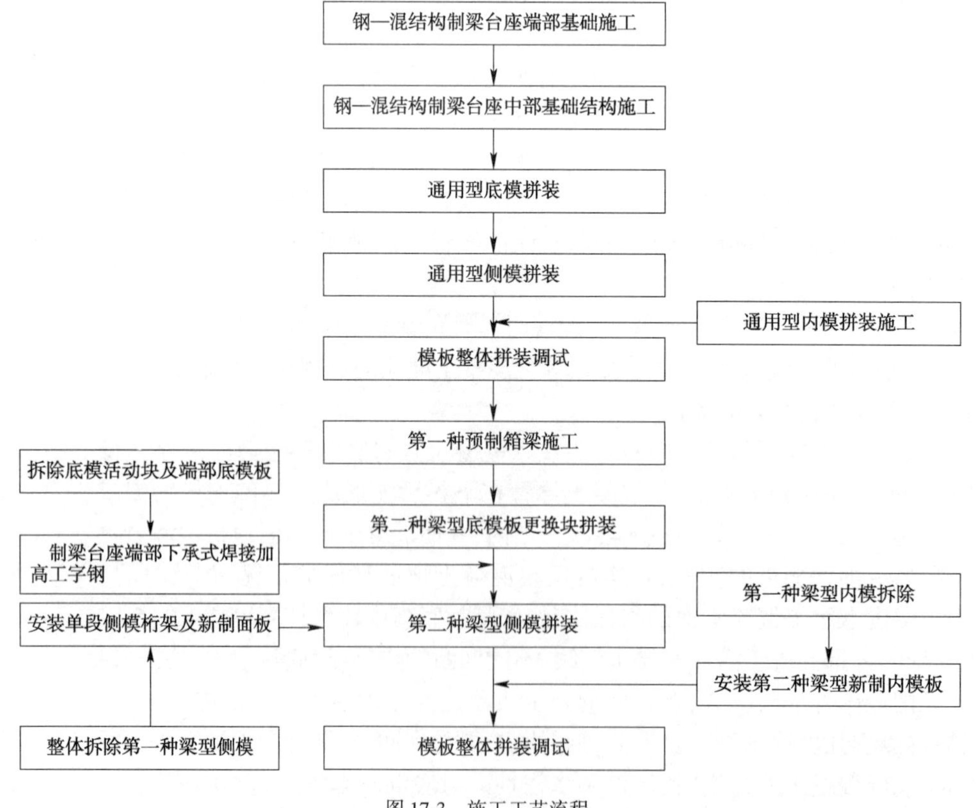

图17-3 施工工艺流程

2)操作要点

(1)钢—混结构制梁台座施工。

①施工钢—混结构制梁台座端部基础。基础形式采用钢筋混凝土扩大基础。基础设计必须满足预制箱梁施工多工况要求。

②施工钢—混结构制梁台座中部底基础,中部底基础采用与筏板基础类似,根据箱梁预制工况中部基础仅需较小地基承载力即可满足使用要求,在施工完毕的中部底基础预埋 24 块 10mm × 500mm × 500mm 钢板,预埋时须确保钢板顶面四角高差,整个 24 块预埋钢板高差不得大于 10mm。

③根据制梁台座端部基础纵向中心线安装台座中部基础钢纵梁,在安装完台座中部钢纵梁后,安装台座钢横梁,使整个台座中部底基础形成整体钢桁架结构。

(2)通用型底模拼装。

通用化底模设计施工流程:提出底模设计方案→与侧模的配套设计→侧模行程试验→钢混制梁台座设计→钢混制梁台座施工→底模板进场→底模板拼装→底模板验收→施工第一种梁型→进行第二种梁型底模板拼装。

通用型底模板按两种梁型通用宽度、标准节段化设计,且为了兼顾不同梁型需要往往设置底模活动块来实现不同梁型间底模通用化转换,拼装时底模面板由台座中心向台座两侧对称拼装,底模面板按子母缝设置,确保了底模面板拼缝及面板错台满足不大于 1mm 的技术要求。底模反拱由底模与台座型钢之间支垫钢板调整。

(3)通用型内模拼装。

通用化内模设计施工流程:提出内模设计方案→液压系统的配套设计→内模伸缩行程试验→内模与端模配套试验→内模拖拉试验→内模存放胎具设计→内模板、内模存放胎具进场→内模板、内模存放胎具拼装→内模板验收→施工第一种梁型→在工厂加工制作第二种梁型模板内模板所需面板→进场检验→进行第二种梁型内模板拼装→验收。

拼装内模主梁(其中主梁由五块单件主梁整体拼装而成),在拼装完内模主梁后,分划出主梁横向中心线,安装内模中心处内模顶面板,其他内模顶面板由中心处顶面板对称向两端拼装施工。将内模已拼装好的部分吊至内模存放托架上并固定,安装内模侧面板。最后完成内模液压系统安装及内模的调试工作。

(4)通用型侧模拼装。

侧模板施工流程图:在侧模面板上安装专用活动块→安装单片桁架→安装马镫→安装桁架连接件→安装翼缘板主梁及面板→安装人行走道板及护栏→安装侧模挡板模→模板精调→侧模验收→施工第一种梁型→在工厂加工制作第二种梁型模板侧模板所需面板→进场检验→进行第二种梁型侧模板拼装。

侧模桁架、侧模活动块及面板单块拼装完毕,将正中心处侧模构件与底模拼装连接(侧模中心与底模中心对齐),其他侧模构件对称向两侧逐块拼装,拼装时按面板齐平的施工工艺进行。

(5)模板整体试拼装。

将已单独拼装完毕的内模、侧模、端模、底模进行整体组装,验证模板整体拼装完毕后结构尺寸是否达到规范标准。

(6)钢—混结构制梁台座及底模改装。

根据前一种梁型特点[通桥(2008) 2221A-Ⅶ箱梁端部至跨中 1.5 ~ 2m 范围内设置下承 20cm],在施工第二种梁型时将底模活动块拆除,切除活动块至端部底模板。在台座型钢上加垫 I20 工字钢,将台座端部加高至同一高程,安装拆下的底模面板及新制活动块处面板,调整底模高程。

(7)第二种梁型内模板拼装。

①将第一种梁型内模侧面板部分、液压系统、短板顶面板及端部主梁分项拆除。

②拆除完毕后将内模剩余部分吊装至场地硬化面处,枕木垫平,安装新制内模端部主梁及端部

顶面板,在完成内模顶面板改装后,改变内模液压油缸与内模顶面板耳板间的连接位置,进行内模顶面板处液压油缸安装,顶面板及液压油缸安装完毕。

③将已改拼装的内模部分吊装至内模托架上并固定,安装第二种梁型新制的内模侧面板,完善整个内模液压系统,并完成内模的最后调试。

(8)第二种梁型侧模板拼装。

①将第一种梁型侧模整体拆除,拆除顺序按拼装的相反顺序进行,首先拆除侧模附属结构(如人行走道板、护栏、爬梯等),然后拆除侧模通用桁架、侧模活动块及面板,最后拆除马凳、移模台车等。

②将第二种梁型新制的侧模面板与侧模活动块连接牢固,将通用侧模横向桁架与已拼装好的侧模面板及活动块连接。

③按照第一种梁型拼装方式,将已拼装好的侧模中心处构件与底模连接(侧模横向中心与底模横向中心对齐),安装侧模纵向桁架,安装时改变横向桁架与纵向桁架凸缘连接位置,其他纵向桁架依次方式安装,其他侧模构件按左右对称的施工工艺进行拼装,拼装时以侧模面板齐平为主。在桁架与面板安装完毕后,拼装侧模附属结构。

(9)模板整体试拼装。

将已拼装完毕的内模、侧模、端模、底模整体拼装,验证模板整体拼装完毕后,结构尺寸是否符合规范标准。

本工法成功应用于合肥铁路枢纽肥东制梁场、北城制梁场及合福铁路安徽段站前Ⅰ标长临河制梁场。

17.1.4 悬臂浇筑连续箱梁转体施工工法

17.1.4.1 适用范围

本工法适用于跨越铁路、公路的连续梁桥施工。

17.1.4.2 工艺原理

本工法工艺原理是在承台上增加一个钢球铰作为转动和承载的核心,支撑腿和滑道作为防倾覆保险体系,将需横跨铁路、公路的桥梁平行于原有道路施工,转体梁段施工完毕后将转体梁段精确平行转动至设计位置,然后进行合龙段施工工艺。

17.1.4.3 施工工艺流程及操作要点

1)施工工艺流程

具体施工工艺流程如图17-4所示。

2)操作要点

(1)上下承台的转动体系的施工。

转体结构由转体下盘、球铰、上转盘、转动牵引系统组成。转体下转盘是支撑转体结构全部重量的基础。上转盘附着在下转盘上安装,浇注上转盘混凝土,完成上转盘施工。

①滑道、下球铰的制作、安装及转体下盘混凝土的浇筑。

a.绑扎承台底和侧面四周钢筋,预埋滑道和球铰下的竖向钢筋,进行第一层混凝土施工。

b.安装下滑道骨架和下球铰骨架。

c.绑扎预留槽两侧钢筋、球铰骨架内钢筋、千斤顶反力座预埋钢筋,安装预留槽模板,球铰销轴预留孔模板;同时绑扎牵引反力座承台部分钢筋。

d.吊装下球铰,利用螺丝调整平面位置和高程;绑扎结构钢筋;进行第二次混凝土浇筑施工。

e.第二次浇筑预留槽混凝土(下滑道钢板下部和下球铰预留槽),浇注千斤顶反力座和转体牵引反力座混凝土。

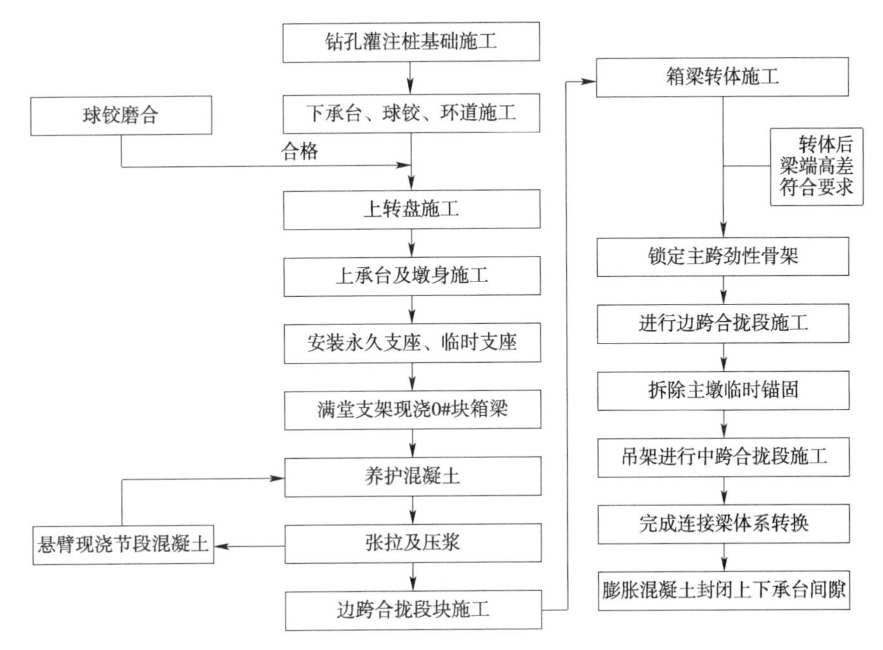

图 17-4 施工工艺流程图

f. 球铰安装顶口务必水平，其顶面任意两点高差不大于 1mm；球铰转动中心务必位于设计位置，其误差顺桥向 ±1mm，横桥向 ±1.5mm。

②上下承台临时固结的设计。

临时固结抵消墩身梁部不平衡弯矩造成的对下球铰的偏压而采取的一种辅助措施，可采用在上下承台埋设工字钢的方式。

③上球铰的安装。

a. 转动中心轴的安装：转动中心轴放入下转盘预埋套筒中。

b. 根据聚四氟乙烯滑动片的编号将滑动片安放在相应的镶嵌孔内，在球面上滑动片间涂抹黄油聚四氟乙烯粉，使黄油聚四氟乙烯粉均匀充满滑动片之间的空间，并略高于滑动片顶面，保证滑动片顶面有一层黄油聚四氟乙烯粉。

c. 上球铰的吊装。

④支撑腿的安装。

转体时支撑结构转体平稳的保险腿。每个上转盘对撑设计撑脚，管内灌注 C50 微膨胀混凝土。

⑤上下转盘临时固定措施。

为确保上部结构施工时转盘、球铰结构不发生转动，用钢楔将钢管混凝土撑脚与环道之间塞死；同时在上承台与下承台之间设置临时砂箱支墩。

⑥牵引体系的设计、上转盘混凝土施工。

桥的转体牵引力体系由牵引力系统、牵引索、反力架、锚固构件组成。

a. 转体的牵引动力系统为智能液压系统，液压泵站及连续千斤顶通过高压油管和电缆连接组成。

b. 牵引索：转盘设置有二束牵引索，牵引索的一端设锚，已先期在上转盘灌注时预埋入上转盘混凝土体内。每根索埋入转盘长度大于 3m，每根索的出口点对称于转盘中心。

c. 牵引反力座采用钢筋混凝土结构，反力座预埋钢筋深入下部承台内。

(2)墩身及梁部施工。

①上承台施工完成后，在上承台上搭设支架施工主墩墩身。

②墩身完成后采用支架立模浇筑 0#块并与墩身固结，满足最大不平衡力矩、竖向支反力。墩顶临时固结设置在桥墩上，向上全部埋入中隔板内。可采用精扎螺纹钢筋预拉固结。

③顺既有线方向施工挂篮悬臂对称浇筑转体部分的梁体。

④节段采用挂篮悬臂浇筑施工,每组挂篮节段施工时要对称浇筑,注意最大不平衡重量。

(3)转体施工。

①称重、配重。

以球铰为矩心,顺、反时针力矩之和为零,使转动体系能平衡转动,当结构本身力矩不能平衡时,需加配重使之平衡。

②转体前准备工作:设备安装和试运行。

③试转体:检查转体结构是否平衡稳定,有无故障,关键受力部位是否产生裂纹。

④正式转体。

a. 试转结束,分析采集的各项数据,即可进行正式转体。

b. 设备运行过程中,左右幅梁端每转过5°,向指挥长汇报一次,在距终点2m以内,每转过1m向指挥长汇报一次,在距终点40cm以内,每转过5cm向指挥长汇报一次。

c. 转体到位后约束固定:利用临时墩墩顶上设置的千斤顶,精确地调整梁体端部高程。

d. 防倾保险体系:转体过程中,转体的全部重量由球铰承担,但转体结构受外界条件或施工的影响容易出现倾斜。因此,须设置内环保险腿和调整倾斜的千斤顶。

e. 限位控制体系:限位控制体系包括转体限位和微调装置,主要作用为转体结构转动到位出现偏差后需要对转体进行限位和调整使用。

⑤转体后球铰封盘:梁体转体就位后,固定梁体,然后进行封盘施工。

(4)合龙段施工和体系转换。

连续箱梁设置中跨合龙段、边跨合龙段,合龙顺序为:先合龙边跨,后合龙中跨。边跨合龙段混凝土浇筑完成,拆除0#块的临时固结,结构由单独的T构状态转换成稳定结构体系,完成结构的第一次体系转换;然后,进行中跨合龙段的施工,完成由稳定结构体系向连续体系的第二次结构转换。本工法成功应用于昌赣客运专线和梅汕客运专线箱梁架设施工。

17.1.5 多跨连续刚性梁柔性拱桥架设工法

17.1.5.1 适用范围

本工法适用于桥跨较大,通航要求不高,可设置跨中临时墩的钢桁梁柔性拱架设。

17.1.5.2 工艺原理

济南黄河大桥钢梁采用单侧悬臂拼装。基本原理是根据钢梁的实际厂设拱度,在边跨支架上架设钢梁后进行悬臂拼装。通过跨中布置临时墩减少钢梁拼装时的应力。钢桁梁架设过跨中及正式桥墩时对钢梁进行横纵向调整,在3#墩固定支座处为了避免后面钢梁纵向调整将钢梁在纵向进行固定。拱的合龙采用起顶跨中主桁下弦,通过调节跨中与拱脚处(桁梁支座处)的起顶高度差来控制拱的合龙。

17.1.5.3 施工工艺流程及操作要点

1)施工工艺流程

具体施工工艺流程如图17-5所示。

2)操作要点

采用先支架拼装后悬臂拼装方法进行钢梁架设,钢桁梁架设完毕后,架梁吊机退后依次安装三个拱结构,并通过起顶跨中主梁在拱脚进行拱的合龙。桁梁架设时在岸上边跨采用临时,墩柱支撑的支架法安装,并且在安装好的钢梁上拼装悬臂架梁吊机及运梁台车,为悬臂架梁做准备。悬臂架设时,通过设置跨中临时支墩对钢梁进行支撑及调整。该方法施工操作简单易行,施工质量易于保证,适合可设置临时支墩的河流上进行大跨度钢梁拼装。

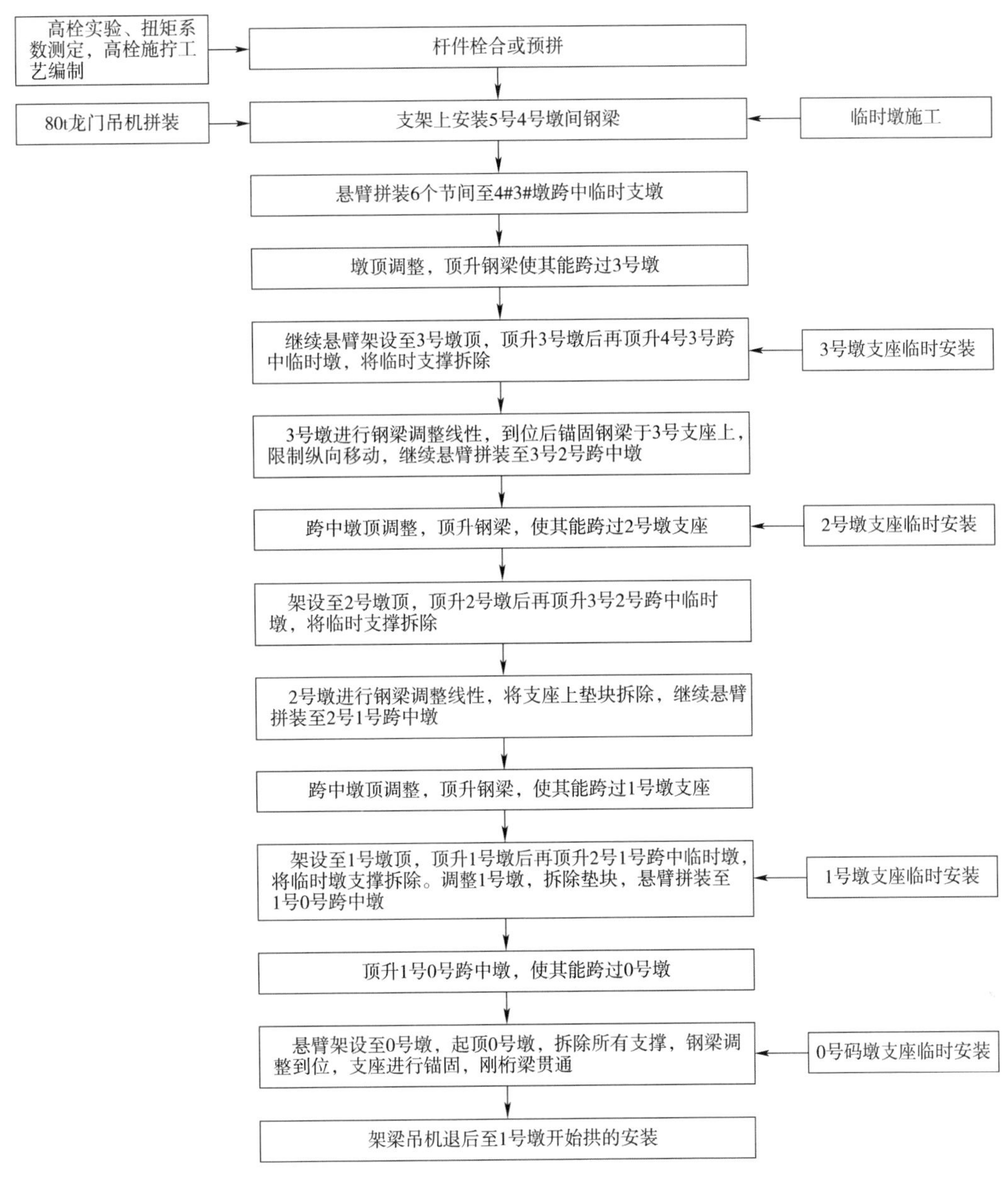

图 17-5 高速铁路多跨连续刚性梁柔性拱桥架设施工工艺流程图

钢梁拼装分支架上拼装和悬臂拼装两种情况。拼装时杆件应该预拼检查合格，各种辅助工程施工安装到位质量合格后方能进行钢梁的架设作业。两种情况架设杆件的工艺流程安装顺序分别依次为：一种情况，两侧下弦→两端横梁→桥面板块→两侧竖杆→两侧斜杆→两侧上弦→横向联结系→高栓施拧；另一种情况，两侧下弦→前端横梁→桥面板块→两侧斜杆→两侧竖杆→两侧上弦→横向联结系→上平联→高栓施拧、桥面板焊接。支架上安装时支撑高程是按照钢梁厂设拱度来确定的，杆件的安装顺序可以有多种顺序。实际工程应用时可根据结构特点适当调整。

悬臂架设钢梁依据安装流程依次为：两侧下弦→两侧斜杆→两侧竖杆→两侧上弦→前端横梁→桥面板块→横向联结系→上平联→高栓施拧、桥面板焊接。悬臂架设钢梁的原则是桁架尽早形成闭合受力体系后才能安装横梁及桥面板，根据设计受力要求，桥面板焊接最多滞后钢梁架设 2 个节间。

拱的安装顺序为：两侧吊杆→两侧拱弦→拱上平联。对于拱上平联的安装，主要有 2 种方法：第一种是先将十字撑两端的横撑安装完成后再安装十字斜撑，特点是施工方便，安全性高，在安装拱顶处的拱平联时吊机大臂长度增加很多，吊机制造技术、费用均高出很多；另外一种是在拱顶附近高处时先将十字斜撑安装完毕后再安装下一个横撑，特点是在横撑未安装时十字斜撑成悬臂状态，稳定性不高，吊机大臂长度较第一种要短，费用低。

济南黄河大桥钢梁架设经过两种吊机的性能、费用对比后，采用了在拱高节点段先十字斜撑，后横撑的安装方法，取得了较好的经济效果和技术效果。

为了不影响高强度螺栓的扭矩系数，保证高强度螺栓施工质量，杆件预拼时不允许用高强度螺栓作为预拼螺栓，均采用普通螺栓进行预拼。所有杆件预拼前，杆件栓接面及拼接板必须洁净、干燥，无油污。济南黄河大桥钢梁杆件现场预拼主要分三种情况：栓合—拼接板、填板按设计图拼装定位，用1～2个普通螺栓栓合；栓带—拼接板、填板退后拼装接头用1～2个普通螺栓将其带在拼装杆件上；预拼—拼接板、填板按设计图拼装定位，高强螺栓终拧（横向连接系和斜桥门架、拱上平联十字斜撑即为此法）。

（1）下弦杆件的预拼。

下弦杆件预拼时，下弦杆件只栓带与下弦杆件连接的拼接板和填板。拼接板栓带在后安装的杆件上，腹板、底板内外侧均按设计位置栓带，杆件顶板内拼接板栓带在设计位置，外拼接板退后栓带。栓带均采用1～2个普通螺栓将其带上。

（2）上弦杆件的预拼。

上弦杆件预拼时，上弦杆件只栓带与上弦杆件连接的拼接板和填板。拼接板栓带在后安装的杆件上，腹板、底板内外侧均按设计位置栓带，杆件顶板内拼接板栓带在设计位置，外拼接板退后栓带。栓带均采用1～2个普通螺栓将其带上。上弦杆件在起吊前需要将施工脚手架预先安装。

（3）斜杆的预拼。

工形斜杆无拼接板，一般箱型斜杆预拼时，将所有拼接板及填板按设计位置栓带，栓带均采用1～2个普通螺栓将其带上。特别要注意的是某些杆件箱内拼接板小而多，尤其杆件与上下弦对接连接，拼接板不能提前预拼，只将其放在斜杆上口箱内，安装时直接安装。

（4）竖杆的预拼。

竖杆与上下弦连接无拼接板，运输至工地时已将其与横联拼接板栓合上，现场无须预拼。

（5）横梁的预拼。

横梁预拼时，将与桥面板、横联连接的拼接板全部栓带上。与桥面板连接的腹板、底板上拼接板退后栓带，底板下拼接板按设计位置栓带。与横联连接的拼接板按设计位置栓带。

（6）横向连接系、斜桥门架及拱上平联十字斜撑的预拼。

横向连接系、斜桥门架及拱上平联十字斜撑采用现场预拼整体吊装法进行安装。横向连接系预拼杆件包括整体桁架所有杆件，除与竖杆连接杆件预拼时只将其栓带（向）上外，其余杆件在预拼后进行线性测量符合要求后，高强度螺栓全部终拧完毕整体吊装上桥。K撑及吊杆散拼。斜桥门架预拼杆件包括整体桁架所有杆件，除与斜杆连接的杆件外，其余杆件在预拼后进行线性测量合格后，高强度螺栓全部终拧完毕整体吊装上桥，斜桥门架斜腿单根散拼。

（7）拱弦的预拼。

拱弦预拼时，拱弦后端的拼接板，将其栓带上；并将检查设施安装到位，为了吊装方便，在拱弦上可安装的部分检查扶手等暂不安装；拱上平联连接在拱弦的下部拼接板也需要栓带上。

（8）冲洗机具。

喷射施工完成后，应把注浆管等机具设备冲洗干净，防止凝固堵塞。管内、机内不得残存水泥浆，通常把浆液换成清水在地面上喷射，以便把注浆泵、注浆管和软管内的浆液全部排除。本工法成功应用于京沪济南黄河大桥和德大黄河大桥。

17.1.6　大跨度提篮式钢箱拱整体安装工法

17.1.6.1　适用范围

本工法适用于钢拱桥的拱肋安装施工，要求具备良好的通航交通条件。可扩展用于各类大型钢结构的整体安装施工。

17.1.6.2 工艺原理

在钢箱拱拼装场安装支架系统,钢箱拱分节段从工厂运输至拼装场,采用400t大型履带吊分段组拼成型。安装张拉临时系杆后,拆除拼装支架,在施工好的下河栈桥上铺设MGE滑板,采用4台200t千斤顶将钢箱拱整体滑移至码头。15000t驳船利用涨潮及排水的共同作用,完成钢箱拱整体浮抬装船。桥址处拼装2组大型提升架,安装16台350t连续提升千斤顶,经过试吊检验后,准备整体提升作业。15000t驳船将钢箱拱整体浮运至桥址,抛锚定位,安装提升钢绞线,提升千斤顶加载,解除船上支架,提升钢箱拱到位,安装合龙段,完成钢箱拱安装施工。

17.1.6.3 施工工艺流程及操作要点

1)施工工艺流程

具体施工工艺流程如图17-6所示。

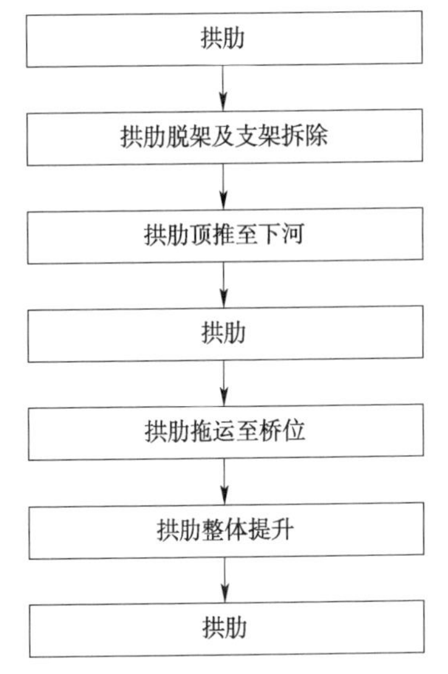

图17-6 施工工艺流程图

2)操作要点

(1)钢箱拱肋异地低位拼装。

选取距离桥址5km的一处船厂作为拱肋拼装场,搭设拼拱支架。拼装支架采用预制管桩基础,钢管柱作为支撑立柱,柱顶设置调拱鞍座。拱肋节段由预制加工厂船舶运输至码头,吊装上岸运至拼装场地后,首先在地面将2个运输节段拼装为1个吊装节段,然后采用500t履带吊机把吊装节段安放在支架上。钢箱拱肋从两侧往跨中对称拼装拱肋,其间同步拼装箱形横撑,直至将全部钢箱拱肋拼装成整体。

(2)钢箱拱肋张拉脱架。

主桥钢箱拱肋在预拼场拼装完成后,在拱脚安装临时水平钢绞线拉索并张拉,然后拆除普通拼拱支架,最后卸载需要滑移到船上使用的支架下方的沙箱,使船上使用的支架吊挂在拱上。

此时钢箱拱肋荷载从拼装支架上转移至四个拱脚,完成第一次体系转换。

(3)钢箱拱肋整体滑移上船。

在钢箱拱肋的两端下方设置滑靴和垂直于岸边布置的滑移栈桥,滑靴下方安装MGE滑块并涂抹锂基脂,钢箱拱肋连同船上需要使用的支撑支架通过4台200t千斤顶侧面顶推拱脚滑靴整体沿滑移栈桥横向滑移至江中上船指定位置。本技术为大吨位钢结构整体横向滑移提供了一个切实可行的施工方法。

(4)钢箱拱肋装船、脱离栈桥及运输。

采用15000t驳船装载运输拱肋,提前清理河床保证驳船水深,驳船加入压舱水先由拖轮牵引进入滑移栈桥外水域,再通过铰锚低潮位时进入装船位置,调整对位使船上加固基座对准船上支撑支架底座,在海水涨潮与排出压舱水的共同作用下,使钢箱拱肋两端的滑靴脱离两侧栈桥滑道,完成拱肋装船。赶在退潮之前快速将船和拱肋支架加固连接后,由拖轮拖动驳船运输钢箱拱肋至桥址位置。

(5)钢箱拱肋整体提升。

在主桥两岸主墩上方的混凝土梁上各布置一副提升支架,每副提升支架左右各设置一个吊点,在吊点处安装同步提升油缸及钢绞线。请海事部门提前封锁航道,驳船运输钢箱拱肋抛锚调整就位后,安装提升钢绞线竖向穿入拱脚滑靴底部并锚固,4个拱脚4点同步起升油缸,解除驳船与拱肋以及支架间的连接,检查无误后,提升设备提升钢箱拱肋完成船拱分离,继续将钢箱拱肋整体提升至设计安装位置。

(6)钢箱拱肋合龙段施工。

连续观测并记录好合龙口宽度,充分掌握高程及宽度随温度的变化规律,确定合龙段配切长度。选择在夜间温度较低的下半夜合龙段并与悬臂端进行临时锁定,而另一端仅抑制高程,使接缝的高程平齐,不制止拱肋纵向方向,待温度升高至接缝可满足焊接的时候,迅速锁定另一端,抑制纵向伸缩,对称焊接两条环焊缝,完成合龙段安装。钢箱拱有4个拱脚,4个合龙口同步合龙,施工工作量大、施工难度高。本工法成功应用于广州市南沙区凤凰三桥。

17.2 隧道工程新工法

近些年来,随着国家基建规模的不断扩大,山岭隧道和城市地铁工程遇到的地质问题和周边环境也越来越复杂,如地铁受区间地质条件、城市管线、立体交叉的地铁线、临近既有地面及地下工程等的限制,施工难度及安全风险极大。研究开发适宜的施工构筑方法、工艺、设备和辅助工法就显得尤为重要和迫切,如开发了大断面洞桩法隧道沉降控制工法、溶洞探测与预处理施工工法、紧邻既有线隧道铣挖施工工法、运营地铁车站接驳施工工法,对攻克特殊复杂条件下地下工程施工起到了至关重要的作用,这些工法多采用预报不良地质体、改善与加固地层力学性质、减小围岩扰动等措施,如注浆、桩墙、超前支护、机械开挖等隧道施工辅助工法。

目前国内大多数盾构都在城市中心区或者江河湖海底部进行掘进施工,当刀盘磨损破坏非常严重且需要焊接修复时,地面往往不具备加固地层或者开挖竖井条件,无法实现常压条件下刀盘焊接修复作业,也无法有效保证掌子面的稳定,为了解决压缩空气条件下盾构刀盘的焊接修复和掌子面稳定问题,成功开发出了泥水盾构高压环境(3.6bar)动火作业工法。

门架式衬砌台车一直担负着我国隧道衬砌施工任务,但其设计制造及使用空间的局限性一直未得到有效解决,如台车自身结构复杂性、变断面衬砌不适宜性、过台车段通风阻力大等。而新开发的无门架新型隧道模板台车衬砌施工工法,有效地解决门架台车的上述不足,还增加了许多主要功能和辅助功能,如无门架新型隧道模板台车不仅能够实现全液压立模、脱模、自动行走功能,而且还能满足衬砌表面高光洁度的要求,具有衬砌工艺简单、操作方便、定位速度快等优点,改善了隧道通风效果。

17.2.1 邻近建(构)筑物大断面洞桩法隧道沉降控制工法

17.2.1.1 适用范围

适用于邻近建(构)筑物或地下管线,沉降控制要求高且地表不具备加固保护条件的大断面洞桩法隧道工程。其他不良地质和环境条件下的类似地下工程可用作参考。

17.2.1.2 工艺原理

在工程地质环境、隧道埋深、隧道断面受力计算分析、实践经验和设计文件基础上,依靠风险评估得出管线与建(构)筑物较合适的允许沉降值和差异沉降值,由此作为监测预警的依据。建立风险预警体系和信息化分析管理系统,针对隧道施工的各个阶段细化沉降控制阶段目标,根据监测信息反馈及时采取措施,从而达到风险评估要求的沉降控制目标。

按隧道导洞、洞桩先施工,利用导洞对邻近建筑物部位进行深孔注浆加固、对中洞拱部土体进行深孔注浆加固,管棚超前支护,隧道开挖,初期支护闭合后拱部周围地层的补偿注浆,隧道衬砌的程序进行施工,根据施工过程中监控量测的信息,及时调整施工工序、支护参数和加固措施,直至工程安全顺利完成。

17.2.1.3 施工工艺流程及操作要点

1)施工工艺流程

具体施工工艺流程如图17-7所示。

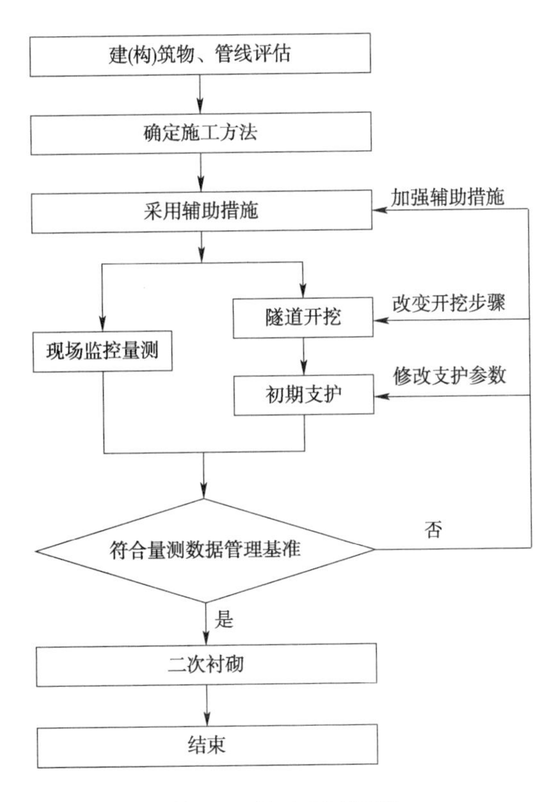

图 17-7　施工工艺流程图

2)操作要点

(1)沉降控制技术。

通过数值模拟计算分析每一阶段地层变形及建构筑物变形,分阶段控制沉降,同时实行Ⅲ级监测管理,将监测信息及时反馈至现场指导实际施工,从而达到全过程沉降控制目标。

(2)隧道作业工序。

①导洞施工。

a. 导洞断面大小由施工工艺、围岩条件、采用设备等因素确定,可为拱形直墙或曲墙。

b. 超前支护采用在拱部布设 ϕ42mm、L = 2.0m 普通焊管,环向间距为 3 根/m,每榀打设,注入改性水玻璃浆液或水泥—水玻璃双液浆。

c. 采用台阶法施工,拱部人工开挖,并留设核心土,一次开挖长度为 0.5 ~ 0.75m;下半断面采用人工配合机械开挖。

d. 拱脚应设置在特制的基础或原状土上,并设锁脚锚杆,两榀钢架之间沿周边每隔 1m 用钢筋连接,形成纵向联系,使其成为一整体结构。

e. 在施工中,上下台阶间距离应保持为 1.5 ~ 2.5m,以保证断面及时封闭成环,左右导洞施工时前后应错开 15m,以减弱群洞效应。

f. 在导洞施工后及时进行初支背后回填注浆,控制地层沉降。在导洞开挖完成后,及时进行洞内深层注浆加固。

②洞桩施工。

依据测量控制桩点及设计图纸定出桩孔平面位置,选择满足地下导洞狭小空间和钻孔深度要求的钻机,一般选择循环钻机,高性能优质泥浆护壁,以减少对地层的扰动,保证孔壁稳定。钻孔灌注桩采取 1、4、7 跳格法施工,钢筋笼可分节加工,以方便在洞内吊装,分节钢筋笼之间采用冷挤压套筒连接,成桩后将桩顶与导洞支护结构结为整体。

③梁施工。

洞桩施工完成后,剔除桩头,施做桩顶冠梁,同时在冠梁顶预埋中洞扣拱格栅,冠梁一次浇筑长度为30m为宜,冠梁模板及支撑采用组合钢模板方木支撑体系,应保证钢模板及支撑体系的刚度和强度。混凝土浇筑采用泵送商品混凝土,插入式振捣棒振捣。

冠梁施工可与导洞内冠梁上回填同时施做,可减小中洞扣拱开挖跨度,减小地层沉降变形。

④中洞扣拱施工。

超前中洞扣拱2~3m,保留小导洞格栅拱架,破除环向长度为70cm的混凝土(以提高中洞扣拱速度,及时封闭成环)。施做中洞拱部超前小导管,预留核心土开挖上层土方,割除与中洞拱架相交的格栅拱架,架立中洞格栅,并喷射C25混凝土。

在导洞内深层注浆加固的基础上,超前小导管采用直径25mm无缝钢管,长度为2m,环向间距为3根/m,每环打设一次,注入水泥水玻璃双液浆。

⑤下部开挖及衬砌。

下部土方开挖采用反铲接力开挖,衬砌紧跟开挖施做。

下层土方分上下台阶开挖,上下台阶侧错开长度为3~15m,纵向均按1:0.5放坡。边开挖边进行边墙喷锚支护及底板垫层施工,随后进行底板衬砌,继而拆除钢支撑,然后进行拱墙衬砌。采用台车施工长度为9~12m,采用人工立模施工长度为6~9m,在强度达到8.0MPa后方可拆模。

(3)沉降控制辅助施工技术。

根据建筑物和地下管线的评估情况及监控量测的信息反馈情况,可采用以下一种或几种辅助施工技术措施,以确保周边环境的安全。

①超前支护及补偿注浆。

采用小导管(在砂层、黏土层、粉土层可采用Φ42mm、$L=2$m普通钢管;在砂卵石地层采用Φ25mm、$t=5$mm的无缝钢管)作为超前支护,环向间距为3根/m,每榀打设。

同时根据设计和监测反馈需要,增设采用长短管注浆结合的方式或初支背后径向注浆管相结合的方式。

a.长短小导管注浆,采用管长3.5mTSS注浆管,纵向每0.5m布设一次,环向间距0.5m,注水泥水玻璃双液浆对上半断面进行预注浆;开挖时在周边用超前小导管长2.0m注浆加固注浆盲区,纵向每0.5m布设一次。采取长短管相结合方式,实施了两次注浆,不易出现薄弱部位,能够有效地控制地表沉降,可保证隧道地表建筑物和地下管线的安全。

b.径向补偿注浆,在初支闭合成环后,采用$\phi32$无缝钢管,$L=2$m,环向间距1.0m,纵向间距1.0m,注入纯水泥浆或双液浆,补偿在隧道开挖施工过程中造成的绝对沉降和差异沉降,以达到控制建筑物变形的目的。

②深层注浆。

在地表不具备加固条件下,在导洞施工完成后,利用已完成导洞对邻近建筑物进行补偿注浆加固,同时对中洞拱部土体进行深孔注浆,以便改良、加固被施工扰动的土体,以保证建筑物的安全和中洞扣拱的安全。深层注浆可采用二重管A、B(C)无收缩双液WSS工法注浆。注浆可分两序作业,根据监测反馈数值控制每序注浆参数。

深层注浆孔布置:在靠近建筑物一侧导洞外侧布设3根注浆孔,在先期通过的两侧导洞内各布置3根斜向上的径向注浆孔,注浆孔长5.0~6.5m,局部根据建筑物和管线情况调整长度和间距(以距离建筑物基底和管线下方1m为宜),梅花形布置,注浆孔端间距约为1.0m,纵向间距1.0m,位置、角度以及成孔长度根据埋深和隧道与建筑物、管线关系等进行调整。

本工法成功应用于北京站至北京西站地下直径线2标洞桩法隧道、沈阳地铁一号线青年大街站。

17.2.2 水下隧道盾构法施工溶洞探测与预处理施工工法

17.2.2.1 适用范围

本工法可适用于水底溶洞地质探测及水底溶洞处理,为水下隧道及其他建筑物暗挖施工提供有利条件,确保工程施工及长期安全稳定。

17.2.2.2 工艺原理

首先采用物探技术判别出疑似区,然后采用钻探对疑似区进行验证,判别出溶洞或者其他不良地质体的位置、大小,计算出其体积,并验算其对隧道的影响,提前对影响隧道的溶洞进行注浆处理,施工通过该溶洞时,预埋监测元件,为长期监测提供条件。

17.2.2.3 工艺流程及操作要点

1)施工工艺流程

物探补勘→钻探验证→设计计算→施工准备→溶洞处理→取芯检测→隧道施工→后期监测。具体施工工艺流程如图17-8所示。

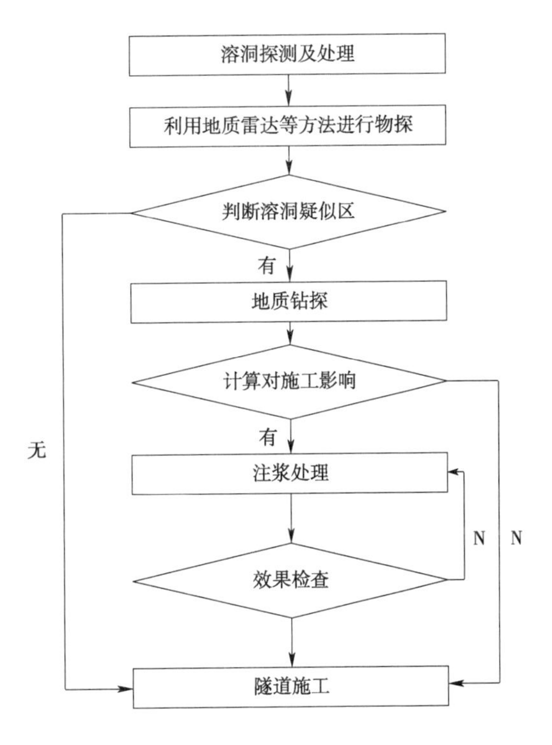

图17-8 施工工艺流程图

2)操作要点

(1)物探。

选用地质雷达、高密度电阻率法、瞬变电磁法、高频大地电磁法及多次CDP覆盖地震反射波法等物探手段进行,确定不良地质及溶洞大致位置。

(2)钻探验证。

在探测有溶洞的地方加密布置地质探孔,布置钻孔原则是沿区间隧道纵向间距10m布设一个钻孔,分别在距离左右线隧道外侧3m处、区间隧道上方和左右线区间隧道中间,布设共5列钻孔,钻孔深度达到隧道底板以下15m,直接揭示岩层的地质特征,必要时可以取芯检查,进一步查清和准备了解溶洞的具体位置、范围、大小、充填性质及地下水情况。

在揭示到有溶洞的地方,加密钻孔,钻孔间距沿隧道方向为5m。

(3)分析计算。

①溶洞位置分析。

某工程探明有一位于南线南侧的溶洞(钻孔编号SG17)。通过对钻孔揭露情况的分析,溶洞总体呈南、北走向,高度自北向南呈扩大趋势,无填充,溶洞北侧边距南线隧道边约6m。

②溶洞对隧道施工及后期安全影响分析。

根据溶洞与隧道的位置关系,对溶洞和隧道相互影响进行数值计算分析,采用二维地层结构对其进行计算分析,研究其影响趋势。计算过程及建模过程不再详述,地层参数采用详勘资料提供的数据确定。

通过计算,溶洞的存在与否以及隧道施工前后,隧道外侧土体压力及应力均存在较大变化,溶洞需要进行处理,如不处理,将对施工时及后期带来严重的安全隐患。

(4)溶洞处理。

①施工工艺及技术要求。

a. 施工工艺:对于无填充溶洞,采用注入砂浆进行回填,根据溶洞范围确定注浆孔布置。

b. 技术要求:通过溶洞处理,达到填充溶洞,提高溶洞洞壁岩体稳定性,以保证隧道后期运营期间的安全;砂浆的技术指标包括如下,砂采用细砂,细度模数2.3~2.8,水泥采用42.5R级的普通硅酸盐水泥,砂浆比例为水泥:砂:水=1:2:2,具体比例通过现场试注进行调整;注浆终压0.5~0.8MPa,注浆压力逐步提高,达到注浆终压后继续注浆10min以上;根据隧道南线溶洞范围,本处溶洞处理钻2个孔,钻孔间隔5m,北侧钻孔为注浆孔,南侧钻孔为泄压孔;实际注浆参数,根据现场实验确定。

②施工步骤。

a. 测定孔位:根据注浆钻孔平面布置,采用GPS定位系统进行钻孔孔位测定。

b. 钻孔:通过在水上钻探平台安装钻机进行钻孔施工,开孔孔径127mm,终孔孔径110mm,砂卵石地层内采用钢护筒进行护壁处理,套管管径127mm。

c. 下注浆管:注浆管采用镀锌钢管,管内径不小于50mm,管底下至溶洞底面以上20~30cm,注浆时将泄压孔内钻具抽出,以方便注浆时泄除压力。

d. 填筑止浆料:注浆管下到位后,采用麻筋、棉纱等填筑注浆管与钢护筒之间空隙,填筑段长度不小于50cm,以防止注浆过程中砂浆自注浆孔内返出。

e. 注砂浆:砂浆采用现场配置,材料用船运至注浆船上;浆液的配制要求如下,溶洞填充浆液采用42.5R普通硅酸盐水泥、与水、细砂拌制,砂浆配比为水泥:砂:水=1:2:2,根据现场情况对配合比进行调整,保证砂浆稠度及可注性,注入砂浆前,先注入一定量纯水泥浆(水灰比1:1)润湿管路,然后按要求往溶洞内注入砂浆;注浆压力和注浆速度要求如下,注浆压力一般为0.5~0.8MPa,灌浆压力应保持平衡提升,不宜瞬间加压,压力的大小宜现场试验确定。

f. 注入砂浆。

注浆结束标准:为保证溶洞及裂隙充分充填加固,终灌标准不以灌浆量作为标准,而以灌浆压力及泄压孔返浆情况作为结束注浆标准。注浆终止稳定压力为0.8MPa以上,并稳压10min以上。注浆过程中应观察江面的排气、冒浆等情况,若泄压孔有浆液冒出,可停止本孔注浆。

封孔:钻孔注浆完成后,对注浆孔及泄压孔进行封孔处理,封孔时将注浆管缓缓提升,并不断注入砂浆,直至注浆管底提升至护筒顶部时,停止砂浆注入,静置约45min后,将护筒拔除。

g. 清洗管线:每次灌浆结束应及时清洗管线及注浆钢管,以备下一次注浆。

(5)取芯验证。

溶洞填充完成后,需要进行溶洞回填效果检查,效果检查采用水上钻探取芯的方式检查。回填完成28天后,对溶洞回填区进行钻孔取芯,观察芯样的完整性,并对芯样进行抗压强度试验。

(6)其他。

①盾构过溶洞区技术要求。

通过注浆等手段对溶洞进行处理只能起到对溶洞充填、挤压密实、劈裂和置换的作用,难以在岩溶段形成均匀连续的加固体,注浆也未必能够隔绝地下水的水力通道,而且由于地质勘探的局限性,盾构掘进仍有可能遭遇未揭露溶洞,因此在注浆处理完岩溶地层后,盾构在掘进该段地层时仍有可能遇到软硬不均的地层,以及出现开挖面坍塌、刀盘结泥饼现象,为防止遭遇不明溶洞时可能出现的盾构机陷落、突水等情况,盾构掘进通过岩溶地段时也需要采取相应的措施。

采取主要措施:在溶洞段采取合理模式进行盾构掘进;合理配置刀具;控制盾构姿态;确保盾尾密封效果;加强管片背后注浆。

②后期监测。

为确保盾构隧道安全,在靠溶洞处的盾构管片上预埋监测元件,元件在管片生产时预埋在混凝土内,元件线头在隧道装饰装修时留于方便监测位置,为今后长久监测提供条件。

本工法成功应用于长沙南湖路湘江隧道。

17.2.3 紧邻既有线隧道铣挖施工工法

17.2.3.1 适用范围

本工法适用于紧临既有线隧道工程,特别是软弱围岩地段,同时,也适用于公路、市政等其他紧邻建(构)筑物的隧道(洞)工程。

17.2.3.2 工艺原理

利用铣挖头安装在液压挖掘机上,通过铣挖机头对岩体高速旋转切削、破碎岩石,在掌子面横向掏出一个临空面,再对临空面周围围岩进行扩挖,最后通过人工配合修整开挖轮廓达到设计要求。

17.2.3.3 施工工艺流程及操作要点

1)施工工艺流程

具体施工工艺流程如图17-9所示。

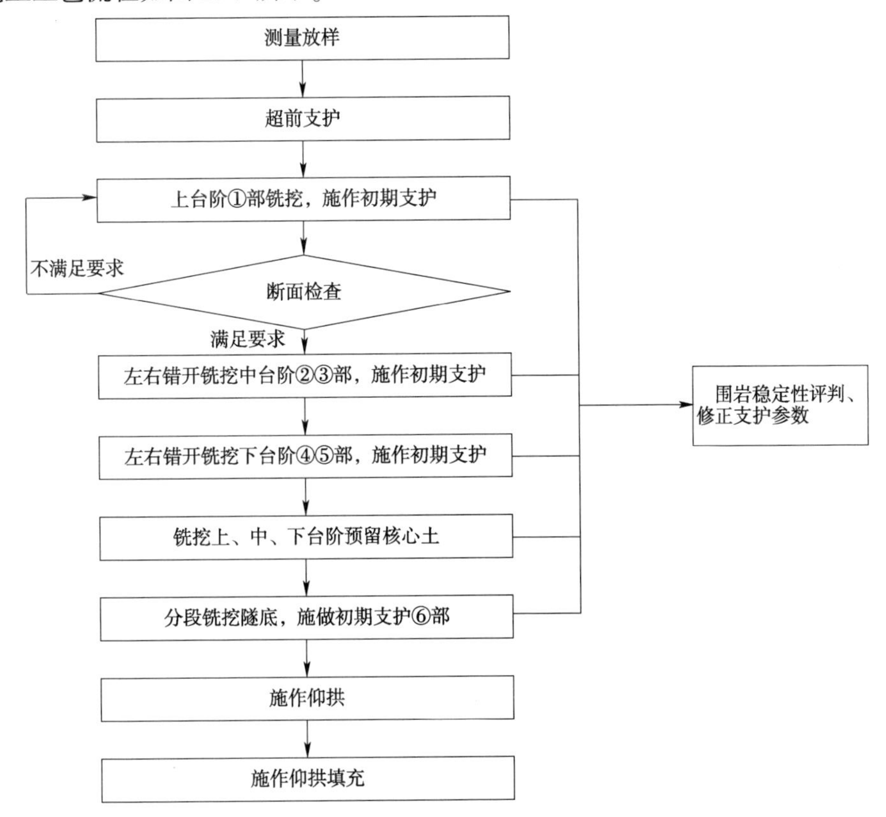

图17-9 施工工艺流程图

2)操作要点

(1)铣挖顺序。

根据现场实际地质条件,结合铣挖机的作业范围调整合适的台阶长度、高度与核心土的断面尺寸。铣挖机开挖时,在上台阶核心部位横向开一个槽,形成一个临空面,再由临空面向外扩挖,扩挖至拱部轮廓线时再由下而上、自左向右按轮廓线顺时针方向开挖,并不断摆动和调整铣挖头,当铣挖速度和效率降低时将铣挖头游离工作面,等速度恢复后再抵近开挖。

在拱部及底角铣挖效率低的部位采用人工修整、清理。铣挖机虽然不能修整到各个角落,但经铣挖过的部位却十分整齐,容易达到隧道的中线及高程要求。在铣挖机开挖完成以后,将挖掘机退出掌子面,停靠在隧道侧壁,然后用装载机进行出渣,出渣结束后立即进行支护结构的安装和喷射混凝土作业。在铣挖机施工过程中,所有作业人员必须在机械作业半径以外,防止机械伤人。为保证施工安全,开挖进尺不宜过大,同时要防止破坏已施做的初期支护。

铣挖轮廓线顺序为拱脚或边墙脚开始往上开挖,这样做的一个有利因素是下部开挖后,弃渣可以暂时堆弃于施工现场,不影响后续开挖。对于半硬半软、软硬不均岩石,一般按先硬后软的原则进行,先开挖硬岩面,硬岩在开挖时有可能因岩石坚硬而花费较长的时间,此段时间内不触及软岩,可防止对软岩的扰动,避免出现塌方。

(2)上台阶开挖。

根据掌子面稳定性分为预留核心土与不留核心土两种,核心土预留应以保证掌子面稳定、方便下道工序施工为原则。铣挖机通过直径为67cm、宽度为100cm的铣挖机头在上台阶核心部位横向开一个槽,操作时先挖除核心土附近的岩石,再缓缓向周边靠近,逐步由下向上开挖。如不预留核心土,则宜从下往上、自中间向周边、自硬岩到软岩的顺序进行施工。无论是否预留核心土,在对周边进行开挖时,如开挖面距钢架大于30 cm,周边可以由铣挖机开挖;如掌子面距周边距离很近,由于切削鼓不是垂直于岩面,施工中可能存在死角,需要人工用风镐凿除。拱脚处的开挖由专人指挥,不可超挖,预留10~20cm厚风镐凿除,保证钢架安装时拱脚落在实处。另外还应注意不要使切削鼓碰撞或铣挖已成型的初期支护和靠近掌子面开挖轮廓线附近的超前支护,避免使已作支护扰动、破坏。遇到坚硬岩石通过破碎锤击碎后进行清除。

(3)中、下台阶开挖。

中、下台阶铣挖采取保留3m的错开宽度,以保证拱部稳定。铣挖时先中间后边墙,边墙铣挖至拱脚处,应控制施工节奏,避免切削鼓触及拱脚钢架。如难以挖除,则由人工用风镐开挖。

(4)仰拱开挖。

仰拱开挖应先利用破碎锤初步破碎岩石,然后采用铣挖机对仰拱底轮廓线进行修整。开挖顺序由近及远、先中间后两侧,需自上而下分层进行,避免超挖。开挖后尽快施作仰拱初期支护或施作二次衬砌仰拱,尽快封闭成环;在开挖前应先做好引水措施,加强排水,避免隧道内水流到开挖面内,导致基础底面出现软化层,而需重新换填,增大工程量。

(5)出渣作业。

铣挖机的扒渣能力极其有限,仅在弃渣影响铣挖工作时,利用切削鼓将弃渣简单地扒离工作面,以便于继续施工。因此,配备铣挖机的同时,还要配备一台挖掘机。施工前先由挖掘机将工作面附近的弃渣挖离施工现场,以利于铣挖机就位与开挖,铣挖工作完成后驶离工作面,再由挖掘机将弃方装运拉走。三台阶法开挖扒渣不宜使用装载机,一是由于铣挖的弃方量不大,二是由于清渣不彻底需要二次扒渣。

(6)初期支护。

铣挖机开挖一般多用于自稳能力差的软质围岩段,因此在施工中应遵循“少扰动、强支护、早封闭、衬砌紧跟”的原则,开挖后,要及时用喷射混凝土对开挖面进行封闭、架立钢拱架、打设锚杆,避免开挖岩面暴露时间过长,使岩石快速风化,失去自稳能力;每次开挖的进尺根据开挖面岩层自稳情况确定，一般为1.2m，即为1～2榀钢拱架间距。另外二次衬砌施作时间不能等初期支护完全稳定后再作，应对二次衬砌结构进行加强，尽早施作，避免出现初期支护作完后停留时间过长而发生持续变形导致侵限现象发生，二次衬砌距掌子面距离控制为70m，二次衬砌适时紧跟可有效控制初期支护变形，有利于掌子面的稳定。

(7)循环掘进及工效。

铣挖机铣挖完成后，铣挖机退出工作面(需对机械进行检查与保养)，然后开始装渣、出渣与喷锚支护，待喷锚支护工作完成后开始下一循环掘进工作。

铣挖的速度、效率和效果与铣挖的地质情况、围岩软硬程度、铣挖部位、角度、方向、施工顺序有密切的关系。根据现场统计，强度较低的软岩，每小时可开挖30m^3，且此种围岩进尺短，为0.6m，断面受台阶限制，面积较小，可在1～2h内完成。当遇到异常软弱、富水的围岩时，因围岩自稳能力差，开挖至接近周边围岩时，需要预留30cm左右的岩层由人工用风镐挖除。对于出现的砂岩地层，因岩石较硬，开挖时切削鼓向上飘移，岩石很难被切割下来，工效极低，最后采用液压破碎锤配合挖掘机掘进通过。

本工法成功应用于改建广通至大理线铁路扩能改造工程普棚8号隧道和沪昆客运专线中安隧道。

17.2.4 运营地铁车站接驳施工工法

17.2.4.1 适用范围

本工法适用于复杂条件限制下对既有结构切割、改造、新旧结构接驳等工程。

17.2.4.2 工艺原理

本工法核心主要有三点：一是运用被动托换机理分部切割既有结构，针对受力薄弱部位利用型钢进行先期加固；二是运用金刚石绳锯与金刚石水钻相结合的静力切割工艺，将既有结构切割为规则形状，提高了破除、转运的绩效，降低了噪声、粉尘等影响；三是控制新旧结构钢筋有效连接，调整后期施作混凝土性能指标，降低因新旧混凝土弹性模量不一，新混凝土收缩及徐变等对既有结构产生影响，保证了与既有结构的良好接驳。

17.2.4.3 施工工艺流程及操作要点

1)施工工艺流程

具体施工工艺流程如图17-10所示。

2)操作要点

(1)运营车站临时加固防护。

新建车站与既有车站接驳工程，首先需对既有车站进行改造，主要包括车站围护结构、内衬墙及结构楼板。围护结构、内衬墙主要承受竖向荷载，在对该部分切割之前可在相应部位施作型钢竖向支撑；临时支撑主要由截面为300mm×300mm的H型钢为主龙骨，M14化学锚栓固定在既有结构上，龙骨外用10mm厚钢板封闭。钢板围蔽一方面在围护结构切割后，可以分担该节点竖向荷载，避免既有结构变形影响运营安全；另一方面是为防止在切割改造施工及新旧结构接驳施工过程中，有施工污水、混凝土渣块、粉尘、噪声等对运营车站造成环境污染，还能够抵抗运营列车运行时产生的活塞风影响。

(2)分部切割既有结构。

①既有墙体结构切割。

既有墙体结构的切割主要运用金刚石绳锯与金刚石水钻相结合的方式，整体步序运用被动托换机理，分部分块切割完成新旧结构体接驳。

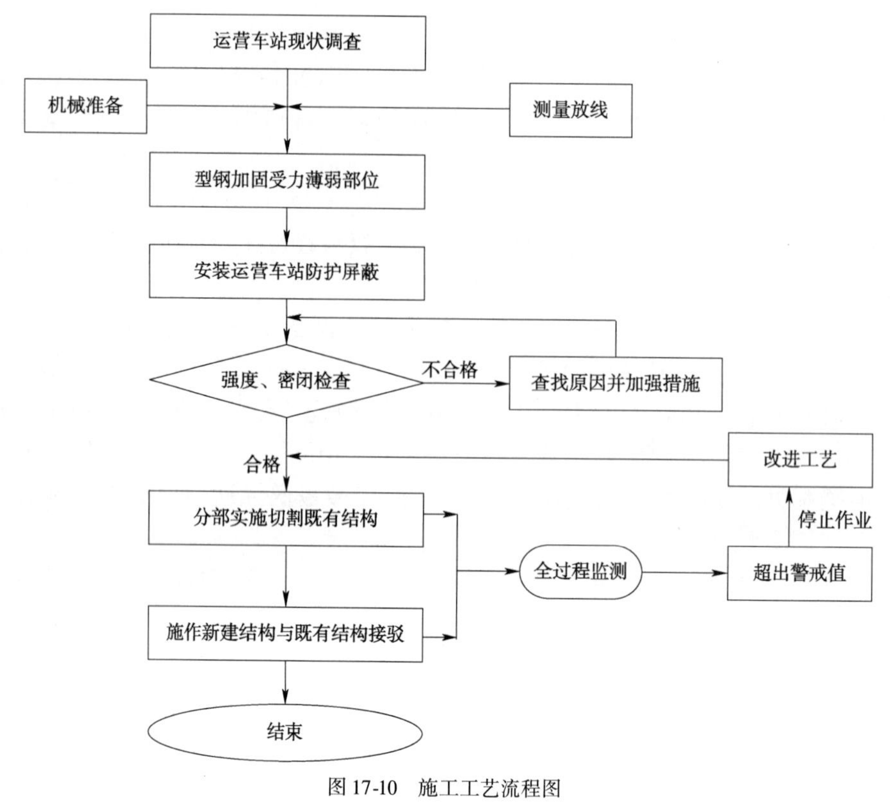

图 17-10　施工工艺流程图

②既有楼板结构切割。

运营地铁车站楼板结构主要承受人流、设备、列车的承重荷载,如为地下车站,楼板结构还将传递车站的侧向水土压力。楼板的切割将改变车站局部承重荷载受力分布,楼板在边墙位置均是固结支承条件,但在部分楼板切割后将变为接近于简支的支承条件,其所传递的负弯矩将减小,并向相邻跨中和支座转移,导致楼板邻近墙体的跨中正弯矩和中柱位置的支座负弯矩将明显加大。楼板结构的切割采取的是分段分块进行切割,在施工过程中必须尽量减小每次切割宽度以减小每次施工的影响,并相应加强施工监测。

③具体切割工艺。

既有结构的静力切割一般可选用的方法有三种,方法一是利用混凝土碟片切割机进行切割,碟片切割机沿导轨行走,碟片切割混凝土。碟片切割机具有切割面光滑,切割面不需要进行再处理;无振动,对原结构无损伤;施工时噪声较小等优点。但碟片的尺寸有限,目前市场最大切割深度只能到300mm。方法二是金刚石水钻排孔切割法,金刚石水钻在混凝土结构中钻孔,形成排孔切割混凝土。金刚石水钻排孔切割具有无振动、可多台设备同时施工等优点,但切割面是月牙形的齿形面,需要后期修补。方法三是利用金刚石绳锯与金刚石水钻相结合的方式进行切割。

(3)施作新建结构与既有结构接驳。

①新旧结构钢筋连接技术。

分部切割墙体后,对应的施作框梁框柱与车站既有结构刚性接驳,从而逐步完成两结构体的接驳。

将被切割墙体切割完成后,可先凿除既有结构需接驳部位保护层,扳出既有结构箍筋焊接,保证新施作框柱梁钢筋骨架与既有结构柱梁形成整体结构。对于需要加强连接部位采用锚筋施工,主要施工步骤如下。

a. 对既有结构框柱梁进行放样,划出锚筋孔位置。

b. 采用混凝土取芯机钻 ϕ30mm 的孔,锚筋成孔向上倾斜 3°。

c. 钻孔深度必须不小于 200mm。

d. 锚筋前必须将孔内灰尘用风吹干净,然后用环氧水清洗孔壁。

e. 锚筋材料必须符合行业规范要求。

②新旧混凝土接驳施工技术。

对既有混凝土结构表面凿毛,将表面打成沟槽,沟槽深度为10mm,间距不大于200mm,既有混凝土结构的棱角打掉,同时除去浮渣、尘土。为了使结合面混凝土的黏结抗剪强度和黏结抗拉强度接近或高于既有混凝土结构本身强度,避免结合面过早开裂破坏,在浇筑新混凝土前,淋洒1层30%白乳胶水泥浆界面结合剂。

新建结构框柱梁浇筑混凝土前,根据现场原位实验,分析严格控制混凝土水灰比,每方混凝土掺入40kg膨胀剂,用以尽量减小新混凝土的收缩及徐变。混凝土养护采用外覆薄膜包裹严密,以避免水分散失造成混凝土水化不充分,及混凝土内外温差引起附加应力。混凝土浇筑施工选择在晚间列车停运期间,保证在列车运营前混凝土达到初凝。

针对新旧混凝土弹性模量不一,新施作框柱梁混凝土收缩及徐变会对既有框柱梁产生一定的影响。因此在混凝土浇筑前对混凝土通过力学实验获得弹性模量及应力—应变曲线。新框柱混凝土浇筑完毕后,在新旧混凝土面两侧分别布置8个外贴钢弦测点。在两年内监测分析新混凝土环框柱的内力和变形。在变形达到警戒值时,可采用加大截面加固、外包钢加固、黏钢加固等加固措施。

(4)监控量测。

对运营地铁车站接驳施工中主要项目进行监测,包括既有结构框柱、结构楼板变形。

本工法成功应用于深圳地铁三号线老街站及换乘综合体工程、深圳地铁一号线西乡站至固戍站区间隧道土建工程、深圳市轨道交通二期3号线西延线段工程3153标工程。

17.2.5 泥水盾构高压环境(3.6bar)动火作业工法

17.2.5.1 适用范围

本工法适用于盾构施工过程中掌子面稳定,或经加固处理后掌子面稳定,且需带压进仓在盾构刀盘舱内进行动火维修刀盘、刀具或其他设备的维修作业;适用于计划性停机或应急停机的盾构刀盘刀具维修作业;适用于工作压力小于360kPa环境下的焊接、切割维修作业。

17.2.5.2 工艺原理

盾构刀盘根据掘进参数预估损坏或突发损坏停机后,首先通过一定的技术措施在掌子面安全构建地下高压作业空间,以气压(根据埋深及水位)替代掘进过程的泥水压,然后由合格的作业人员,通过盾构机的人舱加压进入此高压作业空间,按照规定程序进行焊接、切割作业、修复刀盘;在此修复过程中,通过一定的技术措施维持地下高压作业的空间安全和气密性要求,并按照要求和规定保障作业人员的安全和健康,按照美国焊接学会水下焊接标准保证盾构刀盘修复质量。

17.2.5.3 施工工艺流程及操作要点

1)施工工艺流程

具体施工工艺流程如图17-11所示。

2)操作要点

(1)建立作业空间。

①停机点选择。

停机维修点应选择地面建(构)筑物风险等级较低,尽量避开地下管线,不影响地面交通,并根据维修内容及地质情况进行选择。一般选择地势开阔、施工对地面建筑物影响小、地层稳定、渗透系数较低的地方。

②地层加固。

为确保带压动火作业的安全,在作业前需要采用辅助措施加固地层,常用的辅助措施包括采用膨润土置换、超前地质钻机地层加固、冷冻掌子面地层、地面加固等方法对掌子面地层进行加固,以实现掌子面地层的稳定,为人员进仓作业提供安全保障。

③作业空间。

刀盘修复所需的作业空间的形成主要有以下方法:一是对于计划性停机,结合地表加固方法进行事先的空间预留;二是对于随机性停机及未事先进行空间预留的计划性停机,空间的形成主要通过停机后人员带压进仓人工凿除实现。方法如下。

a. 利用二次复钻中空钻孔灌注桩建立地下高压作业空间。

b. 利用高压环境下人工凿除形成作业空间。

c. 桩群中间开挖作业空间。

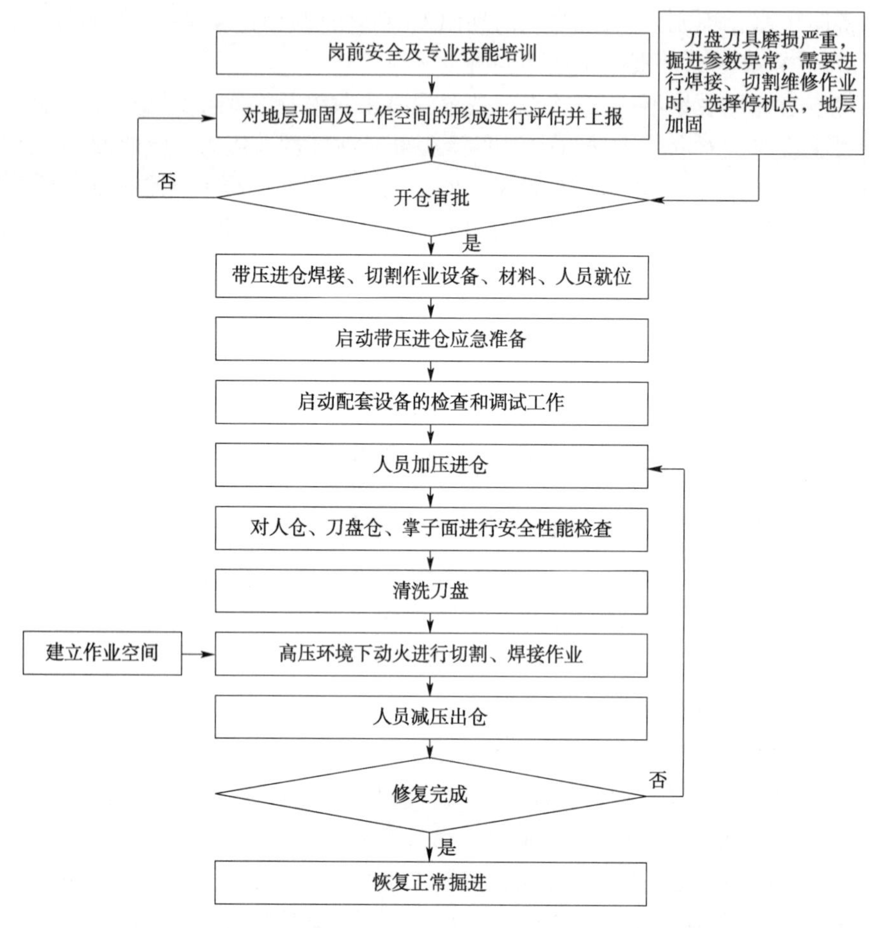

图 17-11 施工工艺流程图

(2)人员进出仓作业。

①盾构机带压进出仓标准化。

带压进仓作业属于特种作业,要求作业人员必须是经过带压作业培训的人员,人舱操作必须由具有专业资质的人员进行。加减压过程严格按照规范执行,现场值班领导负责过程监督和协调,安全总监或安全员负责过程的安全控制和监督。

带压进仓作业执行严格的审批程序,首先由工区内部按照审批表的内容,相关责任人逐项排查,并签字确认。工区完成审批后,项目部进行审批,项目部各级严格按照审批表的内容进行核查,完成审批后,以书面形式通知监理单位。完成上述审批程序和上报程序后,方可进行开舱作业。

②气体成分检测。

满足《盾构法隧道施工及验收规范》(GB 50446—2008)对仓内气体的规定:空气中氧气含量不小于20%,瓦斯浓度小于0.75%,一氧化碳不超过30mg/m^3,二氧化碳不超过0.5%(按体积计),氮

氧化合物换算成二氧化氮不超过5mg/m³,氧气浓度不超过25%。

③管线安装。

电焊机焊把线和接地线、高压清洗机水管、废气排放管路和阀、冲洗水管、呼吸气管、高压气管。

④人员进出仓。

严格按照我国《空气潜水减压技术要求》(60m阶段潜水减压表)和集团公司《盾构带压进仓作业工法》(工法编号:GZSJGF07-06-07),结合海军潜水作业人员常用加减压方案,并根据人员身体素质、工作时间等因素制定人员进出仓作业加减压方案,加减压时的压力梯度为30kPa,加压时密切关注人员舱内人员身体反应情况,如有不适,及时按照减压方案出仓,更换不良反应人员后重新组织进仓。减压过程不能过快,应严格按照制定的减压表执行。

拆除人舱备用接口,连接相应管线、接头、阀门及呼吸器(人员进出仓时呼吸系统)。

当人仓压力高于气垫仓压力后,工作人员通过人仓门进入气垫仓作业,进仓作业期间,密切关注仓内压力和送气量的变化情况,当压力变化幅度超过5kPa时,首先将人员撤入人员舱,检查盾构本身的气密性,包括人仓、气垫仓门的密封性,同步检查注浆管路、中盾注脂孔、超前注浆孔、冲刷管等各个管路阀门的密封性,防止因盾构设备本身密封不严而造成漏气。其次再对地层、浆液黏度及相对密度等进行检查,对漏气原因查明并处理后,再继续作业。

⑤仓内压力保持。

仓内压力稳定、可控,供排气平衡顺畅,焊接过程根据仓内空气条件及盾构机补气系统能力合理控制排气阀开度,保证仓内空气流通。一般带压进仓的补气量控制不应超过50%,当补气量大于50%时,进仓人员应立即出仓,然后恢复液位继续保压。

⑥人员防护。

高压下仓内动火作业具有燃烧快、燃烧剧烈的特点,进仓人员不能穿合成纤维衣物,并需佩戴经空气过滤的焊接面罩。人员作业过程中佩戴有减压装置的焊接呼吸面罩,其气源必须是经过净化后的压缩空气。

⑦通气排风盾构刀盘在隧道内高压环境下修复作业过程中,为了有效控制焊接、切割修复过程中的废气和烟尘含量,在盾构机盾体上安装有一废气排放阀和管路,当打开废气排放阀门时,盾构机刀盘舱和气垫舱内的压力会下降,此时压缩空气调节器(即保压系统)会及时向舱内补充压缩空气,保证了在废气排放时刀盘舱和气垫舱内压力稳定。

⑧人员作业过程控制。

a. 随时检查修复工作空间是否存在安全隐患。

b. 随时观察便携式多功能气体监测仪是否报警。

c. 施工人员是否呼吸通畅,不通畅时检查焊接呼吸面罩是否被堵塞。

d. 电焊钳或气刨枪不工作时,通过对讲机告知舱外人员及时关闭电源。

e. 施工人员须经常与舱外人员保持通信联络。

本工法成功应用于北京铁路地下直径线工程。

17.2.6　无门架新型隧道模板台车衬砌施工工法

17.2.6.1　适用范围

本工法适用于铁路、公路、水利、市政等领域中,先施作仰拱、填充,后进行拱墙整体衬砌的隧道工程。

17.2.6.2　工艺原理

无门架新型隧道模板台车,整套模板系统通过八个小臂与底部平台的滑动机构连接,滑动机构通过底部平台侧面的四个油缸实现边模的开合,从而实现立模与收模;该模板台车微调性能好,下部安装有模板台车自动报警装置,通过一套位移传感器控制模板衬砌过程中的位移,可使错台减小,衬砌表面平整度提高;增加了伸缩底模,可使底模与仰拱紧密接触,实现了衬砌不跑模;台车内净空增加,减少了风阻,改善了大直径通风管的穿越条件;底部平台上方为车辆行走平台,台车作业时,支撑在地面,供车辆行走;台车移动时,四个举升油缸将底部平台升起,一并行走。

17.2.6.3　施工工艺流程及操作要点

1)施工工艺流程

具体施工工艺流程如图17-12所示。

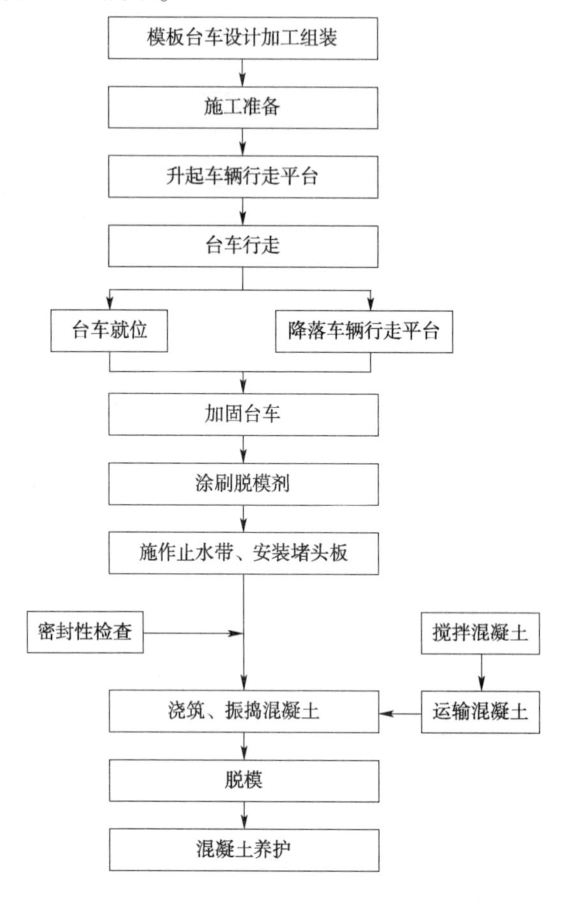

图17-12　施工工艺流程图

2)操作要点

(1)模板台车设计、加工、组装。

无门架新型隧道模板台车,由台车模板总成、底部平台、液压系统、电机控制系统组成。

台车组装时,以前进方向模板为首榀模板,先安装第三榀模板。整体往洞内运输顺序为:基础底架→横移架→第三榀下模板及花架支撑→第四榀下模板及花架支撑→第五榀下模板。待上述安装完毕后再运输第四榀上模板进行安装,然后依次对第六、七、八榀下模板及其上模板进行运输安装。待此侧安装完毕后,将其余模板运至另一侧进行反向安装。

(2)变断面操作。

①变断面方式——弧长变换方式。

当断面改变时,设计衬砌面的弧长也会改变。

模板总成制造好后弧长是不变的,在以往的常规隧道变断面衬砌采用梅花瓣模板方式时,通过加减底模或改变门架的方式来解决模板弧长与断面加大或缩小后的弧长不相等问题。无门架新型隧道模板台车采用加减底模方式,将边模与底模的接缝布置在水沟盖板底部高程线以下,底模通过改变伸缩底模与边墙基础搭接来解决周长改变问题。通过这种设计解决了不拆装结构而又能进行断面变换问题。

②断面变换操作。

当需要适应加宽断面时，去除固定连接杆三角座上螺栓，伸出上展开油缸，待油缸支撑到位，旋转三角座，使另一面螺栓孔与下模板上螺栓孔对齐，栓接完毕，则上下模板发生适当旋转位移，即可适应加宽断面状态。调整完毕后，上、下模板仍为一整刚体，此时立、收模操作方式与标准断面时相同。

采用上述方式进行断面变换所需要的操作工序比较简单，快速方便，节省时间，降低施工成本。

(3)台车行走前准备。

①台车行走前要检查地螺杆是否旋起，防止损坏螺杆及台车。

②台车行走底模和边模应处于收回状态，防止台车行走时与其他物体发生干涉；横移油缸应处于中间状态，使横移架处于中间可调整位置。

③台车行走前要清理仰拱地面，防止台车到位后出现栈桥无法与地面有效接触、损坏栈桥的现象发生。

④台车行走应清除台车周围的物品，防止行走时刮伤模板表面和碰撞台车。

⑤台车行走前检查台车的电缆线应整理好。

⑥台车行走前要铺放好导轨，枕木铺设完成后，导轨的铺设要严格关于隧道中线对称，防止中线偏移过大，而使横移架难以满足台车中线的调整需要。

(4)台车行走。

在台车行走的过程中要密切观察台车是否与其他物体发生碰撞，电缆线拖动是否顺利，导轨是否发生倾斜，以防止事故发生。一旦有问题出现，要立即停车，将问题排除后再进行行走。如果导轨倾斜严重，要将台车退回，将导轨摆正后再进行移动台车，以防止导轨翻转的情况发生。

(5)台车就位前的准备。

在台车就位前要清除台车表面黏附的混凝土块，并均匀涂上脱模剂，以防止影响脱模及衬砌的表面质量。

(6)台车就位。

就位时，先就位台车的后端面，再就位台车的前端面，两个端面的就位方法相同，所以这里就介绍后端面的就位过程。

首先要将模板的中线与隧道的中线对齐。均匀升起四个升降油缸，将台车升起使模板的最高点与上环衬砌的最高点相距大约5cm左右，然后通过横移油缸调整模板台车，使模板台车的中线与隧道中线对齐。其次将边模展开，将中心线对齐后，伸出边模油缸，将两侧边模推到距上次衬砌面约7cm的地方，根据观察搭接模与衬砌间的缝隙，对模板进行进一步的调整，消除模板与衬砌间的缝隙。最后展开底模，将伸缩底模拉出即完成就位。

测量组配合衬砌班组进行模板台车就位，其中线、高程、断面尺寸和净空大小必须符合设计图纸要求。

(7)加固台车。

为保证台车在浇筑混凝土时油缸基本不受力，就位完成后要对台车进行加固。将底部螺杆向下旋紧，保证底部螺杆与地面有效接触。安装边模丝杆，将边模固定，然后安装底模丝杆。安装完成后，要多次反复旋紧各丝杆，以保证每个丝杆都要旋紧。

(8)浇筑混凝土。

拱墙二次衬砌采用无门架新型隧道模板台车、混凝土搅拌运输车运输、泵送混凝土灌注，振捣器捣固，堵头模板采用木模。灌注混凝土时两侧要尽量均匀灌注，振动棒振捣。当混凝土高度达到第一个作业窗的位置时，开启辅助振动器，振动器要间断开启，且每次开启时间不宜过长，应控制在30s

以内。当混凝土注入高度达到边模与顶模铰接位置时,振动器开启时间可根据需要适当延长。

(9)脱模。

脱模时,要先拆除边模丝杆及底模丝杆,然后将升降油缸的螺杆旋下,将顶部的抗浮螺杆旋下。之后收起底模,将边模收回,缓慢降下升降油缸进行脱模,当脱模完成后,将底部螺杆旋起,并将横移架移动到中间位置,为下次就位做准备。

本工法成功应用于云桂铁路云南段站前工程Ⅰ标富宁隧道、南广铁路五指山隧道和贵广铁路同马山隧道。

17.3 路基工程新工法

对于铁路、公路、机场和坝体等诸多填筑工程而言,在填料一定的情况下,如何进行压实质量控制是该领域关注的重点。随着信息技术和计算机技术的发展,提出了路基填筑施工质量智能控制施工工法,该工法通过定位技术、传感技术、网络通信技术和计算机技术,实现了施工信息的实时采集和分析,施工管理者可用在办公室对路基填筑施工进行实时监控。

高速铁路和公路的大规模建设促进了中国地基处理技术的快速发展和提高,特别是软土的复合式地基处理技术取得了丰硕的成果,如开发的深厚松软土地区新型长短桩施工工法,利用刚性长桩与刚性或半刚性或柔性短桩相结合对地基进行的综合处理,可分别发挥其各自特点;变截面挤密螺纹桩施工工法是将长螺旋 CFG 桩和大截面搅拌桩设备进行技术改造,降低回转速度,增大回转扭矩,增设向下的加压力和起拔力,开发专用挤土钻具,实现长螺旋桩机的挤土功能而形成的一种变截面挤土桩。新开发的复合式地基处理工法在保证处理效果的前提下,达到了方案合理、节约资金、缩短工期的目的。

铁路沙害的防治是我国沙漠化防治中的主要组成部分,本着“因地制宜、因害设防、先易后难、重点突出、固阻结合、工程措施与植物措施相结合”的原则,提出了风沙地区铁路沙害综合治理施工工法,在风沙防治方面取得了较为理想效果,无论是在半干旱地区还是在干旱地区都有卓有成效的铁路治沙范例。

17.3.1 路基填筑施工质量智能控制施工工法

17.3.1.1 适应范围

本工法适用于各种铁路、公路等建设工程中土石方的填筑施工。

17.3.1.2 工艺原理

智能压实过程控制系统的应用原理(图 17-13)主要是:通过 GPS 定位来实现压实机械的走行轨迹控制,实现有效碾压;通过智能系统中设定的目标压实质量控制参数和实时采集到的参数比较,实现压实质量的实时获取。

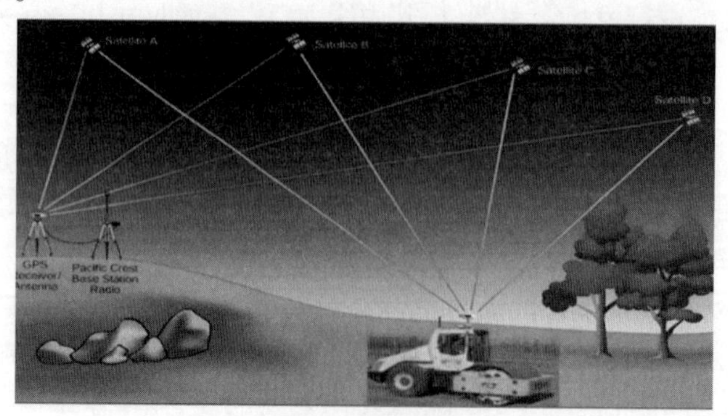

图 17-13 智能压实过程控制系统原理图

17.3.1.3 施工工艺流程和操作要点

1)施工工艺流程图

具体施工工艺流程如图17-14所示。

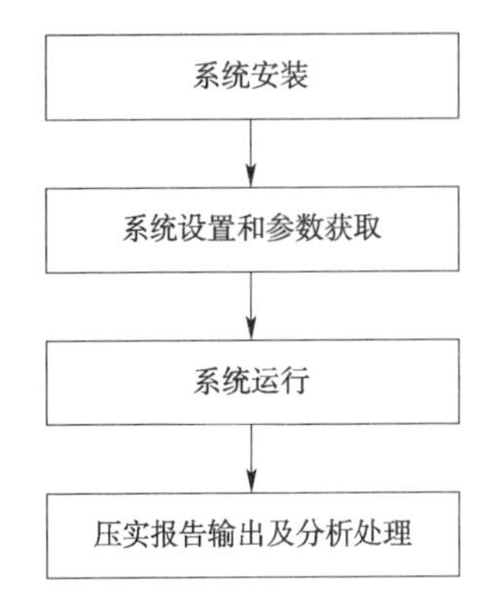

图17-14 智能压实过程控制系统工艺流程图

2)操作要点

(1)系统安装。

智能压实过程控制系统的安装包括基准站组件和振动压路机组件两大部分。

①基准站组件分为半永久性和临时性两种。其安装要求包括如下方面。

a.接收机安置的位置应确保信号能从各个方向全面覆盖施工现场。这对大型工程尤其重要,如大型工程的基准站电台播发范围不均匀,将限制GPS系统的工作。

b.GPS天线安置的位置应确保天线从各个方向对天空都有空旷清晰的视线。不宜安置在竖直建筑物或竖直物体旁边,例如:楼房、深沟、塔或枝叶浓密的大树。

c.GPS和电台天线应放在尽量高的位置,以便减小周围区域引起的多路径,确保电台播发最远的距离。

d.确保GPS接收机不中断电源。GPS接收机配有内置充电电池。为了使基准站全天不中断电源,应提供外接电源。

②振动压路机组件包括压实传感器、接收机、光棒、数传电台、控制箱、打印机。其安装要求包括如下方面。

a.压实传感器测量和记录压轮的振幅和频率,其内部的固态微处理器,实时处理钢轮采集的数据信息,生成可以反映压实度值,引导机手对道路压实状况实时监控。压实传感器安装在压轮中心位置。

b.接收机集成GPS等信号接收定位功能于一体,设计需考虑便携、灵活,即使在严酷的施工环境下仍可提供高精度的定位信息;接收机安装在机顶。

c.光棒LED灯泡发光的颜色和个数,对应实际施工数据与设计数据的偏差。安装的方式表明了相应位置的引导信息,垂直安装的光棒对应垂直方向上压轮高程偏差信息;水平安装的光棒对应压轮引导点相对于水平引导线的偏差信息。光棒宜安装在驾驶室内部前风窗玻璃上。

d.数传电台要求坚固耐用,可实现双频段的无线数据通信,接收基站传递的差分信号传递给控制箱,解算后实现差分定位。数传电台安装在机顶,便于电台信号接收。

e.控制箱配备了强大的应用软件,符合人性化应用的用户界面。实时显示压路机动态位置状态和路基压实情况,引导驾驶员精准施工。控制箱安装在驾驶室里面,便于操控。

f.为便于施工管理,系统配置了外置打印机,每次施工完成后可将施工区域碾压状况及时用热敏纸进行打印。

(2)系统设置(导入数据)。

根据系统的使用说明文件,由测量人员将施工图提供的平纵曲线的设计参数以及标准横断的设计尺寸,通过手动输入建立坐标系统文件,然后再次导入系统自带的三维成图软件。系统运行时,控制箱中的视频界面可以三维空间的形式实时显示当前压路机所在位置。

(3)参数获取(目标CMV采集)。

目标CMV是指,通过压路机振动轮上加装的加速度传感器,实时记录振动时路面反弹的硬度计算出来的数值。智能压实过程控制系统是指,通过CMV值来控制压实质量的,在实际应用中,由于受填料类别、层厚、含水率、压路机型号等因素影响,导致智能压实系统采集的平均CMV值均不同,因此必须有针对性地按照填料类别及压路机的规格等因素,确定不同的目标 CMV 值。

(4)系统运行(施工控制)。

①碾压厚度。

根据同填料的填筑工艺试验确定的参数,在系统中设定填筑厚度。

②碾压遍数。

为直观地反映整个路基表面的碾压遍数,系统可自动生成压实遍数平面视图,碾压遍数是根据 GPS 定位获得,操作手通过显示屏界面简单而准确地获取碾压信息。

③碾压速度。

根据工艺试验经验,最佳碾压速度为 2.5 ~ 4km/h。

④薄弱区处理。

系统运行过程中,控制箱实时显示压实度信息,当前压实状态通过不同的颜色对 CMV 值进行标识,以此直观地反映当前整段路基的压实程度,使机手有针对性地进行补压,从而有效地避免了施工过程中人为因素造成的过压、欠压及漏压现象。

(5)压实报告输出及分析处理。

碾压结束后,关闭数据记录开关。打印现场碾压报告,现场碾压报告中包括碾压起始、结束桩号,碾压层数、遍数统计,分层填筑厚度统计,压实度(CMV 值)统计等内容。

通过使用 GPS 流动站或者全站仪找出系统报告中筛选出的 CMV 值薄弱点,试验人员在薄弱点上进行常规检测,如检测结果达到设计标准,则反映整个作业面压实质量符合设计规范要求。如仍低于设计值,应分析和查明原因并进行针对性处理。

本工法成功应用在新建兰新铁路第二双线甘青段 12 标。

17.3.2 高速铁路深厚松软土地区新型长短桩施工工法

17.3.2.1 适用范围

该工法适用于高速铁路路基工程深厚松软土地基加固处理。

17.3.2.2 工艺原理

采用 CFG 桩结合素混凝土桩的长短桩,其中素混凝土桩桩径 0.6m,桩长 31 ~ 35m;CFG 桩桩径 0.5m,桩长 25m;两种桩组合桩间距 2.5m,按正方形间隔布设。该方法通过长桩达到控制沉降,短桩协调变形,提高了地基承载力,降低了路基沉降,同时可起到减少桩土效应的目的。

17.3.2.3 施工工艺流程及操作要点

1)施工工艺流程

施工准备→CFG 桩施工→素混凝土桩施工→开挖、截除桩头→桩基检测→碎石垫层施工→筏板施工。

2)操作要点

(1)长螺旋成孔管内泵压混合料 CFG 桩施工。

①钻机就位。

CFG 桩钻机就位后,应用钻机塔身两个方向的垂直标杆检查塔身导杆,确保 CFG 桩垂直度容许偏差不大于 1%。校正位置,使钻杆垂直对准桩位中心,桩位偏差不大于 5cm。

②混合料搅拌。

混合料搅拌要求按配合比进行配料,计量要求准确,拌合时间控制在 120s。坍落度控制在 160 ~ 200mm。

③钻进成孔。

钻孔开始时,关闭钻头阀门,向下移动钻杆至钻头触及地面时,启动电动机钻进。一般应先慢后快，这样既能减少钻杆摇晃，又容易检查钻孔的偏差，以便及时纠正。在成孔过程中，如发现钻杆摇晃或难钻时，应放慢进尺，否则较易导致桩孔偏斜、位移，甚至使钻杆、钻具损坏。钻进速度控制为1.5～2m/min。当钻头到达设计桩长预定高程时，在动力头底面停留位置相应的钻机塔身处作醒目标记，作为施工时控制孔深的依据。当动力头底面达到标记处桩长即满足设计要求。施工时还需考虑施工工作面的高程差异，作相应增减。

④灌注及拔管。

CFG桩成孔到设计高程后，停止钻进，开始泵送混合料，当钻杆芯充满混合料后开始拔管，严禁先提管后泵料。成桩的提拔速度控制为2～2.3m/min，成桩过程宜连续进行，应避免因后台供料慢而导致停机待料，施工中每根桩的投料量不得少于设计灌注量。

⑤移机。

当上一根桩施工完毕后，钻机移位，进行下一根桩的施工。施工时由于CFG桩的土较多，经常将临近的桩位覆盖，有时还会因钻机支撑时支撑脚压在桩位旁使原标定的桩位发生移动。因此，下一根桩施工时，还应根据轴线或周围桩的位置对需施工的桩位进行复核，保证桩位准确。

(2)长螺旋挤压入岩钻机素混凝土桩施工。

①钻机就位。

钻机就位后，应使钻杆垂直对准桩位中心，现场利用塔架上两个方向的垂直标控制垂直度。每根桩施工前现场技术人员进行桩位对中及垂直度检查，检查合格后方可开钻，记录好桩位偏差和垂直度。

②钻进成孔。

钻孔开始时，关闭钻头阀门，向下移动钻杆至钻头触地时启动电动机钻进。先慢后快，同时检查钻孔的偏差并及时纠正。在成孔过程中发现钻杆摇晃或难钻时，应放慢进尺，防止桩孔偏斜、位移和钻具损坏。钻孔到达设计高程后报监理工程师确认后才能终孔。

③混凝土搅拌、运输。

混凝土搅拌采用集中拌和，按照配合比进行配料，每盘料搅拌时间控制为120s，混凝土坍落度控制为180～220mm。运输采用混凝土罐车运输到施工现场。

④泵送混凝土及拔管。

钻孔至设计高程后，停止钻进，泵送混凝土直到钻杆芯管充满混凝土后开始拔管，并保证连续拔管，混凝土的泵送量与拔管速度相匹配，混凝土灌注过程中应保持混凝土面始终高于钻头面40～50cm，拔管速度控制为1.5～2m/min。每根桩的投料量不小于设计量，施工桩顶高程应高出设计桩顶高程40cm。

⑤移机。

混凝土达到控制高程后移机进行下一根桩的施工。

(3)开挖、截除桩头。

长短桩施工结束后，采用人工配合小型挖掘机进行桩头开挖，采用专用机械切割将超出桩顶高程的桩头截除，桩顶允许偏差±50mm。

(4)桩基检测。

采用低应变、钻孔取芯等方法进行桩身质量检测，采用载荷试验的方法进行单桩或复合地基承载力检测。

(5)碎石垫层施工。

桩基检测合格后，采用人工配合小型挖掘机填碎石垫层，碎石铺设应采用倒卸法进行施工，从一端开始向远端推进，挖掘机行走在已填筑完成的级配碎石上面，严禁挖掘机在基坑内行驶，松铺系数取1.15。当碎石垫层填筑完成后，人工进行大面补平，然后采用8t的压路机静压密实，顶面压实质量应满足$K30\geqslant130$MPa/m、孔隙率$n\leqslant31\%$、压实度$k\geqslant0.92$、$Evd\geqslant35$MPa。垫层材料采用级配良好且不易风化的碎石,最大粒径不宜大于30mm。

(6)筏板施工。

钢筋在加工场集中预制,钢筋接长采用闪光对焊,现场绑扎成型。由于钢筋直径较小,无法承受绑扎时的施工荷载,每隔5排左右,设置加强钢筋,加强钢筋与上下层钢筋焊接成整体,加强钢筋间距按60cm布置,上下层钢筋网片绑扎完成后,再绑扎箍筋。

钢筋绑扎完成,经监理工程师检查合格后关模。模板采用定型模板或组合钢模,模板之间连接牢固,外侧脚手架支撑稳固。

沉降缝沥青木板用钢筋固定,1m左右增设垫块固定在钢筋上。

混凝土供应应及时,避免混凝土浇筑面出现施工缝。混凝土由拌和站集中供应,混凝土罐车运至施工现场,泵车泵送入模,插入式捣固器振捣密实,水平尺配合刮尺收面,人工抹面平整,进行拉毛处理。

本工法成功应用于郑徐铁路客运专线永城北站路基试验段软基加固施工。

17.3.3 变截面挤密螺纹桩施工工法

17.3.3.1 适用范围

本工法适用于多雨地区的水田和旱田。地形平缓,可适应较为坚硬的黏土、粉质黏土、粒径小于20cm的沙砾层、强风化岩层等,地层的适用范围较广。

17.3.3.2 工艺原理

变截面挤密螺纹桩钻机主要由机身、导向架、旋动电机、主动钻杆、成孔钻头及行走系统组成,整套系统与CFG桩钻机相似。变截面挤密螺纹桩是在原CFG桩和大截面(≥1m)搅拌桩施工机械的基础上进行技术改进,降低回转速度,增大回转扭矩,改进操控系统和加压装置,通过设计一种挤密钻具等实施完成的。

根据土体附加应力分布特性,将桩身设计为变截面螺纹的结构形式,利用桩身不同截面的桩体挤密,使桩体与桩周土共同受力,形成复合地基,成孔螺纹可增加桩身的粗糙度,加大桩身的侧摩阻力。

17.3.3.3 施工工艺流程及操作要点

1)施工工艺流程

具体施工工艺流程如图17-15所示。

2)操作要点

(1)施工准备。

施工前场地具备三通一平,即通水通电通路和场地平整,将施工区域原地表清表后,用推土机进行平整,用压路机进行压实,确保长螺旋钻机进场组装调试和正常工作。如施工范围地势低洼积水,应先清除淤泥后采用渗水土进行填筑找平,在桩基范围最外侧开挖排水沟进行降水。

(2)施工放样。

根据设计文件,绘制桩位平面布置图,根据布桩图计算出四角边桩桩位中心坐标,用GPS(全站仪)进行施工放样,然后用大钢尺放出其他变截面挤密螺纹桩中心位置。为保证放出的变截面挤密螺纹桩桩位不丢失,先用钢钎打点,在各个桩位插上竹签并撒上白灰作标记点。

(3)钻机就位。

据设计要求测设桩位,经复核确认后,定出桩位点,钻头与桩位中心点位偏差不大于50mm,就位前用钢尺进行桩位复核,为保证变截面挤密螺纹桩位偏差在允许的范围内,技术员必须全过程旁站。

桩机就位,应用钻机塔身的前后和左右的垂直标杆检查塔身导杆,校正位置,调整机身,使桩机保持水平,钻杆呈垂直状态。钻头对位后调平桩机机台,精确对位。采用吊垂法,事先已在导向杆上刻有“十”字标记,掉线与导向杆上的“十”字垂直。使钻杆垂直对准桩位中心,确保变截面挤密螺纹桩垂直度不大于1%。

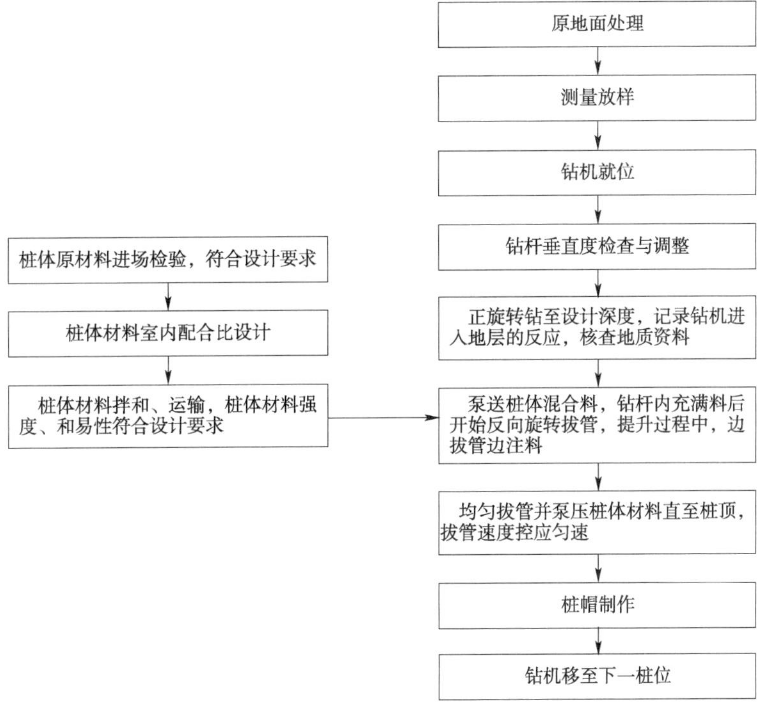

图17-15 施工工艺流程图

(4)钻进成孔。

钻孔开始时,关闭钻头阀门,向下移动钻杆至钻头触及地面时,启动电动机钻进。先慢后快,同时检查钻孔的偏差并及时纠正。在成孔过程中,发现钻杆摇晃或难钻时,应放慢进尺,防止桩孔偏斜、位移及钻杆、钻具损坏。长螺旋改装钻机匀速钻进,当1m直径叶片底部嵌入土层0.4m时,拔掉叶片顶部的插销,使其固定于地表土层。钻机钻进电流值保持为90~150A,钻机钻速为0.6~1.2m/min,孔内土体向四周挤密。

当进行钻头钻进时,钻头摇晃相对较大,电流表电流值突变到160~180A,代表钻进至设计孔底持力层,同时根据钻塔上标记控制钻进深度,继续钻进进入硬土层1m后即可停钻,可认为达到设计要求。并报监理工程师和设计部门确认。取土样确认地质情况,首批和有代表性的桩,设计院应派专人到现场确认。

①孔上端成孔:正向回转向下钻进,先小截面钻头钻进至1m后,随即与大截面(桩帽)钻头呈阶梯状同时向下钻进,至大截面(桩帽)段的设计孔深后暂停回转。

②解锁:反向回转钻杆约1/2~1周,使键式离合装置(桩帽钻头)解锁,大截面(桩帽)钻头与小截面钻头轴向分离,而大截面钻头停留在(桩帽)大直径桩孔处。

③小截面成孔:小截面钻杆正向继续向下钻进,直至设计桩深,形成挤密变截面柱状裸孔。

④提升挤压螺纹:裸孔完成之后,采用反向回转并提升,在反向回转及提升速比同步作用力下,螺牙偏心凸轮切点与土体摩擦,呈开合角度自动张开,螺牙偏心凸轮呈螺旋形式挤压土体形成螺牙,当小截面钻杆提升至大截面时,与大截面(桩帽)钻头的键式离合装置结合共同反向回转,大截面钻头的偏心凸轮打开,挤压螺纹(共同提升至桩顶高程)。

⑤提升灌注混合料成桩:与工序④回转提升速比同步,挤压螺纹的同时,由钻杆内及时泵送混凝土充填成桩。

(5)灌注及拔管。

利用钻杆螺纹正向螺旋的特征,使桩孔土体不断地向桩周挤压,使桩孔得到充分的挤密,形成变截面柱状裸孔。特殊设计的大、小截面螺旋钻杆下端的1个螺距导程内,分别安装有3组对称的螺牙偏心凸轮,当正向旋转钻进时,螺牙偏心凸轮处于闭合状态;之后采用反向回转,螺牙偏心凸轮切点与土体摩擦,呈一开合角度自动张开,在反向回转及提升同步作用力下,螺牙偏心凸轮呈螺旋形式挤压土体形成螺牙,回转提升同步则采用额定低转数工况下,用调速电机控制提升速度,同时由钻杆内泵送混合料充填成桩。

灌注前,试验人员对拌和料进行坍落度检查,成孔至设计深度后,现场指挥员应通知钻机停钻提升钻杆30cm,使钻头滑瓣打开,并同时通知泵工开始灌注混合料并保持连续灌注,此时桩径为0.5m。提升至距离桩顶0.4m处时,提升嵌入表层土层的0.5m钻头,边提升边灌注混凝土直至桩顶,变截面在距离桩顶0.4m处,桩径由0.5m变成1m,形成上大下小的现象。

灌注混合料至桩顶时,应保持桩顶设计高程±20cm,以保证符合设计桩帽顶高程要求(要严格控制桩顶高程,控制在±20mm)。钻机操作手和泵工密切配合,根据泵入混合料量控制提钻速度,保证钻头矛尖始终埋在混合料中1m左右,以防断桩。混合料达不到桩头设计高程时,应及时处理,将泵管插入混合料下面50cm处补料,并振捣密实。灌注完毕后,由工人采用定型模具压制桩帽成型。

(6)关闭地泵。

注入适量清水,开启地泵并注水,清洗管路中残存的桩体材料。

(7)移机。

当上一根桩施工完毕后,钻机移位,进行下一根桩的施工。施工时应根据轴线或周围桩的位置对需施工的桩位进行复核,保证桩位准确。

(8)钻进操作技术参数。

钻进速度:0.6~1.2m/min,转速10r~20r/min。提升速度:1.5~2.8m/min,转速6r~18r/min。混合料灌注泵送压力:6~9MPa。钻杆与钻具中心线平行度偏差:≤20mm。钻杆与地面垂直度偏差:≤1%。钻机电流控制参数:钻机钻进电流控制在90~150A,到达持力层时终孔电流为160~180A。混合料坍落度:180±20mm。

本工法成功应用在成昆铁路峨眉至米易段扩能工程EMZQ-12标段。

17.3.4 风沙地区铁路沙害综合治理施工工法

17.3.4.1 适用范围

应用于风成沙在风力作用下侵蚀、搬运、堆积形成的典型风积、风蚀地貌;铁路、公路沿线或建筑周围,需采取措施进行风沙防护的地段;对风沙地区沙源进行固沙、阻沙及风沙导向的地段。

17.3.4.2 工艺原理

根据风沙流的运动规律,固沙沙障不必很高,增加地表粗糙度可降低近地面风速,促进堆积;根据防风固沙的防护宽度,10~20m高的沙丘最大年前移量为7m;根据植物固沙功能选择黄柳、小叶锦鸡儿、山竹子、白柠条、沙打旺等活体固沙材料。

17.3.4.3 施工工艺流程及操作要点

1)施工工艺流程

铁路风沙防治技术措施包括工程措施和生物措施两大类,其主要效用是固沙和阻沙。工程措施:清沙、高立式阻沙沙障、底立式阻沙沙障、平铺式砾石沙障。生物措施:丘间低地造林、树枝活体沙障、固沙植物。

2)操作要点

(1)工程措施。

①清沙。

沙丘与路基距离小于8m处需要清沙。沙丘附近有低洼地的直接将沙子填到低洼地;清沙量较大（>10000m^3）、附近没有低洼地的将沙子搬运至路基右侧 30m 处（以防止夏季西南风又将沙子回吹到路基上）；清沙量较小于 10000m^{3}的直接将沙子回推，平整。

②整平。

用铲运机和推土机等清运工具把沙子就地推平，平均推平深度 0.5m。

③路堑顶砌筑挡沙墙。

路堑迎风侧自堑顶外侧 25m 处，设置一挡风挡沙墙。挡沙墙高 1.9m，其中埋深 0.4m，顶宽 0.5m，底宽 0.6m，填埋部分不再放坡，用浆砌片石砌筑，迎风侧直立。

④路堤坡脚处埋设防沙帐。

在距路基坡脚 2m 位置设置第 1 道防沙帐，防沙帐布设高度 1m 左右，立柱间距 3m 左右，第 2 道防沙帐在距第 1 道防沙帐 10～15m 处进行布设。

⑤低立式草方格沙障。

草方格沙障在沙丘上总体呈网格状分布，单个草方格的一个行带与主风向垂直。采用 1m×1m 草方格以达到最佳固沙效果。

⑥平铺式砾石沙障。

相对于草方格沙障，平铺式砾石沙障造价略高，但固沙更加长久。砾石沙障多用于低洼和平缓地段，因这些地段多为风蚀区，能提供源源不断的沙物质。由于地表坚硬，这些地段难于扎设草方格。考虑施工的操作性，多在离铁路线近段设计砾石沙障。

⑦高立式死体沙障（条笆沙障）。

在设置沙障位置每隔 2m 挖 1 个 40cm×40cm×80cm 坑，将长 2m、直径 6～10cm 的木杆埋实；然后在设置沙障位置开挖深 10～20cm 沟槽，将长 2.2m、高 1.2m 的条笆竖直摆放在沟槽中，并用柳条对条笆加固，用铁丝将柳条绑在条笆上，覆土，埋实；用铁丝将条笆固定在木杆上，并用 2 道 16#铁丝沿水平方向将条笆加固，沙障的行距 2m。

⑧平铺式条笆沙障。

将 2.2m×1.2m 的条笆在沙坡上从上到下连续的铺设，在每片条笆的 4 角用长 1m、直径 6～10cm 的木杆固定。

(2)生物措施。

①活体高立式沙障（黄柳沙障）。

由于固沙带外围存在流动沙丘，沙丘和风沙流能对固沙段造成风沙危害，因此在固沙带外围设立高立式沙障阻截外来流沙。因为活体沙障有随沙埋自行长高的特性，所以在固沙带前沿设活体高立式沙障阻沙。在沙障位置挖深 40～50cm 的沟槽，将长 120cm 以上的黄柳枝条梢端朝上、基端朝下密集、均匀地摆放在沟槽中以形成栅栏式障体，覆土，踏实，行距 2m。

②活体高立式沙障（白柠条沙障）。

高立式活体沙障起降低风速、阻截外来流沙的作用，设在平坦的滩地，与草本固沙带共同形成阻沙、固沙体系。在沙障位置挖 30cm×30cm×30cm 的穴，将两株白柠条放在穴中，覆土，踏实。行距 2m，株距 0.5m。苗木大小为 30～40cm 的Ⅰ级苗木，地经≥3mm。每坑栽植 2 株幼苗，每坑每次浇水 2kg。

③植物固沙。

播种固沙植物是实现沙丘长期固定的最有效方法。播种方法有两种，直播和植苗。直播施工方便，但见效慢，受降雨限制。植苗见效快，可人工浇水，但施工复杂，造价相对高。撒播种子一般为沙蒿、小叶锦鸡儿和山竹子。沙蒿生长快，适于直播，但在沙面固定后衰退快。小叶锦鸡儿和山竹子生长慢，适于栽植，但种群维持时间长。混用沙蒿和小叶锦鸡儿或山竹子可以实现缓速结合、长短结合，能快速、长久地固定流沙。

无沙障保护段及柳笆沙障间播种固沙植物,先播沙蒿,后混播小叶锦鸡儿和山竹子,播种时间为每年6~7月份雨季。在石质山坡顶刨株行距0.5cm×0.5cm、深3~5cm的穴,然后播种小叶锦鸡儿和山竹子,覆土,踏实。穴播小叶锦鸡儿和山竹子3.0kg/亩,小叶锦鸡儿和山竹子种子重量比为2:1。

植坑,将后一坑的土填入前一坑栽植苗木。坑深和大小视苗木大小确定,以埋土至苗木颈部稍上为宜,埋后踏实。苗木大小为30~40cm的Ⅰ级苗木,地经≥3mm。每草方格内一坑,每坑栽2株幼苗。不浇水。平均每平方米2株,苗木损失量按10%计算。

混播沙打旺和山竹子,先整地后播种,在播种前需深耕细耙,整平地面。播前种子需清选,清除杂草。采用条播,行距30cm,覆土厚度1~2cm为宜。一般采用沙打旺和山竹子夹于两白柠条活体沙障之间的操作模式。沙打旺和山竹子种子3.0kg/亩,沙打旺和山竹子种子重量比2:1。

④营造片林。

片林的主要作用是阻挡沙丘前移,实施地段为地下水位浅的丘间低地。在浇水条件下,用杨树大苗造林能获得很好的造林成活率,树木生长良好。挖0.5m×0.5m×0.6m坑,将苗木放于坑中央,填土至坑的1/2时,稍提一下苗木,然后踏实、填土,再踏实、再填土,即“三埋两踩一提苗”。栽植后足量浇水,并在旱季补水。株行距2m×2m,每穴1株苗木。

(3)风沙防护体系的配置。

针对灾害程度和灾害类型差异,可在不同路段设计不同的风沙防治体系,既美观,又达到风沙防治的目的。几种单项防治办法,可单独使用,也可配合使用,生物种子可以撒播一种,也可以混播几种。

(4)附属设施。

①围栏:在项目区设置围栏围挡,间距3m,埋设断面为10cm×10cm的C20钢筋混凝土方桩,高2.0m,埋深0.6m,地面以上外露1.4m。围栏网线(直径2.6mm)用8#铅丝绑扎其上,防止人为破坏或牛羊等牲畜践踏。

②打井:为保证固沙植物的成活率,需在铁路沿线大面积固沙区新建机井,配备220V电源(或发电机)、水泵、泵房等设施。

本工法成功应用于内蒙古锡林郭勒白音华煤电有限责任公司和内蒙古白音华蒙东露天煤业有限公司在赤大白铁路K320.2~K320.8段和K326.9~K328.5段以及白音华2号和3号矿区铁路专用线。

17.4 四电工程新工法

我国电气化铁路建设发展迅速,不可避免会遇到高压输电线路施工跨越已经运行的电气化高速铁路,其施工难度大、要求高,又必须在夜间施工,出了安全事故后果不堪设想,在实践中提出了超高压电力线路跨越电气化铁路改造施工工法。

现代高速铁路绝大多数采用电力牵引方式,而接触网是电气化铁路牵引供电系统中唯一无备用供电的设备,其运营状态的好坏直接关系电气化铁路的运营安全和经济效益。由于高速接触网的技术要求较高,为了保证施工的精度,必须在施工前对相关的施工参数进行准确的参数计算,对装配结构进行预装配工作,在高速接触网施工中应实现施工作业工厂化、标准化,简化现场作业内容,缩短现场作业时间。在学习和引进国外新技术、新材料、新结构的同时,广大工程技术人员自主研发了许多接触网施工的新工法,如接触网整体式腕臂及刚性绝缘吊弦施工工法、地铁高架柔性接触网“双线并架”施工工法、高速铁路接触线恒张力架设施工工法等,从而提高了接触网施工效率、精度和质量,保证了列车的运行安全。

以往光缆线路割接采用中断业务方式进行,各项通信业务必须在光缆接续后才能恢复,这样在规定时间段内信息业务大量损失,给诸多行业运行造成了很大不便。目前,话音、数据、多媒体等综合业务急骤增加，对于通信技术要求的不断提高，保障通信业务的正常运作成了重中之重，断缆割接无法满足及时、畅通、高效的信息化要求，为此采取了光缆带载割接施工工法。

针对传统铁路信号设备安装存在的问题，开发了基于 BIM 技术的地铁应答器安装工法，同时引用了 BIM 的三维可视化、应答器虚拟安装、过程材料精确使用提取等技术，实现了铁路信号设备管理的可视化、信息化和智能化，有效降低了设计、施工、检修难度，在一定程度上改变了现有落后的地铁应答器安装方式，提高了地铁通信信号设备安装的智能化水平。

17.4.1 超高压电力线路跨越电气化铁路改造施工工法

17.4.1.1 适用范围

本工法适用于超高压电力线路跨越电气化铁路，特别是繁忙铁路干线或大型电气化铁路站场进行的改造施工。

17.4.1.2 工艺原理

跨越架架体根据既有电气化铁路的高度、宽度、电力线路与电气化铁路交跨的角度，确定架体的具体长度、高度及宽度，同时根据确定的架体长、宽、高再确定架体拉线、斜拉杆及剪刀撑的数量。根据电力线路线条间距及电力线路与电气化铁路交跨的角度，确定封顶网的宽度，选择结实的封顶网材料，并注意封顶网网孔大小。

17.4.1.3 施工工艺流程及操作要点

1)施工工艺流程

具体施工工艺流程如图 17-16 所示。

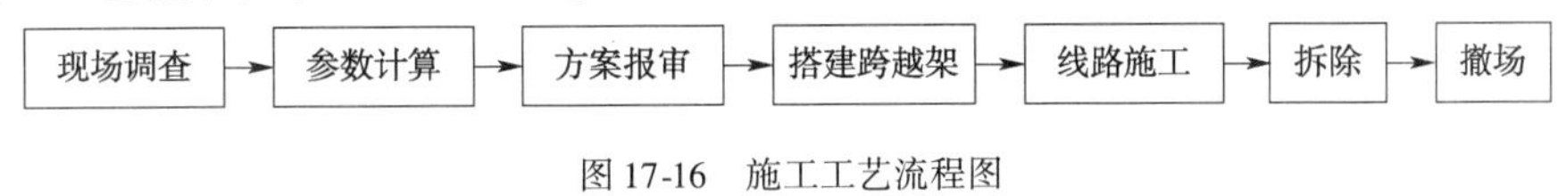

图 17-16 施工工艺流程图

2)操作要点

(1)技术准备。

①现场调查。

现场实地调查如下数据：测量轨面距离原地面的高差 Hg，接触网承力索距轨面的高度 Hx，查阅资料或测量超高压电力线路两边相导线间的垂直距离 b，测量电力线路与铁路交叉角度 Φ。

与当地供电段或维管段取得联系，弄清楚跨越处涉及的接触网供电单元；与当地工务段取得联系，核对跨越处铁路线路名称及里程。根据现场调查数据，建立数据汇总表。

②参数计算。

根据现场调查数据，进行分析总结，选取最优的跨越架的搭设形式及封顶绝缘网规格，并进行相关搭设参数计算。根据技术的搭设参数进行稳定向及安全型的校验分析，是否满足现场施工需求。

a. 跨越架搭设参数计算。

跨越架搭设的长度 $B \geqslant [2(Zx+1.5)+b]/\sin\Phi$；跨越架搭设的宽度 $W=(N-1)\times w$；跨越架搭设的高度 $H \geqslant f+\triangle H+h+Hx+Hg$；跨越架跨越铁路的跨距 $L=L0+L1+L0$。

b. 封顶绝缘网参数计算。

绝缘杆特殊封顶绝缘网的制作方法：采用轻质绝缘材料，两端固定挡环用以防止导线滑落掉入铁路，两端固定 U 形螺丝用以穿入封网主绳（Φ16 迪尼玛绳），绝缘杆采用 Φ8 迪尼玛绳串起来，间距为 $d(d \leqslant \triangle H+h)$。绝缘网的宽度 $Wj \geqslant b/\sin\Phi$，且 $\leqslant B$；绝缘网的长度 $Lj=\sigma \times L/\sin\Phi$；绝缘杆顺封网主绳方向的间距：$d \leqslant \triangle H+h$。

c. 稳定性验算与分析。

计算参数可以通过测量、计算和经验值得出，参数有三类：几何参数、材料参数、荷载标准值。采用 Midas/Civil 2006,建立跨越架三维杆系模型,进行有限元模拟。其中立柱采用梁单元建立,中间层横杆和扫地杆采用桁架单元,顶层横杆和小横杆采用梁单元,剪刀撑采用桁架单元,缆风索采用索单元。

通过计算得出自重荷载的静力计算结果、风荷载标准值的静力计算结果、顶面荷载的静力计算结果、封网拉力标准值的静力计算结果、荷载基本组合的静力计算结果、荷载标准组合的静力计算结果、立杆稳定的屈曲分析结果,并通过计算结果进行稳定性验算分析。

验证和分析跨越架稳定性和封顶绝缘网可靠性,通过计算得出毛竹、缆风索、锚固点等最大受力与其承受的最大受力进行比较,跨越架梁单元最大拉应力分析,桁架单元的最大拉应力分析,单根立杆的屈曲稳定的极限荷载分析,跨越架的水平位移、垂直位移分析等,计算各项指标是否达到施工安全的要求,安全系数是多少,为跨越架稳定性提供理论依据。

③编制完整的可行性施工组织设计,上报路局进行方案评审。根据路局评审纪要修改完善施工方案,与路局相关站段签订安全协议,上报邻近营业线与营业线施工计划。

④根据批复的邻近营业线的安全监督计划,即 C 类监督计划,批复的时间及地点进行施工作业,严禁超范围超时限施工。

(2)进场施工。

①搭设跨越架。

a. 跨越架搭设应由下而上,逐层搭设,逐层加固,并按要求设置拉线。

b. 施工过程中,特别是靠近铁路侧的施工人员要时刻保持距铁路接触网回流线或供电线的安全距离,防止触电事故发生。

c. 搭设过程中,高出地面 2m 以上属高空作业,作业人员应做好高空作业劳动保护。

d. 跨越架搭设到一定高度如接近超高压电力线路的安全距离,须在超高压电力线路停电并设置可靠的接地后方可继续搭设施工作业。

e. 搭设到既定高度后,应在顺铁路方向两侧设置外伸羊角,可有效防止倒下侧滑进入铁路线路内。

f. 跨越架搭设的全过程中,均应有专人驻站和防护,并有领导带班指挥。

g. 跨越架搭设的具体要求可参考《跨越电力线路架线施工规程》(DL/T 5106—1999)。

②架设绝缘网。

a. 封锁施工开始前 1h,驻站联络员进驻既定车站进行登记驻站,在行车登记簿上记录施工内容等事项。

b. 施工命令下达后,应由驻站联络员通知现场施工负责人可以开始施工,并复述施工命令内容及施工命令号。

c. 跨度较小的情况下,可由两侧跨越架上的施工人员将引绳拴上石头等重物同时抛掷到铁路中间进行连接;跨度稍大的情况下,可由射绳枪将引绳由铁路一侧跨越架射至另一侧跨越架;跨度较大的情况下,可借助滑翔机或飞车将引绳由铁路一侧跨越架引至另一侧跨越架。

d. 由一侧跨越架上施工人员拉向另一侧,最终将绝缘网由铁路一侧跨越架拉向另一侧,最后调整驰度,两边进行锚固。

e. 施工结束后,应由现场施工负责人通知驻站联络员,施工已结束,可以正点销记,驻站联络员方可办理行车销记手续。

f. 线路恢复开通后,驻站联络员通知现场施工负责人线路已开通,并复述开通命令号。

③电力线路施工。

a. 封网完成之后,可以进行电力线路施工,或进行架空升高更换导线,或进行架空导线拆除施工作业。

b. 进行电力线路架空导线拆除时,导线应通过机动绞磨或卷扬机带有张力通过跨越架及绝缘网上方，并由尾绳牵引，待导线全部通过铁路时，拆除尾绳，人工回抽引绳，开始下一根导线的拆除。此时，接触网无需停电。

c. 导线拆除的全过程中，均应有专人驻站和防护，并有领导带班指挥，现场盯控施工，以备意外发生随时做好应急影响。

d. 施工时间内，有车通过施工地点时，驻站联络员应提前五分钟通知施工现场防护员，有动车通过施工地点时，驻站联络员应提前十分钟通知施工现场防护员，现场防护员通知施工人员暂时停止作业，待动车通过后方可恢复施工作业。

④撤除绝缘网。

a. 撤除绝缘网的施工办理程序同架设绝缘网。

b. 施工开始后，先由一边跨越架上的施工人员将锚固在跨越架上的绝缘网拆开，由另一侧跨越架上的施工人员回拉，最后引绳通过接触网上方回抽至另一侧。

c. 施工过程中，引绳(迪尼玛绳)由接触网承力索上滑过，为避免引绳拧绞到接触网承导线上，应安排专人进入线路进行应急处理，必要时可以上网处理。

⑤拆除跨越架。

a. 跨越架拆除应由上而下，逐层拆除，并按要求设置临时拉线。

b. 施工过程中，特别是靠近铁路侧的施工人员要时刻保持距铁路接触网回流线或供电线的安全距离，防止触电事故发生；拆除过程中，高出地面 2m 以上属高空作业，作业人员应做好高空作业劳动保护。

c. 施工时间内，有车通过施工地点时，驻站联络员应提前五分钟通知施工现场防护员，有动车通过施工地点时，驻站联络员应提前十分钟通知施工现场防护员，现场防护员通知施工人员暂时停止作业，待动车通过后方可恢复施工作业。

本工法成功应用于杭长客专浙江段 4 标超高压电力线路跨越沪昆线改造施工。

17.4.2 350km/h 客运专线接触网整体式腕臂及刚性绝缘吊弦施工工法

17.4.2.1 适用范围

350km/h 及以下客运专线接触网整体式腕臂及刚性绝缘吊弦安装施工，包括从测量、计算、组配、安装和调整施工的全过程。

17.4.2.2 工艺原理

接触网整体式腕臂结构由腕臂底座、棒式绝缘子、水平腕臂、斜腕臂、承力索座、定位管、定位装置组成，在腕臂底座与 H 型支柱间增加滑道底座。腕臂安装调整到位后，水平腕臂及定位管呈水平状态，定位线夹处接触线底面到定位管中心的垂直距离为 500mm。依据测量得到的数据，并结合导高、拉出值、结构高度等设计参数，软件进行腕臂结构尺寸计算，并绘制腕臂结构工点图。

刚性绝缘吊弦采用直径为 6mm 的磷青铜棒按要求绕制而成，下端压接吊弦线夹，上端通过尼龙套悬吊在承力索上。软件通过测量得到的数据结合导高、导线张力、悬挂自重等设计参数，进行吊弦布置和吊弦长度计算，并绘制吊弦安装工点图。

17.4.2.3 施工工艺流程及操作要点

1)施工工艺流程

具体施工工艺流程如图 17-17、图 17-18 所示。

图 17-17 腕臂安装施工工艺流程图

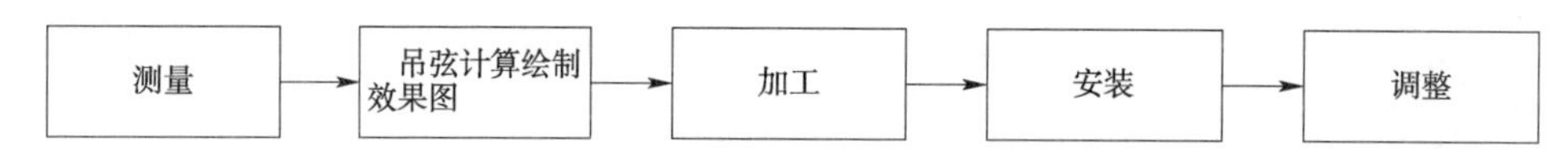

图 17-18　吊弦安装施工工艺流程图

2)腕臂安装操作要点

(1)数据计算。

首先进入软件界面,输入需计算锚段的腕臂测量数据,进入软件的腕臂计算窗口,点击导入需要计算的锚段数据,由软件进行计算并绘图。软件运行完毕后,由接触网专业工程师对腕臂安装的效果图进行检查,查看所作的图形是否符合设计要求和质量规范,是否出现零部件冲突等错误。如果出现上述问题,则需要接触网工程师对安装图进行手动修改。

(2)腕臂组配。

①按腕臂标识号找出同一组腕臂的平腕臂、斜腕臂、定位管,核对其长度、腕臂结构形式与工点图是否一致,检查零件尺寸与现场环境及承力索、接触线型号是否一致。

②斜腕臂与绝缘子连接、平斜腕臂连接、抱箍型定位环安装、承力索座安装、定位管安装、定位装置安装。

③对照工装图调整腕臂预配架上下腕臂底座之间的距离,将腕臂装置安装在腕臂预配架上,检查腕臂安装后的效果。水平腕臂不能低头,定位管与接触线之间的距离满足要求。

④腕臂符合要求后从腕臂预配架上拆下,用铁线将定位装置捆扎牢固,按锚段成组堆放。

(3)腕臂安装。

①腕臂底座安装。

根据工装图上腕臂至可调底座预留孔的距离,安装腕臂底座,施工误差 ±5mm。工装图中特型底座距可调底座预留孔的距离,上底座标的是特型底座上沿距预留孔的距离,下底座标的是特型底座的下沿距预留孔的距离。根据工装图标明的孔位及安装高度,以支柱底部所划的内轨面红线为基准,核对可调腕臂底座在 H 型钢柱上的安装孔位。上腕臂底座预留孔位置核对无误后,安装好上腕臂底座,紧固连接螺栓到标准力矩。安装完毕后用钢卷尺复核上下两特型底座中间的间距是否和工点图一致。

②腕臂安装。

检查腕臂底座安装完好后,施工负责人确定腕臂编号与安装地点相符;升作业台,作业人员将斜腕臂绝缘子落入腕臂底座双耳内,穿好螺栓销;当平腕臂端部接近上底座绝缘子口时,车上人员配合将平腕臂落入绝缘子内,穿好螺栓销;柱上人员将绝缘子上 U 形螺栓紧固到标准力矩 60N · m;柱上人员将腕臂支撑连接好,并将套管抱箍双耳上的 M16 螺栓紧固到标准力矩,插入开口销并按要求掰开;紧固好平腕臂与斜腕臂连接的两根螺栓,插入开口销并按要求掰开;再次检查各受力螺栓是否达设计值,对现场紧固好的螺母加红色漆封。

③腕臂调整。

对定位管高度进行测量。采用非弹性定位器的腕臂,应保证承力索架设后两支腕臂对承力索的机械及电气距离。对超出误差范围的进行调整,腕臂负载前后按 10mm 变化量考虑。腕臂高度调整应平移腕臂上下 T 形底座。先打开腕臂斜撑,再将可调底座上连接特型腕臂底座的螺栓松动,然后用 1.5t 手搬葫芦拉提 T 形底座至合适位置即可,用同样方法调整下腕臂 T 形底座。腕臂调整到位后,安装腕臂斜撑,螺栓力矩紧固到位,然后涂红漆封。

吊弦安装后进行接触线拉出值检测,对个别拉出值超出标准(接触线拉出值施工误差为 ±30mm)的腕臂进行调整。调整接触线拉出值时,在定位管上用红线记号笔标记出定位支座的移动方向和位置。拔出开口销,松动定位支座抱箍上 2 个 M16 × 100 × 30(8)的 A 级螺杆带孔螺栓,用小锤轻轻敲动定位支座本体到标记位置。拉出值调整到位后将螺栓紧固力矩拧紧至标准紧固力矩,按

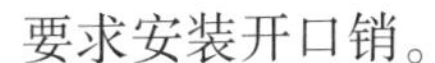
要求安装开口销。

3)吊弦安装操作要点

(1)数据计算。

进入软件界面,输入需计算锚段的吊弦测量数据,进入软件的吊弦计算窗口,点击导入需要计算的锚段数据,由软件进行计算并绘图。软件计算完毕后,由接触网专业工程师对结果表格和效果图进行检查,查看吊弦的分布位置和长度是否符合设计要求和质量规范。如果有问题,则需要接触网工程师对计算结果进行手动修改。

(2)吊弦加工。

采用专用的吊弦加工平台对吊弦进行加工,使用卷尺或钢板尺测量尺寸,成品吊弦的公差理论值在 ±2mm 以内。复核完成后,给吊弦贴上位置标签。每加工完一跨吊弦,进行整体捆扎编号。

(3)吊弦安装。

整体吊弦的安装应由中锚开始,向下锚两端安装(或由硬锚侧向补偿下锚侧安装)。吊弦安装顺序为:先将吊弦悬挂在承力索上,然后在接触线上的吊弦标记处安装接触线吊弦线夹,再将保护套的尼龙套套在承力索上,最后用开口销锁紧。对安装完的整锚段吊弦使用激光测量仪进行导高检测,对于不符合设计要求的吊弦,做好记录。

(4)吊弦安装技术要求。

①安装前,应对跨距进行复测,测量偏差应在 100mm 以内,吊弦布置时应从定位点向跨中测量,将误差值放在跨中。吊弦间距的允许安装误差为 ±50mm。

②安装时,直接将吊弦线夹松开,把螺纹夹板和螺孔夹板的牙型嵌入接触线的沟槽内摆正,用 7mm 扳手拧紧特殊螺栓,用扭力扳手拧紧,紧固力矩为 34N · m。

③防松螺母应在吊弦安装到位后安装,用来锁死吊弦线夹螺栓。防松螺母安装首先将螺母用手拧不动为止,再用扳手拧 1/4 ~ 1/3 圈,并在吊弦线夹副螺母处点上红漆表示安装完成。

④吊弦安装完成后,应保证吊弦竖直,整锚段吊弦安装完成后应进行逐吊弦测量导线高度并做好记录。

本工法成功应用于广深港客运专线广深段 350km/h 的接触网工程施工。

17.4.3　地铁高架柔性接触网“双线并架”施工工法

17.4.3.1　适用范围

本工法适用于城市轨道交通低电压大电流系统的高架柔性接触网双承力索或双接触线的架设。

17.4.3.2　工艺原理

将轨道车、放线作业车、放线平板车联挂组成放线作业车组。确保放线平板的各线盘轴的液压制动系统为同一系统,以保证各线盘上的导线张力一致。放线过程中,架线车组以 2 ~ 5km/h 速度匀速行驶。双线在作业车上同时平行展放,采用双线放线滑轮临时悬挂,确保双线平行,导线高度、长度基本一致,防止两线相绞;放线张力设为 2 ~ 3kN,避免导线坠地。在起、下锚处分别采用平衡滑轮组临时下锚,可自动调节两线的张力达到平衡,然后再正式下锚。所以在,双线并架过程中两承力索(接触线)的张力始终相同,从而保证了接触网良好的受流质量。

17.4.3.3　工艺流程及操作要点

1)施工工艺流程

具体施工工艺流程如图 17-19 所示。

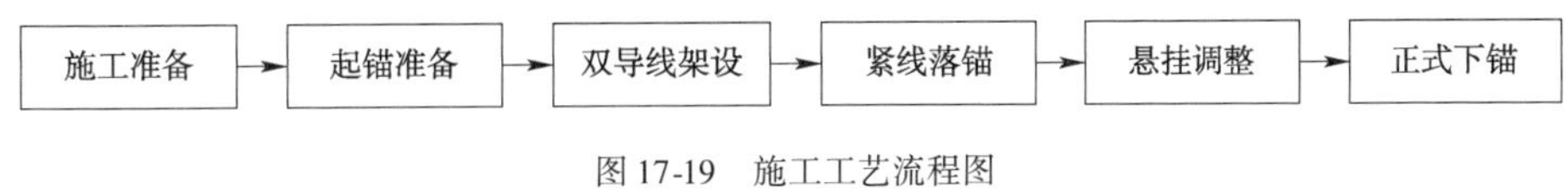

图 17-19　施工工艺流程图

2)操作要点

(1)起锚准备。

①安装补偿装置。

支柱、腕臂安装好后，根据作业计划安装相应型号的补偿装置，根据设计的最高、最低温度要求和下锚安装曲线计算出补偿绳在大小棘轮上总的圈数，再按照最高、最低温度要求和实际温度确定大小轮各自圈数。采用地铁1:3棘轮补偿装置的，将大轮上的补偿绳绕2.5圈，小轮补偿绳绕1.5圈，放置好补偿轮和安装好各部连接件(连接件在预配车间已配好)，轮的大面朝下锚方向必须垂直。

②提升坠砣。

测量现场温度，并对照施工图纸的锚段长度和坠砣串安装曲线图，计算补偿坠砣理论离地高度(b值)，结合接触网"之"字形布置的影响，用链条葫芦将补偿坠砣串提升到合适的位置，补偿装置制动块将补偿坠砣串固定，以减少下锚时紧线长度调整量。

(2)双导线架设。

①起锚穿线。

当承力索(接触线)需上穿接触网时，DF3型放线车组停在穿线位置，将DF3型放线车的张力控制机构关闭，人工将放线车上的承力索(接触线)引至起锚处。

②起锚。

架线车组行至起锚点。平衡滑轮组主要由平衡滑轮、钢丝绳、钢线卡子、双孔板、ϕ20螺栓等组成。平衡滑轮采用30kN的动滑轮，钢丝绳的工作负载大于30kN，并有适当的长度，可以自动调节滑轮两边线材的长度及张力一致。所使用的钢线卡子的工作负荷是单导线的2倍。用1#长钢线卡子卡住起锚平衡滑轮的钢丝绳，避免承力索(接触线)绕过平衡滑轮和钢丝绳脱落，用2#、3#、4#、5#、6#、7#钢线卡子一正一反卡住承力索(接触线)和钢丝绳。

③架线。

起锚连接完毕，车组平缓起动60m左右，调整两线盘放线张力至2～3kN，并使两线盘的张力一致。放线车组以2～5km/h匀速向下锚方向行驶。

a.控制好线盘导线张力。放线过程中两线盘的张力应保持一致，同时放线作业人员可以根据线盘制动器压力表的读数灵活地调整两线的放线张力，线盘制动人员要听从现场施工负责人的指挥随时调整线盘张力，要防止突然失压，一般压力表调为1.5～2MPa。

b.带走行动力的架线车不能作为主动力单独使用，但驾驶员必须到位，处理升降平台、旋转平台遇到的故障，并在主牵引车发生故障时，采取减少导线张力措施推引全列车继续向前架线。

c.架线车高度的掌握和调节。在导线标准高度H为4.6m时，架线车鼓轮的高度以在4.6～4.7m为宜(一般控制在$H+0.1$m)；在架设双承力索时，架线车平台应尽可能升高，以不碰撞腕臂为限。

④临时悬挂。

架线过程中，作业车作业台上一般安排四人，一人负责操作作业台的升、降与旋转，一人负责用长钩子将旋转腕臂钩至安装位置，另两人分别将承力索或接触线放入滑轮槽内锁上保险扣，并将放线滑轮悬挂在平腕臂头处做简单固定。悬挂放线滑轮的套子一般采用两股Φ4.0mm铁线套子。到达悬挂点处停下，架线车平台上的作业人员利用放线滑轮将承力索和接触线悬挂固定在腕臂上。

在起、落锚两端的转换柱处，为避免接触线产生硬弯，在两转换柱加挂滑轮悬挂固定，悬挂接触线的放线过程中，张力控制操作人员应时刻监视张力情况并做好记录，遇有异常情况应立即通知驾驶员停车进行处理。当线盘上的导线只剩最后一层导线时，线盘监视人员应将线盘上的导线情况报告DF3型放线车组主操作手。当线盘上的导线只剩十圈左右时，须连续向DF3型放线车组主操作手报告线盘上所剩导线圈数。

(3)紧线落锚。

①落锚准备。

参见起锚准备的内容。

②初步紧线。

在保证线盘上的导线不抽出的情况下,架线车的作业平台尽可能接近下锚处,将平台转至补偿坠砣附近,越近越好。将作业车停在落锚处,使作业车机械臂位于终端锚固线夹后端(补偿装置侧)1m 以外,作业车机械臂将导线向下锚侧拨移,尽量使待落锚导线与下锚底座在一条直线上。将 DF3 型放线车组线盘张力制动机构刹住,进行紧线。

③临时落锚。

a. 架线列车的平台作业车尽可能接近下锚处,将平台转至补偿坠砣附近,愈近愈好。

b. 紧双线时,应在楔形紧线器或角型紧线器的后侧装一个定位夹或钢线卡子,防止紧线器滑脱。当拉紧到补偿轮渐渐抬起离开齿轮舌并稍能活动时,另一人拉动倒链拉起坠砣,以减轻手扳葫芦的拉力,使补偿轮安全灵活转动脱卡。由于采用了张力放线,承力索(导线)驰度已达到设计值的二分之一,多余导线很短,紧线时间可大大缩短。

c. 再次拉动手扳葫芦,拉起坠砣,根据补偿绳和导线终端位置剪断导线,分别用三个钢绳卡子把导线卡死在平衡滑轮前面的辅助钢丝绳上。

d. 卸去倒链拉力,松开手扳葫芦,取下楔形紧线器、平衡滑轮、手扳葫芦和倒链,锚固结束。

(4)架线调整。

①中锚安装。

承力索(接触线)终端制作完毕后,将起、落锚处的导链葫芦卸载,让坠砣完全受力,并拆除所有链条葫芦。线索完全受力后,车组退回至中锚处,进行中锚安装,防止接触网来回窜动。

a. 先根据现场测量数据裁出中心锚结绳。

b. 待承力索、接触线架设完毕,作业车开到中锚位置准备起锚工作,先做好承力索中锚绳终端锚固线夹,连接好各部件,然后开始放线,到达中锚落锚处将紧线器打在中锚绳上然后连接与中锚底座相连的链条葫芦,开始紧线,终端做头时中锚绳需预留一定的弛度。

c. 当中锚绳落锚后,作业车返回到中锚腕臂处停下,用 0.5t 的手板葫芦将中锚腕臂两侧的中锚绳紧出一个弧形圈,然后用承力索中锚线夹将中锚绳与腕臂两侧的承力索固定,中锚绳弧形圈的大小要根据中锚绳的弛度进行适当调整。

②定位装置安装。

自中心锚结处往下锚两端安装定位装置,根据安装曲线的要求控制定位器的偏移量,按设计调整接触线的高度、拉出值及坡度的大小,控制定位器的坡度,同时观察并纠正接触线的工作面没有连续一致和硬弯等现象。

③吊弦计算、预制。

利用整体吊弦计算软件将,整体吊弦计算输入数据表,中的数据输入计算机计算,并将计算结果交吊弦制作小组。制作人员根据整体吊弦制作安装尺寸表,对每根吊弦进行压接,并将同一跨的整体吊弦进行整理编号,吊弦标识内容包括:区间及锚段号、吊弦所在的支柱跨编号、吊弦号。

④吊弦安装、调整。

利用梯车从中心锚结处向下锚方向安装吊弦。同一跨吊弦从两端悬挂点向跨中安装。当整个锚段的吊弦安装完毕后,对接触线中心锚结绳进行调整,使中心锚结线夹处的导高高于设计值 20 ~ 30mm,同时保证其相邻吊弦处于受力状态。通过吊弦调整双接触线在同一水平面内。锚段关节和道岔的调整,按设计要求调整两支的等高、抬高、交叉、水平间距等静态参数。

⑤补偿装置调整。

悬挂调整完毕后,补偿装置中的三孔联板若偏斜,可通过调整螺栓的收放线索进行调节。同时计算确定棘轮补偿装置的补偿绳在大、小轮上缠绕的圈数是否符合设计要求,如不符则重新进行下锚工作,同时根据安装曲线要求调整坠铊 b 值大小。

⑥检查、记录。

自中心锚结处往两端逐跨测量接触线的导高、拉出值、坡度大小,用扭力扳手检查各螺纹件的紧固状况,并作好检查记录。

(5)正式下锚。

确认导线调整好后,按以下步骤进行。

①根据棘轮补偿大小轮需要的圈数,再根据下锚连接零件的长度确定导线断线位置并做好标记。

②取下钢线卡子、平衡绳、平衡滑轮、双孔板。

③做好导线下锚终端头,按照下锚连接方式连接可靠后,慢慢松开拉链葫芦使导线承受额定张力。

④取下临时紧线装置。

本工法成功应用于上海地铁迪士尼线接触网系统安装工程。

17.4.4 高速铁路接触线恒张力架设施工工法

17.4.4.1 适用范围

该工法主要适用于200km/h 及以上高速铁路接触线恒张力架设。

17.4.4.2 工艺原理

(1)接触线自动调直原理。

该工法是在恒张力架线的基础上,在高速铁路接触线恒张力架设中加装了接触线调直器(七轮),接触线在恒张力作用下,通过七轮调直器,确保满足架设后的接触线平直度要求,最大限度消除残弯,起到矫直作用。

(2)张力预设及原理。

为确保预设张力并保持其恒定,根据接触网锚段结构形式和架线程序,在对镁铜合金接触线实际施工过程中采取了分段设定,合理匹配的原则,预设张力在起锚后一直到起锚侧第一个转换柱为5kN,因为这一段接触线为非工作支,过了第一个转换柱后一直到落锚侧最后一个转换柱,张力恒定在10~12kN,从转换柱到越过锚柱,张力加大至设计额定张力的70%~80%,一般在20kN,并一直保持到手板葫芦紧线至坠砣松弛,棘轮受力后张力卸载。

(3)工具吊弦匹配原理。

根据接触网链型悬挂特性和接触线恒张力架设特点,接触线在恒张力架设过程中就应保持近似设计结构高度和平顺度,因此根据不同位置选择合理匹配不同长度的工具吊弦。

17.4.4.3 施工工艺流程及操作要点

1)施工工艺流程

施工流程主要分为架线准备、起锚、架设、落锚、平直度检测五大部分,如图17-20所示。

2)操作要点

(1) 架线准备。

①检查架线锚段腕臂是按照温度变化的偏移值与承力索进行归位固定;弹性吊索初安装完成,承力索补偿 a、b 值已调整至符合设计补偿曲线温度值;支柱强度及拉线受力情况。

②检查接触线补偿装置是否安装正确,起、落锚柱的坠砣串是按规定数量组配,棘轮大轮和棘轮小轮上的补偿绳圈数是按规定长度预留,并根据当天温度提升至比已调整好的承力索补偿坠砣高300mm左右的高度(考虑接触线的蠕变,接触线补偿绳应在大轮上多绕100~300mm,小轮相随减小

缠绕量）。

③将起锚侧棘轮与制动卡板绑死，使棘轮不能转动，坠砣串基本保持在该位置。

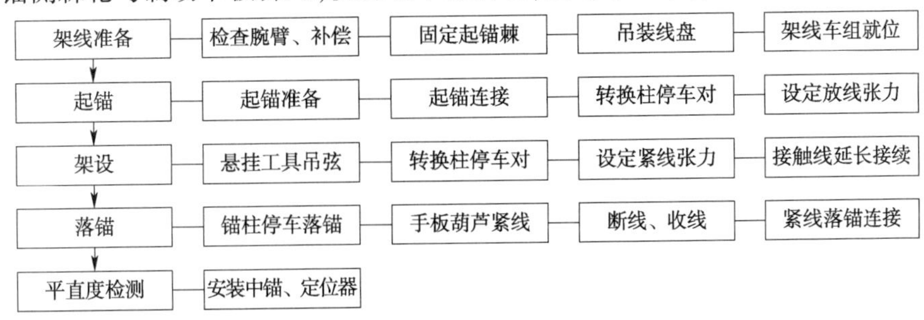

图 17-20 接触线恒张力架设施工流程图

④用3t 手板葫芦分别将起、落锚柱，根据架线当时温度调整好的坠砣串悬挂高度固定，以防在架设和落锚过程中，坠砣串下窜，同时也有利于落锚时与接触线上加挂的手板葫芦同时紧线，加快落锚速度。

⑤提前将接触线调直器安装、调试到位。

⑥准备好落锚与平衡轮连接使用的专用落锚工具。

⑦检查放线机械、工具及材料的质量及数量是否符合作业要求，并将提前预制好的工具吊弦、滑轮装在架线车作业平台。

⑧施工前，应将架线车组停放在需架线区间的邻近车站或能够进行线盘吊装的区段，将当天所放锚段的线盘装在平板车上或架线车线盘支架上，吊装时注意线盘的卷线方向并对应相应的张力机，将线盘在线盘支架轴上固定牢靠。

⑨架线车组提前完成编组，架线车编组顺序根据现场情况和车型一般为：恒张力架线车（头车）+轨道吊车+平板车+牵引轨道车或作业车+恒张力架线车+作业车。

⑩编组和线盘吊装完成后，停驶在规定的股道，待行车施工命令后开始施工。

（2）起锚。

①起锚准备。

a. 架线准备完成后检查核对线盘号与所架设锚段号是否符合，打开包装后，注意线头方向是否正确，检查接触线排列是否紧密有序，线盘两侧内壁是否顺滑，有无凸出物体。

b. 拆开接触线固定在线盘上的端头，并剪切掉固定弯曲部分，将接触线插入牵引网套后用细铁线绑扎。

c. 打开牵引装置将接触线牵引至作业平台，牵引时防止线层错乱，在绕过张力轮后，架线人员将牵引绳牵引至拨线柱顶部张力滑轮，打开调直器上部滑轮，将牵引绳放入后，合上上部滑轮，将接触线牵至作业平台后将接触线与牵引网套分离，驾驶员将牵引绳收回，同时驾驶员将线盘保持制动状态。

d. 对放入调直器的接触线的进行调整，接触线在通过调直器时不允许沟槽一侧向上、另一侧向下的情况出现，因为此种情形下，调直器是无法起到对接触线的正位矫直作用；调整正确后紧固调直器一端的锁紧螺母。

e. 架线人员按《接触线锥套式终端锚固线夹安装工艺》安装好起锚端终端锚固线夹，并在接触线与线夹端部用油性记号笔做出标记；把与接触线连接好的终端线夹的位置置于作业平台长度的2/3处。

②起锚连接。

a. 起锚准备完成下达施工命令后，架线车组运行至起锚支柱（非工作支侧）位置停车，与轨道吊和平板车解体，驾驶员摘开高速运行挡，转换到液压走行挡位。架线人员将工作台栏杆扶起固定好，解除作业台回转定位。

b. 驾驶员将线盘张力制动缓解后将拨线柱升到工作高度并倾向锚柱。

c. 如需穿线,在运行至锚段关节转换柱与锚柱间进行穿线,由闭口侧穿线,避免落锚时穿线。

d. 穿线后,将接触线牵引至架线平台,靠近锚柱补偿装置位置处后旋转并升作业平台,杆上人员将补偿连接件复合绝缘子递给架线车上人员,并检查补偿绳排列是否在整齐、小轮补偿绳是否平顺,架线车上作业人员将接触线终端锚固线夹与复合绝缘子连接上。

e. 架线车平台复位,起锚人员下杆,起锚连接完成。

③起锚运行。

a. 运用线盘制动张力,接触线沿起锚走向运行,运行至锚柱与转换柱之间时须悬挂一个非支工具吊弦,非支处悬挂的工具吊弦为0.7m(长度不含滑轮长度)。同时驾驶员根据接触线走向与高度,随时调整拨线柱倾斜角度与高度。

b. 到达第一个转换柱后停车,将接触线与对面腕臂进行横向对拉,非工作支与工作支都要将接触线拉至于之相对应的承力索垂直位置和规定高度。

c. 架线车驾驶员在操作台上设定完成架线参数(即张力、车速等),架线张力恒定为10~12kN,架线速度选定为3~5km/h,并保持在一个速度值上,架线平台升至低于接触线高度,拨线柱高于接触线悬挂高度后,开始恒张力架设。

(3)架设。

①作业负责人负责观察线条的走向,并负责指挥驾驶员和作业人员操作,架线平台人员1人准备工具吊弦,两人挂工具吊弦,不得停车悬挂,为保证接触悬挂的平顺,每跨均匀悬挂不少于4根,腕臂两侧悬挂长度为1.1m规格的,跨中悬挂长度为0.9m规格的,不可混用。工具吊弦上部带钩的挂在承力索上,下部连接滑轮的一端将接触线挂在滑轮内。

②为避免给接触线增加外力,安装工具吊弦的人员应站在作业平台中后部,拨线柱高度应略高于接触线悬挂高度,挂工具吊弦时应先挂承力索端,将承力索向下拉紧后把接触线放入滑轮,禁止人为抬高接触线悬挂工具吊弦。

③恒张力架设过程中,恒张力车应尽可能避免停车、急加速等,不带作业平台的恒张力架线车应注意作业平台与拨线柱间距应为4~5m,不可过大,避免接触线自然弛度造成波浪弯。

④架线车到达最后一个转换柱后停车,在非支腕臂上用铁线悬挂滑轮,将接触线放入滑轮与对面腕臂进行对拉,并基本固定到实际位置。在向锚柱行走前,驾驶员将张力加大,普拉塞车型可加大至13.5kN,泰斯美克车型张力可加大至20kN,依靠架线车张力装置将锚段接触线张力加大,以减少人工紧线的时间。

⑤在张力加大行走的过程中,指挥人员与起锚人员随时联系,掌握起锚处的变化状况,同时查看线盘内所接触线剩余缠绕圈数;如果线盘所缠绕的圈数不足2圈应采用牵引辅助绳的办法,用紧线器将张力方向的接触线卡住,将线盘方向的接触线断开,将张力方向的接触线插入牵引网套连接,用牵引辅助绳继续架设。

⑥继续最后一跨的张力架设。同时,驾驶员根据接触线走向与高度,随时调整拨线柱倾斜角度与高度,当作业平台基本接近下锚柱时停止架线,准备落锚。

(4)落锚。

①恒张力架线车越过锚柱,作业平台接近锚柱后停车,将作业台转向锚柱,调整拨线柱角度,使接触线倾向下锚侧(田野侧)。

②架线人员在接触线上适当位置(尽量靠前远离锚柱)安装紧线器,用手扳葫芦与补偿装置(专用的平衡连接工具)和紧线器连接。专用的平衡连接装置是保证落锚安全,终端线夹安装方便的可靠工具,架线落锚时必须使用。

③检查各连接件连接可靠后,开始用手扳葫芦紧线,当手扳葫芦将接触线紧至落锚棘轮升起脱

离制动卡快，补偿装置开始工作，实际张力稳定后，将架线车张力撤销并在适当位置断线，将接触线与架线车分离，拨线柱缓慢下落归位，架线配合人员将接触线调直器螺栓松开，抬起校正器，取出接触线，将剩余的接触线收回线盘。

④手板葫芦继续紧线，起锚和下锚人员同时观察坠砣串及 b 值，查看坠砣串有无上升或下降与规定高度相差是否过大，当 b 值与起锚前基本无变化时，通知紧线作业人员停止紧线。

⑤量出与补偿连接接触线的断线位置，用液压断线钳或齿条弧口式断线钳断线。

⑥安装终端锚固线夹，须根据《接触线锥套式终端锚固线夹安装工艺》要求进行，安装后在接触线与线夹端部用油性记号笔做出标记，用于观察接触线受力后终端线夹的受力状态。

⑦将接触线终端线夹与补偿装置或复合绝缘子连接可靠。

⑧连接后紧线人员与起、落锚杆上人员相互配合，紧线人员缓慢松懈手板葫芦，杆上人员摇动固定坠砣串的3t手板葫芦，将坠砣串提升或下落至高于与架线前调整好的承力索坠砣串上部高度300mm左右，接触线补偿 a 值比承力索大于300mm（接触线蠕变初伸长后与承力索补偿 a/b 值基本一致），落锚端接触线受力，手板葫芦松不受力后停止手板葫芦工作。

⑨拆除手板葫芦、落锚专用平衡连接工具和紧线器，架线车作业平台归位，完成接触线落锚，恒张力架线车组准备进行下一锚段接触线架设。

（5）检测。

①接触线落锚作业完成后，可用另一作业车，将作业平台升至不与接触线碰触的高度，向起锚方向行驶，作业人员开始对架设的接触线进行质量检查，查看接触线有无扭面，弯曲现象。

②在关节处、锚段中部（约300m一处，每锚段不少于4处）分别进行接触线平直度测试，测量时要注意下端可活动的直尺紧靠在接触线工作面上，与接触线上的沟槽保持垂直位置，上下直尺贴紧接触线后将下端直尺锁紧；平直度允许检测到最大空气间隙为0.1mm/m，测量工具为1m内表面平整偏差≤0.012 mm的1m直尺和塞尺，并进行记录。

③接触线平直度检测后，作业车人员开始安装接触线中心锚节，并在48h内完成定位器的安装。

④接触线中锚安装好后，将起锚侧固定棘轮的铁线解开，拆除3t手板葫芦，恢复棘轮正常补偿工作，恒张力接触线架设施工工序全部结束。

本工法成功应用于京沪高铁工程，并在杭甬、津秦、杭长等数条高铁客专广泛应用。

17.4.5 光缆带载割接施工工法

17.4.5.1 适用范围

本工法适用于所有运用中的各种规格光缆割接，并且是运用光缆中部分光纤割接，不完全中断业务的情况下，适用于所有铁路及地方通信割接业务。

17.4.5.2 工艺原理

光纤的割接采用光缆横纵向开缆刀（TTG-10A）进行光缆纵向抛开，通过光缆光纤松套管带状纵向剥皮器（slitter中心束管纵向开剥器）将束管纵向剥开，采用精度足够高的光纤识别器（NOYES OFI400C）进行光纤识别，经过光纤红光笔（30mw）和光时域反射仪（OTDR）发光和测试确认。光纤接续采用精度足够高的光纤熔接机进行电弧熔接，并通过OTDR检测接续达到（验标）标准，光纤弯曲半径及预留长度等符合标准，接头盒封装完成。

17.4.5.3 施工工艺流程及操作要点

1）施工工艺流程

具体施工工艺流程如图17-21所示。

2）操作要点

（1）割接准备。

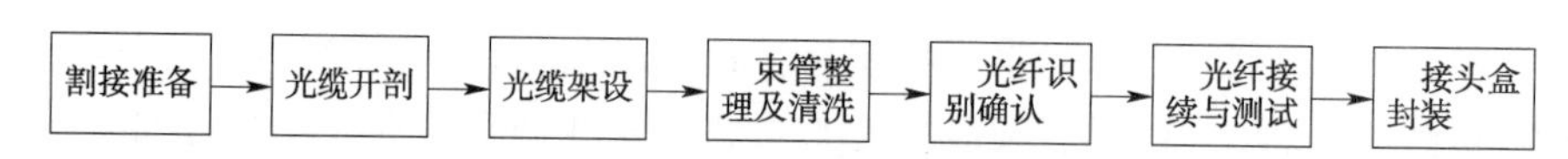

图 17-21 工艺流程图

应检查并携带割接器材、工具。包括熔接机、光纤识别器、与割接光缆线路相同类型的接头盒、接续工具组以及割接资料,并在割接现场搭好帐篷和操作台,摆放好各类机具、仪表和工具。其中接续工具组应包括光缆外护层旋转开剥刀、外护层纵剥器、束管开剥钳、束管纵剥器、光纤涂覆层剥除器、端面刀、八寸钳、六寸斜口钳、尖嘴钳、钢丝。

(2)光缆开剖。

光缆纵向抛开,抛开的长度应满足不低于束管绕接头盒内盘留板一周。采用光缆横纵向开缆刀进行,在所需光纤切断之前要先把最外层聚乙烯外护套和双面涂覆铝塑复合带按照所需尺寸横纵向抛开,然后去除,漏出里面 PBT 松套管和中心加强构件。

(3)光缆架设。

光缆架设及接头盒骨架安装。

(4)束管整理及清洗。

根据接头盒尺寸确定束管剥开长度,用专用工具开剥束管,露出着色光纤。捋顺各束管,量好所要开剥束管长度,然后将束管尽量拉直,保留束管上的填充油,将带状束管纵向开剥器卡在束管剥开的起点,用力夹住开剥器,使开剥器的内刀穿透束管再用力一直拉到结点(中间不要停留)。束管剥开后,整理并清洗光纤。

(5)光纤识别确认。

用光纤识别器确定所要切割光纤。首先用光纤识别器紧紧夹住光纤(裸纤)放入测试区中,再开机进行测试,从面板显示判断光纤通道中有无光信号及收发信号方向,初步判断出所需要的光纤。然后在就近机房通过光通断,从识别器的通断显示灯来确定,另外通过在上下行发光,从光纤识别器的蓝色方向性箭头闪亮来做进一步判断。也可在 ODF 架上发送一定的光功率,在光纤识别器上接收光功率数值,通过长度计算出是否要切割的光纤。

在上一步初步检测后再采用红光源做最后确定。根据割接点距机房的长短,选用相应的红光源。在初步选定的光纤 ODF 侧用红光源发光,在现场将光纤打小弯(符合光纤弯曲半径)就能看见红光。经过上述两个步骤就可找出要割接的光纤。

(6)光纤接续与测试。

①测试端用光时域反射仪(OTDR)通过尾纤接在机房 ODF 相应端子,接上电源后,开机调整进行监测。

②接续。

a. 安好接续盘,光纤预盘留。

b. 光纤被覆层开剥、擦净、光纤切割。

c. 将熔接机调自动接续方式,光纤放入熔接机 V 形槽内,自动熔接。

d. 从熔接机显示接续损耗值初步断定接续是否合格,结合机房 OTDR 监测值来决定接续质量,通常以 OTDR 数值为准。损耗值严格执行《验标》标准控制在 0.08db 以内。达不到标准的必须重接。

e. 接续合格后,在两侧机房用光源、光功率计全程测试符合《验标》标准后,准许进行下一道工序。

f. 光纤接头加强管安装,采用机器自动热熔方式。

g. 光纤盘留、热缩管接头摆放、光缆缠胶、接头盒布放胶条、接头盒组装。

③光纤接续损耗的测量。

光时域反射法,即后向散射法。用此法比较快捷,相对比较精确。不仅可以测出接头损耗,还可以测出光纤长度。这是一种比较常用的测试方法。

(7)接头盒封装。

检查密封构件及工艺要求,光纤收容盘安装应整齐,走纤弯曲半径应符合要求。内部紧固件应拧紧。未使用的光缆进出孔应用原配的堵头堵死。密封胶带用量应合理。密封条应平整地放在接头盒相应的槽内。

本工法成功应用在秦沈客运专线C2改造工程。

17.4.6　基于BIM技术的地铁应答器安装工法

17.4.6.1　适用范围

本工法适用于地铁信号系统安装工程的应答器安装。

17.4.6.2　工艺原理

基于BIM技术的地铁应答器安装施工工法,是将应答器安装分为若干施工节段,对应答器安装位置的确定、安装位置周围环境的检查、配线盒安装位置的确定、配线盒安装位置的检查、线缆走线布置符合要求进行确定。先进行BIM数据化建模、模拟施工过程、进行限界和坐标检验,然后对应答器实际安装过程进行指导监督,对应答器的垂直角度、平行角度、倾斜角度进行检查;对配线盒的设备限界、配线工艺进行检查;对线缆的布置走向、弯曲半径等要求进行核实。对其以上工序完成拼装施工及对施工标准的控制,对施工过程化整为零,对施工成品进行集零为整进行标准检查的一种施工工法。

本工法同时引用BIM技术的施工过程三维可视化、应答器虚拟安装、过程材料精确使用提取等,实现了在实际施工现场,对应答器安装质量、进度、成本的整体控制。

17.4.6.3　施工工艺流程及操作要点

1)施工工艺流程

具体施工工艺流程如图17-22所示。

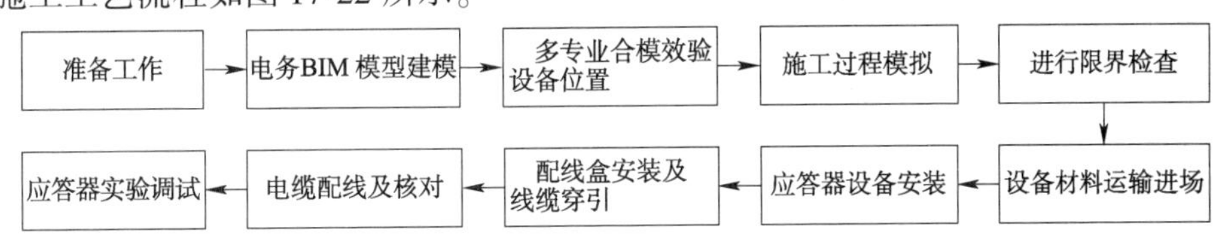

图17-22　施工工艺流程图

2)操作要点

(1)准备工作。

①分析阅读图纸:收集本专业图纸,和专业技术人员进行图纸审图,召开相关人员开会一同分析理解图纸数据信息。

②BIM族库建立:将二维图纸转换成三维模型,并将图纸中相关信息添加到相应的三维模型族。创建应答器、应答器垫块、配线盒、配线盒支架、线缆及固定卡具、螺丝等LOD350精度模型,建立专属族库,并按照图纸进行本专业建模。

(2)本专业BIM模型建立。

根据二维平面图纸进行建模,将现场实际的环境和各种其他专业可能放置的设备一同建立在模型中,确保模型真是可靠。仔细阅读各类设备说明书,确保族文件外形尺寸精确,族内部信息完整。

(3)多专业合模效验设备位置。

①多专业合模:与其他专业人员一起进行多专业合模,结合建筑专业、结构专业、消防专业等其他专业,一起进行合模,检查模型合理性。

②合模进行碰撞检查:多专业合模进行碰撞检查,各专业技术人员一起分析解决碰撞问题,修改相关专业模型和图纸,经过多次修改后确保地铁整体模型无硬碰撞,图纸和模型相统一。

③设备定位:根据模型和图纸,进行统一性检查,确定所有应答器的具体位置和坐标,并派人实地考察,确保可以正常安装应答器和24盒。

a.应答器现场坐标位置周围应满足,如不满足应重新选择应答器坐标位置。

b.核实两相邻应答器的安装最小间距d取决于线路允许最大列车运行速度s。

(4)施工过程模拟。

应用本专业BIM模型进行施工过程分析,将Revit模型导入Navisworks Manage软件中进行施工过程模型,根据施工顺序生成施工模拟动画,导出视频文件,推敲施工过程,为日后指导真实施工做准备。

(5)进行限界检查。

①根据BIM模型进行测算应答器的各项安装限界,应答器顶部与轨道顶部高度差范围为93~150mm,大于150mm为侵限,小于93mm为安装质量不合格。

②根据BIM模型进行测算24盒的各项限界,24盒离钢轨最近处与线路中心距离应大于1650mm;24盒与最近处的消防管道距离应大于200mm;24盒与其他设备或管道之间的局里应大于50mm。

(6)设备运输。

①设备出库前,由现场技术员或现场负责人根据BIM模型导出的数量清单对设备及材料的规格、型号、数量质量进行检查,确认无误后方可出库。

②设备用汽车运送至地铁车站施工入口,再经施工人员搬抬轨行区,将设备装在轨道平板车上,再经人力推动平板车将设备运送至设备安装地点,将设备放置在不侵限位置。

③当设备需要集中运送时,用汽车将设备运送至地铁车站临时吊装口,用吊车将设备吊运至轨行区或站台层,放置在设备临时存放点,设备存放不得侵入行车限界,不得影响其他单位施工,在设备安装时取运。

(7)应答器安装。

①混凝土道床上安装时,采用化学锚栓固定安装,首先清理道床表面,安装范围内道床表面清洁平整。依据安装位置点,垂直于轨道中心点,在道床上用电锤打M12的4个孔眼,与钢轨垂直方向两孔距离为270mm,与钢轨平行方向两孔距离为120mm,将专用胶注入孔眼内,然后植入化学锚栓,化学锚栓面高于胶面,待胶与化学锚栓固定后,把垫块平行于钢轨放在孔眼上(垫块上两孔眼间距为120mm),一面放两个垫块,将应答器放在垫块上,用M12螺栓穿过应答器及垫块固定孔与化学锚栓拧紧,平垫片、弹簧垫片齐全。

②在混凝土减震道床上安装时,采用支架固定安装,首先将支架与玻璃板用4根螺栓紧固连接好,在水泥基础上打M12的4个孔眼,与钢轨垂直方向两孔距离为750mm,与钢轨平行方向两孔距离为250mm,栽入膨胀螺栓,将支架孔眼载入膨胀螺栓,调整玻璃板平面与道床平面一致,紧固膨胀螺栓,依据安装位置点,垂直于轨道中心点,在玻璃板中心位置用电钻打M12的4个孔眼,与钢轨垂直方向两孔距离为270mm,与钢轨平行方向两孔距离为120mm,把垫块平行于钢轨放在孔眼上(垫块上两孔眼间距为120mm),一面放一个垫块,将应答器放在垫块上,用4根M12螺栓穿过应答器、垫块固定孔及玻璃板,底部通过螺丝拧紧,平垫片、弹簧垫片齐全。

(8)配线盒安装及线缆穿引。

①有源应答器需安装配线盒,配线盒采用支架固定在整体道床上或隧道壁上。

②安装在隧道壁上的支架用5mm镀锌铁板制作,图1支架铁板长200 mm;贴近墙面高120mm,在其中心钻M12孔2个,孔距160mm;安装配线盒面宽170mm,在其贴近铁板边沿25mm处钻M12孔2个,孔距70mm;支架两平面角度需依据隧道角度确定。

③安装在整体道床上的支架用50mm×50mm×5mm镀锌角钢制作,呈直角“之”字形,配线盒固定面长170mm,在其中心钻M12孔2个,孔距70mm;高240mm;底面长200mm,在其中心钻M12孔2个,孔距80mm。

④安装在隧道壁上的配线盒,将配线盒用2根M10螺栓固定在支架上,然后将支架水平放置在隧道壁上,测量其配线盒顶部距离消防水管不小于200mm,画好钻孔标记,用电锤钻M12孔2个,栽入膨胀螺栓,调整支架水平,将支架固定在隧道壁上。

⑤有源应答器线缆走线朝向钢轨外侧,线缆余留量走线平行于轨道,在整体道床上(或在隧道壁上)每间隔1m和线缆弯曲处用卡具固定牢固,加防护管引入配线盒内,防护管底部用M卡固定线缆。线缆过水沟时用Φ50镀锌钢管进行防护,镀锌钢管通过M6膨胀螺栓用卡具固定在整体道床和圆形隧道壁上。

⑥信号电缆余留量在隧道壁上做直角U形状用卡子固定后加防护管引入配线盒,防护管底部用M卡固定电缆,同时16mm^{2}接地电缆在隧道壁上用卡子固定后,一端用接地端子固定在接地端子排上,另一端与电缆一同引入配线盒内压接接地端子固定。电缆和接地地线在地面上走线时加胶管。

⑦配线盒内电缆及地线引入口缝隙用抹布封堵严密,灌注胶密封,胶面平滑、光亮。

⑧应答器名称,将成品数字、字母的模具组成设备名称附在应答器上部表面,间距合理,用白色字喷漆喷涂,字迹工整清晰,喷涂完成后模具取回。

(9)电缆配线及核对。

①电缆配线前,要根据电缆径路图对同一根电缆的始端、终端进行核对,保证实际敷设电缆与电缆径路图要求一致,包括电缆经过路径、规格、型号,用万用表导通形式核对其电缆敷设正确性,用兆欧表测量电缆绝缘良好,然后对每条电缆始端、终端进行电缆芯线按规则进行编组整理、核对,挂电缆去向牌。

②电缆配线依据施工电缆配线图纸进行配线,走线工艺上按照建设单位施工工艺标准进行施工,布局合理,工艺美观。电缆芯线及应答器线缆要求成对使用,呈U形走线至万可配线端子加电缆芯线去向套管,并压接牢固,不能盘圈。应答器线缆屏蔽层用白套管防护,端部缠绕线环与接地地线端子连接,压接牢固。

③电缆配线完毕后,依据电缆配线图纸对电缆配线进行核对,用万用表导通并测量环阻,或电缆芯线单送电形式核对其配线正确性,用兆欧表测量电缆芯线间、电缆芯线对地绝缘是否符合标准。

(10)应答器调试。

应答器报文的读取/写入、功能性调试工作由设备供应方负责,施工单位配合信号电缆配线与电缆配线图一致,电缆芯线间、对地绝缘良好、环阻值符合技术要求,设备外接电路配线正确。

本工法成功应用于广州地铁七号线一期信号系统工程。

17.5 房建工程新工法

深基坑工程是一个综合性的岩土工程问题,主要涉及土层性质、支护结构、支撑形式、地基处理、地下水防治以及环境影响等,软土地区深基坑广泛采用带有支撑体系的围护系统,但这种支撑体系使得施工成本和工期都显著增加。提出的新型无支撑深基坑角撑便捷换撑工法,做到不采用支撑从而达到节约和绿色施工的目的,在保证基坑变形和稳定符合要求的情况下,加快了施工进度。

在工程结构施工过程中,存在大量的施工缝、后浇带等部位,虽然这些部位均预埋有止水钢板,但由于工程施工中的多种原因仍然会导致较多的施工缝出现渗漏的现象。基于此,创新研发了全断面可重复式注浆施工工法,有效解决了施工缝部位反复漏水问题,不仅具有材料性能优越、安装简便、投入成本低等特点,而且能在不破坏结构的前提下确保接缝处不渗漏,同时还能多次重复注浆,是一项创新、先进的接缝防水措施。

空间钢结构造型越来越新颖,形式越来越复杂,规模越来越大,对建造施工技术提出了越来越高的要求,人们对复杂空间钢结构的施工技术及施工过程中表现出的诸多力学及关键技术问题愈来愈重视。施工方法的合理选择与否将直接影响到工程质量、安全、进度、成本等经济技术指标,针对现在的大跨径钢结构雨棚及屋面施工的吊装和安装的要求,提出了雨棚三跨连续不等跨张弦梁同步张拉施工工法、大跨度放射伞状空间桁架分块安装施工工法、多连跨钢结构雨棚施工工法和风帆幕墙连接构造安装施工工法。

目前,在住宅楼结构施工中,电梯井道的施工常采用落地式扣件钢管脚手架,钢管上铺脚手板形成的施工操作平台,这种方式搭设时间长且需投入大量的人力、物力,且操作危险,同时拆除时烦琐耗时,钢管不易转运,安全系数低。为克服钢管脚手架施工操作平台以及以往制作的电梯井型钢操作钢平台所带来的不足,经过实践和改进,开发了电梯井自稳操作平台应用工法,具有安全可靠、省时、省力、经济、实用等特点,显著地提高了施工效率。

17.5.1　新型无支撑深基坑角撑便捷换撑工法

17.5.1.1　适用范围

本工法适用于无内支撑体系的深基坑角撑换撑过程,同时也可以推广运用至不确定因素较大的局部支撑的换撑、拆除,如地铁工程、矿山工程等。

17.5.1.2　工艺原理

本工法的原理是通过千斤顶、轴力监测系统和反力支座配合使用,缓慢卸载支撑承受的压力,使基坑围护体系达到新的稳定平衡状态,无需增加额外换撑结构即可完成角撑轴力卸载及转换,施工工期短,便捷可靠。在整个过程中保持对角撑轴力和围护桩深层水平位移的实时监测,在确保基坑安全的前提下(轴力及深层水平位移均未达设计报警值),逐步卸掉支撑原先承受的压力,同时又不破坏支撑继续承受压力的能力,具有可操控性和可逆性。

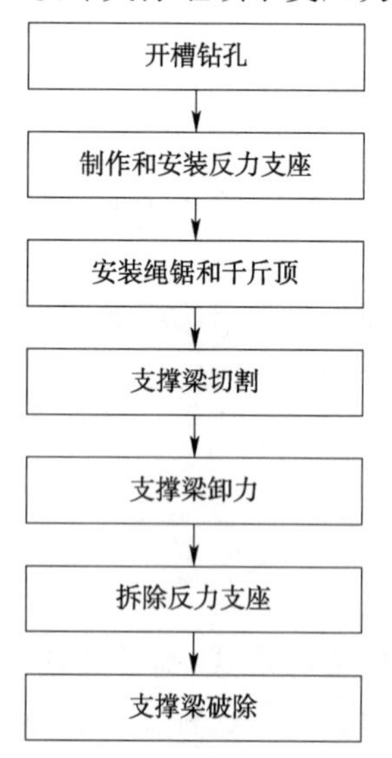

图 17-23　施工工艺流程图

17.5.1.3　工艺流程及操作要点

1)工艺流程

具体工艺流程如图 17-23 所示。

2)操作要点

(1)支撑梁开槽钻孔。

①施工前,由测量员按照反力支座设计图纸,在支撑梁上进行施工放线,确定支撑梁钻孔和开槽的位置,孔位处必须标注孔径的大小,同时在支撑梁上预设钻具垂直度控制工具,防止钻孔偏位。

②开孔时,使用 BJ7130C 型号电钻进行钻孔,孔径为 42mm,每钻进 10cm,需停下检查垂直度,确定无误后方可继续钻进。

③支撑开凿。为确保反力支座与混凝土支撑梁之间衔接紧密,使用切割机在原混凝土支撑梁上开凿 50mm 深、100mm 宽的凹槽,前提条件为不能破坏支撑梁的主筋。

(2)制作和安装反力支座。

①反力支座设计:反力支座采用窄翼缘 H 型钢(HN700 × 300 × 13 × 24)焊接而成,型钢的长度有 1000mm、500mm 两种,为了增强翼缘板的抗压能力,在翼缘板与腹板之间增加焊接 140 × 140 × 24@200 的三角形钢板,支撑梁与窄翼缘 H 型钢之间的空隙采用 1000 × 100 × 24 的钢板补焊加强。

②按照反力支座大样图及其剖面图,让专业的钢结构加工单位进行制作加工,加工误差控制在设计允许范围以内,实行全数检查的验收制度。

③加工完成后，现场进行反力支座各个构件的安装，注意抗剪棒的安装孔与混凝土钻孔必须相通，确认无误后安装 ϕ40mm 抗剪棒。

④反力支座与混凝土支撑梁之间的缝隙采用 C40 微膨胀混凝土进行填筑，注意凹槽和抗剪棒部位必须密实，使用 ϕ35mm 的振动棒进行振捣，养护强度达到 75% 后进行下步工序。

(3)安装绳锯和千斤顶。

绳锯安装前，先在支撑梁上刻画锯齿控制线，必须保证切割面与支撑梁截面相平行，同时在切割过程注意观察，避免锯齿偏位。

安装绳锯时，必须在支撑梁上固定牢固，确保机身在切割过程中不出现摇动。

200t 千斤顶安装在两个反力支座之间，每侧 3 个，依次由上到下安装，使用 ϕ14mm 的钢筋头与反力支座焊接固定，确保在整个切割面上受力均匀。

(4)支撑梁切割。

给千斤顶施加相当于支撑梁所受轴力的预反力，两个反力支座开始受力，支撑梁切割区域变为"无压梁"。

待千斤顶受力稳定后，开始进行支撑梁的切割。切割过程中注意观察支撑梁的外观变化，同时加强基坑围护结构的监测，发现异常时立即停止。

(5)支撑梁卸力。

开始前，监测人员现场实时监测基坑变形情况，安排专人进行数据统计，应急人员做好待命准备，以防卸力过程中出现意外。

卸力荷载按 11000kN 考虑(具体荷载根据支撑梁受力情况确定)。共分为 4 步进行，第一步卸力 2000kN；第二步卸力 2500kN；第三步卸力 3000kN；第四步卸力 3500kN。每步完成后，观察 12h，无异常情况后再开始下一步卸力，卸力过程须逐步缓慢匀速进行；若卸力过程中，支撑变形稳定，千斤顶顶端与支撑脱离，则卸荷完成。如出现支撑位移过大，则尽快进行千斤顶回顶，然后在切割缝中间塞填钢板，确保支撑梁可以承受压力，基坑暂时处于安全可控的状态。

(6)反力支座拆除。

石工使用风镐进行反力支座处的混凝土支撑梁破除，依次拆除反力支座各个构件，待下次重复使用。

(7)支撑梁破除。

对支撑拆除范围内已经施工完成的成品进行适当的保护，如后浇带和破碎机行走路线铺设钢板，墙柱插筋进行适当的保护。在所有的支撑梁下面塞填木方或跳板，防止破除过程中支撑梁突然断裂对楼板形成冲击荷载。

破碎机选择合适地点停靠，支腿下面铺设钢板以保护底板，开始对支撑梁两端进行破碎。破碎时注意尽量不要把钢筋全部弄断，尽量预留几根钢筋，等到整个混凝土两端露出钢筋骨架后，调整临时支墩的位置，然后在进行钢筋切断。

(8)碎渣清理。

破除完成后，使用 PC60 挖机对混凝土碎渣进行清理，施工过程中注意对现场成品的保护。

本工法成功应用于南京紫金(建邺)科技创业特别社区一期 C、D 地块及苏州太湖新城吴江开平路以北水秀街以西地块商住用房工程。

17.5.2 全断面可重复式注浆施工工法

17.5.2.1 适用范围

该工法适用于建筑工程、地铁、隧道，新旧混凝土接缝、连续墙与底板接缝等永久性防水处理。如地下工程混凝土施工缝、后浇带防水，各类预埋件、穿出构件、H 型钢、锚栓、桩基承台及混凝土裂缝渗漏处理。

17.5.2.2　工艺原理

本工法采用全断面可重复式注浆管与遇水膨胀止水胶组合,在主筋中间安装并牢固可重复式注浆管,注浆管带有单向开关功能,防堵塞性能好,浆液不倒流,全面出浆(4 排出浆孔),均匀流畅,在面层筋与混凝土完成面之间迎水面安装遇水膨胀止水胶,全断面可重复式注浆管与遇水膨胀止水胶组合具有双重防水效果,注浆修补效果明显,渗漏复发率低,可多次重复注浆。本方法安装简便,施工速度快,成本投入低,若施工缝二次浇筑完成后期出现渗水情况,可通过注浆管注浆方式对渗水部位进行注浆修补,且可多次反复注浆,达到二次接茬部位无渗水的目的,保证结构施工质量。

17.5.2.3　施工工艺流程及操作要点

1)施工工艺流程

具体施工工艺流程如图 17-24。

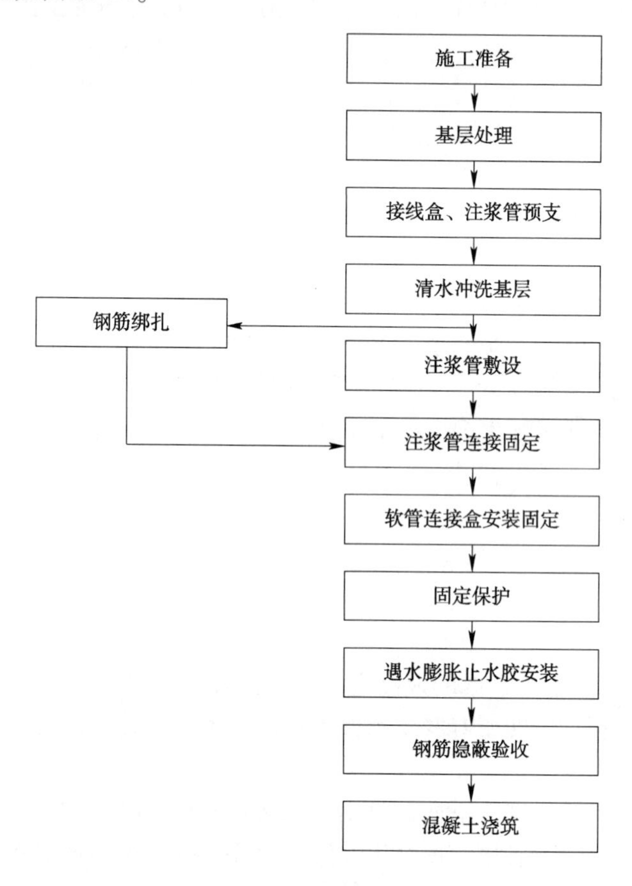

图 17-24　施工工艺流程图

2)操作要点

(1)施工准备。

①根据设计图纸各部位平面、立面图尺寸,确定注浆管安放位置,如图 17-25 所示。

②材料进场验收。必须有出厂合格证或试验合格报告单,材料主要采用高级塑料(PVC)为主材,具有良好的柔韧性。在管体上均匀设有四排出浆孔,加强原材料保护。

③施工现场垃圾杂物应清理完毕。

(2)注浆管的切断。

配管前,应根据管子每段所需的长度进行切断。切断可使用钢锯条锯断、专用剪管刀剪断,切割应该一切到底,禁止用手来回折断或者扯断,切口应垂直。

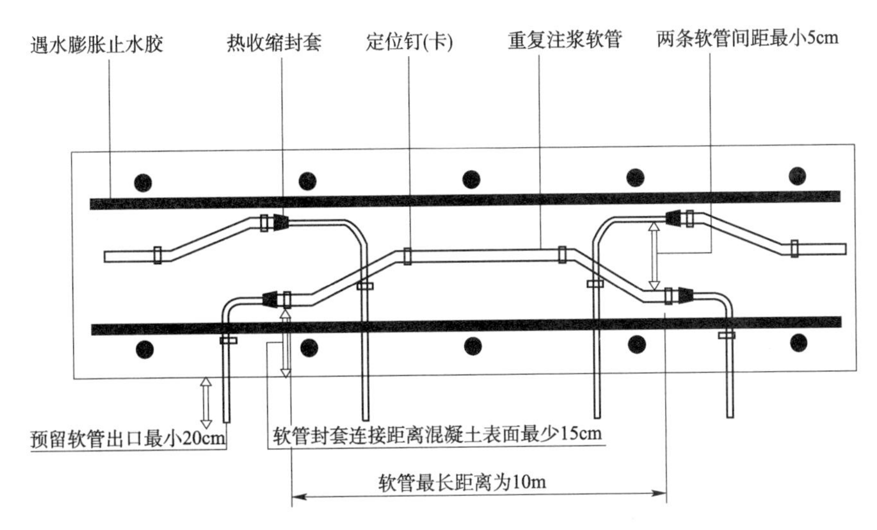

图 17-25 可重复注浆管安装示意

(3)注浆软管与 PVC 软管的连接。

连接一般采用套管连接,连接管管端约 1 ~2 倍外径长的地方必须清理干净,然后涂胶水,插入套管内至套管中心处,两根管对口紧密,保持片刻使之黏接牢固。套管可采用成品套管接头,也可采用大一号的 PVC 管来加工。自制套管时将大号 PVC 管按被连接管的 3 ~4 倍外径长切断。用来做套管的 PVC 管其内径应当与被连接管的外径配合紧密无缝隙。两根管搭接时,搭接部分长度不少于 6cm,两管的间距大于 5cm。

(4)提前预制。

在主体混凝土结构施工期间,为迅速完成预埋,将部分作业尽量在施工前先进行加工预制,然后在预埋时拿到作业层进行安装,以减少工作量。

(5)遇水膨胀止水胶施工。

用刀将 WSM 的前端切开,将 WSM 胶放进胶枪内,装上胶嘴,根据设计断面要求,切割胶枪嘴的大小尺寸;挤出及涂敷:扣动胶枪上的扳机,连续不断的挤出 WSM 胶,均匀地涂敷在基面上,保证与基面紧密无缝隙,如果挤出的胶体不均匀或不连续,用刮片将其修整。

(6)作业条件。

安装预埋注浆导管时,应在主筋绑扎完成后、面筋尚未绑扎时进行,采用专用固定件(间距 20 ~25cm)将注浆管直接固定在施工缝的混凝土表面上(中间位置),并要求管体与混凝土基面紧密贴实。进行遇水膨胀止水胶安装。

(7)注浆管保护。

混凝土浇筑前要对施工作业人员进行全面详细的交底,避免施工过程中破坏预埋的注浆管或者将注浆管全部埋入混凝土中;施工完成后,要及时查看预埋注浆管的情况,找出管头并做好标记。

本工法成功应用于紫金(建邺)科技创业特别社区和南京杨庄 6 号地块经济适用房。

17.5.3 雨棚三跨连续不等跨张弦梁同步张拉施工工法

17.5.3.1 适用范围

本工法适用于多跨连续张弦梁结构的张拉施工,也同样适用于单跨张弦梁施工。

17.5.3.2 工艺原理

张弦梁结构作为由上弦刚性的抗压弯构件和下弦的高强度索及连接撑杆组成的自平衡体系,充分发挥了拱的受力特性以及高强索的材料特性,是一种结构受力效率极高的新型结构体系。多跨张弦梁既各自独立承担竖向荷载作用,同时又相互影响,提供约束刚度等,施工时张拉任何一跨对其他各跨均有较大影响,张拉质量难以保证,故须选择多跨同步张拉方式施工。张拉前先对张拉过程进行详细模拟计算,选择合理的张拉次数、张拉分区、顺序及张拉工艺,配合张拉前、张拉中、张拉后的结构应力、应变双监控等措施,使拉索张拉过程始终处于可控状态,保证了结构体系的受力性能满足设计状态。

17.5.3.3　施工工艺流程及操作要点

1)施工及张拉工艺流程

具体工艺流程如图 17-26 所示。

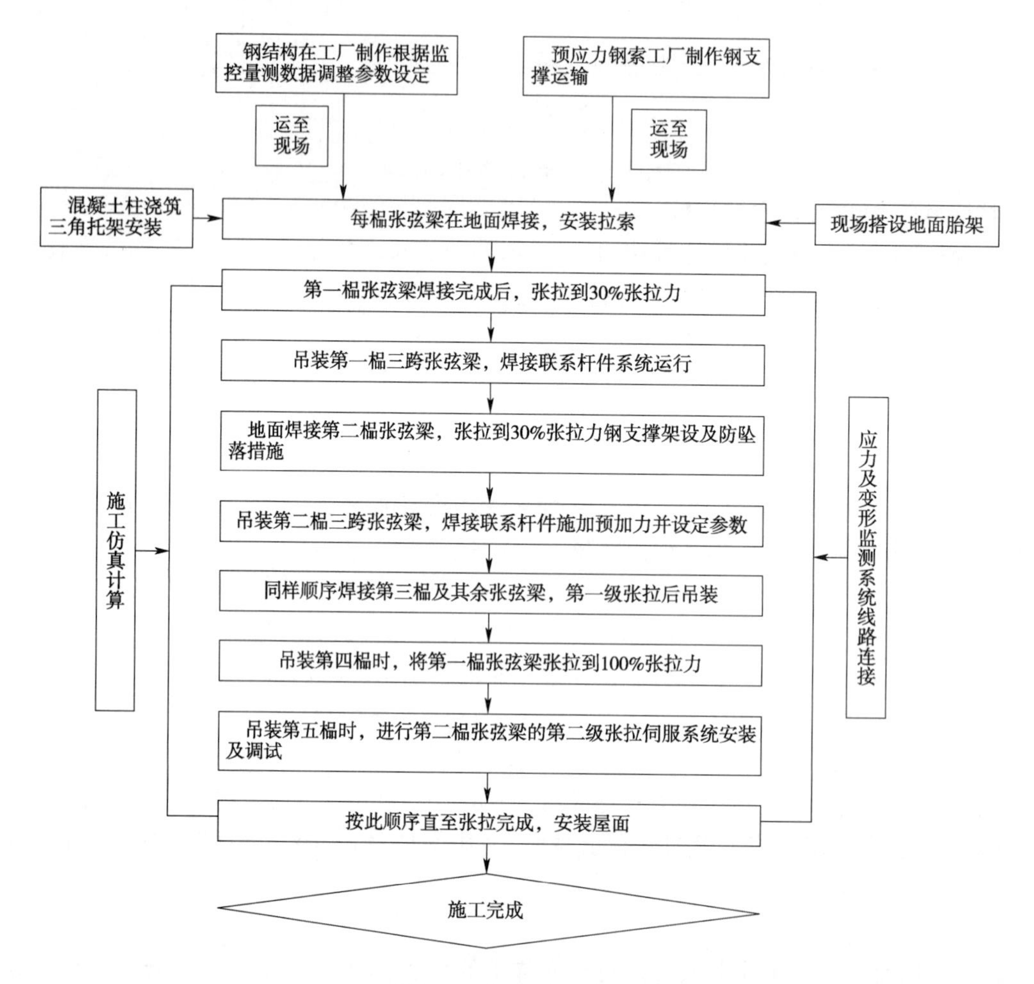

图 17-26　施工工艺流程图

2)操作要点

(1)计算仿真分析。

施工前进行详细的工况模拟计算分析,选择合理的张拉分区、顺序、张拉分级次数及张拉工艺,编制施工方案。

(2)张弦梁拼装与吊装。

①搭设地面拼装胎架,同一榀桁架三跨同时施工。

②在胎架上拼装第一榀张弦梁,三跨互相断开,分别进行焊接,安装拉索。

③焊接完成后在胎架上进行第一级张拉,分别张拉至 30% 张拉力,以满足构件吊装及就位刚度。

④第一级张拉完毕后,吊装第一榀张弦梁,焊接跨间联系杆件,使三跨形成整体。

⑤顺序吊装第二、三、四榀张弦梁。

⑥安装第四榀张弦梁过程中，对第一榀张弦梁进行第二级张拉，三跨同步张拉到100%张拉力。

⑦按上述顺序，直至结构全部安装张拉完成，临时胎架卸载，进行屋面安装。

(3)预应力钢索张拉要点。

①预应力钢索张拉前标定张拉设备。

张拉设备采用相应的千斤顶和配套油泵。根据设计和预应力工艺要求的实际张拉力对千斤顶、油压传感器进行标定。实际使用时，由此标定曲线上找到控制张拉力值相对应的值，并将其计算打印成表格上，以方便操作和查验。

②预应力钢索张拉采用双控，即控制钢索的拉力、伸长值及钢结构变形值，预应力钢索张拉完成后，应立即测量校对。如发现异常，应暂停张拉，待查明原因，并采取措施后，再继续张拉。

③张拉设备安装时，须使张拉设备形心与钢索重合，以保证预应力钢索在进行张拉时不产生偏心。

④预应力钢索张拉要控制给油速度须缓慢加载，油泵启动供油正常后，开始加压，当压力达到钢索设计拉力时，超张拉5%左右，然后停止加压，完成预应力钢索张拉。

⑤预应力钢索张拉测量记录。

张拉前可把预应力钢索在20%的预紧力作用下的长度作为原始长度，当张拉完成后，再次测量原自由部分长度，两者之差即为实际伸长值。

⑥张拉质量控制方法和要求。

a.预应力张拉索力和伸长值根据复核后尺寸作适当调整。

b.在进行伸长值计算时，尽量采用索厂提供的弹性模量进行计算，验收时考虑索厂的弹性模量误差对伸长值的影响。

c.张拉力按标定的数值进行，用伸长值和压力传感器数值进行校核。

d.实测伸长值与计算伸长值相差超过允许误差时，应停止张拉，报告工程师进行处理。

本工法成功应用于福州南站三跨连续不等跨张弦梁无柱雨棚施工。

17.5.4　大跨度放射伞状空间桁架分块安装施工工法

17.5.4.1　适用范围

本工法适用于以钢结构为主体的车站站房、车站雨棚、展览馆、体育馆等有大空间要求的公共建筑物，尤其适用于放射状大跨度大空间钢结构屋盖体系的安装施工。

17.5.4.2　工艺原理

每个独立伞状钢结构单元体根据结构形式合理拆分成柱顶节点、四角放射状主桁架、主桁架间联系次桁架三大部分。安装时采用地面拼装后测量验收，借用临时支撑分块吊装，形成整体后同步卸载，完成构件的安装。安装前应用结构分析软件进行力学模拟计算、工况分析，使用CAD中进行精确三维建模放样确定安装坐标，利用全站仪测量技术在安装精度的控制上对主桁架采取精确的测量定位，实现力学理论与工程实践相结合。

17.5.4.3　工艺流程及操作要点

1)工艺流程

具体工艺流程如图17-27所示。

2)操作要点

(1)仿真计算模拟。

理论分析采用有限元软件计算分析和计算机仿真技术，模拟结构在整个施工阶段过程中的刚度和重力荷载变化。通过这种模拟方式，对施工过程中的分块吊装单元吊装变形、支撑形变、安装形变和卸载进行了仿真，为后续安装精度和质量创造有利条件。

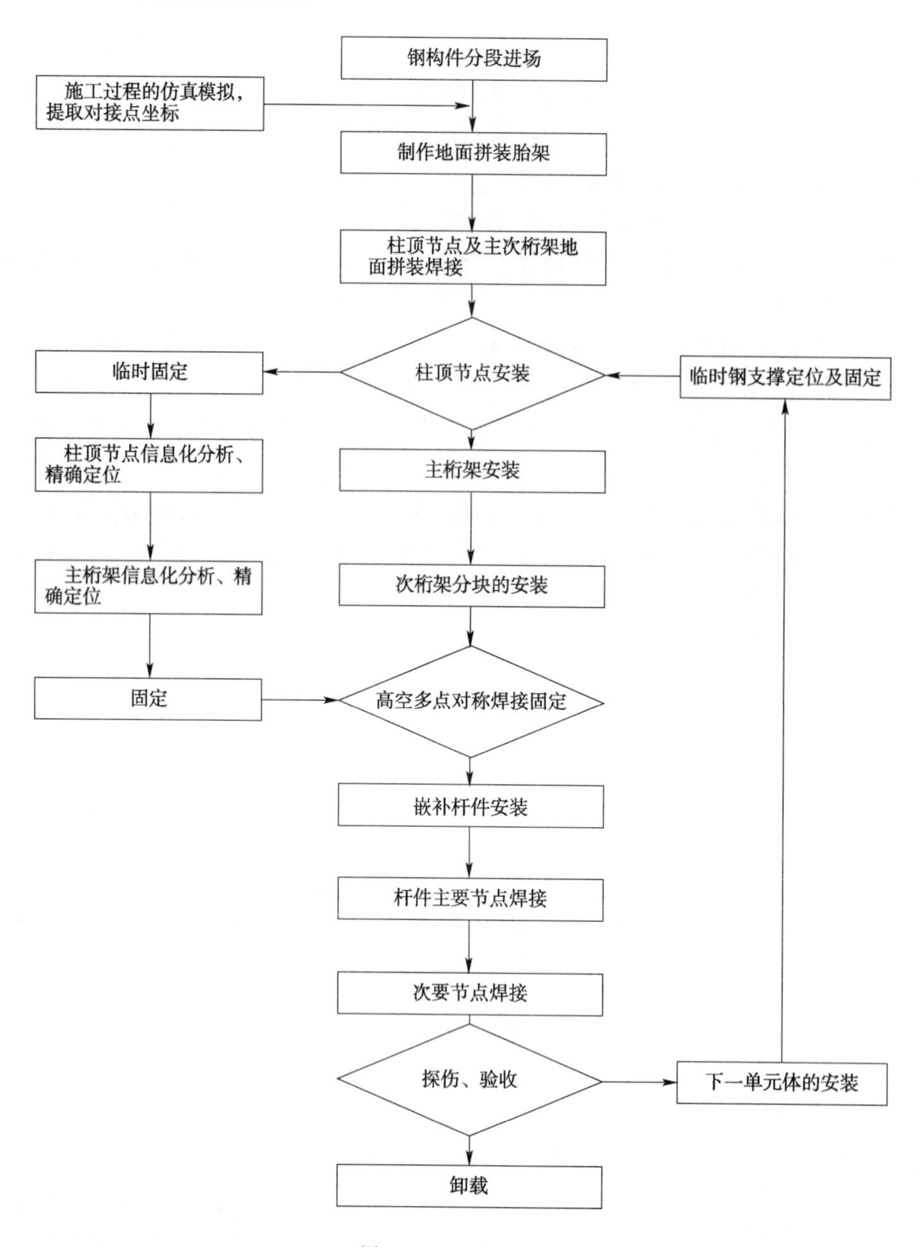

图 17-27 工艺流程图

(2)设置临时支撑。

采用合理的支撑形式将是本工程安装精度和进度保证的重点。

(3)主要分块的现场拼装。

由于局部构件超长、超重无法进行整体运输,另外为满足吊装分块的需要,减少高空焊接工作量,需要整体吊装的构件要在现场就近进行拼装。各个分块构件都通过胎架设置—定位组装—焊接和探伤—矫正和检测等步骤稳步完成。

(4)主要分块的现场安装。

采用可调节绳长挂钩方式,离地后进行构件的姿态初调,就位时精调通过全站仪对主桁架进行精确的测量定位。

(5)信息化分析。

桁架分块拼装存在一定的精度误差,需避免同向误差的累积,综合考虑拼装、吊装过程中精度误差的累积和消除,将一个单元体内所有产生的误差数据生成坐标信息数据,输入计算机模拟安装模型中进行分析,得出最佳定位坐标,然后进行各分块构件的最终定位。

(6)对称焊接施工。

针对伞状单元体焊接变形控制难的特点，单元体主桁架结构采用对称施焊，次桁架分块结构从里向外放射推进施焊技术。先焊接主桁架，主桁架焊接完经检查形变符合要求后再进行次桁架分块与主桁架的节点对接焊接。单元体之间焊接采用循序推进的原则，使整个屋盖结构的焊接应力均匀分布。

(7)钢结构临时支撑的分级卸载。

采用同区等距、分步实施的方法来卸载，按多次循环、微量下降的原则，实现荷载的平稳转移。

本工法成功应用于太原南站屋面钢结构施工。

17.5.5 多连跨钢结构雨棚施工工法

17.5.5.1 适用范围

本工法适用于多连跨单层钢结构雨棚等大跨度空间钢结构施工。

17.5.5.2 工艺原理

根据整个雨棚钢结构的特点总共70个柱上单元和210个柱间单元，按照构件单根吊装的总体思路，形成了以钢柱、柱帽节点、斜支柱加梁撑节点、弧形主钢梁、直钢梁、H型次钢梁为顺序的非常清晰的安装过程。将雨棚单层钢结构中较复杂的“梁撑节点”与斜支柱先进行对接，分析与该节点相连的各种构件。通过选取其中较为简单的斜支柱与梁撑节点在地面对接，再进行单根定位吊装，做到化繁为简，操作方便，保证了整体钢结构的顺利安装。

屋盖下弦采用四边形环索弦支双向连续网格钢梁体系为基本单元、顶端汇交四向分叉钢管斜柱的钢管混凝土柱网为支承的连续多跨空间结构体系，通过张拉弦支结构体系中的斜拉钢棒，使得四边形环索始终保持张紧状态，并由圆管撑竿上撑单层网壳，减小或消除重力荷载作用下屋盖的下挠变形，减小单层网壳的杆件内力，同时有效提高结构稳定性。并经结构模拟计算分析，确定预应力施工顺序。

17.5.5.3 施工工艺流程及操作要点

1)施工工艺流程

具体施工工艺流程如图17-28所示。

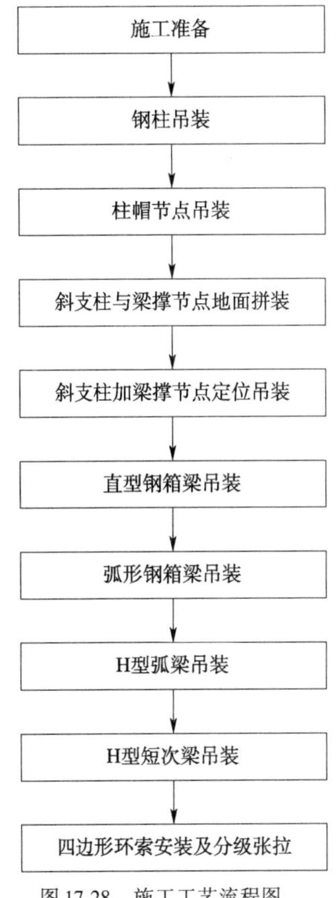

图17-28 施工工艺流程图

2)操作要点

(1)钢结构吊装施工。

对柱帽的实际长度进行检查，确保柱帽安装后，柱顶高程控制在±20mm以内。柱帽安装时要对柱帽四肢的管口中心坐标进行测量，避免柱帽四肢角度出现偏差。斜支柱加梁撑节点单根定位吊装，是完成整个钢屋盖安装的最关键的施工步骤，只要斜支柱及节点吊装定位准确并可靠固定后，余下的钢梁逐根与节点对接即可。临时支撑采用截面尺寸1500mm×1500mm组合式格构柱，临时支架采用了凸缘连接组装的格构式支架系统，该支架拆装方便，且可受承载力大，受力稳定，重复利用率高，装运方便。斜柱加梁撑节点定位吊装使用50t汽车吊，采用三点绑扎的方法进行吊装，三个起吊点，与上节点相关的吊点采用手拉葫芦进行调节。用两台全站仪跟踪控制测量定位上下两端：斜柱下端与柱帽节点相应管口对接，斜柱上端搁置在临时支架顶部调节胎架上。斜柱定位完成后，尽快与下端柱帽对接口焊接，使柱帽、斜柱、节点及临时支架形成刚性整体，尽量避免二次变形发生。当一个单元内的四根斜柱及节点都吊装定位结束后，尽快将该单元的四根连接四个节点的屋盖主梁吊装完成,形成较为稳定的边框,然后再进行剩余的次梁填充安装。

(2)四边形环索单元安装施工。

由于本结构体系为变形性强的空间体系,所以安装时构件尺寸定位非常重要。钢结构安装单位将撑杆连同铸钢索夹安装到顶梁耳板,此时撑杆保持竖直状态(目标状态)。安装拉杆,采用葫芦吊装先将拉杆上节点,然后将拉杆下节点与索夹连接。通过葫芦将索夹节点抬升至撑杆底部位置,用水平尺、吊锤等设备定位索夹节点的三维位置。然后将索夹节点与撑杆底部临时点焊焊接,此时撑杆和拉杆形成一个不可变形的三角形。当四根拉杆安装完毕后,安装四根拉索。拉索安装时基本长度偏长,等两端耳板穿到索夹节点后,通过旋转拉索调节套筒缩短拉索长度,最后达到一个基本绷紧的状态。同时调整索夹位置,使整个结构基本到位。全部杆件的调整到位后,由钢结构安装单位将索夹和撑杆焊接牢固,则完成一个单元的安装。最后所有单元构件安装完成后,为了保证整体"横平竖直"的效果,对拉索、拉杆材料通过管钳进行长度微调。

(3)四边形环索单元张拉施工。

拉索的张拉程序为:张拉前准备→焊接临时张拉焊板→安装张拉工装→在工装与上节点间穿入钢绞线→安装千斤顶→施加预紧力(约10%张拉力)→检查并调整安装位置、记录初始值→与张拉同时拧紧拉杆→与设计拉力值校核→观测拉索结构单元形状(若不满足性状要求,则反复调试)→检验合格,拆除千斤顶工装系统→进入下一根拉索的张拉周期。

工装安装完毕后,即可进行拉索、拉杆的张拉。张拉以柱上、柱间为单元进行张拉,根据设计要求,先进行柱上单元张拉,然后进行柱间单元张拉,最后张拉搭接跨单元。一般以每四个相同单元为一组进行对称张拉施工。本工法一次最多拉杆同时张拉数量达32根,需同时采用32套工装系统进行拉杆的张拉。张拉分6级(20%、30%、40%、60%、80%、100%)张拉进行、缓慢加载,保证张拉位移与调节套筒旋转跟进同时进行。

本工法成功应用于广深港客运专线深圳北站站台雨棚屋盖钢结构工程。

17.5.6 风帆幕墙连接构造安装施工工法

17.5.6.1 适用范围

本工法适用于特别复杂造型幕墙的安装。同时适用于多曲面复杂幕墙设计及施工。

17.5.6.2 工艺原理

本工艺包括圆柱形横梁、主龙骨、副龙骨、连接件、调节板以及角码,主龙骨固设在横梁一侧,主龙骨内部中空且一端开口,副龙骨嵌装在主龙骨内且穿过主龙骨开口内外伸缩并锁紧,副龙骨自由端固接在钢结构骨架上,连接件一侧贴合在横梁外圆周壁上且绕横梁周向转动并固紧,调节板卡装在连接件另一侧且相对连接件上下摆动并固紧,角码底部连接在调节板上且相对调节板前后移动并紧固,角码的侧壁固接在异形幕墙的固定板上。该构造简单、实用灵活、施工便捷,有效地抵消了钢结构骨架任意方向的偏差,以满足造型、功能、使用、观感等多方面的要求。

17.5.6.3 施工工艺流程及操作要点

1)施工工艺流程

具体施工工艺流程如图17-29所示。

2)施工要点

(1)连接件安装、固定。

连接件一侧形成有与横梁外圆周面相匹配的圆弧形大凹槽,且连接件与横梁通过螺钉紧固,该连接件另一侧形成有一圆弧形小凹槽,如图17-30所示。

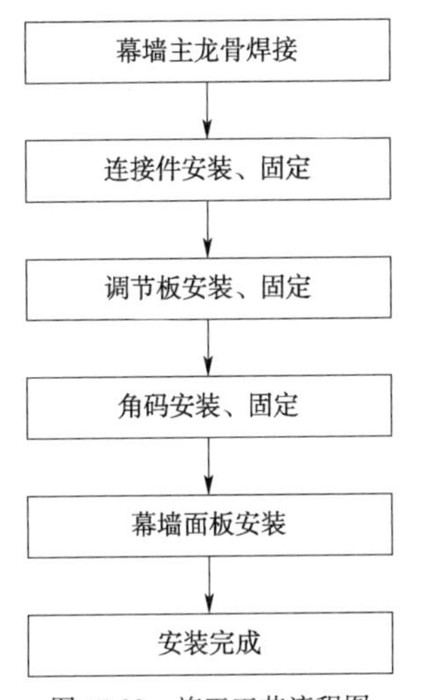

图 17-29　施工工艺流程图

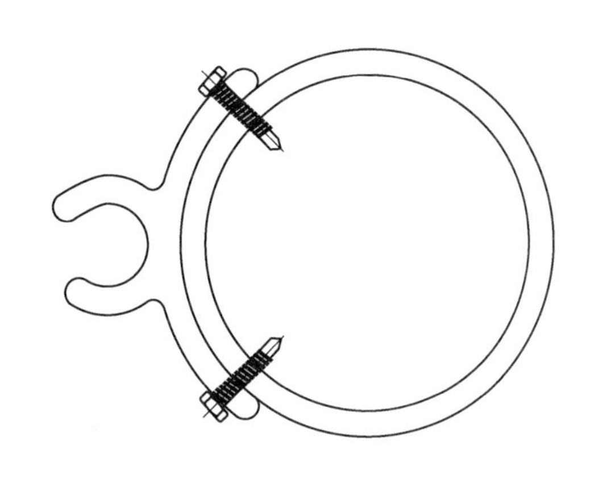
图 17-30　连接件与横梁安装示意图

(2)调节板安装、固定。

调节板包括一圆柱体和一平板,所述平板设置在所述圆柱体一侧且两者一体制成,所述圆柱体插入到所述小凹槽内并由螺钉紧固,所述平板两侧平行设置有两个第一长腰孔,如图 17-31 及图 17-32 所示。

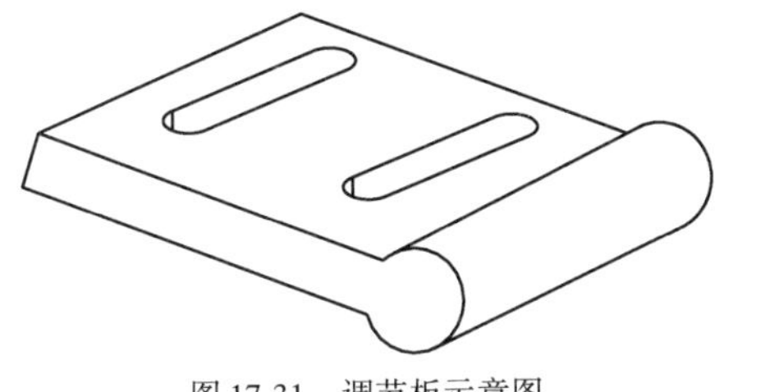
图 17-31　调节板示意图

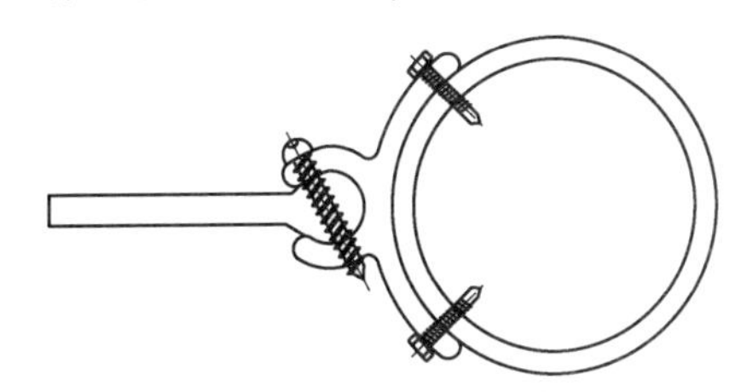
图 17-32　调节板安装示意图

(3)角码安装、固定。

角码与所述调节板之间设有垫板,该垫板上形成有两个与所述两个第一长腰孔一一对应的第二长腰孔,所述角码底端形成有至少一个垂直于所述第二长腰孔的第三长腰孔,所述角码侧壁上形成有安装孔,所述角码、垫板以及调节板通过螺栓依次穿过第三、二、一长腰孔固紧,如图 17-33 所示。

3)幕墙面板安装

角码安装完成并通过验收后,进行幕墙面板安装,如图 17-34 所示。

本工法应用于德州大剧院工程的装饰性风帆幕墙,整个幕墙面积约为 2 万 m^2。

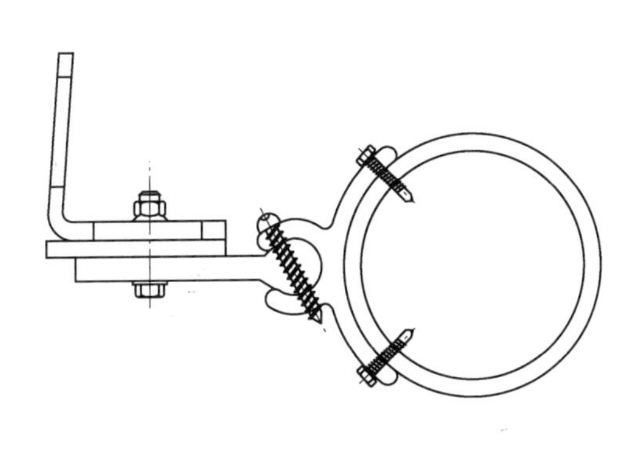
图 17-33　角码安装示意图

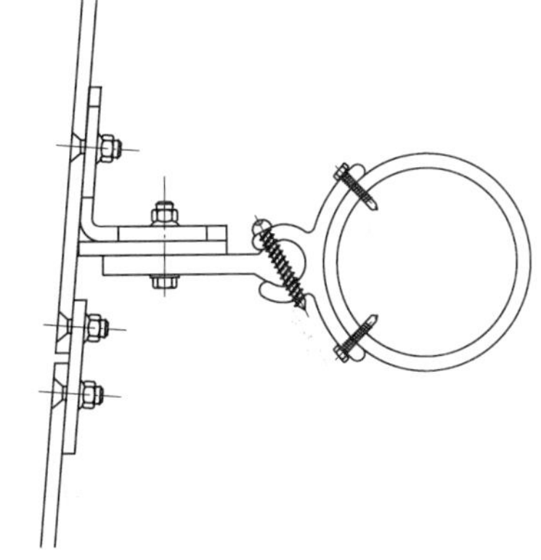
图 17-34　幕墙面板安装示意图

17.5.7　电梯井自稳操作平台应用工法

17.5.7.1　适用范围

本工法适用于高层、超高层核心筒结构的电梯井防护、施工。

17.5.7.2　工艺原理

本电梯井自稳操作平台为双层,上层平台为电梯井结构施工人员提供操作面,下层平台放置小型施工机械,全部采用10#槽钢焊接组拼,上下层平台满铺50mm脚手板,上层平台四个角部各设有钢板吊环,下层平台设有十字交叉支腿卡在下层电梯井门口处墙板交接处阳角,作为整个平台主要受力支撑点,在上层平台不设支撑点的情况下,通过自身构造可实现自稳。为增加平台的安全性,在上层平台设有四个 $\phi28$ 钩头螺栓作为辅助支撑。利用上层平台两侧吊钩的高差,再利用塔吊安装、提升平台过程中可实现平台倾斜,摆脱电梯井道对此平台的束缚,从而实现顺利吊装、提升。

17.5.7.3　施工工艺流程及操作要点

1)施工工艺流程

具体施工工艺流程如图17-35所示。

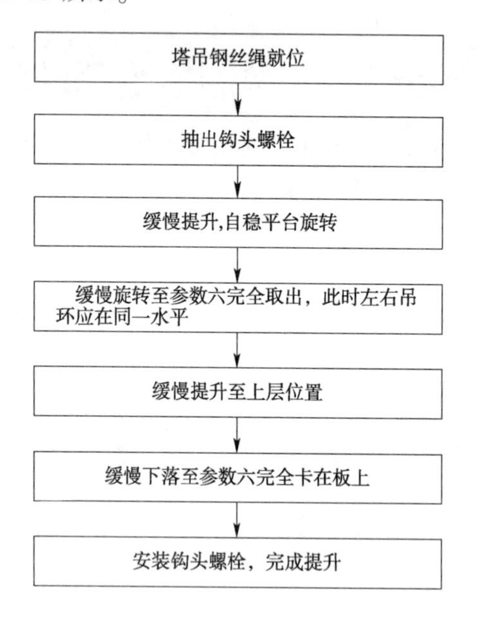

图17-35　施工工艺流程图

2)施工要点

(1)塔吊钢丝绳就位。

(2)抽出钩头螺栓,如图17-36、图17-37所示。

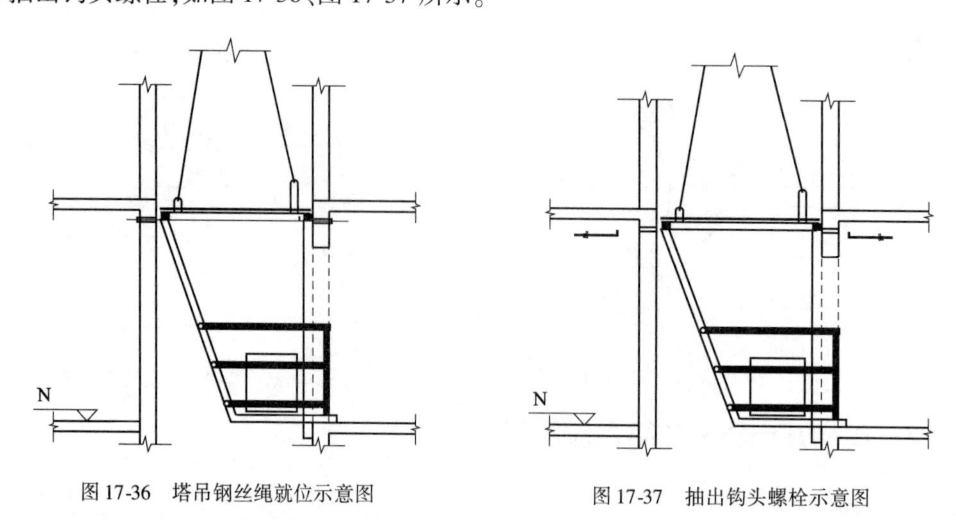

图17-36　塔吊钢丝绳就位示意图　　图17-37　抽出钩头螺栓示意图

(3)缓慢提升,自稳平台旋转,如图17-38、图17-39所示。

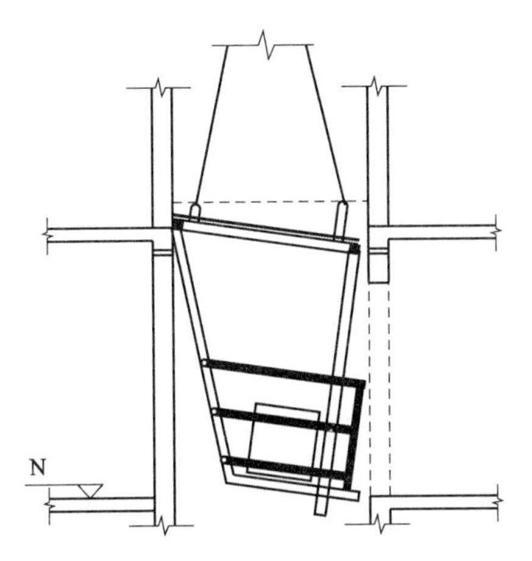

图 17-38 缓慢提升,自稳平台旋转示意

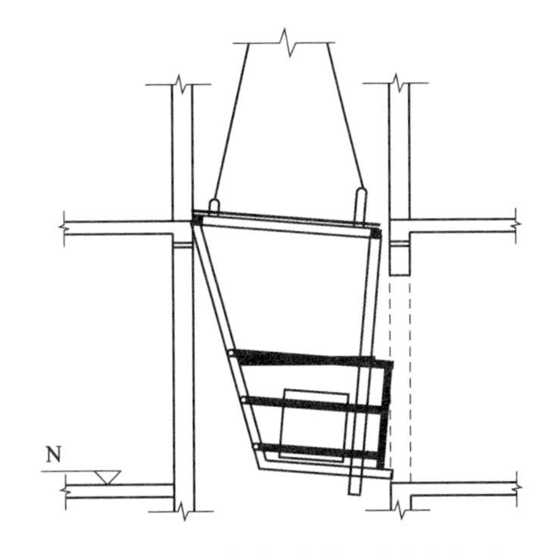

图 17-39 缓慢旋转至参数六完全取出,此时左右吊环应在同一水平示意图

(4)缓慢旋转至参数六完全取出,此时左右吊环应在同一水平。

(5)缓慢提升至上层位置。

(6)缓慢下落至参数六完全卡在板上,如图 17-40、图 17-41 所示。

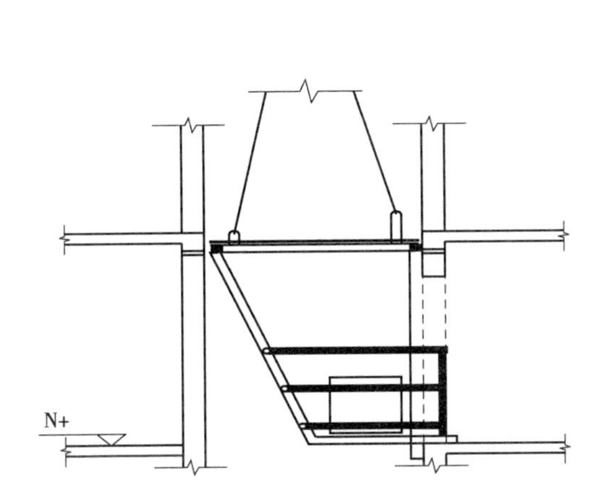

图 17-40 缓慢提升至上层位置示意图

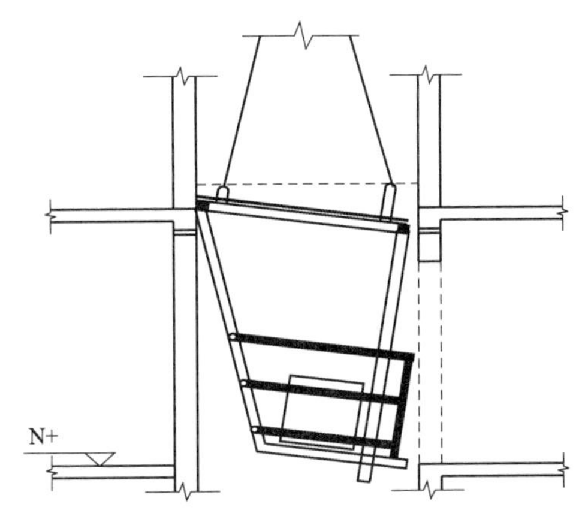

图 17-41 缓慢下落至参数六完全卡在板上示意图

(7)安装钩头螺栓,完成提升,如图 17-42 所示。

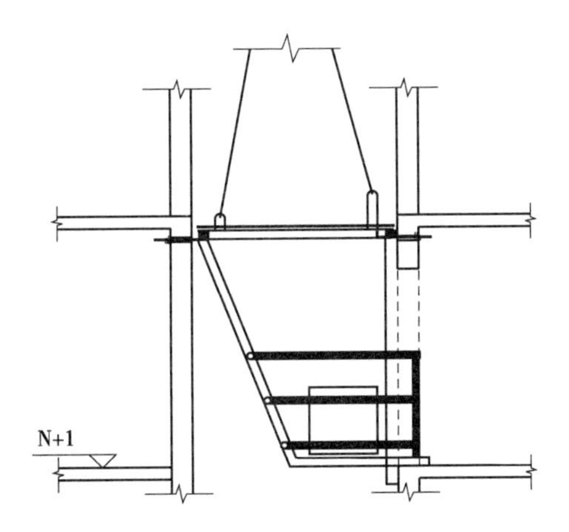

图 17-42 安装钩头螺栓,完成提升示意图

本工法应用于天津保税区 B08 项目、天津保税区 B05 项目、德州大剧院项目。

17.6 其他综合新工法

浮置板道床作为一项高等级减振设施,具有施工难度大、技术要求高、施工工序复杂的特点。在充分研究新型浮置板施工工艺的基础上,经过大量研究、计算、试验,开发出了钢弹簧浮置板道床“钢筋笼轨排法”施工工法,实现了浮置板钢筋笼轨排拼装、浮置板基础施工(隧道仰拱回填)、轨道板混凝土浇筑3大工序平行流水作业,大大提高了工效。

高速铁路CRTSⅢ型板式无砟轨道是具有国内自主知识产权的高铁技术,与其他的板式无砟轨道技术相比较,最大的不同就在于轨道板精调以后的填充层不使用改性沥青砂浆,而是使用自密实混凝土进行填充。在我国东北寒冷山区修建高速铁路时,对工程施工提出新的要求和挑战,导致工点施工复杂、技术难度大,施工精度及质量控制要求极其严格,经过对其关键施工技术研究,提出了严寒地区客运专线(时速为350km) CRTSⅢ型板式无砟轨道板铺设施工工法,填补施工技术空缺,优化了铺设配套设备和方法,提高了铺装工效,保证了轨道板铺设质量。

T梁预制与架设作为铁路工程建设中的重要组成因素,能否严格把控T梁预制与架设施工质量,将会直接关系到整个工程的安全性以及可靠性,相应地开发了基于连续梁布设换装点架梁施工工法。

在铁路扩能改造工程中,传统的线路铺设方法具有作业量大、铺拆难度高等缺点,同时还需对周边交通运输线进行封锁,针对这些不足而开发了CCPG500型铺轨机单枕连续法长轨铺设施工工法,以一次性铺设一根500m长钢轨,对缩短施工工期、加快施工进度、提高施工效益和交通运输效益等具有积极意义。

我国城市铁路交通系统正处于大规模修建阶段,但在地铁轨道铺设方面也遇到了越来越多的问题,充分利用高铁CPⅢ技术的不断成熟以及测量手段的不断创新优势,围绕轨排的快速组装、轨排精确测控快速调整、混凝土快速运输、加快模板安拆、加快焊接正火等环节开展研究,开发了城市地铁快速铺轨施工工法。

在汽车行业迅猛发展的今天,对汽车试验场的质量要求也越来越高。针对传统沥青施工耗时耗力且效率低下、综合效益差等,以及基准线的拉设对控制精度影响大、平整度差、易造成浪费等不足。基于GPS测量技术、LaserZone激光技术、数字模型技术以及自动控制技术等一体化的摊铺智能控制技术,开发了高精度沥青摊铺智能控制施工工法,改善了沥青路面的平整度和提高了成型精度。

在修建下水道、工业地下管道、地下人行道、穿越铁路公路和河流的通道等地下工程时,为了避免对地下构筑物、风景区和地下建筑物的破坏,以及影响交通等问题,国内已经广泛地采用了顶管法施工技术,开发了管径在DN1500~DN3000的大直径泥水平衡顶管施工工法,以及公称内径3000mm以上的钢筋混凝土管超大直径长距离“S”形曲线顶管施工工法。采用顶管工法,避免了明开施工的放坡,减少了施工占地,顶进轴线为S曲线时,可避开地下管线、保护地上构筑物,减少了环境污染,提高了施工效率,有效地控制了资源的浪费,降低了投资。

17.6.1 钢弹簧浮置板道床“钢筋笼轨排法”施工工法

17.6.1.1 适用范围

本工法适用于城市轨道交通对减振降噪有特殊要求、设置钢弹簧浮置板轨道地段的施工。

17.6.1.2 工艺原理

浮置板轨道“钢筋笼轨排法”施工新工艺同广泛应用的整体道床“轨排架轨法”相结合,对浮置板施工工序进行改进,实现了浮置板钢筋笼轨排拼装、隧道仰拱回填、轨道板混凝土浇筑3大工序平行流水作业。利用铺轨基地场地进行浮置板钢筋笼轨排拼装,轨道车运输轨排至作业面,利用洞内作业面的铺轨门吊将“钢筋笼轨排”吊运至已浇筑完成的浮置板基底面，洞内进行钢筋笼的就位、轨道几何尺寸的调整、混凝土的浇筑等作业。浮置板轨道基础混凝土施工应提前于道床板施工。

17.6.1.3　施工工艺流程及操作要点

1）施工工艺流程

具体施工工艺流程如图17-43所示。

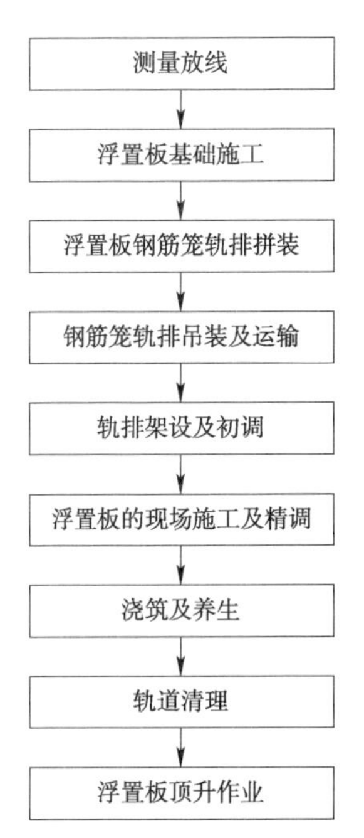

图17-43　施工工艺流程图

2）操作要点

（1）测量放线及结构尺寸偏差检查。

每100～200m左右设置线路中心控制桩及高程控制桩。

控制基标复测，复测完毕后进行施工基标加密，加密基标每5m设置一处，测量误差满足规范要求。

（2）浮置板基础施工。

浮置板基础钢筋在铺轨基地装车，运输至前方，铺轨门吊运至施工作业面，现场人工钢筋绑扎。浮置板基础中心水沟模板采用专用矩形封闭式钢模板。

轨顶设计高程值下返570mm为浮置板基础高程控制线。施工时，根据测量提供的高程控制基线，严格控制浮置板基础的高程及表面平整度，同时注意曲线内侧基底横向排水沟的设置。

浮置板基础施工完毕，再设置水沟盖板、铺设隔离层。

（3）浮置板钢筋笼轨排拼装。

根据台位上标识的外套筒位置，按设计图纸布置隔振器外套筒。将每个断面绑扎成钢筋网片。采用钢筋闪光对焊机，将定尺的钢筋对焊成25m通长的纵向钢筋。根据设计图纸布置及固定横向钢筋网片位置，一块板的横向钢筋网片固定完毕后，根据纵向钢筋设计位置穿浮置板纵向钢筋，并同横向钢筋网片进行绑扎。

根据设计要求，进行浮置板钢筋笼的防迷流焊接，确保纵横钢筋的电路流通。

浮置板钢筋笼绑扎焊接完毕后，在钢筋笼上固定钢轨位置，安装钢轨横向连接架。根据设计位置安装铁垫板。采用专用器具对钢筋笼的整体性进行加固和锁定。

（4）钢筋笼轨排吊装及运输。

浮置板钢筋笼轨排加固完毕后，用吊轨钳将浮置板钢筋笼轨排吊装至平板车上，轨道车运输至前方作业面。轨排吊点位置需通过计算及现场试验，确定轨排合理吊点位置，将浮置板钢筋笼轨排在起吊悬空状态的挠度控制在最小值。

（5）轨排架设及初调。

安装单腿支撑式轨架的托盘及丝杠，支撑架不大于3m设置一个，支撑架在直线段应垂直于线路方向，曲线地段应垂直线路切线方向，并将各部螺栓拧紧，不得虚接。根据铺设地段线路的超高情况，选择单腿支撑架调节孔，确保轨架丝杠处于垂直状态。轨架安装完毕后，对轨道几何尺寸进行初调。

（6）轨道板的现场施工及精调。

根据设计位置安装剪力铰、板端间隙模板、防迷流端子、泄水孔、检查孔、道床模板等结构部件。根据铺轨基标，通过调整钢轨支承架各相关调节螺栓，调整轨道几何状态，用万能道尺、方尺、L形尺、锤球等工具，按设计和规范要求调整轨道的轨距、水平、高程、方向等几何尺寸。曲线地段还须增加对曲线外股正矢的调整及检查（利用10 m或20 m弦线）。具体轨道调整做法是：先调水平，后调轨距；先调基标部位，后调基标之间；先粗后精，反复调整。经过精调后，其精度必须符合无砟轨道铺设的技术标准要求。施工中严格按照“三步控制”的措施确保轨道的几何状态。

第一步：粗调。钢轨架设时按照中桩及高程资料初步调整轨道，初步调整完毕后，安装检查孔、防迷流端子、支立道床模板等工序。

第二步:精调。对轨道几何状态精确进行调整,目视及弦量的方法进行调整。

第三步:混凝土浇筑后检查。混凝土施工中可能对轨道几何尺寸产生影响,要求在混凝土浇筑完毕后,混凝土尚未初凝前,立即安排人员进行检查及调整。

(7)浇筑及养生。

因轨道板结构尺寸原因(中部断面凸出),道床板需采用二次浇筑的施工方案进行施工。第一次浇筑高度为铁垫板底部位置,二次浇筑浮置板中间凸台部分混凝土。

道床模板根据两次浇筑混凝土的要求,分别支立道床板两侧模板、凸台两侧模板。模板采用不易变形的钢模板。道床模板必须平顺,位置正确,并牢固不松动。

浮置板道床混凝土运输根据现场实际情况,可灵活采用轨道车运输混凝土或固定泵直接泵送至浇筑位置的方案进行整体道床混凝土浇筑施工。混凝土浇筑前,用编织带覆盖钢轨、扣件、外套筒、轨架,以免对其造成污染后,难于清理。

混凝土灌筑时采用插入式振捣棒进行捣固,并不得碰撞钢轨、模板、轨架,特别是套筒周围、铁垫板下等不容易捣固密实的部位,应加强捣固,确保整体道床混凝土的密实性。

二次浇筑凸台混凝土前,注意新旧混凝土的结合面的处理,满足施工及设计规范要求,施工前对混凝土结合面松动石子或松散混凝土层凿除,并应用水冲洗、湿润,清理彻底干净。

混凝土施工前对浮置板钢筋笼进行全面检查,混凝土施工完毕后,应加强对模板的校正,按照设计的尺寸及允许偏差认真检查各部位几何尺寸。

(8)浮置板顶升作业。

当混凝土达到设计强度,用厂家提供的专用液压千斤顶从浮置板支承基础上抬起浮置板。浮置板顶升达到设计顶升高度。

本工法成功应用于上海轨道交通10号线一期工程、北京地铁亦庄线和南京地铁等工程。

17.6.2 严寒地区客运专线(350km/h)CRTSⅢ型板式无砟轨道板铺设施工工法

17.6.2.1 适用范围

本工法适用于桥梁、路基等地段各种工况条件下CRTSⅢ型板式无砟轨道铺设施工。

17.6.2.2 工艺原理

CRTSⅢ型板式无砟轨道结构主要包括底座板、弹性缓冲垫层和隔离层、自密实混凝土层、轨道板等,具体结构图如图17-44、图17-45所示。

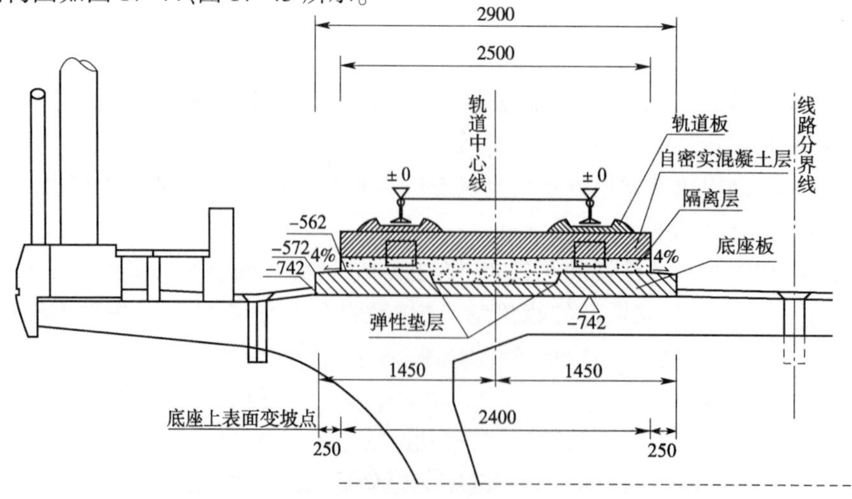

图17-44 桥梁地段Ⅲ型板式无砟轨道结构图(尺寸单位:mm)

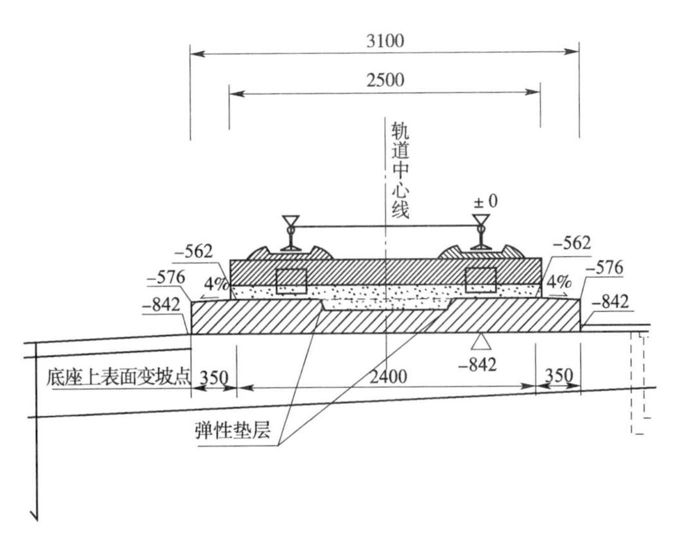

图 17-45 路基地段Ⅲ型板式无砟轨道结构图(尺寸单位:mm)

CRTSⅢ型板式无砟轨道是对既有无砟轨道的优化与集成,其主要创新点是改变了板式轨道的限位方式,采用板下U形筋+自密实混凝土+底座凹槽的限位方式,彻底取消了Ⅰ型板的凸台、Ⅱ型板的端刺限位方式;扩展了板下填充层材料、优化了轨道板结构,通过轨道板板下两排U形筋,将内设钢筋网片的自密实混凝土与轨道板可靠连接成复合结构,结构整体性好,可以控制轨道板离缝、翘曲和板下填充层开裂;改善了轨道弹性及完善了设计理论体系,轨道板改原有无挡肩板为有挡肩板,配套弹性不分开式扣件,有利于降低轨道刚度,提高轨道弹性。

CRTSⅢ型板式无砟轨道道床施工采用可调模板+提浆整平机工装组合,借助布板软件与智能全站仪的精确定位,实现底座施工的高精度、高标准、高效率作业。另外,采用"三位一体"精调器+轻质高强度钢模板+模板锁定架的合理搭配,通过速调标架的精确、高效调整,依靠自密实混凝土的高自流平性、抗离析性、间隙通过性借助恒压力灌注漏斗,完成轨道板充填层的灌注。

17.6.2.3 施工工艺流程及操作要点

1)轨道板铺设施工工艺流程图

具体施工工艺流程如图17-46所示。

2)轨道板铺设施工操作要点

(1)基础面验收。

施工前组织线下施工单位共同对基础面进行验收,线下沉降评估满足要求后,进行CPⅢ控制网构建并进行评估,进行预埋钢筋安装。

(2)基础面清理。

清除基础面上的杂物、积水,确保基础面的平整度满足要求。

(3)底座钢筋笼绑扎。

底座钢筋笼采用工厂化施工的钢筋网片进行组装绑扎,基础面连接钢筋安装,伸缩缝施工。

(4)底座模板施工。

底座侧模采用高程可调式模板安装,底座伸缩缝模板采用3块钢模拼装而成。凹槽模板是通过四根钻孔植入锚固螺杆进行限位。锚固螺杆为可调式螺栓结构,通过上下调整螺母的方式,实现凹槽模板高程的灵活调整。基础面与模板的缝隙采用砂浆塞填。底座模板安装完成后,检查模板中线是否偏移。在混凝土浇筑施工前,通过混凝土垫块来调整混凝土保护层的厚度。

(5)底座板混凝土施工。

混凝土采用拌和站集中拌制,由混凝土罐车运输至施工现场后,泵车泵送入模或吊车配合漏斗灌注。底座板伸缩缝采用工厂定制聚乙烯泡沫塑料板填充并用聚氨酯材料进行密封。

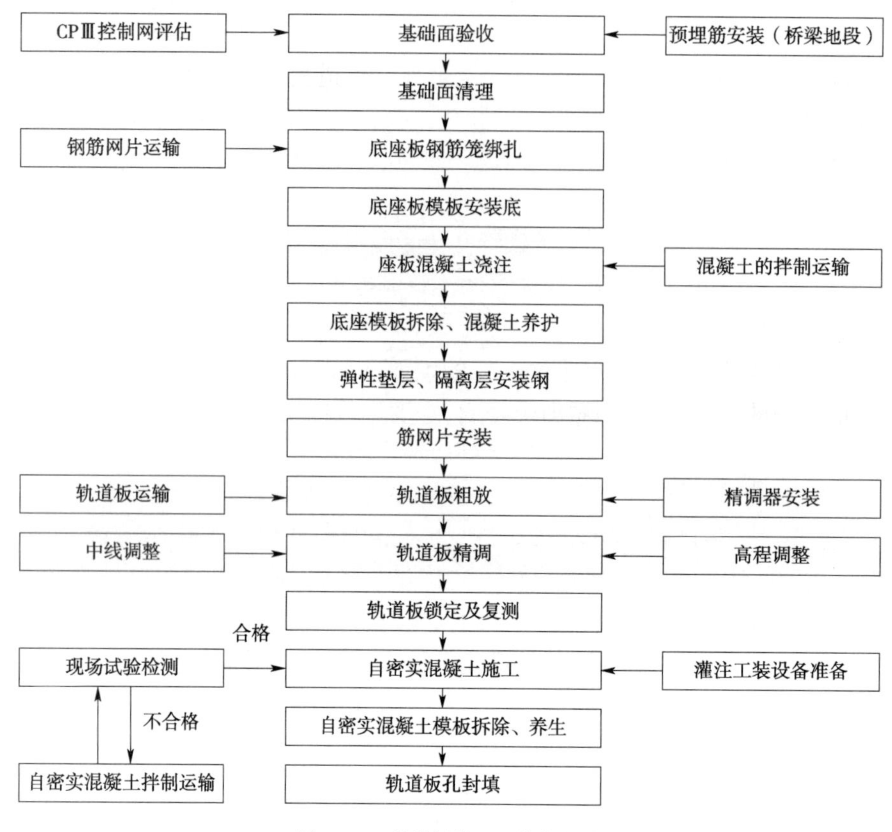

图 17-46 轨道板施工工艺流程图

(6)底座板混凝土养护。

采用塑料薄膜封闭覆盖方式,时间一般为 10 ~ 14 天。

(7)弹性垫层与隔离层安装。

弹性缓冲垫层进场前应检查其型式试验报告是否合格,安装时要求顶面与底座表面平齐,周边无歪斜、弯曲、封口不严等缺陷。弹性垫层与限位凹槽侧面应粘贴牢固,并贴住凹槽内侧整齐铺置,防止混凝土浇筑过程中的移位。为保证底座板与自密实混凝土层间的有效隔离,设置隔离层土工布。铺设流程:清理底座基础面→弹出安装轮廓线→对位铺设土工布→刮杠整平→刷胶固定→土工布裁剪→胶带封边。

(8)钢筋网片安装。

自密实混凝土层纵横向钢筋采用工厂化生产钢筋网片组装绑扎,与凹槽内钢筋绑扎形成整体。其绝缘钢筋在轨道板铺设前通过塑料绝缘卡固定在轨道板底的门型钢筋内侧,其保护层垫块采用与自密实混凝土同标准混凝土垫块。

(9)轨道板粗铺。

清理隔离层土工布表面的残渣→放置板底支撑装置→轨道板吊装上桥→板底中部门型钢筋切割→环氧树脂涂层涂刷→穿插冷轧带肋钢筋并用绝缘塑料夹固定→人工辅助轨道对位。精调器用膨胀螺栓固定于底座上。

(10)轨道板精调。

包括中线调整与高程调整。精调作业时,首先在距待调整轨道板前方五块板的位置处架设全站仪进行自由设站,在每天精调作业前或环境温度发生突变时利用标准标架进行校正。

(11)轨道板锁定及复测。

轨道板精调完成后,在轨道板上安装防上浮设备进行轨道板锁定。防上浮和防侧滑装置直线地段轨道的防上浮和侧滑的控制装置不少于四个,曲线段加设防上浮和侧滑装置,当超高大于 60mm

时加设两个,当超高大于100mm后加设四个防上浮装置(重点控制曲线内侧),安装防上浮的装置需靠近精调器,且控制在距离精调器10~20cm的位置处。轨道板锁定牢固后进行轨道板复测。检测轨道板锁定前后精度变化,当复测结果超出设计范围时,需重新对轨道板进行精调、检查,直到合格为止。同时,与自密实混凝土灌注工序间隔时间不宜过长。

(12)自密实混凝土施工。

自密实混凝土搅拌运输→漏斗清理润湿→自密实混凝土现场检测试验→混凝土下料→吊车吊装漏斗上桥→漏斗对位→自密实混凝土灌注→灌注孔清理。

(13)轨道板孔封填。

轨道板灌浆孔、检查孔自密实混凝土灌注后的顶面高出轨道板底50mm以上,在自密实混凝土凝固前,插入1根S型的钢筋,并采用添加缓凝剂、强度等级同轨道板的C60混凝土进行封填,封填层厚度大于100mm,在当天最低温度时浇筑,且环境温度不大于25℃。

本工法成功应用于新建盘营客运专线和新建沈阳至丹东铁路客运专线。

17.6.3　基于连续梁布设换装点架梁施工工法

17.6.3.1　适用范围

本工法适用于设计不同跨度连续梁特大桥跨越公路、道路、河流等工况下T梁架设施工。

17.6.3.2　工艺原理

铁路架桥机架梁主要由倒装龙门吊、机动平车、主机三大设备完成。梁场提梁机装完梁,平板车运梁至前方工地,桥头倒装梁,机动平车运梁给主机,主机完成出梁、落梁工序。特大桥架梁过程中,随着铺架进度,机动平车运梁越来越远,根据机动平车运梁距离、连续梁位置,调整龙门吊换装梁位置。

17.6.3.3　施工工艺流程及操作要点

1)施工工艺流程

具体施工工艺流程如图17-47所示。

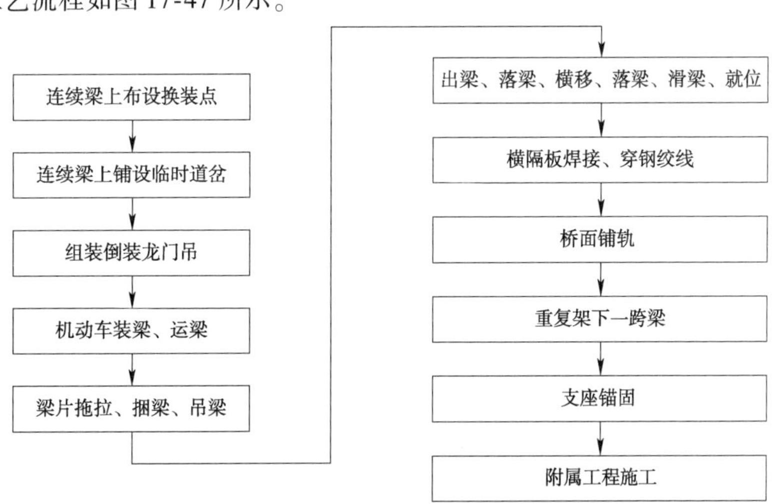

图17-47　施工工艺流程图

2)操作要点

(1)连续梁上布设换装点。

根据连续梁地段的平纵断面资料,设计临时便线,一般拨移量靠两线间达0.5m,两端设计曲线连接,最小曲线半径控制在$R=250$m,超高控制在5mm。同时对龙门吊布设位置按照与桥墩成对称、与拨移中线成对称的方式进行测设布点。

连续梁立设换装龙门吊,拨移线路0.5m,中间夹直线保持50m以上,两头设S曲线连接。一端可以在连续梁上,另外一端进入T梁范围。偏铺量最大400mm,由400mm逐步过渡至设计中线位置。

(2)连续梁上预铺设临时道岔。

为了在长大桥上满足重空车交会,选择临时道岔铺设方案,第一座连续梁第一跨梁面上设计临时道岔,一般铺设临时道岔采用P50-9号道岔,有条件时采用预铺方式,采用汽车运梁、吊车提运方式进行。铺架到达时,架桥机可以直接通过,不会对架梁进度造成影响。

(3)组装倒装龙门吊。

机车编组带塔架车,塔架车从桥头前移过程中,收回至平板。到位后,按照布设位置组装龙门吊。

(4)机动平车装梁、运梁。

倒装龙门吊完成静载实验后,装梁至机动平车上,机动平车运梁与主机对位。

吊梁时底部与平板车上方的物体高度间距大于200mm,并检查两侧无障碍物再指挥机车退出。

机动平车装梁时,桥梁重心一般落在机动平车纵向中心线上,偏差不得超过20mm。在曲线上架梁时,可使桥梁中线与机动平车纵向中心线略成斜交,桥梁两端前后各向二号机动平车中心线左右偏离少量距离,以不超过150mm为宜。

桥梁落在机动平车上时,梁前端超出机动平车4.3m,不得大于4.5m。其最低处距离轨面净高不得少于1.8m,不足时用垫木调整,以满足向主机拖梁需要。

桥梁在机动平车上落实后,应调整梁支撑的高度,并用木楔加固,确认桥梁倒装合格后方可运行。机动平车载梁运行速度为0~5km/h,与主机对位速度小于等于0.5km/h。距主机10m处一度停车确认机动平车制动系统正常后,再启动机动平车缓慢推进。与主机对位时,检查有无障碍物。

(5)梁片拖拉、捆梁、吊梁。

梁片拖拉、捆梁、吊梁主要包括以下过程:顶梁扁担顶起桥梁前端,主机拖梁小车运行到梁片下方合适位置,垫好木板,落下顶梁扁担,梁片落到主动拖梁小车上,在跨装状态下拖梁前进;待进到一定位置后,再顶起桥梁后端,落在一号车的后一辆被动拖梁小车上,继续前进,桥梁前端进到一号吊梁小车位置时,捆梁、吊梁在半支半吊状态下前进;待桥梁后端进到二号吊梁小车位置时再捆梁,吊起后端,在悬吊状态下前进对位。

(6)出梁、落梁、横移、滑梁、就位。

出梁时,梁走行至合适位置后先下落约1.45~1.55m进行纵向对位,其梁底与边梁将要接触时即向右横移,待两片梁相距已足够落梁时即下落就位。

墩台移梁过程:施工准备、搭设滑道轨、构件安装检查、落梁移梁、打顶落梁。

架桥机机臂横移T梁至最大安全横移距离处落梁,桥梁下落至距离缓冲板200mm时停止,推动槽形板及缓冲垫板至梁底正下方,然后落梁至缓冲板上,立即用倒链交叉保梁。梁前后端、两侧用木支撑撑死后方可拆捆梁钢丝绳。将钢丝绳套挂在梁端隔挡上,端头与电动葫芦的挂钩挂连,一切工作就绪后,启动电动葫芦,开始滑移梁作业。在滑移过程中,前后桥台应相互照应同步进行,滑梁过程保梁倒链要及时跟进,滑移梁距就位位置约100mm时,目测点动滑移。

梁体锚固螺栓提前放入墩台锚栓孔内。滑移梁到位后,用两台100T油顶将梁片一端顶起,打顶时同起同落,两端不得同时将梁打起。

落梁前,先在支承垫石顶面铺一层厚20~30mm的M50干硬性无收缩砂浆,砂浆顶面铺成中间略高于四周的形状。摊铺尺寸与盆式橡胶支座底板同,尺寸如下:32m梁,510mm(纵向)×440mm(横向);24、20m梁,460mm(纵向)×410mm(横向);16m梁,430mm(纵向)×370mm(横向)。

梁吊装至安装位置后,将底脚螺栓对准支撑垫石螺栓孔慢慢落下,当接近支撑垫石顶面时,梁片两端调整好梁的垂直度,T梁落梁就位。

检查支座底板四角的高度,最大相对高差值不大于1mm。

梁体就位后,检查支座十字线与支承垫石十字线重合情况,偏差超出误差范围必须进行调整。

(7)横隔板焊接、穿钢绞线。

整跨桥梁就位后,梁面每隔约3m加焊短钢筋,横隔板进行焊接,架桥机过跨前穿六束钢绞线,戴锚具拧紧。整孔桥外观符合要求后,开始横隔板焊接作业。

(8)桥面铺轨。

架桥机架完梁后拔出二号柱柱销,油缸下降,零号柱抬起,摘挂机构动作,零号柱翘起,同时解除前后液压支腿受力状态,拨出机臂上的定位销,机臂缩回13m,准备铺轨作业。

(9)重复架下一跨梁。

桥面加焊短钢筋、横隔板焊接、穿钢绞线完成,架桥机过跨准备架设下一跨梁片。

(10)支座锚固。

架桥机后面第二跨可以开始锚固。

本工法成功应用于向莆铁路莆田特大桥。

17.6.4 CCPG500型铺轨机单枕连续法长轨铺设施工工法

17.6.4.1 适用范围

适用于有砟轨道Ⅱ型、Ⅲ型轨枕和500m及以下长轨线路铺设施工。

17.6.4.2 工艺原理

建设有砟轨道无缝线路的铺轨基地,铺轨基地连接既有线与新建铁路线路,铺轨基地设有装卸、存储500m长轨条的主要工程生产线及配套设施,利用长轨运输车运输工程材料(厂焊500m长轨条)。

单枕连续法作业机组为长钢轨铺设和轨枕布设一体机,长钢轨及轨枕采用枕轨双层运输车运送,长钢轨采用拖拉机牵引到铺轨机组前方,由铺轨机组完成布枕和铺轨作业。

17.6.4.3 工艺流程及操作要点

1)施工工艺流程

具体施工工艺流程如图17-48所示。

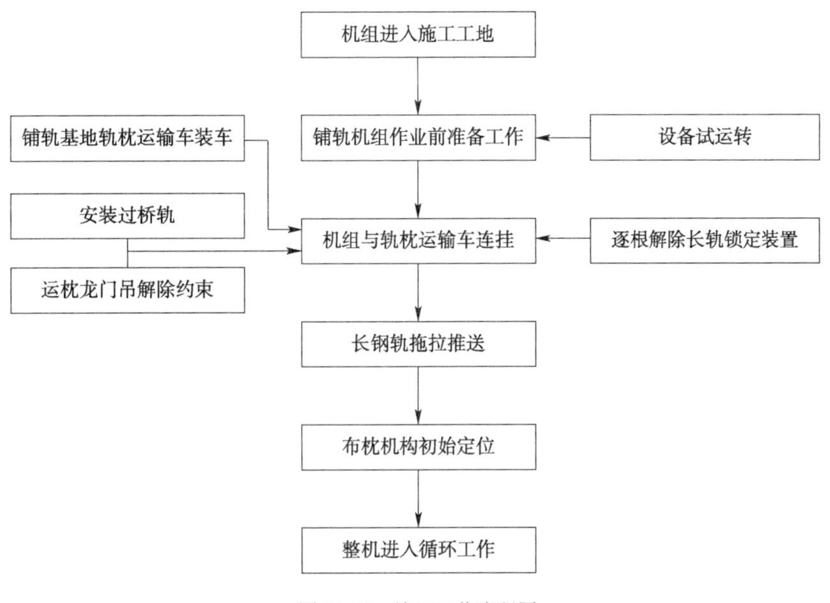

图17-48 施工工艺流程图

2)操作要点

(1)机组进入铺轨工地。

用机车将主机、牵引动力车、钢轨推送车和运枕龙门吊从铺轨基地推送到工地。同时在铺轨基地内将长轨、轨枕以及轨料装载至运输车,装载完毕后利用动力机车将运输车推进至铺轨机,与CPG500铺轨机连挂,CPG500铺轨机在预铺完毕底渣的路基上进行机械铺轨。

(2)铺轨机组作业前准备。

主机、牵引动力车、钢轨推送车和运枕龙门吊从铺轨基地推送到工地后,转向架轮对的两侧与钢轨间安放铁楔,与机车脱钩;主机的发动机启动,钢轨推送车的发电机组启动,主机和牵引动力车上动轴减速机的离合器合上,检查电气系统、液压系统、空气制动系统,保证正常工作;去掉安放的铁楔,在指挥人员的指挥下,机组自力行走,前进、后退各三次,再将机组缓慢开到轨道的前端停下,主机车体的前端板不超过轨道的端头;液压支腿由运输位变成工作位,然后伸出,支撑好,小门吊的主梁伸出,把履带走行器吊到道床上,液压支腿回缩,由工作位变成运输位,收好;安装过渡轨,整机缓慢前进,开上履带走行器;设置好主机的转向机构和前转向架的定位装置,操作插销油缸,使履带走行器与前转向架固定,拆除过渡轨;机组前行一小段,放下布枕机构、座椅、收轨就位系统、长钢轨定位装置、钢轨导向装置、计程小车、钢轨微调装置、压轨装置等工作机构,并转换成工作位,在主机前端安装摄像头安装架、标尺、滚轮收放装置、托盘等附件,并进行手动调试,确认各机构工作正常。

(3)机组与枕轨运输列车连挂。

枕轨运输列车由机车推送进入铺轨现场,距钢轨推送车30m处停车,再以3km/h的速度将枕轨运输列车与钢轨推送车连挂,摘开机车;放掉枕轨运输列车每个车制动缸的气;装好枕轨运输列车与钢轨推送车之间的过桥轨,解除门吊固定装置,第一台门吊运56根轨枕到牵引动力车上作配重,再运轨枕到主机传送链上。第一台门吊应只在运输列车的第二节平车后面的区域内运动,第二台门吊向前倒运轨枕。

(4)长钢轨拖拉推送。

推送装置推送钢轨经过钢轨导向装置和主机前部的钢轨转换装置,到达主机前端;钢轨与拖拉车对位后,推送装置的夹持轮张开,在距离轨头大于0.5m的位置,安好卡轨器,将钢轨固定在夹轨装置的夹持器上,拖拉车向前拖拉钢轨。钢轨拖拉过程中,在长钢轨底下的道砟上每10m左右放置一个滚轮;当长钢轨拖拉至剩下约10m时,通过无线对讲机与拖拉车驾驶员联络,拖拉车应放慢拖拉速度(≤15m/min),当长钢轨尾端拖出主机中部的导轨器之后,拖拉车速度再次减慢,并越来越慢,不停地与拖拉车驾驶员联络对位,直到长钢轨尾端超过已铺设钢轨轨端50mm左右时停止,钢轨中心距约为3100mm。收轨就位系统开始工作,操作小吊具和钢轨转换装置油缸,使位于履带走行器的收轨就位系统第1个夹钳夹住钢轨,铺轨机前进一小段并布枕,接着操作小吊具和后面的夹钳,使其相继夹住钢轨,主机后转向架前轮行至距轨端300mm左右时停止前进,再操作长钢轨定位装置使钢轨与已铺线路的钢轨相接,安装无孔接头。然后,随着整机前进,系统开始不断调整钢轨位置,收轨入槽。

(5)布枕机构的初始定位。

调整布枕机构的位置,使其中心与车体中心重合,使平渣装置的底面与道床有3cm的间隙,并且与道床平行,使轨枕对中装置处于中位;将传送链自动/手动选择和布放机构自动/手动选择按钮置于手动选择,手动铺设前第一根轨枕;使轨枕定位器处于最高位,操作纵移手柄,使整机前进一小段(>400mm)后停下;手动铺设第二根轨枕;人工调整前两根轨枕的距离,使其符合要求;操作纵移手柄,整机再前进一小段,使轨枕定位器处于两根轨枕的中间后停下;手动操作使轨枕定位器处于最底位;再操作纵移手柄,整机缓慢移动,轨枕定位器与第二根轨枕刚接触时停下;手动操作:转接机构油缸伸出,布放机构抬高并伸出齿叉,停枕油缸缩回,传送链运送轨枕到转接机构上停下,停枕机构落下,压住传送链上最前端的一个轨枕,转接机构回摆,轨枕落到布放机构上,布放机构下落,到最低位,转接机构油缸伸出,停枕油缸缩回,传送链运送轨枕到转接机构上停下,停枕机构落下,压住传送链上最前端的一个轨枕;这时布枕机构的初始定位完成,将传送链自动/手动选择和布放机构自动/手动选择按钮置于自动选择。

机组进入循环工作状态。铺完一对500m长的单元轨条后,开始进行下一个循环的工作。

本工法成功应用于丹大快速铁路前阳至庄河段。

17.6.5　城市地铁快速铺轨施工工法

17.6.5.1　适用范围

本工法适用于城市地铁铺轨施工。

17.6.5.2　工艺原理

专用设备原理:公铁两用焊轨车安装了钢轮和轮胎两套走形系统,自带动力能够在公路和铁路上行驶,垂直支撑系统能实现两套走形系统的转换,可自行完成作业面间的转移。

专用器具原理:轨底坡测控尺利用了高差测量原理实现对轨底坡的测量;轨排整体性加固及锁定装置应用了螺栓紧固和间隔布置大梁增加约束的原理增强轨排的整体性。

专用技术原理:将塑料模板与步步紧技术综合应用于道床模板支设;感应正火利用了交变磁场产生交变电流加热金属和感应线圈仿形钢轨安装的原理,自动调整功率,保温透热,实现均匀加热。

17.6.5.3　施工工艺流程及操作要点

1)施工工艺流程

具体施工工艺流程如图17-49所示。

2)操作要点

(1)铺轨机走行轨安装。

铺轨机走行轨中心线为线路中心线,跨距根据施工环境的具体情况设计,铺轨机走行轨施工步骤有:安装位置弹墨线、支架固定、安装及固定走行轨、跨径调整、检测验收。走行轨的支撑基础钢支墩布设间距为1.2m,最大不超过1.4m,接头处需增设支承点,每个钢支墩用4个膨胀螺栓固定在隧道底板上。

(2)一般整体道床施工。

①按照设计每公里轨枕数量计算每副轨排的轨枕间距及所配套的扣件类型。

②一般整体道床轨排吊装和运输,轨排组装验收合格后利用铺轨基地门式起重机和蟹形工具将轨排吊运至安装有转向架的轨道平板车上,用轨道车牵引平板车运输至施工作业面附近已成型的道床地段,再利用快速过站变跨铺轨机将轨排搭接吊运至对应的设计安装位置。

③一般整体道床轨排用钢轨支撑架进行架设,钢轨支撑架间距为直线段宜3m、曲线段宜2.5m设置一个,并使其在直线段垂直于线路方向,曲线段垂直线路的切线方向。轨排粗调按施工顺序操作。

④根据设计要求对道床钢筋间距及线路中心位置进行布设和绑扎固定。

⑤高架线道床采用短枕道床热塑复合材料模板与步步紧结合技术进行道床模板安装;地下线道床采用一次性水沟模板固定在钢轨上安装。

⑥轨道状态精调,利用轨检小车配置全站仪来完成轨道状态精调,在直股钢轨线路上和一对CPⅢ点前15m处设置三脚架安装仪器。轨道和钢轨上缘的精确的几何尺寸,在高度和位置上重要的数据在计算机上事先计算好,然后通过轨检小车对轨道状态进行比较。进行自由测站后,轨检小车将驶过每个校正点,通过全站仪的目标追踪系统,获得棱镜的坐标,以及持续地显示偏差,根据数据对轨道状态进行精调。确认符合验收标准后方可浇筑道床混凝土。

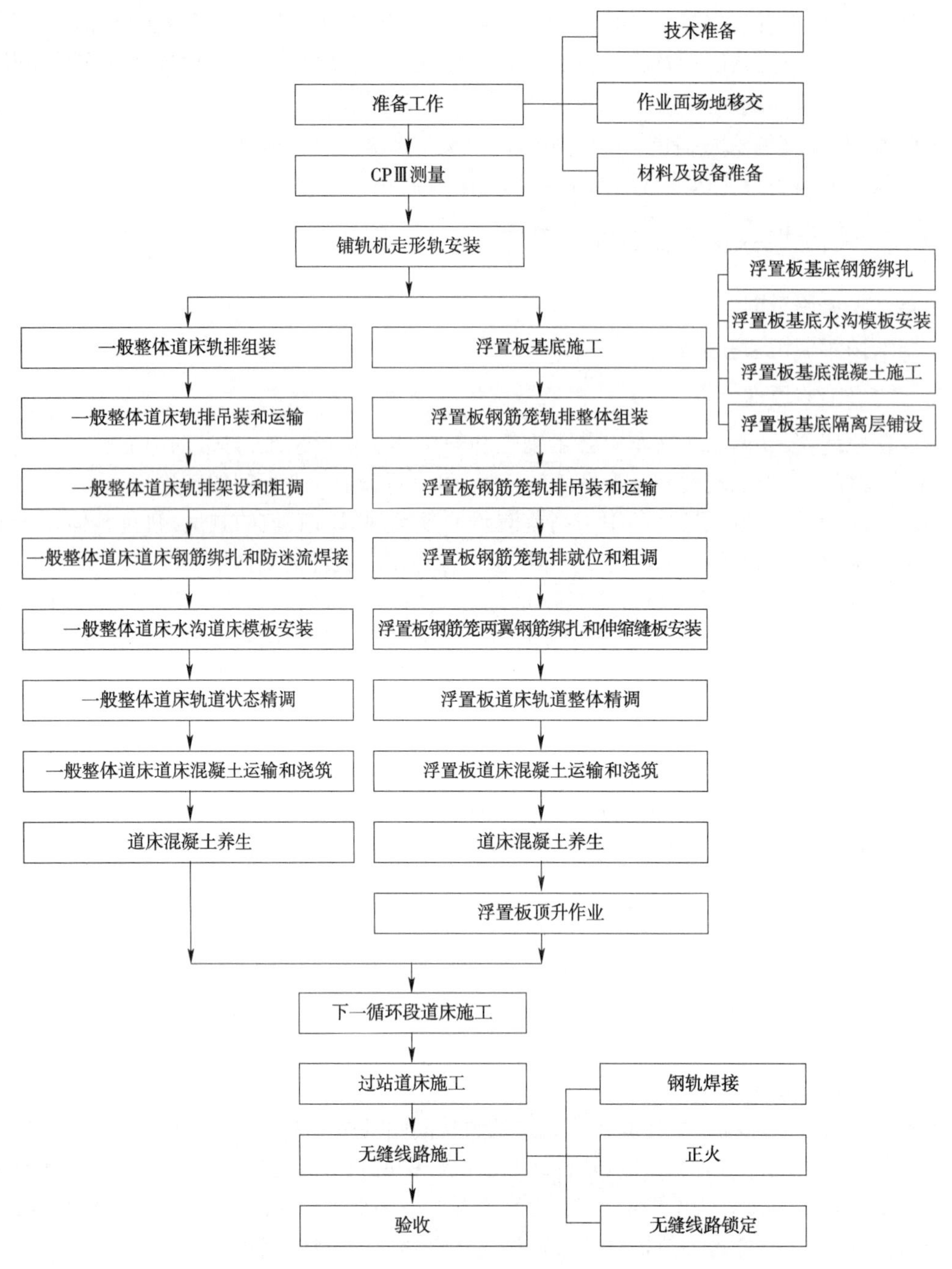

图 17-49　施工工艺流程图

(3)浮置板整体道床施工。

①浮置板基底施工,浮置板基底施工与常规施工内容一致,主要完成基底钢筋绑扎、中心水沟模板安装、浇筑基底混凝土及隔离层铺设工作内容。

②浮置板钢筋笼轨排整体组装,拼装浮置板钢筋笼的台位按 28m×3.7m 设置,台位为混凝土硬化的水平面。在台位上设置浮置板端头线、浮置板钢筋笼中心线、套筒位置中心线、钢筋笼外轮廓线等,作为拼装钢筋笼轨排的基准线。根据台位上标识的外套筒位置,按设计图纸布置隔振器外套筒。按图纸尺寸进行钢轨加工,按图纸中浮置板板块钢筋的布置方式,预铺底部横向钢筋,并绑扎保护层垫块,穿纵向钢筋,并在穿筋过程中考虑搭接量,搭接长度严格按照设计图纸进行。为了保证浮置板钢筋笼轨排的整体稳定性,满足钢筋笼的吊装及运输要求,避免轨排的变形和不同部位、结构之间的相互移位,采用专用器具对钢筋笼的整体性进行加固和锁定。

③浮置板钢筋笼吊装和运输,运输过程中为防止钢筋笼变形,在轨道平板车上放置2处转向架,轨排、钢筋笼连接采用新型固定装置加强固定。每副钢筋笼用2个轨排吊装专用蟹型吊具进行吊装,吊点选择在距板端约5.18m处,对称布置。轨道平板车推进轨排至铺轨机下,铺轨机吊运轨排至施工作业面,根据测量点位,调整轨排中心线及前后位置,确保钢筋笼中心线同设计轨道中心线的重合(曲线段为斜向垂直)、浮置板的前后位置同测量的板端线重合。

④浮置板钢筋笼架设和粗调,因吊装运输过程中,浮置板轨排内部结构部件间可能产生一定的变形、移位,就位后需对钢筋笼轨排进行检查,对轨排结构部件存在的变形、移位进行整修。剪力铰在轨排架设时预先将两个部件穿在相邻轨排端部对应位置,在轨排吊装到位时进行剪力铰对位。按一般道床轨道状态粗调进行钢筋笼轨排调整。

⑤浮置板钢筋笼架两翼钢筋绑扎和伸缩缝板安装,浮置板架设粗调到位后,进行“两翼”钢筋绑扎,先绑扎横向筋,再穿纵向钢筋,纵向钢筋搭接设计图纸进行;伸缩缝板采用20mm厚泡沫板外包5mm厚三合板,伸缩缝板固定须牢固,保证在混凝土浇筑中不变形。

(4)过站道床施工。

过站道床施工同区间施工基本一致,不同之处需铺轨机采用变跨铺轨机进行过站施工,首先在站台板施工区间按预设要求铺设好供铺轨机运行的临时轨道,轨距3.0m,其高程必须调整准确,然后准备好变跨所需的2根4.2m的横移轨道、垫墩、枕木、千斤顶、垫板等变跨附件并摆放到位。最后由专人指挥操作工按要求快速把铺轨机由原3.8m作业轨距变跨为3.0m作业轨距。

(5)无缝线路施工。

短轨铺设施工具有一定的长度时,具备铺轨条件区段将进入下一道工序施工即无缝线路施工。正式焊接前按要求进行型式检验,确定焊接参数,制订相应规程,待焊钢轨符合地铁钢轨相关技术条件规定。钢轨焊接由焊轨车在已施工完成的整体道床上直接焊接,采用公铁两用车承载焊轨车车体在已铺设的整体道床标准轨距钢轨上行走,在待焊接头区,将四个千斤顶分别置于道床上,并将平板车四个角顶起,使平板车车轮脱离轨道,顶起放在临时调整支架上进行焊接,焊接前需对钢轨接头断面和钢轨500mm范围内进行打磨,打磨后完成对轨、焊接、推瘤、移机等工作。钢轨焊接完成后采用感应正火设备进行钢轨接头正火,钢轨焊接完成后进行长轨条锁定时,其锁定轨温必须符合设计规定。

(6)验收。

线路施工完成后,按验收标规范要求进行线路整改,整改合格后进行线路验收。

本工法成功应用于苏州轨道交通2号线、无锡1号线和宁波1号线铺轨施工工程。

17.6.6　高精度沥青摊铺智能控制施工工法

17.6.6.1　适用范围

本工法适用于高速公路、机场、试车场等高精度沥青混凝土摊铺施工。

17.6.6.2　工艺原理

首先将待铺区域下承层设计的平面信息和现有的施工图纸进行三维化转换,建立TIN不规则三角网数据模型;然后通过安装在摊铺机上毫米GPS接收机和摊铺区域内激光基站发射的激光,实时获取摊铺机的熨平板精确的三维坐标,将实测的三维坐标与建立的数据模型进行对比,得出差值,再将差值的数字信号转化成电信号指导液压系统,控制并调整熨平板的空间姿态,从而实现高精度智能沥青摊铺。

17.6.6.3　施工工艺流程及操作要点

1)施工工艺流程

具体施工工艺流程如图17-50所示。

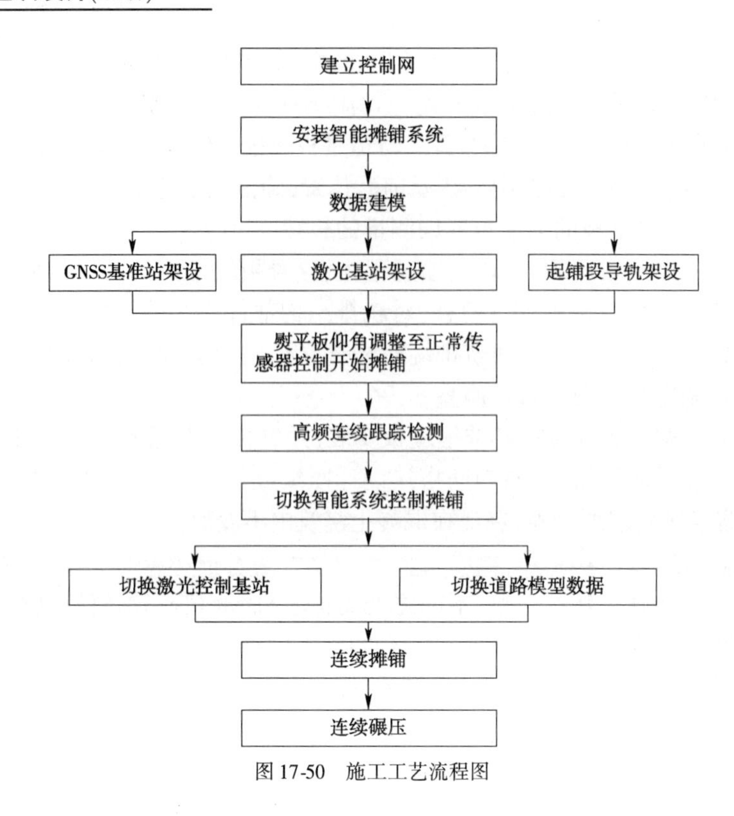

图 17-50　施工工艺流程图

2)操作要点

(1)施工准备。

调查现场既有控制点情况,现场组装摊铺机、安装智能沥青控制装置、三维电子数据转换等。三维电子数据是由施工图纸转换而成,本套系统使用三维数据格式为 TIN 不规则三角网模型数据。

TIN 模型根据区域有限个点集将区域划分为相连的三角面网络,区域中任意点落在三角面的顶点、边上或三角形内。如果点不在顶点上,该点的高程值通常通过线性插值的方法得到。

(2)控制网建立。

高精度智能沥青摊铺三维基础控制网采用 GPS、全站仪、水准仪组合形成高精度的 HIP 网(High-precision Intelligence Pith)。HIP 首级控制网按照四等 GPS 布设,次级加密控制网按照一级导线布设。水准网采用介于国标二等和三等之间的精密高程控制网。

①点位选取。

平面控制网分两级布设,分别为首级控制网和次级控制网。首级控制网 500m 左右交替布设一个控制点,次级控制网 130m 左右在布设一对控制点。

②HIP 控制网测量。

HIP 平面控制网测量分两步进行:一是首级控制网 GPS 静态观测,按四等 GPS 规范要求施测;二是在首级控制网的基础上采用全站仪进行一级导线加密测量。高程控制网采用精密水准测量。

③HIP 平面控制网数据处理。

平面控制网的平差采用商业专用软件进行平差处理和高斯投影转换,如武汉大学的"COSAGPS 后处理软件"。水准测量外作业式结束后,检查数据,经检核无误后,采用"南方平差易"进行控制网的水准网平差,最后得出各点的高程。

④HIP 网数据合成。

水准网建立后,将控制点平面坐标与高程坐标进行合成,形成高精度的三维基础 HIP 控制网点。

(3)摊铺过程。

①基站架设。

选取在空旷的已知点上架设 GNSS 基准站,同时配置外置天线和大功率电台。摊铺机采用 GPS-

RTK 实时定位技术,即通过安装在摊铺臂上的 GPS 接收天线获取高精度的 GPS 卫星信号,与基准站的差分信息进行差分获得当前的精准平面坐标,控制沥青摊铺。

②激光发射基站的架设。

在已知点上架设激光基站,其点位高程选用电子水准仪测量。激光发射基站架设完毕后,在距基站 30 ~ 150m 范围内用流动站和电子水准仪测量,同时测量 3 个以上点位,进行激光基站仪高的校核。至少同时架设两个以上激光基站,以便于激光信号的切换。

③摊铺前系统调试。

在摊铺正式开始前,再次对智能摊铺系统进行调试,并检验以下内容:各部件接线是否牢靠、GNSS 基站及激光发射器是否正常运转、激光接收器及流动站信号接收是否正常、控制器系统工作是否正常。

④摊铺机起步。

在摊铺机起步阶段的 10m 长架设导梁或钢线,采用摊铺机自配传感器行走,并使用靠尺和流动观测站高频率跟踪测量,一旦松铺面高程连续 2 ~ 3 个点与设计值相符时,即表示熨平板的高程和仰角均调整到正确姿态,立即通过终端显示器将智能摊铺系统调整值归零并切换智能摊铺系统控制摊铺机行走。

⑤正常摊铺阶段的作业流程。

现场机械设备和流动检测设备识别 TIN 数据,进行智能化沥青摊铺作业,高精度智能沥青摊铺系统集机、电、光、液技术为一体,其作业流程如下。

a. PZS-MC 接收器获取卫星数据,同时获取 RTK 基准站发送来的 RTK 差分数据进行解算。

b. 设备经过计算出精确的水平定位 WGS-84 坐标,软件同时计算出坐标转换后的工程坐标。

c. 系统根据实时坐标定位在 TIN 模型上获取当前水平坐标的设计高程值。

d. 激光系统计算出实时熨板的高程值并发送到控制系统。

e. 控制系统使用实时测量高程值与设计高程值进行比对计算,获取差值。

f. 系统根据差值计算出液压油缸的运动行程,把数据信号转变成电信号,启动电磁阀运动,同时实时计算熨板的高程。

使用智能摊铺系统在摊铺过程中需密切注意采用流动观测站跟踪监测并适时调整显示器中的可变量控制数据,在激光基站作业控制范围即将结束前架设好下一激光基站并及时完成校验,在接收器距激光基站小于 150m 之前切换使用下一激光基站。

当摊铺范围进入下一数据模型时,必须及时进行道路设计数据切换,派设受过培训的技术人员监控终端显示器,防止意外突发事件发生。

⑥沥青混凝土面层施工缝预留与处理。

a. 纵向接缝。台摊铺梯队作业间纵缝采用热接缝,将已铺部分留下 100 ~ 200mm 宽暂不碾压,作为后续部分的基准面,然后作跨缝碾压以消除缝迹。

b. 沥青上、中、下面层的纵缝应错开,骑缝设置玻纤格栅,格栅宽 1.5m,基层顶面须喷洒透层油,在施工上一层沥青层之前,在下一层表面涂布黏层油。依据摊铺方案纵缝错开的叠合效果。

c. 施工冷接缝需用切缝机将不小于 10cm 的超宽部分裁切整齐,切口并涂布黏层油。

本工法成功应用于博世(东海)夏季试车场和重庆长安汽车综合试验场。

17.6.7 大直径泥水平衡顶管施工工法

17.6.7.1 适用范围

本工法适用于黏土、粉质黏土、砂质粉土、中细砂、沙砾的地层和地表沉降要求严格,管径在 DN1500 ~ DN3000 的各类常用顶管,顶管一次顶进长度在 200m 及以上的深埋管道、过路管道、须穿越建筑物的市政或工业管道的新建、改造施工。

17.6.7.2　工艺原理

顶管施工时,通过后座主顶油泵和主顶千斤顶产生推力,推动管道向前推进。在管节推进的同时,顶管掘进机大刀盘切削前方土体,切削下来的土体进入顶管掘进机的泥土仓内,经刀盘的搅拌与进浆管送入的泥浆搅拌成浓的泥浆,再通过排浆管道将浓泥浆排出机头。通过管节一节一节向前推进,顶管掘进机不断推进最后到达接收井,形成整段管道。

17.6.7.3　施工工艺流程及操作要点

1)施工工艺流程

具体施工工艺流程如图17-51所示。

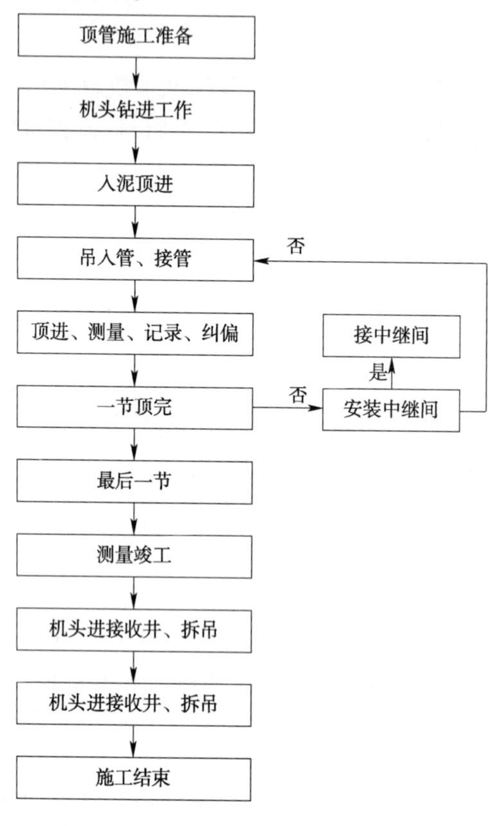

图17-51　顶进施工工艺流程图

2)操作要点

(1)泥水平衡式顶管机在工作井内搭设好的施工平台上被主顶油缸向前推进,掘进机头进入止水圈,穿过土层到达接收井,电动机提供能量,转动切削刀盘,通过切削刀盘进入土层,挖掘的土质,石块等在转动的切削刀盘内被粉碎,然后进入泥水舱,在那里与泥浆混合,最后通过泥浆系统的排泥管由排泥泵输送至地面上,在挖掘过程中,采用复杂的土压平衡装置来维持水土平衡,以至始终处于主动与被动土压之间,达到消除地面的沉降和隆起的效果。

(2)掘进机完全进入土层以后,电缆、泥浆管被拆除,吊下第一节顶进管,它被推到挖掘机的尾套处,与掘进头连接管顶进以后,挖掘终止,液压慢慢收回,另一节管道又吊入井内,套在第一节管道后方,连接在一起,重新顶进,这个过程不断重复,直到所有管道被顶入土层完毕,完成一条永久性的地下管道。

(3)控制台由受过高度训练的操作人员专职操控,在地面控制室内外操作并仔细检测着整个操作系统、观察掘进机内的土压、油压、激光束位置。控制台负责提供操作数据和控制整套系统,其他的工作人员则负责井内管道和顶铁的更换以及进行排泥管和电缆的连接。

(4)当掘进机到达接收井时,挖掘会暂时中断,如果遇到有地下水或软土层时,还需有洞口止水

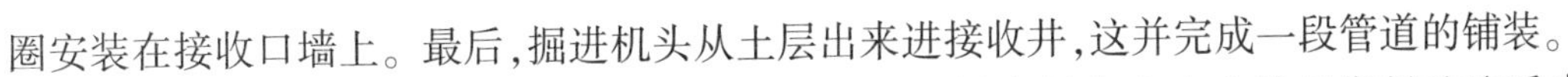

圈安装在接收口墙上。最后,掘进机头从土层出来进接收井,这并完成一段管道的铺装。

(5)顶管机主要性能参数的计算应依据工程地质勘察报告和水文地质资料选取适当参数,并结合顶管机生产厂家设计共同计算完成。顶管进出洞口作业是一项很重要的工作,施工中应充分考虑它的安全性和可靠性。

(6)顶进前,为防止洞口处的水土沿工具管外壁与洞门的间隙涌入工作井,在工作井内洞口处安装一道环形橡胶止水圈。在顶进施工过程中又可防止减摩浆从此处流失,保证泥浆套的完整,以达到减小顶进阻力的效果。

(7)机头进洞前,破除洞口过程中容易造成预留洞口外土方塌方,以防止埋没机头,同时根据地质条件在工作井外侧预留洞口进行防护。

在机头进洞时因土体是流沙,地下水位高,土体松软,地基承载力差,虽然经过地基处理,但为了机头顶进安全,机头不下沉,应对机头进行加固:将机头与后面的五节管用拉杆连接起来,使之成为一个整体,并在导轨上用两个手拉葫芦间隔一米拉紧,从而使机头沿着导轨方向顺利顶进。

(8)掘进机头顶进到位后,吊放第一管节,拼接完毕,然后在工具管后管节内安装工具管辅助设备。掘进机头进洞后的轴线方向与姿态的是否正确,对后续管节的顶进起到至关重要的作用,因此在顶进时,机头与前5节管子应连在一起,用拉杆将前5节管子与机头固定,防止机头重量大而下沉。实现管节按顶进设计轴线顶进,根据控制台显示屏激光点及时调节纠偏油缸,使其能持续控制在轴线范围内。顶进时应严格按实际情况和操作规程进行,勤出报表、勤纠偏,每项纠偏角度应保持10′~20′,不得大于1°。严格控制机头大幅度纠偏造成顶进困难、管节碎裂。在穿越河道时,应放慢顶速,并严格控制注浆压力,防止贯通河床。

(9)触变泥浆减摩是顶管施工中减少顶力的一项重要技术措施,在每节管的前端布置一道触变泥浆注浆孔,数量为4个,孔的大小呈90°布置,经过不断压浆,在管外壁形成一个泥浆套。压浆时,储浆池内的触变泥浆由地面上的压浆泵通过管路压送至管道内的压浆总管,并到达连通各压浆孔的软管内,通过控制压浆孔球阀来控制压浆。

(10)中继环是长距离顶管中不可缺少的设备,中继环是经机械加工的内外套组合。中继环内均匀地安装有许多台小千斤顶,通过中间的小千斤顶的伸出动作,推动外套往前推出,外套向前推动管节一段距离(如300mm)后,又通过后部主顶推动管道运动,使小千斤顶缩回复位。不断往复运动推进管节,使整段管道向前推进。当总推力达到中继环总推力40%~60%时,安放第一只中继环,以后,每当达到中继环总推力的70%~80%时,安放一只中继环。当主顶油缸达到中继环总推力的90%时,必须启用中继环。中继环设计允许转角1°,每道中继环安装一套行程传感器及限位开关。中继环在管道上的分段安放位置,可通过顶进阻力计算确定。

(11)对于地质较差的情况,应根据施工进度,在掘进机到达接收井前,对洞口土体进行注浆加固,同时可在接收井洞口处采取钢板桩等防护措施,保证掘进机能进入接收井,防止掘进机出洞后水土沿工具管与井圈之间的建筑空隙涌入接收井内,使井内接头能顺利施工。

挖掘机在掘进过程中,采用了激光导向控制系统。位于工作后方的激光经纬仪发出激光束,调整好所需的高程及方向位置后,对准掘进机内的定位光靶上,激光靶的影像被捕捉到机内摄像机的影像内,并输送到挖掘系统的电脑显示屏内。操作者可以根据需要开启位于挖掘机内置式油缸进行伸缩,为达到纠偏的目的,调整切削部分头部上下左右高度。在整个掘进过程中,甚至可以获得控制整个管道水平、垂直向30cm内的偏离精度。

本工法成功应用于武汉石化80万t/年乙烯工程上游管廊武钢段施工工程。

17.6.8 超大直径长距离“S”形曲线顶管施工工法

17.6.8.1 适用范围

适用于在公称内径3000mm以上的钢筋混凝土管地下顶进法施工。

17.6.8.2 工艺原理

利用顶管工作井内的液压顶进设备,将超大直径管节和全断面土压平衡顶管掘进机一起向前顶进。渣土通过安装在掘进机下部的螺旋运输机从挖掘面连续排出,再由液压活塞式输送泵经输送管道泵送至地面。顶进方向由无线数传自动测量导向系统引导。在紧跟顶管机后的3节混凝土管上安装曲线预调装置,当顶管机进入曲线段时,伸出薄型液压油缸,管节间强制形成张角,顶进的管道按照预设的曲线前进;通过注浆管道系统向顶进管道外压注A、B两种不同减阻浆液,A浆液起到护壁和支撑作用;B浆液起到润滑减阻的作用。中继间由两节特制的钢筋混凝土管、钢构件、中继间油缸组成。特制钢筋混凝土管分为前端管、后端管,钢构件包括承力前钢环、后钢环、组合密封件。中继间油缸安装在管节内部,可缩短前端管钢套环外露长度,增加了密封的可靠性。

17.6.8.3 施工工艺流程及操作要点

1)施工工艺流程

具体施工工艺流程如图17-52所示。

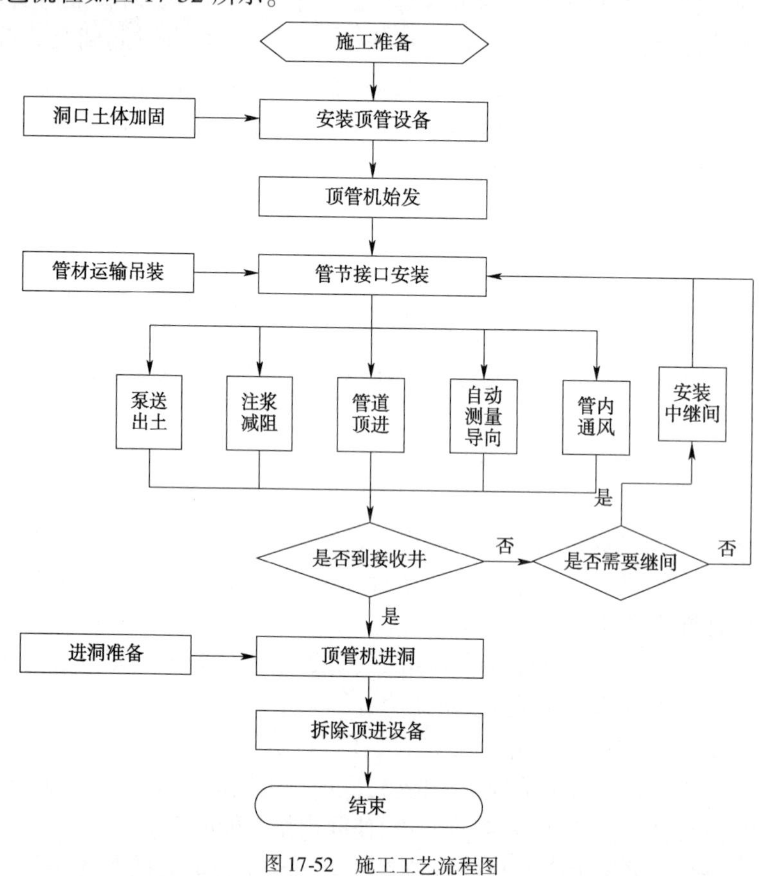

图17-52 施工工艺流程图

2)操作要点

顶进前对进出洞口土体进行加固,加固施工可采用注浆、水泥搅拌桩、高压旋喷桩等方法。

工作井顶进设备包括导轨、主顶、后靠等,在混凝土后座墙上方搭设操作平台,安装主顶液压站、井下配电柜等设备。

将顶管机主要组件分别吊入顶管井在导轨上组装,吊装应保持平稳。组装完毕后按照标识和编号连接电气线路和液压油管,按照使用说明书中的牌号添加润滑油和液压油,接通电源进行运转调试。

管道顶进通过土体加固区的速度控制在0~20mm/min;顶管机穿过洞口加固区后可正常顶进施工。管节吊装采用专用吊具,立式起吊卸车。

安装触变泥浆管、粘贴木垫板、粘贴橡胶圈。安装前逐一疏通堵塞的预埋注浆孔,清理丝扣表面的浮浆,发现损坏进行修理。在注浆孔内安装塑料止回阀,注意止回阀方向必须朝向管外,不得装反。安装短管、阀门、软管,注意注浆主管与吊装孔相对位置,注浆主管位置保持一致并处于管下底处。接口安装前用硅油在胶圈和前管钢套环内壁面均匀涂抹一层,不得采用其他润滑剂;主千斤顶向前缓慢推进,将后面管节插口插入前面管节的钢承口内。插入过程中安排专人进行监护,防止橡胶圈翻转。管节插入后,必须在接口缝周边用探棒检查橡胶圈定位是否准确,若发现橡胶圈翻转,必须拔出重新黏接。

管节插入后顶进前,进行单口水压试验密,检查接口密封性能,单口试压不合格并确认是接口漏水,应马上拔出管节,找出原因重新安装,直至符合要求为止。

顶进施工测量前对井内的测量控制基准点进行复核;发生工作井位移、沉降、变形时应及时对基准点进行复核。

顶进过程中采用自动导向系统进行顶进测量,导向系统应用支导线测量原理,利用计算机控制的自动全站仪,在管道内进行自动导向测量,在计算机程序控制下实现自动搜索目标、照准、测量。

在顶进过程中管道每顶进 100m 时,对控制点及顶管机偏差及姿态进行一次人工复测,检核后方控制点及自动测量系统,校正误差。

正常顶进时,顶进速度宜控制在 20 ~ 50mm/min。

纠偏操作遵循“勤纠微调的原则”,采用小角度纠偏方式,纠偏角度不大于 0.5°。

顶管机产生旋转情况时,通过改变刀盘旋转方向及时纠正。纠正效果不佳时,可加快刀盘转速提高刀盘扭矩。

曲线顶进时,曲线预调装置通过直曲点进入曲线时按张角计算值撑开千斤顶,离开曲线时全部缩回。顶管机尾部的压浆孔应及时有效地进行同步注浆,确保能形成完整的泥浆环套,压浆时应先压后顶。管道内的压浆孔应及时进行补浆,严格控制注浆量及注浆压力;顶管沿途,向管外压注触变泥浆,补充初始泥浆套的损失。

补浆操作逐点进行。同步注浆量为机尾空隙的 3 ~6 倍,沿线补浆量为机尾间隙的 3 ~5 倍。注浆压力控制在 0.8 ~1.2 倍 γh(γ 为土的容重,h 为埋深)。

水平输送泵布置安装在顶管机后方,泥土螺旋输送机出口直接落入输送泵料斗内。输送管道采用 D150 泵管,卡箍接头连接。中继间处泵管使用高压橡胶补偿软管,补偿中继间的伸缩量。在工作井内安装一台接力输送泵,将泥土从井底垂直输送到地面临时存放,由卡车定期外运处置。

通过刀盘中心的两条注浆管道向刀盘正面和外周注入改良剂,刀盘切削泥土与改良剂一起搅拌成具有流动性、塑性和止水性的“三性土”,在螺旋输送机内形成土塞,使挖掘面维持稳定的土压。

输送过程中在泵管上安装润滑剂注入装置,向泥土与管壁间注入薄膜状润滑剂,降低泵送阻力。第一道中继间安装在顶管机后方 150m,后续中继间间隔 300m。

在前后端管内分别安装前后钢环,将千斤顶固定后,再吊到井下组装。注意前后钢环的楔形构件应最后安装于底部,中继间安装完毕后应进行试顶。

拆除承力钢环时先拆除底部楔形构件。

贯通前 50m 进行复核测量,对测量控制点、管线走向、顶管机中心偏差、机头姿态进行复测。按复测数据及时调整顶管机的姿态,修正顶管机的偏差,使顶管良好的姿态进洞向洞门中心位置推进准确进入穿墙洞。

根据顶管机姿态在接收井内放置接收架并固定,接收架高程比顶管机高程略低,并设置 5cm 纵向坡度。基座位置和高程与顶管机靠近洞门时的姿态相吻合,以防机头磕头。

管道贯通进行洞口封堵后,松开顶管机与管节之间的拉杆,利用管节与顶管机之间设置的薄型液压千斤顶将顶管机顶脱管节插口,防止吊装顶管机时带动管节。

本工法成功应用于上海市污水治理白龙港片区南线输送干管完善工程。

第18章 新装备

建筑工程施工用的机械设备和装备统称为建筑施工装备,又称工程机械,包括土石方工程、流动起重装卸工程、人货升降输送工程和各种建筑工程的综合机械化施工以及同上述工程相关的工业生产过程机械化作业所需的机械设备。随着我国交通工程不断向崇山峻岭、离岸深水延伸,越来越多的隧道、桥梁工程将在深水、高海拔、强风沙、高温高寒环境和高应力、强岩溶区域内修建,因此,亟需发展新装备,为未来几十年中国交通工程建设的持续发展提供重要的技术支撑。

目前,我国盾构装备实现了自主设计制造,研发了硬岩盾构机、新型复合式土压平衡盾构、4m 级小直径盾构和顶管设备等系列产品;自主研制了过隧道箱梁架桥机及运梁设备、KTY4000 型钻机、新型流动式运架一体机、D5200-240 塔式起重机等多种施工专用设备;研制了与 TBM 配套的仰拱台车及全环内通式衬砌台车、喷射混凝土机组;研发了 Q420q 高强度桥梁钢、Q370qE-TMCP 桥梁钢材料,大型钢结构制造及焊接技术,突破了盾构高压环境下动火修复关键技术;研制了高速列车轮对动态检测、相控阵轮辋轮辐探伤及轮对检修组装系统集成等装备。

18.1 复合盾构机研制

“十五”国家 863 计划结合城市地铁工程建设,启动了复合盾构关键技术的研究,解决了多项关键技术,设计制造了复合盾构样机,完成了地铁区间隧道的工业性试验,取得了一系列技术成果。

(1)研制的复合盾构功能齐全,结构可靠,控制智能化,操作安全简便,地质适应性强且应用领域广。盾构直径:6400mm;掘进方向误差:±20mm;最大掘进速度:≥60mm/min;管片外径/内径/宽度:6200mm/5500mm/1200mm;刀盘驱动扭矩:≥4200kN · m;刀盘驱动功率:≥450kW;刀盘回转速度:≥1.2r/min;盾尾密封刷:≥3 排;推进油缸总推进力:≥32000kN;人舱:主舱 3 人,应急舱 2 人;管片安装机自由度:6 个;螺旋机输送能力:≥260m^3/h;皮带机输送机能力:≥280m^3/h;同步注浆系统:≥20m^3/h;泡沫注入系统:5~300L/h;导向系统:激光导向,精度≤2s。

(2)复合盾构适用于各类软土、软岩、硬岩及各类复杂环境地层的地下隧道掘进,尤其适用于城市地铁、水底隧道、排水污水隧道、引水隧道、公用管线隧道。

(3)中铁隧道集团拥有专利技术的渣土改良泡沫添加系统和盾壳膨润土润滑系统,在国内地铁工程施工中发挥高效的作用,有利于开挖面土压的稳定和地表沉降的有效控制,其环境效益相当显著。

18.2 盾构自主设计制造

围绕盾构掘进失稳、失效和失准 3 大难题,攻克了盾构自主设计制造关键技术,研发出土压、泥水和复合 3 大类盾构系列产品,拥有了自主设计制造能力,实现了盾构的中国设计、中国制造。主要创新成果包括:

(1)揭示了密封舱压力分布规律,发明了密封舱压力动态平衡控制方法,突破了多系统协调控制技术,研制出了相应的控制系统,提高了界面稳定性,解决了因界面失稳导致地面塌陷的难题。

(2)提出盾构载荷顺应性设计方法。据此研制出刀盘刀具、推进及驱动等子系统,使掘进中突变载荷对装备的冲击减少 30% 以上,保护了关键部件,解决了因载荷突变导致系统失效的难题。

(3)提出基于盾构姿态预测的推进控制方法,可实时预测盾构位置变化趋势,调整液压缸分区控制,发明了盾构推进压力/流量复合纠偏技术,研制出盾构推进系统,解决了因掘进方向失准造成盾构掘进偏离设计轴线的难题。

(4)中国盾构经过60多年的发展,形成了一大批先进技术,如异形盾构技术、刀盘刀具快速修复技术等。国内自主研制的首台超大断面马蹄形土压平衡盾构,于2016年7月17日在郑州下线,并于11月11日在蒙华铁路白城隧道工程成功始发,开启了软土铁路隧道开挖的新模式。马蹄形盾构攻克了全断面多刀盘联合分步开挖技术及适应性技术、超大断面马蹄形管片拼装技术、密闭加压可变容积液压泵源技术、盾尾间隙实时测量技术和超大马蹄形变曲率断面土压平衡技术等关键难点。

(5)依托北京铁路地下直径线项目进行盾构高压环境下动火修复关键技术研究,解决了在复杂环境条件下不建井直接修复刀盘实现盾构连续掘进的问题,形成了一整套的地下高压环境构建与维持、高压环境人员作业操作与安全保障、隧道内高压环境下盾构机及刀盘维修标准作业方法、地下高压作业空间内盾构刀盘修复等成套技术。该技术不受地质、环境条件的限制,不干扰地面环境。同时,该技术研发形成的成套地下高压作业空间构建技术和安全保障维持技术,实现了在不对地层加固的情况下完成盾构刀盘刀具检修和修复工作。

18.3 长大越江跨海深水桥梁设计施工装备

以武汉天兴洲公铁两用桥、南京大胜关长江大桥等为工程背景,开展了越江跨海深水桥梁设计、施工核心技术体系的系统研究与开发,以促进桥梁建造产业链的发展和技术进步为主要目标,并带动桥梁相关产业(如材料、机械制造、钢结构加工等)的发展。

(1)为满足大胜关长江大桥高强度用钢的设计需要,成功开发了大型结构新钢种Q420q,并研究高强新钢种焊接性能。

(2)为满足两座桥梁的大直径钻孔桩、钢梁整体节段安装和整体预制预应力箱梁架设施工需求,通过设备、制造工艺的研究,带动机械制造业的发展,开发完成了KTY4000型钻机、BWQ-60型架梁起重机、700t架梁吊机、WD70拱上架梁起重机、大吨位液压阻尼支座、900t架桥机及运梁台车等大型施工设备。

(3)中铁大桥局集团有限公司自主研究开发了集机、电、液一体化的专用运架梁设备——900t下导梁架桥机和MBEC900型运梁车,可用于铁路客运专线32m、24m和20m跨预应力混凝土双线箱梁的架设。

18.4 与TBM配套的衬砌台车

中铁西南院通过相关配套技术研究及巧妙新颖的隧道(洞)仰拱模板台车(简称"仰拱台车")结构设计,有效解决了TBM掘进与仰拱施工互相干扰及混凝土养护期间通过各种运输车辆时会对混凝土品质产生影响等关键性技术难题。

(1)首次提出适合隧道全环整体模筑衬砌结构施工的施工工艺和隧道TBM掘进与全环衬砌联合作业的施工模式,以及经济合理的、与TBM配套的隧道全环内通式衬砌模板台车的配套选型和轨道布置形式,为实现隧道TBM掘进与全环快速衬砌的平行施工提供了技术保障。

(2)首次研制了全环内通式衬砌模板台车,成功解决了其内部通过TBM连续皮带运输机、TBM高压电缆、TBM大直径风管、TBM大直径风管储存装置、各种运输车辆及其他各种管线等关键性技术难题,既能与开敞式TBM联合作业又能实现隧道衬砌的全环整体一次浇筑,结构设计先进、工艺性好。

(3)全环内通式衬砌模板台车采用液压、电气控制执行机构的动作与机械锁紧定位相结合的方式来实现台车各种功能,自动化程度高,安全可靠性好。

18.5 高速铁路动车组高可靠性运行成套装备

铁四院开展了保障高速铁路动车组高可靠性运行成套技术及工程应用的研究。

(1)首次构建适应 CRH 系列动车组,兼容德国、日本、法国、瑞士 4 种技术平台动车组的运行保障体系。

(2)发明了高速列车轮对动态检测、轮对检修系统集成及相控阵轮辋轮辐探伤等技术,在国内率先攻克动车组周转图、动车组柔性检修、作业安全连锁与评价等技术,指导设计、建成了世界上检修能力最大、效率最高的武汉动车段。

(3)发明全自动整列架车机,实现世界最高精度动车组整体架车;发明轮对检测系统,实现日常动态、定期在线和定期落轮检测的全程自动化;在国内率先研制转向架的检修系统、双向节能清洗机等 20 余项国际先进水平的装备,完成从动态检测、层级检修到运营管理的一体化创新。

研究成果技术成熟、工艺流程顺畅、配套资源完备、总体性能稳定,指导设计、建设了武汉、上海、广州、成都四个动车段,南京、杭州、郑州、长沙、合肥、南昌、福州、深圳等地总计 30 个动车运用所。

18.6 建筑起重装备安全运行预警系统

随着我国城市化进程的加快和基础设施建设的大力发展,建筑起重装备的产量和保有量的不断增长,各种安全事故也日益凸显,每年都会发生多起建筑起重装备安全事故。通过系统性地研究建筑起重装备安全运行检验检测标准、检验方法、合格判定准则、故障诊断方法及可靠性评估,形成了一系列新技术。

(1)建筑起重装备状态实时智能获取和预处理技术。

(2)基于数据挖掘和仿真推演的设备可靠性及系统可靠性综合评估技术。

(3)基于数据融合和模式识别的嵌入式故障诊断技术,实现基地可信无线信息传输技术。

(4)成功研发了建筑起重装备安全运行监测诊断系统,在施工建设中,能够及时显示装备运行状况并避免多装备之间相互碰撞干扰,保证了装备安全运行的精准度,增强了建筑工程装备的可靠性与安全性,提高了企业生产效率,降低施工事故发生率。

18.7 大型设备吊装施工装备

中联重科股份有限公司研制的 D5200-240 塔式起重机主要应用于特大型钢塔斜拉桥和悬索桥中主塔柱的吊装和大型工程建设中大型设备吊装施工领域,尤其是超高建筑大吨位物品吊装,是世界上第一台同时满足以下三个条件的塔式起重机:最大起重力矩超过 52000kN · m、最大起重量超过 200t、起升高度超过 200m,在结构、机构、电气等设计上具有多项技术创新。

(1)梯形截面起重臂动态设计技术。首创了梯形截面的塔机起重臂,成功解决了超高塔机桥梁施工中高空大风速复杂阵风问题。

(2)放射状格构式变截面回转总成技术。提出了放射状格构式变截面回转支承结构,成功解决了超大塔机大尺寸标准节与回转支承之间的载荷传递问题。

(3)大尺寸标准节连接销轴装拆技术。发明了大尺寸销轴机械装拆系统,实现了销轴装拆、就位自动化,同时避免了拆装过程对销轴的损坏,安全性能大幅提高。

(4)超大容绳量卷扬系统与多层排绳技术。采用精确同步控制的双卷扬系统实现了超大容绳量,实现了超大起重量和超高起升高度的完美统一。

(5)小空间高倍率串列双小车绳轮系统设计技术。成功解决了狭窄的塔臂上串列双小车给绳轮布置带来的空间干涉和结构承载问题,显著提升了塔机的起重能力。

(6)多面多缸同步顶升技术。首创了自动平衡三面六油缸同步顶升技术,避免了单支油缸受载过大引起的整机倾覆,保证了顶升过程中的稳定性和安全性,并将自动顶升能力提高到800t以上,解决了超大塔机的自动顶升问题。

(7)智能安全控制技术。综合利用设备总线技术、状态监控与故障诊断技术、容错控制技术、电子力矩限制器、塔机防碰撞技术等多种技术,构建了完备的智能安全控制系统,实现塔机作业全过程自动监控,自动避免危险工况,确保塔机的使用安全,操作方便。

18.8　其他自主装备研制

(1)在技术装备自主创新方面,"大功率机车车轮自主创新"项目从国内对大功率机车用车轮的需求和国内的战略高度考虑,成功研究和开发了具有自主知识产权的车轮钢、高洁净度车轮钢生产技术、大功率机车车轮热处理技术。

(2)在铁路建造维护技术方面,"严寒地区高速铁路建造与维护关键技术"项目以严寒地区高速铁路相关工程和课题为依托,系统提出和创新了严寒地区高速铁路路基防冻胀设计、施工、综合监测和运营维护等成套技术。项目成果在哈大高速铁路等10多条严寒地区高速铁路线路中得到成功应用,总里程超过7000km,大大提高了我国严寒地区高速铁路路基建造维护技术水平,为实现国家"一带一路"倡议提供了有力支撑。

(3)在高速铁路关键技术研究方面,"高速检测列车动车组"项目创造性地设计了检测设备与动车组的接口技术,在高速动车组动力配置技术、气动外形优化技术、弓网检测技术、综合集成技术等12个方面取得重大创新成果。高速综合检测列车最高运用时速达到350km,代表了此速度等级的国际最高水平,成为我国高速铁路技术引领未来的重要标志性装备。

18.9　施工装备的发展趋势与技术展望

《中国制造2025》提出,坚持"创新驱动、质量为先、绿色发展、结构优化、人才为本"的基本方针,工程机械行业必须不断加快转型升级,深化智能化相关技术探索、研究和应用,加快工业互联网建设和应用实践。国家的创新驱动发展政策以及绿色建造、健康建筑、新建筑结构和新工法的采用为建筑机械的发展提供了广阔的空间,同时也提出了新的挑战。

(1)绿色化。

围绕绿色建筑与建筑工业化国家发展战略需求,开发适用于高效安全施工与生产的建筑施工装备、设备以及信息化管理系统与软件;大力发展节能环保型建筑施工装备,节能环保将成为主要的发展方向。

(2)两极化、模块化。

在大型、特大型、特殊型、微型建设机械等领域,以市场需求为导向,适时研发工程建设急需的、填补国内空白的新技术、新产品,摆脱特种设备依赖进口的被动局面;为了满足用户的个性化需求,应树立模块化设计理念,对一定范围内的不同功能或相同功能不同性能、不同规格的产品,在进行功能分析的基础上,划分并设计出一系列功能模块,通过模块的选择和组合构成不同的产品。

(3)信息化、智能化。

智能化将逐渐成为工程机械发展的主流趋势,不仅可有效提高工作效率,还可大幅度降低生产成本。随着我国人口红利的消失,制造业人工成本上升和新一代劳动力就业意愿的下降,我国制造业的国际竞争力将面临重大危机。只有推进"工业化和信息化"融合,抢先进入工业4.0时代,才能保持住我国制造业的竞争力。

(4)建立基于 BIM 技术的信息化管理体系。

利用建筑施工设备的智能化电子控制技术,与建筑施工 BIM 的信息化技术有机结合,建立基于 BIM 技术的信息化管理体系,实现以下目标:大大简化施工设备操作者的操作程序和提高设备的技术性能,实现"人机交互"效应,从而提高工程施工质量和生产效率;可以解决建设机械安全信息化监控管理及现场拆卸过程安全监控问题,并形成实用技术,以遏制重大机械事故、减少一般事故,提高安全使用及管理水平;可以形成预制混凝土构件、钢筋部品化生产及按工程所需进行配送的产业化技术及管理模式,实现预制混凝土构件和钢筋产品的标准化、自动化生产。

(5)发展机电一体化技术。

现代工程机械正处在一个机电一体化的发展时代。引入机电一体化技术,使机械、液压技术和电子控制技术有机结合,可以极大地提高工程机械的各种性能。目前以微机或微处理器为核心的电子控制装置在现代工程机械中的应用已相当普及,电子控制技术已深入到工程机械的许多领域。

(6)大力发展机器人在机械制造中的应用。

现代化工程机械,应赋予其灵性。有灵性的工程机械是有思维头脑(微电脑)、感觉器官(传感器)、神经网络(电子传输)、五脏六腑(动力与传动)及手足骨骼(工作机构与行走装置)的机电信一体化系统。

第19章　新管理方法

作为世界500强之一的中国中铁股份有限公司,为中国基础设施建设的快速发展做出了不可磨灭的贡献。经过多年的积累与摸索,该公司总结出了一套新的、先进的、可操作性强的管理方法,已在全公司范围内推广应用。这些管理方法主要包括:项目精细化管理、项目管理实验室活动、公司全面预算管理及信息化管理等方面。本章将对这些先进的管理方法作简要介绍,以供参考与借鉴。

19.1　项目精细化管理

精细化管理是该公司通过长期现场调查,对比大量数据,经过多次分析、研究、总结而制订的科学管理办法,是企业发展的基石,是改革的必然,也是新世纪企业发展的战略部署。实践证明,建筑企业推行精细化管理,对于锻炼职工队伍,提高全员素质,规范与优化项目管理,提升企业管理水平与经济效益有着较大的促进作用。

19.1.1　项目精细化管理的总体原则

工程项目管理遵循“集约化、标准化、精细化、全员、全过程、全覆盖”原则。

集约化主要表现为物资集中采购配送、设备集中采购和租赁、劳务分包集中管理、资金集中管理、施工组织设计集中管理、限价集中管理、管理策划集中进行、责任成本集中管控、二次经营集中组织、合同集中管理、业务流程集中制订、督导检查集中进行等“12大”集中管控。

标准化、精细化主要表现为项目管理层级化、要素管控集约化、资源配置市场化、产品清单预算化、管理责任矩阵化、成本控制精细化、管理流程标准化、作业队伍组织化、管理报告格式化、经济活动分析制度化、绩效考核科学化、管理手段信息化、团队理念国际化等“13化”管理内容。

项目精细化的总体原则,旨在增强公司对项目的控制力,实现项目管理由前台管理向后台管控转变,提高项目运行质量。

19.1.2　项目精细化的分级管理

公司的工程项目实施分级管理。公司是工程项目管理的指导层、管控层和主责层,项目部是工程项目管理的执行层,作业班组是工程项目管理的操作层。

19.1.3　项目投标管理

项目投标管理主要分为四个步骤:标前调查、投标评审、项目投标总结和合同签订。

19.1.3.1　标前调查

公司在投标前应详细了解项目的工程情况、标段划分、招标条件与资格要求等信息,包括对所在地市场调查、建设方情况调查、施工场地情况调查、供应商调查以及竞争对手调查等,认真进行分析,并形成调查报告。有条件时,应安排拟任项目经理参与标前调查和投标工作。

19.1.3.2　投标评审

由公司市场营销部门组织相关业务部门及专家对投标项目进行投标评审。

19.1.3.3　项目投标总结

项目投标后应及时对项目投标工作进行总结。未中标项目分析失败原因,中标项目总结成功经验及不足之处,并形成报告。

19.1.3.4　合同签订

项目中标后,公司应进行合同评审,重点是合同条款与招标文件的一致性,并依据评审意见与建设单位商谈,最后按程序签订正式合同。

19.1.4　项目前期策划

项目前期策划主要包括四个方面:营销交底、施工调查、管理交底和编制项目管理策划书。

19.1.4.1　营销交底

项目中标后投标主责单位市场营销部应及时向公司相关部门进行书面交底,主要包括投标过程情况、不平衡报价实施情况、后期变更索赔方向、相关资源情况、移交招投标文件等。

19.1.4.2　施工调查

营销交底后,公司组织有关部门进行施工调查。由公司分管领导牵头,工程管理部门组织,技术部门、市场营销部门、安全质量部门、人力资源部门、成本管理部门、物资机械部门和项目部参加,必要时邀请上级单位或专家参与。

施工调查内容主要包含:工程概况、工程地质水文自然条件、施工现场勘察、施工方案的选择、重点工程情况、成本要素的调查、项目管理策划的基础信息、材料供应情况等。

施工调查结束后,参与施工调查的部门按调查内容提出书面报告,由工程管理部汇总并编制施工调查报告,经分管领导审批后发至其他领导、相关部门、参与施工的项目部,作为管理交底、编制项目管理策划书和实施性施工组织设计的依据。

19.1.4.3　管理交底

施工调查结束后公司及时组织对新中标项目进行施工阶段管理交底。交底内容包括:技术管理、工经管理、安全质量环保管理、财务管理、工程管理(包括产品清单和责任矩阵)、法律事务管理、业绩考核及党群工作交底。

19.1.4.4　编制项目管理策划书

项目部根据合同、施工调查报告和公司管理交底及时组织有关人员研究编制《项目管理策划书》,经公司相关部门评审,分管领导审批后执行。《项目管理策划书》包括(但不限于)以下内容:项目概况、管理目标、产品清单、管理责任矩阵、现金流分析及资金计划、责任成本预算、机构和部门责任书、项目部一般员工绩效考核办法、项目的管理模式及分包模式、实施要点、资源配置计划、进度计划、风险分析与对策、变更索赔、主要施工方案及大型临时工程布置方案、安全质量管控重点及措施、成本管理等。

19.1.5　项目组织管理

19.1.5.1　管理层级

项目组织采用通用的项目组织机构,但公司及项目部因管理层级不同,管理的范围、职责和责任也不相同,可参考使用组织管理模式中的矩阵管理方式进行项目管理,具体的管理内容及权限详见表19-1和表19-2,其中“★”表示主责部门,“☆”表示辅责部门。

公司层面项目主要管理职责责任矩阵　　表19-1

序号	工作职能	必要工作事项	办公室	党群部门	工程管理部门	物资机械部门	技术部门	安全质量部门	检测部门	市场营销部门	成本管理部门	财务部门	法律事务部门	企业管理部门	审计部门	人力资源部门
1	投标	投标和合同评审			☆	☆	☆	☆	☆	★	☆	☆	☆	☆		☆
		招投标文件资料和有关事项交底								★						
2	前期策划	施工调查			★	☆	☆	☆	☆		☆					☆
		管理交底	☆	☆	☆	☆	☆	☆	☆	☆	☆	☆	☆	★	☆	☆
		产品清单和责任矩阵	☆		★	☆	☆	☆			☆	☆				☆
		项目管理策划书	☆	☆	★	☆	☆	☆	☆		☆	☆	☆	☆	☆	☆
3	组织管理、薪酬、考核	组建项目部	☆	☆	☆	☆	☆	☆	☆	☆	☆	☆	☆			★
		项目领导班子绩效考核	☆	☆	☆	☆	☆	☆	☆		☆	☆	☆	★	☆	☆
		经济承包责任书	☆	☆	☆	☆	☆	☆			☆	☆		★		☆
4	技术管理	施工组织设计和施工方案、竣工文件			☆	☆	★	☆	☆		☆					☆
		测量复核			☆		★									
		试验控制			☆	☆	☆		★							
		科研和节能减排	☆		☆		★	☆	☆		☆	☆				
5	安全质量管理	体系建立			☆	☆	☆	★								☆
		安全、质量、职业健康、环保管理	☆	☆	☆	☆	☆	★	☆	☆	☆	☆	☆	☆	☆	☆
		事故处理	☆	☆	☆	☆	☆	★	☆		☆	☆	☆			☆
6	进度管理	进度控制			★	☆	☆	☆	☆		☆	☆				
7	合同管理	合同范本、审批程序			☆	☆	☆	☆	☆		☆	☆	★			
8	物资机械设备管理	限价、采购、租赁、核算（含合同）				★	☆	☆	☆		☆	☆				
		供应商管理				★							☆			
		周转材料、机械设备配置及验收			☆	★	☆	☆	☆		☆	☆				
9	分包管理	准入、考核评价			☆		☆	☆	☆		☆	☆	☆			★
		限价、合同、决算审批			☆		☆	☆	☆		★	☆	☆			☆
10	财务管理	预算、债权债务管理	☆		☆	☆	☆	☆	☆		☆	★	☆			☆
		资金、税务管理									☆	★	☆			
		责任成本考核				☆		☆			☆	★			☆	☆
		经济活动分析、财务决算	☆		☆	☆	☆	☆	☆	☆	☆	★	☆	☆	☆	☆
11	责任成本管理	测算、下达、分解、分析	☆		☆	☆	☆	☆	☆	☆	★	☆				☆
		责任成本检查	☆		☆	☆	☆				★	☆				☆
		变更索赔			☆		☆	☆	☆		★	☆				
12	审计管理	审计与监察、后评价			☆	☆	☆	☆	☆	☆	☆	☆	☆	☆	★	☆

续上表

序号	工作职能	必要工作事项	办公室	党群部门	工程管理部门	物资机械部门	技术部门	安全质量部门	检测部门	市场营销部门	成本管理部门	财务部门	法律事务部门	企业管理部门	审计部门	人力资源部门
13	信息化管理	信息系统建设、应用、维护	☆		☆	☆	★	☆	☆	☆	☆	☆	☆	☆	☆	☆
14	综合管理	项目月度报告			★	☆	☆	☆			☆	☆				☆
		施工生产综合大检查			★		☆	☆	☆							
		公文、印章管理	★													
15	收尾管理	费用控制	☆		☆	☆	☆				☆	★				☆
		清算			☆	☆	☆				★	☆				
		施工总结			★	☆	☆	☆	☆	☆	☆	☆	☆	☆	☆	☆

项目部主要管理职责责任矩阵 表 19-2

序号	工作职能	必要工作事项	办公室	党群部门	工程管理部门	物资机械部门	技术部门	安全质量部门	检测部门	市场营销部门	成本管理部门	财务部门	法律事务部门	企业管理部门	审计部门	人力资源部门
1	投标	投标和合同评审			☆	☆	☆	☆	☆	★	☆	☆	☆	☆		☆
		招投标文件资料和有关事项交底								★						
2	前期策划	施工调查			★	☆	☆	☆	☆		☆					☆
		管理交底	☆	☆	☆	☆	☆	☆	☆	☆	☆	☆	☆	★	☆	☆
		产品清单和责任矩阵	☆		★	☆	☆	☆			☆	☆				☆
		项目管理策划书	☆	☆	★	☆	☆	☆	☆		☆	☆	☆	☆	☆	☆
3	组织管理、薪酬、考核	组建项目部	☆	☆	☆	☆	☆	☆	☆	☆	☆	☆	☆			★
		项目领导班子绩效考核	☆	☆	☆	☆	☆	☆	☆		☆	☆	☆	★	☆	☆
		经济承包责任书	☆	☆	☆	☆	☆	☆			☆	☆		★		☆
4	技术管理	施工组织设计和施工方案、竣工文件			☆	☆	★	☆	☆		☆					☆
		测量复核			☆		★									
		试验控制			☆	☆	☆		★							
		科研和节能减排	☆		☆		★	☆	☆		☆	☆				
5	安全质量管理	体系建立			☆	☆	☆	★								☆
		安全、质量、职业健康、环保管理	☆	☆	☆	☆	☆	★	☆	☆	☆	☆	☆	☆	☆	☆
		事故处理	☆	☆	☆	☆	☆	★	☆		☆	☆	☆			☆
6	进度管理	进度控制			★	☆	☆	☆	☆		☆	☆				
7	合同管理	合同范本、审批程序			☆	☆	☆	☆	☆		☆	☆	★			
8	物资机械设备管理	限价、采购、租赁、核算(含合同)				★	☆	☆	☆		☆	☆				
		供应商管理				★							☆			
		周转材料、机械设备配置及验收			☆	★	☆	☆	☆		☆	☆				

续上表

序号	工作职能	必要工作事项	办公室	党群部门	工程管理部门	物资机械部门	技术部门	安全质量部门	检测部门	市场营销部门	成本管理部门	财务部门	法律事务部门	企业管理部门	审计部门	人力资源部门
9	分包管理	准入、考核评价			☆		☆	☆	☆		☆	☆	☆			★
		限价、合同、决算审批			☆		☆	☆	☆		★	☆	☆			☆
10	财务管理	预算、债权债务管理	☆		☆	☆	☆	☆	☆		☆	★	☆			☆
		资金、税务管理									☆	★	☆			
		责任成本考核				☆		☆			☆	★			☆	☆
		经济活动分析、财务决算	☆		☆	☆	☆	☆	☆	☆	☆	★	☆	☆	☆	☆
11	责任成本管理	测算、下达、分解、分析	☆		☆	☆	☆	☆	☆	☆	★	☆				☆
		责任成本检查	☆		☆	☆	☆				★	☆				☆
		变更索赔			☆		☆	☆	☆		★	☆				
12	审计管理	审计与监察、后评价			☆	☆	☆	☆	☆	☆	☆	☆	☆	☆	★	☆
13	信息化管理	信息系统建设、应用、维护	☆		☆	☆	★	☆	☆	☆	☆	☆	☆	☆	☆	☆
14	综合管理	项目月度报告			★	☆	☆	☆			☆	☆				☆
		施工生产综合大检查			★		☆	☆	☆							
		公文、印章管理	★													
15	收尾管理	费用控制	☆		☆	☆	☆				☆	★				☆
		清算			☆	☆	☆				★	☆				
		施工总结			★	☆	☆	☆	☆	☆	☆	☆	☆	☆	☆	☆

19.1.5.2　项目部岗位及定员

公司按照投标承诺结合项目部定编定员的相关要求，根据实际情况确定新建项目部所需派员的数量。在满足人员基本需要的情况下，坚持人员配备一专多能，一岗多责，动态管理的原则，此外还要根据项目的实际情况进行随时调配和更新设置。

19.1.5.3　岗位责任书、经济承包责任书

为了加强项目管理，在人员进场后，项目领导应组织项目人员签订岗位责任书、经济承包责任书。其目的在于落实项目人员责任，提高项目利润，夯实项目管理基础。

(1)岗位责任书。

项目部与员工签订岗位责任书的目的是，告诉项目部全体员工，必须明白各自的岗位职责、岗位的权力、承担的责任和享有的权利。

内容包括：部门目标(职能管理目标、职业水准目标、提供服务目标)、岗位职责简述、“三条红线”“八个注意”、部门基本职能要求(包括组织实施能力、产品交付能力、指导培训能力等)、部门岗位资格要求(学历要求、专业背景要求、知识技能要求、思想素质要求)、实现目标的基本路线、产品列表等。

(2)项目部经济承包责任书。

公司与项目部签订经济承包责任书的目的是为了调动全员节约成本的积极性，为项目利益最大化提供支撑。

主要内容是在《项目管理策划书》的基础上，明确项目部管理目标、公司及项目部权责关系、考核及奖罚等内容。《项目部经济承包责任书》待项目责任成本预算下达后，经公司总经理与项目经理

签字后生效。完成责任成本后,所取得的超额利润由公司对项目部进行奖励,以调动承包人员和其他员工的积极性,形成人人参与成本管理的良好氛围。

企业可考虑根据工程项目规模确定承包类型,如:3.2 亿元以上项目可实行模拟股权承包,2 亿元以下的项目可实行大额风险抵押经济承包。

19.1.5.4 项目管理报告

公司实行项目管理报告制度,目的在于及时发现项目管理中存在的问题,根据月、季、年的管理报告,与计划目标进行对比研究,及时调整项目管理策略。项目经理要根据项目实施的具体情况,及时、真实、准确地编制《项目月度报告》《项目季度报告》《项目年度报告》并上报公司,公司有关部门和人员应对项目管理报告进行分析并及时总结。

19.1.6 工程产品清单和项目责任矩阵

19.1.6.1 工程产品清单

公司应指导项目部管理层利用工作分解结构(WBS)技术对施工组织所产生的工程产品进行大项分类,项目部各职能部门则根据专业分工对产品的产生过程进行分解,形成《项目产品清单》初稿,经项目部管理层专题讨论,报公司批准并形成文件。

(1)建立项目产品清单目的。

项目产品清单是项目部管理的纲领性文件,项目通过分解形成产品,使项目全过程条理清楚;项目产品清单的应用,使项目管理从建立目标、明确责任、保证资源、建立制度、计划统计、成本控制以及管理报告的整个过程实现精细化。

(2)工程产品清单预算管理。

工程产品预算由公司组织制订,项目部参与编制。主要包括:制订项目工程产品清单;制订基于工程产品清单的工程量清单;制订工程量清单项下的成本单价;形成单项产品预算。工程产品清单所列全部产品的预算即构成基于工程产品清单的全面预算体系。确定成本单价的方式包括:参考公司数据库、公司定额或者相关行业定额分析、市场询价,通过施工组织分析确定工、料、机成本。

19.1.6.2 项目责任矩阵

公司指导项目部建立管理工作责任矩阵,运用 WBS 技术,全面梳理项目部职能和服务的具体工作,建立项目管理工作清单,形成管理责任矩阵的纵列;运用 RAM 方法,将项目管理工作清单中的每一项工作指派到每一个部门及岗位,形成管理责任矩阵的横排;纵列和横排交叉部分是岗位角色对每项工作的责任关系(如主持、协助、参与、检查等),可用不同符号表示岗位角色的不同责任,同时项目部以管理工作责任矩阵为基础,制订部门机构责任书和员工岗位责任书。

19.1.7 项目合同管理

19.1.7.1 合同管理原则

(1)公司对合同实行分级统一管理,对项目部授予一定权限。

(2)分类管理原则。项目部所签订的合同,根据要素的不同,分为分包合同、物资设备采购合同、机械周转材料租赁合同、其他合同(临时用地、技术服务咨询)等,分类进行管理。

(3)统一管理原则。公司按制订的合同范本、授权书文本,并根据合同重要程度确定分级评审办法。

19.1.7.2 项目合同管理职责分工

物机部是物资、机械设备类合同管理工作的主责部门;工经部是劳务合同管理工作的主责部门,同时负责建设工程施工合同履行过程管理;办公室是其他类合同管理的主责部门,其他类合同包括

(但不限于)临时用地合同、租车合同、租房合同等。

各部门合同管理职责为:组织合同评审,负责向公司有关职能部门报送合同评审,根据评审意见订立合同,建立合同管理台账,负责合同实施工作及合同封闭工作。财务部负责合同价款的支付,并监督合同的履行。

19.1.7.3　合同评审和签订

订立合同前,承办部门应当详细掌握合作方的下列情况:主体资格是否真实、合法,资信情况是否全面、可靠,是否有履约能力,应要求对方提交企业法人营业执照、组织机构代码证、资质证书、安全生产许可证、《法定代表人身份证明书》、业绩证明材料、《法定代表人授权委托书》或《代理协议》等。

项目部成立合同评审小组,项目经理任组长,班子其他成员任副组长,各部门负责人及经办人员任组员,对拟签合同进行评审,分析评估合同的可行性、经济性、适宜性、合法性,掌握合同风险,制订风险防范措施,形成书面评审意见。

合同在完成评审后应根据公司管理制度要求上报审批,严禁擅自签订。分包合同、物资设备采购合同、机械周转材料租赁合同按规定上报公司审批。

项目部按照审批意见签订正式合同,并及时上报备案,严禁不按审批意见签订合同。

19.1.7.4　合同履行

(1)合同交底。

在建设施工合同签订后,项目部工经部及时就合同的重点内容对其他部门进行交底。其他合同由项目部责任部门对所签订的合同传递到相关部门,并就重点内容进行交底。

(2)合同变更、转让、解除。

合同履行期间发生变更、转让、解除的,应及时签订补充合同或完善相关手续,并按要求及时进行评审和上报。项目经理变更的,及时办理变更手续,通知合同另一方当事人。

(3)合同纠纷。

项目部发生纠纷时,及时报告所属单位法律事务机构,不得隐瞒和私自处理。项目部在收到司法部门或行政执法机关送达的法律文书(包括但不限于传票、应诉通知书、起诉状副本、裁定书、判决书、处罚决定书等法律文书)时,由所属单位法律事务机构统一签收,不得滞留。

(4)分类管理合同基础资料。

包括(但不限于)下列文件:招标文件、投标文件、各类合同、补充合同(协议);标准、规范及有关技术文件;图纸、工程量清单;业主、监理的各种批示批复、开工指令、工程签证、变更指令、检查验收文件、质量评比通报、信函等;会议纪要、备忘录;测量记录、试验检验报告、施工质量记录、隐蔽工程记录、施工日志、各类报告、申请、报表、验工计价、气象记录及图表、业主及监理的书面答复等;反映工程实施情况的照片、录像资料;在工程实施过程中形成的各种记录文件等。

项目合同必须进行编号存档,按规定分类分别建立合同管理台账,台账中所登记的合同信息与合同内容、编号保持一致,实行“一合同一登记”原则。各类合同管理台账应明确反映合同履行、封闭的基本情况。项目各部门分发合同应做好“合同分发记录表”,注明分发日期、合同接收人、合同去向等情况,分发记录上应有分发人和接收人的亲笔签名。

19.1.7.5　例外管理

项目实施过程中,发生偏离制度、程序、计划和预算的事件,项目部需将偏离事件以“例外事件”报告给公司审批,实行例外管理。

19.1.8　项目成本管理

项目成本的管控水平是决定项目成败的关键。影响项目成本的主要因素有:劳务分包模式与分包价格、材料采购价格与现场消耗、机械设备租赁单价与消耗、施工技术方案与资源配置、项目工期与进度安排、质量标准与施工控制水平、施工安全状况、大小临时设施设置方案与标准、项目外部环境、项目资金支付情况、技术创新能力与应用、项目管理体制机制与管理水平等方面。提升项目成本管理水平,则需要构建责任成本管理体系。

19.1.8.1　项目部责任成本管理分工

项目部职能部门应根据成本要素的构成,各司其职,做好责任成本管理的各项工作,详见表19-3。

项目部责任成本管理责任矩阵　　表19-3

序号	责任成本项目		责任成本管理工作内容	工程部门	安质部门	试验室	物资机械部门	工程管理部门	财务部门	综合办公室	备注
1	分包成本	分包单价	控制分包单价的合理性	☆				★	☆		
		结算数量	控制收方数量,确保其质检合格,计算规范、结果准确	★	☆			☆			
		扣款	控制领料、水电费、罚款等扣款及时、准确		☆		☆	★	☆	☆	
2	材料费	材料单价	控制材料采购单价的合理性				★	☆			
		材料质量	控制进场材料质量符合设计及规范要求		☆	☆	★				
		材料消耗量	控制材料消耗量在设计数量及额定损耗量之内	☆			★		☆		
		周转料配置方案	控制周转材料配置方案,确保其技术可行、经济合理	☆			★				
3	机械费	机械配置方案	控制机械配置方案,确保其满足施工组织要求、经济合理	☆			★	☆			
		机械油耗、电力消耗	控制机械油耗及电耗在定额用量之内				★	☆	☆		
		零租机械现场调配	控制零租机械现场调配,最大限度提高其使用效率	☆			★				
4	现场经费	临时设施费	控制临时设施方案,确保其满足生产需要、经济合理	★			☆	☆			
		管服人员工资	控制管服人员数量,确保其满足管理要求、适度精简						☆	★	
		办公费等	控制办公设施配置方案,确保其满足使用要求、尽量节约						☆	★	
		招待费	控制招待费用量,确保其满足经营需要、尽量节约						☆	★	
5	技术成本		施工方案的经济性	★	☆		☆	☆			

19.1.8.2　成本调查与策划

项目施工调查时,要做好相关成本要素的调查,进行成本测算,编制成本管控纲要,《项目管理策

 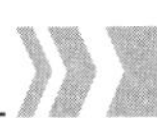

划书》中应包含成本策划的内容,作为项目成本管理的指导性文件。

19.1.8.3 责任成本预算编制

(1)编制依据。

责任成本的编制依据有建设施工合同、施工图、企业指导价格体系、施工调查报告、《项目管理策划书》、实施性施工组织设计和施工方案、主要材料采购、周转材料租赁、机械设备租赁市场调查价、公司自有周转材料和机械设备折旧的有关规定等。

(2)数量、单价及费用确定原则。

工程数量采用施工图数量、施工组织设计和施工方案确定的数量。工、料、机消耗量根据定额确定,定额缺项时,根据施工图和施工规范要求进行分析补充,结合现场实际进行调整。各种资源单价在施工调查的基础上结合企业价格体系限价确定。

19.1.8.4 责任成本预算审批和下达

公司成本管理部会同项目部编制责任成本预算,报公司领导审批后下达,作为《项目部经济承包责任书》的组成部分,项目部付诸实施,原则上开工后3个月内完成。

19.1.8.5 责任成本分解

公司下达责任成本预算后,项目经理组织相关部门以分部分项工程为单位进行分解,作为责任成本控制的标准。

19.1.8.6 责任成本控制

(1)在公司劳务分包、材料采购、周转材料及机械租赁指导限价的基础上,根据项目具体情况调整后下达本项目的限价,作为项目成本控制的依据。

(2)贯彻"方案决定成本"的指导思想,科学制订施工方案,优化施工工艺,合理配置生产要素,进行技术经济比选,选择最优施工方案。

(3)加强材料的计划、采购、验收、领用、消耗、核算等各环节的管理。对用量大、规格单一的大宗物资实行招标采购,集中供应。加强对砂、石等地材采购数量和单价的控制,充分利用当地资源,就地开采,自行组织生产,降低材料成本。实行限额发料制度,加强材料核算,定期清查盘点。加快项目周转材料的周转次数,降低周转材料成本。

(4)合理配置机械设备,充分做好机械设备租赁和购买方案的经济比选工作;加强机械设备维护和保养,提高机械设备的完好率和利用率;实行单机单车核算,按台班产量进行考核,降低燃油料费、电费和维修费;要按工程量大小,合理租赁机械设备,严格按工程量进行费用结算;根据现场实际情况,及时进行清退,严禁机械设备闲置。

(5)组建精干高效的项目部,人员定岗定编,制订现场管理标准,严格控制现场管理费支出。

(6)以工程数量、主要材料、周转材料、租赁设备等数量总控为手段,依托成本管理信息系统,加强机关部门的审批管理,规范合同签订、结算、付款等行为。

19.1.8.7 责任成本计价

项目部每季度统计实际完成的工程数量,按照公司下达责任成本预算确定的单价,编制责任成本验工计价表,上报公司审批,作为拨付项目资金的控制依据。

19.1.8.8 责任成本分析

项目部按月或季度开展责任成本分析,并作为经济活动分析的重要组成部分,责任成本分析由项目经理组织,主要分析实际成本与责任成本的偏差情况。责任成本分析应及时确认收入,正确归集成本,真实反映项目成本状况。坚持实际产值与实际成本"同步"原则,严格划清已完工程成本与未完工程成本的界限。通过责任成本分析查找管理薄弱环节,制订整改措施。

19.1.8.9　项目责任成本检查及预警

项目开工后三至六个月内,由公司分管领导带队,组织相关部门进行责任成本检查,发现问题及时纠正并提出整改要求。情况严重的,公司组织工作组进驻现场帮助进行成本分析并督促整改。对于施工组织不力、管理不善等原因造成项目实际毛利率低于下达目标毛利率的一定比例时,公司将对项目发出预警通告,并督促项目部查找原因,提交分析报告及整改措施上报公司。

19.1.8.10　责任成本考核和奖惩

公司按年度对项目责任成本进行考核,作为项目年度绩效考核的重要依据。项目竣工验收、竣工决算完成后进行终期考核。

公司对考核完成责任成本目标或目标利润的项目部要及时给予兑现,对未完成责任成本目标或目标利润的项目部根据相关办法进行问责。

19.1.9　项目物资和设备管理

19.1.9.1　物资管理

(1)物资市场调查。

项目进点后,组织人员进行物资市场调查。调查内容包括当地及周边各种资源状况、价格、主要资源供应(生产)商情况等,同时分施工前、施工中,定期、不定期调查,并撰写书面调查报告或调查纪要备案,必要时上报公司审核。

(2)物资计划管理。

项目工程部门编制"分工号主要物资需用量明细表",经项目总工程师复核、签认,物资机械部门据此编制"主要物资总量控制台账",作为整个项目物资采购、消耗的总控目标;当有变更时,物资机械部门根据工程部提供的变更通知及时调整"分工号主要物资需用量核算表""主要物资总量控制台账"。

实行季(月)度物资申请(采购)计划管理制度。编制申请(采购)计划经项目工程部、工程管理部门和财务部门等部门审核,领导审批后组织实施。对钢轨、石化产品等有特殊规定的须上报专项采购申请计划。

(3)物资供应商管理。

供应商调查:根据工程项目实际从上级管理单位发布的《合格物资供方名录》中选择供应商,对不在合格名录内的供应商须进行调查。

供应商评价:根据"谁采购谁评价"的原则,对物资机械部门调查的供应商进行评审,经评审"合格"的供应商,上报公司纳入《合格物资供方名录》。

供应商复评:每年项目部对本单位所评价的合格供应商进行一次复评。复评不合格的列入《不合格物资供方名录》,三年内不得使用。

(4)物资采购。

积极推行物资集中(区域)招标采购、战略采购、网上竞价采购等方式。对不适宜采取招标采购的物资,项目部可采取竞争性谈判或询价采购等方式进行,妥善保存谈判会议纪要、供应商报价单、采购比价汇总表等资料。

招标及批量采购物资必须与供方签订采购合同,采购合同及相关补充协议签订前须进行两级合同评审,报公司审批后签订。项目部物资机械部门建立物资采购合同管理台账,对合同的签订、履行情况进行动态监控。

(5)其他管理方面。

物资的其他管理方面包括:物资验收与检验、使用与盘点、核算、周转材料和小型机具管理、调差资料管理、剩余和废旧物资处理等,都严格按照相关规程进行,必须达到节约降耗的目的。

19.1.9.2　设备管理

(1)编制机械设备配置计划。

工程部根据施工组织设计和项目施工进度安排提出机械设备配置计划,物资设备部门依据机械需求计划和项目施工需要提出机械配置计划,明确机械名称、规格型号、数量、使用日期、来源等,上报公司审批执行。

(2)机械设备购置。

机械设备购置实行集中招标采购。

(3)机械设备租赁管理。

建立机械设备调剂平台、定期发布租赁指导价;项目部根据项目施工需要,编制《机械设备租赁计划》,并调查当地市场的机械设备租赁资源和价格情况,形成调查报告,上报公司审批;公司根据自有机械设备情况对《机械设备租赁计划》进行审批。原则上内部调剂,内部资源不能满足时,通过外部租赁解决;租赁机械设备必须执行租赁合同评审制度,租赁合同经项目部领导和相关部门评审、会签,并报公司审批后签订;项目部按月结算租赁费用,零租台班应完善签认手续并及时结算。

19.1.10　劳务和专业分包管理

公司实行专业分包与劳务分包相结合的管理模式,禁止工程转包、规范专业分包、推进工序分包;积极培育有实力、讲诚信的核心型、紧密型劳务企业,合理控制和使用分包方数量,努力争取统一领导、分级管理、公开公正、严格审批、和谐诚信和互利双赢。

19.1.10.1　劳务企业选择

项目部必须在公司《合格劳务企业名录》内选择劳务企业,拟在项目部进行施工分包的单位未办理准入证的,提交书面申请办理准入证后方可使用。

19.1.10.2　劳务企业使用

凡需进行分包的工程项目,原则上要实行公开竞标选择劳务企业,做到公平竞争、择优录用。公司或项目部组织评标,评标结果报公司领导审批确定中标单位,发出中标通知。项目部按程序进行评审报批并签订合同,组织劳务企业进场施工。

19.1.10.3　劳务企业进场

劳务企业进场施工前办理进场手续。签订合同前应缴纳履约保证金或提供保函,递交规范用工承诺书,将劳务人员劳动合同交项目部备案。

项目部指导劳务企业进行施工准备,安排有关现场管理人员与外部劳务企业管理人员对接。

项目部对劳务企业提供的劳务人员花名册、劳动合同原件、身份证复印件、体检健康证明、技能等级证书复印件进行审核验证,如发现问题应立即处理。

劳务人员入场前要进行现场管理制度、安全生产、遵章守纪、安全技术交底、劳动保护等内容的教育。

19.1.10.4　分包方的现场管理

技术和进度管理:及时进行技术交底,下达进度计划,组织分包方负责人参加生产会议,对交底执行情况和施工进度进行检查。

物资和机械设备管理:对构成工程实体的主要材料(甲供),必须按规定检验合格后方可允许分包方使用,并严格过程控制,及时盘点、核算;对分包方的有关物资、机具和设备按规定进行进场验证,其操作人员应持证上岗。

安全、质量、环保和职业健康管理:进行培训和检查,对存在问题提出整改要求,限期整改,对整改未达要求的分包方采取措施予以纠正,情节严重的应解除合同。

劳务人员现场管理:项目部要建立劳务人员花名册,进行现场点名,掌握人员动态。

19.1.10.5　分包结算

在工程施工过程中,项目部每月必须对劳务企业完成的合格工程数量进行现场收方,按分包合同规定办理分包结算。

项目部在办理分包结算时必须做到"三统一"(统一合同文本、统一单价、统一台账)、"四不结算"(没有合同不结算、超出技术交底数量不结算、超合同单价不结算、超合同清单项目不结算)、"五不付款"(签发的白条不付款、结算签认手续不完善不付款、结算依据不明确不付款、不使用统一规定格式不付款、不符合财务规定签字的不付款)。

分包结算必须坚持量价控制。结算开累数量不得超过该队伍所承担任务的分项工程总控数量,单价以合同单价为准,不得超过限价。收方、结算、核算、扣款、审批等必须符合公司管理制度要求。

对已完成合同约定工作量的项目,项目部要及时与分包企业办理末次结算,按程序报公司审批后,签订合同封账协议。

19.1.11　项目技术管理

项目开工前,项目总工程师对本项目部的技术人员按专业和技能进行详细分工,明确技术管理部门和技术管理岗位职责,建立技术资料管理制度、测量复核制度、试验检测管理制度、施组方案管理制度、技术资料签字、复核及检算制度、技术交底制度、技术交接制度、过程控制管理制度、重大问题请示报告制度、竣工文件管理制度等基本技术管理制度,形成技术管理体系。

19.1.11.1　设计文件审核

项目部通过组织设计文件审核,熟悉设计文件、领会设计意图、掌握工程特点及难点,规避设计风险,提前筹划变更设计;复核工程数量,建立工程数量台账。

项目部在收到设计文件或变更设计文件后,由项目总工程师制订审核计划,组织人员对设计文件进行现场核对和审核,形成审核记录。对于"重、大、特、新"项目,应邀请上级技术管理部门指导协助审核。

项目总工程师负责将审核中发现的问题及意见汇总报至监理、设计与建设单位予以确认,并积极联系以尽快获得处理回复意见。

设计文件审核记录、图纸会审记录等有关资料应登记保存,建立管理台账,跟踪处理结果;做好文件标识、技术交底,按处理结果组织施工。未经审核或审核问题未落实的图纸,严禁据以施工。

19.1.11.2　工程设计变更

在掌握设计意图的基础上通过对现场的深入调查研究和充分论证,本着优化设计,降低成本、增加效益和保证工程质量、结构安全、施工进度的原则进行设计变更。

设计变更资料包括拟设计变更项目的原因或理由、设计变更初步方案、有关检算资料、工程量增减及预算、相关设计变更报表等。项目部安排专人管理设计变更资料,建立设计变更动态台账。已批复的变更设计及时分发至相关部门,逐级做好技术交底。

工程实施过程中不得随意改变设计文件,如需要变更原设计,必须按建设单位的规定履行程序,按批复的变更设计文件组织施工;未经批准的设计变更不得据以施工。

19.1.11.3　标准规范

公司技术部门定期以文件形式,对现行国家、行业技术标准、规范、指南等进行有效性识别,项目部据以及时更新,并配置齐全适用的技术规范、规程、标准、地方强制性要求等,组织学习并建立管理台账。

19.1.11.4　工程测量

首次线路贯通测量,一级以上导线的控制网测量,长大隧道、桥梁控制网测量,高铁的CPI、CPII、

CPⅢ、GRP 测量等工作由公司相关管理部门负责组织。测量施工放样、沉降观测、竣工测量、控制网定期复核等测量工作由项目部负责组织。项目部配备至少一名助理工程师以上职称人员负责测量管理工作。

工程开工前,制订贯通测量和控制网复核测量计划。复测完成后应整理测量成果书,测量成果书经公司测量主管部门审批后,形成有效文件,分发技术主管使用。建设单位和监理单位另有规定的,将测量成果书报建设单位或监理单位审批后实施。

控制测量重点工程(隧道、地铁、大型站场、机场、试车场、建筑群、特大桥、大型立交桥等)建立独立控制网,以提高精度便于放样。项目部每季度对高程、每半年对平面控制网复核一次,编制复核测量成果书报上级测量主管部门审批。

工序放样须引用经审批的复测和控制网测量成果。测量的外业工作必须构成闭合检核条件,控制测量、定位测量和重要的放样测量必须坚持采用两种不同方法(或不同仪器)或换人进行复核测量。内业工作应坚持两组独立平行计算并相互校核。

监控量测方案经审批后方可实施;委托第三方监测单位实施监控量测时,应设专人负责管理。项目经理及总工程师必须每天审阅监测日报并签署下步施工意见。

项目总工程师和工程部长应履行测量工作检查、测量问题纠偏、仪器自检及送检等测量管理职责。测量仪器每年检定一次,每月组织仪器自检一次,随时掌握仪器性能状况,发现问题及时校正检定。项目部建立测量仪器、测量技术文件、测量人员管理台账,按季度梳理,及时更新。

19.1.11.5　技术交底

技术交底类别主要有:建设单位及设计单位交底、技术管理交底、施组方案交底、单位工程技术交底、分部分项工程技术交底、安全质量及环保专项交底以及季节性施工措施交底等。

技术交底的方式有会议交底、书面交底和口头交底。会议交底应做好书面交底资料、会议签到表、会议记录、会议纪要等。所有工序实施前,应当进行书面技术交底,未进行技术交底,不得施工。在应急情况下对非关键工序可先在现场进行口头交底,随后应在当日补上书面交底,并取得接受方签字确认。

技术交底前,熟悉设计图纸、有关的规范规程及技术安全标准等,不得将设计文件、标准图不加标注、审核、分解而简单地复印下发。对原图和资料分解,重新组合并附加解释,对可能疏忽的细节要特别说明,提出工艺标准、质量标准和克服通病的措施。技术交底填写要清楚,要绘制简图并标注各部尺寸,内容符合《技术交底书》要求。

技术交底需严格执行技术复核制。对复核无误的交底,复核人需签字确认,严禁代签。

工序交底须交到现场管理及作业人员手中,对于涉及试验相关的内容还应交到试验人员;安全质量专项技术交底必须交到参与施工的现场管理人员、技术人员、安全质量管理人员、作业人员手中,交底的内容应是分年、季、月编制的有针对性安全质量措施或专项的安全质量措施。所有交底接收人员需签字确认,严禁代签。

技术管理部门及时对技术交底及执行情况进行检查,对现场施工出现与技术交底有偏差时,立即下达整改通知书,对整改情况进行验证,并留验证记录。

19.1.11.6　试验检测管理

项目部建立试验管理体系,设置试验管理机构(或指定试验负责人),根据工程特点组建工地试验室,配置试验人员、检测设备、标准规范、试验物资等资源,编制试验管理制度,做好工地试验室资质认证。委托第三方检测时,考察确认第三方检测单位的资质和检测能力,配置专职试验人员监督管理。

试验管理机构根据工程情况建立健全各项管理制度,主要包括:岗位责任制、委托试验管理制度、样品流转制度、试验仪器设备管理制度、原始记录和数据处理程序、检测报告审批制度、不合格品管理制度、安全与环保管理制度、试验资料管理制度等。

试验人员须具备相应资质,进行岗前培训学习,持证上岗,试验人员配置数量满足标准要求及现场施工需要。做好试验仪器进场验收、检定、自校、校准与计量确认、状态标识、维修保养、设备履历等管理工作;按照试验规范和标准要求控制环境条件,确保试验仪器的量值准确性。试验室须配合物设部选择料源,进行取样试验,出具检测报告,供项目经理决策;对特殊工程,应编制试验检测方案,经项目总工程师审批后,组织实施。

19.1.11.7　科技管理

项目部根据工程施工技术特点在上级科技部门指导下制订科研、工法及专利工作计划,积极开展"四新技术"(新技术、新材料、新工艺、新设备)的推广应用工作。

项目总工程师应按计划组织科技研究、工法开发和专利申报工作,加强过程资料的收集、整理、分析,按时上报科技报表,履行申报程序,申请评审鉴定。

19.1.11.8　竣工文件及竣工交验

工程开工初期项目部及时与建设单位、地方档案馆沟通,明确竣工文件编制要求,制订编制计划,明确主责人员;施工期间同步完成资料的编制、汇总及整理工作;工程完工后按合同约定的时间交付给建设单位、所在地档案馆、公司存档;达到验收条件后,向建设单位提交验收申请,参加竣工验收,领取"竣工验收报告"。

19.1.12　项目其他精细化管理方面

除此上述方面之外,项目精细化管理还涉及安全、质量、环境、财务、薪酬与绩效管理、审计与监察、综合事务、收尾管理、作业层建设和项目后评价等方面内容。简要概括如下。

19.1.12.1　安全管理

安全管理主要包括:建立安全生产保证体系、细化安全生产策划、加强安全教育、重视安全防护、加大安全检查力度、制订应急预案、安全事故报告及处理等方面,主要目的在于规避安全风险,重视安全生产。

19.1.12.2　质量管理

质量管理主要包括:加强质量策划、要求领导带班、质量报告及处置等,主要目的在于重视工程质量,达到规范要求,圆满完成施工任务。

19.1.12.3　财务管理

财务管理主要包括:财务机构和人员设置、财务政策、财务基础管理、预算管理、资金管理、债务债权管理、工资支付、核算管理、报表管理、经济活动分析、税务管理等方面,主要目的在于从财务的角度出发,通过财务管理精细化手段,规避财务、税务风险,为工程项目建设提供资金保障,同时最大化利用资金池,为企业获取更大利润。

19.1.12.4　薪酬与绩效管理

薪酬与绩效管理主要包括:薪酬的分配管理、绩效、奖励及考核方面。主要是为了调动项目领导和员工的热情,积极为企业创造效益,同时也制订了亏损项目责任制度,以达到鞭策责任人、吸取经验教训、总结亏损原因的目的。

19.1.12.5　审计与监察管理

(1)审计主要分为内部和外部审计。

内部审计;为公司对项目部及员工的审计,主要审计内容包括:财务收支、财务预算、内部控制、经济责任等。

外部审计:为外部单位审计,如政府审计部门、建设单位或受托的第三方咨询公司等,审计内容主要为重大工程质量问题、安全问题、违规、违纪问题等。

(2)效能监察主要检查项目管理人员履行项目管理职责情况,以及项目管理是否按照管理程序规定实施,是否实现项目管理的科学化、制度化和规范化。

19.1.12.6　综合事务管理

综合事务管理主要包括:项目建章立制、驻地管理、办公用品管理、荣誉资料管理、印章管理和施工影响管理等方面。主要目的是加强内务管理。

19.1.12.7　项目收尾管理

项目收尾管理主要包括:收尾项目的人员、费用、竣工结算、验收、移交、项目部撤销等方面的内容。主要目的是加强项目收尾管理工作,节约成本,获得业主认可,使项目最终得以圆满结束。

19.1.12.8　作业层建设

作业层建设主要包括:作业层的管理重点、培训和队伍的培育。主要目的是要重视作业层建设,包括劳务企业、架子队、作业层实体,以壮大公司的作业队阵容,提高公司的综合施工能力。

19.1.12.9　项目后评价

项目后评价是指项目完工后,项目经理组织相关部门对照《项目管理策划书》全面回顾项目管理过程,查找项目管理行为的得与失,总结经验教训,并形成后评价报告。公司据此报告,提炼成册,以供后期的培训、学习和借鉴工作,达到提升公司项目管理整体水平的目的。

19.2　管理实验室活动

为了进一步检验制度的合理性,减少不必要的管理行为,公司推出了管理实验室活动,旨在提升项目管理水平,创造更大的管理效益。2015 年在蒙华重载运煤铁路专用线项目进行了管理实验室活动实践,取得了良好的管理效果。

19.2.1　管理实验室活动总体要求

为了提升管理效率,增创管理效益,实现"管理制度化、制度流程化、流程信息化"的基本目标,运用实验室活动的实践检验手段,建立符合法律法规,又符合业务实际的管理制度体系,达到横向覆盖管理各要素,纵向贯穿管理全过程的目的。总体要求如下:

(1)依据科学合理的管理制度,建立可操作的管理流程,明确工作目标、管理标准、辨识管理风险,细化管控措施。

(2)利用信息技术固化管理流程,促使各项管理工作有效落地。

(3)建立各项管理制度的实践检验、修订完善、优化流程、细化措施、固化体系、有效执行的长效机制,不断改进和提升管理水平。

19.2.2　管理实验室活动的工作目标

管理实验室活动紧紧围绕"管理制度化、制度流程化、流程信息化"三大目标展开。

管理制度化是在梳理本单位现行各项管理制度的基础上,坚持"解决问题"导向,围绕管理精益化目标,运用管理实验室活动的实践检验手段,建立、健全既符合法律法规,又符合企业实际情况的管理制度体系。使管理制度具有适度的灵活性,特别注重实践中的机动性和适应性,着重强调给予责任人灵活的处置权,以使规章制度适应千变万化的客观情况。

制度流程化是在管理制度修订完善的基础上,以"风险防控"为导向,建立健全管理流程体系,同时以流程为主线的管理方法。强调以流程为目标,以流程为导向来设计组织框架,同时进行业务流程的不断再造和创新,保持企业的活力,达到工作流程和生产率的最优化,实现绩效的飞跃。把公司的所有制度,依据流程之间的顺序和相互关系,分层次地进行系统整理,对公司内部所有流程、活动、职责等管理要素加以规范,不仅有利于企业制度的系统性、协调性,提高流程和企业整体的运行效率,而且有利于企业知识、经验的积累、传承,培养和凝聚企业的核心竞争力。

流程信息化是针对管理手段落后、鞭长莫及的问题,建立完善有关管理信息系统,真正实现管理手段的全面革新升级。通过流程信息化的建立,提高公司与项目部信息资料的沟通交流和项目日常管理工作效率,并能及时发现项目管理中存在的问题,制订纠偏措施,使项目管理工作在良性的工作轨迹上运行。继续推进各类信息系统的使用,通过信息系统实现管理信息共享,按照各人管理权限进行信息录入、倒出、集成、查看,实现工程项目信息畅通和共享,使各项目、公司各部门之间管理流程衔接更高效。

具体的工作目标包括:

(1)对各层级、各管理单元现行管理制度,进行系统梳理、实践检验和修订完善,进一步提升管理制度办法的符合性。

(2)在明确各层级管理定位、管理职责以及管理接口的基础上,把管理制度转换为管理流程,明确目标,辨识风险,细化措施,形成管理流程体系,进一步提升管理制度的可操作性。

(3)充分利用信息技术,把经实践检验有效的管理流程和管控措施进行系统固化,进一步提升管理制度和流程的执行性。

(4)评审评选先进管理制度办法和管理流程,样板引路,以点带面,复制推广,进一步提高管理的精益性。

(5)建立并保持对管理制度和流程的不断实践检验、修订完善的长效机制,循环往复,实现不断保持和改善管理的常态性。

19.2.3 管理实验室活动的组织架构

公司成立全面开展管理实验室活动领导小组,负责全面推进活动的有效开展,同时确定牵头部门,负责总体方案策划、组织协调、总体评价和推广工作。

公司其他管理部门是活动的具体分项管理部门,根据部门职责确定本部门在活动中承担的具体职责,明晰本部门管理定位和与下级公司的管理边界,梳理修订公司有关管理制度办法,承担对活动的服务、指导、监督和专题考核评价等相关工作。

各参建的下级公司成立活动实验室,承担实验室的全部职责,有组织、有计划地对项目管理的各类制度办法进行总结提炼和实践检验,负责组织推动、调查研究、指导帮助、督促检查、总结提炼、评审验收等工作。活动实验室主任由二级公司主要领导兼任,成员由三级公司和指挥部(项目部)相关人员组成,明确牵头部门,形成工作体系,具体组织开展活动。

19.2.4 管理实验室活动的具体工作内容

19.2.4.1 项目组织模式方面

(1)分析现行的项目管理组织模式的利弊,根据工程项目的类别、规模和难易程度等特点,设置符合工程项目实际的管理模式。

(2)在二级企业指挥部组织三级企业项目部的模式中,划定清楚指挥部与项目部的责权利关系、经济关系的边界问题,达到既能对项目进行有效管理,又能充分调动两级管理机构积极性的目的。

(3)针对各种组织模式,项目经理部需合理定编定员,实现扁平化管理,达到不浪费人力资源的目的。

19.2.4.2　前期管理策划方面

(1)注重营销交底的组织方式、交底内容及关注点,主要包括但不限于与项目相关的各类资源情况、投标过程情况、不平衡报价情况、后期索赔方向等。

(2)需要根据施工调查的结果,考虑在施工过程中协调配合问题,形成施工调查报告,同时做好对指挥部(项目部)的交底工作,形成有效的实施办法。

(3)综合考虑项目中标前后的各类因素,提高《项目管理策划书》的编制质量,同时制订有效措施,落实策划书的管理内容。

19.2.4.3　责任矩阵法的应用方面

时刻检验工作清单和责任矩阵在工程项目管理中的有效利用情况,根据项目的实际情况创新和拓展应用范围;根据项目的实际情况,编制符合项目管理实际需要的各类工作清单和责任矩阵,明确各部门的工作职能和必要工作事项。

19.2.4.4　施工方案预控方面

建立施工方案预控机制,编制施工方案按照精细化管理办法要求的流程进行,在施工过程中如遇到施工方案无法顺利实施的情况,及时调整方案,方案调整的流程需按原审批流程进行。调整后的施工方案,要达到有利施工、降低成本的效果。

19.2.4.5　作业层组织模式方面

(1)当发生现场管理失控、各类风险增大及退场情况发生时,项目部应及时分析总结出其原因,形成报告并上报。

(2)按照国家建筑行业和劳动用工相关政策、法律法规的要求,着力培养自己的作业队尽可能取缔外包队伍,以增加现场的管控力度,降低用工成本。

(3)在关键工序上,比较建立自有专业化施工队和整合社会资源选取的外包队伍之间的利弊,并探讨两者间的可操作性。根据现场的实际情况,选取最合理、最经济的用工方式,完成施工任务。

(4)通过建章立制,规范外包行为、提高社会资源整合力度,解决“蓝领队伍”与企业严格进人标准的矛盾问题,提出解决方案,加大自有专业化队伍和机械操作手的培训工作,培育出自己的专业作业队伍,填补自有专业队伍空白。

19.2.4.6　财务管理方面

(1)分析项目财务基础管理、预算管理、资金管理、债权债务管理、税务管理等存在的问题,并采取合理的措施。

(2)积极向甲方催要预付款,并合理对外拖欠资金,最大限度利用资金的时间价值。

(3)加强并全面推进应收账款的清收工作,避免项目大量并且长期占用企业资金,同时要及时避免因资金问题造成停工、窝工、工期滞后等情况发生。

(4)加强资金集中管理,避免闲散资金沉淀于项目部一级,积极发挥资金的最大效能。

(5)“营改增”后,加强税务筹划,增加合理避税的渠道,在依法合规的前提下减轻税务负担,尽最大努力提升企业的实际收益。

19.2.4.7　质量、安全、工期管理方面

(1)探索管理质量、安全、工期的有效路径,认真分析、总结质量和安全管理中存在的薄弱环节,建立质量、安全保证体系,制订教育培训、监督检查、应急处置、隐患事故问责等制度。

(2)积极采用新技术、新工艺、新材料、新设备,特别是信息化手段,为质量、安全工作提供保障,同时科学合理的安排分部分项和施工工序,确保工期任务。

19.2.4.8　成本控制方面

(1)把企业全面预算管理与项目成本预算管理相结合,确立成本预算为尊的理念,实现由只注重

项目收益率指标,向既注重项目收益率指标又注重项目成本预算节超率指标转变。

(2)通过抓好“方案预控,外包管理,物资管理,设备管理,质量、安全、工期管理,综合管理”六大环节,全面堵塞成本失控、效益流失的漏洞。

(3)通过推进专业化、机械化、工厂化、模块化、集中化、信息化“六化”工程,促进项目成本管理水平提升。

(4)把宏观成本管理和微观成本管理有机结合,实现项目的综合创效。

19.2.4.9 变更索赔方面

(1)认真梳理执行既有造价政策的铁路项目的变更索赔要点,积极寻求化解庞大的应收客户合同工程款的具体措施,并且延伸至各类路外项目的变更索赔问题,形成变更索赔的一整套制度办法,为其他项目有效开展变更索赔工作提供行动指南。

(2)制订收入确认管理办法,特别是相关工作流程能否保证对预计合同总收入、预计合同总成本的估计,做到科学、客观、可靠。

19.2.4.10 项目党建和文化建设方面

(1)加强企业的先进文化宣传教育,并使之深入人心,营造风清气正、争创一流的项目精神风貌和氛围,加强“三工”建设、农民工“五同”管理,从根本上增强项目的凝聚力、亲和力和战斗力。

(2)美化营地建设,加强文明工地建设,以展现企业的良好形象。

(3)规范现场迎接领导视察等接待行为,体现企业的内涵文化。

(4)加强项目部党的建设,充分发挥基层党组织的战斗堡垒作用,改进现场的思想政治工作,同时做好生产一线的工会、共青团等群众工作,落实外协队伍党群工作协理员制度。

(5)加强党风廉政建设,项目部全员严格遵守“八项规定”、坚决反对“四风”、廉洁自律、克己奉公。

19.2.5 管理实验室活动的具体实施方法

19.2.5.1 全面动员部署

(1)公司组织动员全面开展管理实验室活动,制订总体方案,组织召开工作布置会议,安排布置开展活动相关工作。各参与部门制订本部门在活动中的具体工作职责,落实责任人。各部门依据总体方案的要求、方法、步骤和工作安排及时限,明确职责,落实任务,组织开展好各项专项活动,确保管理实验室活动扎实推进。

(2)各下级公司成立领导小组及管理实验室,制订详细、具体且可操作性强的活动实施方案和业务板块实施方案及推进计划,明确管理实验室负责人和牵头部门,落实参与部门职责,成立管理实验室活动现场协调组,对活动开展进行安排指导。

19.2.5.2 制度流程梳理完善

(1)公司组织开展指导检查、协调服务工作,适时组织召开座谈会,了解掌握活动情况,总结交流经验。各部门完成公司各项管理制度的全面梳理工作,编制公司现行有效制度汇编。根据各项管理制度,优化各项管理流程,细化流程各节点管控措施。

(2)各下属公司管理实验室完成本单位及以下各层级企业、厂矿、车间、班组等在内的各项制度的全面梳理、修订、完善工作,边完善优化边检验试验,做到完善优化与检验试验紧密结合、同步进行,检验各项制度的针对性、可操作性和有效性。

(3)公司组织相关部门和有关单位对各单位上报的办法进行评审,提出意见,并反馈各单位,并发布运行。

19.2.5.3 组织实施

各二级企业组织各项制度办法及管理流程的实际运行,检验制度办法和管理流程的科学性和有

效性,并不断改进完善;公司及所属单位实验室每半年召开一次座谈会,对活动进行交流;每年进行一次管理制度办法的全面梳理、修订、评审、评先、推广工作,并对实验室活动进行年度总结。

19.2.5.4　全面总结表彰

公司对实验室活动进行全面总结,交流经验,并表彰先进;各下级企业对各自的活动进行总结,对管理创新成果以及先进的制度流程上报、交流并表彰。

19.2.5.5　检验改进提升

继续以实验室活动方式,在全公司各级企业建立并保持不断完善管理制度和优化管理流程的长效机制,促进管理精益化不断迈上新台阶。

19.3　全面预算管理

全面预算管理是利用预算对企业内部各部门、各单位的各种财务及非财务资源进行分配、考核、控制,以便有效地组织和协调企业的生产经营活动,完成既定的生产经营目标,是企业全过程、全方位及全员参与的预算管理。

全面预算管理作为一种内部管理控制手段已经在工商企业领域内得到广泛推广,建筑行业受其自身条件限制推广较晚,同时执行步骤、重点与措施等也略有不同。将全面预算管理理念运用于施工管理,是施工企业做大做强的重要工具。

19.3.1　全面预算管理的目标和原则

通过推行全面预算管理,建立以全面预算管理为导向的企业管理工作机制,优化资源配置,加强风险管控,提高运行质量,改善经营绩效,有效理顺内部经济秩序,提高战略和决策的执行力、集团管控力、业务协同力、要素集成力和市场竞争力,从而达到企业做强做优和又好又快发展的目标。

全面预算管理的基本原则:坚持战略引领,落实生产经营目标;坚持价值导向,实现企业价值最大化;坚持稳健发展,保持持续、健康发展;全方位实施,全过程控制,全员参与;上下结合,分级实施,权责明确,配合高效。

19.3.2　全面预算管理的组织

推行全面预算管理是支撑企业发展战略、优化资源配置、完善法人治理结构、强化风险管控的有效管理机制和工具,是一项综合性、全局性的系统工程。企业应强化"凡事预则立"的管理理念,以全面预算管理为主要抓手,充分发挥其在企业管理中的统领和总控作用。企业主要负责人应高度重视并组织推动全面预算管理工作,明确预算管理组织体系、职责分工、规章制度、工作流程、工作内容及质量标准,营造良好的全面预算管理环境和氛围。

19.3.2.1　预算管理委员会

企业可成立预算管理委员会,作为全面预算管理的领导机构。预算管理委员会的主任应由公司主要负责人担任。预算管理委员会的主要职责包括:

(1)制订企业全面预算管理的基本原则和目标。

(2)根据企业战略规划和年度经营目标审核企业全面预算编制方案和调整方案,并报董事会批准。

(3)协调解决企业全面预算编制、执行、控制和监督考评中的重大问题。

(4)根据全面预算执行结果进行考评和奖惩。

19.3.2.2　预算管理办公室

预算管理委员会下设由企业内部各相关职能部门组成的预算管理办公室,作为全面预算管理日

常工作机构,由财务部门牵头,负责具体的全面预算管理工作,主要职责包括:

(1)组织预算的编制、审核、汇总及报送工作。

(2)根据预算管理委员会的审核意见和董事会的批准意见,组织具体批复和下达预算指标。

(3)组织拟订企业的全面预算调整方案。

(4)协调解决企业全面预算编制、执行、控制和监督考评中的有关问题。

(5)监督和分析企业预算完成情况,提出考评建议。

(6)组织开展全面预算管理的相关培训工作。

19.3.2.3 预算责任单位

企业内部各相关职能部门、所属子企业、分支机构均为预算责任单位。预算责任单位应在预算管理委员会的统一领导下,组织开展本部门或者本单位的具体预算管理工作,严格执行经批准的预算方案。预算责任单位的主要职责包括:

(1)负责本部门、本单位全面预算编制和上报工作。

(2)负责将本部门、本单位全面预算指标层层分解,落实到各环节和各岗位。

(3)按照授权审批程序严格执行各项预算,及时分析预算执行差异原因,解决全面预算执行中存在的问题。

(4)及时总结分析本部门、本单位全面预算编制、执行和管理情况。

19.3.3 全面预算管理的内容

全面预算管理应区别不同层级、覆盖所有业态、涵盖预算管理全部流程、划分不同期间、充分体现从业务预算到财务预算的全部内容。

19.3.3.1 基建业态预算

工程施工项目预算属于基建业态预算,按建设期限分为项目总预算和年度预算,按照全面预算管理的要求,建立项目经理负总责、各业务部门(作业层)充分配合的组织体系,根据全面预算的内容和职责分工,进行预算全流程管理。基建业态预算管理应突出以责任成本和现金流为重点的预算全过程管理。

19.3.3.2 全面预算管理的期间划分

全面预算管理根据期间分为年度预算、项目全周期预算和滚动预算。年度预算每年编制一次,预算期间为1月1日至12月31日;项目全周期预算每个项目周期编制一次,是项目的总体预算;滚动预算每个滚动期间编制一次,是在预算目标不变情况下编制后续期间的各项预算数据,使相应滚动期间内的各项预算内容更符合生产经营活动的实际情况。

19.3.3.3 全面预算管理的主要内容

全面预算管理的内容包括业务预算、资本预算和财务预算等三个方面。

1)业务预算

业务预算是反映企业在预算执行期内日常发生的各种具有实质性的生产经营活动的预算,是其他预算的基础,主要包括新签合同额预算、销售预算、生产预算(含直接材料预算、人工成本预算、机械使用费预算、制造费用预算等)、期间费用预算等。

(1)新签合同额预算是预算期内根据企业发展战略并结合国家相关政策,按各业务板块预计企业将承揽的合同额。

(2)销售预算是企业在预算期内销售各种商品和提供劳务可能实现的销售量、销售单价、销售收入的预算以及企业的长期销售预算。

(3)生产预算是企业在预算期内所要达到的生产规模及其产品结构的预算,主要是在销售预算的基础上,依据各种产品的生产能力、各项材料及人工、机械的消耗定额及其物价水平和期末存货状况等而进行的预算管理。

(4)期间费用预算是在预算期内为正常发挥各职能部门的作用,对所必须发生的管理费用、销售(营业)费用、财务费用而做出的支出安排。

(5)非流动资产处置、取得的政府补助、对外捐赠、债务重组、非货币性资产交换等收入或支出,应根据实际情况和国家有关政策规定,作为营业外收支预算管理。

2)资本预算

资本预算是企业在预算执行期内为完成特定投资项目的预算,分为短期投资预算和长期投资预算,包括权益性投资、金融工具投资预算、固定资产购建等资本性支出预算。

3)财务预算

财务预算是反映企业在预算执行期内有关资金收支、财务状况和经营成果的预算。财务预算应当围绕企业的发展战略和规划目标,以业务预算、资本预算等专项预算为基础,以财务收支、资金收支为主线和核心进行编制,包括资产状况、经营成果、现金流量预算以及资本结构及融资预算,并根据统一的会计政策主要形成预计资产负债表、预计利润表、预计现金流量表等财务报表。财务预算是全面预算管理的最后环节,主要从价值方面总括地反映业务预算、资本预算等专项预算的结果。

19.3.4　全面预算的编制

企业编制预算应坚持以战略规划为引领,以战略目标为依据,正确分析判断市场形势和政策走向,科学预测年度生产经营目标,合理配置内部资源,实行总量平衡和控制。预算编制应按照"先业务预算、资本预算,后财务预算"的流程进行,同时坚持以"业务驱动预算"的准则,建立从业务预算到财务预算的预算编制模型。

全面预算编制应按照企业和业态预算的重点内容,按照"上下结合、分级编制、逐级汇总"的程序进行,既要区分不同主体预算编制的差别,又要进行集中审核、汇总,形成全面预算报告。

企业应当根据不同的预算项目,合理选择固定预算、弹性预算、零基预算、概率预算等方法编制预算,同时积极探索和稳步推进按照月度、季度或半年度等一定周期编制滚动预算。

全面预算编制应遵循以下主要原则:

(1)全面性原则。企业在编制全面预算时,首先应将能够实施控制的全部子企业及分支机构纳入全面预算编制范围;同时,以预算年度内将要发生的全部业务预算、资本预算为基础编制预算,全面完整地反映企业新签合同额、营业收入、成本费用、投资、融资及资金收支情况。

(2)可行性原则。企业在编制全面预算时,应当认真分析和研究国内外宏观经济形势、发展趋势及本企业生产经营状况和可控资源等,制订的各项预算指标在企业和各预算执行单位的积极努力下应能够实现。

(3)效益性原则。企业在编制全面预算时,应当以经营利润和经营性现金流为重要目标,围绕扩大营业收入、压缩费用支出和增加经营性现金净流入进行编制。

(4)稳健性原则。企业在编制全面预算时,应坚持稳健发展理念,注重风险管控,转变发展方式,提升发展质量。严格控制超出企业承受能力、盲目追求规模扩张的行为,兼顾规模、速度与效益、质量、风险的平衡。

(5)一致性原则。各级子企业及分支机构向其上级企业报送的预算应与其内部执行及控制的预算保持一致。

19.3.5　全面预算的执行控制

企业应当充分发挥全面预算的指导和控制作用,实行"先算后花,先算后干,松紧结合,适当偏紧"的原则,严格执行经批准的年度全面预算,加强预算的刚性约束。

全面预算控制可综合运用反馈、滚动、指标包干、指标调剂、偏差分析等方法,并按照相应程序,切实加强投资、融资、担保、重大资金收支、物资设备采购等重大事项管控和成本费用预算执行情况的跟踪监督,明确超预算或预算外的预算追加、调整审批程序和权限。预算控制可采用一般授权、特别授权等方式,对预算控制的有关内容进行授权控制,以达到事前、事中、事后全过程控制,建立预算监管机制和从上到下层层授权和从下到上层层负责的管控系统。

19.3.6 全面预算的核算和执行分析

全面预算执行情况的责任核算采用兼容核算的方法,以预算指标为内容设置相应科目进行核算。具体内容包括业务预算、资本预算和财务预算的各个环节。

全面预算执行分析是企业对全面预算执行情况进行跟踪监测,将业务预算、资本预算和财务预算等与实际执行情况或财务报告进行对比,及时分析预算执行差异原因,并采取相应的解决措施。

全面预算分析可采用比较分析、比率分析、因素分析等定量分析的方法,以及采用类比分析、经验判断等定性分析的方法,并积极开展与行业先进水平、国际先进水平进行对标,至少应就以下具体内容进行分析:

(1)外部经济环境变化对全面预算的影响。

(2)企业内部经营策略、生产活动、管理措施对全面预算的影响。

(3)业务预算执行情况及存在的问题,并提出相应解决措施或建议。

(4)资本预算执行情况及存在的问题,投资风险分析。

(5)财务预算执行情况及财务状况趋势分析,融资风险以及偿债能力趋势分析,资金安全分析。

(6)预算期内需要披露的重大事项及其调整情况。

(7)年度全面预算完成情况预测。

此外,全面预算执行过程中还要对预算内事项、超预算事项、预算外事项和反常事项进行预警,预警指标可采用平衡计分卡为工具进行多维度设置,并明确标准值和权重。

19.3.7 全面预算的考核

全面预算考核是全面预算管理各项工作顺利开展的重要保障,能够准确衡量企业经营结果,保障企业战略目标和预算目标的实现。预算考核和业绩考核的管理主旨一致,预算考核是业绩考核的核心内容。预算考核分为预算指标考核(定量考核)和预算工作评价(定性考核)两部分。

全面预算的考核原则:

(1)可控性原则。全面预算考核应当与预算责任单位(或个人)的责权相符,就其可影响和控制的预算部分进行考核。

(2)对等性原则。全面预算考核应当与全面预算执行者承担的风险和收益相一致。

(3)总体性原则。全面预算考核应当防止企业偏重局部利益而损害全局利益,需保证总体目标的实现。

(4)激励与约束并重的原则。全面预算考核应避免只罚不奖,以充分发挥预算责任单位(个人)的主观能动性。

(5)公平公正原则。全面预算考核应当坚持公平公正原则,保证各企业的考评保持在同一标准。

19.4 信息化管理

信息化是当今世界发展的大趋势,是推动经济社会变革的重要力量。大力推进信息化,是覆盖我国现代化建设全局的战略举措,是贯彻落实科学发展观、全面建设小康社会、构建社会主义和谐社会和建设创新型国家的迫切需要和必然选择。从国家战略层面提出的“新四化”中,信息化是新增加的内容,指明了“信息安全和两化融合”(信息化与工业化融合)的信息化发展方向。

公司组织了灾备中心、企业专网、视频会议、协同办公、电子商务、全面预算、成本管理、主数据管理平台、网站群等一批重点管理类信息系统建设;探索了信息化大平台及 ERP 管理系统技术;开展了 BIM 技术在项目全生命周期的工程应用和标准编制研究;以西成线江油北站为试点初步掌握了数字化施工技术流程,取得了一系列重大成果,为项目管理和生产经营提供了有力支撑。

19.4.1　信息化建设目标与原则

综合国内外企业的信息化实践经验,企业信息化对业务发展的贡献可以分为“辅助业务运营”“支撑业务管控”和“支撑战略发展”三个级别。信息化建设肩负着推动企业管理转型和战略发展的重要作用。企业信息化发展的方向和长远目标应该是以数据和业务需求为驱动、以信息技术为引领,按照整体产业链管理模式支持资源优化配置,建成企业层面的项目集成信息化管理平台,实现勘察设计、施工安装、房地产开发、工业制造、资源开发、科研咨询、工程监理、资本经营、金融信托和外经外贸等多元业务协同和集成管理,以及逐步实现工程项目信息可视化、勘探设计与工业制造数字化、相关业务管理协同化、决策管理智能化的最终目标。

从信息化规划执行、投资管理、方案设计、项目建设、运维管理和体系建设等方面考虑,企业的信息化建设应遵循以下基本原则。

(1)统一规划、分步实施。

(2)统一协调、规范投资。

(3)统一标准、健全制度。

(4)统一开发、需求主导。

(5)统一建设、优化资源。

(6)统一管理、共享服务。

19.4.2　信息化体系的建立

信息化体系的建立及优化,是信息化建设和发展的根本。信息化组织、信息化管理、信息化服务应按照公司对信息化的定位,建立与企业业务发展同步的“合作伙伴型”关系,通过信息化建设与服务,推动公司信息化发展。信息化体系的打造重点包括提升决策能力、强化信息化组织、治理结构、标准建立、共享服务、推进绩效评价等。

19.4.2.1　提升信息化核心决策能力

信息化建设的核心决策主要有信息化原则、信息化架构管理、业务应用需求、信息化服务、信息化投资管理五项内容,这五项领域直接影响信息建设对业务的支持和价值输出,提升这些核心领域的决策能力是信息化体系建设的核心任务。

19.4.2.2　加强信息化组织

企业的信息化组织建设,要从组织机构建立、人员配备、规章制度建设等方面抓起,明确信息工作机构设置及分工,确定专责信息化部门,配备专职人员,以形成有效的信息化管理体系。

19.4.2.3　强化信息化治理结构

企业应不断强化信息化治理结构,支持管控方式,从松散型向集约型转变,建立符合信息化发展需要的、更加紧密的、业务与信息化协作关系,加强业务与信息化战略一致性,确保信息化满足业务需求及优先升级要求。

19.4.2.4　建立信息化标准

企业应建立统一的信息化管理标准、技术标准和数据标准。实现完善信息化流程,提高信息化管理效率、搭建信息化基础平台,降低架构复杂性,统一业务支持、提高专业度、平衡信息化需求,解决"烟囱"和"信息孤岛"问题。

19.4.2.5 共享服务

企业应积极探索建立跨区域、跨业务线的IT共享服务,通过集中运营来控制风险,获取规模经济效益,减少成本和重复工作,建立能力中心,作为动态资源调配,全面改善信息化服务水平。

19.4.2.6 信息化建设绩效评价

企业应建立信息化建设绩效评价体系,切实把信息化建设的责任和义务传递到各子公司、分支机构,达到组织健全、投资到位、高效统一的目的。信息化建设绩效评价的基本内容包括信息化领导力、基础建设、应用与效果、IT服务管理与IT治理、信息化人力资源五大类,采用量化计分方式进行考核评价。

19.4.2.7 和外部软件供应商建立战略合作关系

企业可与优秀软件供应商建立战略合作关系,推进信息化发展和企业转型升级。

19.4.2.8 设立信息科技公司

企业可设立信息科技子公司,通过市场化手段引进人才,为公司原有信息化人员提供更广阔的职业通道,有效实现人员激励和人力成本的最优配置,实现IT深度整合,提升服务水平和专业性。

19.4.3 信息化平台架构内容和建设

公司信息化平台架构主要包含:"信息化基础设施平台和信息安全构架""信息系统开发、集成和应用平台架构""数据治理和大数据平台架构"三大平台的架构规划和技术要求。这三大平台是信息系统运行和应用集成的基础,其他业务信息系统的建设很大程度上依赖这三大平台。

19.4.3.1 信息化基础设施平台和信息安全构架

信息化基础设施平台和信息安全架构包括云计算平台、数据中心、网络、桌面管理、信息安全、信息化标准、运维管理平台等,统一规范网络和桌面管理,加强信息安全,可为各种应用系统的运行提供基础环境。

19.4.3.2 信息系统开发、集成和应用平台架构

信息系统开发、集成和应用平台是实现信息系统集成融合、数据共享的基础,信息系统开发平台提供从系统需求分析、设计、开发、测试到发布、运维等各阶段的软件项目管理工具,提升软件系统的稳定性、可集成性及可维护性,降低软件实现的技术难度及开发成本。平台的目标是解决公司的应用交互、数据交换与集成、跨系统业务流程整合等问题,从根本上消除"信息孤岛",支持企业发展和商业模式的创新。

信息系统开发、集成和应用平台是一个整体平台架构,主要包括:业务流程管理平台(BPM)、主数据管理(MDM)、权限管理平台、企业服务总线(ESB)、企业门户(Portal)、移动平台、社交平台、开发平台建设,以及各业务板块在平台上的核心业务应用等。

19.4.3.3 数据治理和大数据平台架构

企业可全面应用和推广主数据管理平台,规范企业数据治理,借助逐渐成熟的云计算、机器学习和大数据技术,逐步提升企业对数据资产的驾驭水平,同时积极开展决策支持系统建设,提高数据分析、数据服务和信息参谋的能力,此举可为企业转型发展提供支撑。

19.4.4 企业信息化系统建设

企业在三大信息化平台架构基础上,按照统一的系统技术规范和建设标准要求,可积极开展公

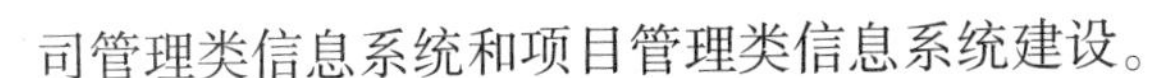
司管理类信息系统和项目管理类信息系统建设。

19.4.4.1　公司管理类信息系统

公司管理类信息系统主要包括:财务共享中心系统、增值税管理信息系统、人力资源管理系统、资产管理系统、资本运营和风险监控管理系统、电子商务系统、审计系统、法律事务管理系统、协同办公系统、高清视频会议系统、科技管理和创新服务平台系统等十一类。

(1)财务共享中心系统。

业财共享支撑平台建设,可实现业务系统数据与财务系统数据互联互通。财务共享中心是“业财共享支撑平台”建设的承载基础和关键节点,通过财务共享中心建设,完善公司财务数据的采集源,全面提升财务预算管控能力、资金集中管控能力和财务制度执行力,实现精准财务决策,初步构建“业财共享数字化生态圈”,努力打造价值创造型业财共享。

(2)增值税管理信息系统。

增值税管理信息系统,可实现增值税发票全生命周期管理、三流(业务流、资金流、发票流)合一、与金税系统集成开票和收票认证流程。同时利用管理系统加强税负监控,防范税负异常风险,避免税款资金占用损失。

(3)人力资源管理系统。

人力资源管理系统,通过固化管理体系、管理流程,减少事务性工作,促进人力资源各项业务间的集成,并作为人员信息管理的唯一出口,为其他业务系统提供数据支持。重点实现覆盖员工全生命周期的人事业务,并对人力资源业务框架及业务流程进行系统固化,完善现有流程,实现人力资源业务内部的流程贯通和人力资源业务与其他相关业务部门流程的贯通。加强数据综合分析、预测监控、让数据主动参与决策,提升数据的价值。实现与主数据管理平台、财务系统的数据共享与交换。

(4)资产管理系统。

依靠资产管理系统建设,可覆盖固定资产、无形资产、附属资产管理,实现从资产新增、日常领用、退回、盘点、调拨、报废等资产全过程的监管。从流程、规范和标准上来实现资产管理,多维度实现对资产管理的信息化分析。

(5)资本运营和风险监控管理系统。

依靠资本运营和风险监控管理系统,可实现公司资本投资项目从投资信息筛选、论证审批、建设管理、项目运营、风险监控、资产管理等全生命周期的管理,促进资本运营管理流程的标准化、业务流程的规范化、数据信息的统一化,提升投资项目评价的科学化,增强投资项目管理的透明化与监控化,强化投资项目管理的风险监控能力。

(6)电子商务系统。

依靠电子商务系统,可构建网上商城,逐步实现物料、办公用品、商旅服务、低值易耗品等产品和服务的多种电商采购方式。电商平台、网上商城系统与成本管理系统、项目物资管理系统、机械设备系统集成工作,实现所属各子公司及分支机构、项目部的物资需求计划、采购合同、送货单信息、收料单、业务结算、发票、付款的物资采购网络化全生命周期管理,并逐步与财务共享平台的信息共享和业务集成。实现物资采购上下协同、内外协同、从计划到结算、支付、归档一体化的采购管理新模式。

(7)审计系统。

依靠审计系统,可为审计工作搭建一个综合信息平台,充分利用被审计单位的信息系统,应用一定的审计方法,把握总体,锁定重点,精确延伸,达到审计工作和信息化系统的有机结合。审计系统主要包括审计门户、审计综合管理、审计现场作业(项目执行)功能模块。

(8)法律事务管理系统。

依靠法律事务管理系统,可搭建一个横向信息共享、纵向管理贯通的强大的立体风险防控体系,实现法务工作模式的高度统一、各类法律事务的在线动态管理、法律风险的预警管控。

(9)协同办公系统。

依靠协同办公系统,可实现互联互通和信息共享,持续深化应用、深挖潜力、打造支撑企业精细化管理的内部办公门户。电子公文和业务流转持续移动化、规范化,积极采用应用备份等安全措施确保系统的安全稳定运行,高度重视协同办公平台中的数据积累和分析挖掘。

(10)高清视频会议系统。

依靠高清视频会议系统,打造视频会议硬件资源池,实现服务器资源的集中调配和共享使用,增强冗余度,提高利用率。通过视频会议与办公系统、业务系统的充分融合,把高清视频会议推广到更大的应用场景和业务范围。

(11)科技管理和创新服务平台系统。

科技管理系统,是创新服务信息系统,是一个企业科技与创新信息、知识和技能积累、分享与传承的知识平台。科技管理和创新服务平台系统融入固化科技管理业务流程和工作标准,集中存储统一检索科技信息资源,建立起有效的知识管理、应用实施和技术创新体系,让知识信息资源在企业中发挥最优的作用。

19.4.4.2　项目管理类信息系统

项目管理类信息系统主要包括:工程项目综合管理系统、安全隐患排查系统、可视化管理和应急指挥系统、BIM 技术应用系统、物联网和工具软件应用系统、房地产综合管理系统、智慧养老平台、勘察设计综合管理系统、三维设计信息系统、智能制造 ERP、资金监控管理平台、生产信息监控系统和数字化矿山、国际数据中心等十三类。

(1)工程项目综合管理系统。

工程项目综合管理系统,以实现项目精细化管理为目标,满足各级施工企业对项目招投标、进度、成本、合同、物资、设备、劳务、质量、安全、竣工、风险、计划调度等全方位管控要求,同时满足住建部对施工总承包特级资质企业的信息化的考核要求。

(2)安全隐患排查系统。

依靠安全隐患排查系统,可全面提升项目安全管理水平。按施工专业类别建立排查清单库,在规定周期自动生成和定向发布排查任务,规范排查方向和内容,明确安全隐患排查的管理要求、工作流程、响应程序,通过排查和及时处置,切实降低事故风险。

(3)可视化管理和应急指挥系统。

依靠可视化管理系统和应急指挥系统,可使施工项目、工业生产等领域的可视化管理水平得到整体提升,满足上级主管单位、建设主管部门的要求,满足事故应急处置的交互沟通需要,促进施工项目、工业生产管理的标准化、精细化,提高各级管理人员对项目生产一线情况的了解掌握,进而产生直接和间接的经济效益。

(4)BIM 技术应用系统。

依据国家和行业的 BIM 技术标准,以勘察设计、施工建设、工业制造等主要业务领域为依托,对建设项目从规划、勘察、设计到施工的全生命周期进行 BIM 技术应用,促进企业资源整合、知识共享、流程再造、经营模式创新、价值链重组。

(5)物联网和工具软件应用系统。

基于人工智能、智能硬件、新型显示、移动智能终端、第四代移动通信、先进传感器和穿戴设备等先进技术,探索和实践物联网在企业管理和项目生产经营中的应用,建设物联网的应用基础设施和服务平台,深化物联网在项目部物资管理、设备机械管理、现场人员管理和工地安全等方面的应用,探索物联网在智能建造、智能绿色建筑、安全检测等方面的创新实践,以满足项目现场施工管理的需求。

(6)房地产综合管理系统。

房地产综合管理系统重点建设决策分析平台、数据仓库管理平台、财务管理平台、项目运营平台、企业经营平台、行政管理平台、硬件管理平台等七大平台,其中项目运营平台和企业经营平台是地产核心业务平台。服务的对象包括:企业决策者、内部员工、客户、合作伙伴、公众。覆盖整个房地产业务流程,包括项目立项、计划与进度、设计管理、采购招标、工程管理、合同管理、成本管控、楼盘销售、客户关系管理等业务管理,和财务平台、行政平台结合,形成一体化系统。

(7)智慧养老平台。

利用互联网+、大数据、云计算等技术,构建统一的智慧养老信息平台,服务于养老产业,实现互联互通、资源共享、业务协同,占领行业制高点,积极推动养老产业的网络化、智能化、信息化发展。

(8)勘察设计综合管理系统。

建设全面覆盖勘察设计管理职能和各专业板块的综合管理集成信息平台,开发和优化移动端应用,最终达到"资源整合、过程优化、数据统一、互联互通"的目标,全面实现勘察设计管理的精细化、网络化和智能化。

(9)三维设计信息系统。

三维设计信息系统,是以BIM技术研究和发展成果为基础,完善基于BIM技术的勘察设计流程,建立以BIM数据交换为核心的协同工作模式,减少专业沟通成本,提高协同工作效率,努力实现BIM勘察设计应用在重点专业和重点项目的突破。

(10)智能制造ERP。

从供应链源头规范数据体系,统一编码,通过SaaS数字化车间整体解决方案,对企业产品生产线进行改造,通过基于智能制造的ERP+MES生产管控平台建设,提升产品设计制造一体化水平。通过该平台集成其他系统(PLM、PDM、CAD、财务系统等)的数据,初步具备数字化制造能力。利用物联网技术实现数据实时采集,实现物料和产品可识别、可追溯、可监测。通过计算机可视化技术、先进的管理工具与企业信息化系统的有机集成,实现敏捷生产、精益制造、精细管理,建立高效协同的制造体系,向智能制造方向发展,达到企业提质增效目的。

以"跨界、融合、创新"的理念方法,创新"互联网+"制造业的服务模式,建立以工程项目为主,基于BIM技术的工程产品全生命周期管理服务平台,利用互联网技术实现工程产品全生命周期管理,提升信息化环境下差异化的核心竞争能力,通过使用服务项目管理的业务运作平台,为项目相关方提供在线及现场的技术支撑,体现精细管理平台的价值,引导在未来创造出更多个性化的服务,通过外部互联化和远程诊断维护等服务智能化,重建生态系统,形成竞争新优势。

(11)资金监控管理平台。

通过打造本外币一体化、本异地一体化、资金内外部一体化的资金运营和风险监控平台,形成以资金管理大集中系统为核心、资金支付接口平台为关口、资金数据分析监控系统为后端的全流程资金运营管理链条。进一步增强资金集中、内部结算、资金支付、头寸管理、外汇管理的资金运营水平,提供资金支付与成本费用控制一体化的管理手段。

(12)数字化矿山。

推进数字化矿山建设,通过泛在感知信息技术的运用,建立矿山新型应用系统、监测系统和管理体系,加强地质、测量、采矿等方面专业软件的推广应用和业务培训,提升地质勘查、矿山勘探、采矿设计和生产管理等方面的工作效率和数据精准程度,实现工作流程的标准化和规范化,打造安全、高效、和谐的数字化矿山,加强矿山生产的精细化管控,实现降本增效。

(13)国际数据中心。

搭建国际化的企业私有云计算平台,与国内数据中心和业务系统衔接,实现国内外互联互通和资源共享。建立海外分支机构信息化管理和信息安全管理体系,推进海外分支机构视频会议系统、协同办公系统、业务管理系统建设,提高与国际分支机构沟通效率和办公效率,降低沟通成本。

19.4.5 信息化管理系统建设保障措施

为了保障信息化管理系统的顺利建设,企业应采取相应的保障措施,可从组织保障和资金保障两方面进行保障,既可保证人力资源合理、高效的利用,又可保证资金的合理使用。

19.4.5.1 组织保障措施

首先,为了健全和完善信息化工作组织机构,企业应设立信息化工作领导小组,信息化领导小组组长必须由企业负责人担任。同时需要明确信息化归口管理部门,全面负责企业信息化管理工作,做到统筹管理,有职有权,为信息化建设提供组织保证。

其次,企业要以信息化项目为依托,大力培养复合型信息管理人才和创新型信息技术人才,不断壮大信息化人才队伍,发挥信息化从业人员的聪明才智,鼓励信息化业务创新。要加强对全体员工的信息化培训,强化员工的信息化意识和使用技能,使员工适应信息化不断推进的需要。

再次,根据工作需要,企业可成立信息化专家委员会。委员会将聘请内外部信息化专家为公司信息化建设提供技术咨询服务。在信息化项目立项、选型以及信息化技术标准制订等信息化工作中,发挥专家委员会作用,听取专家意见,提高信息化建设的科学决策水平,保证信息化建设顺利实施。

19.4.5.2 资金保障

企业应提高对信息化重要性的认识,转变管理理念,保证各项信息化建设资金投入,完善信息化建设预算管理制度,健全信息化建设资金管理制度,确保信息化建设和运行维护的资金投入。此外,通过集中招标采购等方式,也可提高资金使用效率。

附录1 工程通用的项目管理措施

在本书的编写过程中,摘录和收录了部分通用的项目管理及保证措施资料,以供相关项目人员借鉴与参考。

1.1 风险管理

风险包括:工程地质风险、施工技术风险、工期风险、资金风险、成本风险、分包风险、合同风险、环水保风险等。

1.1.1 工程地质风险

详见不同工程的地质风险分析。

1.1.2 施工技术风险

施工期间存在的主要技术风险主要包括:施工方案可行性引发的风险,施工技术及组织引发的风险。主要对策包括如下方面。

(1)强化施工图审核,对高风险工点风险控制措施进行优化完善。

(2)编制高风险工点专项施工方案,经项目总工和公司总工审定后报总监理工程师审查,报建设单位批准。按批准的专项施工方案编制作业指导书和作业标准,组建专业作业队和专业作业班组,严格按专项施工方案组织实施。

(3)对重大技术问题请专家顾问组进行咨询,项目部成立科研攻关组,对施工中的技术问题进行科研立项,指导施工。

(4)加强施工技术管理,坚持技术复核制,采取有效的技术管理手段提高工程质量。工程技术人员做到对施工图纸审查、技术交底、施工测量及时、准确、无误,各项资料保存完好。对收到的设计文件,开工前组织有关技术人员进行会审,对存在的疑问及时与设计部单位联系解决。

(5)将监控量测纳入正常施工工序进行管理,指定领导负责监控量测工作,确保监控量测项目齐全,数据采集及时、准确,监控频率满足设计及规范要求,信息反馈及时、到位。

(6)加强超前地质预报工作,及时探明掌子面前方地质,据之修正设计参数。

(7)加强过程控制,认真落实"三检制",保证工序质量,实行闭环管理,保证技术措施落实到位。

1.1.3 工期风险

地形复杂、自然灾害影响,同样存在影响施工进度的不确定因素。主要应对措施包括如下方面。

(1)项目部主要人员和其他管理技术人员对长大隧道管理和不良地质隧道施工有着丰富施工经验,分部和架子队主要人员参加过多个相类似的铁路工程,施工工艺熟悉,能够处置现场突发情况。

(2)依托业主信息化管理的软硬件设施和集团公司的信息平台,充分利用先进的科技手段,使施工现场的各项管理、监控、会议实现视频化,缩短信息和指令的周转期。

(3)依托机械化施工,提高作业效率。选择一批在其他类似长大隧道管理和不良地质隧道施工有着丰富施工经验、行之有效的全新施工机械投入到本工程中。提高软弱围岩机械化施工水平,加快施工进度。

(4)加强内部考核管理,落实施工生产计划力度。在保证安全质量的前提下,对年、季、月计划实行层层分解,开展劳动竞赛活动,落实到每个作业面,落实到每个架子队、每个工班,加大奖惩力度,提高全员的生产效率。

(5)认真开展超前地质预报工作,配合设计单位及时优化设计,确保施工正常进行,一次施工到位,作到少返工或不返工。

(6)冬季施工期间,密切关注气象预报及相关信息的收集、分析和处理,一旦遇到极端气候条件,混凝土必须严格按照规范采用冬季施工措施,避免混凝土质量不达标造成返工。

(7)雨季及汛期施工期间,由于该地区雨季时间长,降雨量大,施工现场必须加强材料储备,保证材料供应;加强施工道路维护,保证道路畅通,将降雨对施工进度的影响降到最低。

(8)依靠科技进步,大力推广新技术、新装备、新工艺、新材料应用,施工中不断优化施工方案,以"四新"技术作为保证工期的强力基础。

1.1.4 资金风险

通过研究支付规则、施工投入、社会环境等因素,工程资金风险主要见附表1-1。

资金风险及应对措施

附表1-1

序号	风险因素	分析	应对措施
1	支付规则	根据业主付款规则,拨付预付款和计量款时,直接将资金总额的25%拨入农民工工资专户,且专户资金最低限额为300万元。当农民工资支付比例不足25%时,造成专户资金闲置,影响正常生产资金调配	积极与业主沟通,根据人力资源投入状况,降低农民工资专户拨付比例
2	工程亏损	由于大临工程实际投入超清单,竖井分包成本超计价等原因,形成阶段性亏损,亏损消耗资金而得不到补偿,导致资金周转困难	积极与业主沟通,争取得到合同外补偿,减少亏损
3	设备投入	根据合同约定,TBM设备进场后,根据实际情况,按工程量清单进行计价。前期设备采购需要垫付大量资金,形成资金风险	积极与业主沟通,争取在设备进场前,分期支付部分资金,缓解资金压力
4	税收政策	根据营改增相关规定:选择简易计税方法计税的在建项目,应以取得的全部价款和价外费用扣除支付的分包款后的余额,按3%的征收率在建筑服务发生地预缴税款,且预收工程款需预缴增值税。税收政策的改变将可能导致税款提前支付,减少当期资金存量,降低资金使用效率	积极与业主及税务机关协商,在计价、预付款拨付、增值税纳税期限、当期应纳税额筹划上,争取获得有利于项目的纳税环境

1.1.5 成本风险

1.1.5.1 工期成本

项目隧道工程围岩状况复杂多变,工法多且施工难度大,工期影响因素多,工期对成本影响较大。

1.1.5.2 安全成本

隧道整体围岩较差,不良地质多,穿越多条断层带,重要安全风险源,施工须加强监控与管理,做好安全技术方案编制与执行检查,降低安全成本风险。

1.1.5.3 设备风险

(1)隧道地质以及洞内环境较差,存在涌水、高温高湿、岩爆等复杂因素,施工效率可能不会太

高,设备摊销费用高,且对 TBM 等设备损坏较大,可能严重影响到 TBM 等设备完好率,维修费用增大。小 TBM 为旧机改造,不可控因素更多。TBM 拆装机时,存在机械伤害。TBM 大件运输存在风险。

(2)斜井和竖井施工难度大,地质条件差,高温热害、富水量大,业主要求配置双 35kV 电源供电,电力设施投入大。

1.1.5.4　材料成本风险

运输成本风险、地材成本风险。

1.1.6　环水保风险

主要对策有如下方面。

(1)成立相应管理机构,坚持“优化方案、节能降耗、污染预防”的原则,全力推进环境保护工作。

(2)深入研究,不断细化环保措施,严格落实环保设计要求。

(3)施工前,对临时设施、弃渣场位置选址进行认真优化,选择不易被水流冲刷的荒山、荒地,尽量远离环境敏感区,并取得当地环境保护主管部门认可。

(4)临时设施施工前,对地表进行剥离、保存,施工完毕后复垦利用,按自然植被恢复,最大程度减小对环境影响。

(5)严格遵循“先挡后弃”的原则,防止水土流失;施工、生活废水不得直接排放,经沉淀、处理后排放,不直接排入河流。

(6)对敏感水体及环境敏感区地下水环境进行监测,发现异常时立即采取措施或请求相关单位协助处理。

(7)开工前对环境敏感区域建立原始地形地貌的图片、录像等资料,施工完毕后严格按设计和原始地貌进行恢复,最大限度降低施工对环境的影响。

(8)在环境敏感区域设置“环境保护巡视联签簿”,检查后进行记录,并跟踪整改情况。

(9)加强应急管理,增强应急反应能力。建立应急管理体系,针对弃渣水土流失、施工用化学品泄漏及其他临时出现的环境污染事件,制订应急预案,配备应急物资和设备,定期进行应急演练,增强应急反应能力。

(10)积极配合业主的环保双月动态评估活动,保持和完善环境保护措施,评估不达标的立即停工整顿。

1.1.7　分包风险

1.1.7.1　超限价或按照限价签订合同引起的后续履约风险

应对措施:在分包合同招标前,充分调查当地分包市场价,在分包项目招标过程中再次强调及申明合同关键条款,签订合同前,严格执行公司规定的履约保证金制度;分包方在合同履约过程中遇到问题项目部合同管理小组要及时开会讨论解决。

1.1.7.2　地质条件、材料供应不及时引起的合同风险

应对措施:要及时对分包方进行施工计划、施工方案及合同技术交底;要求分包队伍必须按时按要求提交物资采购计划;项目部各职能部门做好协作沟通和服务工作。

1.1.7.3　工人工资发放不及时引起的合同风险

应对措施:履约过程中监督工人工资发放情况,防止施工负责人将工人工资据为己有、延迟发放或者携款外逃等事件发生。

1.1.7.4　因拨款不及时引起的合同风险

应对措施:在履约过程中,如项目资金紧张的情况下,提前沟通、合理做好资金计划安排,安抚施

工队伍,做好队伍思想工作。

1.1.7.5　对分包方劳务人员监管不到位引起的合同风险

应对措施:项目部办公室及工经部要不定期对分包方人员进行抽查,定期要求分包方负责人对其劳务人员进行身体检查,项目部要检查其体检表。按照当地要求进行备案,办理居住证等措施。

1.1.8　合同风险

1.1.8.1　施工承包合同风险

应对措施:施工图招标一方面要填满风险包干费,然后做正Ⅱa类变更,争取从业主的预备费中额外计价,另一方面要尽量做负Ⅱb变更,不扣费用,提高工效,加快进度,增效益。

1.1.8.2　方案优化风险

应对措施:做好经济效益对比分析,对于经效益明显的项目,积极与各方沟通,做好方案优化。

1.1.8.3　合同履约风险

应对措施:项目部主要管理人员、分部主要管理人员都是总价承包合同的履约责任人,合同签订后,项目部在认真研究总价承包合同的基础上,向分部及项目部各部门进行合同交底。

1.1.8.4　开口合同风险

应对措施:请求集团公司指导项目部与业主进行沟通,签订补充协议,明确以上项目费用解决方式。

1.1.9　重要危险源辨识

具体重要危险源辨识见附表1-2。

重要风险源辨识表

附表1-2

序号	评价对象	危险源名称	危险源涉及时间
1	隧道工程	高温热害	隧道开工至贯通
		坍塌	隧道开工至二衬完工
		突水突泥	隧道开工至二衬完工
		岩爆	隧道开工至二衬完工
		斜井溜车	隧道开工至完工
		物体打击、高处坠落	隧道竖井开工至完工
		高边坡溜塌	隧道竖井开工至完工
2	隧道洞口、生产、生活区	山体滑坡、泥石流、洪灾	(1)隧道洞口开工至工程结束。 (2)生产、生活区开工至房屋撤除
3	人工挖孔桩、隧道竖井、隧道开挖台架、防水板作业台架、模板台车	物体打击、高处坠落、渣桶脱落	工程开工至工程结束
4	隧道二衬防水板、生活区、库房、加工房、山林	火灾	(1)隧道防水板开工至工程结束。 (2)开工至房屋撤除
5	火工品库、火工品装、运、卸,火工品使用	火工品爆炸、丢失	工程开工至工程结束
6	分布于各施工作业点	触电	工程开工至工程结束
7	门吊、汽吊、大型设备	倾覆	工程开工至工程结束
8	洞、内外运输	车辆伤害	工程开工至工程结束

1.2 保证措施

1.2.1 标准化管理

人员在进场后,中国中铁和集团公司标准化地管理文件,确立建设标准化项目部、标准化工地的目标,制订标准化管理措施。

项目部、项目分部、架子队等单位标准化地建设管理网络,成立专门的标准化管理工作领导小组,建立项目经理负总责和分管领导具体负责的领导责任制度,明确相应管理机构、人员分工,确保责任到位、工作到位、措施到位。

1.2.1.1 管理制度标准化

项目部要严格执行部颁办法和标准,结合现场实际,依据国家、中铁总公司相关规定及《建设标准化管理体系》完善综合管理、计划财务、工程管理、安全质量管理、物资设备管理等各项管理制度,细化各项管理工作流程,完善工作标准。

1.2.1.2 人员配备标准化

项目部根据相关规定和工作需要,健全内部管理机构及设置项目分部、配备人员,抓好内部人员培训并组织考核;把项目分部机构设置及人员配备要求纳入招标文件及合同,督促各分部严格按照投标承诺和合同约定设置现场管理机构,配齐配强现场管理人员,审定参建单位人员培训方案,对培训工作进行监督检查。

1.2.1.3 现场管理标准化

项目部组织确定项目总体生产布局、审查大临设施并检查落实情况。加强与地方政府及有关单位的协调,落实资金到位、征地拆迁、外部配套电源等问题。按照建设目标编制实施性施工组织设计。监督检查大型机械设备配置、使用和维修,组织甲供材料供应,监督检查甲控材料、自购材料质量。提出现场管理和文明工地的管理要求,对建设单位、勘察设计单位、监理单位的现场配合工作、各项目分部现场管理工作进行检查,对施工方案、施工作业指导书进行审查。各项目分部是现场管理的主体,要将现场管理标准化作为标准化管理的核心。

1.2.1.4 过程控制标准化

过程控制是实现建设目标的重要管理内容。各单位要对照中铁总公司下发的从前期工作到项目竣工验收的20项流程,抓好过程控制,充分体现全方位、全过程和全员参与。

1.2.2 质量管理措施

1.2.2.1 质量保证体系

(1)健全质量保证体系,严格按照质量体系文件进行质量管理,做到从资源投入和过程控制上保证工程质量。建立健全组织保证体系,强化各级质量管理机构。

(2)项目部和各项目经理部成立质量管理组织机构,严格在质量保证体系下进行管理,作业班组以上单位成立全面质量管理小组,对主要工序的施工质量进行有组织的控制。

(3)调集具有丰富施工经验和管理、技术过硬的队伍,选派优秀的项目经理及技术过硬的中高级工程师分别担任项目经理和总工程师,每个架子队配置业务水平高、责任心强的队长、技术负责人。

1.2.2.2 质量保证措施

1)思想保证措施

(1)全体施工人员认真学习国家有关产品质量的政策、法规,树立“质量就是企业的生命”的理念。党、政、工、团密切配合,大力宣传优质建设云桂铁路云南客专的重要意义,树立起建设铁路的荣誉感、责任感和使命感。

(2)把创优工作列入思想政治工作的重要议题,及时总结施工经验,分析解决存在的问题,引导质量管理工作健康发展。

(3)把思想政治工作作为一项重要内容贯穿到整个施工过程中,对全体施工人员,特别是各作业队的工人,经常进行质量教育,强化质量意识。牢固树立"质量第一"的观念,体现企业以质量、信誉取胜的道德风尚。

2)制度保证措施

(1)为确保施工质量,自上而下逐级建立工程质量责任制,签订质量责任书,明确工作岗位的质量职责和义务,建立完善的质量责任制度,以确保施工质量得到有效控制。

(2)根据本工程的总体质量目标进行量化分解,落实到每个分部分项工程、每一个施工环节和施工工序等,并从组织上逐级落实到相关部室、施工队、施工班组、作业人员,一级包一级,一级保一级,逐级签订包保责任状,使得质量管理工作标准化、程序化,确保总体质量目标的实现。

(3)从准备工作、技术交底、预防措施、过程监控、工序验收、质量评定、材料整理等方面实施质量预检制度,把可能发生的质量事故消灭在施工前。

(4)质量事故一旦发生,质检人员应迅速进行现场调查,在规定的时限内书面报告监理工程师和业主,并全力做好事故的分析处理工作。

(5)严格质量责任制度,加大奖罚力度。要认真贯彻我单位质量管理各项规定,逐级落实质量责任,做到一级包一级,一级保一级,一级对一级负责,针对责任落实情况,严格、公正地实施奖罚。

3)技术保证措施

(1)工程施工中做到每个施工环节都处于受控状态,每个过程都有质量记录,施工全过程有可追溯性,要定期召开质量专题会,发现问题及时纠正,以推进和改善质量管理工作,使质量管理走向国际化标准。

(2)围绕重点工程和关键工序开展技术培训,组织技术攻关,对本标段工程中出现的技术难点成立攻关小组,确保工程质量。

(3)定期对施工质量进行评定,树立样板工程,及时反馈质量信息,把评定结果作为制订项目施工计划的依据。

(4)严把原材料进场关,不合格材料不准进场,保证使用的材料全部符合有关规范、规定的要求。

(5)各项检测、测量、量测及试验仪器定期标定。

(6)严格各施工工序的质量控制,以分项工程的优良率确保分部工程的优良,以分部工程的优良率确保单位工程的优良。

4)施工过程的质量控制措施

将对本工程项目建设的四个阶段(施工准备、施工、竣工验收和保修回访)的质量加强控制,确保质量有关的工作处于可控之中。

5)施工准备阶段的质量控制

(1)按合同约定和质量保证体系要求,设立客专建设工程的项目质量管理机构、质量管理人员、施工队伍、机械设备和资金等。

(2)备齐国家、行业的有关建设工程质量法律、法规及相关施工规范、标准,经审核的施工图、标准图、通用参考图等资料,并应熟悉其相关规定和要求。

(3)坚持图纸会审制度,领会设计意图,参与现场优化设计,避免产生技术事故和工程质量问题。

(4)认真进行技术交底,编制作业指导书,使作业层的施工人员明确设计意图、质量要求、验收标准、施工工艺等。

(5)坚持岗前培训,未经教育培训及考核不合格的人员,不得上岗作业。

(6)控制物资采购,作好供方的评价和材料的进货检验,确保用于工程的所有材料均符合质量要求。

6)施工阶段的质量控制

(1)严格工序质量控制,自检不合格不报请监理检查,未经监理检查签认不转入下道工序。

(2)结合超前预测、预报或揭示的地质情况,及时对地质进行核对。

(3)做好工艺标准示范,优化施工方案。

(4)坚持先变更、后施工的原则,不擅自变更设计。

(5)对发生的质量问题严格按照"四不放过原则"进行处理。

(6)严格按规定及时、如实地记录和整理工程日志、施工记录、检查证、试验、检测等各项质量技术资料,真实反映施工和质量情况。

(7)严格执行工程质量奖惩制度,奖优罚劣,促使工程质量提高。

(8)注意积累施工技术资料,作好工程日志,全面、科学、准确、及时地记录试(检)验资料,完备手续,按规定计算、整理、归档。

7)竣工验收阶段质量控制

(1)及时编制和移交竣工资料,确保真实、完整、整洁、规范。

(2)认真与接管使用单位进行专业对口检查,并对检查出的质量问题彻底整改,对新增工程按施工要求达到验收标准,确保交付工程无质量隐患、无影响使用功能的问题。

(3)按工程保修书或协议约定,对保修期限内的工程质量缺陷保修。

8)保修回访阶段的质量控制

工程竣工后,按我单位质量体系标准要求及合同规定,在一定期限内对工程进行回访,听取甲方意见,对属于施工质量问题的,负责返修,不留隐患。

9)保证工程材料的质量措施

(1)原材料、半成品和成品现场验收制度。

对采购进场的原材料、半成品及成品要有出厂合格证,并由质检工程师组织技术、质量、物资、试验部门及施工队的有关人员进行检查验收,合格后,经报请监理工程师复检认可,方可用于施工。库存保管应按性能分批存放,做到先进先用,不积压,不变质。

(2)仪器设备的标定制度。

各种仪器、仪表均按照计量法的规定进行标定。项目部设专人负责计量工作,设立账卡档案,进行监督和检查。

1.2.2.3 施工质量控制要点

1)高性能混凝土施工

(1)严格控制原材料质量。加强砂、石等原材料检验,严格控制原材料进场质量。

(2)混凝土拌和站建设达到工厂化要求。全线混凝土拌和站均采用电脑控制自动计量系统,设备配置、场地布置和工艺流程应满足高性能混凝土施工所需的用量和质量控制要求。储料场地面硬化,排水畅通,搭设防雨棚。拌和站必须由建设单位、监理单位共同验收合格方可投产。

(3)拌和站设原材料水洗设施,对含泥量偏高碎石必须清洗,合格后方可使用。

(4)原材料存储、混凝土拌和、混凝土运输、现场灌注等均需考虑季节性施工需要,采取控制温度措施,确保混凝土施工质量。

1.2.2.4 精密测量控制要点

详见不同工程的精密测量的控制要点。

1.2.2.5 沉降及变形观测与评估

详见不同工程的沉降变形观测和评估内容。

1.2.3 安全管理措施

1.2.3.1 健全安全管理组织机构,实现施工管理标准化

建立健全安全生产管理机构和保证体系,成立以项目经理为组长的安全生产领导小组,全面负责并领导本标段的安全生产工作。主管安全生产的安全总监为安全生产的直接责任人,总工程师为安全生产的技术负责人。

1.2.3.2 配备高素质安全管理人才,实现人员配备标准化

按照中铁总公司有关文件及云桂铁路云南公司要求,配齐满足客专施工需要的项目建设管理人员。配备的主要管理人员包括:安全总监1名,具有铁路工程施工管理经验,下属安质部长,一般管理人员应具有中级以上技术职称。项目部安全质量专职人员,工区安全质量专职人员,作业队(含架子队)安全质量专职人员。

1.2.3.3 建立并完善安全生产管理制度,实现制度标准化

依据标准规程规章制度,结合项目实际,依照业主制订的《安全生产管理办法》,细化量化本项目安全生产管理办法,确保实现标准化管理。

1.2.3.4 严格落实安全生产管理制度,实现过程控制标准化

在工程项目开工前,按照《安全生产管理办法》文对隧道工程施工安全管理"达标"规定,结合施工内容签订针对性强的《施工安全协议书》,明确双方各自的安全责任。严格执行施工安全协议书和批准的施工计划,遵守安全规定,互相监督,协调配合,尽职尽责,堵塞漏洞,消除不安全因素。

实行安全生产责任制,层层签订安全责任状,建立与经济挂钩的激励约束机制。突出安全管理重点,划分安全责任区,明确各级岗位职责,做到纵向到底、横向到边,调动安全生产的积极性和自觉性,全面实现安全责任目标。

开工前,必须组织全体施工人员进行各种安全教育,做到一人不漏,使每个人掌握在隧道等工程施工的基本安全知识,经考核合格后方可上岗工作。

开工前,项目经理部组织相关部室审查施工组织设计是否有安全措施,施工机械设备是否配齐安全防护装置,安全防护设施是否符合要求,施工人员是否经过安全教育和培训,施工安全责任制是否有应急预案等。定期进行安全生产检查,积极配合上级进行专项和重点检查;班组每日进行自检、互检、交接班检查。安全工程师、安全员日常巡回安全检查。检查重点为石方爆破施工、炸药库设置及危险物品管理、施工用电、机械设备、模板工程、高处作业等。针对施工现场的重大危险源,对施工现场的特种作业安全、现场的施工技术安全、现场大中型设备的使用、运转、维修进行专项检查,同时做好季节性、节假日安全生产专项检查。对"达标"中提到的项目:超前地质预报及监控量测、开挖方法、超前和初期支护、仰拱和二衬、防爆、风险管理要进行定期检查并形成记录,达到闭合要求。

做好安全事故报告、调查处理和责任追究制度。报告范围为在生产和工作过程中发生的因工死亡、重伤和轻伤事故,均应列入《铁路职工伤亡事故报表》内统计。职工发生的非因工伤亡事故和由我方负主要责任造成企业职工以外人员的伤亡事故;无论是发生职工轻伤、重伤、死亡事故,必须按"四不放过"原则(即事故原因没有查清楚不放过,事故责任者没有严肃处理不放过,广大职工没有受到教育不放过,防范措施没有落实不放过)对安全事故进行处理。任何单位和个人不得隐瞒事故和任意改变事故性质。项目经理部安全管理委员会负责对事故的处理或报批处理结案工作,对事故责任人的处理,按劳动人事管理权办理:事故单位有关责任领导人因安全事故受到行政处罚的,列入干部政绩考核内容,当年内不得评先、晋级和加薪;并将处罚决定在本单位通报,触犯刑律的交司法部门处理。

建立由施工负责人为组长的施工防护体系,防护员经培训后持证上岗,建立并落实施工负责人

和安全检查员监控、防护组长互控制度。

安全检查员、防护员、爆破员等特殊工种人员和工班长由身体素质好、责任心强并经过培训考试合格具备一定经验的员工担任。

请业主单位、相关地区安全监察部门提前介入，建立安全施工的监察体系，将施工安全纳入联防联控范围。

对各种施工在涉及行车安全方面实行全程监督检查，对违章作业、安全措施不落实，危及行车安全的施工有权停止作业。

1)安全管理职责

项目部经理安全责任制、项目部安全总监安全责任制、总工程师安全责任制、项目部副经理安全责任制、项目部书记安全责任制、副总工程师安全责任制、安全质量部安全责任制、工程管理部安全责任制、综合办公室安全责任制、设物部安全责任制、财务部安全责任制、工经部安全责任制等各级制度和对策。

2)突发事件应急预案

根据工程特点、范围，针对施工安全风险因素，建立有各参建单位参与的应急救援组织，配备必要的应急救援器材、设备，对施工现场易发生事故的部位、环节进行监控，制订生产安全事故应急救援预案。在以下各方面做好应急救援预案：火灾爆炸事故应急救援预案；防洪及水上作业安全应急预案；群体性社会治安突发事件应急预案；滑坡、坍塌、突水突泥、有毒气体、触电、机械伤害等生产安全事故应急预案；道路交通安全事故应急预案。

1.2.3.5　制订培训计划，开展技术技能培训及安全教育

依据中铁总公司有关文件要求，派遣建设项目安全、质量主要管理人员参加铁路建设管理培训班，确保管理人员的素质满足建设标准化管理需要。

根据劳动力进场计划，分批次开展形式多样的安全教育活动，分工种工序，制订详细的技术技能培训计划。学习安全生产管理目标，相关法律法规，安全管理制度，使安全意识深入人心。学习各种安全操作规程，安全技术交底，危险源识别及防范措施等相关内容，考核合格后方可上岗。

1.2.3.6　逐级建立安全生产责任制

为了确保安全管理目标逐级分解，落实安全生产责任，公司分别与设计、咨询、施工、监理、设备供应商、第三方检测单位等签订项目安全生产责任状，建立安全生产管理考核、企业信用评价等管理制度。公司建立了由上到下，涵盖全员的岗位安全责任制，明确责任分工。各参建单位按照法律规定，逐级安全生产岗位责任，并实行程序化管理。

1.2.3.7　开展隧道风险评估，有效防范和规避建设风险

详见不同工程的分析按评估，有效防范和规避建设风险的内容。

1.2.3.8　开展重大危险源辨识，制定安全技术预防措施

依据国家和中铁总公司有关规定，对危险性或有毒害作业环境场所、设施、设备、施工工序等开展危险源辨识管理，依据危险存在的位置、属性、状态、可能造成的损失或伤害等因素，对危险源进行危险性评价，有针对性地制定安全技术预防措施，建立重大危险源管理档案，并分类管理。

对危险源，建立危险源监控管理制度，落实专人负责管理，并经常性对安全防护措施进行检查维护，确保其工作正常安全有效。

对重大危险源应履行申报手续，报建设单位、监理单位备案。对影响范围较大的，应同时报地方安监部门备案。

1.2.3.9　确定安全生产管控重点

依据标段建设项目情况，确定以下内容为安全生产管控重点：涉及公共交通运输线路安全管理；

隧道施工安全管理;易燃易爆物品安全管理;临时用电的安全管理;高空作业安全管理等。

1.2.3.10 实行架子队管理

项目部严格按照《关于积极倡导架子队管理模式的指导意见》(铁建设【2008】51 号)等相关规定,积极推行架子队管理模式;架子队队长、技术负责人以及技术、质量、安全、试验、材料、领工员、工班长等主要组成人员,均为通过岗前安全培训合格的本企业正式职工;并明确各岗位职责,落实生产责任制。

1.2.3.11 特种作业持证上岗制度

从事机动车驾驶、电气焊、起重、高空、爆破等特殊作业人员,必须按规定经特种职业安全技术培训合格后持证上岗作业。

1.2.3.12 安全技术交底制度

参建单位各级技术负责人应开展工前、工中及工后安全技术交底,交底内容应包括:工程概况、施工工艺、关键工序、施工组织、四新技术、关键部位应采取的安全技术方案、防护措施等。

1.2.3.13 专项安全技术方案审批制度

高度或极高危险隧道重要工程或关键工序,必须编制专项施工安全技术方案和安全防护措施,并按规定批准后方可施工。

1.2.3.14 建立作业安全须知书面告知制度

各单位应及时对参建人员开展安全生产教育培训,发放安全知识明白卡,并针对具体岗位进行书面安全技术交底,告知岗位安全操作规程、安全注意事项、个人安全防护知识、紧急避险措施等,并履行必要的签字手续。

1.2.3.15 现场安全文明标志设置标准化

项目部按照国家或行业部门有关安全管理规定,在生产场所、危险品库房、材料库、危险机械设备、变配电站等附近划定安全隔离区,设置隔离围栏;对可能引发火灾安全事故的场所,需设置消防安全设施;并在现场明显部位设置符合国家或行业标准要求的安全文明警示标志。

1.2.3.16 设置安全生产远程视频监控系统

为保证安全生产信息即时采集、实时监控、远程管理,项目部在极高风险等级工区建立安全生产实时远程监控系统及远程对话系统。

极高风险隧道、斜井、竖井进口设置作业人员电脑自动登录系统,开挖作业面应设置远程监视系统,在大变形隧道设置远程实时监控系统。

为了较好地发挥安全生产远程监视系统和对话系统的作业,项目部设置安全生产监视指挥中心,设专人进行实时监控,发现违章行为,及时制止。当出现监控数据异常时,监控人员应及时提醒现场管理人员加强现场管控,通知技术人员采取应对措施,谨防出现安全事故。

远程监控系统和实时对话系统应具有一定的记录功能,便于特殊情况下具有可追溯性。

1.2.3.17 检查与考核

1)安全生产监督检查

(1)开工前的安全检查。

主要内容包括:施工组织设计是否有安全措施,施工机械设备是否配齐安全防护装置,安全防护设施是否符合要求,施工人员是否经过安全教育和培训,施工安全责任制是否建立,施工中潜在事故和紧急情况是否有应急预案等。

(2)定期安全生产检查。

每月组织安全生产大检查,积极配合上级进行专项和重点检查;班组每日进行自检、互检、交接

班检查。

(3)经常性的安全检查。

安检工程师、安全员日常巡回安全检查。检查重点:石方爆破施工、炸药库设置及危爆物品管理、施工用电、机械设备、模板工程、高处作业等。

(4)专业性的安全检查。

针对施工现场的重大危险源,对施工现场的特种作业安全、现场的施工技术安全、现场大中型设备的使用、运转、维修进行检查。

(5)季节性、节假日安全生产专项检查。

2)各项目分部自查自纠

为确保安全生产顺利进行,各项目分部安全总监、安全工程师、安全员应经常性开展项目安全自查自纠,及时发现安全隐患,查处违规违章行为,完善安全预防措施,堵塞安全漏洞,保证正常生产。

各分部应建立内部安全考核机制,每半年或每年对项目负责人、安全总监、架子队负责人及相关人员进行安全考核。

1.2.3.18 建立安全隐患排查档案

项目部建立安全隐患排查档案,对监督、建设、监理等有关各方检查发现的问题进行登记、落实整改责任人,按规定时间整改到位,并及时反馈整改情况。发生安全事故的,应严格安全"四不放过"原则处理彻底,避免类似问题再次发生。

1.2.4 工期控制措施

1.2.4.1 确保工期的措施

结合本工程的特点、重点、难点和本单位的实际情况,为确保施工进度计划和工期安排得以顺利实现,进场后立即成立项目项目部,抽调责任心强、技术过硬(关键技术岗位人员参加过培训)、类似工程施工经验丰富、精于管理的骨干人员,组建精干高效的项目指挥机构及专业化的施工作业队伍,实现靠前指挥,专业化施工作业。建立以项目经理负责的工期保证体系。投入足够施工资源、提高机械化作业程度、依靠科技进步、采用新技术、新材料、新设备、新工艺、精心组织,合理安排、精心施工,确保优质、高效、快速、有序地完成项目施工任务。

1.2.4.2 施工准备期保证措施

超前作好思想准备、组织准备、技术准备和物质准备。为了对本工程项目标前竞争和标后实施作好超前准备,我单位已落实项目班子和主要管理人员以及由各类工种组成的基本队伍,提前做好全员技术培训,尤其是对特殊工种、大型设备操作驾驶员,要进行系统、全面的培训,实行先培训再考核上岗制度,提高全体参战员工的技术素质;对于重点和难点工程,已有足够的技术储备;拟投入的主要机械设备进行了维护、测量;项目前站人员作好出发准备。进场后,积极参加建设单位、监理单位对水准点与坐标控制点的移交工作,办理施工范围内施工临时用地,进行建筑物拆迁等工作,严格按照施工组织设计合理布置临时工程设施,做好水、电、路、场地内"三通一平"、工程试验中心筹建和检查验收工作,确保进场快、安点快和开工快,抓住有利施工季节,为施工创造良好开端。

1.2.4.3 组织保证措施

1)组建一个精干高效的项目班子

由有丰富施工经验和管理经验的长期从事铁路工程项目管理且具有一级项目经理资质的人员担任项目经理,并且授予项目经理在本标段人事、机械设备、物资和资金的调配、使用和管理权力;选派经验丰富、事业心强的专家担任本项目的总工程师;选派长期在各个项目指挥岗位、具有丰富生产组织指挥经验的高职人员担任项目各主要部门负责人;配备足够的业务尖子担任技术主管、质监、安检、测量、机电、试验工程师和各项业务主管,确保项目顺利实施。

2)投入专业化的施工队伍,组织快速施工

抽调技术熟练、曾经施工过长大隧道的专业化队伍投入施工。挑选具有长期类似工程施工操作经验,较强的技术素质和专业技能的青壮技工担任现场主要工序操作手和工班技术骨干;安排年富力强有较强管理能力的技术人员组成一线管理队伍,对所有参加施工人员进行岗前培训,提高技术素质和工作效率。

1.2.4.4 技术保证措施

项目部所属的工程管理部,加强与各方面的专家联系,充分发挥各类专家在关键技术、工艺等方面的指导咨询作用。在开工前和施工过程中,对关键工艺不断进行研究、深化和优化。组织并鼓励广大干部、技术人员、职工研究应用、新材料、新技术、新设备、新工艺,提高质量和效率。对每项新材料、新工艺、新技术的应用首先研究和制订方案,报建设单位、监理审批后,再进行工艺试验,成功后再全面应用和推广,并不断总结经验,指导施工。充分依靠科技组织重点工程的快速施工,向科技要进度。

1.2.4.5 资源保证措施

1)机械设备配套,确保机械设备的完好率和使用率

配备路基、隧道、无砟道床成套施工机械设备,以机械化施工保障工期。

按照施组要求落实设备进场日期,严格执行机械设备岗位责任制,认真落实机械设备的配置计划,分别按照计划组织好设备的配置、整修、维护、调运、安装、调试以及维修人员的培训等工作,保证为本工程及时提供精良充足的机械设备。施工过程中,加强机械设备维护,落实“清洁、润滑、紧固、调整、防腐”机械现场维护“十”字作业法,提高机械设备、车辆的完好率、使用率,使机械状况满足施工质量和进度的要求。

2)物资、材料供应保证措施

由项目经理部物资部门根据招标文件采购供应办法,结合实施性施工组织设计中的进度安排计划。各主要料、当地料、大堆料等要提前落实料源、运输方式和储存场地,提前签订供货合同,及时办理材料的采购订货、发货运输、仓储、保管和材料的现场发放等工作,并做好材料检验和试验,把好材料数量、质量关。保证按时供货,避免因停工待料贻误工期。

3)运用成熟工艺,实现均衡生产

路基工程施工中,认真进行工程地质资料现场核查,报请设计单位修正地基加固处理参数,采用成熟的施工工艺进行挖除换填、强夯置换、振动碾压、冲击压实及碎石桩地基加固处理。路基填料执行成熟的“三阶段、四区段、八流程”施工工艺,通过工艺试验段确定各项施工参数,形成“监测—分析—调整”循环,动态管理信息化施工。将地基处理、填料施工设计、路基填筑、路堑开挖、边坡防护、路基排水及沉降变形监测、分析等作为系统工程,并与相关工程、附属设施密切配合,确保工期目标实现。

隧道施工坚持以地质预测预报指导施工,地质超前预测预报纳入隧道施工工序中,采用国家和中铁总公司推广的先进成熟的隧道施工工艺、工法组织施工。完善隧道长距离单向通风、湿喷混凝土支护、超前预注浆加固地层、隧道快速掘进和光面爆破等施工工艺。

无砟道床施工中,消化吸收国内外无砟道床施工先进经验,引进国内外无砟道床施工先进设备,完善无砟道床施工工艺。合理划分施工段落,加大轨枕生产储备,充分利用线下工程临时设施,及时提报混凝土需求计划,各搅拌站及时供应,确保施工的连续性;运输通道每2~3km设一出口,确保各种施工用料物流有序和经济合理。

1.2.4.6 施工管理措施

1)统筹安排施工,实现动态管理

进行科学组织和精心施工。加强施工计划的科学性,运用统筹法、网络技术、系统工程等技术编

制切实可行的实施性施工组织设计,选择最优施工方案。重点作好进度和资源的优化,设置重点部位和关键工序的控制点,压缩非关键线路时差和资源,紧紧抓住关键路线各道工序和重难点攻关,确保关键路线的施组进度。安排好分段平行流水作业,组织均衡生产和稳产高产,对施工进度实行动态管理。

强化计划管理,加强协调指挥。根据实施性施工组织的总体安排和网络计划进度,编制年度、季度和分月分周生产作业计划,月周作业计划要落实到班组。对施工进度实行动态管理,狠抓关键工序施工,根据工程实际情况及时调整施工方案,根据各项工程的进度情况及时调整生产要素,保证全标段均衡生产,稳产高产,要以周、月计划的实现保证季度计划的实现,以季度计划保年度计划的完成,以年进度保证总工期的如期实现。施组和计划要结合现场实际和季节性因素,既要满负荷工作,又要留有余地,确保计划的严肃性、可靠性。加强施工指挥调度与全面协调工作,及时解决问题,提高工作效率。

2)加强施工管理,提高施工效率

实行岗位责任制,责任落实到人,加强考核,使利益与进度、质量、安全三挂钩,贯彻实施多劳多得的分配制度,以调动施工人员的积极性。

推行工期目标责任制,并将工期目标作为考核项目领导班子的重要指标,将工期目标分解到班组和个人,并将其与职工的经济利益挂钩。严格工期目标的计划、检查、考核和奖惩制度,开展日碰头、周检查、月调整的工作制度,对落后工序就地组织攻关,制订措施,赶上计划;对难点工序有预案,必要时调整资源配置加大技术攻关力度,使局部调整不影响总工期,确保工期目标落到实处。

妥善处理安全、质量和进度的关系,建立健全安全质量工作体系,严格遵守各项行之有效的规章制度,严把安全质量关,杜绝安全和质量事故的发生,保证工程不停工、不返工、不窝工,以严格的安全质量促进施工进度。

建立项目部到施工现场的调度指挥系统,加强日常调度指挥工作,建立动态管理网络,全面及时掌握施工动态,迅速、准确处理影响施工进度的各种问题。采取垂直管理,减少中间环节。对工程交叉和施工干扰加强指挥与协调,对重大问题超前研究对策,制订措施,及时调整工序和调动各种因素,保证施工均衡连续进行。

坚持实行施工进度快报制度,坚持每天报一次各工序的进展情况,每7天报一次实际进度和计划进度的对比情况并分析两者相差原因,以便项目部和甲方及时了解各分部工程的进展情况,采取相应的对策措施。

建设周期较长,施工难度大,供电、供水、通风系统随着施工时间的延续,无疑会出现管线路老化等现象,成立辅助施工工班,对供电、供水、通风管线路进行定期检查、维修、更换,使其一直保持在良好状态,以免导致工期延误。

1.2.4.7 顾全大局,服从业主统一指挥

加强与业主、监理、设计院和有关部门的联系,全面认真履行合同承诺,树立良好的信誉,注重与地方政府和当地居民搞好路地关系,开创良好的外部施工环境。

服从业主统一指挥,积极做好外部关系协调,主动与相邻施工单位进行协商,合理解决场地利用、共用运输道路等问题,求得相互配合与支持。协调好与周边单位和居民的关系,主动提供帮助及早解决征地拆迁、改移道路等工作,争取时间,尽快投入全面施工。

1.2.5 环境保护措施

1.2.5.1 减小生态破坏

本合同段地处高黎贡山国家森林公园,工程两侧不任意取土、弃土,未经有关部门批准不随意砍伐或改变工程沿线附近区域的植被与绿化;按照优化方案、节能降耗、污染预防原则,施工前与环保

主管部门协商,在可能的情况下聘请当地环保部门和林业部门的管理人员对施工进行监督。

工程临时占地,不擅自占用或征用林地,保护沿线古树,不开挖采石取土,材料、废弃物不得在林下堆放,确因建设需要占用林地的,项目施工结束后做好抚育与恢复工作。

临时施工场地的选择与布置,尽量少占用绿地面积,保护好周围环境,减少对植被生态的破坏。施工结束后,及时恢复绿化或整理复耕,重视临时施工用地的复垦。

工程取土、挖方符合所在地相关管理办法的规定,减轻对生态环境和矿产资源的破坏;取弃土时严格落实水土保持措施,防止遍地开花式的无序作业,进行有序开挖取土,减少对生态的破坏。并结合工程的实施,及时进行绿化,美化环境。

取土区选在高地、荒地上,尽量不占耕地,当必须从耕地取土时,将表面种植土铲除,集中成堆保存,并在工程交工前做好还地工作。对于深而宽的取土坑,可根据当地需要,用作蓄水池或鱼塘。

妥善处理废方,山坡弃土尽量避免破坏或掩埋场坪旁边的林木、农田及其他工程设施。弃土避免堵塞河道、改变水流方向和抬高水位而淹没或冲毁农田、房屋。

施工前与环保主管部门协商,在可能的情况下聘请当地环保部门和林业部门的管理人员对施工进行监督,整个施工过程注意同保护区管理部门加强联系,主动接受保护区主管部门的监督;加强对施工队伍的管理,加强施工人员的环保教育,开工前,在工地及周边设立保护植被和野生动物的宣传牌,注意对区内林草植被的保护,严禁施工人员破坏植被;在保护区范围内,严格划定施工界限,禁止越界施工和破坏征地范围外植被;保护区,施工期间注意森林防火。

1.2.5.2 噪声、光污染控制

合理分布动力机械的工作场所,尽量避免同处运行较多的动力机械设备;对空压机、发电机等噪声超标的机械设备,采取装消声器来降低噪音;对于行驶的机动车辆,严禁鸣笛;合理安排噪声较大的机械作业时间,距居民较近地段,严格控制噪声,不得在夜间进行产生环境噪声污染的施工作业。

1.2.5.3 水环境保护

施工废水、生活污水按有关要求进行处理,不得直接排入河流和渠道。清洗骨料的水和其他施工废水采取过滤、沉淀处理后方可排放,以免污染周围环境。施工机械的废油废水采取隔油池等有效措施加以处理,不得超标排放。

按设计施工,采用“防、排、截、堵结合、因地制宜、综合治理”的原则进行注浆堵水,施工中对地下水、泉点、水井进行定时观测,以免施工造成水位下降,防止因地下水、地表水流失改变水系,破坏生态平衡;靠近生活水源的施工,用壕沟或堤坝同生活水源隔开,避免污染生活水源;隧道内、搅拌站以及其他施工区产生的施工污水经治理净化处理后排放,不直接排入河道;生活污水采取二级生化或化粪池等措施进行净化处理,生活废水必须经沉淀处理,经检查符合标准后方可排放。

机械存放点、维修点、车辆停放点以及油品存放点做好隔离沟,将其产生的废油、废水或漏油等通过隔离沟集中到隔油池,经处理后进行排放。

注意保护自然水流形态,做到不淤、不堵、不留施工隐患,不阻塞河道;学习并认真贯彻执行《中华人民共和国水污染防治法》,防止水污染。

1.2.5.4 大气环境保护

施工场地和运输道路经常洒水尽可能减少灰尘对生产人员和其他人员造成危害,减少对农作物的污染。在运输水泥等易飞扬的物料时,用篷布覆盖严密并装量适中,不得超限运输。在设备选型时,选择低污染设备并安装空气净化系统确保达标排放。对汽油等易挥发品的存放要采取严密可靠的措施。

1.2.5.5 固体废弃物处理

施工营地和施工现场的生活垃圾集中堆放。

施工和生活中的废弃物也可经当地环保部门同意后运至指定地点，此外，工地设置能冲洗的厕所并派专门的人员清理打扫及定期对周围喷药消毒防蚊蝇滋生、病毒传播。

报废材料或施工中，返工的挖除材料立即运出现场并进行掩埋等处理。对于施工中废弃的零碎配件边角料、水泥袋、包装箱等，及时收集清理并搞好现场卫生，以保护自然环境与景观不受破坏。

1.2.6 水土保持措施

根据工程可能引起水土流失的情况，划分水土流失防治分区，制订相应的水土保持措施方案。

合理安排工序，力求挖填方平衡，减少取土挖方量，及时清运开采的土方。对已完坡面工程应及时植草绿化，增加植被覆盖率，减少土壤被雨水冲刷，边坡较高时应石砌护坡，防止滑坡和崩塌。

路基施工应尽量避开雨季，如无法错开雨季，施工时应及时掌握雨情，作好大雨之前的防护措施，避免易受侵蚀或新填挖的裸露面受到雨水的直接冲刷。对工程开挖土石方量较大的弃土、弃渣场地应事先构筑拦渣工程，并注意布置截、排水设施，可考虑利用低洼地进行弃土、弃渣。

对施工临时用地，施工结束后应及时进行土地整治，考虑表土回填以利复耕或进行绿化恢复。

尽量缩短施工周期，减少疏松地面的裸露时间，合理安排施工时间，尽量避开雨季和汛期。弃土、弃渣的堆放，要先建设拦挡墙（坝）及排水设施，后堆放弃渣，堆放结束后开始布置植物措施。

对开挖边坡、回填边坡的防护工程，应分级开挖回填，在达到设计稳定边坡后迅速施工防护工程，同时做好坡面、坡脚排水系统，施工一段、保护一段。

当工程跨越村庄和水源地时应先将排水措施和拦挡措施布设好，工程结束后应及时恢复原排水设施，并尽量安排在枯水期施工。

施工便道在路基防护工程和排水工程的基础上，在公路两侧栽植公路防护林，结构为单行乔木，边坡采取植草护坡。

在工程水土保持区域范围内采取必要的植物措施，根据因地制宜的原则，在主体工程区和边坡、便道等水土保持区域种植适合当地的树种和草皮，以更好地控制水土流失。

1.2.7 文物保护措施

施工前向当地文物保护部门了解施工场地文物情况，建立文物保护和管理措施，宣传到每一个参建职工。

遵守国家有关文物保护政策、法规，对场地提前勘察。组织全体员工认真学习《文物保护法》，切实增加文物保护意识。让所有施工人员真正懂得文物和地下遗迹属国家所有，是珍贵的国家财产，必须倍加珍惜，悉心呵护。编制《文物保护管理细则》，在项目部全体员工中组织学习实施。

在施工工地发掘的所有化石、钱币、有价值的物品或文物、古建筑结构以及有地质或考古价值的其他遗物等均为国家财产。

组织施工人员学习文物保护法，便于施工人员认识到所有文物属国家所有，任何人无权将出土文物据为己有。

利用图片、板报、音像资料等向职工宣传文物法规，教会大家辨别文物的基本方法，树立起自觉保护文物的意识，并了解文物保护的基本操作程序及方法。

施工中发现文物，立即对文物现场进行保护，禁止任何无关人员进入现场，采取有效防护措施，防止任何人员移动或损坏上述物品，并立即向监理报告所发生的情况，并按监理的指标做好保护工作。提供一切方便条件，积极配合文物管理部门进行文物探查或挖掘工作。经过文物部门处理后，再进行施工，确保祖国文化遗产不受侵害。严禁对发现文物私自占有或非法转卖。

对涉及当地少数民族民风民俗、宗教信仰及生活习惯的文物、设施等建筑物予以保护，确保施工时不发生破坏，避免与当地群众发生纠纷，影响施工。

对施工区域进行调查，会同其产权、维护单位共同划定需要施工防护的范围，需要拆迁的建筑物,在受到建筑单位委托的前提下,及时与产权单位签订拆迁协议,并尽早拆迁。需保留的,与产权单位商定加固防护方案,采取切实可行的措施,保证施工中正常使用及以后的使用维修。

对需保护的建筑物和文物采取措施加强防护,保证其安全。建筑物和文物附近不进行爆破作业,施工必须爆破时采用控制爆破,制订可靠的防护方案及措施,所管理单位批准并派员到现场监护,保证其安全使用。

1.2.8 文明施工措施

1.2.8.1 文明施工组织机构

文明施工是一个企业形象、管理水平和整体素质的综合反映,也是职工队伍精神风貌的具体体现。我单位一贯注重文明施工,进场后立即成立文明施工领导小组,制订文明施工管理措施,并将各项措施切实落实到每队、工班和每个施工环节中,切实体现我单位文明施工的企业形象。

我单位确定由项目部安全质量部、工程管理部、办公室负责人成立文明施工办公室,负责文明施工监督管理,项目部成立文明施工小组,由安全环保部、作业队长和工班长负责本级单位文明施工的具体落实工作。

1.2.8.2 文明施工的保证措施

(1)认真贯彻执行建设单位关于现场文明施工管理的规定,项目部文明施工领导小组负责监督检查,各项目部文明施工管理小组,负责日常管理协调工作。认真做好施工区域内的文明施工。工程开工前,与建设单位签订《文明施工责任协议书》,明确在文明施工和文明施工管理中的各自职责。

(2)在工程管理和工程建设中必须坚持社会效益第一,经济效益和社会效益相一致,“方便人民生活,有利于发展生产、保护生态环境”的原则,坚持便民、利民、为民服务的宗旨,搞好工程建设中的文明施工。本项目各级领导从抓文明施工着手,制订文明施工管理措施,提高施工人员职业道德和文明施工意识;严格履行合同,遵守承诺,树立良好的信誉。

(3)推行现代管理方法,科学组织施工,做好施工现场的各项管理工作。按基本建设程序办事,服从建设单位领导,主动配合监理工程师的工作;按工艺标准施工,做到标准化作业,项目主管工程师制订补充标准和企业内控标准,使工程质量真正做到内实外美。

(4)施工现场设置鲜明标牌,标明工程项目名称、建设单位、监理单位、施工单位、设计单位、项目经理和施工现场总负责人的姓名、开、竣工日期、施工许可证批准文号、责任划分、形象进度、质量目标等,并负责施工现场标牌的保护工作。施工现场的主要管理人员及施工人员在施工现场佩戴胸卡。

(5)施工场地统一规划布置,严格按施工总平面布置图设置各项临时设施,大宗材料、成品、半成品和机具设备的堆放,严格禁止侵占道路及安全防护设施。施工材料堆放整齐,各种不同类型物资材料按照 ISO9002 标准正确标识,场区内管线布置整齐、清洁。

(6)施工现场平面布置合理,各类材料、设备、预制构件等(包括土方)做到有序堆放,不侵占车行道、人行道。施工中要加强对各种地下管线的保护。加强施工现场管理工作,做到工完料净场地清。

(7)施工机械按照规定的位置和线路设置,施工机械进场前经过安全检查合格后再使用。施工机械操作人员必须建立机组责任制,并依照有关规定持证上岗,禁止无证人员操作。

(8)负责施工区域及生活区域的环境卫生,建立完善有关规章制度,落实责任制。做到“五小”设施齐全,符合规范要求。创建良好环境,在工地现场和生活区设置足够的临时卫生设施,每天清扫处理;施工生产和生活废水,采取有效措施加以处理,不超标排放。污水、废水、废气等的处理符合环境管理体系 ISO14000 的标准。

(9)尊重当地民风民俗,遵守地方法规,充分发挥优良传统,积极帮助地方群众,搞好与当地政

府、邻近居民的关系。做好征地工作。

(10)创建标准化文明工地,开展文明竞赛活动。欢迎建设单位对我单位开展创建文明工地的工作给予经常性地指导,定期组织检查,对存在的问题及时进行整改。

1.2.9 节能减排措施

1.2.9.1 用地

(1)严格执行用地指标,优化主体工程设计,减少对土地的占用;各分部在收到地方建设用地后,做好建设用地的边界确定和临时围护工作。

(2)临时工程的设置优先考虑永临结合,综合利用,尽量减少用地数量。

(3)预制厂、各类拌和站要按标准化执行,严禁随意设置。

(4)施工便道要充分利用既有道路,便道宽度按设计要求控制,便道设计应考虑综合利用。

(5)精心做好取弃土调配设计工作,尽量减少弃土场面积,严格按照土石方调配方案做好挖方与填方,隧道开挖与路基填筑的施工组织统筹考虑,避免不合理的施工组织导致弃土弃渣的数量增加。

(6)临时用地结束后,按标准及时复垦。

1.2.9.2 能源消耗

(1)严格能耗标准,对水、电、油料和其他能源消耗进行控制,做好节能减排工作。

(2)成立以项目经理为组长,土木总工、副经理及工程管理部、设备管理部、物资管理部、安全质量环境监督管理部、财务管理部、综合管理部、中心试验室、分部和工区负责人为组员的节能减排工作组。

(3)制订专项节能减排方案,完善指标分解、考核奖励、考核奖惩、宣传培训、监测统计分析、绿色施工规划等要求。

1.2.10 夏季施工措施

1.2.10.1 高温混凝土施工

1)加强原材料管理

(1)水泥、矿粉等掺和料全部采用散装材料,用密封铁罐存放,并注意防潮。不同种类的材料应储存于不同罐体,严禁混淆。水泥和煤灰罐搭设凉棚或安设喷水设施。

(2)外加剂应避光储存,用彩条布覆盖,压浆用水泥、膨胀剂材料存放于不同的库房,防止混淆,并注意防潮。

(3)粗、细骨料堆放场地应加设彩条布遮盖,避免日光直接照射粗、细骨料,使粗、细骨料表面温度升高,必要时设置备用喷水实施,通过向骨料堆上洒水,通过水的蒸发使骨料冷却。

(4)工程用混凝土全部采用泵送,严格控制碎石级配;提高砂、石材料含泥量的指标控制,要求碎石全部用洗石机冲洗,选用洁净砂。

(5)所有工程用原材料需要根据规范要求,做好原材料的定期检验与进场材料的常规检验,确保使用合格的原材料。

2)加强技术管理

(1)优化混凝土配合比,特别是承台等大体积混凝土,控制混凝土的绝热温升。

(2)夏季由于日常气温较高,尽量避免在中午气温较高时浇筑混凝土。

(3)严格控制混凝土的入模温度不大于30℃,必要时对拌和水加冰屑,向骨料堆上洒水,通过水的蒸发使骨料冷却。压浆时水泥浆在拌浆机中的温度不宜超过25℃,夏季施工应采取降温措施(降水温及掺减水剂等),同时尽量安排在每日气温相对较低的清晨或夜晚压浆。

(4)加强对混凝土的温度量测与监控,避免混凝土出现温度裂纹。温度量测包括混凝土芯部温度、表面温度、环境温度检测等,掌握温度曲线变化规律,为施工提供基本数据。

(5)混凝土施工均采用泵送施工,要求输送泵管接头必须使用配套的弯管与夹箍,在泵管与夹箍之间必须使用橡胶密封圈,并且保证每个夹箍的螺栓拧紧。在泵管表面上洒水,降低泵管因日光照射、混凝土摩擦后产生的温度升高,避免混凝土坍落度的损失与堵管现象的发生。运输过程中应确保混凝土不发生离析、漏浆、严重泌水及坍落度损失过多现象。运输至现场的混凝土发生坍落度不符合现场要求的现象时,应在浇注前对混凝土进行二次搅拌,或运输回搅拌站进行调整,现场不得擅自加水进行调整。

(6)每次混凝土施工前,要求施工的每辆混凝土输送车均应先用水进行润湿降温,避免混凝土内的水分因高湿蒸发,降低混凝土的施工质量。

(7)严格控制模板温度和混凝土与邻近介质的温差,必要时模板要采取覆盖措施和洒水降温措施,保证混凝土入模温度不超过30℃,模板温度不超过40℃。

(8)严格施工质量检查制度,保证钢筋保护层厚度,杜绝裂缝产生等关键技术措施要落实到位。

(9)严把振捣关,确保混凝土密实。

(10)与混凝土接触的各种工具、机具、设备和材料等不要直接受到阳光暴晒,可在使用之前进行适当的湿润冷却并加以遮盖。

(11)加强养护,确保混凝土养护质量。

1.2.10.2 夏季施工安排

(1)充分利用温度稍低时段,特别是早晨及傍晚时间段,合理安排施工工序。

(2)采取防暑降温措施保证人身安全、机械正常运转。

(3)采取严格的有效措施控制混凝土的温度,保证混凝土浇筑的连续性。

(4)拌和水采用地下水进行搅拌混凝土。

(5)尽可能缩短混凝土运输时间,浇筑混凝土尽量选择温度较低或夜间进行。在晚间浇筑混凝土时,确保有足够的照明设施。

1.2.11 冬季施工措施

自室外平均气温连续五天低于5℃的时间起,至最后一阶段室外日平均气温连续五天低于5℃的期间应按冬季施工规定执行。

当昼夜平均气温低于+5℃或最低气温低于-3℃时,应采取冬季措施进行混凝土施工。

桥梁基础、墩身、现浇梁施工应充分考虑高性能混凝土自身水化热特点,优先采用蓄热保温工艺,必要时在局部体积较小部位辅助采用低温加热工艺。重视大风对混凝土塑性开裂及脱模后温度开裂的影响,混凝土浇筑后尽早采取必要的保湿措施。

加强混凝土原材料控制,保证砂石料中无冰块。对水泥、骨料、砂进行篷布覆盖,避免受冻,拌和站设立棚盖及热源,拌和棚温度不低于15℃,设预热水箱。搅拌混凝土时,须注意骨料不得带有冰雪和冻结团块。

安排在冬季施工的混凝土项目,通过保温措施,确保混凝土出仓温度大于15℃,混凝土入仓温度大于5℃。

尽可能缩短混凝土的运输时间,且在运输机具上采取保温措施。

浇筑完毕的混凝土面要清除泌水,及时用塑料薄膜遮罩表面后,再用麻袋覆盖,进行蓄热养护。

重视预应力张拉灌浆材料、配合比和工艺的选择,严格控制泌水。冬季施工不应采用水冲洗预应力管道,应在灌浆前将孔道内积水(冰)冲洗干净。气温或构件温度低于5℃时,不安排压浆作业,管道内水泥浆注入后48h内结构物的温度不能低于5℃,如不能满足这个要求,则应采取保温措施。

采用实体温度测量与匹配养护试件相结合,为合理确定养护方式、拆模时间、预应力张拉工艺以

及合龙前应力计算提供参数。

冷拉钢筋时的温度不宜低于 -15℃，即使采取可靠安全措施也不得低于 -20℃，张拉预应力的钢材温度不能低于 -15℃。

为确保 CA 砂浆的质量，CA 砂浆灌注施工时，确保 CA 砂浆施工满足 5 ~ 30℃的环境温度要求。

冬季开挖基槽时，应周密计划，做到连续施工，以防基槽底层原土冻结。气温低于 0℃时，应预留 30cm 厚的原土或覆盖防冻物。

路基施工应控制填筑的材料不受冻，选择适宜的温度时间段进行。

高度重视冬季施工的组织管理。应根据各单项工程特点制订具体实施方案，进行施工工艺设计。切实落实各项冬季施工方案和措施，保证施工安全和工程质量。

1.2.12　雨季施工措施

拌和场和路基施工受雨季影响较大，拟采取以下措施确保工期目标不受雨季影响。

生产调度加强对气象、气候信息的收集，提出现场措施和准备，减少雨、汛停工损失，雨后及时恢复施工。

成立抗洪防汛领导小组，建立雨季值班制度。在雨季来临之前，要建立雨季施工领导小组，责任到人，分片包保。在雨季施工期间定期检查，严格雨季施工“雨前、雨中、雨后”三检制，对发现的问题及时整改。

成立防洪抢险突击队，平时施工作业，雨时防汛抢险。每个施工现场均要备足防汛器材、物资，包括雨衣、雨鞋、铁锹、草袋、水泵等，做到人员设备齐整、措施有力、落实到位，防洪抢险专用物资任何人不得随意调用。

雨季及洪水期间，与当地气象水文部门取得联系，及时获得气象预报，掌握汛情，合理安排和指导施工，做好施工期间的防洪排涝工作。建立雨季值班制度，专人负责协调与周边部门、企事业单位的防汛事宜。

编制雨季施工作业指导书，制订防洪抗汛预案，作为雨季施工中的强制性执行文件，严格执行。

在雨季施工时，施工现场应及时排除积水，加强对支架、脚手架和土方工程的检查，防止倾倒和坍塌。对处于洪水可能淹没地带的机械设备、材料等应做好防范措施，施工人员要做好安全撤离的准备。长时间在雨季中作业的工程，应根据条件搭设防雨棚。施工中遇有暴风雨应暂停施工。

路基填筑做到随挖、随运、随填、随压，以确保路堤质量。每层填土表面做成 2% ~4% 的横坡，并应填平，雨前和收工前将铺填的松土碾压密实，不积水。为防止雨水对路基边坡造成冲刷，下雨前，路基边坡用塑料薄膜覆盖，将路基面汇水引至路基坡面的临时排水沟，排出路基外。边坡临时排水沟深 40cm，宽 60cm，全沟均顺铺塑料膜，以防止雨水渗至路基体内。路堑地段及时施作边坡防护、排水系统工程，使其尽早发挥功能。

雨季进行混凝土及圬工作业严格执行施工规范，拌和站及砂石料仓均设遮雨棚，墩台混凝土施工设避水棚，随时掌握天气预报，尽量避开雨天浇筑混凝土。

现场中、小型设备必须按规定加防雨罩或搭防雨棚，机电设备要安装好接地安全装置，机动电闸箱的漏电保护装置安全可靠；施工电缆、电线尽量埋入地下，外露的电杆、电线采取可靠的固定措施；雨季前对现场设备作绝缘检测。

对停用的机械设备以及钢材、水泥等材料采取遮雨、防潮措施，现场物资的存放台等均应垫高，防止雨水浸泡。

加强对临时施工便道维护与整修，确保其路面平整、无坑洼、无积水。雨季时派专人在危险地段值班，重点加强对深基坑、深路堑边坡观测，加强对跨河道、邻近公路等施工的安全巡视，并派专人对施工区排水系统进行检查和清理，确保排水系统排水通畅。

附录2 隧道及桥梁工程施工保证措施

在本书的编写过程中,摘录及收录了部分隧道及桥梁工程的保证措施资料,以供相关人员借鉴与参考。

2.1 隧道工程地质风险

地质风险的对策见附表2-1。

地质风险对策表 附表2-1

序号	工程地质	引发风险	施工应对措施
1	高地温热害	人身伤害 结构伤害	①严格执行超前帷幕注浆、堵水工作。 ②加强超前地质预报。 ③加强温度检测。 ④衬砌混凝土中掺加矿粉、粉煤灰。 ⑤通风降温、机械制冷等措施控制结构温度。 ⑥加强职业安全教育培训,现场配备急救设施和药品,佩戴安全防护用具,做好个体防护。 ⑦紧密结合科研,提升堵水材料高温适应性,提高堵水质量
2	有害气体 放射性	辐射伤人	①加强隧道通风;配置监测设备并加强辐射量检测。 ②配备充足的防护用品,如防护服、射线防护面罩等。 ③增加作业班组,减少单班作业时间,减少在辐射环境下停留时间。 ④含放射性的岩层在渣场位置集中堆放,并设置安全警示标志,严禁非施工人员进入,施工完成后上覆不少于50cm的土层,并绿化处理,四周设置防护围栏
3	断层、构造破碎带、活动断裂带、节理密集带	坍塌、突水、突泥	①认真做好超前地质预报,将超前地质预报工作纳入工序管理,加强监控量测。 ②编制专项施工方案并严格实施。 ③成立专家顾问组,对施工过程进行指导。 ④做好超前预支护、合理选择工法、及时进行初期支护、采取径向注浆技术措施和准备必要的抽排水设施。 ⑤施工作业期间,针对隧道超前地质预报应综合分析地下水源和断层、节理密集带等水流途径对地质预报的有效性,提前采取堵、排措施,针对隧道涌水处理应做好专项演练
4	软岩大变形	隧道净空侵限、TBM卡机	①加强超前地质预测预报,准确预报前方实际地质情况。 ②采用超前小导管注浆支护方式,超前加固围岩。 ③加强监控量测,及时根据监测数据调整开挖方案及支护参数。 ④及时封闭成环措施,开挖后3d内进行仰拱封闭施工。 ⑤预留足够的变形空间,以保证在出现大变形后,预留二次套拱支护措施的空间。 ⑥做好TBM的研究、设计和监造工作,提高TBM超前地质预报、超前加固、及时封闭围岩和变形处理处理能力,提升TBM适应性

续上表

序号	工程地质	引发风险	施工应对措施
5	岩爆	隧道掉块、坍塌	①采用微台阶法,提前释放应力。 ②加强找顶工作,将找顶纳入工序管理。 ③施工人员个人防护用具配置到位,避免人员伤害。 ④岩壁洒水,降低围岩温度。 ⑤拱部打设超前小导管,利用其悬挑挡护作用降低危害。 ⑥加强支护;必要时增设长锚杆和钢支撑。 ⑦利用检测手段并结合现场经验总结,对岩爆进行预测。 ⑧TBM 施工利用 Macnally 系统处理岩爆

2.2 隧道精密测量控制要点

建立平面、高程精密控制网;平面控制测量按三级线路布设;高程控制测量按二等水准测量要求施测;CPⅠ、CPⅡ控制网施工复测、CPⅢ控制网的测设、无砟轨道基准点、重点桥隧施工控制网由具有一级测量资质的测量单位进行测设;施工测量与同级或高级的控制点联测闭合。测量单位制订施工测量方案,确保测量质量。

2.3 隧道沉降及变形观测与评估

建立隧道结构统一的沉降变形观测与评估管理体系。沉降变形观测与评估工作由建设单位负责组织,设计、施工和咨询监理单位各负其责。建设单位委托专业队伍开展无砟轨道铺设条件的评估工作,组织制订变形观测和评估工作实施细则,组织阶段评估工作;设计单位负责落实沉降变形观测的设计方案,根据观测结果修正设计;项目部根据设计方案,负责沉降变形观测元器件的埋设、观测设施的保护以及观测工作;监理单位负责沉降观测重要环节的旁站监理,监督检查观测设施的保护;评估单位全过程对沉降变形进行平行观测。各相关单位设立相应工作组,专人负责,对沉降观测和评估工作实施专项管理。

确保沉降及变形观测数据有效。从隧道等结构物开始施工起,严格按照设计方案要求,及时做好观测元器件埋设和系统观测工作,规范观测资料管理。

及时组织开展阶段评估。根据沉降变形观测工作的进展,及时组织评估单位对沿线各段工程的沉降变形进行分析和工后沉降评估,及早发现问题,及时研究解决。路基、涵洞、隧道结构物沉降变形经评估满足要求后,方可进行轨道工程施工。

2.4 开展隧道风险评估,有效防范和规避隧道建设风险

依据原铁道部《关于加强铁路隧道工程安全工作的若干意见》(铁建设【2007】102 号)规定,依照建设单位有关规定分阶段组织隧道风险评估工作;初步设计阶段审查隧道设计方案,包括隧道断面形式、衬砌类型、施工方法、支护参数及应急预案等,有效指导勘察设计工作;施工阶段审核超前地质预报和围岩量测成果,对工程措施、施工方法和支护参数进行检查。

各项目分部是隧道施工安全的责任主体,必须加强隧道施工过程的风险防范和风险管理,落实各项风险防范措施,对于不良地质、特殊岩土、深埋长大隧道施工过程中可能出现的重大地质灾害等开展专项风险评估,并依据专项评估意见完善施工技术方案,改进和加强安全生产及防范风险的具体技术措施,选择适宜的施工工艺,制订风险防范及突发安全事故应急预案;应配合设计单位做好施

工风险防范工作,根据需要及时做出变更设计。

2.5 隧道工程沉降控制及观测措施

隧道口仰拱、隧道一般地段和不良、复杂地质区段沉降观测。隧道主体工程完工后,变形观测期一般不应少于3个月。观测数据不足或工后沉降评估不能满足设计要求时,应适当延长观测期。隧道内一般地段沉降观测断面的布设根据地质围岩级别确定,不良和复杂地质区段适当加密布设。隧道沉降观测精度为±1mm,读数取位至0.1mm。

隧道基础的沉降预测及评估方法参照路基,观测频次见附表2-2。

隧道基础沉降观测频次　　附表2-2

观测阶段	观测频次		
	观测期间		观测周期
隧底工程完成后	3个月		1次/周
无砟轨道铺设后	3个月	0~1个月	1次/周
		1~3个月	1次/2周

满足如下条件的隧道可铺设无砟轨道:隧道内基础工后沉降≤15mm;隧道口相邻构筑物间差异沉降≤5mm,折角<1/1000。

2.6 隧道工程沉降控制及观测措施

2.6.1 针对隧道坍塌的应急措施

处理坍方要及时迅速,首先详细观测坍方范围、形状、坍穴地质、水文情况,由专业人员制订出处理方案,再进行处理;情况不明时,不可盲目冒险施工;当坍方仍有发展,先将顶部情况摸清处理妥当再进行下部施工。处理坍方尽量不放炮,在坍穴内工作,设置遇险时安全撤离的通道;当发生人员伤亡时,立即采取紧急救援工作,救援时必须由2人以上进行防护,在确保救援人员无生命安全威胁的情况下进行抢救工作;若坍塌继续无法救援时,则在安全位置守候待命,以便及时进行抢救,抢救过程中一定要保证抢救人员的生命安全,防止坍塌损害进一步扩大;当发生关门坍塌,隧道内有被困人员时,要首先考虑通过高压风管向被困人员输送新鲜空气、食品等,维持被困人员生存,再制订可靠的救援措施施救;当抢救全身被土埋者,根据伤员所处的方向,确定部位,先挖去其头部的土物,使被埋者尽量露出头部,迅速清洁其口、鼻周围的泥土,保持呼吸畅通,进行口对口呼气,然后再挖出身体的其他部位;对呼吸、心脏停止者,应立即进行口对口人工呼吸和胸部按压;现场采取与坍塌程度及范围相对应的施工技术措施,控制坍塌的进一步发展。在确保施工人员安全的环境下,积极进行坍塌处理,尽快恢复正常施工生产。

2.6.2 针对突泥涌水的应急措施

应急救援指挥部人员在查看现场事故情况后,立即明确紧急抢险方案,抢险组立即按照紧急抢险方案在确保救援工作人员安全的情况下,以搜救被困人员为目标进行抽水、清淤等实施抢救工作,并根据实际情况对断层破碎段进行加固;当抢救出伤员时,根据伤员人数、受伤程度,由医务人员在现场采取相应的急救措施后,按照“先重后轻”的原则,及时将伤员送到医院进行抢救、治疗;当事故情况比较严重时,现场救援能力不足时,总指挥立即通知调度中心组报告云桂铁路云南铁路云南公司、政府和上级相关部门进行救援,同时做好相关救援配合工作;现场采取安全警戒线或隔离措施,

对事故现场周围的居民和事故现场无关人员进行紧急疏散,与事故救援无关的人员禁止进入事故现场,避免灾害损失的次生、扩大。

2.7 质量管理

2.7.1 质量目标

主体工程质量零缺陷,桥梁混凝土结构使用寿命不低于100年。单位工程一次验收合格率100%。基础设施达到设计速度目标值要求,一次开通成功。

2.7.2 质量保证体系

建立健全质量保证体系,确保结构安全,主体工程零缺陷。工地设置专门的质量检查机构,配备专职的质量检查人员,建立完善的质量检查制度。开工后,及时向监理报送一份包括质量检查机构的组织和岗位责任及质检人员的组成、质量检查程序和实施细则等的工程质量保证措施报告。

2.8 确保工程质量的措施

2.8.1 钻孔桩质量保证措施

(1)钻孔桩的钻进要连续施工,中途不得停止,并随时注意地质的变化及周围建筑物变化,及时根据地质情况调整钻进工艺,钻进至设计高程时,对地质情况进一步核对。

(2)钢筋笼:钢筋材料检验合格,钢筋焊接接长采用双面搭接焊。

(3)清孔:钻孔至设计高程后,进行第一次清孔。浇筑水下混凝土前,进行二次清孔,检查沉渣厚度,柱桩孔底沉渣厚度需不大于50mm。

(4)混凝土:清孔符合要求后进行水下混凝土的灌注,施工要精心组织、连续浇筑,桩孔中的水位要保持稳定。并随时对混凝土质量进行监控,对导管埋深及时量测,对施工全过程进行完整的质量记录。

2.8.2 墩台身质量保证措施

采用整体大块钢模板,由专业生产厂家加工生产,模板具有足够的刚度、强度,且拆装方便、接缝严密不漏浆,使用前进行清理、打磨,并擦拭干净,选择合理的时间刷脱模剂;钢筋在固定台架上绑扎成型,整体吊装;混凝土由拌和站集中拌和,混凝土运输车运输。同一墩台身采用同一批水泥,保证颜色的一致性;混凝土浇筑完成后,用塑料薄膜包裹洒水养护,养护用自来水或干净水,以使墩台表面不污染。

2.8.3 主拱、拱上结构各工序质量保证措施

1)材料

所有材料均应符合相关规范和设计文件的要求,并按相关技术标准进行检验。焊接材料应通过焊接工艺评定确认。

2)制造工艺

(1)拱肋钢构件的下料,其主应力方向应与钢板轧制方向一致。各板件边缘的加工应满足《铁路钢桥制造规范》(TB 10212—98)的要求。

(2)钢结构杆件复杂,加工结构杆件时应对所有杆件长度进行仔细复核,无误后方可下料加工。

所有管节、构件在加工场制作时,应按1:1放样,出厂前应将拱肋试拼,试拼时的精度应满足拱轴线坐标实测值与设计值在竖向及水平方向的允许误差。运输过程中保证不扭曲、不变形。可根据现场运输条件、架设能力及合龙段设置确定主钢管的管节加工长度。

(3)钢管拱骨架钢构件的制作主要技术指标。

弯曲度:$f \leqslant L/1000$ 且 $f \leqslant 10$mm(L为节段长)。失圆度:$f/D \leqslant 3‰$。接缝错边:≤2mm。拱肋宽度误差:±3mm。拱肋高度误差:±3mm。拱肋节段旁弯:≤$(3+0.0001L)$mm,且≤10mm。拱轴线长度误差:≤20mm。拱肋成拱后横向偏位:±20mm。拱肋成拱后竖向偏位:±20mm。成拱后对称接头点的相对高差:±15mm。主钢管间距偏差:±10mm。

(4)钢管制作工艺流程。

工艺流程:号料→切割→边缘加工→卷管→焊缝(纵缝,超声波检测及X射线拍片检查)→矫圆→拼接(接长,焊缝为对接焊缝,超声波检测及X射线拍片检查)→组装(焊接成大段,超声波检测及X射线拍片检查)→试拼(含横撑试拼)→防腐涂装(含弦管、腹腔缀板及封端)→运输→安装就位。现场安装各分段至钢拱肋合龙,分段接头焊接由拱脚向拱顶顺序进行,焊缝需经超声波检测合格。

(5)焊接。

①焊缝强度的控制:要求对接焊缝屈服强度、极限强度不低于母材标准。

②焊缝韧性的控制:焊缝焊接性能(包括焊缝、熔合线、热影响区)的冲击韧性不低于母材标准。

③焊缝塑性的控制:焊缝延伸率不低于母材。$t \leqslant 16$mm时,$\delta_s \geqslant 21\%$;$t=16 \sim 50$mm时,$\delta_s \geqslant 20\%$。除工地接头外,钢结构主要构件的焊接均应采用埋弧自动焊,次要构件如接头、加劲板的焊缝采用二氧化碳气体保护焊。所有焊缝的检验均应符合TB 10212—98的要求,对不合格的焊缝要求铲除重焊,但返工次数不得超过2次。劲性骨架主钢管对接焊缝要求进行射线探伤及超声波探伤检验。

④焊缝质量:所有焊缝质量应达到《铁路钢桥制造规范》(TB 10212—2009)中Ⅰ级焊缝要求。材料接长、工地接头焊缝和所有杆件接头等均采用对接焊缝。壁厚大于20mm的钢管均为直焊缝卷管,其坡口熔透焊缝应按规范要求进行严格的探伤检查并清楚缺陷,焊后对焊缝余高进行铲除并磨平。同一截面的焊缝应按规范相互错开。主钢管与节点板间以及钢管构件之间的相贯对接焊缝采用坡口角焊缝,为熔透焊缝。

3)预拼装

凡试拼装的部件均应经检验合格后方可参与试装,试装前应将部件的边缘、电焊熔渣清除干净。为提篮拱肋,空间结构复杂,钢结构加工场应在吊装前完成节段的空间预拼,确保钢结构运至现场后能准确就位。

4)涂装

钢结构表面应采用喷丸或抛丸的方法进行除锈,且必须将表面油污、氧化皮、铁锈及其他杂物清除干净,钢表面处理及涂装处理应符合《铁路钢桥保护涂装及涂料供货技术条件》(TB/T 1527—2011)的有关规定。

5)运输

钢构件在运输过程中应注意对钢结构表面进行保护,吊装钢构件时应正确使用吊具,严防钢结构发生扭转、翘曲和侧倾。

6)架设

在管节预拼、安装、拱肋转体等各阶段应对拱肋的节点坐标、应力和空间线形等指标进行监控。管节间对接焊应采用带陶瓷衬垫的单面焊双面成形工艺,管节间临时连接采用高强螺栓做临时栓结,施工顺序为先栓后焊;拱肋合龙前应对拱肋进行全面的线形、位置调整,满足要求后,确定合龙温度,根据拱顶管口的合龙间隙现场切割合龙段管节,在设计温度下进行拱顶合龙段临时固结,最终完成拱顶合龙连接,之后再进行拱脚合龙段施工;设计文件中已提供了考虑预拱度的拱肋坐标,拱肋竖向拼装时的坐标要考虑拼装阶段的临时荷载和角度,详细调整需由计算确定。

7)拱肋混凝土的灌注

(1)管内泵送混凝土采用由拱脚向拱顶的“连续顶升”。即采用一级泵送一次到顶,拱顶弦管内采用隔舱板隔开。为防止堵管,泵送混凝土除了要合理的配合比与恰当的外加剂外,还需做好拌和站生产能力、运输能力的规划,泵送设备的选型等的准备工作,并在浇筑前宜压入清水,湿润管壁厚,再压入一定数量的水泥浆做先导,然后再连续泵送 C55 补偿收缩混凝土。

(2)两岸拱脚各布置一台混凝土输送泵,并配置一台备用输送泵。泵车均放置在拱座基础上,备用泵车放置在便道,便于突发情况下的运输。

(3)每根钢管由拱脚至拱顶一次完成,两岸同步对称进行。

(4)拱肋混凝土密实度检测以超声波为主,人工检测为辅。泵送过程中,专业质检人员可用敲击法判断管内填充情况,如有空隙应及时用体外加振方法解决。灌注完成后应采用超声波探查填充情况,如有异常,应挖孔复验,对不密实部位必须采用挖孔压浆法进行补强,然后将挖孔补焊封固。超声波检测参考超声波检测混凝土缺陷技术规程(CECS21:2000)进行。

(5)泵送混凝土初凝时间因根据泵送工艺、混凝土方量等因素确定,要求混凝土初凝时间大于钢管混凝土泵送时间。

(6)钢管内灌注无收缩的自密实混凝土,自密实混凝土按补偿收缩类混凝土选用,其配置可按《混凝土外加剂应用技术规范》(GB 50119—2003)的规定采用,施工前应严格进行配比试验。

8)其他事项

(1)各种建筑材料的选用及施工工艺均应符合现行国家、行业标准及有关规范的要求,确保施工质量及安全。

(2)拱肋施工复杂,技术难度大,应单独交由第三方进行专门的施工监测监控,以控制施工质量,保证施工安全。

(3)在开工前应做好施工组织设计和相应的准备工作,提出具体的施工方案,采取必要的技术措施和机械设备,经施工监理签字后方可施工。

(4)施工前,应全面了解设计图纸以及各图纸之间的相互关系,核实各部轮廓尺寸、高程、里程及坐标等,若发现图中存在矛盾或差错应及时向设计单位反馈进行调整。

(5)桥址处存在局部滑坡、危岩落石,施工时应全面进行清理整治,对顺层结构面采用锚索防护措施(参见本工点路基专业相关设计文件),确保岸坡的结构稳定。

(6)基础施工时,应针对可能出现的围岩坍塌、涌水、通风不畅、支护失效等做好防范。

(7)主拱骨架用钢量较大,达 2500t 以上,现场拼焊工作量巨大,现场拼装作业难度大。整个施工过程中对劲性骨架钢构件的内力、变形控制具有非常高的要求,施工难度大。施工方案设计必须结合场地施工条件详细核算钢结构拼装支架的稳定性、骨架竖转过程中各个阶段的扣索索力、竖转铰的强度等。拼装支架必须具有足够的刚度和稳定性。钢构作业工人安全问题必须引起足够重视,栓焊人员必须持证上岗,并加强相应的安全培训。

(8)在施工前,应注意不要漏掉监控、试验所需的预埋件以及其他各种结构所需的预埋件。

(9)冬季及特殊天气施工质量保证措施:为保证工程质量,不能满足施工条件的天气,如进入冬期、特殊恶劣天气等,拱座基础、拱肋混凝土灌注、拱上支墩,拱肋钢结构焊接等不能进行施工。

(10)其他未尽事宜按有关图纸要求、施工规范、规程和细则办理。

2.9　安全管理措施

2.9.1　拱座基础开挖施工安全防护措施

拱座面与拱肋立面投影轴线垂直,顶面水平。根据地质情况,拱座基础先采用机械大范围清除表层,然后按设计基坑线预留 1m 范围进行开挖。开挖至距设计基底高程 1m 时,辅以人工开凿成形。

(1)基坑开挖前,须做好坑外排水系统,并预先施作锚索对临接基坑侧坡面进行有效锚固,保证基础施工期间山体的整体稳定,防止落石伤人。

(2)基坑施工尽量避开雨季进行,施工中必须加强水源管理。

(3)钻爆作业中尽量采用小炮开挖,控制装药量,采用分段毫秒微差爆破技术,控制爆破半径,防止碎石飞溅至公路影响行车。

(4)基坑开挖过程中必须做好围岩的监控量测工作,密切监测基坑的变形情况,若有异常应及时提出并采取措施进行处理。

2.9.2 缆索吊机斜拉扣挂施工

(1)针对缆索吊机系统制订详细的检查记录表,并定期进行检查。检查主要包括缆索系统、锚碇系统、起重小车、索塔、风缆及动力系统等。

①缆索系统检查主要包括承重索、起重索、牵引索。检查承重索及起重索钢丝绳卡子是否走动、断丝,并对重要受力钢丝绳及卡子进行再一次的紧固,保证钢丝绳压扁 1/3 为止。同时对有死弯、断股、油芯外露的钢丝绳进行更换。

②锚碇系统主要检查后地锚、横向风缆锚碇。观测锚碇横纵向移位情况,检查锚碇与各缆索、风缆系统连接情况,避免连接处松动,保证承重索、风缆等均能各自均匀受力。

③起重小车、索塔(包括索鞍)检查主要是检查各部件连接情况、构件损伤情况等,包括起重小车、索鞍有无裂纹、焊缝有无开裂;与缆索系统有无摩擦;滑轮柄润滑油是否充足;索鞍横移装置是否完好;索塔连接螺栓松紧情况、各连接部件有无裂纹、各部位焊缝有无开裂、相邻连接件连接情况是否满足要求。

④风缆检查主要是风缆与各锚碇、索塔的连接及锈蚀情况。风缆与锚碇预埋件的连接是否有变形、与塔架连接部位销轴、耳板是否有变形、开裂,检查风缆锈蚀情况。

⑤动力系统主要检查线路、卷扬机工作状态。包括线路绝缘良好,卷扬机控制、制动系统等正常运行。

(2)拱肋斜拉扣挂施工。

①各拱肋节段接头处悬挂工作平台,平台底部满铺防护网,四周设围栏并加挂安全网防护。

②布置爬梯便于人员上下拱肋,爬梯设置安装扶手,底部满铺防护网。

③人员上下索塔,通过安装于扣塔上的爬梯至索塔顶。

④在索塔施做扣塔的锚梁部位必须设置牢固可靠的操作平台,便于人员张拉作业。

⑤索塔设置避雷设施,接地电阻小于 4Ω。

⑥整个拱肋吊装系统,拱肋各个作业点均设置漏电保护设施。

⑦索塔塔顶索鞍周边设置防护栏,各操作位置设置操作平台。

⑧主桥上部构造施工是的重点和难点,施工难度大,技术含量高,高空作业时间长。

为此,项目部在正式施工前,需制订完善的安全技术方案和应急预案,严格管理,在确保工程质量的同时,确保施工安全。

(3)模板工程安全措施。

①认真做好模板工程施工前的准备工作。

准备工作是保证模板工程安全施工的先决条件。模板施工前进行模板支撑设计,编制切实可行的施工方案。模板支撑设计不仅要有设计计算书,还要有细部构造的大样图,并应详细说明材料规格、尺寸、接头方法、间距、纵横向拉杆及剪刀撑设置等细节问题。模板支撑杆件应满足强度、刚度和稳定性的要求,一般情况,梁模板的支柱间距不宜大于 2m,纵横向水平系杆的上下间距不宜大于

1.5m,纵横向的垂直剪刀撑的间距不宜大于6m,底层楼盖模板,宜先做好垫层再支模。支撑杆件的材质应能满足杆件的抗压、抗弯强度。规范规定:凡支撑高度超过4m的,杜绝采用木杆支撑,必须采用钢支撑体系,包括钢门架、扣件式钢管架、碗扣式钢管架等。立杆底部设木、混凝土、钢板垫块,严禁采用砖垫高。

②加强和落实模板工程施工中的安全防护。

首先,要加强模板施工队伍的选择,选择技术过硬的高素质专业性队伍,模板安装拆除工人经过专门技术培训,熟悉本工种的安全技术操作规程,培训合格颁发上岗证才可进行模板安装拆除操作。施工前技术和安全人员应对工人进行安全技术交底。模板安装操作人员严格按施工方案进行施工,不得随意更换支撑杆件的材质,减小杆件规格尺寸,如发现设计中存在问题或施工中有困难,向工地技术负责人提出并经模板设计审核人员同意才可更改。模板上的施工荷载不得超过设计规定,模板上堆料均匀,在模板上运输混凝土时铺设走道板,走道板铺设牢固。模板安装操作人员还严格执行国家标准《建筑施工高处作业安全技术规范》进行高处模板施工作业。模板安装完毕,由项目技术负责人与安全员共同检查验收,监理人员认可签字。

③认真做好模板工程拆除的安全工作。

模板拆除等到混凝土达到设计强度后方可申请拆模,经有关部门验收合格后才可进行拆模。拆模前应清除掉模板上堆放的杂物,在拆除区域设警戒线,张挂安全警戒标志牌,设专人监护,对工人进行技术交底。按照后装先拆,先拆侧模,后拆底模;先拆非承重部分,后拆承重部分的原则逐一拆除。拆模应彻底,严禁留有未拆除的悬空模板。

(4)脚手架工程安全措施。

①钢管脚手架用外径48~51mm,壁厚3~3.5mm,无严重蚀、弯曲、压扁或裂纹的钢管。

②钢管脚手架的杆件连接使用合格的钢扣件,不得使用铅丝和其他材料绑扎。

③外脚手架立杆间距钢管不得大于1.8m,大横杆间距不得大于1.8m,小横杆间距不大于1.5m。

④脚手架按楼层与结构拉接牢固,拉接点垂直距离不得超过4m,水平距离不得超过6m。拉结所用的材料强度不得低于双股8#铅丝的强度。高大架子不得使用柔性材料进行拉结。在拉结点处设可靠支顶。

⑤脚手架的操作面满铺脚手板,离建筑物不得大于200mm,不得有空隙和探头板、飞跳板。脚手架下层兜设水平网。操作面外侧应设两道护身栏杆和一道挡脚板或设一道护身栏杆,立挂安全网,下口封严,防护高度应为1m。严禁用竹笆作脚手板。

⑥脚手架保证整体结构不变形,凡高度在20m以上的脚手架,纵向设置剪刀撑,其宽度不得超过7根杆,与水平面夹角应为45°~60°。高度在20m以下的,设置正反斜支撑。

⑦特殊脚手架和高度在20m以上的高大脚手架,应有设计方案。

⑧结构用的里、外承重脚手架,使用荷载不得超过2646N/m^2。

⑨在建工程(含脚手架具)的外侧边缘与外电架空线路的边线之间的水平和垂直距离不应小于3m。

⑩各种脚手架在投入使用前,由施工负责人组织有支架搭设和使用脚手架的负责人及安全人员共同进行检查,履行交接验收手续。特殊脚手架,在支搭、拆装前,要由技术部门编制安全施工方案,并报上一级技术领导审批后,方可施工。

(5)起重吊装作业安全管理措施。

龙门黄河大桥吊装工程量大,且跨越黄河作业难度大,需遵循以下准则。

①起重工必须经专门安全技术培训,考试合格持证上岗。严禁酒后作业。

②起重工应健康,两眼视力均不得低于1.0,无色盲、听力障碍、高血压、心脏病、癫痫病、眩晕、突发性昏厥及其他影响起重吊装作业的疾病与生理缺陷。

③作业前必须检查作业环境,吊索具、防护用品、吊装区域无闲散人员,障碍已排除。吊索具无

缺陷,捆绑正确牢固,被吊物与其他物件无连接。确认安全后方可作业。

④大雨、大雪、大雾及风力超过要求等级等恶劣天气,必须停止露天起重吊装作业。

⑤作业时应缓起、缓转、缓移,并用控制绳保持吊物平稳。

⑥整套缆索设备进行定期检查,全面监测,如有异常情况及时汇报上级领导,进行异常情况分析,制订合理的方案,保证吊装作业的安全。

(6)道路交通安全管理措施。

项目部全体人员严格遵循国家及地方道路交通法律法规,遵守交通规章制度,保证自身及他人的交通安全。

2.9.3 分项工程施工安全措施

(1)基坑开挖安全措施。

桥涵基坑开挖前,根据开挖深度和宽度,对基底开挖影响边坡稳定的,事先采取边坡支挡加固防护措施,以确保施工安全。施工中派专人对施工区进行检查,现场备足应急抢修物资。

(2)钻孔桩施工安全管理。

护筒插打完后与平台连成整体,并检查焊接质量是否牢靠。

基础施工前,技术人员要根据设计图认真复核施工区域内的工程地质、水文资料的情况。

钻机、钻具和吊钻头的钢丝绳,均符合设计要求,使用时设有专人检查维修。使用旋转钻机钻孔,当滑移钻机时,防止挤压电缆及水风管路。

对已完成插打的钢护筒(包括已经完成混凝土浇灌的),作好孔口的覆盖,防止人员掉入。

钻孔桩工作时加强起重作业安全管理。平台上油污和泥浆要及时清洗,保持清洁、整齐、畅通,上下平台的梯子应有可靠的结构,顶部与底部应固定,按1:4的斜度安装。平台、梯子及脚手架周围安装可靠的护栏,在空隙处布满安全网,并配齐救生用品。

所有通道口设置安全警示牌,并注明有关的安全注意事项。

(3)墩(台)身施工安全措施。

墩(台)身施工时,在墩(台)身钢筋模板安装前,应搭设脚手架平台、栏杆上下扶梯。在脚手架平台上运送混凝土时,其走道满铺脚手板并安装栏杆。使用吊斗灌注时,先通知作业面操作人员避让,并不得依靠栏杆推动吊斗,严禁吊斗碰撞模板和脚手架。

起重机械设备设专人操作并配指挥人员,定责定岗;上岗前进行技术培训,制订专项制度和指挥联络方法,考核合格后,持证上岗。

定期对桥涵施工设备进行检查、维护,确保设备正常运转,安全使用。跨越公路施工时,设专人负责做好防护工作,确保既有公路畅通无阻及人员安全。

安装好顶层、外层栏杆、立柱,铺好脚手架,对有明显伤痕、裂纹结疤的脚手架,不得使用。工作人员在行走时不得踏在探头板上。拆装模板均为双层作业,在拆除模板时,按规定的程序进行,先拴牢吊具挂钩,再拆除模板。模板、材料、工具不得往下扔。施工人员与模板之间,有一定的安全距离。

(4)大风、雨、雪、雾天气安全措施。

①加强值班和信息沟通。及时听取天气预报,在雨雪、大风、降温天气期间要实行24小时值班制度,畅通联系渠道,随时了解和掌握有关情况,随时报告。

②物资保障。后勤保障组要负责应急物资的储备工作,做到周到细致、及时到位、保障有力。

③技术保障。及时准确了解天气情况,及时做好防雨雪技术准备工作。

④宣传教育。对各施工人员加强宣传教育,增强工人安全知识、自我防护意识。

⑤严禁雨雪和大风天气(六级风以上)情况下,强行组织高处作业。

⑥冬季雨、雪、雾天气机械使用安全措施。

⑦设置“风速监测仪”对风速进行监控。

⑧遇大风、雨雪、大雾天气，拱肋及拱上立柱等高空作业严禁施工。

(5)各作业面上的安全措施。

防大风实施措施：服从统一领导，统一调度和指挥；当获悉工地区域8小时内可能有6级以上大风预报时，及时通知各工点停止生产，迅速按领导小组的统一布置开展工作。生产、生活用房逐间加固；各类机械设备开至安全避风处；堆放的物资与材料除应有的防雨篷之外，还应加设带有地桩的防风网(绳)固定；及时撤离现场的施工人员；施工机械设备全部切断电源；设置必要的监视哨和监视仪器，保证人员的绝对安全。

①依据《铁路桥涵工程施工技术指南》(TZ 203—2008)和《铁路混凝土工程施工技术指南》(铁建设[2010]241号)、《铁路桥梁钻孔桩施工技术指南》(TZ 322—2010)等有关规范、规定办理。每道工序均需监理工程师签字确认后才能进行下道工序。施工前，应认真、全面阅读所有设计图纸，并结合各设计图纸的要求，在灌注混凝土前确保所有预埋件的设置。应根据设计图纸，认真核对地形地貌、墩台里程、断面高程等，若发现设计与实际情况不符，应及时通知相关单位研究处理。

②各墩台基础及墩台身平面位置应进行准确的施工放线。施工完毕后应复测桥台中心线、桥墩纵横向中心线的平面坐标，复测墩台顶帽四个角的平面坐标及高程，比较它们与设计值的误差，并经监理确认后在竣工资料中如实记录。

③在全桥施工之前，应认真调查核实既有地上地下管线情况，并与产权单位签订有关协议和做好保护措施，严禁盲目施工，挖断管线而危及其使用。

④各墩台基础基坑开挖时，尤其是软土地区，应作好防排水设施，严防雨水或地表水流入基坑或桩孔内，并及时浇注基础混凝土，以免基坑暴露过久或受地表水浸泡而影响地基承载力。

⑤依据地质专业提供资料进行设计，在施工中，如与实际地质不符，应及时通知相关单位进行处理。

⑥在明挖基础基坑开挖后，应及时绘制地质展开图，若发现设计与实际地质情况不符时，应及时通知相关单位研究处理。

⑦明挖基础基坑开挖及挖孔桩开挖岩石施工时，应采用人工开挖或小药量爆破开挖，以保证不破坏基岩的完整性。

⑧明挖基础的底层基础基坑开挖时尽量不超挖，要求底层基础满坑灌注混凝土。

⑨明挖基础若发现基底存在软硬不均现象或可溶岩的岩层基坑除采用钎探现场查明基坑四角及中心五处外，还应结合岩溶发育特点或不均匀风化体的特征加密钎探点，探深不少于5m，并将结果及时通知设计单位进行检算后方可施工基础(有地质挖孔的部位可不再作钎探，但基坑内其他位置必须按此要求钎探)。

⑩三方台侧拱座及桥台因地形限制无法钻探，应在施工前进行补钻，并核对地质后方可施工。

⑪在桩基础施工时，应及时根据现场施工实际情况绘制挖孔柱状图。若发现设计与实际地质情况不符时，应及时通知相关单位研究处理。

⑫桩基础钻孔完成后，应及时清孔与灌注桩身混凝土，并确保清底及成桩质量。

⑬桩基础施工，应采用先桩后承台的施工方法，待桩基施工完毕后，方能开挖承台基坑。

⑭采用泥浆护壁挖孔施工时，为防止泥浆水对周围环境造成不利影响，应将废弃泥浆外运。

⑮挖孔桩施工时，需备足抽水机具并加强通风，保证孔桩内通风换气，经常检查有害气体浓度，确保施工人员安全。注意防水、防塌，分段开挖，及时护壁，确保孔桩开挖安全。挖至设计高程线，孔内不得积水，并应孔底平整。

⑯软土地区桥梁基础施工完成后，基坑应及时回填，回填部分应夯实。

⑰位于陡坡上的墩台附近，严禁为修建便道随意开挖，不得在墩台上方堆放便道弃土，以免对墩台造成偏压。

⑱若发现墩台附近有对墩台结构安全有影响而设计未采取措施的管线，核实管线情况后，应及

时通知相关单位研究处理。

⑲ 墩台基础施工时应根据地形情况,选择适宜高程作平整场地进行基桩施工,待基桩灌注完成后再开挖至承台底,及时完成承台施工并回填,避免基坑临时边坡暴露过久,引起坍塌。边坡开挖后应及时采取相应防护措施,并及时清除坡面上不稳定的土体。

⑳桥台台尾边坡处理应与路基、隧道专业处理措施协调衔接。

㉑浇筑桥墩、台身及承台混凝土时,应采取降低水化热及温控措施,避免出现混凝土温度裂纹。

㉒承台、桥墩施工时应注意准确定位预埋防撞、检查梯、综合接地等所有设施的预埋件。

㉓混凝土圬工骨料应进行理化实验,不应采用含石膏和有机矿物质成分的骨料。拌合用水应进行水质化验,应采用无侵蚀性水。混凝土的碱含量应符合《铁路混凝土工程预防碱——骨料反应技术条件》(TB/T 3054)的规定。

㉔弃渣应就近弃于隧道或路基专业选定弃渣场内,严禁在桥梁上游及桥下坡面堆放隧道或路基施工弃渣,弃渣不得侵占河道、沟槽,以免对桥墩产生偏压或造成其他损失。

㉕按《铁路运输安全保护条例》规定,在桥址上游500m、下游3000m 范围内禁止在河床内挖河砂和抽取地下水。

㉖严禁在河道上下游各 1000m 范围内开垦造田、拦河筑坝、架设浮桥,及修建其他影响或危害铁路桥梁安全的设施。

㉗严禁在桥梁外侧 200m 范围内建造、设立生产、加工、储存和销售易燃、易爆或者放射性物品等危险物品的场所、仓库。

㉘严禁在桥梁外侧起各 1000m 范围内从事采矿、采石及爆破作业。

㉙当一侧桥台与隧道紧相连时,应根据现场实际情况合理安排桥台与隧道口洞门的施工顺序。

㉚施工中严禁大量抽排地下水,以免造成地面岩溶塌陷。

㉛混凝土施工应尽量减少施工缝,施工缝应采取设置接头钢筋等加强措施。

2.10 安全应急救援预案

2.10.1 防大风工作

挂篮、吊机等机械设备的锚固锁定工作;物资、设备、材料的加固防护和转移工作;房屋的加固工作;人员的转移工作;同时对风速进行监控。如发生人身伤害,现场急救人员应立即进行初步救治,并及时送往医院,进行进一步治疗。

2.10.2 高处坠落应急预案

①迅速将伤员脱离危险地方,移至安全地带。

②保持呼吸道通畅,若发现窒息者,应及时解除其呼吸道梗塞和呼吸机能障碍,应立即解开伤员衣领,消除伤员口鼻、咽、喉部的异物、血块、分泌物、呕吐物等。

③有效止血,包扎伤口。

④视伤情采取报警或简单处理后去医院检查。

⑤伤员有骨折、关节伤、肢体挤压伤、大块软组织伤要进行简易固定。

⑥若伤员有断肢情况发生,应尽量用干布包裹,转送医院。

⑦记录伤情,现场救护人员应边抢救边记录伤员的受伤部位、受伤程度等第一手资料。

⑧立即拨打 120 向当地急救中心取得联系(医院在附近的直接送往医院),应详细说明事故地点、受伤程度、联系电话,并派人到路口接应。

⑨项目指挥部接到报告后,应立即在第一时间赶赴现场,了解和掌握事故情况,开展抢救和维护

现场秩序，保护事故现场。

2.11 风险管理

项目部成立风险评估小组对大桥进行风险评估，对风险源进行一一排查，编制《大桥风险评估报告》。并配合业主对大桥进行专家评审，确立风险事件和风险等级，并制订相应的风险事件的应对措施。另应编制涉及质量、安全的专项方案。

2.11.1 风险事件与风险等级的确定

将项目风险发生概率与损失汇总表与风险等级关系表（附表2-3）相对照得出本项目各个风险源的风险等级。

安全风险源等级表　　附表2-3

序号	风险因素	等级大小
1	桥涵勘测里程、角度、方向、高程等与实际不符	高度
2	桥涵设计高程、坐标、平面等关键要素的控制	中度
3	地质资料与实际不符	高度
4	明挖基础地基软硬不均导致墩台倾斜	中度
5	拱座基础开挖防护措施不当引起岩体坍塌	中度
6	钢管混凝土结构在混凝土顶升过程中容易出现爆管事故	高度
7	钢混梁施工复杂结构边界条件未交代清楚	高度
8	政策法规掌握不及时	中度
9	勘测设计人员经验不足	低度
10	实际施工过程体系转换与设计不符导致成桥内力与实际不符； 空中焊接拱肋质量不易保证； 高空作业风险大	高度

2.11.2 风险应对措施

为保证项目管理目标的顺利实现和项目施工过程中方案的科学化、合理化，降低各种经济风险、技术风险、决策风险等不稳定因素，针对本项目的特点，针对可能存在的高度风险源与一般风险编制了相对应的应对措施，具体见附表2-4。

质量安全风险因素清单及防范应对措施表　　附表2-4

序号	风险因素	风险防范措施
1	桥涵勘测里程、角度、方向、高程等与实际不符	对外业勘测资料进行核对，确保使用资料的正确
2	桥涵设计高程、坐标、平面等关键要素的控制	在施工前，施工单位核对线路与道路、河流交叉里程、交角、方向以及高程等资料，若涉及与实际不符，以及时通知设计
3	地质资料与实际不符	基础施工时，施工单位应认真核对资质资料
4	明挖基础地基软硬不均导致墩台倾斜	设计是应根据地质资料摸清桥址范围地形、地质情况
5	拱座基础开挖防护措施不当引起岩体坍塌	对影响基础开挖的松散岩层先进行刷坡或加固处理
6	钢管混凝土结构在混凝土顶升过程中容易出现爆管事故	拱座基础施工完成后队基础上风华不稳定的岩体边坡进行加固处理，同时，在坡顶设置排水沟及混凝土挡水墙

续上表

序号	风 险 因 素	风险防范措施
7	钢混梁施工复杂结构边界条件未交代清楚	通过计算分析掌握混凝土顶升过程中的结构受理行为，加强钢结构构造细节设计及施工监测
8	政策法规掌握不及时	在文件、图纸中说明复杂结构设计的边界条件
9	勘测设计人员经验不足	及时传达上级政策和文件精神，使各级技术人员掌握政策法规指导设计
10	实际施工过程体系转换于设计不符导致成桥内力与实际不符； 空中焊接拱肋质量不易保证； 高空作业风险大	加强施工组织设计； 加强施工监测； 加强施工安全意识

附录3 铁路通用施工方法及工艺

因不同单位工程所涉及的施工工艺及工法种类繁多,不胜枚举。在此,针对部分常见的铁路和轨道交通行业内的单位工程(如路基、隧道、桥梁、轨道、四电等)通用施工技术及工艺进行简要介绍。

3.1 路基工程

路基土石方全面开展之前,针对填料的种类,应进行填料工程特性试验和填筑工艺试验确定相应的路基压实方案,同时要按照“三阶段、四区段、八流程"的施工工艺组织施工。

施工前,应进行准备工作,由测量人员进行清表前原地面高程测量,结合设计路面高程初步计算出清表宽度,路基施工队进行清表及原状土填前碾压或进行基底处理,项目中心实验室按规范的要求,对填料及原状土进行工程特性试验。

路基工程主要的施工技术包括:路堤填筑、路堑施工、地基处理、路基及相关附属设施施工等。

3.1.1 路堤填筑

1)简要工艺流程

附图3-1为路堤填筑简要工艺流程图。

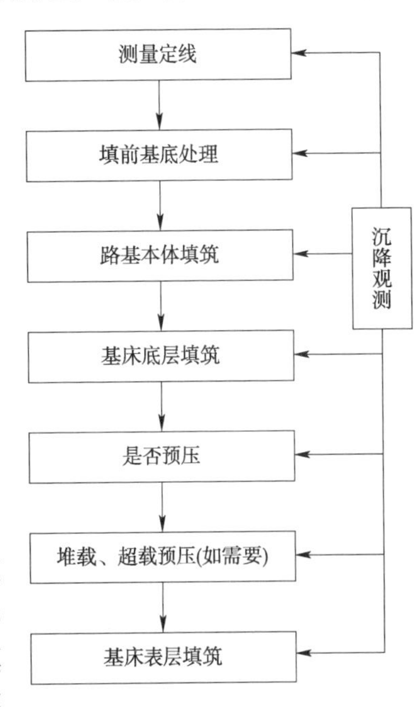

附图3-1 路堤填筑简要工艺流程图

2)路基填筑试验

路基大面积施工前,先选1~2段长度大于100m长全幅路基进行填筑试验,以确定所用压实设备的最佳类型组合,以及达到规定的压实度时各类压实设备的压实遍数。试验路段的压实试验完成后,按试验情况提出拟在路基填料分层平行摊铺和压实所用的设备类型及数量清单,所用设备的组合及压实遍数、压实厚度、松铺系数等施工控制数据。

3)路基填筑施工

根据路基填筑试验段的结果,分别进行路基基床以下路堤施工、基床底层施工和基床表层施工。基床以下路堤一般选用A、B组填料和C组的块石、碎石、砾石类填料及改良后的C组细颗粒填料;基床底层一般选用A、B组填料或改良土;基床表层采用级配碎石、级配砂砾石和沥青混凝土作为填料,路基基床以下路堤施工和基床底层施工,按路基横断面全宽一次分层填筑,纵向分层压实,不同性质填料分别在不同段落或层次填筑。

基床以下路堤、基床底层、基床表层填筑均应按照相应的施工技术规范要求进行,且最终必须达到相应验收标准的要求,否则施工单位必须采取整改措施,甚至返工。

4)堆载预压

堆载预压是为了加速路基在施工期的沉降,进而减少工后沉降,分为等载预压和超载预压堆载。预压土方填筑要按照设计要求控制填土速率,不能一次连续填完,要分层分期填筑,并根据沉降速率对填土速率进行调整。堆载预压周期较长,施工中必须合理安排,堆载预压时间一般为6~18个月,分析评估沉降稳定满足设计要求后方可铺设无砟轨道。路基在施工期间及堆载预压期间都要进行沉降观测,沉降观测设备应在路基施工前埋设。沉降观测在施工期间每天应进行一次观测,在沉降量突变的情况下,每天应加密频次。

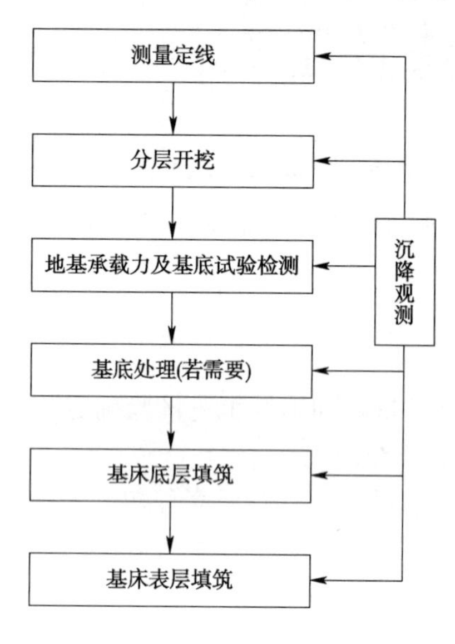

附图 3-2　路堑填筑简要工艺流程图

3.1.2　路堑施工

1)简要工艺流程

附图 3-2 为路堑填筑简要工艺流程图。

2)土质路堑开挖

土质路堑开挖以机械施工为主,运土距离较近时采用推土机作业,运距较远时采用推土机配合挖掘机、装载机挖土装车,自卸汽车运至路基填方路段或弃土点。当机械开挖至靠近边坡或基床底层以下 20~30cm 时,改为人工配合推土机施工。到达设计高程后及时对基底土质情况进行检测,不合规范要求的,需采取换填措施。

当开挖接近路堑底面设计高程时,及时测量开挖面的高程,预留 30cm,选用 NIO 轻型动力触探、重型动力触探、标准贯入、静力触探四种原位测试方法的一种,并结合室内上工试验进行基床范围内地基条件的检验,验证设计采用的地质资料。

3)石质路堑开挖施工

石质路堑开挖施工按以下三种方式开挖:对于面层风化岩、软石用裂土机开挖;小方量石方段采用机械打眼小炮开挖;大方量石方地段采用光面爆破和深孔松动控制爆破技术分层开挖。一般石质路堑或石质路堑挖深在 5m 以上且集中的,采用潜孔钻机深孔松动爆破;石质路堑挖深在 5m 以内时,采用光面爆破。开挖后的石方满足路基填料要求的用于路基填筑,当大块石料较多时,根据方量大小情况,集中在挖方区进行二次解小爆破或机械二次破碎,直至石料满足路基填。

4)支挡防护工程

(1)挡土墙施工。

浆砌片石挡墙主要工作内容有:测量放样、基坑开挖、地面以下墙身砌筑,基坑回填,地面以上墙身砌筑、墙顶封闭等。

混凝土挡墙主要工作内容有:测量放样、基坑挖填、模板安拆、混凝土浇筑、养护等。

桩板式挡墙主要工作内容有:测量放样、桩孔开挖、支护、钢筋骨架制安、桩身混凝土浇筑,挡土板、上部桩身制安,墙后填筑等。

(2)预应力锚索框架梁。

预应力锚索紧跟路堑开挖分段、分级进行施工,路堑开挖一段,防护一段,深路堑开挖时,以路堑边坡平台为级划分,开挖一级,防护一级。预应力锚索钻孔采用风动钻进,锚索采用高强度低松弛的预应力钢绞线,锚索孔内注浆采用一次注浆法,分级张拉。主要工作内容有:测量放样、钻孔、清孔、安放锚索、注浆、混凝土梁施工、锚索张拉、锚索锚固等。

3.1.3　地基处理

1)塑料排水板施工

塑料排水板地基处理措施常用于软土层较厚、路堤较高地段工作的主要内容有:铺设下层砂垫层、测量放样、机具就位、插设排水板、拔出导管、截断排水板、埋设板头、铺设上层砂垫层等。

2)CFG 桩复合地基

CFG 桩施工可根据设计要求和现场地基土的性质、埋深、场地周边是否有居民、有无对振动反应敏感的设备等多种因素选择长螺旋钻孔法或振动沉管法。CFG 桩施工的主要内容有:试桩、放样、桩机就位、钻进、灌注、提钻、桩机移位等。

3)搅拌桩

搅拌桩分为浆体喷射搅拌桩和粉体喷射搅拌桩两种。浆体喷射搅拌桩采用搅拌桩机施工,搅拌机械设备采用中心输浆的双轴搅拌机,配备起吊设备、制浆设备、泵送浆液设备等。粉体喷射搅拌桩采用粉喷桩机,将水泥加入灰罐内,通过空压机用一定的压力压入送灰管,通过搅拌头的喷嘴喷入土层,在土中形成一个加固料和土体的混合体。水泥搅拌桩施工主要内容有:放样、钻机就位、检查钻杆垂直度及对位偏差、喷浆下钻、钻至设计深度、第一次提升搅拌至停灰面、复搅下钻至桩尖、第二次提升搅拌至停灰面、桩头复搅提出钻头停机、钻机移位等。

4)袋装砂井

通过在软土中埋入沙袋,改善地基的排水条件,通过预压荷载的作用使地基内的水分快速排出,加速地基固结,提高地基的承载力。工作的主要内容有:装砂袋、定位、打钢管、下砂袋、拔钢管、桩机移位、补灌砂袋等。

5)换填土

换填法一般用于处理局部范围的浅层软土、填土或不均匀地基。根据换填深度选择机械或人工施工,主要工作内容有:测量放样、挖除换填部位土样、检验、分层碾压、检验签证。

6)强夯

强夯处理地基时,采用带有自动脱钩装置的履带式起重机,配备设计要求重量、直径的夯锤进行强夯施工;强夯施工前,根据设计提出的强夯参数进行试夯,确定各项强夯参数。主要工作内容有:测量放样、垫层铺设、夯点布设、强夯施工。

3.1.4 路基及相关附属设施施工

路基的附属设施主要有:排水沟、侧沟、天沟、平台截水沟、集水井、盲沟、渗沟、排水管、透水管等。这些结构应在路基施工过程中,同时进行。

3.2 隧道工程

隧道工程主要的施工技术及工艺包括:洞口工程、隧道开挖、综合超前地质预测预报、隧道支护、衬砌施工、监控量测及隧道防排水等方面。

3.2.1 洞口工程

依据隧道洞口的工程地质现状和地面斜坡,进洞前需对洞口、洞顶地表进行预加固。首先在仰、边坡刷坡顶外,做双向截水沟,以拦截地表水,防止流水冲刷洞门造成危害。洞口土方采用挖掘机配合装载机自上而下分层施工,大型自卸汽车运输,并及时做好坡面防护,开挖一段(台阶)防护一段(台阶)。洞口明洞采用明挖法施工,开挖至明暗分界线后,先做护拱混凝土,而后做暗洞超前大管棚,接着做好明洞衬砌,最后进入暗洞施工,待明洞混凝土达到设计规定的强度后及时进行明洞洞顶回填。

明洞段施工过程中,应进行监控量测,包括:坡面稳定、基底稳定、地表下沉量测等,以及时掌握刷坡坡面动态和支护工作状态,保证施工和人员的安全。

3.2.2 隧道开挖

隧道施工开挖方法很多,常见的有钻爆法(或新奥法)、机械开挖法、盾构法、TBM 掘进机法等,其中最常见的为钻爆法。

隧道开挖根据围岩情况采用新奥法施工的主要内容主要包括:超前地质预报、超前支护、开挖、出渣、初期支护、敷设防水板、衬砌、水沟电缆槽等,隧道开挖应根据环境条件、地质条件、断面大小、埋深、工期要求、经济效益等因素,经过综合评定,选定隧道施工方法。

隧道工程开挖工法中,应尽量考虑全断面法施工,台阶法、CD 和 CRD 法一般用在软弱富水偏压等极端地层中。

1)全断面法

全断面法是指采用全断面一次开挖成形的施工方法。主要应用于客运专线双线隧道Ⅰ、Ⅱ、Ⅲ级围岩和斜井Ⅱ、Ⅲ级围岩的施工,循环进尺宜控制在 3~4m。全断面施工方法拥有工序相互干扰少、工作空间大、施工进度快,便于大型机械化施工等优点,故在条件允许的情况下,尽量采用该法。

2)台阶法

先开挖上半断面,待开挖至一定长度后同时开挖下半断面,上下半断面同时并进的施工方法,主要应用于正洞Ⅱ、Ⅲ级围岩及横洞Ⅳ、Ⅴ级围岩的施工。

台阶法分为长台阶法、短台阶法和超短台阶法三种。选择台阶法的条件为:初期支护闭合时间要求,围岩条件越差,要求时间越短;根据现场的实际布置情况而定(包含开挖、支护和出渣综合考虑)。

3)中隔壁法(CD 法)

CD 法是在软弱围岩大跨度隧道中,先开挖隧道的一侧,并施作中隔壁,然后再开挖另一侧的施工方法,主要应用于双线隧道Ⅳ级围岩深埋硬质岩地段以及老黄土隧道(Ⅳ级围岩)地段。

4)交叉中隔壁法(CRD 法)

CRD 法是在软弱围岩大跨度隧道中,先开挖隧道一侧的一或二部分,施作部分中隔壁和横隔板,再开挖隧道另一侧的一或二部分,完成横隔板施工的施工方法,主要应用于Ⅳ级围岩深埋软质岩、浅埋、偏压地段以及Ⅴ级围岩深埋地段的施工。

5)双侧壁导坑法

双侧壁导坑法是先开挖隧道两侧的导坑,并进行初期支护,再分部开挖剩余部分的方法。该方法主要应用于Ⅴ级围岩浅埋、偏压及洞口地段。

双侧壁导坑法虽然开挖断面分块多、扰动大、初期支护全断面闭合的时间长,但每个分块都是开挖后立即闭合的,所以较其他工法更适用于围岩较差的隧道,且非常安全可靠,但施工的速度非常慢,成本非常高,所以应当综合评定各方因素后,再决定是否使用此种方法。

3.2.3 综合超前地质预测预报

开展综合超前地质预测预报,成立专业的超前地质预报室或委托相关专业单位,由项目总工程师负责,要求配置物探、水文、地质、试验专业工程师并配备先进的预测、预报设备和仪器,并将综合超前地质预测预报纳入施工工序。尤其是岩石隧道存在破碎带时,必须提前做好超前地质预报工作,确保隧道安全通过。

针对隧道具体的工程特点,采用地貌、地质调查与地质推理相结合的方法,进行定性预测。具体采取的措施有:对开挖全过程进行综合预测、预报,方法有地质素描法(常规地质法)、超前探孔近距离预报、超前导洞预报、HSP 水平声波剖面法预报、地质雷达中短期预报、TSP 长期预测预报及前兆法预报等。

施工中应该将几种预报手段综合运用,取长补短,相互补充和印证。综合监测结果,及时提出对不良地质的处理措施,以降低施工风险,确保工程质量和运营安全。

超前地质预报若发现前方地质情况与设计不符时要及时通知设计单位到现场核实,以便及时采取有效的设计变更方案,以下为几种常用的地质预报预测方法。

1)常规地质法

常规地质法适用于为近期开挖、支护提供预报(设平导时视超前正洞的长度)的情况。开挖面围岩级别、岩性、围岩风化变质情况、节理裂隙、产状、地下水等情况进行观察和测定后,绘制地质素描图,开挖后利用罗盘仪、地质锤、放大镜、皮尺等简单工具对开对洞内围岩地质特征变化进行分析,并通过结果来推测开挖面前方的地质情况,据以指导施工。

2)超前水平钻孔

采用超前水平钻机钻进过程中,钻速和钻渣的变化对开挖面前方较短距离内的地质情况进行判断,为提高其预报的准确度,与地质素描配套使用。主要通过超前钻探取芯测定含水率来确定下一步施工方案。对富水隧道应及时探明地下水的储量及分布,探水的方法主要采用钻探法。

3)HSP 水平声波剖面法

HSP 水平声波剖面法具有仪器轻便、操作简单、工作时间短、操作简单、震源用锤击、工作人员少等优点。数据采集系统主机为 ZGS-X 型系列智能工程探测声波仪。根据现场测试条件,采用通道触发一发三收或一发一收的方式进行。用大锤敲击木桩(或直接敲击岩石)作振源触发换能器,其他三个(或一个)接收换能器同时接收信号,重复十次,便携式计算机信号储存,施测时间为 15 ~ 30min。现场测试完毕后,进行内业数据处理分析和判断资料,一般在 24h 内向施工单位提交现场地质预报简报。预报距离中等,一般为 50 ~ 70m。根据现场测试掌子面的围岩地质条件,预报距离有所变化。掌子面地质条件差时,预报距离为 30 ~ 50m;掌子面地质条件好时,预报距离可达 90 ~ 120m。预报准确性较好,一般预报准确率大于 85%。

4)地质雷达

为提高地质预报的准确性,除采用常规地质法和陆地声呐仪进行地质预报外,同时利用地质雷达进行地质超前预报,其探测范围在 40m 范围内,是一种非破坏型的探测技术,具有抗电磁干扰能力强、分辨率高,可现场直接提供实时剖面记录图,图像清晰直观。地质雷达主要应用于探测隐伏断层、破碎带,探测地下岩溶、洞穴,探测地层划分。

5)瞬变电磁法(TEM)

瞬变电磁法也称时间域电磁法(Time Domain Electromagnetic Methods),简称 TEM,其原理为利用不接地回线或接地线源向地下发射一次脉冲磁场,在一次脉冲磁场间歇期间,利用线圈或接地电极观测二次涡流场。简单地说,瞬变电磁法的基本原理就是电磁感应定律。衰减过程一般分为早期、中期和晚期。早期的电磁场相当于频率域中的高频成分,衰减快,趋肤深度小;而晚期成分则相当于频率域中的低频成分,衰减慢,趋肤深度大。通过测量断电后各个时间段的二次场随时间变化规律,可得到不同深度的地电特征。

根据瞬变电磁法对低阻体反应敏感的特点,可将其用于超前地质预报,其可查明含水地质,如岩溶洞穴与通道、煤矿采空区、深部不规则水体等。瞬变电磁法在提高探测深度和在高阻地区寻找低阻地质体是最灵敏的方法,具有自动消除主要噪声源,且无地形影响,同点组合观测,与探测目标有最佳耦合,异常响应强,形态简单,分辨能力强等优点。

3.2.4 隧道支护

隧道支护可分为超前支护和初期支护两大类,其中超前小导管、超前大管棚属于超前支护,锚杆、钢架、网喷混凝土属于初期支护。

1)超前小导管注浆

采用现场加工小导管,喷射混凝土封闭,凿岩台车钻孔并将小导管打入,最后用注浆泵压送水泥浆液进行施工。

2)超前大管棚

管棚是利用钢拱架与沿开挖轮廓线以较小的外插角向前方打入钢管或钢插板构成的棚架来形

成对开挖面前方围岩的预支护。采用长度小于10m的小钢管的称为短管棚;采用长度为10～45m且较粗的钢管的称为长管棚;采用钢插板(长度小于10m)的称为板棚。短管棚一次超前量少,基本与开挖作业交替进行,占用循环时间较多,但钻孔安装或顶入安装较容易。长管棚,更适用于采用大中型机械进行大断面开挖,应用更多、更广。

3)锚杆

锚杆在隧道施工过程中的作用是维护围岩稳定,并且在一定程度上还可作为永久支护结构的一部分发挥作用,根据支护体的锚固形式分,有端头锚固式锚杆、全长黏结式锚杆、摩擦式锚杆、混合式锚杆。

锚杆的施工可采用风动凿岩机钻孔;用高压风将孔内杂物吹净,将砂浆注入锚孔,灌浆时导管伸入孔底,边灌浆边抽拔导管,灌浆工作连续不中断;将锚杆插入钻孔内,轻轻锤击锚杆使之深入孔底,以保证锚杆、砂浆、围岩间的黏结力。

4)钢架

隧道钢架支护分为型钢钢架和格栅钢架两种,型钢钢架主要由工字钢弯制而成,格栅钢架主要由四根Φ22或Φ25主筋和其他钢筋制成。Ⅲ级围岩一般采用格栅钢架,Ⅳ级、Ⅴ级围岩一般采用型钢拱架。

主要施工工艺流程为:前期准备→断面检查→测量定位→洞内格栅拼装→格栅钢架架立→挂网、纵向连接筋焊接→钢架位置检查、调整。

3.2.5 衬砌施工

隧道衬砌要遵循"仰拱超前、墙拱整体衬砌"的原则,初期支护完成后,为有效地控制其变形,仰拱尽量紧跟开挖面施工,仰拱填充采用栈桥平台以解决洞内运输问题,并进行全幅一次性施工。仰拱施作完成后,利用多功能作业平台人工铺设防水板,绑扎钢筋后,采用液压整体式衬砌台车进行二次衬砌,采用拱墙一次性整体灌注施工。混凝土在洞外采用拌和站集中拌和,混凝土搅拌运输车运至洞内,混凝土输送泵泵送入模。

主要施工工艺流程为:监控量测确定施作二衬时间→施工准备→台车移位→台车定位→施作止水带→隐蔽检查→浇筑混凝土→台车脱模退出→养护。

3.2.6 监控量测

现场监控量测是隧道施工管理的重要组成部分,它不仅能指导施工,预报险情,确保安全,而且通过现场监测获得围岩动态的信息(数据),为修正和确定初期支护参数,混凝土衬砌支护时间提供信息依据,为完善隧道工程设计与指导施工提供可靠的足够的数据。

隧道监控量测的项目应根据工程特点、规模大小和设计要求综合选定。量测项目可分为必测项目和选测项目两大类。选测项目应根据工程规模、地质条件、隧道埋深、开挖方法及其他要求,有选择地进行。监控量测工作必须紧跟开挖、支护作业。按设计要求布设测点,并根据具体情况及时调整或增加量测的内容,具体选择原则如下。

必测项目应包括:①洞内、外观察;②二次衬砌前净空变化;③拱顶下沉;④地表下沉(浅埋隧道必测,$H_0 \leqslant 2b$时);⑤二次衬砌后净空变化;⑥沉降缝两侧底板不均匀沉降;⑦洞口段与路基过渡段不均匀沉降观测等。

选测项目应包括:①地表下沉($H_0 \geqslant 2b$时);②隧底隆起;③围岩压力;④钢架内力;⑤喷混凝土内力;⑥初期支护与二次衬砌间接触压力;⑦锚杆轴力;⑧围岩内部位移;⑨爆破振动;⑩孔隙水压力等。

3.2.7 隧道防排水

隧道防排水采用"防、截、排、堵相结合,因地制宜,综合治理"的原则,达到防水可靠,经济合理,不留后患的目的。隧道防水等级必须达到国家标准《地下工程防水技术规范》(GB 50108)规定的一级防水等级标准,衬砌结构不允许渗水,表面无湿渍。

隧道结构防水一般由喷射混凝土、全封闭柔性卷材防水层和二次衬砌结构自防水等组成。本线隧道二次衬砌混凝土采用防水混凝土,其抗渗等级不低于 P8;拱墙设置 PVC 塑料防水板加土工布,明洞外贴 PVC 防水卷材;施工缝设置止水条或中埋式止水带,并涂刷混凝土界面剂;二次衬砌混凝土施工后,拱部进行充填注浆。

拱墙每 8~10m 设 1 环 ϕ50~80 环向透水盲沟,两侧边墙外侧泄水孔高程处设纵向贯通的直径 ϕ80~100“HDPE 打孔波纹管”透水管盲沟各 1 道,该盲沟通过三通接头与环向盲沟及边墙泄水孔连通。

主要施工工艺流程为:检查净空及初期支护表面情况→割除外露超长的钢筋、锚杆,修整凹凸不平的表面以及渗漏水处理→安装环、纵向透水盲管和盲沟→隐蔽检查→铺设防水板→充气及隐蔽检查→衬砌台车定位→安装施工缝止水带→隐蔽检查→灌注混凝土→拆模养生。

3.3 桥梁工程

桥梁施工中除控制扰度、梁端转角、扭转变形、结构自振频率外,还要限制预应力徐变、不均匀温差引起的结构变形,高速铁路桥梁还必须满足高平顺要求,严格控制墩台基础沉降。

桥梁工程施工技术,主要包括:桥梁基础工程、桥梁敦(台)施工、桥位制梁、预应力混凝土梁体预制、预制梁架设施工、桥梁变形观测等。

3.3.1 桥梁基础工程

1)明挖基础施工

该工艺适用于无水或少水基坑基础施工,在施工方案中要认真统筹,根据实际情况合理安排;要按照基坑大小、开挖方确保配置施工机械、挖掘机、自卸汽车、压实机具车况良好,明确运输车辆的行走路线,做到空车、重车分流而行,驾驶员应进行岗前培训,明确开挖深度,不得超挖。

该工艺的主要作业内容包括:施工准备、测量放样、放坡开挖、基坑排水、模板安装、钢筋安装、混凝土施工、基坑回填等。

2)沉入桩施工

(1)锤击沉桩。

锤击沉桩是通过桩锤撞击桩头将桩打入地下土层中,使上部结构的荷载穿过软弱土层传递到更坚硬的土层或基岩上的沉桩方法。该工艺一般适用于松散、中密砂土、软塑和可塑的黏性土。锤击沉桩主要适用桩的类型有钢筋混凝土桩、预应力混凝土管桩、钢管桩、木桩。本工艺不包括海上大型打桩船施工。

该工艺主要作业内容包括:施工准备,打桩机安装,桩位放线,打桩机就位,吊桩、插桩、沉桩,接桩,送桩、截桩。

(2)静压沉桩。

静压沉入桩是指借助专用设备的自重和配重或结构物做反力,通过液压机械作用于预制好的桩顶或桩身上,对其施加持续的压力,将桩体压入地基中形成的桩。一般情况下都采取分段压入,逐段接长的方法。该施工工艺适用于对软弱松散、含水量高、孔隙较大的人工填土、软土、黏土、粉土等地层进行地基处理的普通混凝土预制桩和预应力混凝土管桩的静压施工。

该工艺主要作业内容有:测量定位、桩尖就位、对中、调直、压桩、接桩、送桩(或截桩)等。

(3)振动沉入桩。

振动沉入桩的施工设备主要为吊机和振动锤。振动锤由振动器、夹桩器、传动装置、电动机等组成。振动沉入桩的工作原理为:振动锤置于桩顶,通过夹桩器与桩连成一个整体,当振动锤接通电源时,其体内偏心重轮高速运转产生高频振动和激振力,高频振动力通过液压钳传递到桩上,再通过桩作用到接触的地层,地层在挤压、振动力的作用下液化,产生接触面,振动锤通过液压钳夹持着管桩沿接触面沉入地层,直至将桩沉入至设计承载深度。桩体主要分为钢管桩和预应力混凝土预制管桩两种。根据桩形式的不同,桩的制造、插打也不尽相同。

该工艺主要作业内容有:测量定位、吊机就位、桩尖对位、震动沉桩、接桩等。

3)钻孔桩施工

(1)冲击钻施工。

冲击钻孔成孔工艺方法分为冲击正循环成孔和冲吸反循环成孔两种。冲击正循环成孔是通过冲击式装置或卷扬机悬吊冲击钻头上下反复冲击,将硬质土或岩层破碎成孔,部分碎渣和泥浆挤入孔壁中,大部分钻渣由泥浆循环带出孔外,或用掏渣筒掏出孔外,这样循环往复直至钻至设计深度。冲吸反循环成孔其成孔原理与冲击正循环成孔原理基本相同,只是钻头中心留有空洞,在上下往返冲击时,其钻头尖刀将孔底冲碎,已冲碎的钻渣可以从钻头中心空洞用吸泥管排出孔外。冲击钻孔施工适用于黄土、黏性土、粉质黏土、杂土、坚硬土层、含有孤石的沙砾石层、漂石层、岩层等。

该工艺主要作业内容为:场地平整或钻孔平台搭设、设备安装、泥浆调制、钻进施工、泥浆循环处理及清孔、钢筋笼加工及安装、混凝土灌注。

(2)回旋钻施工。

该施工工艺标准根据钻机的不同性能,可使用于黏土、亚黏土、砂土、亚砂土、风化岩、岩石等地质类型,在有地表水、地下水的地质也同样适用。回旋钻孔施工按泥浆循环类型可分为正循环回旋钻和反循环回旋钻。正循环回旋钻孔工艺特点:泥浆通过钻机的空心钻杆,从钻杆底部射出,底部的钻头在回旋时将土层搅成钻渣,钻渣被泥浆悬浮,随着泥浆上升而流到孔外,泥浆经过净化后,再循环使用。反循环回旋钻孔工艺特点:同正循环相反,泥浆由钻杆外流(注)入井孔,用泵吸(泵举)或气举将泥浆钻渣混合物从钻杆中吸出,泥浆经净化后再循环使用。

该工艺主要作业内容为:场地平整或钻孔平台搭设、设备安装、泥浆调制、钻进施工、泥浆循环处理及清孔、钢筋笼加工及安装、混凝土灌注。

(3)旋挖钻施工。

该工艺适用于土层、砂卵石、风化岩及岩层等地质条件下旋挖桩孔施工,最大钻孔深度100m以上,最大钻孔直径大于2.8m;可在海拔2000m以上,环境温度 -20 ~ +40℃的条件下施工。使用球齿钻头可以进行单轴抗压强度超过100MPa的坚硬岩石的施工。

该工艺主要作业内容为:场地平整或钻孔平台搭设、设备安装、泥浆调制、钻进施工、泥浆循环处理及清孔、钢筋笼加工及安装、混凝土灌注等。

4)围堰施工

(1)钢板桩围堰。

该工艺适用于铁路桥梁工程深水基础施工,主要作业内容为:场地平整或钻孔平台搭设、设备安装、泥浆调制、钻进施工、泥浆循环处理及清孔、钢筋笼加工及安装、混凝土灌注。

(2)钢管桩围堰。

钢管桩围堰根据是否需要防水功能,可分为锁口与不锁口(平行)两种。锁口钢管桩为在任意两根钢管桩之间采取联结措施,起横向联结又起止水作用;平行钢管桩为每根钢管桩互相独立,不与联结,无止水作用。钢管桩围堰主要应用于一般基础工程或桥梁工程基础维护结构施工,一般用作软弱地层、深水基础施工围护,承受水平荷载和垂直荷载。

该工艺的主要作业内容有:钢管桩插打、基坑开挖、承台等构造物施工、拔出钢管桩。

(3)钢套箱围堰。

钢套箱围堰是为水中承台施工而设计的临时阻水结构,其作用是通过套箱侧板以及底部封底混凝土为水中承台施工提供无水环境，同时可兼做承台施工模板。当围堰兼做承台模板时，钢套箱周边尺寸和承台一致，也可比承台每边大0.1~0.2m；当围堰仅作阻水结构时，钢套箱应比基础尺寸大1.0m或1.5m，同时应满足抽水设备和集水井设置的需要。钢套箱围堰适用于河床易清淤吸泥、河床覆盖软弱层较薄的水中低承台基础施工，主要用作承台施工挡水结构。采用钢套箱围堰作为水中承台施工的阻水结构时，一般按先围堰、后桩基承台的顺序组织施工。

该工艺主要作业内容有：准备、制作、浮运、下沉、清基和灌筑水下封底混凝土、套箱的拆除等。

(4)钢吊箱围堰。

该工艺适用于高桩承台或涌潮河段河床易冲易於而承台底高程高于一般冲刷线的低桩承台施工。钢吊箱围堰按围堰结构形式可分为单壁吊箱围堰、双壁吊箱围堰；按围堰形状可分为圆形、方形、多边形（主要根据承台尺寸和水文状况设计）围堰；按封底方式可分为整体封底围堰、局部封底围堰。其下放有千斤顶落顶下放、卷扬机下放、大型起吊设备整体下放等形式。工艺的技术特点主要体现为在涌潮河段河床易冲易於的地区，可有效防止河床淘空，对封底混凝土结构安全产生影响；避免了如沉井、套箱围堰依靠自重下沉而出现下沉困难、偏位、倾斜等问题，降低了施工风险。

该工艺的主要作业内容包括：分块制作和预拼，通过陆上、水上交通工具运输或浮运至墩位，墩位处拼装或整体就位，安装下放系统，采用千斤顶、卷扬机或吊机下放，封底混凝土浇筑，养生抽水，基底找平。

3.3.2 桥梁敦、台施工

1)墩身施工

(1)现浇墩身施工。

本工艺是采用大块定型钢模，利用外模架或支架搭设工作平台，起重机配合人工绑扎钢筋、安装模板、一次或分次浇筑混凝土，待混凝土强度达到要求后拆除模板。

该工艺的主要作业内容包括：施工准备；钢筋加工安装；模板安装；混凝土施工；模板拆除。

(2)预制墩身施工。

本工艺适用于桥梁工程钢筋混凝土墩身预制安装施工。墩身在预制厂内整体或分节段预制，现场采用混凝土湿接头或者环氧树脂胶干拼接头拼装，将大量现场作业转化为工厂化生产。

该工艺的主要作业内容包括：预制厂地建设、墩身节段预制、节段存放及运输、节段现场拼装。此外，根据作业环境不同，可分为水中墩和岸上墩施工两大类。

①水中墩墩身施工。

墩身整体预制，使用铁舶运输，水上浮吊吊装，当墩身高度过高，吊装及运输困难时，可分节预制，墩身与承台、墩身节段之间采用现浇混凝土湿接头连接。

②岸上墩墩身施工。

墩身分节段预制，分节长度根据起重及运输设备性能确定，当设备性能满足吊装及运输要求时墩身可整体预制，墩身底节与承台之间采用混凝土湿接头连接，墩身节段之间采用环氧树脂胶干接头连接。

2)桥台、承台施工

(1)承台施工。

普通承台施工一般包括桩基承台、系梁等桥梁下部基础施工，主要作业内容包括承台基坑的开挖处理，承台钢筋、模板以及混凝土施工。

(2)桥台施工。

桥台施工的主要作业有桥台的放样、台身模板施工、台身混凝土施工、台胸与道砟槽模板施工、台胸与道砟槽钢筋施工、台胸与道砟槽混凝土施工、支承垫石施工等工作。

桥台台后回填及锥体填筑按路基过渡段施工。

3.3.3 桥位制梁

1)支架(膺架)现浇施工

根据现场地质情况将地面基础加以适当处理,在基础上搭设支架形成承载能力,再在支架上安装底模,经预压后安装外侧模板、钢筋及预应力系统,然后浇筑梁体混凝土,待梁体混凝土强度达到设计要求后拆除内模、端侧模板并进行预应力张拉施工,拆除支架。根据梁体结构设计实际情况,梁体可以分节段或一联整体浇筑成型。支架法施工无需预制厂地,而且不需要大型运输、安装设备。支架形式可根据现场实际情况采用满堂式支架或梁式支架,可多工作面同时施工。

支架法施工主要适用于孔跨较少、无预制架设施工条件的桥梁。在山区及受地形地势等影响,大型施工机械无法进入或无大型机械设备的情况下,采用支架法施工比较合适。梁式支架适用于跨越道路或浅水河流及墩高较高的梁体现浇施工。满堂式支架主要适用于地基条件较好,跨越旱地且墩高较低的梁体现浇施工。

支架法现浇施工主要作业内容有:地基处理、支架安装、模板安装、支架预压、钢筋及预应力管道制作安装、混凝土施工、预应力张拉及管道压浆、模板及支架拆除。

2)移动模架施工

本工艺适用于桥梁工程中跨数多、高墩的混凝土箱梁施工,明确混凝土箱梁采用移动模架浇筑施工作业的工艺流程、操作要点和相应的工艺标准,指导、规范移动模架现浇箱梁的施工。

移动模架箱梁现浇施工的主要作业内容为:移动模架拼装及预压、底模调整,设置预拱、安装散模、绑扎钢筋和预应力波纹管、安装端模、浇筑混凝土及养护、预应力张拉、模架下落脱模、底模打开、走行过孔进入下一孔就位。

3)悬臂浇筑施工

本工艺适用预应力连续梁(刚构)的0#段、悬浇节段及合龙段的施工,悬浇施工常用挂篮法。悬臂浇筑施工是目前大跨径的连续箱梁(刚构)最常见的上部结构施工方法。悬臂浇筑施工工艺特点主要表现为:无需建立落地支架,无须大型起重与运输机具,主要设备是一对能走行的挂篮。挂篮可在已经张拉锚固并与墩身连成整体的梁段上移动,绑扎钢筋、立模、浇注混凝土、预应力施工都在挂篮上进行。完成本段施工后,挂篮对称向前各移动一节段,进行下一对梁段施工,如此循环前进,直至悬臂梁浇筑完成。采用悬臂浇注施工方法,需在施工中进行体系转换,即在悬浇施工时,结构受力状态呈T形刚构、悬臂梁,待主梁合龙后形成连续梁或连续刚构。预应力混凝土悬臂梁桥、连续梁桥墩是铰接(设置支座),不能承受弯矩,在悬臂浇筑时需采取措施,临时将墩梁固结和桥墩顺桥向两侧增设托架,待悬浇施工到至少一端合龙后恢复原状;T型刚构、连续刚构墩梁是固结的,采用悬臂浇筑施工时,结构本身已具有一定的抗弯能力,可根据设计和施工要求在墩旁设临时托架等方法进行施工。

悬浇施工方法特别适合于宽深河流和山谷,施工期水位变化频繁不宜水上作业的河流以及通航频繁且施工需留有较大净空等河流上桥梁施工及跨既有线路的桥梁施工。对场地及施工条件要求低,适用范围广,适用性强;对外界影响小,施工操作程序化,工作面集中,便于质量控制。

悬臂浇筑施工主要作业内容有:墩顶箱梁0#块段现浇施工;在0#块段桥面上拼装挂篮,挂篮预压;悬臂浇注箱梁块段,挂篮走行到下一节段,重复前一节段施工步骤,边跨现浇段施工;合龙段混凝土浇筑;体系转换后成桥。

4)悬臂拼装施工

本工艺适用于预应力连续梁(刚构)的节段悬拼。

悬臂节段拼装施工主要作业内容有:节段预制、节段运输、悬拼吊装施工等。

5)顶推法施工

顶推法施工是预先在桥台后面的路堤(或引道)上、亦可在桥梁中部设置预制平台逐段拼装或浇

筑桥跨结构,待达到预定强度的设计强度后,安装临时预应力索,用顶推装置逐段通过墩顶滑移装置将梁顶出,安装一段,拼接一段,直至全部就位,全部顶推就位后拆除临时预应力束,安装永久预应力束,拆除滑移装置,安装永久支座,完成预应力连续梁的安装施工。由于不需要使用膺架,可不中断桥下交通,省去大量施工脚手支架,减少高空作业,便于集中管理和指挥,施工安全可靠。顶推法适用于跨越城市、深谷、较大河流、公路、铁路的预应力连续梁结构施工。多用于跨径30~60m预应力混凝土等截面连续梁架设,顶推法可架设直桥、弯桥,坡桥。

采用顶推法架梁时,梁前端呈悬臂状态,与后部相比断面受力较大。为降低梁前端这种临时架设的断面力,可在梁前端安装导梁,还可以根据现场条件,在桥墩间设置临时支墩以降低架设时梁的断面受力。在中间跨度大,又不能设置临时支墩时,也可用导梁从两侧相对顶推,在跨中连接。

顶推方法主要分为单点顶推和多点顶推两种。单点顶推方法是把千斤顶等顶推设备设置于一桥台或桥墩上,其他墩上布置滑道,边顶推边使梁滑动的方式。这种方式有用水平、竖向两台千斤顶和用穿心式水平千斤顶配以拉杆两种方法。多点顶推是在各墩上均设置千斤顶等顶推设备的顶推方式,这种方式可将水平力分散作用于各墩上,对长大桥尤为有利。目前大多使用此种方法。

顶推施工的主要作业内容为:施工准备,箱梁节段预制及早期预应力张拉,箱梁节段顶推、导梁拆除,预应力箱梁后期预应力束安装及张拉压浆、前期预应力束拆除,体系转换(包括滑道拆除以及支座安装)等。

3.3.4 预应力混凝土梁体预制

高速铁路以预应力混凝土为主,主要是为了满足工期要求,并且梁体集中预制有利于施工质量的控制,同时也实现了工厂化、机械化和标准化的要求。

预应力混凝土梁体预制,主要分先张法和后张法两种,但主要以后张法为主。梁体预制的主要工作内容包括:模板安拆,混凝土拌制、浇筑、养护,钢筋制安,预埋件安设,孔道安装,预应力筋安装、张拉、封锚等。

3.3.5 预制梁架设施工

1)整孔吊装架设

本工艺适用于桥梁工程中采用梁体整孔预制、运输、提梁机或浮吊整片架设的混凝土梁施工,明确混凝土梁采用整孔吊装架设施工作业的工艺流程、操作要点和相应的工艺标准,指导、规范混凝土梁整孔吊装架设的施工。

整孔吊装架设施工的主要作业内容为:施工准备、起吊设备拼装和验收、箱梁运输、提升箱梁、支座安装、落梁就位、提梁机前移就位。

2)架桥机T梁架设

预应力混凝土简支梁的一般架设方法有:架桥机架设、轨道吊机架设、汽车吊架设、龙门吊架设、移动膺架架设、悬臂架设等。

架桥机的主要类型有:板梁式悬臂架桥机;桁架式悬臂架桥机;单梁式简支架桥机;双梁式简支架桥机。

铁路预应力混凝土简支梁架设按现场条件一般可划分为既有线铺架和新线铺架。既有线铺架设备一般有单梁式简支架桥机和双梁式简支架桥机。

新线铺架主要采用双梁型架桥机对铁路简支T梁进行提梁,运梁,拖梁,捆梁,吊梁,出梁,横移落梁,及墩台上进行移梁,就位的施工作业。

3)架桥机箱梁架设

本工艺适用于桥梁工程中采用梁体整体预制、运输、架桥机整片架设的混凝土箱梁施工,明确混凝土箱梁采用整孔架设施工作业的工艺流程、操作要点和相应的工艺标准,指导、规范架桥机箱梁架设的施工。

架桥机箱梁架设施工的主要作业内容为:施工准备、箱梁装车、箱梁运输、架桥机架设、支座安装、架桥机过孔就位。

3.3.6 高速铁路桥梁变形观测

根据《客运专线铁路无砟轨道铺设条件评估技术指南》(铁建设[2006]8号)的规定,桥梁变形观测应以墩台基础的沉降和预应力混凝土梁的徐变变形为主。岩石地基、嵌岩桩基桥梁基础沉降可选择典型墩台观测;批量生产的预制混凝土箱梁可每30孔选择1孔进行徐变观测;其余桥梁变形应逐跨、逐墩(台)布置测点进行。

墩台基础完工至无砟轨道铺设前,应系统观测墩台的沉降、倾斜和变位情况,能便于及时发现异常情况,采取措施,保证结构的安全。对于上部结构施工期间,墩台沉降、变形观测周期,结合上部结构加载或浇筑混凝土的施工方案,制订不同观测周期:受荷载前期每7天一次,上部结构施工期间每1天一次,上部结构施工完成墩台承受荷载期第一个月每7天一次,之后每30天一次。桥梁主体工程完工后,其沉降观测期一般不少于6个月;良好地质区段的桥梁,其沉降观测期一般不少于2个月。

预应力混凝土梁的徐变观测点应设置在支点和跨中截面,每孔梁的测点数量不应少于6个。梁体预应力张拉开始至无砟轨道铺设前,应系统观测梁体的竖向变形。预应力张拉前为变形的起点,变形观测的阶段及频次详见《客运专线铁路无砟轨道铺设条件评估技术指南》。

3.4 轨道工程

轨道工程分为有砟轨道和无砟轨道两类,传统的轨道为有砟轨道形式,而高速铁路(时速为250km以上)由于对平顺性、舒适性、耐久性的要求较高,通常采用无砟轨道形式。

3.4.1 有砟轨道

传统的铁路轨道均采用此类轨道形式,其具有建设费用低、噪声小、建设周期短、易修复、维修效率高及几何尺寸易调整控制等优点,但也具有维修工作量大、道砟飞散等缺点。目前主要运用于时速250km以下铁路。

铺设有砟轨道的工艺流程为:预铺道砟→钢轨铺设→单元焊接→上砟整道→放散锁定→精细整道→轨道静态检测→全线钢轨预打磨→轨道动态检测。

1)预铺道砟

一般采用自卸汽车进行运输,到达后与摊铺机配合摊铺,振动压路机紧跟碾压。

2)长钢轨铺设

目前的铁路工程已基本使用长轨,长轨采用双层运轨运枕车运输,运用“单枕连续法”铺设。单轨连续铺设法施工工艺流程图如附图3-3所示。

(1)准备工作。

确定铺轨机走行标线→铺轨机组就位→机车推送运输列车进场→连接铺轨机组与运输列车→解除钢轨的保护装置。

(2)拖拉长轨。

铺轨机利用卷扬机拖出长钢轨,送入分轨装置和推送装置,再由拖拉机拖拉,拖拉时每10m在长钢轨下放置一对滚筒,铺轨机前转向架轮对运行至已铺轨道端头约500mm时,按焊接要求结合轨温预留轨缝,用断轨急救器连接。

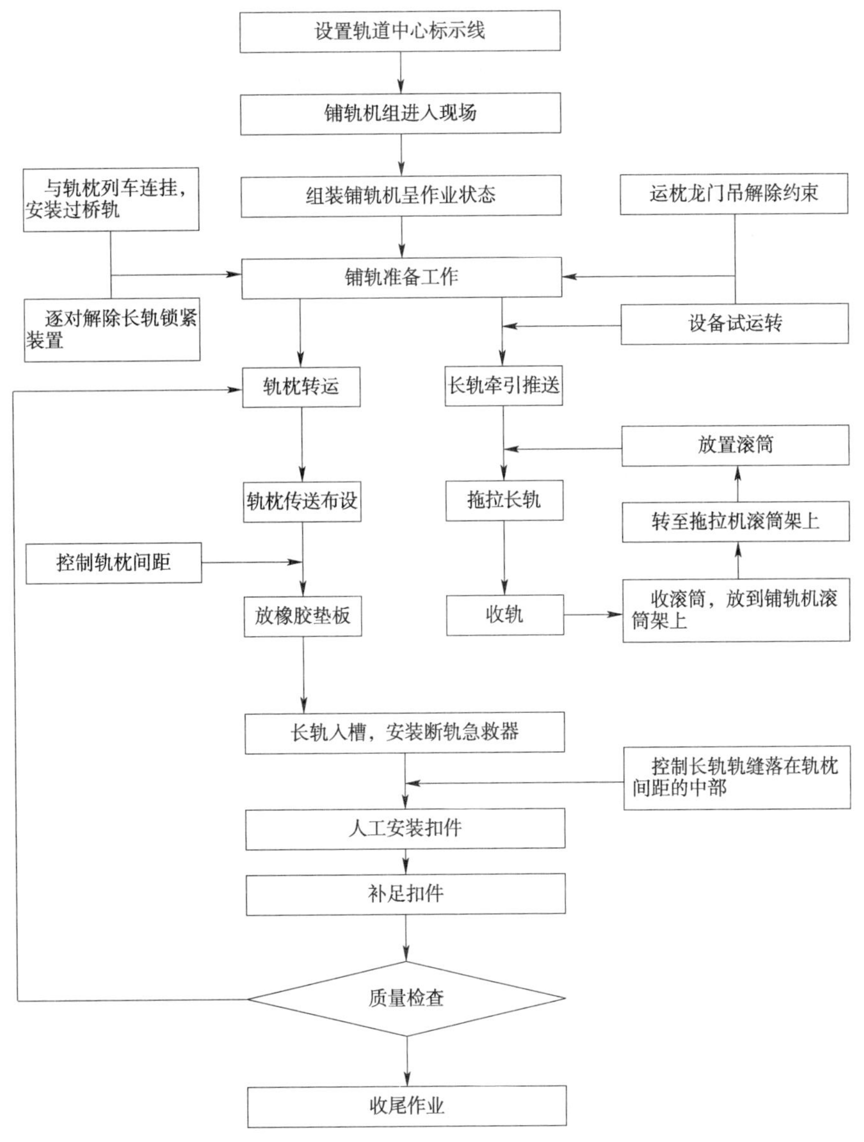

附图3-3 单轨连续铺设法施工工艺流程图

(3)布枕及收轨作业。

铺轨机按走行标示线走行进行布枕作业，布枕后及时清扫承轨槽表面，安放橡胶垫板端正人槽，同时铺轨机后部液压收轨装置收轨至承轨槽内。

(4)安装配件。

随车轨道配件安装人员安装数量不少于10%的绝缘轨距块、Ⅲ型弹条。后续轨道配件安装人员紧随铺轨列车将剩余90%的扣配件补足，并进行轨枕间距检查、调整。

3)单元焊接

在长轨间的单元焊接采用接触焊的施工工艺，道岔区则采用铝热焊的施工工艺。

4)上砟整道

道床面砟铺设和大机整道，道床面砟铺设上砟整道按要求上砟即可，而大机整道则为利用相应的设备进行施工作业，主要施工工序包括：配砟作业→起、拨道及捣固作业→稳定作业→道床整形作业。

5)放散锁定

区间轨道锁定焊接采用工地接触焊，岔区锁定焊接采用铝热焊。

经过三次整道作业，对道床刚度及横、纵向阻力检测并判断达到初期稳定状态后，先进行单元轨节间的锁定焊接,然后采用“综合放散法"进行单元轨节的应力放散,“连入法”及“低温拉伸法”进行单元轨节的逐节锁定。正线道岔采用“自然放散法”进行应力放散,“等温度法”进行锁定。合龙锁定焊接在设计锁定轨温允许范围内进行,并尽量接近设计锁定轨温。放散锁定前先焊接欲放散锁定的单元轨节与其前一单元轨节间的接头。

6)精细整道

锁定完成后,由大型机械化养路设备进行两次整道作业,起拨捣固两次,加强稳定。

7)轨道静态检测

轨道静态检测采用轨道检测仪测量轨道的轨向、高低、轨距、水平、扭曲和道岔轮缘槽侧间距静态几何尺寸的偏差值。

8)钢轨预打磨

线路达到稳定状态后,在轨道动态检测前采用钢轨打磨列车对全线钢轨进行预打磨。

9)轨道动态检测

采用轨道检测车对轨道的轨距、水平、轨向、高低、扭曲、车体垂直振动加速度和横向振动加速度进行动态检测评定。

3.4.2 无砟轨道

1)无砟轨道的特性

客运专线因其速度高、轴重轻、行车密度大的特点,对轨道结构提出了安全、舒适、少维修、高完好率的要求,因此无砟轨道必须具备的特性包括:高平顺性、高稳定性、高可靠性、高耐久性。

2)无砟轨道的类型

目前无砟轨道的主要类型有 CRTSⅠ、CRTSⅡ板式无砟轨道和 CRTSⅠ、CRTSⅡ双块式无砟轨道四种结构形式。

(1)CRTSⅠ双块式无砟轨道。

①轨枕预制。

双块式轨枕为混凝土预制构件,一般应建设轨枕预制厂集中生产。预制厂按功能划分为材料区、生产区等区域,生产区设双块式轨枕生产线、钢筋加工生产线混凝土搅拌站等。双块式轨枕生产线通常按机组流水法进行工艺设计并配置相应工艺设备。

主要作业内容包括:钢模型清理、钢筋加工、桁架制作、钢筋桁架及配件安装、混凝土制备、混凝土灌注及振捣成形、养护脱模、产品检验。

②路基上支承层施工。

路基上支承层可采用摊铺法铺筑,当铺筑地段较短;支承层外形特殊;支承层横截面存在大量预埋部件时,也可采用模筑法浇筑。

摊铺法施工时,支承层材料采用水硬性混合料;模筑法施工时支承层材料采用低塑性混凝土。

摊铺法施工主要作业内容包括:基层处理、测设基桩和引导线、水硬性混合料生产运输及布料、摊铺、拉毛、切缝、养生。

模筑法施工主要作业内容包括:基层处理、测设基桩及放样、安装模板、混凝土生产及运输、浇筑混凝土、拉毛、切缝、养生。

③端刺及锚固钢销钉施工。

双块式无砟轨道在路基铺设地段分别与桥梁、隧道铺设地段过渡时,应按设计施工端刺和锚固钢销钉。

端刺结构为钢筋混凝土结构,采用“模筑法”施工。根据深度不同,端刺基坑可采用人工或机械方法开挖。锚固钢销钉在道床板与支承层、道床板与隧道底板见设置,采用钻孔锚固方法施工。端刺位置根据设计图和轨枕位置计算确定,宜在支承层施工时预留;或在支承层施工前施工端刺。锚

固钢销钉采用钻孔锚固方法,在道床板和支承层、道床板和隧道底板间按设计要求设置。

端刺施工作业内容主要包括:测量放样、基坑开挖、钢筋绑扎及安装、混凝土浇筑。

锚固钢销钉施工作业内容主要包括:测量放样、钻孔、锚固钢销钉。

④桥上底座施工。

桥上底座为钢筋混凝土结构,混凝土浇筑采用“模筑法”进行。混凝土应工厂化生产、钢筋宜集中加工成网片后再运至现场安装。

桥上底座施工的作业内容主要包括:梁面基层处理、测设基桩及放样、底座钢筋及模板安装、底座及凹槽混凝土浇筑、底座养护、铺设隔离层及凹槽弹性垫层。

⑤轨排组装、调整。

CRTSⅠ型双块式无砟道床目前主要施工方法包括“轨排支撑架法”“轨排框架法”。“轨排支撑架法”使用螺杆支撑架架设工具轨轨排,轨排架设固定就位后,绑扎钢筋浇筑道床板混凝土;“轨排框架法”使用轨排框架梁(双梁型组合轨道排架或单梁型组合轨道排架)组装工具轨轨排,架设固定就位后,绑扎钢筋浇筑道床板混凝土。

轨排支撑架法作业内容包括:轨道材料运输及存放、铺设轨枕、组装轨排、轨排粗调、轨排精调。轨排框架法作业内容包括:轨道材料运输及存放、轨排组装和运输、轨排就位、轨排粗调、轨排精调。

⑥道床板混凝土浇筑。

道床板混凝土浇筑采用“模筑法”进行。混凝土应工厂化生产,轨道精调结束后及时进行浇筑。

道床板混凝土作业内容主要包括:道床板钢筋绑扎、钢筋绝缘处理及检测、安装纵横向模板、道床板混凝土浇筑、养护及清理。

⑦轨道精调。

轨道精调可分为静态调整和动态调整两个阶段。轨道静态调整符合标准要求后,线路开通前由轨道动态综合检测车进行动态质量检测,并依据检测数据进行动态调整。

轨道精调施工的作业内容包括:轨道状态检查、轨道精调测量、调整量计算、轨道静态调整、轨道动态调整。

(2)CRTSⅡ双块式无砟轨道。

CRTSⅠ型双块式无砟轨道表面上与CRTSⅡ型双块式无砟轨道在结构上基本相同,所不同的是施工方法。CRTSⅡ型双块式无砟轨道实现了施工的高度机械化,而CRTSⅠ型双块式无砟轨道利用工具轨固定轨枕,精确调整轨道位置,在加固后进行混凝土浇筑,使得轨枕嵌入混凝土中。CRTSⅡ型双块式无砟轨道施工采用若干钢框架代替钢轨来架立轨枕块,消除了在轨道板混凝土温度上升期间钢轨的热胀冷缩对新旧混凝土界面的扰动。CRTSⅡ双块式无砟轨道的部分施工内容与CRTSⅡ双块式无砟轨道的内容相同,包括:路基上支承层施工、桥上混凝土底座施工、道床板混凝土施工、轨道精调等。

与CRTSⅠ型双块式无砟轨道不同的作业内容主要包括以下几点。

①支脚、模板轨道安装与支脚精调。

CRTSⅡ型双块式无砟道床是先浇筑道床板混凝土,然后采用专用机械“振动法”将双块式轨枕振动嵌入到密实的混凝土道床中。

作业内容主要包括:支脚放样测量、支脚和模板安装、支脚精调。

②轨枕组装与振动嵌入。

轨枕组装与振动嵌入采用轨枕装配车(包括轨枕安装单元、轨枕装载单元)完成,施工前注意检查设备工况。

作业内容主要包括:固定架组装轨枕、轨枕振动嵌入。

③工装拆除。

轨枕组装与振动嵌入采用轨枕装配车(包括拆卸单元、回收单元)完成,施工前注意检查设备工况。

作业内容主要包括:拆除固定架和横梁、拆除钢模板轨道、支脚及连接件。

(3)CRTS Ⅰ型板式无砟轨道。

CRTS Ⅰ型板式无砟轨道由钢轨及配件、预制的轨道板、CA 砂浆填充层、混凝土底座和轨道板之间用于限位的凸形挡台组成。凸形挡台作为板式轨道结构中重要的组成部分,设置于混凝土底座两端的中部,用于限制轨道板的纵、横向移动。轨道板作为预制构件,质量容易控制,施工进度快,但其制造、运输和施工的专业性较强,在检验合格后可直接运送到现场进行安装。CRTS Ⅰ型板式无砟轨道一般采用“由上而下”的施工方法,施工过程中不需要工具轨。施工关键技术主要有轨道板预制、轨道板安装、长轨铺没这三方面。

①CRTS Ⅰ板式无砟轨道板制造。

CRTS Ⅰ型混凝土轨道板(以下简称Ⅰ型板)设计为钢筋混凝土平板结构,分为框架式预应力板、框架式非预应力板和整体式预应力板等三种类型,根据长度不同或用途不同分为 P4962、P4856、P4856A、P3685、P4962A 五种标准板型和 P5500、P4856B、P3685B 三种异形板型。轨道板宽度为2400mm,厚度 190mm,承轨台高于轨道板表面 20mm。轨道板及承轨台表面按平坡设计,每块轨道板根据长度的不同设置不同对数的承轨台。轨道板配筋及预应力采用对称布置,主要预埋件包括预埋扣件绝缘套管、轨道板起吊用套管、接地端子等。

Ⅰ型板采用环氧涂层钢筋与普通钢筋绑扎作为板体钢筋骨架。利用高精度模型制板,并在轨道板内埋设低松弛预应力钢棒(简称 PC 钢棒),经后张拉后防止轨道板翘曲变形和防止轨道板产生裂纹。

预应力轨道板主要作业内容及流程为:施工准备及原材料检验合格→模型检测修整、涂刷脱模剂→预埋件安装→钢筋骨架和钢棒安装→合模并预紧 PC 钢棒→骨架绝缘性检测→混凝土浇筑→混凝土养护→混凝土脱模→轨道板张拉→张拉锚穴封锚→水中养护→成品检查和存放→出厂检验。

框架式非预应力板主要作业内容与预应力轨道板基本相同,不同之处在于框架式非预应力板无钢棒安装、轨道板张拉和张拉锚穴封锚三项作业内容。

②底座及凸形挡台施工。

CRTSI 型板式无砟轨道的底座混凝土和凸形挡台结构,是向无砟轨道板提供竖向反力、曲线地段离心力之反力、纵横向反力的结构物。底座和凸形挡台混凝土强度等级为 C40,凸形挡台分圆形及半圆形两种,桥梁地段每个梁缝处设半圆形凸形挡台、路基地段和隧道地段的起止处设半圆形凸形挡台。每块单独底座之间相连处设一道宽 20m 伸缩缝,伸缩缝对应凸形挡台中心并向行车的反方向绕过凸形挡台。

施工时先进行计算放样,然后浇筑底座混凝土,随后进行伸缩缝处理,最后完成凸形挡台施工。

主要作业内容包括:基础面处理,测量放样,底座板和凸形挡台钢筋加工及安装,底座板模板拼装,底座板混凝土浇筑,伸缩缝的填缝处理,凸形挡台测量放样和模板安装,凸形挡台混凝土浇筑等。

③轨道板铺设。

轨道板粗铺采用汽车吊和铺板龙门吊,轨道板精调采用螺栓孔速测标架测量法。

CRTSI 型轨道板铺设主要包含施工准备、轨道板粗铺、轨道板精调。施工准备包括:无砟轨道铺设条件评估、混凝土底座和凸形挡台交接、混凝土底座顶面清、施工便道整修。轨道板粗铺包括:轨道板运输、存放、吊卸;轨道板交接验收;轨道板粗铺。轨道板精调包括:调整器安装;轨道板精调;限位装置安装。

④CA 砂浆制备及现场灌注。

水泥乳化沥青砂浆(简称 CA 砂浆)制备和现场灌注,是通过经原铁道部上道许可的 CA 砂浆搅拌车现场配制,并通过中转仓和漏斗进行灌注的施工工艺。

CRTS Ⅰ型轨道板 CA 砂浆制备及现场灌注主要包含:灌注袋选择及安装铺设,原材料的采购、存储和检验、CA 砂浆制备和灌注等内容。

灌注袋选择及安装铺设主要施工内容为:根据轨道板与底座之间的间隙,选择相应灌注厚度的灌注袋;将灌注袋铺装在精调好的轨道板下;用木楔将灌注袋固定。

原材料的采购、存储和检验主要内容为:原材料供应站建设;原材料采购;原材料存储;原材料检验。

CA 砂浆制备和灌注的主要内容为:CA 砂浆施工配合比选定;CA 砂浆现场制备;砂浆现场灌注;CA 砂浆现场检测。

⑤凸形挡台树脂灌注。

凸形挡台树脂灌注过程的施工主要采用专用搅拌设备按比例将 A 组分和 B 组分现场拌制,并由专用灌注容器进行灌注施工的方式,主要包含施工准备、双组分聚氨酯的拌制、树脂灌注。施工准备主要内容包括:无砟轨道铺设条件评估;混凝土底座和凸形挡台交接;凸形挡台的清理;施工便道整修。双组分聚氨酯的拌制的主要内容包括:施工配合比的确定;挡台树脂的现场制备。树脂的现场灌注的主要内容包括:挡台树脂的现场灌注;挡台树脂的现场检测。

(4)CRTSⅡ型板式无砟轨道。

CRTSⅡ型板式无砟轨道具有质量好、精度高、安装快、有可修复性、可靠、经济等特点;其施工关键技术主要在轨道板预制、轨道板安装、长轨铺设三方面。轨道板预制采用工厂化加工,在其检验合格后可直接运送到现场进行安装。

①CRTSⅡ型板式无砟轨道板制造。

CRTSⅡ型轨道板外形尺寸为 6450mm × 2550mm × 200mm,为先张预应力混凝土结构,体积约 3.452m^3,质量约为 8.63t(不计扣件),每块轨道板混凝土用量 3.4m^3,钢筋用量 373kg。CRTSⅡ型板式无砟轨道板采用在工厂批量生产,进度不受施工现场条件制约。每块板上有 10 对承轨台,承轨台由电脑控制的数控磨床磨制(打磨),其误差控制在 0.1mm 内。工地安装时,不需对每个轨道支撑点进行调节,使工地测量和调整工作大大减少。

主要的作业内容为:上、下层钢筋网片的制作、入模及预应力钢筋的张拉;混凝土施工;混凝土养护;轨道板脱模;毛坯板静停;毛坯板运输及存放;毛坯板打磨;扣件预安装;成品板绝缘检测;成品板运输及存放。

②路基上支承层施工。

路基上 CRTSⅡ型板式无砟轨道支承层宜采用滑模摊铺机施工;长度较短的路基,外形不规则或有大量预埋件的地段,经技术经济比较可采用模筑法施工。因考虑摊铺机只能单线施工,水硬性混合料配制及运输的要求烦琐等原因,目前基本采用模筑法施工。采用滑模摊铺机施工时,支承层材料选用水硬性混合料。水硬性混合料由细骨料、粗骨料、少量胶凝材料和少量水等配制,采用滑模摊铺或摊铺碾压工艺成型后具有 98% 以上的相对密实度。采用模筑法施工时,支承层材料选低塑性水泥混凝土。低塑性水泥混凝土由细骨料、粗骨料、少量胶凝材料和少量水等配制,坍落度不大于 30mm。一般情况下,选用低塑性水泥混凝土的强度等级宜为 C20。

采用滑模摊铺机施工主要作业内容包括:路基面验收、测量放线、滑模摊铺机安装及调试、支承层材料配制及运输、支承层摊铺、切缝养生等。

采用模筑法施工主要作业内容包括:路基面验收、测量放线、模板安装及调试、混凝土层材料配制及运输、混凝土浇筑、混凝土养生。

③桥梁上底座板施工。

长桥上 CRTSⅡ型板式无砟轨道主要由钢轨、配套扣件、预制轨道板、砂浆调整层、连续底座板、滑动层、侧向挡块等部分组成。此外,每孔梁固定支座上方设置剪力齿槽,梁缝处设置硬泡沫塑料板,桥台与路基连接处的路基侧设置端刺、摩擦板及过渡板等。每座桥梁上底座板和路桥过渡段摩擦板上底座板贯通连续,固接在两端路基中的端刺上,构成稳定的“端刺 + 底座板 + 端刺”结构,端刺在底座板两端提供了限位力,制约底座板沿纵向的伸缩变形,避免底座板结构因为温度变化结构伸缩引起的开裂和底座板箱梁间剪切连接破坏。桥面上底座板除了在每孔箱梁固定端的齿槽区与箱梁剪切固定连接外,其他范围底座板和梁面之间设有滑动层实现相互之间位移。

主要作业内容包括:施工准备及桥面验收、滑动层铺设、高强度挤塑板铺设、模型安装、钢筋绑扎、混凝土浇筑、底座纵连等。

④轨道板铺设。

轨道板安装是在底座混凝土或支承层施工完成并达到设计要求的强度后进行,按照底座混凝土段落的施工顺序进行双线同步同向进行铺设,沿底座混凝土依次布设 GRP 点(轨道基准点)、运板、铺板、精调、灌浆、张拉连接等工序。路基地段除不需要大量的上桥吊装外,施工方法与长桥上同。

以长桥上轨道板铺设为例,主要作业内容包括:底座板复测及轨道基准点测设、轨道板粗铺、轨道板精调、轨道板封边、水泥乳化沥青砂浆浇筑、轨道板纵向连接、轨道板剪切连接、侧向挡块施作等。

⑤台后锚固结构施工。

台后锚固结构作为长桥上 CRTSⅡ型板式无砟轨道连续底座的特殊辅助结构,起着将连续底座的纵向荷载传递入路基本体的作用。台后锚固结构包括端刺、摩擦板和过渡板,根据其结构特点,施工时一般按自下而上的顺序依次与路基本体同步施工完成,即:先将路基填筑至端刺底板高度,待立模完成端刺底板浇筑后,再进行路基填筑过渡板底面并进行路基堆载预压;路基沉降评估通过并拆除堆载预压后,开挖摩擦板基础,立模完成摩擦板及过渡板施作后,最后完成剩余路基本体的填筑。施工过程应特别注意路基填筑质量的控制。

主要作业内容包括:端刺、摩擦板及过渡板施工,路基填筑等。

3.5 四电工程

四电工程即通信工程、信号工程、电气化工程和电力工程。主要施工内容包括架空电力线路及接触网工程的基坑开挖、支柱安装、导线架设,通信、信号、电力电缆沟槽的开挖回填、电缆敷设、设备安装调试及相关工程。

3.5.1 通信工程

通信工程施工主要分为通信光(电)缆敷设、通信设备安装和系统调试三部分。一般采取先通信光(电)缆敷设、后设备安装的方法。通信工程施工的主要次序为长途干线传输系统施工→数据通信系统施工→其他各通信系统安装调试→全线综合系统调试。

1)通信光(电)缆敷设

通信光(电)缆敷设沿通信设计线路进行,通信线路主要包括光电缆线路、无线铁塔、泄漏同轴电缆。路基地段的光电缆线路沟槽随着路基工程施工同时进行,在路基表层施工完后,为了不扰动基床表层和底层的路基结构,一般采用专用的机械切割至设计开挖底面,经过对基坑处理后,再安装预制混凝土电缆槽;桥、隧地段的电缆沟槽随桥梁和隧道的施工同步进行通信光(电)缆敷设施工时,根据站前施工进度所达到的施工条件,一般先进行无线铁塔、泄漏同轴电缆施工,然后再进行光电缆线路铺设,光缆的敷设可采用人工和机械牵引两种方式,在尚未铺轨的施工区段可采用机械牵引方法的敷设;如无线铁塔工程量较大时,可提前组织施工。

2)通信设备安装

通信设备分传输系统、电话交换及接入系统、调度通信系统、通信电源系统、会议电视系统、数据网、综合视频监控系统、专用移动通信系统、应急通信系统、通信综合网管、时钟及时间同步分配系统、通信电源及环境监控系统、综合布线系统等。通信设备中最主要的就是传输系统,传输系统是整个通信系统的主干道,因此在保证工程质量的前提下应尽早满足其他专业对传输系统的需求根据房建施工进度所达到的施工条件,一般先进行通信站、基站、直放站、信号中继站等影响主通道调试的设备安装,然后再进行其余接入点的设备安装。通信站、车站通信机械室、机柜、机架采用防静电地板下设底座进行固定安装。设备供应商有特殊安装要求的设备按供应商提供的安装指南并在供应商督导的指导下进行安装。

3)通信系统调试

在具备稳定电源后进行,按子系统单机试验、子系统试验、通信系统试验的顺序进行。各子系统调试首先调试通信电源、同步时钟、传输及接入子系统,然后再调试移动通信及其他各子系统。系统设备的本机调试区段调试由各施工单位进行调试,区段内调试完成后进行整个系统的综合调试,调试由统一的调试试验单位进行。传输设备的调试是按网管逐点调试,不能同步铺开作业。线路越长点越多调试的工期就越长为满足对质量和工期的要求一般应要求:尽早提供通信机房及通信设备使用的电源;增加调试时的传输设备网管设备,调试时尽可能分成若干作业面同时调试。

3.5.2 信号工程

信号工程施工主要包括电缆线路敷设、信号设备安装和系统调试三部分。

信号工程施工主要程序为:电缆线路信号点复测→信号电缆敷设→区间信号点设备安装配线、车站信号电缆敷设→室内信号设备安装→室外信号设备安装→室内模拟试验→室内外联锁试验→车载信号设备安装→综合调试。

1)电缆敷设

信号电缆敷设于路基一侧预留的电缆槽内,站场光电缆敷设于管道或槽道内,光电缆过轨采用预埋好的钢管进行防护。信号电缆的敷设可采用人工和机械两种方式,在尚未铺轨的施工区段可采用机械方法敷设。信号工程的电缆敷设应在站前电缆槽盖板完毕后采用流水作业施工。

2)设备安装

高架桥信号室外设备安装主要有防护墙钻孔、基础和箱盒安装。轨枕板钻孔、植胶和设备安装采用流水作业法。施工时各段同类工作可采用平行作业法。

路基地段信号室外设备安装主要有基础开挖、基础和箱盒安装。轨道电路、信号机、转辙装置可采用流水作业法。各段同类工作可采用平行作业法。室内信号设备安装主要有机架(柜)、电缆槽、电源安装。模拟试验必须采用流水作业法。

3)系统调试

室内外设备的系统调试,根据分部工程的不同可平行作业法。

3.5.3 电力工程

电力工程应与电牵、信号、房建专业施工紧密配合,电力工程施工进度要优先通信、信号、电力牵引工程施工,以为各专业设备的安装调试提供电力供应。以电力变、配电所施工为电力工程区段内的关键工程,其他各单项工程平行施工,最后通过贯通线路组成电力配电系统。其他电力工程(通信、信号工点,站场供电工程)可随站后工程进度平行开展,满足站后工程施工调试的需要。电力工程施工主要关键技术包括以下内容。

1)电力线路施工

电力线路施工分为电力电缆敷设和电力线路架设两部分。电力贯通电缆敷设于路基预留的电缆槽内,站场电力电缆敷设于管道式槽道内,电缆过轨采用预埋好的钢管进行防护。电缆敷设一般采用轨型车辆机械敷设和无轨车辆辅助人工敷设等方式。电力电缆敷设主要工作内容有电缆槽道安装、电缆支架安装、敷设电缆、铺砂盖砖回填、埋没标桩,设备安装、接地安装、试验。电力线路架设主要工作内容有测量、挖坑、运杆、立杆,横担拉线安装、防护架安装、架线、调整、设备安装、接地安装。高速铁路一般桥梁地段占的比重比较大,各专业要在同一施工作业面交叉施工,一般采用人工方式敷设以降低相互干扰。电缆线路施工应尽量考虑与路基、桥梁、隧道施工同步。

2)变、配电所施工

室外设备:箱式变电站除了受房建专业的制约外,其他专业对其影响不大,可先期进行此项工作。站场电力设备受站场其他专业的影响较大,应考虑与站场其他专业进行合理的组织交叉施工作业。

室内设备:在设备安装所需房屋具备安装条件后,应及时进行室内设备安装、调试。

其工作内容主要包括施工测量、高低压柜控制盘安装、敷设电缆、设备安装、接地安装,试验、整组统调。

3)电力远动

电力远动的主要工作内容为设备安装、单体调试和系统调试,调试方法宜采用同步分级法。

同步分级法根据远动系统的功能,按接口界面划分为不同的施工作业面,一般可按调度端(OCC)、专用远动通道、被控端(RTU)三个工作曲进行划分;再根据不同作业面工作量的大小安排适当的技术人员,在同一时间、不同的施工作业面同步、同时展开施工与调试工作;再按接口界面不同工序之间的制约先后组合,进行衔接,最后做整个系统的联合调试。

3.5.4 电气化工程

高速铁路电气化工程主要施工程序为:预埋件检查→支柱和吊柱安装→底座、肩架、腕臂及拉线安装→附加线架设→承力索、接触线架设→悬挂调整→设备安装→冷滑试验→系统集成试验→试运行测试和验收。

1)接触网工程施工

接触网工程和站前工程交叉施工较多,因此接触网工程在站前单位提供作业面后,采用流水施工组织,实行程序化、机械化施工。接触网支柱基础一般由钻孔桩和钢桩基础组成,施工均要求采用机械施工方法,杜绝人工开挖方式;接触网支柱、硬横梁采用机械化安装。

接触网安装工程需在铺轨具备条件后进行,因此其施工随铺轨进度进行。在钢轨成段或贯通后,再进行接触网架线、轨旁设备安装工作,接触网架线可利用铺架工程车运输间隙进行施工。导线架设一般采用恒大张力架机械施工,采用专用架线吊弦,保证施工质量。冷滑检测采用接触网冷滑检测车进行。接触网悬挂及调试主要工作内容有路基上支柱安装、基础浇制;隧道内打灌、隧道内装配;钢柱安装、桥梁打灌、桥钢柱安装、支柱装配、软横跨安装;承力索、导线架设、悬挂调整;分段绝缘器、开关、地线等安装、冷滑验收。

高速铁路接触网安装工程一般采用程序化施工,施工组织采用以工序划分专业班组,施工程序集中在一个作业面(可以是一个区间或几个锚段)开展程序化施工。各专业化作业班组根据工艺流程按流水程序表进行程序化作业,从而实现各锚段垂直方向的工序循环和一个作业面内水平方向的工序流水。

接触网施工的主要工序作业有如下方面。

(1)支柱的安装。

尽可能利用成型的路基在无砟轨道整体道床施工前接触网利用汽车吊进行支柱安装;或采用安装列车进行安装的方法。利用铺轨基地作为支柱的存放场所,安装列车配两个平板用于支柱的运输,支柱安装计划服从轨道占用计划。

(2)吊柱的安装。

采用接触网作业车进行安装的方法,即利用作业车的自带小吊将吊柱吊装到作业平台,通过作业平台的升降及旋转进行吊柱安装。利用铺轨基地作为吊柱的存放场所,安装列车配平板用于吊柱的运输,吊柱安装计划服从轨道占用计划。

(3)底座、肩架及腕臂安装。

采用接触网作业车安装的方法,利用铺轨基地作为吊柱的存放场所,安装列车配平板用于吊柱柱的运输,施工服从轨道占用计划。

(4)附加线。

采用接触网作业车安装的方法,利用铺轨基地作为附加线的吊装场所,安装列车配平板用于附加线的运输,施工服从轨道占用计划。

(5)承力索、接触线架设。

承力索和接触线按锚段长度进行配盘,采用恒张力架线车组和恒张力架线车进行架设,同时采取超拉或额定张力自然延伸等措施使新线初伸长(蠕变)一次基本出尽,保证接触悬挂调整一次到位接触悬挂安装调整;悬挂安装调整内容主要包括整体吊弦、组合定位装置、线岔、分段分相关节和电连接等安装调整工作。

(6)接触网检测。

接触网检测分静态检测和动态检测两个阶段。静态检测主要在工程安装阶段对接触网结构参数(导线高度、拉出值、限界、动态包络线检查等)进行测量,采用多功能激光接触网测量仪等进行无接触静态检测。动态检测主要在工程完工后对接触网进行功能检测,分低速动态检测和高速动态检测。低速动态检测采用接触网冷滑装置或接触网弓网接触力测量装置;高速动态检测采用接触网图像分析测量系统,主要测量弓网接触力、定位器抬升(检测车测量、地面测量)、受电弓运行加速度、离线率(电弧)、视频记录等。

2)牵引变电工程施工

变电工程采用统一工艺标准、实行程序化施工,各工序采取平行与流水相结合的办法进行施工。主要施工程序为:施工准备与配合→施工定位与测量→基坑开挖与浇制→预埋件安装→接地网敷设→电缆沟支架安装→构支架组立→室外高压设备安装→主变安装→软母线制安→室内设备安装→电缆敷设及二次配线→室外室内设备自检、单体调试→室内设备单体调试→所内系统调试—SCADA联调→送电试运行→全线变电子系统联调→系统集成试验→试运行测试和验收。主变安装中的主变运输、安装、油处理和测试为变电专业施工中的关键工序。

常规部分选择已成熟的施工工艺组织施工;新技术、新工艺、新设备部分,参照相应的安装规范,确定施工方法、制订施工工艺,满足工程的施工需要。

3.6 地铁车站工程

地铁车站工程是地铁工程的重要组成部分,也是地铁建设中首先施工的部分,主要包括地铁车站的总体施工顺序、管线及设施迁改、开挖方法及工艺、车站围护结构施工、车站主体施工等方面。

3.6.1 地铁车站的总体施工顺序

项目进场施工后,车站的总体施工顺序为:场地打围施工→场地内的管线迁移→施工场地的平面规划及布置→围护结构施工→土方开挖→主体施工→回填、恢复。

3.6.2 管线及设施迁改

在市政工程施工中,最影响工期、协调难度最大的工作为管线迁改工作。一般可能需要迁改的管线主要有天然气、石油、给排水、电缆、通信、交通信号等,此外,还有周边需要迁移改动的设施、建筑物和构筑物,涉及面广,协调单位多,时间长,是制约工期的主要因素。

按照工程经验,管线迁移中,风险最大的是LNG、燃气管线及国防军缆,最棘手的是大直径、埋深4m以下的雨水箱涵,而周边的建(构)筑物,则一般采用注浆加固或多重旋喷桩予以加固。

3.6.3 开挖方法及工艺

车站施工的方法主要有明挖法、盖挖法两类。

1)明挖顺作法

明挖顺作法是地铁车站常用的,也是经济指标较好的一种施工方法,在条件允许的情况下,尽量采用此法施工。

其工序为:绿化迁移、管线改移→场地平整、交通疏解、施工准备→基坑围护结构施工→格构柱施工,基坑内施工降水井并在开挖土方前20天降水(有些还需进行基底加固)→第一层土方开挖(覆盖层)→施工冠梁→第一道钢筋混凝土支撑→第 N 层土方开挖(至下一层支撑下50cm)逐层设置 N 层支撑→最底层开挖综合接地施工C20混凝土垫层施工(150mm厚)→防水层施工→C20细粒石混土保护层施工(50mm厚)→底板混凝土施工→最下层支撑拆除→按着纵向施工缝的划分逐层施工内衬→自下向上逐次拆除支撑→顶板钢筋混凝土浇筑→防水层施工→C20细粒石混凝土保护层施工(一般为80mm厚)→黏土回填(厚)→一般土回填至设计高程(按设计要求进行夯实),恢复路面→车站附属结构施工。

明挖顺作车站主体结构工艺流程(以一个三层车站为例)为:接地网施工→基层垫层施工→防水层施工保护层施工(50mm厚,C20细粒石混凝土)→底板钢筋绑扎、安装→底板混凝土浇筑→侧墙外防水层施作,并施作保护层一侧墙钢筋绑扎及安装→侧墙搭设支架安装模板→负三层板模板安装及钢筋绑扎→负三层板混凝土浇筑→负二层侧墙钢筋绑扎→支架搭设,负二层侧墙及负二层板模型安装→负二层板钢筋绑扎→负层侧墙及负二层板混凝土浇筑→负一层侧墙及顶板施工→顶板防水层施工→顶板防水层保护层施工及土方回填。

2)盖挖法

在城市地铁施工中,由于大部分车站地处繁华闹市,限于交通压力,多采用盖挖法施工,盖挖法分为盖挖逆作法和准作法两种,逆作法主体结构是自上而下伴随土体开挖逐步进行的,而顺作法则是开挖完土体后,自下而上进行。

(1)逆作法。

其工序为:绿化及管线迁移→场地平整、交通疏导、施工准备→施工围护结构、格构柱、降水井、安装冠梁和临时结构→降水,开挖至第一道支撑以下0.7m,施作第一道钢筋混凝土支撑→施作一侧顶板,待混凝土强度达85%后铺设顶部防水层,管线改移,回填部分覆土→施作另一侧顶板、顶部防水层、回填部分覆土→施作负一层侧墙防水层、侧墙结构,施作站厅层底板→降水开挖至设备层底板,施作设备层底板→降水开挖至第二道钢支撑下0.7m,施作负三层侧墙,架设第二道支撑→降水开挖至底板,施作负三层剩余侧墙接地网、底板垫层、底板,拆第二道支撑→施作站台板。

(2)顺作法。

其工序为:绿化迁移,管线迁改→场地平整,交通疏解,施工准备→施工围护结构、格构柱、降水井→临时路面系统施工→开挖至第一道支撑底面处→设第一道支撑→开挖至第二道支撑→设第二道支撑→开挖至第三道支撑→设第三道支撑→开挖至基坑底面→施作综合接地、垫层→施作车站底板防水层、底板结构→拆除第三道支撑→施作最底层侧墙→施作车站中板→拆除第二道支撑→施作侧墙→施作车站顶板→施作车站站台板、内部结构→拆除临时路面系统→土方回填、路面恢复→车站附属结构施工。

3.6.4 车站围护结构施工

由于地铁车站的基坑深度大,宽度较宽,一般均为一级基坑,在南方地区一般采用的围护结构为地下连续墙、钢筋混凝土灌注桩加旋喷桩止水等,而在北方地区则一般采用排桩围护结构,如钢板桩、水泥土搅拌桩或劲性水泥土搅拌桩(SMW)等。

1)地下连续墙施工

沿着地下建筑物或构筑物的周边,按预定的位置,开挖出或冲钻出具有一定宽度与深度的沟槽,用泥浆护壁,并在槽内设置具有一定刚度的钢筋笼结构,然后用导管灌注水下混凝土,分段施工,用特殊接头,使之联成地下连续的钢筋混凝土墙体。地下连续墙按其填筑的材料,分为土质墙、混凝土墙、钢筋混凝土墙(现浇或预制)和组合墙(预制钢筋混凝土墙板和现浇混凝土的组合,或预制钢筋混凝土墙板和自凝水泥膨润土泥浆的组合);按成墙方式分为桩排式,壁板式、桩壁组合式;按用途分为临时挡土墙、防渗墙、用作主体结构兼作临时挡土墙的地下连续墙。

地下连续墙一般说来其适用条件如下:基坑深度大于10m;软土地基或砂土地基;在密集的建筑群中施工基坑,对周边地面沉降、建筑物沉降有严格要求时;围护结构与主体结构相结合,用作主体结构的一部分,且对抗渗有较严格要求时;采用逆作法施工,内衬与护壁形成复合结构的工程。

地下连续墙的分幅长度,一般情况下为6m每段,但也可根据实际情况进行调整,其几何形式一般为直线段,也有Z形和L形。地下连续墙应满足稳定要求,以不产生倾覆、滑移和局部失稳,基坑底部不产生管涌、隆起,支撑体系不失稳,不发生强度破坏为准则。

地下连续墙的施工工艺流程为:施工准备→导墙施工→槽段开挖→吸底清泥→钢筋笼吊放→混凝土浇筑。

2)钻孔灌注桩施工

钻孔灌注桩具有施工噪声小,对环境和周边建筑物危害小,施工设备简单轻便、能在较低的净空条件下设桩等特点。

根据地质条件,可采用旋挖钻机或冲击钻机钻孔施工。钻孔灌注桩施工采用跳孔施工,根据设备配置情况可考虑“隔二打一”或“隔三打一”等施工方式。

施工工艺流程如附图3-4所示。

3)高压旋喷桩施工

高压旋喷桩可用于地基处理,也可用于帷幕支护,可广泛应用于淤泥、淤泥质土、黏性土、粉质黏土、粉土、砂土、黄土及人工填土中的素填土甚至碎石土等多种土层,但对粒径过大、含量过多的砾卵石、坚硬黏性土以及有大量纤维质的腐殖土地层,须通过现场试验后再确定施工方法,其加固效果相对较差。对于地下水流速过大或已大量涌水,浆液无法在注浆管周围凝固的工程要慎用。

高压旋喷桩是利用钻机把带有特殊喷嘴的注浆管钻进至土层的预定位置后,用高压脉冲泵,将水泥浆液通过钻杆下端的喷射装置,向四周以高速水平喷入土体,借助流体的冲击力切削土层,使喷流射程内土体遭受破坏,与此同时钻杆一面以一定的速度旋转,一面低速徐徐提升,使土体与水泥浆充分搅拌混合,胶结硬化后即在地基中形成直径比较均匀,具有一定强度的圆柱体,从而使地基得到加固。

施工工艺流程如附图3-5所示。

4)水泥土搅拌桩施工

水泥喷射搅拌桩系利用水泥,通过深层搅拌机在地基深部就地将软土和水泥强制拌和,利用水泥和软土发生一系列物理、化学反应,使其凝结成具有整体性、水稳性好和较高强度的圆柱形加固体,与天然地基形成复合地基。适用于淤泥、淤泥质土、粉土、饱和黄土、素填土、黏性土及无流动地下水的饱和松散砂土等地基加固处理。作业内容主要包括:钻孔、喷粉及搅拌、重复钻进搅拌、重复提升搅拌。主要的施工工艺流程如附图3-6所示。

5)劲性水泥土搅拌桩

劲性水泥土连续搅拌桩支护结构,又称SMW(soilMixingwall)。它是在水泥土搅拌桩中插入型钢或其他芯材形成的,同时具有承载力与防渗两种功能的围护形式。水、土的侧压力全部由型钢单独承担,水泥土搅拌桩的作用在于抗渗止水。水泥土对于型钢的包裹提高了型钢的刚度,可起到减小位移的作用。劲性水泥土搅拌桩具有占用场地小、施工速度快、施工过程中对周边建筑物及地下管线影响小、对环境污染小、无废弃泥浆、耗用材料少,造价低等优点。

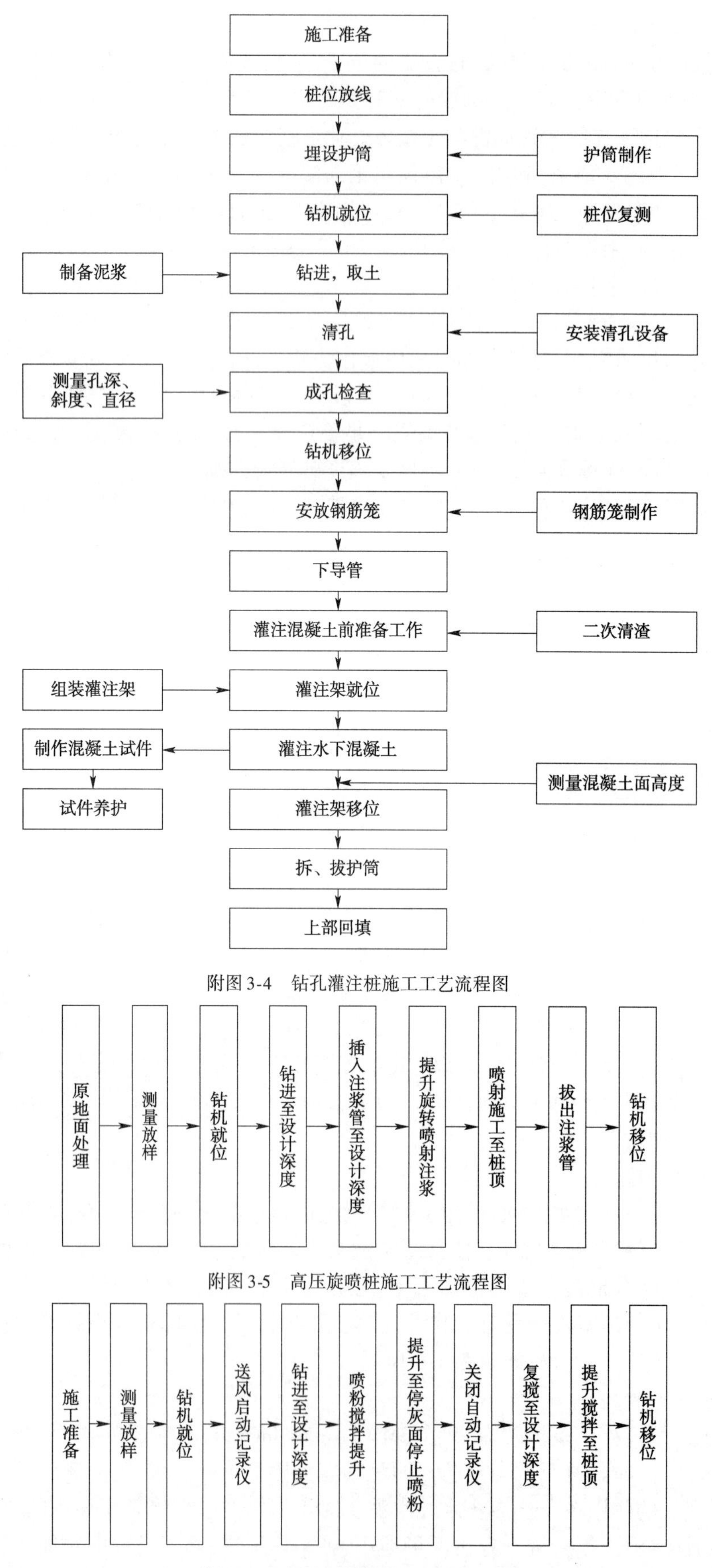

附图 3-4　钻孔灌注桩施工工艺流程图

附图 3-5　高压旋喷桩施工工艺流程图

附图 3-6　水泥土搅拌桩施工工艺流程图

SMW 工法一般采用国产的双轴搅拌机，桩径 700mm、间距 1000mm；采用进口的长螺旋多轴多组叶片的搅拌机，有桩径 650mm、间距 900mm 和桩径 850mm、间距 1200mm 两种。插入型钢有轧制 H 型钢、槽钢、拉森板桩，也有用钢板焊接而成的 H 型钢。

SMW 支护结构的施工以水泥土搅拌桩为基础，因此凡是适合应用水泥土搅拌桩的场合都可以使用，特别是以黏土和粉质土为主的软土地区。

主要作业内容包括：开挖导沟、设置围檩导向架、搅拌桩施工、型钢的压入与拔出。

3.6.5　车站主体施工

1）主要的施工工序

对围护结构的施工验收→开挖第一层（顶板以上覆盖层）土方→施作连续墙（排桩）冠梁及第一道支撑（钢筋混凝土支撑）→土方开挖（明挖、盖挖）→主体结构施工。

2）基坑的支撑和冠梁

地铁车站的基坑一般为深基坑，支撑为内支撑，当基坑宽度大于 20m 时，应设临时格构柱。大部分情况下，格构柱考虑兼作抗浮桩。

目前，基坑内支撑常采用钢筋混凝土支撑及钢支撑。根据基坑的深度、侧压力及地质条件等因素，决定基坑支撑的道数和支撑形式。为保证安全，第一道支撑均为钢筋混凝土支撑，且与冠梁浇筑成一体。第一道支撑与第二道第四道支撑的平面布置如附图 3-7 所示。冠梁及混凝土支撑施工工艺流程如附图 3-8 所示。

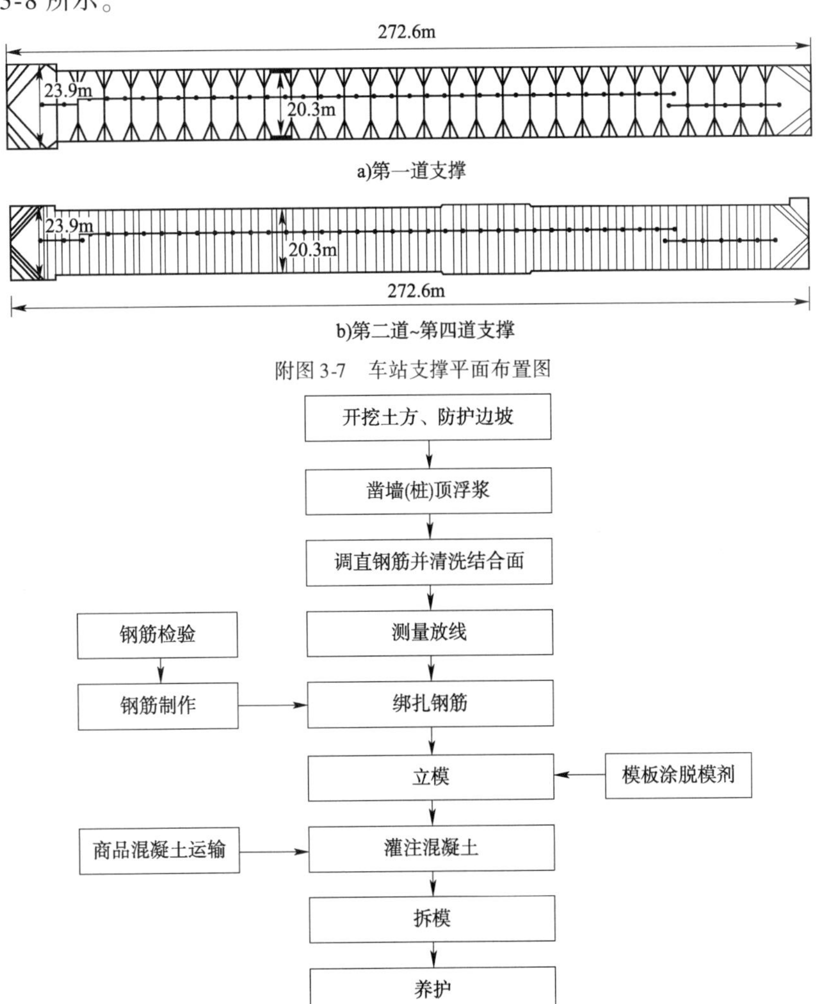

附图 3-7　车站支撑平面布置图

附图 3-8　冠梁及混凝土支撑施工工艺流程图

钢支撑一般采用 ϕ609mm、δ = 14mm 或 16mm 的 Q235 钢管。支撑在地下连续墙的预埋钢板上，端头斜撑作用在地下连续墙预埋钢板的斜支座上。钢管支撑分节制作，采用法兰连接的方式。

钢支撑的施工流程为：测量放线→安装腰梁、斜支撑支座→钢支撑安装→施加预应力→结构施工→强度 85% 以上拆除支撑。

3) 基坑开挖

基坑开挖应按照施工方案所确定的施工方法实施，按照“分层、分段、对称、平衡、限时”和“支撑后挖、限时支撑、严禁超挖”的施工原则。土方开挖，按照施工方案合理分配人员和设备，达到高效、快速的目的。石方开挖，可采取爆破作业，但地铁工程一般坐落于城市中，环境复杂，必须采取科学、严密、安全、有效的爆破方案。

4) 主体结构施工

主体结构按照地下结构施工的施工方案进行，主要的作业内容包括：综合接地施工、浇筑垫层混凝土、结构钢筋施工、结构模板施工、结构混凝土施工、结构防水施工。

3.7 地铁区间隧道工程

3.7.1 概述

地铁区间隧道工程中，盾构机掘进是首选方案，该工法具有安全可靠、地层适应性强、工效高、对地面交通干扰少、对建筑物扰动小，可穿越河流、湖泊、既有公路、铁路及其他市政管线的优点，是当前地铁施工中最先进、最普遍的施工方法。

盾构法是以盾构为核心在地面以下暗挖隧洞的一种施工方法。盾构法始于英国，自 1925 年布鲁诺尔(Brunel)在伦敦泰晤士河下首次用一台矩形盾构开挖水底隧洞以来，已有 170 余年历史。在一百多年中，世界各国制造了数以千计的各种类型、各种直径的盾构，盾构掘进机从低级发展到高级，从手工操作到计算机监控机械化施工，使盾构掘进机及其施工技术得到了不断发展和完善。现代盾构已经发展成为集“机、电、液、传感、信息技术”于一体，具有开挖切削土体、输送土渣、拼装隧洞衬砌、测量导向纠偏等功能的大型施工机械设备。

盾构法的主要施工内容包括如下方面。

①先在隧洞某段的一端建造竖井或基坑，以供盾构安装就位。

②盾构机主机和配件吊装下井，在预定位置组装成整机并调试使其性能达到设计要求。

③盾构从竖井或基坑的墙壁开口处出发，在地层中沿着设计轴线推进。盾构推进中所受到的地层阻力，通过盾构千斤顶传至盾构尾部已拼装的预制衬砌，再传到竖井或基坑的后靠壁上。盾构每推进一环距离，就在盾尾支护下拼装一环衬砌，并及时向盾尾后面的衬砌环外周的空隙中压注浆体，以防止隧洞及地面下沉，在盾构推进过程中不断从开挖面排出适量的土方。

④盾构到达预定终点的竖井或基坑时掘进结束，然后检修盾构或解体盾构运出。

3.7.2 主要的盾构类型

目前在我国主要使用的有土压平衡盾构和泥水平衡盾构。

1) 土压平衡盾构

土压平衡盾构是在机械式盾构的前部设置隔板，在刀盘的旋转作用下，刀具切削开挖面的泥土，破碎的泥土通过刀盘开口进入土仓，使土仓和排土用的螺旋输送机内充满切削下来的泥土，依靠盾构推进油缸的推力通过隔板给土仓内的土渣加压，使土压作用于开挖面以平衡开挖面的水土压力。破碎的泥土通过刀盘开口进入土仓，泥土落到土仓底部后，通过螺旋输送机运到皮带输送机上，然后输送到停在轨道上的渣车上。盾构在推进油缸的推力作用下向前推进，掘进、排土、衬砌等作业在盾壳的掩护下进行。

土压平衡盾构特别适用于具有高可塑性、软连续性、低内摩擦性、低渗水性的含有黏土、肥土或淤泥的混合土质。

2)泥水平衡盾构

泥水加压平衡盾构工法是从地下连续墙以及钻孔等工程所使用的泥水工法中发展起来的,它起源于英国,日本代表着当今世界的新潮流。该形式盾构是在机械式盾构的刀盘后侧,设置一道封闭隔板,与刀盘形成泥水仓。把水、黏土及其添加剂混合制成的泥水,经输送管道压入泥水仓,待泥水充满整个泥水仓,并具有一定压力,形成泥水压力室。通过泥水的加压作用和压力保持机构,能够维持开挖工作面的稳定。盾构推进时,旋转刀盘切削下来的土砂经搅拌装置搅拌后形成高浓度泥水,用流体输送方式送到地面泥水分离系统,将渣土、水分离后重新送回泥水仓。特别适用于地层含水量大、上方有水体的越江隧洞和海底隧洞。

3.7.3 盾构的主要施工工艺

盾构的主要施工工艺流程包括:施工准备→土体加固→盾构机安装→盾构掘进→盾构千斤顶伸至规定长度→安装管片→调整管片位置→管片背后注浆→螺栓二次复拧→二次注浆→嵌缝、填充手孔→质量检查。

1)端头土体处理

在盾构始发或到达之前,一般要根据洞口地层的稳定情况评价地层,并采取有针对性的盾构端头处理措施。端头处理一般采取如"固结灌浆""冷冻法""插板法"等措施进行地层加固处理。选择加固措施的基本条件为加固后的地层要具备最少一周的侧向自稳能力,且不能有地下水的损失。常用的具体处理方法有高压旋喷桩法、深层搅拌桩法、冷冻法等。选择哪一种方法要根据地层具体情况而定,并且严格控制整个过程。

2)盾构机的组装、调试

盾构组装调试是将拆散的盾构机各部件按照结构要求组织装配成一个整体,并使之达到可以正常使用的施工过程。

盾构组装调试的作业内容一般包括:准备组装场地,铺设后配套行走钢轨,吊机等组装设备进场,后配套拖车下井组装,安装始发台,盾构主机下井组装,安装反力架及洞门密封,主机定位及与后配套连接,电气、液压管路连接,空载调试,安装负环管片,负载调试。

3)盾构洞门破除施工

洞门破除是盾构在始发或到达前进行的洞门端头围护结构凿除的施工准备工作,必须满足如下要求:在破除盾构洞门之前首先要对洞门的地层进行勘测;结合勘测结果和盾构洞门的加固方法制定洞门破除的施工方案;按照施工方案施工。

整个施工一般分两次进行,第一次先将围护结构主体凿除,只保留维护结构的钢筋保护层,在盾构始发前或盾构出洞前将保护层混凝土凿除。在凿除完最后一层混凝土之后,要及时检查始发洞口的净空尺寸,确保没有钢筋、混凝土侵入设计轮廓范围之内。

4)盾构始发

盾构始发是隧道盾构法施工的一大关键环节,也是盾构法施工隧道的难点之一,始发的成败将对隧道施工质量、进度、安全、工期及经济效益产生决定性的影响。根据大量的工程经验,盾构的始发是盾构施工最为危险,也是最为重要的一个环节。顺利地始发能显著地节约工期、人力和物力。一旦始发出现事故,则必定是较为重大的事故,轻则造成工期延误,浪费资源,重则损坏主要施工机器和已经完成的隧道,造成巨大损失。

(1)土压平衡盾构。

土压平衡盾构始发主要作业内容包括:始发端头地层加固、始发台定位安装、盾构机下井组装并调试、反力架定位安装、洞门围护桩破除、洞门导轨安装、洞门密封装置安装、负环管片安装等。

(2)泥水平衡盾构。

泥水平衡盾构始发主要作业内容包括:调制浆设备安装调试、泥浆的调制、泥水分离设备的安装调试、始发端地层加固、端头洞门凿除、始发基座安装、盾构机组装调试、安装反力架及洞门密封、安装负环管片、注浆回填、盾构掘进与管片安装。

5)盾构掘进

(1)土压平衡盾构。

土压平衡盾构施工中,由刀盘切下的弃土进入土仓,形成土压,土压超过预先设定值时,土仓门打开,部分弃土通过螺旋机排出土仓,从而保持土仓内土压平衡,土仓内的土压反作用于挖掘面,防止地层的坍塌。

主要的施工内容包括如下方面。

①启动皮带机、刀盘、螺旋输送机等机电设备,根据测量系统面板上显示的盾构目前滚动状态选择盾构旋向按钮,一般选择能够纠正盾构滚动的方向。开启螺旋输送机的出渣口仓门并开始推进。

②根据测量系统屏幕上指示的盾构姿态,调整各组推进油缸的压力至适当的值,并逐渐增大推进系统的整体推进速度。

③在盾构的掘进过程中,值班工程师及设备主管人员随时注意巡检盾构的各种设备状态,如泵站噪声情况、油脂及泡沫系统原料是否充足、轨道是否畅通、注浆是否正常等。操作室内主驾驶员应时刻监视螺旋输送机出口的出渣情况,根据测量系统屏幕上显示的值调整盾构的姿态。发现问题立即采取相应的措施。

④掘进完成后停止掘进按以下顺序停止掘进:停止推进系统、逐步降低螺旋输送机的转速至零、停止螺旋输送机、关闭螺旋输送机出渣口仓门、停止皮带机、停止刀盘转动。

主要的施工流程如附图3-9所示。

(2)泥水平衡盾构。

泥水加压式盾构是在机械掘削式盾构的前部刀盘后侧设置隔板,它与刀盘之间形成泥水压力室,将加压的泥水送入泥水压力室,当泥水压力室充满加压的泥水后,通过加压作用和压力保持机构,来谋求开挖面的稳定。盾构推进时由旋转刀盘切削下来的土砂经搅拌装置搅拌后形成高浓度泥水,用流体输送方式送到地面,这是泥水加压平衡盾构法的主要特征。

在主要施工内容方面,泥水平衡盾构掘进施工与土压平衡盾构机多数相同,两者的不同点主要为:在地面进行调制浆,泥水循环系统控制,泥浆管延伸。

6)盾构到达

盾构到达是指盾构沿设计线路,自盾构区间隧道贯通前100m掘进至区间隧道贯通后,然后从预先施工完毕的洞口处进入竖井内的整个施工过程,以盾构主机推出洞门上接收托架为止。

盾构到达的主要施工内容包括:分别于盾构贯通之前100m、50m两次对盾构机姿态即SLS-T导向系统进行人工复核测量;到达洞门位置及轮廓复核测量;根据前两项复测结果确定盾构姿态控制方案并进行盾构姿态调整;洞门凿除与渣土清理;接收托架的固定;导轨安装、加固;洞门防水装置安装及盾构推出隧道;近洞10环管片拉紧;洞门注浆堵水处理;盾构上接收托架。

7)管片制作

管片是盾构施工的主要装配构件,是隧道的最外层屏障,承担着抵抗土层压力、地下水压力以及一些特殊荷载的作用。盾构管片质量直接关系隧道的整体质量和安全,影响隧道的防水性能及耐久性能。

管片是用模具钢制造的,由一块底板、四块侧板、两个上盖所组成的用于隧道管片生产的专用性混凝土预制件模具,其最终的强度指标必须达到C50级,抗渗等级必须达到S12级。

为提高管片的质量,应从工艺流程、模具使用、钢筋及骨架加工、混凝土配合比设计、混凝土施工、混凝土养护六个方面制订合理的施工方案。

管片生产施工内容主要包括:模具的选用、调试、钢筋骨架的制作、混凝土施工、拆模、管片养护。

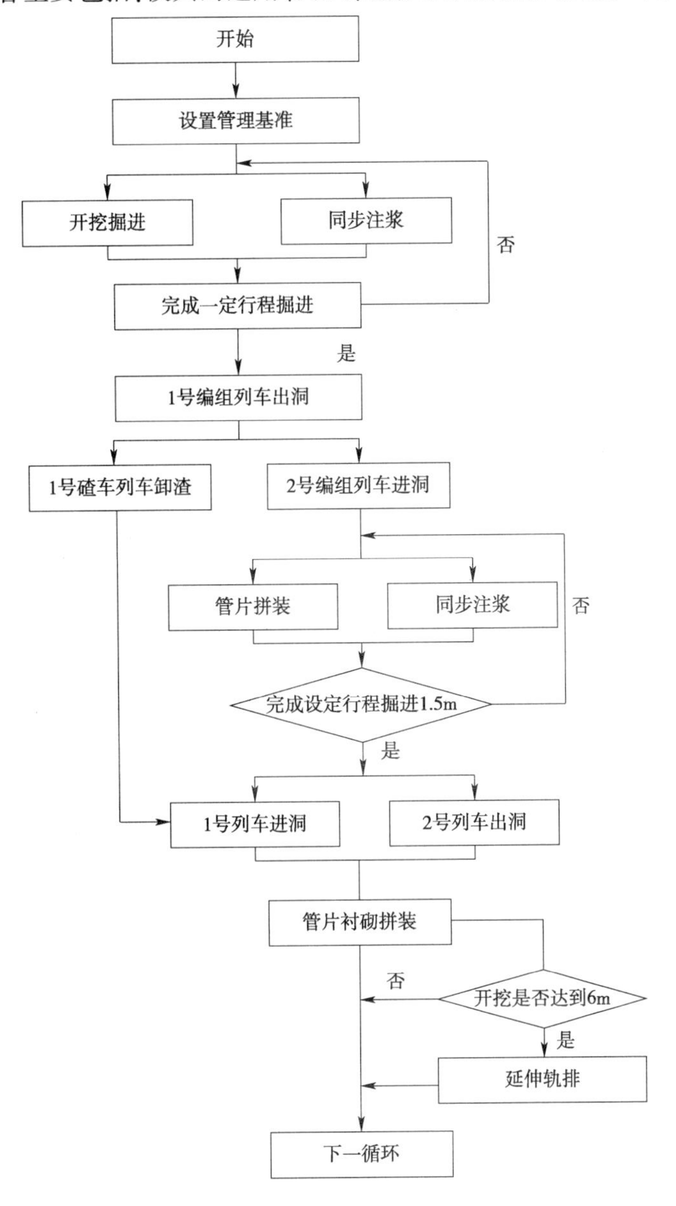

附图 3-9 土压平衡盾构掘进施工工艺流程图

8)管片安装

管片安装的主要内容包括:安装最下方一块管片,及时连接纵向螺栓;由下到上左右对称安装剩余管片,随每块管片的安装将环向、纵向螺栓连接好并进行紧固;封顶块安装时,先搭接 4/5,再径向插入,边调整位置边缓慢纵向顶推;整环管片全部安装完后,用风动扳手紧固所有螺栓;上紧所有吊装孔封堵塞;完成上述工作后,盾构即可进入下一环的掘进;在管片脱出盾尾后,及时用风动扳手对所有管片环纵向螺栓进行复紧。

9)壁后注浆

盾构法施工的注浆,主要分为同步注浆和二次注浆两类。

(1)同步注浆。

同步注浆与盾构掘进同时进行,通过同步注浆系统及盾尾的注浆管,在盾构向前推进管片背后空隙形成的同时进行。同步注浆在管片背后空隙形成的极短的时间内将其充填密实,从而使周围岩体获得及时的支撑,可有效地防止岩体的坍陷,控制地表的沉降。

(2)二次补强注浆。

为提高背衬注浆层的防水性及密实度,必要时在同步注浆结束后进行补强注浆。补强注浆一般在管片与岩壁间的空隙充填密实性差,致使地表沉降得不到有效控制的情况下才实施。

(3)注浆总体施工方案。

盾构掘进期间采用同步注浆方式用拌制好的水泥砂浆填充管片壁后,同时采用地表沉降监测进行信息反馈,结合洞内超声波或人工开孔等方法探测背衬后有无空洞的方法,综合判断是否需要进行二次补强注浆。若需要二次补强注浆,则根据水文地质情况,及同步注浆效果等现场实际情况,有针对性地选择注浆材料,通过管片注浆孔(吊装孔),由外置注浆机注入管片壁后。

3.8 房建(站房)工程

主要分为房建(站房)工程的土建施工技术和装修施工技术。

3.8.1 站房深基坑施工

站房深基坑施工与其他工程深基坑工程类似,主要考虑以下原则。

(1)基坑实施方案要统筹考虑,合理安排。

基坑开挖前应充分筹划并完成先期必须完成的各类协调工作,对由多个单位负责的多个单体工程方案进行确定并核实无误后才能开工,以避免因差、错、漏、碰带来不必要的损失。

(2)基坑开挖按先深后浅、先难后易、安全稳妥、便于衔接的原则进行,结构回筑按先深后浅的次序进行,以利于基坑安全和保证工程质量。

统筹考虑施工步骤、施工场地和临时施工设施,合理制定行之有效的施工顺序。

(3)设计与施工充分结合,确保基坑方案的可实施性。

设计方案应充分考虑国内施工技术水平和习惯,确保设计方案的先进性、可实施性和合理性。同时,通过技术交底及专门沟通,使设计意图得到很好的贯彻和实施。施工单位要及时向设计等相关单位反应施工情况,以及早发现问题,探讨对应的技术措施。

(4)基坑开挖、支撑设置与结构回筑应考虑时空效应的影响,尽量避免超挖和不均衡卸载,注重“挖”与“撑”的穿插施工。

深基坑工程的具体施工技术,可参照地铁车站明挖法和盖挖法施工技术。

3.8.2 基础工程

站房(房建)基础工程的主要施工工法包括:预应力预制混凝土管桩施工、人工挖孔灌注桩施工、冲击成孔灌注桩施工、钻孔扩底灌注桩施工等。

其详细的施工技术,与桥梁基础工程类似,可参见13.8.3节桥梁工程施工技术。

3.8.3 站房主体结构工程

高铁车站的主体结构,下部一般采用钢管混凝土柱与钢—混凝土楼板组合梁框架结构体系,上部一般采用桁架体系,普遍具有跨度大、重量大和悬挑大等特点。主要的施工内容包括如下方面。

1)主体钢结构构件的加工

主体钢结构构件加工的主要流程包括:八边形钢柱加工→拼接钢板的装配→焊接→下料和坡口→焊接H形钢梁制作→钢管柱制作→箱体加工。

2)钢构件的运输及二次转运

(1)钢构件的材料采购,需根据图纸提前提出采购清单,以便材料采购拥有足够的采供时间,保证材料能够尽早到达工厂。

(2)依据钢构件材料的大小、长短和形状,制订运输方案。

(3)运输到场地后,按照要求堆放;需要拼装时,则二次转运到预定起吊地点,并按照吊装方案进行吊装。

3)钢构件拼装胎架

拼装胎架主要用于钢构件的现场拼装,一般包括:桁架立式拼装胎架、桁架卧式拼装胎架以及大跨度重型钢梁拼装支架等。

4)钢结构安装

钢结构安装与普遍成熟的房建钢结构吊装工艺类似,其主要工艺流程包括:钢柱安装→框架层钢梁安装→屋盖合龙的控制→屋盖及悬挑结构安装。

5)临时支撑方案

站房工程的主桁架、悬挑结构、重型钢梁、Y 柱上部铸钢节点及雨棚结构安装时需设置临时支撑架。

(1)支撑架根据实际需要可主要设计为以下几类。

①标准组合式支撑架:主要应用于屋盖纵向桁架跨中及悬挑部分。

②格构式非标准组合式支撑架:主要应用于屋盖横向主桁架及纵向主桁架端部。

③标准临时支撑:主要应用于重型钢梁支撑架,Y 柱上部铸钢节点位置,支撑单独进行设计。

④雨棚结构安装可采用格构式可移动支撑架。

⑤站台层上部可采用满堂脚手支撑架。

(2)临时支撑设计要求。

①根据吊装要求,主桁架吊装需设置临时支撑,以便桁架就位,按主桁架的重量进行计算,确定临时支架的形式采用框架体系,并根据受力的不同,进行临时支架的合理设计。

②在上部结构安装后,还通过支撑架对桁架进行测量校正,结构全部完成后通过支撑架进行卸载作业。因此支撑的节点设计应满足构件校正及卸载的要求。

③临时支撑的设计还应具备通用性及标准化的要求。

3.8.4 现浇楼板工程

现浇楼板工程与普通的房建工程施工工艺大同小异,因篇幅受限,在此不作详细介绍。

3.8.5 雨棚钢结构工程

雨棚钢结构在主站房施工完成后进行施工,一般采用独立格构式胎架、高空散件原位组装分区施工,在每个结构单元搭设独立胎架支撑体系,通过行履带吊将结构部件吊至高空散件安装,结构单元片区形成整体稳定后,独立胎架移至下一区间施工。

站台雨棚结构基本施工流程为:施工立柱→交叉斜柱及网格梁→安装撑杆→环索及钢棒拉杆→按顺序分级张拉。

3.8.6 室内装修工程

室内装修工程主要包括:天棚施工、地面施工、墙面施工、站台设施施工等方面。

1)天棚施工

天棚施工一般有铝合金格栅吊顶和铝合金施工、穿孔铝合金条板吊顶施工等工艺,需注意按照相关规范施工,避免掉角、错缝等病害。

2)地面施工

地面一般采用花岗岩、大理岩面层,施工流程主要包括:准备工作→试拼→弹线→试排→刷水泥素浆及铺砂浆结合层→铺砌石材板块→灌缝。验收时,要严格按照验标进行,防止板面空鼓、接缝高低不平、缝子宽窄不匀等质量通病。

3)墙面施工

墙面施工主要包括:墙面砖施工、墙面乳胶漆施工、石材干挂安装、铝板墙面施工等方面。其工艺流程与常规装修工艺基本类似。

3.8.7 室外工程装修方案

室外工程装修主要包括:玻璃幕墙施工、站房屋盖施工、站房屋盖吊顶施工、雨棚屋盖施工。

1)玻璃幕墙施工

玻璃幕墙施工工艺繁杂,本节只就拉索式幕墙施工工艺进行简要介绍。该工艺施工时必须严格按照规定的步骤进行,如有改变,就有可能引起内力很大变化,会使支承结构因超载而破坏,因此施工人员必须清楚设计意图,严格按照施工工艺流程进行施工。

拉索式幕墙施工工艺流程主要包括:测量定位→支承结构制作安装→索安装→索张拉→不锈钢驳接爪的安装及调整→玻璃安装→板块调节→紧固→注胶→清洗→竣工验收。

2)站房屋盖施工

屋盖施工是在钢结构屋盖桁架吊装工程结束后进行,钢结构屋盖桁架吊装工程必须通过业主、监理、施工单位的验收合格后方可进行屋盖施工。

站房屋盖施工的主要施工流程为:绘制安装图→测量放线→安装固定铁码→安装调节角码→钢檩条安装→不锈钢水槽安装→单元体安装→玻璃安装→打胶、清洁→工程检验。

3)站房屋盖吊顶施工

站房屋盖吊顶施工,可采用吊篮法和支架法施工,主要工艺流程包括:脚手架搭设→测量放线→吊件固定→檩条安装→檩条调平→金属、玻璃面板安装。

4)雨棚屋盖施工

雨棚屋盖施工一般有金属屋面直立锁边系统安装和条型铝板吊顶系统安装两部分。

金属屋面直立锁边系统,在钢结构屋架成功移交后进行,主要工艺流程为:安全通道搭设→测量放线→屋面檩条、钢丝网安装→屋面保温面安装→屋面板安装→装饰檐口安装。

条型铝板吊顶系统安装主要施工工艺流程为:测量放线→深化设计→放样棚线→吊顶钢支架安装→条型铝板吊顶安装。

附录4 施工组织设计应用表格

主要工程数量汇总表 附表 4-1

工 程 名 称			单 位	工 程 数 量
线路长度			正线公里	
拆迁建筑物			m^2	
土地征用			亩	
区间土石方			万断面方	
路基	其中	土方	万断面方	
		石方	万断面方	
		AB 组填料	万断面方	
	站场土石方		万断面方	
	其中	土方	万断面方	
		石方	万断面方	
		AB 组填料	万断面方	
	路基附属工程		万圬工方	
桥涵	特大桥		座-延长米	
	大桥		座-延长米	
	中小桥		座-顶平米	
	框架桥		座-延长米	
	涵洞		座-横延米	
隧道	隧道		座-延长米	
	其中	$L>10\text{km}$	座-延长米	
		$6\text{km}<L\leqslant 10\text{km}$	座-延长米	
		$4\text{km}<L\leqslant 6\text{km}$	座-延长米	
		$L\leqslant 4\text{km}$	座-延长米	
轨道	正线铺轨	有砟轨道	铺轨公里	
		无砟轨道	铺轨公里	
	站线铺轨	有砟轨道	铺轨公里	
		无砟轨道	铺轨公里	
	铺道岔	高速单开道岔	组	
		普通单开道岔	组	
		特种道岔	组	
	铺道砟		万 m^2	
通信	通信电缆		km	
	通信电缆		km	
信号	闭塞设备		套	
	联锁道岔		组	

续上表

工程名称		单　　位	工程数量
电力	架空线路	km	
	电缆线路	km	
	车站供电	站	
电气化	接触网	条公里	
	牵引变电所	处	
房建	旅客站房	座-m^2	
	其他生产及办公房屋	m^2	
	居住及公共福利房屋	m^2	
大临工程	铺轨基地	处	
	制(存)梁场	处	
	轨道板(双枕)预制厂	处	
	汽车运输便道(含运梁便道)	km	
	材料场	处	
	临时电力线	km	

注:①此表适用于预可行性研究。

②工程名称和单位可根据需要进行调整。

③若一个建设项目有若干个编制单元,应编制汇总表。

④表中桥梁、隧道的单位以单线计,当为双线或者多线时,应加注双线延长米、三线延长米等。

主要工程数量表

附表 4-2

工程项目及名称			单　　位	工程数量
拆迁及征地	征用土地		亩	
	拆迁房屋		m^2	
	临时土地		亩	
	改移道路		km	
路基	区间土石方	土方	万断面方	
		石方	万断面方	
		改良土	万断面方	
		AB 组填料	万断面方	
		渗水土	万断面方	
		级配碎石	万断面方	
	站场土石方	土方	万断面方	
		石方	万断面方	
		改良土	万断面方	
		AB 组填料	万断面方	
		渗水土	万断面方	
		级配碎石	万断面方	
	路基附属工程	土石方	m^3	
		干砌石	m^3	
		浆砌石	圬工方	
		混凝土	圬工方	

续上表

工程项目及名称			单　位	工程数量
路基	路基附属工程	钢筋混凝土	圬工方	
		喷混凝土	m^2	
		喷播植草	m^2	
		喷混植生	m^2	
		立体植被网	m^2	
		金属防护网	m^2	
		线路防护栏栅	单侧公里	
		土工布	m^2	
路基	路基附属工程	土工格栅	m^2	
		土工网垫	m^2	
		抛填片石	m^3	
		填筑砂石	m^3	
		砂桩	m^3	
		CFG 桩	m	
		碎石桩	m	
		粉喷桩	m	
		水泥搅拌桩	m	
		旋喷桩	m	
		注浆	m^3	
	支挡结构	浆砌石挡墙	圬工方	
		片石混凝土挡墙	圬工方	
		桩板墙	圬工方	
		预应力锚索	m	
桥涵	特大桥		座-延长米	
	大桥		座-延长米	
	中小桥		座-延长米	
	框架桥		座-延长米	
	涵洞	圆涵	座-横延米	
		盖板涵	座-横延米	
		框架涵及矩形涵	座-横延米	
		倒虹吸管	座-横延米	
		渡槽	座-横延米	
隧道及明洞	隧道		座-延长米	
	其中	$L>10$km	座-延长米	
		6km $<L\leqslant$ 10km	座-延长米	
		4km $<L\leqslant$ 6km	座-延长米	
		$L\leqslant$ 4km	座-延长米	
	明洞		座-延长米	

续上表

工程项目及名称				单位	工程数量
轨道	正线铺轨	有砟轨道		铺轨公里	
		无砟轨道		铺轨公里	
	站线铺轨	有砟轨道		铺轨公里	
		无砟轨道		铺轨公里	
	铺轨岔	高速单开道岔		组	
		普通单开道岔		组	
		特种道岔		组	
	轨道砟			万 m^3	
通信及信号	通信	光、电缆线路		条公里	
		GSM-R(无线列调线路)		条公里	
	信号	列控系统		区间公里	
		闭塞设备		区间公里	
		连锁装置		组道岔	
电力及电力牵引供电	电力	高压架空线路		km	
		高压电缆线路		km	
		低压电缆线路		km	
		电源设备	配电所	处	
			变电所	处	
	电力牵引供电	接触网		条公里	
		牵引变电所		处	
		分区所		处	
		开闭所		处	
		AT 所		处	
客服系统	票务系统			站	
	旅客系统			站	
房屋	旅客站房			座-m^2	
	雨棚			座-m^2	
	独立“四电”房屋			座-m^2	
	其他生产及办公房屋			座-m^2	
	居住及公共福利房屋			座-m^2	
给排水	给水管道			km	
	排水管道			km	
站场	站台墙			m	
	站台面			m^2	
	地道			顶平米	
	天桥			座-m	

续上表

工程项目及名称		单　位	工程数量
大型临时设施和过渡工程	铺轨基地	处	
	制(存)梁场	处	
	轨道板(轨枕)预制厂	处	
	材料场	处	
	混凝土集中拌和站	处	
	填料集中加工站	处	
	混凝土构配件预制厂	处	
	汽车运输便道	km	
	渡口、码头	处	
	临时电力线	km	
	临时给水干管路	km	
	道砟存储场	处	

注:①此表适用于可行性研究、初步设计和施工图阶段。

②工程名称和单位可根据需要进行调整。

③若一个建设项目有若干个编制单元,应编制汇总表。

④表中桥梁、隧道的单位以单线计,当为双线或者多线时,应加注双线延长米、三线延长米等。

主要人工、材料、施工机具台班数量(汇总)表

附表4-3

序号	工料机名称	单　位	数　量
一	人工	工日	
1	定额人工	工日	
2	机械台班人工	工日	
二	材料		
1	水泥	t	
2	木材	m^3	
	(1)原木	m^3	
	(2)锯材	m^3	
3	钢材	t	
	(1)钢筋	t	
	(2)型钢	t	
	(3)钢管及其接头零件	t	
	(4)预应力钢绞线	t	
	(5)预应力钢丝	t	
	(6)铁杆	t	
4	钢模板	t	
5	钢支撑	t	
6	钢配件	t	
7	隧道钢拱架	t	
8	钢丝绳	t	
9	镀锌钢绞线	t	
10	轨料		

续上表

序号	工 料 机 名 称	单　位	数　量
	(1)钢轨	t	
	(2)接头夹板	t	
	(3)其他钢轨扣配件	t	
	(4)木枕		
	①普通木枕	根	
	②木岔枕	m^3	
	(5)钢筋混凝土枕		
	①普通钢筋混凝土枕	根	
	②钢筋混凝土宽枕	根	
	③钢筋混凝土岔枕	组	
11	道岔		
	(1)高速单开道岔	组	
	(2)普通单开道岔	组	
	(3)特种道岔	组	
12	废(旧)轨	t	
13	爆破材料	t	
	(1)炸药	t	
	(2)雷管	1000 发	
	(3)导火(爆)索	1000m	
14	汽油	t	
15	柴油	t	
16	当地料		
	(1)碎石	m^3	
	(2)卵石	m^3	
	(3)片石	m^3	
	(4)块石	m^3	
	(5)砂子	m^3	
	(6)石灰	t	
	(7)砖	千块	
	(8)粉煤灰	t	
17	道砟	m^3	
	(1)碎石道砟	m^3	
	(2)混砟	m^3	
18	价购预应力混凝土 T 梁		
	(1)16m 预应力预应力混凝土梁	孔	
	(2)20m 预应力预应力混凝土梁	孔	
	(3)24m 预应力预应力混凝土梁	孔	
	(4)32m 预应力预应力混凝土梁	孔	

续上表

序号	工料机名称	单位	数量
19	支座		
	(1)球形支座	孔	
	(2)摇轴支座	孔	
	(3)弧形支座	孔	
	(4)铁路盆式橡胶支座	个	
20	钢梁	t	
21	沥青	t	
22	铸铁管及配件	t	
23	(钢筋)混凝土管	m	
24	塑钢门窗	㎡	
25	钢门窗	㎡	
26	铝合金门窗	㎡	
27	玻璃	㎡	
28	油毛毡	卷	
29	聚氯乙烯硬板	t	
30	聚氯乙烯扩口硬管	t	
31	聚氯乙烯给水管(UPVC)	t	
32	聚氯乙烯硬管	t	
33	聚氯乙烯软管	t	
34	通信光缆	km	
35	通信电缆	km	
36	信号电缆	km	
37	电力电缆	km	
38	漏泄电缆	km	
39	电线	km	
40	钢芯铝绞线	t	
41	铝绞线	t	
42	铜绞线	t	
43	铜(合金)电车线	t	
44	钢铝电车线	t	
45	铁横担	t	
46	预应力(钢筋)混凝土电杆	根	
47	接触网混凝土支柱	根	
48	接触网金属支柱	根	
49	工程用水	t	
	(1)定额消耗用水	t	
	(2)机械台班消耗用水	t	
50	工程用电	kW·h	

续上表

序号	工料机名称	单　位	数　量
	(1)定额消耗用电	kW·h	
	(2)机械台班消耗用电	kW·h	
三	机具台班		
1	挖掘机	台班	
2	履带式推土机	台班	
3	轮胎式拖拉机	台班	
4	自行式铲运机	台班	
5	拖式铲运机组	台班	
6	压路机	台班	
7	平地机	台班	
8	蛙式夯	台班	
9	羊足碾	台班	
10	装载机	台班	
11	履带式液压露天钻机	台班	
12	气腿式凿岩机	台班	
13	装岩机	台班	
14	轴流通风机	台班	
15	电动空气压缩机	台班	
16	内燃空气压缩机	台班	
17	柴油发电机组	台班	
18	塔式起重机	台班	
19	汽车起重机	台班	
20	履带起重机	台班	
21	轨道式蒸汽起重机	台班	
22	轨道式内燃起重机	台班	
23	门式起重机	台班	
24	内燃叉车	台班	
25	电动葫芦	台班	
26	单筒慢速卷扬机	台班	
27	单筒快速卷扬机	台班	
28	双筒慢速卷扬机	台班	
29	液压千斤顶	台班	
30	起重船	台班	
31	载货汽车	台班	
32	自卸汽车	台班	
33	洒水车	台班	
34	平板运输车	台班	

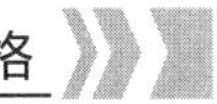

续上表

序号	工 料 机 名 称	单　位	数　量
35	机动翻斗车	台班	
36	轨道式混凝土搅拌运输车	台班	
37	轨道车	台班	
38	轨道平车	台班	
39	轨道式电瓶车	台班	
40	矿车	台班	
41	带式输送机	台班	
42	内燃拖轮	台班	
43	驳船	台班	
44	混凝土搅拌机	台班	
45	混凝土拌和站	台班	
46	混凝土喷射机械	台班	
47	混凝土输送泵	台班	
48	混凝土搅拌运输车	台班	
49	灰浆搅拌机	台班	
50	灰浆输送泵	台班	
51	混凝土振动台	台班	
52	预应力钢筋液压张拉设备	台班	
53	水上混凝土拌和站	台班	
54	轨道式柴油打桩机	台班	
55	振动沉拔桩机	台班	
56	钻孔机	台班	
57	单(多)级离心清水泵	台班	
58	泥浆泵	台班	
59	浮箱	台班	
60	交(直)流弧焊机	台班	
61	对焊机	台班	
62	铺轨机(铺设轨排)	台班	
63	单枕法铺轨机组	台班	
64	无砟轨道铺轨机组	台班	
65	架桥机(架设T梁)	台班	
66	架桥机(架设箱梁)	台班	
67	轮胎式搬梁机	台班	
68	轮轨式搬梁机	台班	
69	运梁车(轮胎式)	台班	
70	架梁轨道平车	台班	
71	电气化立杆作业车	台班	
72	电气化隧道钻孔作业车	台班	
73	电气化安装作业车	台班	

续上表

序号	工 料 机 名 称	单　位	数　量
74	电气化架线作业车	台班	
75	电气化线盘车	台班	
76	铺轨龙门架 12.5m	台班	
77	铺轨滚筒平车	台班	
78	钢筋调直机	台班	
79	钢筋切断机	台班	
80	钢筋弯曲机	台班	
81	木工机械	台班	
82	鼓风机	台班	
83	吹风机	台班	
84	内燃机车	台班	
85	电力机车	台班	

注:①名称和单位可根据需要进行调整。

②若一个建设项目有若干个编制单元,应编制汇总表。

③定额人工指按概预算定额或综合指标统计的人工。

全线工点一览表

附表 4-4

序号	标段	工点名称	起止里程	长度(m)	车站类型 路基地基处理形式及设计预压时间 桥梁简支梁孔跨(跨—孔) 桥梁特殊梁形式及数量(跨度—联) 隧道辅助坑道形式及数量(m—处)	备注

注:按里程顺序排列。

路　基　表

附表 4-5

序号	标段	起止里程	长度(km)	侧别	地基处理及挡护形式	主要工程数量

桥　梁　表

附表 4-6

序号	标段	桥名	中心里程	桥长(m)	孔跨布置	简支梁数量(孔)				特殊梁数量	备注
						32m	24m	20m	≥40m	(联)	

隧 道 表

附表 4-7

序号	标段	隧道名称	进出口里程	长度(m)	围岩分级计算长度(m)					
					Ⅰ级	Ⅱ级	Ⅲ级	Ⅳ级	Ⅴ级	Ⅵ级

车 站 表

附表 4-8

序号	标 段	站 名	中心里程	车站类型	主要工程数量

施工标段划分表

附表 4-9

序号	标 段	里 程	主要工程内容	预制梁数量

大临和过渡工程汇总表

附表 4-10

序号	项 目	单位	总数量	标段	标段	标段
一	大临设施					
1	铁路便线	km				
2	汽车运输便道	km				
3	运梁便道	km				
4	便桥	km				
5	铺轨基地	处				
6	换装站	座				
7	材料站	处				
8	预制梁场	处				
9	存梁场	处				
10	钢梁拼装场	处				
11	轨道板(轨枕)预制厂	处				
12	混凝土集中搅和站	座				
13	填料集中加工站	座				
14	混凝土构配件预制厂	处				
15	道砟存储场	处				
16	临时通信基站	处				
17	集中发电站、变电站	座				
18	临时电力干线	km				
19	临时电力引入线	km				
20	给水干管路	km				
21	渡口、码头	处				
22	浮桥、吊桥	座				

续上表

序号	项　　目	单位	总数量	标段	标段	标段
23	天桥	座				
24	地道	座				
二	过渡工程					
1	铁路便线	km				
2	公路便线	km				
3	公铁便线	km				
4	其他过渡工程	处				

大临工程设置表

附表 4-11

序号	标段	大临设施名称	地点及位置	标准、规模及用地面积	供应范围	主要工程数量	主要设备配置

注:各类大临工程应分类统计。

过 渡 工 程 表

附表 4-12

序号	标段	工程名称	原工程状况	过渡方案	长度、标准及规模	主要工程数量

架梁进度计划表

附表 4-13

区段	里程或墩(台)号		架梁数量(孔)	运梁通道	架梁持续时间(天)	架梁时间(年-月-日)
	起点	终点	最早开始			最迟结束

注:主要适用于设计采用整孔箱梁的高速铁路(客运专线)。

铺轨进度计划表

附表 4-14

区段	位置或里程		左右线别	铺轨长度(km)	铺轨持续时间(天)	铺轨时间(年-月-日)
	起点	终点	最早开始			最迟结束

注:主要适用于设计采用整孔箱梁的高速铁路(客运专线)。

铺架进度计划表

附表 4-15

序号	铺架区段	桥跨结构形式	开始铺架时间	铺架完成时间	天数	完成工作量	
						架梁(孔)	铺轨(km)

注:主要适用于设计采用T梁的普速铁路。

分标段分年度完成主要工程数量表　　附表4-16

序号	主要工程项目	单位	全项目				标段			
			年	年	年	年	年	年	年	年
1	拆迁及征地	万元								
2	地基处理	m^2								
3	路基土石方	10^4 m^3								
4	路基挡护圬工	10^4 m^3								
5	桥梁基础与墩台	km								
6	现浇及节段拼装梁	孔								
7	预制梁架设	孔								
8	框架涵	m^2								
9	其他涵洞	横延米								
10	隧道及明洞	km								
11	无砟道床铺设	km								
12	铺轨	km								
13	铺砟	10^4 m^3								
14	道岔铺设	组								
15	通信光缆电缆	条公里								
16	联锁道岔	组								
17	自动闭塞	km								
18	高压电缆及架空线路	km								
19	低压电缆及架空线路	km								
20	接触网	条公里								
21	站房	10^4m^2								
22	其他房屋	10^4m^2								
23	其他站场建筑	万元								
24	大临设施和过渡工程	万元								

甲供材料设备清单　　附表4-17

序号	材料设备名称	单　位	数　量	主要技术参数	备　注

自购材料设备清单　　附表4-18

序号	材料设备名称	单　位	数　量	主要技术参数	备　注

分标段分年度主要材料设备计划表　　附表4-19

序号	材料名称	单位	全　项　目					标　段				
			年	年	年	年	年	年	年	年	年	年
1												
2												
3												

主要施工装备及检测设备数量表 附表 4-20

序号	施工装备名称	单位	标　　段		标　　段		标　　段	
			规格型号	数量	规格型号	数量	规格型号	数量
1								
2								
3								

管理人员、技术人员及劳动力配置数量表 附表 4-21

1		管理人员					
2		工程技术人员					
3		技术工					
4		普通工					
5		小计					
1	总计	管理人员					
2		工程技术人员					
3		技术工					
4		普通工					
5		小计					

分标段分年度完成投资表(单位:万元) 附表 4-22

序号	工 程 项 目	全　项　目					标　　段				
		年	年	年	年	年	年	年	年	年	年
1	拆迁及征地费用										
2	路基										
3	桥涵										
4	隧洞及明洞										
5	轨道										
6	通信、信号、信息及灾害监测										
7	电力及电力牵引供电										
8	房屋										
9	其他运营生产设备及建筑物										
10	大型临时设施和过渡工程										
11	其他费用										
合计											

附录5 施工组织调查应用表格

拆迁建(构)筑物补偿费调查表 附表5-1

____________线____________段______测

序号	拆 迁 项 目	单 位	单价 (元)	附 注

调查者: 提供资料单位: 年 月 日

注:①本表调查范围在沿线各县(市)乡镇进行,并应取得当地政府的征用土地实施办法。

②建筑物应说明不同建筑与结构类型,青苗应说明作物种类。

③凡施工准备认为需要调查项目,均可填入此表。

人均耕地面积及年产值统计表 附表5-2

____________线____________段______测

县 名	乡 名	人数 (人)	耕地面积 (亩)	人均耕地面积 (亩)	年产值 (元/亩)

调查者: 提供资料单位: 年 月 日

砂(卵)石调查表 附表5-3

____________线____________段______测

<table>
<tr><td rowspan="2">产地名称</td><td colspan="4" rowspan="2"></td><td>样品编号</td><td></td></tr>
<tr><td>样品数量</td><td></td></tr>
<tr><td>与线路关系</td><td colspan="6"></td></tr>
<tr><td>砂(卵石)质量:(砂卵石组成成分、含污量,成品率及砂卵石比例)</td><td colspan="6"></td></tr>
<tr><td>产地面积及储藏量</td><td colspan="6"></td></tr>
<tr><td>开采条件(水中、岸上)</td><td colspan="6"></td></tr>
<tr><td>产品名称</td><td>单位</td><td>规格</td><td>单价</td><td>装卸费</td><td colspan="2">交货地点</td></tr>
<tr><td></td><td></td><td></td><td></td><td></td><td colspan="2"></td></tr>
<tr><td></td><td></td><td></td><td></td><td></td><td colspan="2"></td></tr>
<tr><td>运输方法(包括拟修便道长度)</td><td colspan="6"></td></tr>
<tr><td>可能提供本线数量</td><td colspan="6"></td></tr>
<tr><td>供应范围初步意识</td><td colspan="6"></td></tr>
<tr><td colspan="7">产地示意图</td></tr>
</table>

调查者: 日期: 年 月 日

石 料 调 查 表

附表 5-4

＿＿＿＿＿线＿＿＿＿＿段＿＿＿测

<table>
<tr><td rowspan="2">产地名称</td><td rowspan="2" colspan="3"></td><td>样品编号</td><td></td></tr>
<tr><td>样品数量</td><td></td></tr>
<tr><td>与线路关系</td><td colspan="5"></td></tr>
<tr><td>岩石性质及特征(岩石名称,产状、是否层岩、组织、节理破碎程度)</td><td colspan="5"></td></tr>
<tr><td>覆盖层厚度及土壤种类</td><td colspan="5"></td></tr>
<tr><td>储存量及生产能力</td><td colspan="5"></td></tr>
<tr><td>名　称</td><td>单位</td><td>规格</td><td>单价</td><td>装卸费</td><td>交货地点</td></tr>
<tr><td></td><td></td><td></td><td></td><td></td><td></td></tr>
<tr><td></td><td></td><td></td><td></td><td></td><td></td></tr>
<tr><td>运输方法(包括拟修便道长度)</td><td colspan="5"></td></tr>
<tr><td>可能提供本线数量</td><td colspan="5"></td></tr>
<tr><td>供应范围初步意识</td><td colspan="5"></td></tr>
<tr><td colspan="6">产地示意图</td></tr>
</table>

调查者：　　　　　　　　　　　　　　　　　　　　日期：　　　年　　月　　日

附表 5-5

建筑材料调查表

________线________段____测

里程	位置(km)		产地（市、县村、镇及厂名）	材料名称	规格	单位	单价（元）	每月产量	每月可能最大供应	产地至工地运输方法及运距（km）
	左	右								

附注：①建筑材料：除砂、石料以外的其他建筑材料。
②调查每月产量时，应注意其季节性变化情况。
③利用火车运输时应调查铁路岔线长度及岔线出岔里程及调车费用。
④装卸费计算办法。

调查者：　　　　提供资料单位：　　　　年　月　日

附表 5-6

路基填料调查表

________线________段____测

里程	位置(km)		产地（市、县村、镇及厂名）	材料名称	单位	单价（元）	是否含装车费	储量	可能最大供应量	产地至工地运输方法及运距（km）
	左	右								

附注：①材料：包括普通土、渗水土、碎石等。
②装卸费计算办法。
③利用火车运输时应调查铁路岔线长度及岔线出岔里程及调车费用。

调查者：　　　　提供资料单位：　　　　年　月　日

长大重工程施工条件调查表 附表 5-7

____________线____________段______测

工程名称		工程地点	
便线(便道)引入地点及长度			
动力线路引入地点及长度			
当地材料供应地点与运输方法及运距	砂		
	碎(卵)石		
	石料		
厂发料供应地点与运输方法及运距			
工程用水及取给水地点及运距			
桥头岔线修建地点			
取土或弃土(渣)地点及运距			
桥台后填渗水性土壤运距			
施工辅助工程项目及数量			
施工方法初步意见			
工程地点与调查资料关系示意图			

调查者： 日期： 年 月 日

公路交通运输情况调查表 附表 5-8

____________线____________段______测

公路名称	起讫里程	公路等级	技术条件				
			桥梁限制载重(t)	最小曲线半径(m)	最大坡度(%)	路面宽度(m)	路面材料

调查者： 提供资料单位： 年 月 日

附表 5-9

水运情况调查表

__________线__________段_____测

<table>
<tr><td colspan="2">河流名称</td><td></td><td colspan="2">通航地段及季节</td><td></td><td>船只类型及最大吨位</td><td colspan="2"></td><td colspan="2">供施工用的货运能力
（万 t · 年）</td><td colspan="2"></td></tr>
<tr><td colspan="2" rowspan="2">货物名称及运价等级</td><td rowspan="2">吨次费
（元/t）</td><td colspan="2">运价[元/（t · km）]</td><td colspan="2">装卸费</td><td colspan="6">特定运价</td></tr>
<tr><td>上水</td><td>下水</td><td>装</td><td>卸</td><td>超长</td><td>超重</td><td>过闸</td><td>回空</td><td>出县</td><td></td></tr>
<tr><td rowspan="3"></td><td></td><td rowspan="3"></td><td></td><td></td><td></td><td></td><td></td><td></td><td></td><td></td><td></td><td></td></tr>
<tr><td></td><td></td><td></td><td></td><td></td><td></td><td></td><td></td><td></td><td></td><td></td></tr>
<tr><td></td><td></td><td></td><td></td><td></td><td></td><td></td><td></td><td></td><td></td><td></td></tr>
</table>

调查者： 提供资料单位： 年 月 日

电力调查表 附表5-10

____________线____________段______测

发电厂或变电站名称		
所在地		
企业性质		
发电动力种类或变电设备		
发电能力(kW)		
供电范围或变电幅度		
输电线路起讫点及最远距离		
电压(kV)		
每日供电时间		
目前电力富余量		
可能供应本线电量(kW)		
电价[元/(kW·h)]	工业用电	
	照明用电	
沿线电力线经路示意图		

调查者: 年 月 日

注:①此表在沿线县市进行调查,可配合电力人员共同进行。

②说明重点工程及大临设施是否可利用该电源和由于设备情况尚存在哪些问题。

既有施工辅助企业调查表

附表 5-11

____________线____________段______测

<table>
<tr><td colspan="2">企业名称</td><td></td></tr>
<tr><td colspan="2">所在地点</td><td></td></tr>
<tr><td colspan="2">与线路关系</td><td></td></tr>
<tr><td colspan="2">生产规模</td><td></td></tr>
<tr><td colspan="2">产品种类</td><td></td></tr>
<tr><td colspan="2">价格</td><td></td></tr>
<tr><td rowspan="2">运输情况</td><td>运输方法</td><td></td></tr>
<tr><td>运输价格</td><td></td></tr>
<tr><td colspan="2">供应条件</td><td></td></tr>
<tr><td colspan="2">其他</td><td></td></tr>
<tr><td colspan="3">企业与线路关系示意图</td></tr>
</table>

调查者：　　　　　　　　　　　　　　　　　　　　　　　　年　　月　　日

大型临时设施一览表

附表 5-12

__________线__________段_____测

序号	项　　目		内　　容
1	辅助设施名称		
2	适用范围		
3	生产品种及规模		
4	所在地点		
5	位置与线路关系		
6	施工场地条件	征地(分类别)	
		拆迁建筑物	
		平整场地土方及平均运距	
		平整场地石方及平均运距	
		桥梁座数及长度	
		涵洞座数及长度	
		________________等圬工	
		场地硬化等	
7	交通情况		
8	岔线长度(km)		
9	外来料来源、运输方法与运距		
10	当地料来源、运输方法与运距		
11	水、电供应情况		
12	运输便道	由公路进入_______	
		由_______至线路	

大型辅助设施与线路关系示意图

调查者：　　　　　　　　　　　　　　　　　　　　　　年　　月　　日

运输便道和铁路便线、岔线工程情况调查表

附表 5-13

__________线__________段_____测

序号	工程项目			内容及数量
1	工程名称			
2	起讫位置与线路关系			
3	运输便道(km)		全长	
			改建长度	
			新建长度	
4	分项工程及数量	拆迁	房屋(m^2)	
			电线路(km)	
		占地(亩)	水田	
			旱地	
		路基	土方及运距($m^3 \cdot km$)	
			石方及运距($m^3 \cdot km$)	
			干砌石(m^3)	
			浆砌石(m^3)	
		桥梁(座—延长米)		
		涵洞	圆涵(座—横延米)	
		轨道	铺轨(km)	
			铺岔(组)	
			铺砟(m^3)	
		路面(m^2)	砂石	
			泥结碎石	

调查者：　　　　　　　　　　　　　　　　　　　　　　日期：

附录6 施工组织设计工期参考指标及工程接口关系表

6.1 施工组织设计工期参考指标

施工组织设计工期参考综合指标　　附表6-1

工程项目				单位	综合指标
施工准备	控制工程征拆			月/项	1~3
	城市征拆			月/项	6~12
路基	地基处理			月/项	3~6
	主体		平原丘陵	月/项	4~12
			山区	月/项	12~24
一般桥梁	墩高30m以内			月/座	3~12
	墩高30~50m			月/座	4~15
隧道	钻爆法	单工作面	隧长≤1000m	月/座	6~15
			隧长1000~2000m	月/座	15~28
		双工作面	隧长2000~4000m	月/座	22~28
		双工作面	隧长4000~5000m	月/座	28~34
		多工作面	隧长>5000m	月/座	34~42
	掘进机法	开敞式		m/月	330~400
		护盾式		m/月	400~450
无砟轨道	双块式			m/天	100~140
	Ⅰ型板式			m/天	140~200
	Ⅱ型板式			m/天	120~180
	Ⅲ型板式			m/天	110~180
站后工程(不含站房)				月	9~18
站房	建筑面积	$\leq 10000m^2$		月/处	10~12
		$10000 \sim 50000m^2$		月/处	12~18
		$50000 \sim 100000m^2$		月/处	16~22
		$100000 \sim 200000m^2$		月/处	22~28
		$>200000m^2$		月/处	24~36
联调联试				月/全部系统	2~5
运行试验				月/全部系统	1

注:①路基工期未含堆载预压工期,堆载预压应按设计要求计算工期。

②本表所列隧道工期围岩级别比例系按照Ⅱ、Ⅲ、Ⅳ、Ⅴ级2:3:3:2编制,当实际围岩级别与此相差较大时可调整。

③站房建筑面积包含雨棚面积,工期含基础、建筑、结构、装饰装修,智能建筑及配套设备安装调试,如预留地铁施工,工期在此基础上增加5~7个月。

大型临时设施

附表 6-2

序　号	工程项目		单　位	工　期
1-01	制(存)梁场		月/处	3~8
1-02	铺轨基地			3~5
1-03	轨道板(双块式轨枕)预制厂			4~6
1-04	混凝土集中拌和站、填料集中拌和站			1~2
1-05	汽车运输便道	平丘	月/项	1~3
1-06		山区		3~15
1-07	电力线路	平丘		1~3
1-08		山区		3~6
1-09	给水干管路			1~3
1-10	栈桥		月/座	1.5~4

注:栈桥进度指标是指一般情况下的进度指标,跨越大江大河等特殊进度指标,另行分析。

路堤填筑

附表 6-3

编　号	工程项目			进度指标(万方/月)
2-01	填方	时速 200km 及以上铁路	基床表层	2.5~3.0
2-02			基床底层	2.7~3.2
2-03			基床以下路基	3.0~3.6
2-04		时速 160km 及以下铁路	基床表层	2.6~3.3
2-05			基床底层	3.2~4.0
2-06			基床以下路基	3.5~4.5

路堑开挖

附表 6-4

编　号	工程项目			进度指标(万方/月)
2-07	挖方	土石比	10:0	5.3~7.4
2-08			8:2	3.5~5.4
2-09			5:5	4.1~4.2
2-10			2:8	3.0~3.6
2-11			0:10	2.4~2.9

过渡段

附表 6-5

编　号	工程项目		进度指标(万方/月)
2-12	过渡段	路桥	0.28~0.35
2-13		路堤与横向构造物	0.35~0.42
2-14		路堤与路堑	0.27~0.33
2-15		路基与隧道	0.32~0.40

地基处理

附表 6-6

编　号	工程项目	进度指标(万方/月)
2-16	塑料排水板	4.3~5.3
2-17	碎石桩	0.5~0.6
2-18	GFG 桩	1.5~1.8
2-19	水泥搅拌桩	0.6~0.7
2-20	旋喷桩	0.4~0.5

续上表

编　号	工 程 项 目	进度指标(万方/月)
2-21	袋装砂井	4.3～5.0
2-22	粉喷桩	0.4～0.5
2-23	打入桩	0.5～0.6
2-24	螺杆桩	1.4～1.6
2-25	水泥土挤密桩	1.8～2.2
2-26	柱锤冲扩桩	1.8～2.2

防护与支挡结构　　附表 6-7

编　号	工 程 项 目	进度指标(万方/月)
2-27	浆砌片石护坡	1100～1300
2-28	浆砌片石挡墙	1000～1200
2-29	混凝土挡墙	1400～1700
2-30	桩板式挡墙	250～300
2-31	抗滑桩	350～450

桥　梁　基　础　　附表 6-8

编　号	项　目	类　别		单　位	进 度 指 标
3-01	基础	明挖	陆地≤4m	m^3/月	1200～1500
3-02			陆地＞4m		750～90
3-03			水中		550～700
3-04		钻孔桩	土	m/天	15～25
3-05			砂砾石		8～13
3-06			软石		3.5～6.0
3-07			卵石		2.5～4.5
3-08			次坚石		2.0～3.5
3-09			坚石		1.0～2.0
3-10		承台	有防护	天/个	7～5
3-11			无防护		5～9

注:表中土质地层钻孔为采用回旋钻机的进度,当采用旋挖钻机钻孔时,可适当调整进度指标。

桥 梁 墩 台 身　　附表 6-9

编　号	项　目	类　别		单位(月/墩)	进 度 指 标
3-12	墩台	单线	实体墩墩高	月/墩	0.4～0.5
3-13			实体墩墩高		0.5～0.6
3-14			空心墩墩高		0.6～0.8
3-15			空心墩墩高		0.8～1.2
3-16			空心墩墩高		1.2～1.7
3-17			空心墩墩高		1.7～2.5
3-18		双线	实体墩墩高		0.5～0.6
3-19			实体墩墩高		0.6～0.8
3-20			空心墩墩高		0.8～1.0
3-21			空心墩墩高		1.0～1.7
3-22			空心墩墩高		1.7～2.5
3-23			空心墩墩高		2.5～3.0

水　中　基　础　　附表 6-10

编　号	工 程 项 目				进 度 指 标
3-24	围堰及平台			月/墩	1.5～2.5
3-25	基础	钻孔桩	土	m/天	11.0～20.0
3-26			砂砾石		5.5～10.5
3-27			软石		3.0～5.0
3-28			卵石		2.3～3.5
3-29			次坚石		1.8～2.9
3-30			坚石		1.0～1.7
3-31		承台	双臂钢围堰	天/个	25～30
3-32			钢吊箱围堰		30～50

注:双臂钢围堰、钢吊箱围堰是指一般情况下的进度指标,跨越大江大河等特殊进度指标,另行分析。

水　中　基　础　　附表 6-11

编　号	工 程 项 目				进 度 指 标
3-33	悬浇连续梁	0 号段	主跨≤100m	天/次	40～60
3-34			主跨>100m		50～85
3-35		合龙段		天/块	30～45
3-36		其他梁端			8～12

注:悬浇0#段含临时支墩、托架施工和预压及挂篮拼装调试时间。

移动模架法现浇箱梁　　附表 6-12

编　号	工 程 项 目	单　位	进 度 指 标
3-37	模架拼装、拆除	天/次	30～45
3-38	现浇箱梁	天/孔	15～18

支架现浇箱梁　　附表 6-13

编　号	工 程 项 目	进度指标(天、孔)
3-39	支架法现浇箱梁	25～35

涵　洞　　附表 6-14

编　号	类　别	进度指标(月/座)
3-40	盖板涵	1.5～2.5
3-41	矩形涵	1.0～2.0
3-42	框架涵	1.5～2.5
3-43	拱涵	1.2～2.0
3-44	圆管涵	0.7～1.5
3-45	渡槽	1.0～1.8
3-46	倒虹吸管	1.6～2.5

钻爆法隧道

附表 6-15

编号	工程项目				围岩等级	进度指标(延长米/月)	
						无轨运输	有轨运输
4-01	正洞	正洞工区	断面有效面积	≤60m²	Ⅱ	130 ~ 190 (200 ~ 260)	150 ~ 210
4-02					Ⅲ	90 ~ 120 (160 ~ 230)	120 ~ 140
4-03					Ⅳ	60 ~ 85 (110 ~ 180)	60 ~ 85
4-04					Ⅴ	35 ~ 50 (60 ~ 90)	35 ~ 50
4-05				>60m²	Ⅱ	140 ~ 200 (220 ~ 280)	160 ~ 220
4-06					Ⅲ	100 ~ 130 (180 ~ 240)	130 ~ 150
4-07					Ⅳ	70 ~ 95 (90 ~ 160)	70 ~ 95
4-08					Ⅴ	35 ~ 50 (60 ~ 90)	35 ~ 50
4-09		斜井工区		≤60m²	Ⅱ	120 ~ 175 (180 ~ 240)	130 ~ 190
4-10					Ⅲ	80 ~ 110 (150 ~ 210)	90 ~ 120
4-11					Ⅳ	60 ~ 80 (100 ~ 160)	60 ~ 80
4-12					Ⅴ	35 ~ 50 (60 ~ 90)	35 ~ 50
4-13				>60m²	Ⅱ	125 ~ 180 (200 ~ 250)	140 ~ 200
4-14					Ⅲ	90 ~ 130 (160 ~ 220)	110 ~ 130
4-15					Ⅳ	70 ~ 90 (80 ~ 150)	70 ~ 90
4-16					Ⅴ	35 ~ 50 (60 ~ 90)	35 ~ 50

续上表

编号	工程项目		围岩等级	进度指标(延长米/月)	
				无轨运输	有轨运输
4-17	辅助坑道	斜井	Ⅱ	250 ~ 300	100 ~ 120
4-18			Ⅲ	180 ~ 240	90 ~ 100
4-19			Ⅳ	100 ~ 150	45 ~ 60
4-20			Ⅴ	60 ~ 90	30 ~ 40
4-21		平行导坑、横洞、横通道	Ⅱ	260 ~ 310	180 ~ 250
4-22			Ⅲ	190 ~ 250	120 ~ 180
4-23			Ⅳ	130 ~ 180	90 ~ 120
4-24			Ⅴ	70 ~ 100	60 ~ 80

注:①括号内数字为机械化配套进度指标。

②西南地区地质复杂隧道进度指标可在本指标基础上适当降低,可乘以不低于0.85的调整系数;高风险等级隧道进度指标应另行分析确定。

③辅助坑道无轨运输进度指标可根据辅助坑道长度增加适当降低,可乘以不低于0.9的调整系数。

挖进机(TBM)法隧道 附表6-16

编号	工程项目	围岩等级	进度指标(延长米/月)
4-25	φ9m ~ φ11m 开敞式挖进机	Ⅰ	230 ~ 250
4-26		Ⅱ	360 ~ 420
4-27		Ⅲ	400 ~ 480
4-28		Ⅳ	300 ~ 330
4-29	φ9m ~ φ11m 护盾式挖进机	Ⅰ	270 ~ 300
4-30		Ⅱ	420 ~ 450
4-31		Ⅲ	520 ~ 550
4-32		Ⅳ	360 ~ 400

注:挖进机进场运输及安装调试时间应另行考虑。

制、架 梁 附表6-17

编号	项目		类别	单位	进度指标
5-01	T梁	预制		片/(月·制梁台座)	6 ~ 10
5-02		架设	32m	单线孔/天	3 ~ 4
5-03			24m及以下		4 ~ 5
5-04	箱梁	预制		孔(月·制梁台座)	5 ~ 7
5-05		架设	运距0km ~ 8km	双线孔/天	2.0
5-06			运距8m ~ 12km		1.5
5-07			运距12km ~ 20km		1.0

注:本表箱梁为900t双线简支箱梁。

轨　道　　附表 6-18

编　号	项　目	类　别				单　位	进 度 指 标
5-08	铺道床	有砟	预铺底砟			m/天	900～1000
5-09		无砟	双块式		路基段支承层		300～400
5-10					桥梁段底座		100～140
5-11					隧道段底座		70～90
5-12					道床板		100～140
5-13			板式	Ⅰ、Ⅲ型	路基段底座		90～110
5-14					桥梁段底座		100～140
5-15					隧道段底座		70～90
5-16				Ⅱ型	路基段支承层		300～400
5-17					桥梁段底座		100～140
5-18					隧道段底座		70～90
5-19				Ⅰ型	轨道板		160～200
5-20				Ⅱ型	轨道板		140～180
5-21				Ⅲ型	轨道板		110～180
5-22	铺轨	有缝	人工铺轨			Km/天	0.6～0.8
5-23			机械铺轨				2.0～2.5
5-24		无缝	有砟		单枕法		1.4～1.6
5-25					换铺法		2.4～2.6
5-26			无砟		拖拉法		4～5
5-27		铺轨后续工程(含轨道精调)				月/全部工程	1～3

通信光(电)缆敷设　　附表 6-19

编　号	工 程 项 目		进度指标(m/天)
6-01	一般铁路挖电缆槽、通信光(电)缆敷设	平原	500～600
6-02		丘陵、山丘	400～500
6-03	高速铁路(客运专线)通信光(电)缆敷设	平原、丘陵、山区	1100～1400

通信设备安装及调试　　附表 6-20

编　号	工 程 项 目		工期(月/处)
6-04	通信设备安装	区间接入点	0.2
6-05		中间站	0.5
6-06		通信站	0.8
6-07	设备单体试验及整组统调		2～3

注:含信息工程。

信号自动闭塞　　附表 6-21

编　号	工 程 项 目		进度指标(m/天)
6-08	一般铁路挖电缆槽、信号自动闭塞电缆敷设、信号设备安装	平原	450～650
6-09		丘陵、山丘	350～450
6-10	高速铁路(客运专线)信号自动闭塞电缆敷设、轨旁(信号)设备安装	平原、丘陵、山丘	800～1100

车站信号连锁

附表 6-22

编　号	工程项目	工期(月/站)
6-11	车站信号连锁	2~5

电力线路架设

附表 6-23

编　号	工程项目		进度指标(m/天)
6-12	一般铁路电力显露出架设、设备安装	平原	1100~1400
6-13		丘陵、山丘	650~1100

电力电缆敷设

附表 6-24

编　号	工程项目		进度指标(m/天)
6-14	一般铁路挖电槽、电力电缆敷设、设备安装	平原	500~600
6-15		丘陵、山区	400~500
6-16	高速铁路(客运专线)电力电缆敷设、设备安装	平原、丘陵、山区	1100~1400

变、配电所设备安装及调试

附表 6-25

编　号	工程项目	工期(月/座)
6-17	变、配电所(10KV、35KV)设备安装	3~4
6-18	设备单体试验及整租统调	1

接触网立杆架线及调整

附表 6-26

编　号	工程项目		进度指标(m/天)
6-19	平原地区新建单线		800~1400
6-20	平原地区新建双线		550~800
6-21	山丘地区新建单线		650~900
6-22	山丘地区新建双线		500~650
6-23	既有铁路电化单线		470~660
6-24	既有铁路电化双线		400~600
6-25	接触网调整	月/项	2~6

牵引变电所设备安装及调试

附表 6-27

编　号	工程项目	进度指标(m/天)
6-26	牵引变电所(直供、AT)	4~5
6-27	设备单体试验及整组统调	1~2

±0.00 以下工程无地下室

附表 6-28

工作内容:基坑开挖、支护、基础浇制等

编　号	基础类型	建筑面积(m^2)	工期(天)
7-01	独立基础	≤500	20~30
7-02		500~1000	30~40
7-03		1000~3000	40~50
7-04		3000~5000	50~60
7-05		5000~10000	60~70
7-06		>10000	70~80

续上表

编　号	基础类型	建筑面积(m^2)	工期(天)
7-07	条形基础	≤500	20～30
7-08		500～1000	30～40
7-09		1000～3000	40～50
7-10		3000～5000	50～60
7-11		5000～10000	60～70
7-12		>10000	80～90
7-13	筏板基础	≤500	30～40
7-14		500～1000	40～50
7-15		1000～3000	50～60
7-16		3000～5000	60～70
7-17		5000～10000	70～80
7-18		>10000	80～90
7-19	桩基础	≤500	40～50
7-20		500～1000	50～60
7-21		1000～3000	60～70
7-22		3000～5000	70～80
7-23		5000～10000	80～90
7-24		>10000	90～100

注:本表建筑面积系指首层建筑面积,基础由2种或2种以上类型组成时,按不同类型部分的面积查出相应工期,相加计算。

±0.00以下工程有地下室　　附表6-29

工作内容:基坑开挖、支护、基础浇制、地下室结构施工等。

编　号	地下层数	建筑面积(m^2)	工期(天)
7-25	1	≤500	60～80
7-26		500～1000	80～90
7-27		1000～3000	100～105
7-28		3000～5000	120～125
7-29		5000～10000	140～145
7-30		>10000	170～175
7-31	2	≤1000	100～120
7-32		1000～2000	120～140
7-33		2000～3000	140～160
7-34		3000～5000	160～180
7-35		5000～10000	180～200
7-36		10000～15000	200～220
7-37		15000～20000	220～240
7-38		>20000	240～270

注:本表建筑面积系指地下室建筑面积,工期包括基础施工工期。

±0.00 以上站房结构工程　　附表 6-30

工作内容：地面以上结构工程。

编　号	建筑面积（m^2）	工期（天）
7-39	≤500	55～65
7-40	500～1000	60～70
7-41	1000～3000	70～80
7-42	3000～5000	75～85
7-43	5000～10000	80～90
7-44	10000～20000	180～210
7-45	20000～50000	210～240
7-46	50000～80000	240～270
7-47	80000～100000	270～300
7-48	>100000	300～360

注：本表建筑面积系指地面以上建筑面积（不含雨棚面积）。

站房装饰装修和设备安装工程　　附表 6-31

工作内容：站房全部二次结构（墙体、顶棚、地面、层面工程等）、装饰装修、智能建筑、通风与空调、建筑电气、给排水、综合布线及有关设备安装等。

编　号	建筑面积（m^2）	工期（天）
7-49	≤1000	100～110
7-50	1000～3000	110～120
7-51	3000～5000	120～130
7-52	5000～10000	130～140
7-53	10000～20000	140～150
7-54	20000～50000	150～180
7-55	50000～80000	180～210
7-56	80000～100000	210～240
7-57	>100000	240～300

注：本表建筑面积系指整个站房建筑面积（不含雨棚），联调联试可与部分装饰装修工程穿插进行。

±0.00 雨棚工程（含站台、基础）　　附表 6-32

工作内容：包括基础施工、结构架立、混凝土浇制、屋面、吊顶等。

编　号	建筑面积（m^2）	工期（天）
7-58	10000～20000	180～270
7-59	20000～40000	240～360
7-60	>40000	300～480

注：本表建筑面积系指雨棚面积。

动态检测、联调联试及运行试验工期指标　　附表 6-33

<table>
<tr><th>编　号</th><th colspan="3">工 程 项 目</th><th>工期（月）</th></tr>
<tr><td>8-01</td><td>一般铁路</td><td colspan="2">动态检测及试运行</td><td>1～2</td></tr>
<tr><td>8-02</td><td rowspan="3">高速铁路
（客运专线）</td><td rowspan="2">联调联试</td><td>线路长度≤500km</td><td>2～4</td></tr>
<tr><td>8-03</td><td>线路长度>500km</td><td>4～5</td></tr>
<tr><td>8-04</td><td colspan="2">运行试验</td><td>1</td></tr>
</table>

6.2 铁路工程施工的工程接口关系表

工 程 接 口 关 系 表

附表 6-34

接口项目(专业工程)	上序专业工程	接口项目技术条件及进场条件要求	附　注
征地拆迁		影响工程施工的迁改及征地项目应一并完成,包括站房、中继站、通信基站、直放站、铁塔用地、牵引变电所、电力配电所、箱变等工程在内。防止二次征地	
室外电缆敷设(通信、信号、信息、电力、电力牵引供电、灾害监测)	路基	(1)桥、隧、路基地段,同一区间的电缆槽及衔接部分的过渡槽道应同步贯通,盖板同步到位。 (2)室外桥、隧、路基地段,经过手孔、水沟、边坡到设备房电缆井的电缆槽、管道应贯通,并在路基、护坡形成前完成。 (3)电线按规定规格、位置预埋,路基填挖、桥梁架设、隧道二衬及水沟电缆槽施工结束。 (4)桥、隧(路)及区间和车站的结合部要考虑电缆过度路径,要考虑电缆弯曲半径	含站台电缆槽
	桥梁	(1)箱梁电缆引下的锯齿孔,箱梁和桥墩上,预留的电缆槽用爬架滑道齐全,易于查找。 (2)桥梁电缆上桥预留电缆桥架和过轨管线按设计要求施工完毕,预埋、留件经站后监理和施工单位确认	
	隧道	隧道口处电力电缆槽与通信信号电缆槽必须隔开	
	房建	(1)中继站、基站、直放站电缆井、通信信号电缆预留的引入口必须与电力电缆引入口分开,电缆井排水良好。 (2)车站站台电缆槽及至设备用房电缆间的引入槽道(或防护钢管)应同步形成。 (3)边坡到设备房电缆井的电缆槽、管道应贯通,并在路基、护坡形成前完成	
过轨道管线(通信、信号、电力、灾害监测)	路基 桥梁 隧道	(1)路基填挖施工结束,站后专业预埋过轨管线按站后专业需求施工完毕,并经站前、站后的监理和施工单位共同签字验收。 (2)室外过轨管道及手孔(井)在路基形成前完成,并预留钢丝保持管道通畅。 (3)桥梁电缆上桥预留电缆桥架和过轨管线按设计要求施工完毕,预埋、留件经站后监理和施工单位确认。 (4)过轨施工应制订占轨计划报建设单位或运营部门协调后确认	

续上表

接口项目(专业工程)	上序专业工程	接口项目技术条件及进场条件要求	附注
综合接地(通信、信号、信息、电力、电力牵引供电、灾害监测、声屏障)	路基	(1)接地端子与电缆槽同步形成。 (2)室外桥面、路基、隧道地段通信、信号设备用综合接地端子,预留在电缆槽壁上,并有明显标识。 (3)中继站基础、接地网综合接地端子,应预留在基础侧壁上。 (4)基站、直放站接地网综合接地端子。 (5)路基填挖施工结束,站后专业预埋过轨管线按站后专业需求施工完毕,并经站前站后的监理和施工单位共同签字验收。 (6)桥梁电缆上桥预留电缆桥架和过轨管线按设计要求施工完毕,预埋、留件经站后监理和施工单位确认。 (7)如需占轨施工应制订占轨计划并报建设单位或运营部门协调后确认	
	桥梁	同上	
	隧道	同上	
	房建	接地排与房建同步形成,场坪地网与建筑物基础(含铁塔基础)接地体同步建成	
接触网支柱/通信漏缆辅助杆基础(通信、电力牵引供电)	路基	(1)接触网支柱基础、通信辅助杆基础按设计位置、规格与路基施工同步完成,并按照设计要求全部验收完毕。 (2)应提供路基地段预埋沟槽管线施工资料和交桩,并合理安排路基和接触网交叉施工。 (3)施工应制订占轨计划并报建设单位或运营部门协调后确认	
	桥梁	同上	
预留锚栓、滑道(通信、电力牵引供电)	桥梁	(1)预留锚栓、滑道按设计位置、规格与路基施工同步完成,按照设计要求全部验收完毕。 (2)箱梁电缆引下的锯齿孔,箱梁和桥墩上,预留的电缆槽用爬架滑到齐全,易于查找	
	隧道	预留C型滑道按设计位置、规格与隧道衬砌施工同步完成	
隧道内通信用房(通信)	隧道	隧道内通信基站、直放站用房已按设计要求预留沟槽、防盗门已安装、内饰完工	
通信铁塔(通信)	征地	征地已完成、高程已确定	
箱盒安装(信号)	路基	(1)路基地段箱盒安装条件:路基或桥面平面高度已确定。 (2)桥隧地段箱盒安装条件:桥梁防护墙或隧道电缆槽施工完毕。 (3)调谐区设备及标志牌测量安装条件:线路里程标已确定,接触网杆已安装。 (4)防护墙、电缆槽达到规定强度。 (5)如需占轨施工,应制订占轨计划并报建设单位或运营部门协调后确认	
	桥梁	同上	
	隧道	同上	

续上表

接口项目(专业工程)	上序专业工程	接口项目技术条件及进场条件要求	附注
室内设备安装(通信、信号、信息、电力、电力牵引供电、灾害监测)	房建	(1)室内设备安装前,设备用房的门、窗、吊顶、静电地板、防雷地线等附属工程完成。 (2)沟槽管线预留、吊挂件结构预埋规格、位置准确;客服设备安装工作面预留方式、尺寸、位置、相关结构检算符合要求。 (3)设备基础浇筑完成,混凝土强度达到标准。 (4)具备施工电源和试验电源	
轨旁设备安装(信号)	轨道	(1)轨旁设备安装条件:线路铺设完毕,轨面高程达到标准,大机养护结束,钢轨已经锁定完成。 (2)应答器安装条件:轨枕板平整,钢轨铺设完毕,里程标、高程正确。 (3)机械绝缘(含侵限绝缘)安装完毕。 (4)绝缘扣件不得造成轨道电路短路。 (5)相关轨道线路联通。 (6)需要过渡的双动道岔、侵限等,必须有过渡设计。 (7)试验条件:电源稳定,设备到位。 (8)施工应制订占轨计划并报建设单位或运营部门协调后确认	
声屏障	路基桥梁	(1)桥梁遮板按照设计要求安装完毕,并经建设单位组织站前施工单位、站前监理和站后监理、站后施工单位确认。 (2)路基填筑结束,支柱及框架已按设计要求完成,并经建设单位组织站前施工单位、站前监理和站后监理、施工单位确认。 (3)如需占轨,施工应制订占轨计划并报建设单位或运营部门协调后确认	
公跨铁(灾害监测)	路基桥梁	(1)两侧护坡处防灾电缆的防护预埋管按照设计要求完成。 (2)公跨铁桥两侧作为双电网传感器安装基础的预留锚栓或后植筋已按设计要求完成	
供电(通信、信号、电力牵引供电、地灾监测、房屋)	电力	(1)外电网供电正常(含隧道内通信设备供电),两路电源齐全、稳定	
	房屋	(1)进场前征地拆迁完成,进场道路基本具备,临电具备接驳点。 (2)场坪填方应达到设计要求。 (3)牵引变电所、AT所、开闭所、分区所等房屋门窗安装完毕,内墙面、吊顶粉刷完成,地面应为毛地面,具备基础槽钢安装条件,防静电架空地板应考虑设备支架安装预留。 (4)变配电所房屋门窗安装和墙面粉刷完毕,地面为毛地面,具备基础槽钢安装条件;室外道路已成型,具备设备运输条件;与车站合建的变配电所,应预留设备运输通道;土建工程范围内的电缆吊架、电缆管具备电缆敷设条件。 (5)室外场地平整、道路已成形,提供的进所道路应满足大型设备运输要求	

续上表

接口项目(专业工程)	上序专业工程	接口项目技术条件及进场条件要求	附注
轨道铺设、架梁	路基	中线、高程、宽度、平整度、防排水均符合验标要求。路基工程工后沉降变形，相关预埋件的埋设、综合接地、过轨管线等符合设计要求	
	桥梁	(1)墩台中线、高程、几何尺寸符合设计要求。 (2)混凝土强度达设计标准。 (3)支座中心线、梁端线已标识。 (4)台后填筑密实度等各项指标达设计标准。 (5)中线、高程、宽度、平整度、防排水符合验标要求。桥梁工程工后沉降变形，相关预埋件的埋设、综合接地、过轨管线等符合设计要求	
	隧道	(1)二衬、水沟、电缆槽、整体道床混凝土强度达设计标准。 (2)中线、高程、宽度、平整度、防排水符合验标要求。隧道工程工后沉降变形，相关预埋件的埋设、综合接地、过轨管线等符合设计要求	
	信号电力牵引供电	电气电容枕、机械绝缘节、磁钢枕位置明确	
站台面铺装雨棚施工	路基 桥梁 隧道 轨道	(1)站台墙(含挡墙)完成、满足限界要求。 (2)高架车站站台梁、轨道梁已完成，雨棚柱预埋件安装到位。 (3)地道主体工程已完成，防渗漏水符合要求。 (4)轨道铺设已完成，精调到位	
客服系统	房建	(1)布线施工前站房、站台(含雨棚)等主体工程完成；站台雨棚缆线通道、吊挂件预留预埋按规定技术要求到位。 (2)机房和设备间房屋环境(包括地板防尘漆、防静电地板、等电位联结及接地端子、空调、电力供电配电箱、门窗密闭性、是否有水管路违规穿越等不符合标准的情况等)预留地槽、孔洞、预埋钢管、螺栓等位置、规格均应符合要求。 (3)综控室房屋门窗安装完毕，内墙面、吊顶粉刷完成，防静电地板铺设完成。 (4)站房内售票、补票、进出站口、进出站检票、进出站通道、站台装修满足客服实名制验票、售票、补票、检票、引导显示、广播、视频监控、安检等设备安装要求	
综调与子系统调式	通信	各子系统单项试验完毕；各站光缆已贯通；控制中心与相关专业的光缆通道已贯通	

续上表

接口项目(专业工程)	上序专业工程	接口项目技术条件及进场条件要求	附注
接触网施工(电力牵引供电)	路基 桥梁 隧道	(1)接触网预留基础、拉线基础在站后进场施工前,应按照设计要求全部验收完毕,并确保正确,应提供路基地段预埋沟槽管线施工资料和交桩,并合理安排路基和接触网交叉施工。 (2)成段铺轨工程完成,具备开行架线车占轨施工作业条件,接触网精调前应完成轨道精调;共柱雨棚完成施工。 (3)在铺轨基地应预留接触网作业车停放轨道和杆塔停放场所;车站站线应随同正线同期铺轨,并满足施工车辆临时驻车要求。 (4)整区间至少提供一条供接触网施工占用轨道。 (5)应制订占轨计划并报建设单位或运营部门确认,建设单位应优先考虑接触网施工占轨计划安排,统一协调其他需占轨施工要求	
联调联试各项检测	大纲方案	联调联试大纲和实施方案(包括临时行车管理办法、列车运行计划、应急预案等)经总公司审查并批准通过	
	轨道	(1)正线及车站到发线完工,轨道状态已进行调整达到静态验收标准。 (2)利用轨道检查车辆进行最高时速160km检测时,200km/h≤v≤250km/h轨道动态管理标准评判,原则上不得存在Ⅲ级以上偏差	
	牵引供电 电力供电	(1)牵引供变电子系统所有设备安装、电缆接续完毕,单体试验、子系统调试完成,各项功能指标和安全措施符合设计及相关规范要求。 (2)接触网子系统完成安装、架设和调整工作,完成低速动态测试(冷滑试验),基本达到设计及相关规范要求,各项安全措施符合设计及相关规范要求。 (3)电力子系统所有设备安装、电缆接续完毕,单体试验、子系统调试完成,各项功能指标和安全措施符合设计及相关规范要求。 (4)牵引和电力供电运动(SCADA)子系统所有设备安装、电缆接续完毕,各功能项目已完成调试,相关指标符合设计及相关规范要求。 (5)外部电源接入,完成热滑	
	通信信号	(1)光通信和传输子系统完成调试,已为各应用系统提供稳定的光传输通道和通信通道。调度通信子系统完成调试,具备开通条件。清频工作完成,GSM-R子系统具备语音通信功能。通信系统内部调试已经完成,符合设计要求、系统运行正常。 (2)车站连锁具备开通条件,道岔已不需加锁。轨道电路工作稳定、载频、码序和信号显示正确,应答器安装位置正确、数据完成低速测试,列车运行控制系统及其接口完成调试。CTC系统具备列车追踪与监视功能并实现人工和自动进路办理。信号系统内部调试已经完成,符合设计要求、系统运行正常	
	综合接地	完成安装和静态验收	
	客服系统	完成票务、旅服系统安装调试,静态验收合格	
联调联试期间精调(轨道、电力牵引供电)	联调联试各项检测	轨道状态根据检测计划安排及动态试验检测结果及时进行精调;接触网状态根据检测计划安排及动态试验检测结果及时进行精调	